工业和信息化部“十二五”规划教材
光电&仪器类专业教材

光电成像技术与系统

（第2版）

曹峰梅　何玉青　张丽君　张　楠　白廷柱　编著

電子工業出版社
Publishing House of Electronics Industry
北京·BEIJING

内 容 简 介

本书为工业和信息化部“十二五”规划教材。

本书详细介绍了光电成像的主要原理、技术和典型应用，内容包括绪论、直视型光电成像器件与系统、电视制式与扫描成像技术、固体成像器件与系统、红外热成像器件与系统、光电成像过程影响因素与作用距离预测。

本书可作为高等学校光电信息工程等专业的教材，以及有关专业领域科技人员的参考书。

图书在版编目（CIP）数据

光电成像技术与系统 / 曹峰梅等编著. -- 2 版.
北京 : 电子工业出版社, 2025. 6. -- ISBN 978-7-121
-50580-5

Ⅰ. 0435.2; 0482.7

中国国家版本馆 CIP 数据核字第 2025YJ6206 号

责任编辑：韩同平
印　　刷：山东华立印务有限公司
装　　订：山东华立印务有限公司
出版发行：电子工业出版社
　　　　　北京市海淀区万寿路 173 信箱　　邮编：100036
开　　本：787×1092　1/16　印张：18.75　字数：660 千字
版　　次：2016 年 1 月第 1 版
　　　　　2025 年 6 月第 2 版
印　　次：2025 年 6 月第 1 次印刷
定　　价：79.80 元

凡所购买电子工业出版社图书有缺损问题，请向购买书店调换。若书店售缺，请与本社发行部联系，联系及邮购电话：（010）88254888，88258888。

质量投诉请发邮件至 zlts@phei.com.cn，盗版侵权举报请发邮件至 dbqq@phei.com.cn。

本书咨询联系方式：（010）88254525，hantp@phei.com.cn。

前　言

本书为工业和信息化部“十二五”规划教材，北京理工大学国家精品课程“光电成像技术与系统”的配套教材，也是一流学科“光学工程”专业研究生“新型光电成像器件及应用”和对应的博士研究生课程的重要参考教材。

光电成像技术是视觉图像信息获取的重要手段，它能照亮黑夜，识破“隐身”，完成超视距的侦查和跟踪，既可为国防装备安上敏锐的眼睛，也可服务日常生活及高端制造乃至大国重器。

第 1 版于 2016 年出版，在近 10 年的教学使用与实践过程中，课程团队依托该教材，结合师生的反馈，不断开展教学改革，并建设新的资源，产生了系列教学成果：2019 年完成了课程的 MOOC 建设，并上线中国大学 MOOC，2023 年课程获评北京高校优质本科课程，2023 年在全国高校混合式教学设计创新大赛中获得全国特等奖，2024 年课程教学成果获评全国高校教师教学创新大赛一等奖。

随着相关成像技术的快速进步和各种信息资源的涌现，第 1 版教材的内容和表达形式与当前的新工科人才培养对课程教学的需求出现了一定的不相适应：当前，大部分学校针对“光电成像原理与技术”课程的学时设置均在 48 学时及以下，第 1 版教材在理论分析中的许多过于详细的内容在教学中已无法展开；第 1 版教材的结构、章节顺序等还存在需要整合、调整和完善的空间。鉴于此，为更好地发挥教材在课程教学中的知识传播与引导作用，决定对第 1 版教材进行全面修订。

第 2 版力求全面、系统地介绍光电成像的基本原理、主要技术和典型系统应用。遵循“军工为底，守正为引，聚创新之光；系统为体，混合为术，构思维之像”的理念，坚守军工底色，树立报国理想。在保持课程理论体系完整性的同时，通过引入创新技术成果，启发学习者的学习兴趣和创新意识；内容上强调成像系统观，注重讲清各部件性能对整体性能的影响机制，培养总览全局的能力；教材内容呈现方式上采用适度加入二维码链接的方式，利用数字化资源拓展教材学习的形式与内容；最终实现内容与形式“体术”合一，为学习者建立辩证的工科思维。

第 2 版所做的章节结构上的主要调整有：将图像探测理论与图像探测方程的内容提前到第 1 章，对每一大类光电成像器件及其配套的光电成像系统安排在相邻章节等，便于读者全面了解、掌握器件及在系统中的应用，利于在教学中贯穿系统观辩证思想。第 2 版在内容上所做的主要修订有：大幅缩减原教材中过于详细深邃的理论推导，如针对铁电体的材料性能分析中纯半导体物理学的内容；删减一些先修课程中覆盖过的知识内容，如目标的辐射与反射特性等；增加微纳技术在当前像管阴极面制备中的最新进展及理论基础、片上分光元件构成的多光谱成像技术、激光雷达扫描技术、手机光电成像系统等当前应用面广，理论与技术手段有明显现代性、先进性的光电成像技术等内容；同时，还补充了在教学实践中积累出来的系列有利于启发学生创新思维的习题与训练任务；通过适度地加入二维码链接，给出内容涉及部分的相关理论及数学关系的出处、源头，以及将对应的物理过程和工作原理等以视频、彩色显示、动画或者 MOOC 等形式展现出来，便于学习者的深入理解和学习；对第 1 版教材中的错误进行了勘误。

本书参考学时为 48 学时（内容可扩展至 64 学时）。

本教材凝结了北京理工大学“光电成像技术与系统”教育部重点实验室和光电成像与信息工程研究所全体教师多年的教学实践和科研沉淀，也吸收了国内外光电成像技术领域同行们的经验和工作成果。

本书作者为北京理工大学光电成像原理与技术课程组全体教师，第 1～3 章由曹峰梅教授编写，第 4、8 章由张丽君副教授编写，第 5～6 章由何玉青教授编写，第 7、9 章由张楠教授编写。各章习题由白廷柱教授编写，全书由曹峰梅、白廷柱统稿。

在编写过程中，北京理工大学光电学院的王岭雪副教授、研究生耿佳伟、郑学含和楚明坤等同学为本教材部分新增内容的资料收集提供了帮助，在此谨向他们致以诚挚的谢意，并向本书参考文献中的各位作译者表示衷心的感谢。

限于作者的学识与水平，加之光电成像是一门综合广泛的高新技术学科，正处于高速发展的进程中，书中难免会存在缺欠、遗漏和错误，对此，真诚希望广大读者予以批评指正。

作　者

（liuba@bit.edu.cn）

目　　录

第1章　绪　论

人类社会已经进入了信息社会时代，信息获取是人类文明生存和发展的基本需要。人类获取信息是通过五官，即眼、耳、鼻、舌、肤(视觉、听觉、嗅觉、味觉和触觉)进行的。据相关统计，通过视觉获取的信息占人类能够获取的信息的80%以上，正所谓“百闻不如一见”。

但是，由于人眼自然构造形成的视觉性能限制，通过直接观察所获得的图像信息仍然是有限的，其包括：灵敏度的限制，夜间无照明时人的视觉能力很差；分辨率的限制，没有足够的视角和对比度就难以辨识；光谱的限制，人眼只对电磁波谱中很窄的可见光区敏感；空间的限制，隔开的空间人眼将无法观察；时间的限制，逝去的影像无法存留在视觉中。总之，人类的直观视觉只能有条件地提供图像信息。

为了突破人眼的限制，很早以前人类就为开拓自身的视见能力进行了探索并取得了不少有成效的进展。灯具的出现改善了人类夜晚的照明环境，望远镜的出现为人类延伸了视见距离，显微镜的应用为人类观察微小物体提供了方便。但是，在扩展视见光谱范围，提高视见灵敏度和突破时空限制方面，人类则经历了漫长时间才有所进展，这一进展正是由于光电成像技术的出现和发展进步带来的。光电成像技术是当今信息时代的重要高新技术之一。

1.1　关于光电成像技术

光电成像技术是在人类探索和研究光电效应的进程中产生和发展起来的，历史最早可追溯到1873年，史密斯(W.Smith)首先发现了光电导现象；随后，普朗克(Planck)于1900年提出了光的量子属性；而后在1916年，爱因斯坦(Einstein)完善了光与物质内部电子能态相互作用的量子理论，人类从此揭示了内光电效应的本质。在相继的大量研究工作中，伴随着近代物理学的发展，先后建立了半导体理论并研制出了各类光电器件，由此带来了内光电效应的广泛应用，它提供了人类探测光子的技术手段，为扩展人眼的视见光谱范围奠定了基本条件。人类在探索内光电效应的同时也探索了外光电效应。1887年，赫兹(Hertz)首先发现了紫外辐射对放电过程的影响，第二年哈尔瓦赫斯(Hallwachs)实验证实了紫外辐射可使金属表面发射负电荷，其后，由斯托列托夫(Столетов)、勒纳(Lenard)和爱因斯坦相继明确了光电发射的基本定律。在此基础上，1929年科勒(Koller)制成了第一个实用的光电发射体——银氧铯光阴极，随后利用这一技术研制成功了红外变像管，实现了将不可见的红外图像转换成可见光图像。此后，相继出现了紫外变像管和X射线变像管，使人类的视见光谱范围获得了更有成效的扩展。外光电效应的深入研究使格尔利希(Gorlich)在1936年研制出锑铯光阴极，萨默(Sommer)在1955年研制出锑钾钠铯多碱光阴极。西蒙(Simon)在1963年提出了负电子亲和势光阴极理论，伊万斯(Evans)等人在该理论的指导下研制成功了负电子亲和势镓砷光阴极。这些高量子效率光阴极的出现使微光图像的增强技术达到了实用阶段。利用像增强器，人类突破了视见灵敏阈的限制。

在发展光电成像技术的进程中，为扩展视界，人类从二十世纪20年代起开始致力于电视技术的研究。美国安培(Ampex)公司推出的世界上第一台实用型摄像机，开创了图像记录的新纪元，但由于当时的摄像机使用摄像管摄取图像，摄像管不仅使用寿命低、制造成本高、性能不稳定，而且不能对着强光进行摄影。1925年，苏格兰人贝尔德经过精心设计，利用旧无线电器材、旧糖盒、自行车灯透镜、旧电线等废旧材料，制造出了世界上最原始的电视摄影机和接收机。1926年1月27

日，贝尔德在英国伦敦皇家学会向 40 位科学家表演了他的发明。1929 年美国科学家伊夫斯在纽约和华盛顿之间播送 50 行的彩色电视图像，发明了彩色电视机。1931 年，美国科学家兹沃雷金(Vladimir Kosma Zworykin)等人制造出比较成熟的光电摄像管，即电视摄像机。其中，兹沃雷金在一次试验中将一个由 240 条扫描线组成的图像传送给 4 英里以外的一台电视机，完成了使电视摄像与显像完全电子化的过程，至此，现代电视系统基本成型，为人类提供了不必面对目标即可进行观察的可能性。电视所具有的极大吸引力使其得到了极为迅速的发展。在短短的半个多世纪中，电视摄像器件从初期的析像器，逐步提高并发展出众多类型的摄像器件。相继出现的摄像器件有：超正析像管、分流摄像管、视像管、二次电子导电摄像管、硅靶摄像管、热释电摄像管等。

在发展电真空类型摄像器件的同时，1970 年玻伊尔(Boyle)和史密斯(Smith)开发出一种具有自扫描功能的电荷耦合器件(CCD)，由此诞生了固体摄像器件，使电视成像技术产生了质的飞跃，Boyle 和 Smith 由此获得了 2009 年诺贝尔物理学奖。近年来，随着 CMOS 成像器件的回归与突起，光电成像技术进一步走向了小型化、低成本化和高清晰化，各种特殊用途的成像器件也如雨后春笋般地不断涌现出来。尤其是现代半导体材料和技术在各种探测器件中的应用，使得采用红外焦平面探测器件的凝视红外热成像技术将人类的视见能力扩展和提高到了一个新的阶段。

归结起来，上述种种改善人类视见能力的新技术都是以光电转换技术、光电子理论和半导体物理等为基础，通过各类光电成像器件来实现的。采用这一类器件完成成像过程的技术可以统称为光电成像技术。光电成像技术在学科上归属于光电子物理学。

1.1.1 光电成像技术对人眼视见光谱域的拓展

自然界中存在着大量的人类非可见的电磁波，这些电磁波也同可见光一样构成了景物的辐射强度分布。例如在常温下(约 300K)，景物本身的热辐射构成了红外线辐射分布的图像。但这种图像人眼却不能直接感受到。存在于自然界的电磁波，其波长范围很宽。从波长仅有 10^{-16}m 的宇宙射线到波长为 10^8m 的极长波无线电波，对于如此广泛的电磁波谱，如何利用其来传递图像信息并转换为可见光图像呢？这一问题只有借助于光电成像技术才能得到解决。

应用波动方程讨论电磁波成像可知，只要像空间两点的距离大于衍射极限即可分辨其间的光强分布，也就是能构成图像信息。根据简化的电磁波衍射理论模型，两个像点间能够被分辨的最短距离为

$$d = \frac{0.61\lambda}{n'\sin\theta'} \tag{1.1-1}$$

式中，λ 是电磁波的波长，n' 是电磁波在像空间的介质折射率，θ' 是电磁波在像方的会聚角。从这一衍射公式可知，当电磁波的波长增大时，所能获得的图像分辨率将显著降低。因此对波长超过 mm 量级的电磁波而言，用有限孔径和焦距的成像系统所获得的图像分辨率将会很低。因此，实际上已排除了波长较长的电磁波的成像作用。目前光电成像对光谱长波阈的延伸仅能扩展到亚毫米波成像。

除了衍射造成分辨率下降限制了将长波电磁波用于成像外，用于成像的电磁波也存在一个短波限制。通常把这个短波限确定在 X 射线、伦琴射线与 γ 射线波段。波长更短的辐射具有极强的穿透能力，所以，宇宙射线难以在普通条件下聚焦成像。

由上述分析可知，通常用于光电成像的电磁波应该具有明显的波粒二象性，其波长有效波谱区为亚毫米波段、红外辐射、可见光、紫外辐射、X 射线、γ 射线等。

1.1.2 光电成像技术的应用领域

人们采用光电成像技术突破了人类视觉的部分限制，特别是突破了人眼在低照度和有限光谱响

应下的视觉限制。同时，视觉机能在时间和空间两个方面也得到了扩展。时间上的扩展如数码照相、印刷、静电复印、摄录像等。空间上的扩展如电视、微光观察镜等可以将肉眼不能直接观察到的远处的图像传输到人眼视网膜上。

图像记录以随时可看和长时间保存为特点，图像传输以即时可看和长距离传输为特点。两者的特点可以互补，如在电视方面发展了图像记录——录像技术，在照相方面发展了图像传输——传真技术等。

除了视觉机能的空间扩大和时间延长，即图像传输和图像记录技术外，正在发展扩大的是视觉识别技术，例如，将超出人类视觉响应能力的红外和紫外图像转换成可见光图像或者将细节模糊的图像处理成细节清晰的图像。由此可见，图像与视觉是密切相关的。

随着科学技术的迅速发展和信息化社会的需求，光电成像技术受到普遍重视且不断开拓新的应用领域，可扫描二维码 1.1−1 和二维码 1.1−2。

由二维码 1.1−1 可以看出，光电成像技术是利用光电变换和信号处理技术获取目标图像的，在工农业生产、科学研究和国防建设中占有重要地位。

综上，光电成像技术所研究的内容可以概括为以下四个方面：

（1）在空间上扩大人类视觉机能的图像传输技术；

（2）在时间上扩大人类视觉能力的图像记录、存储技术；

（3）扩大人类视觉光谱响应范围的图像变换技术；

（4）扩大人类视觉灵敏机能的图像增强技术。

二维码 1.1−1　　二维码 1.1−2

就获取目标图像的基本过程而论，所涉及的内容相当广泛，主要包括：（1）人眼的视觉特性；（2）各种辐射源及目标、背景特性；（3）大气光学特性对辐射传输的影响；（4）成像的光学系统；（5）光辐射探测器及制冷器；（6）信号的电子学处理；（7）图像的显示。

1.2　人眼的视觉特性与模型

现代社会提倡以人为本，事实上，人类的所有活动都是围绕着人类的需求进行的，光电成像技术也不例外，因此，光电成像系统的性能应与人眼的视觉特性密切相关，各种光电成像装置是人们用以改善和扩展视觉能力的重要辅助工具，人眼借助这些装置获得肉眼不能直接得到的图像信息。因此，作为一名从事光电成像技术研究的工程技术人员，必须了解人眼的基本构造和视觉特性，由此，才能设计和研制出更适合于人类使用的光电成像系统。

1.2.1　人眼的构造

人的眼睛是一个非常灵敏和完善的视觉器官，其基本结构如图 1.2−1 所示。

作为一个完整的视觉系统，人眼主要由三个部分构成：①由角膜、虹膜、晶状体、睫状体和玻璃体组成的光学系统；②作为敏感和信号处理部分的带有盲点和黄斑的视网膜，是构成人眼视觉的关键部分；③作为信号传输和显示系统的视神经与大脑。人眼简化眼模型的主要参数见表 1.2−1。

表 1.2−1　人眼简化眼模型的主要参数

折射率 n	1.33	物方焦距 f	−17.1mm
折射面半径 R	5.7mm	像方焦距 f'	22.8mm
焦度 φ	58.48 屈光度	视网膜曲率半径 r	9.7mm

视网膜结构复杂，为多层网格结构（见图 1.2−2）。与玻璃体相接触的部分是神经纤维层，这些神经的末端为神经细胞——神经元。光线通过玻璃体进入视网膜，视网膜中有锥状细胞和杆状细胞两类含有光敏物质的感光细胞。在光的作用下，感光物质强烈吸收光的同时发生化学分解作用引起视觉刺激。视觉刺激以电信号形式经内外网丛层和神经节细胞层后，在视神经汇合传至大脑信息处理系

统产生视觉。视网膜的最后面为呈褐色的不透明色素上皮层，能吸收通过前面各层而未被吸收的全部入射光，不使这些光产生散射，并保护感光细胞不受强光的过度刺激。

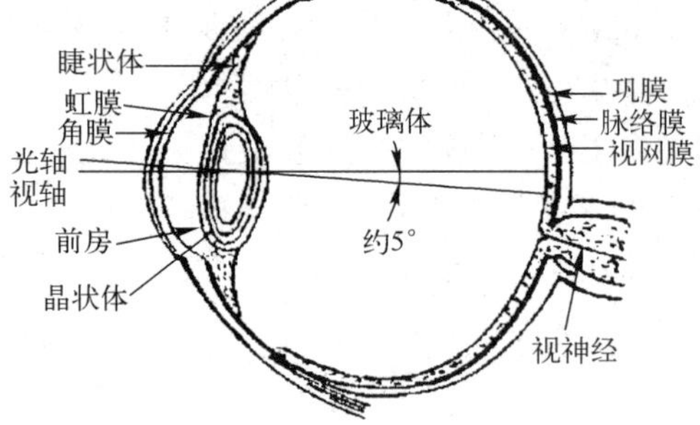

图 1.2-1　人眼的基本结构

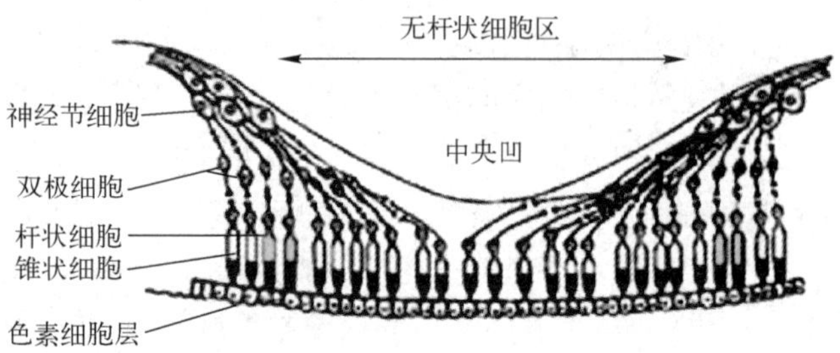

图 1.2-2　人眼视网膜的结构

视网膜上的感光细胞超过 1.1 亿万个，其中约有 700 万个锥状细胞。锥状细胞和杆状细胞不仅数量上差异很大，分布也不均匀(见图 1.2-3)。在视神经进入眼内腔的盲斑部分(见图 1.2-1)既无锥状细胞，也无杆状细胞，是不感光的盲区。在黄斑中央凹处完全没有杆状细胞，是具有最高视觉分辨率的区域。从黄斑向视网膜边缘移动，锥状细胞的密度越来越小，直径也越来越粗，而且成簇地与视神经联系(在边缘大约 250 条结合成一簇)。在这些区域，锥状细胞和杆状细胞混合在一起，杆状细胞比锥状细胞小得多，没有独立的视神经联系，而是合成一簇(多数达 500 条一簇)，这对于产生高灵敏视觉至关重要。到视网膜边缘就几乎全是杆状细胞了。两类视觉细胞对视觉的贡献有很大差异，锥状细胞具有高分辨率和颜色分辨能力；杆状细胞的视觉灵敏度比锥状细胞高数千倍，但不能辨别颜色。

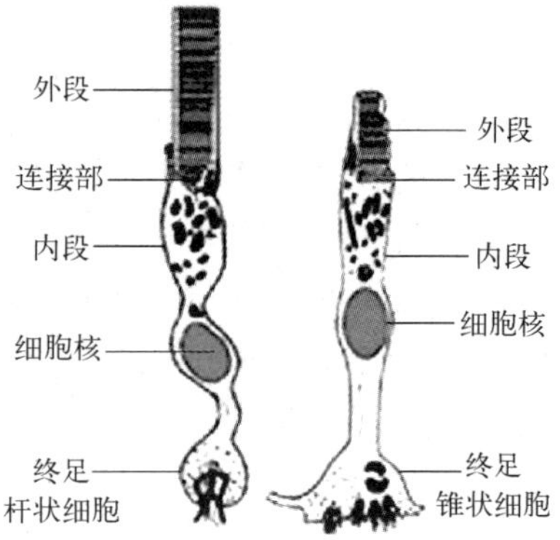

图 1.2-3　锥状细胞与杆状细胞

1.2.2　人眼的视觉特性

1．视觉的适应

人眼能在一个相当大(约 10 个数量级)的范围内适应视场亮度。随着外界视场亮度的变化，人眼视觉响应可分为三类：

明视觉响应：当人眼适应大于或等于 3cd/m^2 的视场亮度后，视觉由锥状细胞起作用。

暗视觉响应：当人眼适应小于或等于 3×10^{-5}cd/m^2 的视场亮度之后，视觉只由杆状细胞起作用。由于杆状细胞没有颜色分辨能力，故夜间人眼观察景物呈灰白色。

中介视觉响应：随着视场亮度从 3cd/m^2 降至 3×10^{-5}cd/m^2，人眼逐渐由锥状细胞的明视觉响应转向杆状细胞的暗视觉响应。

当视场亮度发生突变时，人眼要稳定到突变后的正常视觉状态需经历一段时间，这种特性称为“适应”。

适应由两个方面来调节：

① 调节瞳孔的大小，改变进入人眼的光通量。眼瞳大小是随视场亮度而自动调节的，在各种视场亮度水平下，瞳孔的直径和面积如表 1.2-2 所示。

表 1.2-2　不同视场亮度下人眼瞳孔的直径和面积

适应视场亮度(cd/m^2)	瞳孔直径(mm)	瞳孔面积(mm^2)	视网膜上照度(lx)
10^{-5}	8.17	52.2	2.2×10^{-6}
10^{-3}	7.80	47.8	2.0×10^{-4}
10^{-2}	7.44	43.4	1.8×10^{-3}
10^{-1}	6.72	35.4	1.5×10^{-2}
1	5.66	25.1	1.0×10^{-1}
10	4.32	14.6	0.6
10^{2}	3.04	7.25	3.0
10^{3}	2.32	4.23	17.6
2×10^{4}	2.24	3.94	109.9

② 视细胞感光机制的适应。这种适应是由视细胞中的色素（视紫红质）在光的刺激下，产生化学反应而引起的。

适应主要包括明暗视觉适应和色彩适应两种。

明暗视觉适应分为亮适应和暗适应。对视场亮度由暗突然到亮的适应称为亮适应，大约需要2～3 分钟；对视场亮度由亮突然到暗的适应称为暗适应，暗适应通常需要 45 分钟，充分暗适应则需要一个多小时。

色彩适应也是因为视紫红质的产生和消失，达到新的平衡所需要的时间延迟。

2．绝对视觉阈值

在充分暗适应的状态下，全黑视场中，人眼感觉到的最小光刺激值，称为人眼的绝对视觉阈值。以入射到人眼瞳孔上最小照度值表示时，人眼的绝对视觉阈值在 10^{-9}lx 数量级。以量子阈值表示时，最小可探测的视觉刺激是由 58～145 个蓝绿光（波长为 0.51μm）的光子轰击角膜引起的，据估算，这一刺激只有 5～14 个光子实际到达并作用于视网膜上。

对于点光源，天文学家认为正常视力的眼睛能看到六等星，六等星在眼睛上形成的照度近似为 8.5×10^{-9}lx。在实验室内用人工星点测定的视觉阈值要小些，为 2.44×10^{-9} lx。对于具有一定大小的光源来说，张角小于 10′，自身发光或被照明的圆形目标，在瞳孔上的照度阈值与张角无关，其值为 5×10^{-9}～2.2×10^{-9}lx。

在一定的背景亮度 L_B 条件下（10^{-9}～1 cd/m²），人眼能够观察到的最小照度为

$$E_{\min} = 3.5\times10^{-5}\sqrt{L_B} \tag{1.2-1}$$

当 L_B>16.4cd/m² 后将产生眩目现象，绝对视觉阈值迅速提高。

实验表明，炫目亮度 L_0 与像场亮度 L（cd/m²）之间的关系为

$$L_0 = 8\sqrt[3]{L} \tag{1.2-2}$$

由此可说明为何 100W 的灯在白天不感到炫目，但在暗室将产生眩目效应。

3．阈值对比度

通常，人眼的视觉探测是在一定背景中把目标鉴别出来的。此时，人眼的视觉敏锐程度与背景的亮度及目标在背景中的衬度有关。

目标的衬度以目标对比度 C 来表示

$$C = \frac{L_T - L_B}{L_B} \tag{1.2-3}$$

式中，L_T 和 L_B 分别为目标和背景的亮度。有时也将 C 的倒数称为反衬灵敏度。使人眼能区分目标和背景的概率达到 50%时的目标对比度为阈值对比度。

L_B、C 和人眼所能探测的目标张角α之间具有下述关系（Wald 定律）

$$L_B \cdot C^2 \cdot \alpha^x = \text{const} \tag{1.2-4}$$

式中，x 的值在 0～2 之间变化。

对于小目标$\alpha < 7'$，则 x=2，式（1.2-4）变为

$$L_B \cdot C^2 \cdot \alpha^2 = \text{const} \tag{1.2-5}$$

即著名的 Rose 定律。若α<1′，就很难观察到目标。若目标无限大，则 $x\to0$。

人眼视觉特性与视场亮度、目标对比度和目标大小等参数有关，1946 年 Blackwell 用实验确定了在各种视场亮度下人眼对不同尺寸目标的阈值对比度（见图 1.2-4）。实验采用双眼探测一个亮度大于背景亮度的圆盘，时间不限，察觉概率取 50%。图 1.2-4 的曲线说明：当观察亮度不同的两个面时，如果亮度很低就察觉不出差别。但如果将两个面的亮度按比例提高，并维持其 C 值不变，则到一定的亮度时，就有可能察觉出其差别，即不同亮度下的阈值对比度是不同的。此外，图 1.2-4

中的曲线均在 $2\times10^{-3}cd/m^2$ 附近有间断点，这正表明了人眼由明视觉过渡到暗视觉的转折。

4．人眼的光谱灵敏度

人眼对各种不同波长的辐射光有不同的灵敏度(响应)，并且不同人的眼睛对各波长的灵敏度也常有差异。所以，为了确定眼睛的光谱响应，可对各种波长的光引起相同亮暗感觉所需的辐射通量进行比较，对大量具有正常视力的观察者所做的实验表明：

- 在较明亮的环境中，人眼视觉对波长 0.555μm 左右的绿色光最敏感；
- 在较暗条件下，人眼对波长 0.512μm 的光最敏感。

图 1.2-5 给出由人眼峰值灵敏度归一化的相对光谱灵敏度——人眼的光视效率曲线，曲线表明在不同的视场亮度下，人眼对同一波长的响应是有差异的。

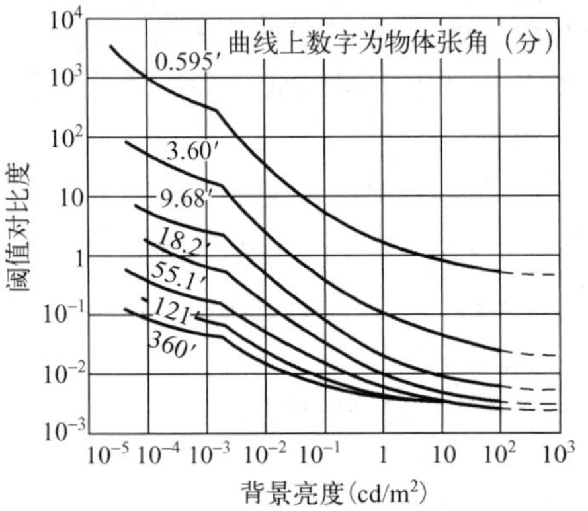

图 1.2-4　阈值对比度随背景亮度的变化曲线

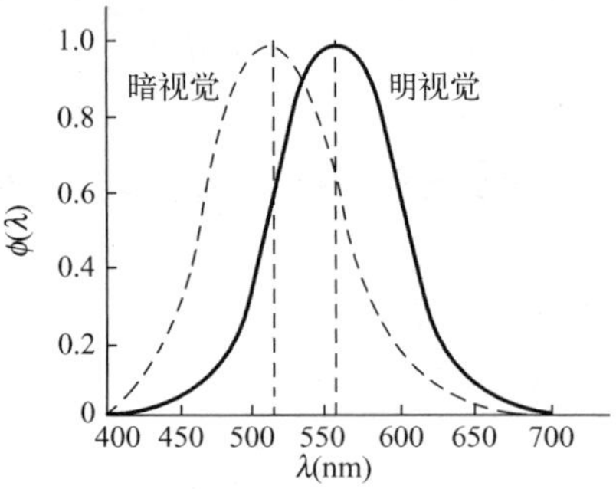

图 1.2-5　人眼的光视效率曲线

5．人眼的分辨率

人眼能区别两发光点的最小角距离称为极限分辨角θ，其倒数则为眼睛的分辨率。

集中于人眼视网膜中央凹的锥状细胞具有较小的直径，并且每一个锥状细胞都具有单独向大脑传递信号的能力。杆状细胞的分布密度较稀，并且成群地联系于公共神经的末梢，所以人眼中央凹处的分辨率比视网膜边缘处高。图 1.2-6 表示人眼(右眼)的分辨率与视角的关系曲线，图中纵坐标表示分辨率，以中央凹处的分辨率为单位，横坐标表示被观察线与视轴的夹角，阴影部分对应于盲点的位置。由于中央凹处人眼的分辨率最高，故人眼在观察物体时，总是在不断地运动以促使各个被观察的物体依次落在中央凹处，使被观察物体看得最清楚。

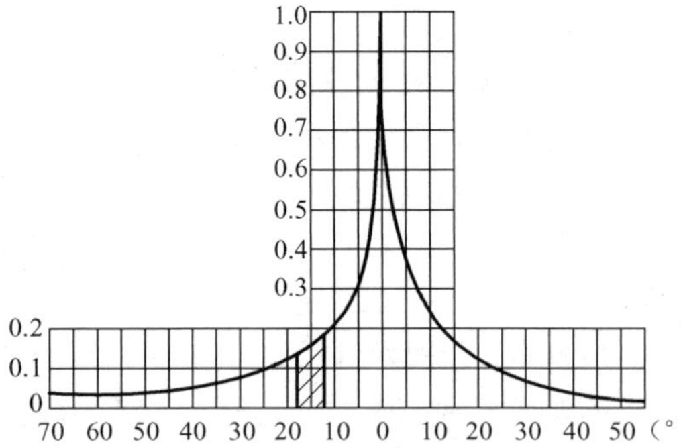

图 1.2-6　人眼分辨率与视角的关系曲线

若将眼睛当作一个理想的光学系统，可依照物理光学中的圆孔衍射理论计算极限分辨角。如取人眼在白天的瞳孔直径为 2mm，则其极限分辨角约为 0.7′。若两个相邻发光点同时引起同一视神经细胞的刺激(即一个锥状细胞的刺激)，这时会感到是一个发光点，而 0.7′对应的极限分辨角在视网膜上相当于 5～6μm，在黄斑上的锥状细胞尺寸约为 4.5μm，因此，视网膜结构可满足人眼光学系统分辨率的要求。实际上，在较好的照明条件下，眼睛的极限分辨角的平均值在 1′ 左右；当瞳孔增大到 3mm 时，其值还可稍微减小一些；当瞳孔直径再增大时，由于眼睛光学系统像差随之增大，极限分辨角反而会增大。

眼睛的分辨率与很多因素有关。从内因分析，与眼睛的构造有关(此处不再讨论)。从外因分析，主要取决于目标的亮度与对比度，但眼睛会随外界条件的不同，自动进行适应，因而可得到不同的极限分辨角。表 1.2-3 给出了实验测得的人眼的极限分辨角(白光且观察时间不受限制情况下，双目观察白色背景上具有不同对比度且带有方形缺口的黑环)。可以看出：当背景亮度降低或对比度减小时，人眼的分辨率显著降低。

表 1.2-4 给出了在白光照射且观察时间不受限制情况下，人眼分别适应各个环境照度以后，观察用同样的环所测得的分辨角。可以看出：照度变化对分辨率有很大的影响，在无月的晴朗夜晚(照度约 10^{-3}lx)，人眼的分辨角为 17′，故夜间的分辨率约为白天的 1/25。

表 1.2-3 人眼的极限分辨角(′)

对比度 C(%)	白背景的亮度 L (cd/m²)							
	4.46×10^{-4}	3.37×10^{-3}	0.0341	0.0634	0.151	0.344	1.069	3.438
92.9	18	8.8	3.0	2.2	1.6	1.4	1.2	1.0
76.2	23	11	3.7	2.5	2.0	1.5	1.4	1.2
39.4	33	18	5.2	3.8	2.7	2.3	1.9	1.6
28.4	44	24	7.6	5.1	3.4	2.8	2.2	1.7
15.5		40	14	9.5	6.3	5.1	3.9	3.0
9.6			25	16	8.8	8.0	6.2	4.9
6.3			29	19	12	8.4	7.2	5.4
2.98				28	26	21	17	12
1.77					36	30	22	14

表 1.2-4 人眼的分辨角随照度的变化

照度 (lx)	分辨角 (′)	照度 (lx)	分辨角 (′)
0.0001	50	0.5	2
0.0005	30	1	1.5
0.001	17	5	1.2
0.005	11	10	0.9
0.01	9	100	0.8
0.05	4	500	0.7
0.1	3	1000	0.7

在实际工作中，人眼的分辨角θ 可按以下经验公式估算

$$\theta=\frac{1}{0.618-0.13/d} \tag{1.2-6}$$

式中，d 为瞳孔直径(mm)。

6．视觉系统的调制传递函数(MTF)

(1) 视力与 MTF

人眼的分辨率表征了眼睛分辨两点或两线的能力(即通常的视力)。必须注意，在进行视力检查时，随着视力表图案的不同(例如形状和亮度、周围的对比度、视距、光的波长等其他物理刺激条件)，即使是同一受试者也会得到不同的结果。当然，已知这些变化对于分析视功能及做出推论具有意义，但是就表示视力而言，仍缺乏普遍性，且这些值本身所具有的基本意义也比较肤浅。这种状况与评价照相物镜，用各种图案进行分辨率实验时所发生的问题十分相似。总之，这样的检查并不是测定具有普遍性的某种基本物理量，而仅是在某种特定条件下，对某种特定能力的比较评价，相当于工业量的测定，有较大的局限性。为此，引进光学调制传递函数(MTF)，可更正确地实现对人眼图像传递和复现的性能评价。

具有任意形状和亮度分布的图像，实际上都可看作是连续的空间频率正弦波的线性叠加(对于周期图像，为基波和各次谐波的线性叠加)。如果用已知 MTF 的透镜成像，则像的频谱可通过计算得到。与分辨率或视力不同，MTF 不只是特定条件下的某种阈值，而是包含了系统全部信息的一种普遍表示法。

用 MTF 评价视觉特性的优点如下：

① MTF 曲线可推断由单纯视力测定难以了解的视觉功能，例如推断弱视眼的特性；

② 对视网膜、信息处理系统的特性做统一的数学处理；

③ 可以按 MTF 推断各种图像的像质特性、知觉特性等；

④ 利用激光干涉技术，可将眼球的成像系统和视网膜之后的大脑处理系统加以分离并做出评价，这是非常重要的。

(2) 人眼的 MTF

按信息传递的顺序，特别是按其功能，视觉过程大致可分为以下几个阶段：

① 眼球光学系统传递外界的三维信息，形成二维图像；

② 视细胞检测光信号，并进行光电转换，视网膜进行图像信息处理；

③ 大脑枕叶视皮层进行信号处理与大脑中枢进行辨识。

当然，上述的每一个阶段并不是完全独立的，彼此有信息相互作用，且反馈回路等复杂地交错在一起。目前对视觉过程及功能的研究正在用电生理学及其他先进方法进行。

与眼球光学系统不同，视网膜并无成像作用。视网膜像在信息处理中，以视细胞为作光敏传感器进行光电变换，对变换后的电信号进行处理形成视觉。视网膜是倒转的，光在到达视细胞之前会通过神经细胞层，这些细胞层起着类似于光学弥散板的作用。此外，由于视细胞内部的折射比比其周围稍高，因此视细胞也可能具有与光学纤维相似的光学特性。实际上，对抽提的视细胞进行实验的结果表明，光在视细胞内通过时，其情况和在光纤内的传播很相似。因此，由于弥散板和光学纤维束在光学上的作用，输入像在受到调制后才成为信息处理系统的输入。

若把正弦波图案照射在分离的视网膜上，则在另一个端面视网膜上的对比度会有很大的降低。图 1.2-7 是离体视网膜 MTF 测定的结果，*A*、*C* 分别为 57 岁和 71 岁的男性，*B* 为 72 岁的女性(因病摘除眼球)。*D* 为偏离中央凹 0.35mm 处，*E* 为偏离中心凹 0.70mm 处。因为这些人在患病前视力正常，所以中央凹处的 MTF 为最大，稍偏离中央凹处，MTF 便降低很多。这是因为神经节细胞层厚度变化，光散射效应的影响增大所致，把视细胞与相同大小的玻璃光纤束的 MTF 进行比较得到了相同的结论。

视觉系统总的 MTF 是由眼球光学系统、视网膜等各部分的 MTF 的乘积构成的，视觉系统各部分的 MTF 示于图 1.2-8 中，其中 *A* 为分离视网膜中央凹处；*B* 为角膜加晶状体；*C* 为视网膜加处理系统(视神经和大脑)；*D* 为处理系统(视神经和大脑)。

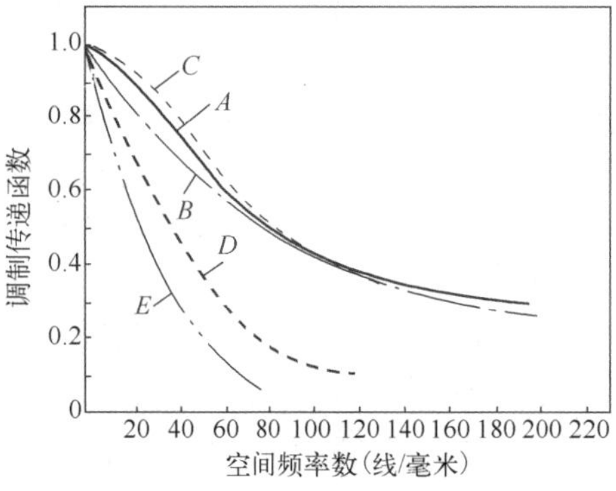

图 1.2-7　离体视网膜 MTF 测定的结果

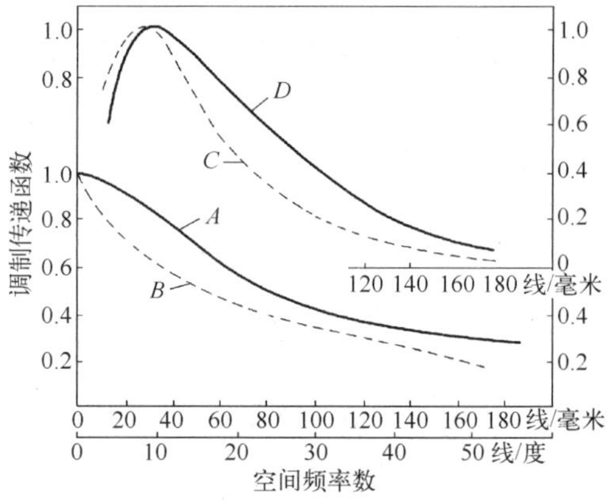

图 1.2-8　视觉系统各部分的 MTF

7. 人眼的阈值信噪比(SNR)

由于人眼的视觉暂留效果，通常情况下人眼自身感觉不到较短瞬间光强的变化情况，但在经过光电成像过程转化后，会在光电成像后的图像上出现不同的亮暗变化(闪烁)，这就是图像的噪声，图像的噪声会严重影响到人眼的观察效果，如图 1.2-9 所示。人眼能够完成图像探测概率达 50%时的图像信噪比为阈值信噪比。根据美国学者的研究，人眼对图像的信噪比要求因图案而不同，如：方波图案为 1～1.5；余弦波图案为 3～3.8 等。

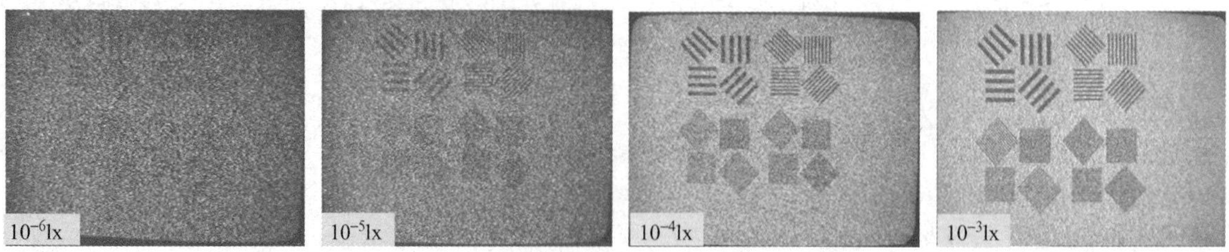

图 1.2-9　不同噪声情况下的人眼观察效果

总之，光电成像系统产生的图像是为人类服务的，因此，以上的人眼视觉特性将是我们设计光电成像系统的依据和基础。

1.3　光电成像器件的分类

光电成像器件的分类方法有很多，本节是从结构与功能上分类的。

二维码 1.3-1

1.3.1　直视型光电成像器件

直视型光电成像器件的特点是，该器件输入端将景物的辐射或反射能量分布转换为对应景物空间分布的光电子发射，在器件内部保持景物空间分布不变地实现光电子图像转移，并在输出端显示与入射辐射空间分布强弱对应的可见光图像。所以这类器件是同时具有图像的光电转换、增强和显示的部件，配合上光学系统及相关结构件，即可构成一个具有光电转换能力的直视观察系统。但因为这类器件不能将图像信号转移传输到其他媒质，故不具备多人多地观察，甚至存储回放的功能，更不可能成为数字信号被进一步加工和处理。

直视型光电成像器件的代表器件是像增强器和变像管，前者是将微弱可见光图像信息转换成明亮可见光图像的器件，后者是将非可见光辐射图像转换成明亮可见光图像的器件。两者共同简称为像管，是构成夜视观察镜、枪用夜视瞄准镜等夜视观察系统的核心部件。

1.3.2　电视型光电成像器件

电视型光电成像器件的特点是，该器件将景物的辐射或反射能量分布转换为对应景物空间分布的电荷图像，同时将二维分布的光电荷解析为一维时间序列分布的电信号，即视频信号进行输出。视频信号要经过增强处理和传输等环节后，才能由显示装置还原输出二维光学图像。电视型光电成像器件只能完成摄像的功能，不能直接输出图像，所以也称为非直视型光电成像器件。

二维码 1.3-2

电视型光电成像器件的代表器件是电真空摄像管、固体成像器件（CCD/CMOS）、制冷与非制冷的红外焦平面成像器件，甚至包括需要与光机扫描机构配合才能完成摄像工作的单元及多元探测器阵列等。

1.4　光电成像的特性

与传统的光学成像过程不同，因光电成像过程还包含光电转换过程，因此，单一的光学成像特性将不再能完整地描述光电成像的好坏。表征光电成像性能的参数可分为四大类：表征光电转换特性的参数，主要有灵敏度（响应率）、转换系数（增益）等；表征时间响应特性的参数，主要有惰性（余辉）、脉冲响应函数、瞬时调制传递函数等；表征噪声特性的参数，主要有噪声、噪声等效输入（如输入功率等）、信噪比等；表征光学成像特性的参数，主要有分辨率、光学传递函数等。

不同种类的光电成像器件其特性参数不同，需要针对其工作原理来确定特性参数。下面分别说明各项主要特性参数的定义，并给出必要的数学描述。

1.4.1　光电成像的转换特性

1．转换系数（增益）

光电成像的转换特性是指其输入物理量与输出物理量之间的依从关系。对于直视型光电成像器件，其输入量与输出量分别是不同波段的电磁波辐射通量（或光通量）。用于评价这类光电成像器件

特性的转换系数可定义为

$$G = \frac{L}{E} = \frac{\frac{\partial}{\partial \omega}\left[K_{\mathrm{m}} M_{\mathrm{m}} \int_0^\infty K(\lambda) M(\lambda) \mathrm{d}\lambda\right]_{\theta=0}}{E_{\mathrm{m}} \int_0^\infty E(\lambda) \mathrm{d}\lambda} \tag{1.4-1}$$

式(1.4−1)的物理意义是，用光电成像器件在法线方向(θ=0)输出的亮度 L 与输入的辐照度 E 之比值表示转换系数。式中，ω 是输出面的球面度，θ 是输出与输出面法线方向的夹角，λ 是电磁波的波长，K_{m} 和 $K(\lambda)$ 分别是人眼的最大光谱光视效能和相对光谱光视效能。M_{m} 和 $M(\lambda)$ 分别是输出的最大单色辐射出射度和相对光谱辐射出射度，E_{m} 和 $E(\lambda)$ 分别是标准辐射输入的最大单色辐照度和相对光谱辐照度。

在直视型光电成像器件用于增强可见光图像时，转换系数被定义为亮度增益 G_{L}，它的数学表达式是将式(1.4−1)的输入辐照度 E 改为输入光照度 E_{L}。

亮度增益是有量纲的物理量(cd/(m^2·lx))。工程上为了计算和测试的方便，往往采用无量纲的量 G_0 来表示亮度增益。G_0 的定义是光电成像器件的输出光出射度与输入的光照度之比。工程上称 G_0 为光增益。

当直视型光电成像器件的输出像面具有朗伯(Lambert)体发光特性时，可得到如下的关系式

$$G_0 = \pi G_{\mathrm{L}} \tag{1.4-2}$$

从上述各式可以看出，转换系数和亮度增益都与输入光谱分布有关。因此，为统一标准，确定必须取标准辐射源(或标准光源)作为输入源。同时为了描述直视型光电成像器件对不同光谱的转换特性，又定义了单色转换系数 G_λ。在式(1.4−1)中用单色辐照度 E_λ 取代光谱积分的辐照度，即得到 G_λ 的表达式

$$G_\lambda = \frac{L}{E_\lambda} = \frac{\frac{\partial}{\partial \omega}\left[K_{\mathrm{m}} M_{\mathrm{m}} \int_0^\infty K(\lambda) M(\lambda) \mathrm{d}\lambda\right]_{\theta=0}}{E_\lambda} \tag{1.4-3}$$

G_λ 是随波长变化而变化的一组数值。它可以定量描述光电成像器件的光谱响应特性。

2．光电灵敏度(响应率)

电视型光电成像器件的转换特性通常用光电灵敏度(响应率)表示。由于这类器件的输入是辐射通量(或光通量)，输出是电信号(或视频信号)，因此这类器件的光电灵敏度可表示为如下两种形式：

$$R_I = \frac{I}{A E_{\mathrm{m}} \int_0^\infty E(\lambda) \mathrm{d}\lambda}, \quad R_V = \frac{V}{A E_{\mathrm{m}} \int_0^\infty E(\lambda) \mathrm{d}\lambda} \tag{1.4-4}$$

式中，I 是等效短路状态输出的信号电流，V 是开路状态输出的信号电压，A 是光敏面的有效面积(或扫描面积)。R_I 称为电流响应率，R_V 称为电压响应率。

光电灵敏度(响应率)与入射辐射的光谱分布有关。在工程中规定采用标准辐射源(或标准光源)作为输入，以求统一。

当用单色辐射(或单色光)E_λ 输入时，所得到的单色灵敏度分别为

$$R_{\lambda I} = \frac{I}{A E_\lambda}, \quad R_{\lambda V} = \frac{V}{A E_\lambda} \tag{1.4-5}$$

单色灵敏度(单色响应率)取最大值时，对应的单色辐射波长为峰值波长，对应的灵敏度为峰值波长灵敏度。在长波一端取单色灵敏度下降为峰值的一半时所对应的波长为截止波长，或称为长波限。

1.4.2 光电成像的时间特性

1．惰性

光电成像过程中存在着惰性环节，如荧光屏、光电导靶等。惰性环节产生时间响应的滞后。

直视型光电成像器件的荧光屏是影响时间响应的主要环节。荧光屏的惰性表现为余辉，它来源于荧光粉受激发光过程中电子被陷阱能级暂态俘获，陷阱能级释放所俘获电子的时间分散程度决定了发光的延迟。由于发光在下降过程的滞后比上升过程严重，所以通常用余辉表示直视型光电成像器件的惰性。

当输入辐射(或输入光)瞬间截止，余辉的衰减呈负指数函数形式时，可用余辉的时间常数来表示惰性。

非直视型光电成像器件的惰性来源于光电导效应的滞后和电容效应的滞后。光电导滞后取决于建立产生-复合动态平衡过程和载流子暂态俘获后再重新获释的过程，电容性滞后发生在扫描电子束着靶的过程，其取决于扫描电子束等效电阻与靶电容构成的充电回路的时间常数。

电视摄像器件的惰性在工程上有所规定。通常取输入辐照度截止后第三场输出信号的相对值为惰性指标(所谓三场惰性)。

光电成像过程的惰性可以从理论上确定其时间常数。当输入辐射(或可见光)瞬间截止，其输出的信号(光或电信号)衰减函数为 $B(t)$ 时，则惰性的时间常数 τ 定义为

$$\tau=\frac{1}{B(0)}\int_0^{\infty}B(t)\mathrm{d}t \tag{1.4-6}$$

当惰性的衰减函数呈负指数函数时，即

$$B(t)=b\exp(-bt)\qquad t>0 \tag{1.4-7}$$

可求出这一惰性的时间常数为

$$\tau=b^{-1}\int_0^{\infty}b\exp(-bt)\mathrm{d}t=\frac{1}{b} \tag{1.4-8}$$

惰性的时间常数也称为弛豫时间。b 为取决于惰性的系数。

2．脉冲响应函数与瞬时调制传递函数

光电成像过程的惰性主要来源于荧光屏和光电导的滞后，而这类光电转换的滞后又主要表现在衰减的过程中，实验也证实光电转换上升过程的滞后远小于下降过程的滞后。因此，可以近似取光电成像脉冲响应函数的上升斜率为∞。光电成像脉冲响应函数的下降过程则取决于光电转换的机制。

光电成像器件接收脉冲输入时，若输出的衰减函数 $B(t)$ 呈负指数形式，即

$$\begin{cases}B(t)=b\exp(-bt) & t\geqslant 0\\ B(t)=0 & t<0\end{cases} \tag{1.4-9}$$

则称这类光电成像器件具有负指数衰减型的脉冲响应函数。式中，b 是取决于惰性的系数。当 b 增大时惰性呈指数律减小。

采用脉冲响应函数可以全面定量地描述光电成像器件的时间响应特性。当光电成像的过程满足线性及时间不变性等条件时，还可以用瞬时调制传递函数来表示时间响应特性。瞬时调制传递函数所描述的是光电成像器件在频率域的时间响应特性，它建立在傅里叶(Fourier)分析的基础上，其定义为：光电成像系统所输出的归一化时间频谱函数与理想输出(无惰性)的归一化时间频谱函数之比。

当光电成像器件的脉冲响应函数呈负指数衰减型时，可以对式(1.4-9)进行傅里叶变换获得其

瞬时调制传递函数，即

$$T(f)=\frac{\int_0^{\infty} b\exp(-bt-\mathrm{j}2\pi ft)\mathrm{d}t}{\int_0^{\infty} b\exp(-bt)\mathrm{d}t}=\frac{b}{\sqrt{b^2+(2\pi f)^2}}\exp\left(-\mathrm{j}\arctan\frac{2\pi f}{b}\right) \tag{1.4-10}$$

式(1.4-10)定量表示了负指数衰减型光电成像系统的频率响应特性。式中的实部是幅值频率响应，虚部是相位频率响应。

在工程应用中还规定了幅频响应的等效带宽 Δf ，其定义为

$$\Delta f=\frac{1}{|T(0)|^2}\int_{-\infty}^{\infty} T^*(f)T(f)\mathrm{d}f \tag{1.4-11}$$

以负指数衰减型的光电成像器件为例，其等效带宽为

$$\Delta f=\int_{-\infty}^{\infty}\frac{b^2}{b^2+(2\pi f)^2}\mathrm{d}f=\frac{b}{2} \tag{1.4-12}$$

对比式(1. 4-8)与式(1.4-12)可知，脉冲响应的时间常数 τ 与 Δf 有如下关系

$$\Delta f=\frac{1}{2\tau} \tag{1.4-13}$$

1.4.3 光电成像的噪声特性

1. 各种噪声来源与信噪比

光电成像的主要噪声有：光电转换过程的散粒噪声(光电发射过程的量子噪声)、光电导的产生-复合噪声、热电效应的温度噪声、热噪声、低频噪声、介质损耗噪声等。

（1）散粒噪声

具有泊松分布律的量子涨落噪声，统称为散粒噪声。在各类光电成像器件中属于散粒噪声的有：光电发射过程的量子噪声、扫描电子束的热发射量子噪声、载流子穿越势垒的量子噪声等。

散粒噪声起因于带电粒子的量子性。由于带电粒子发射或穿越势垒时，每瞬间的数量并不恒定，而是围绕平均值有起伏。这一量子数的涨落呈泊松分布，由此引起瞬时电流值的涨落便构成了噪声。这种噪声是由散粒的量子性引起的，故称之为散粒噪声。散粒噪声为白噪声。

（2）产生-复合噪声

光敏面接受入射光子的能量产生载流子的过程是一个随机过程。即在稳定入射的激发条件下，每瞬间产生的载流子数并不一致，只有长时间内累计的平均值是确定的。同时，由于载流子的复合过程及被俘获的过程也是随机过程，因此载流子的产生及复合都具有随机性，所引起的数量涨落，就形成了噪声。这一噪声称为产生-复合噪声。

（3）温度噪声

在热电效应器件中，因温度的随机涨落而形成噪声。任何物体的受热和散热过程，都伴随有温度的随机涨落，这是因为热交换具有量子性。即在稳定条件下，每瞬间交换的辐射量子数并不是一个确定值，而是围绕一个确定的平均值有微小变化的随机变量。所以在瞬间考查物体得到的温度值是在平均温度附近上下波动的变化量。这种温度的涨落引起温度噪声。对于以热电转换为机理的光电成像器件，这种温度噪声会成为限制其灵敏阈的主要噪声。

（4）热噪声

光电导与电阻性元件都产生热噪声。它是导电体内电子无规则热运动所形成的瞬间电流。热噪声又称为约翰逊(Johnson)噪声。

在任何导电体中，由于电子不停地热振荡并发生碰撞，其每次行程都产生电荷位移。由此构成

的瞬时微电流其方向是随机的。虽然微电流的总和在长时间内的平均值为零，但在每一瞬间却是一个随机涨落的电流值。这一涨落电流可转换为一个随机涨落的电压。由于该噪声电压起因于电子的热运动，而电子热运动的速率又与热力学温度成正比，故将这一噪声定义为热噪声。

（5）低频噪声（$1/f$噪声）

通过实测表明，半导体器件在有电流流过时会产生低频噪声。这种噪声的产生机理目前尚未完全清楚，因此它的名称仍未统一。例如，实验证明在光子探测器和半导体管中，低频噪声的等效电压值与偏流值有明显的依赖关系。这表明低频噪声是由于材料的电导率起伏而引起的，这种起伏使偏流受到调制，因此称为闪烁噪声。又如在点接触的 PN 结上，低频噪声与接触势垒或表面状态有关，因此又称为接触噪声。虽然在各种情况下，对低频噪声的起因具有不同的解释，但都吻合一个共同的规律，即低频噪声的等效电流值近似地与频率成反比。所以通常根据这一特点将这种噪声称为 $1/f$ 噪声。由此可知，低频噪声是低频域内需要考虑的噪声。

（6）介质损耗噪声

热电体属于电介质材料，其工作机理不同于光电导体，它是通过电偶极子的极化过程来产生信号电荷的。由于电偶极子的极化过程有弛豫现象，使流过的交流电消耗能量，会在热电体中产生噪声。这是所有电介质材料都存在的物理现象，故称之为介质损耗噪声。它是热电体的一项主要噪声。

（7）电荷耦合器件（CCD）的转移噪声

电荷耦合器件是以电荷包转移来完成自扫描信号输出的。在电荷包转移过程中要产生转移损失和界面态俘获损失，这两项损失构成了电荷耦合器件的转移噪声。

转移噪声具有积累性和相关性。其积累性是指逐次转移产生的噪声是连续累加的，因此转移噪声方差与转移次数 m 成正比。

（8）信噪比

根据前面几项噪声的分析可知噪声值是与信号相关的，即随着信号的增大而增大。因此，定量评价这一特性通常采用信号与噪声之比值来描述，简称信噪比。

在工程应用上，光电成像器件的信噪比需要通过实测来确定。下面进行说明。

直视型光电成像器件的全部噪声最终反映在输出像点的闪烁上，因为信号表现为输出像点的平均亮度值，所以通过测定输出像点的平均亮度与闪烁值，即可获得其信噪比。为了使测试结果统一，通常采用国际上规定的测试条件。取像点的直径为 0.2mm，输入照度为 1.24×10^{-5}lx，测试系统（包括被测器件）的等效带宽为 10Hz。如果所用的像点面积为 A，输入照度为 E，系统的等效带宽为 Δf，则信噪比为

$$\left(\frac{S}{N}\right)=\frac{S-S_0}{\sqrt{N^2-N_0^2}}\left[\frac{1.24\times10^{-5}}{E}\frac{\pi\times10^{-8}}{A}\frac{\Delta f}{10}\right]^{1/2} \tag{1.4-14}$$

式中，S 和 S_0 分别是有输入照度 E（lx）和无输入照度时输出像点的平均亮度值，N 和 N_0 分别是有输入照度 E 和无输入照度时输出像点闪烁的均方差值。

非直视型光电成像器件的输出信噪比通常用前置放大器输出端的视频信号与噪声之比来表示。这是因为前置放大器已具有较大的功率增益，因此可略去后继的各级放大器噪声。这一输出信噪比称为视频信噪比。但是视频信噪比并未与人眼的视觉性能联系起来，而电视摄像的最终目的是为人眼提供可被观察的图像，因此，为判定电视摄像的实际性能必须考虑到人眼接收的效能。为此，定义了显示信噪比。电视摄像的显示信噪比是取人眼的时间常数作为有效积分时间的信噪比。由于人眼视觉的有效积分时间约为 0.02s，刚好等于电视的场频周期，这一时间远大于扫描像元的时间，因此显示信噪比远大于视频信噪比。

2．噪声等效输入与探测率

噪声等效功率用来表示红外探测器最小可探测的功率值。它的定义是：当红外辐射被探测器接收时，由该辐射功率产生的输出信号均值正好等于探测器本身的噪声均方根值。通常简称其为NEP。

由于探测器本身的噪声与调制频率和带宽有关，同时入射辐射也具有不同的光谱分布，为了使NEP是在相同的测量条件下得到的，规定：噪声等效功率应注明辐射黑体的温度 T，辐射的调制频率 f，等效带宽 Δf。下面给出噪声等效功率的表示式

$$P_{\mathrm{NE}}(T,f,\Delta f)=\frac{EA}{V_{\mathrm{s}}/V_{\mathrm{N}}} \tag{1.4-15}$$

式中，E 是探测器接收的辐照度，A 是探测器的有效工作面积，V_{s} 和 V_{N} 分别为探测器信号与噪声的电压均方根值。

由于用噪声等效功率表示探测器性能，其值越大性能越差，这与通常人们习惯的表示方式相反，因此，在工程应用上人们用探测率，即噪声等效功率的倒数来表示探测性能。探测率为

$$D=\frac{1}{P_{\mathrm{NE}}}=\frac{V_{\mathrm{s}}}{EAV_{\mathrm{N}}} \tag{1.4-16}$$

在工程应用上还考虑到探测器的信噪比与其有效工作面积 A 的平方根成正比，与等效带宽 Δf 的平方根成反比。为便于定量比较不同情况下探测器的性能，规定了比探测率（有时也直接称为探测率）D^*。其定义为

$$D^*=D(A\cdot\Delta f)^{1/2}=\frac{V_{\mathrm{s}}}{EV_{\mathrm{N}}}\left(\frac{\Delta f}{A}\right)^{1/2} \tag{1.4-17}$$

以黑体为辐射源测得的 D^* 称为黑体探测率，表示为 $D^*(T,f,1)$，其中 T 是黑体的热力学温度，通常取500K，数字1表示单位带宽。

以单色辐射源测得的 D^* 称为单色探测率，表示为 $D^*(\lambda,f,1)$，其中 λ 是单色辐射波长。在响应峰值波长 λ_{p} 测得的 $D^*_{\lambda\mathrm{p}}(f)$ 称为峰值波长探测率。

直视型光电成像器件采用等效背景照度来表示最小可探测的入射照度。

1.4.4 光电成像的图像分辨特性

光电成像过程由于种种原因而产生像差，使输出图像的亮度分布不能准确再现输入图像的照度分布。定量描述这种图像失真程度的性能指标为分辨率和光学传递函数（或调制传递函数）。前者是单值参数，后者是空间频率的复函数。下面分别讨论。

1．分辨率

分辨率是以人眼作为接收器所判定的极限分辨能力。通常用光电成像系统在一定距离内能够分辨的等宽黑白条纹数来表示，分辨率测试靶如图1.4-1所示。

图1.4-1　分辨率测试靶

对于直视型光电成像器件，用输入像面上每毫米所能分辨的等宽黑白条纹对数表示分辨率（lp/mm）。

对于非直视型光电成像系统，则用扫描线方向相当于帧高的距离内所能分辨的等宽黑白条纹数表示分辨率。这一极限分辨率的线数简称为电视线。表示电视分辨率的指标，可以用电视线 n，也可以用视频带宽 Δf_{V}。两者之间的关系式为

$$\Delta f_{\mathrm{V}}=\frac{1}{2}af_{\mathrm{h}}n \tag{1.4-18}$$

式中，a 是电视幅面的宽高比，f_{h} 是行扫描频率。

2．点扩散函数与光学传递函数

定量描述光电成像过程的成像特性，最直观的方式是列出它的输入图像分布函数 $g(x,y)$和输出图像分布函数 $h(\xi,\zeta)$之间的关系式。但是，由于数学上的困难，通常这是不可能的。因此采用如下两种方式来分析成像特性。

（1）点扩散函数

当光电成像过程满足线性（齐次性和叠加性）及时间、空间不变性的成像条件时，可以建立如下的成像关系式

$$h(\xi,\zeta)=\int_{-\infty}^{\infty}\int_{-\infty}^{\infty}g(x,y)p(\xi-x,\zeta-y)\mathrm{d}x\mathrm{d}y=g(\xi,\zeta)*p(\xi,\zeta) \tag{1.4-19}$$

式中，$p(\xi,\zeta)$是光电成像的点扩散函数。它是由输入 $\delta(x,y)$函数分布的图像所得到的输出图像分布函数。$\delta(x,y)$函数的定义是

$$\begin{cases}\int_{-\infty}^{\infty}\int_{-\infty}^{\infty}\delta(x,y)\mathrm{d}x\mathrm{d}y=1 & x=0;y=0\\ \delta(x,y)=0 & x\neq 0;y\neq 0\end{cases} \tag{1.4-20}$$

这是一个几何点的图像，它表示只有在坐标原点（x=y=0）有 1 个单位的输入光，而其他处为零。由于几何点所占面积为零，所以在坐标原点的输入照度为无穷大，即

$$\delta(x,y)=\infty \qquad x=y=0 \tag{1.4-21}$$

从式（1.4−19）可知，光电成像的输出图像分布函数 $h(\xi,\zeta)$可以由它的输入图像分布函数 $g(x,y)$与点扩散函数 $p(\xi,\zeta)$的卷积来确定。因此利用点扩散函数就可以完全定量地描述光电成像的成像特性。

（2）光学传递函数

当光电成像过程满足线性及时间、空间不变性的成像条件时，则可以将它的 $g(x,y)$及 $h(\xi,\zeta)$变换为频谱函数来进行分析。根据傅里叶变换的公式，如果 $g(x,y)$和 $h(\xi,\zeta)$满足狄利克雷条件及无限区间可积条件，则它们的频谱函数存在，即

$$G(f_x,f_y)=\int_{-\infty}^{\infty}\int_{-\infty}^{\infty}g(x,y)\exp[-2\pi\mathrm{j}(xf_x+yf_y)]\mathrm{d}x\mathrm{d}y \tag{1.4-22}$$

$$H(f_x,f_y)=\int_{-\infty}^{\infty}\int_{-\infty}^{\infty}h(\xi,\zeta)\exp[-2\pi\mathrm{j}(\xi f_x+\zeta f_y)]\mathrm{d}\xi\mathrm{d}\zeta \tag{1.4-23}$$

这时可以建立如下的成像关系式

$$H(f_x,f_y)=G(f_x,f_y)\cdot O(f_x,f_y) \tag{1.4-24}$$

也可表示为

$$h(\xi,\zeta)=\int_{-\infty}^{\infty}\int_{-\infty}^{\infty}O(f_x,f_y)\left\{\int_{-\infty}^{\infty}\int_{-\infty}^{\infty}g(x,y)\exp[-2\pi\mathrm{j}(xf_x+yf_y)]\mathrm{d}x\mathrm{d}y\right\}\times \exp[-2\pi\mathrm{j}(\xi f_x+\zeta f_y)]\mathrm{d}f_x\mathrm{d}f_y \tag{1.4-25}$$

式中，$O(f_x,f_y)$是光电成像系统的光学传递函数。它的定义是：输出图像频谱与输入图像频谱之比。

如果将 $\delta(x,y)$和 $p(\xi,\zeta)$代入式（1.4−24）中，可以得到

$$O(f_x,f_y)=\frac{H(f_x,f_y)}{G(f_x,f_y)}=\frac{\int_{-\infty}^{\infty}\int_{-\infty}^{\infty}p(\xi,\zeta)\exp[-2\pi\mathrm{j}(\xi f_x+\zeta f_y)]\mathrm{d}\xi\mathrm{d}\zeta}{\int_{-\infty}^{\infty}\int_{-\infty}^{\infty}\delta(x,y)\exp[-2\pi\mathrm{j}(xf_x+yf_y)]\mathrm{d}x\mathrm{d}y} \tag{1.4-26}$$

$$=\int_{-\infty}^{\infty}\int_{-\infty}^{\infty}p(\xi,\zeta)\exp[-2\pi\mathrm{j}(\xi f_x+\zeta f_y)]\mathrm{d}\xi\mathrm{d}\zeta$$

由此证明，$O(f_x,f_y)$与 $p(\xi,\zeta)$是一对傅里叶变换。这一点由式（1.4−19）和式（1.4−26）构成傅里叶变换的卷积定理也可证明。

光学传递函数是复函数，它可表示为

$$O(f_x,f_y)=T(f_x,f_y)\cdot\exp[-\theta(f_x,f_y)] \tag{1.4-27}$$

式中，$T(f_x,f_y)$称为调制传递函数，简写为 MTF；$\theta(f_x,f_y)$称为相位传递函数，简写为 PTF。光学传

递函数可简写为 OTF，其物理意义如图 1.4-2 所示。

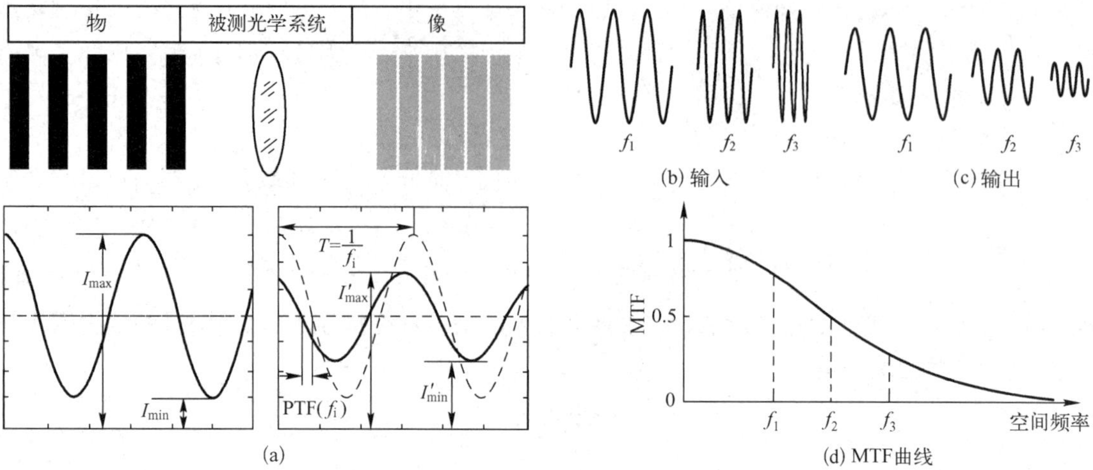

图 1.4-2 光学传递函数的物理意义

对于具有线性及时间、空间不变性成像条件的光电成像过程，完全可以用光学传递函数来定量描述其成像特性。光学传递函数还可以用来分析多环节线性串联的光电成像系统的特性。当复合系统由 n 个线性成像环节串联构成，且各环节的光学传递函数分别为 $O_1(f_x,f_y)$, $O_2(f_x,f_y)$, …, $O_n(f_x, f_y)$ 时，则复合成像系统的光学传递函数为

$$O(f_x,f_y)=O_1(f_x,f_y)O_2(f_x,f_y)\cdots O_n(f_x,f_y) \tag{1.4-28}$$

即 $$O(f_x,f_y)=T_1(f_x,f_y)T_2(f_x,f_y)\cdots T_n(f_x,f_y)\exp[-\mathrm{j}\theta_1(f_x,f_y)-\mathrm{j}\theta_2(f_x,f_y)-\cdots-\mathrm{j}\theta_n(f_x,f_y)] \tag{1.4-29}$$

这一关系表明，线性复合成像系统的调制传递函数为各环节调制传递函数的乘积，相位传递函数为各环节相位传递函数的代数和。

1.5 基于人眼信噪比的图像探测理论与图像探测方程

1.5.1 图像及图像探测灵敏阈

图像是人类对客观景物的一种相似性、生动性的描述或写真，或者说，图像是客观景物的一种客观表示形式，它包含了被描述对象的多种相关信息，是人类社会活动中最常用的信息载体，是人们最主要的信息源。

图像最常见的定义是各种影像的总称。广义上的图像是指所有具有视觉效果的画面，如纸介质上的、底片或照片上的、电视、投影仪或计算机屏幕上的景物二维分布等。

物理上，图像是客观三维景物随时间（或者说是光照情况）、温度、色彩变化的一种二维分布表示，其包括形状、距离、色彩等景物的相关信息。

就目前光电成像技术所达到的水平而言，目前的图像（Picture）表达还只是由不同亮暗（灰度）的点（像素）排列而成的点阵集合，视频图像（Image）利用人眼的视觉暂留特性逐像素逐列逐行地变换和显示其排布的点阵集合，彩色图像则是不同光谱光强引起的亮暗（灰度）的点（像素）排列而成的点阵集合。

图像亮暗之间的差异越大所看到的图像就越清晰。表示图像细腻程度的单位为 dpi（每英寸长度上的像素数），dpi 越高表明所显示的图像细节越丰富（水平/垂直分辨率越高）。图 1.5-1 是不同分辨

率情况下的同一幅图像。

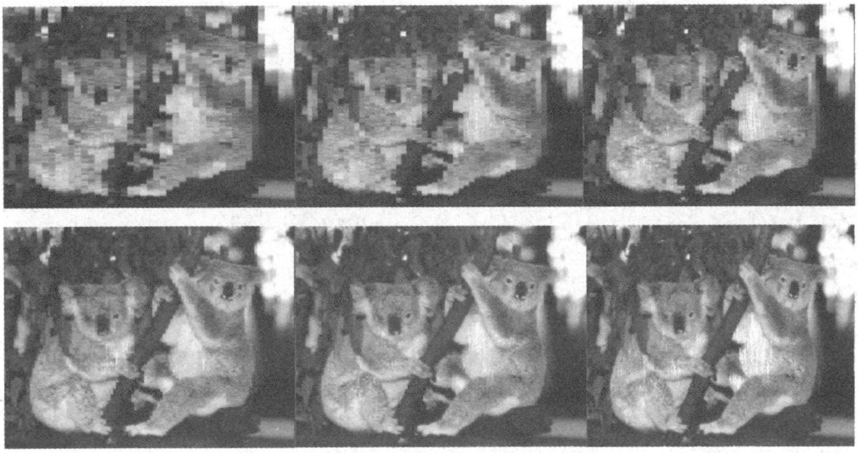

图 1.5-1　不同分辨率下的同一幅图像

自然景物的亮暗有着极其悬殊的变化，如日间阳光和夜间星光对地面景物的照度，前者约为 10^5lx，后者约为 10^{-3}lx，两者相差 8 个数量级，最低照度已远远低于人眼的视见灵敏阈。借助于光电成像则可实现对人眼视见灵敏阈的扩展。

利用光电成像的原理，可通过光电转换将输入的弱光图像予以增强，并输出强光图像。这里有一个问题，即光电成像的增强作用是否不受任何限制呢？理论分析证明，光电成像存在着图像探测的极限，称为图像探测灵敏阈。

一个景物的细节能否被光电成像系统所探测到(即形成一个可被人眼识别的输出图像)与下面三个因素有关：

（1）景物细节的辐射亮度(或单位面积的辐射强度)；

（2）景物细节对光电成像系统接收孔径的张角；

（3）景物细节与背景之间的辐射对比度。

可用光电成像系统刚好能探测到景物细节的上述三个指标来表示其极限性能。通常用可探测到图像细节的最小张角与最低辐射亮度两者之间的关系曲线来表示。这一曲线是在选定某一确定的辐射对比度情况下测定的，选定各种不同的辐射对比度可得到一组曲线，这组曲线定量地表明了该光电成像系统的图像探测灵敏度，称为图像探测特性曲线，对应的解析表达式称为图像探测方程。

下面通过建立图像信号与图像噪声的概念具体讨论光电成像系统的图像探测特性，并通过推导图像探测方程，确定光电成像系统对人眼视见灵敏阈的扩展能力。

1.5.2　图像的信噪比

图像是以辐射量子分布再现的景物。辐射量子数的差异表示出图像的亮暗，构成了图像信号。同时，由于辐射量子在数量上存在随机涨落，所以该量子数的起伏又构成了图像噪声。下面具体说明图像信号与图像噪声的概念。

两个相邻的像元具有不同的辐射亮度构成一个图像细节。设光电成像系统在有效积分时间内接收到的来自两个像元的辐射量子数分别为 $\overline{n}_1$ 和 $\overline{n}_2$，此时光电成像系统能否分辨出这两个像元，取决于 $\overline{n}_1$ 与 $\overline{n}_2$ 的差异，这一差异代表了图像细节的信号，即

$$S = \overline{n}_1 - \overline{n}_2 \tag{1.5-1}$$

这一图像信号也伴随有图像噪声。图像噪声来源于电磁波辐射的量子性，自然界的辐射都来源于物态的受激过程，受激辐射是物质内部电子能态跃迁的结果。物体中的电子均可成为辐射光子的

中心，它可能通过热效应、化学反应、电磁作用，以及其他粒子的非弹性碰撞获得能量，跃迁到受激态，当从不稳定能态跃迁到低能态时会以辐射量子的形式交换能量，发出辐射量子。因此，辐射过程具有量子性。

由于物体受激辐射是具有量子性的过程，所以在稳定受激条件下每个瞬间辐射的光子流密度具有量子性的随机涨落，但辐射光子流密度的平均值则是确定的，因而，产生的辐射强度围绕一个确定的平均值起伏。人眼在观察发光过程中通常感受不到这种起伏，这是因为人的视觉具有 0.02s 的积分，视觉感受的是在大于或等于 0.02s 时间内积累的光子数，所以，直观上人眼看不到小于 0.02s 的闪烁。

以黑体热辐射为例做进一步定量说明。黑体在一定温度条件下，辐射量子流密度的平均值与温度相关，平均值表示了黑体辐射强度，构成了辐射信号。但辐射的瞬时值则是有所涨落的，这种偏离平均值的随机起伏构成了辐射的噪声。

根据概率论中对随机变量数字特征的描述可知，辐射的量子数涨落值可以用均方差(标准差) $\sqrt{D(n)}$ 来表示，量子噪声可近似表示为

$$\sqrt{D(n)} \approx \sqrt{\bar{n}} \tag{1.5-2}$$

即可见光的量子辐射(光子)可用泊松(Polsson)分布来描述。

根据发光辐射的量子噪声公式 (1.5-2)，可给出图像噪声的表达式。由式(1.5-1)所描述的图像信号伴随有图像噪声，这是因为具有亮暗差异的两个像元，辐射的量子数都有涨落。所以由两个随机变量形成的差值也是有涨落的，其差值的涨落方差可表示为

$$D(n_1 - n_2) = D(n_1) - 2\,\mathrm{COV}(n_1, n_2) + D(n_2) \tag{1.5-3}$$

式中，$\mathrm{COV}(n_1,n_2)$是 n_1 和 n_2 的协方差。由于亮暗两个像元的辐射量子数彼此不相关，所以协方差为零。因此，图像的噪声值可表示为

$$N = \sqrt{D(n_1) + D(n_2)} = \sqrt{\bar{n}_1 + \bar{n}_2} \tag{1.5-4}$$

由式(1.5-1)和式(1.5-4)，可直接写出图像的信噪比表达式

$$\frac{S}{N} = \frac{\bar{n}_1 - \bar{n}_2}{\sqrt{\bar{n}_1 + \bar{n}_2}} \tag{1.5-5}$$

式中，n_1 和 n_2 分别是亮和暗像元在有效积分时间内发射的平均光子数。式(1.5-5)定量描述了由相邻的亮和暗像元构成细节的图像信噪比的大小。

1.5.3 光电成像系统的图像探测方程

光电成像系统所输出的图像，最终要由人眼来接收。人眼在观察图像时，要求图像的信噪比高于人眼的信噪比临界阈值(人眼对不同的图案的信噪比临界阈值不同)。当光电成像系统输出的图像信噪比等于人眼的临界阈值信噪比时，光电成像过程的工作状态便处于临界状态。利用这一条件可以建立光电成像系统的图像探测方程。下面基于图 1.5-2 建立这一方程。

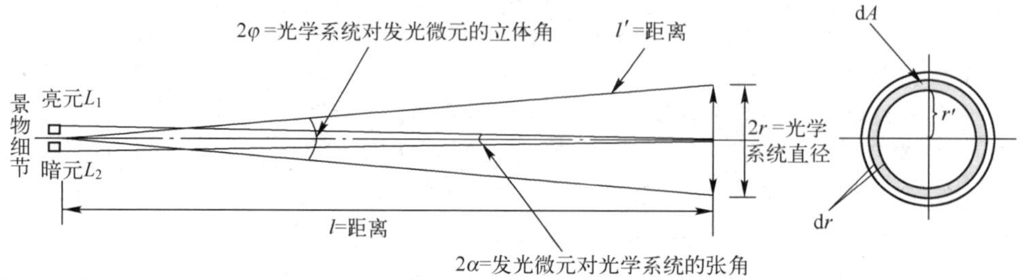

图 1.5-2　光电成像系统景物细节探测原理示意图

1．光电成像系统输出的图像信号表达式

由图 1.5-2，取被探测的景物细节为相邻的两个有亮暗差异的像元。为便于计算，每一像元取边长为 h 的正方形，亮度分别为 L_1 和 L_2，且 $L_1>L_2$。有

$$L_1=\frac{\mathrm{d}\Phi}{\mathrm{d}\Omega \mathrm{d}s\cos\phi} \tag{1.5-6}$$

式中，$\mathrm{d}\Phi$ 为像元发出的辐射通量，$\mathrm{d}\Omega$为对应 $\mathrm{d}A$ 的立体角，$\mathrm{d}s$ 为像元的面积(h^2)，ϕ 为光线与像元法线的交角。

于是，光电成像系统亮像元接收的辐射通量为

$$\Phi_1=\int_s\int_0^{\Omega}L_1\cos\phi\mathrm{d}\Omega\mathrm{d}s=\int_0^{\varphi}L_1h^2 2\pi\sin\phi\cos\phi\mathrm{d}\Omega\mathrm{d}\phi=\pi L_1h^2\sin^2\varphi \tag{1.5-7}$$

如果取光电成像系统接收孔径的半径为 r、光电转换的量子效率为 η、有效积分时间为 τ、像元与光电成像系统的间距为 l、像元边长 h 对光电成像系统的张角为 α、每流明光通量每秒所通过的光子数为 Q[对于白光(具有标准 A 光源的光谱分布)，Q 值近似等于 $1.3\times10^{16}\,\mathrm{lm}^{-1}\mathrm{s}^{-1}$]。由此，可列出光电成像系统在有效积分时间内接收亮像元辐射的平均光电子数为

$$\overline{p}_1=\pi L_1h^2\sin^2\varphi\cdot Q\tau\eta\approx\pi L_1r^2\left(\frac{h}{l}\right)^2Q\tau\eta=\pi L_1r^2\alpha^2Q\tau\eta \tag{1.5-8}$$

同理，光电成像系统在有效积分时间内接收暗像元辐射的平均光电子数为

$$\overline{p}_2=\pi L_2r^2\alpha^2Q\tau\eta \tag{1.5-9}$$

根据式(1.5-1)可知，通过光电成像系统所获得的输出图像信号为

$$S=\overline{p}_1-\overline{p}_2=\pi(L_1-L_2)r^2\alpha^2Q\tau\eta \tag{1.5-10}$$

2．光电成像系统所输出的图像噪声表达式

为了获得光电成像系统极限状态下的图像探测特性，取光电成像过程处于理想工作状态，即整个成像过程只有光电转换的量子噪声，不产生其他附加噪声，也不产生像差。由于光电转换的本质是光子和电子的能量交换过程，光电转换的量子噪声与光子噪声类似，故光电转换固有的量子起伏不能排除。光子入射到光敏元所产生的光电效应(包括外光电效应和内光电效应)都可解释为入射光子与体内电子产生非弹性碰撞，电子获得能量受激，或逸出体外构成光电子发射，或进入导带形成光电导。这表明光电转换产生的受激电子与受激发光产生的光子两种行为相同，因此，前面得出的黑体辐射量子信号和量子噪声的结论也适用于描述光电转换的量子信号和量子噪声，即光电转换的量子产额也为泊松分布，量子产额的平均值(泊松分布的数学期望)表示光电转换的量子信号值，量子产额的起伏值(泊松分布的均方差)表示光电转换的量子噪声值。

由于光电成像系统输出的亮和暗两个像元都伴随有量子起伏的噪声，因此其差值的起伏噪声可以利用概率公式求出。考虑到亮暗两像元的量子数不相关，所以两者的协方差为零，由式(1.5-8)和式(1.5-9)可写出光电成像系统输出图像噪声为

$$N=\sqrt{\overline{p}_1+\overline{p}_2}=\sqrt{\pi(L_1+L_2)r^2\alpha^2Q\tau\eta} \tag{1.5-11}$$

3．光电成像系统的输出图像信噪比

由光电成像系统的输出图像信号与噪声可得到光电成像系统的输出图像信噪比，即

$$\frac{S}{N}=\sqrt{\frac{\pi(L_1-L_2)^2r^2\alpha^2Q\tau\eta}{(L_1+L_2)}} \tag{1.5-12}$$

采用光学中的对比度 C 和平均亮度 L_{m} 来表示输入图像，有

$$C=\frac{L_1-L_2}{L_1+L_2},\qquad L_{\mathrm{m}}=\frac{1}{2}(L_1+L_2) \tag{1.5-13}$$

代入式(1.5-12)可得到

$$\frac{S}{N}=\sqrt{2\pi r^2\alpha^2 Q\tau\eta L_{\mathrm{m}}C^2} \tag{1.5-14}$$

4．光电成像系统的图像探测方程

式(1.5-14)是理想条件下光电成像系统的输出图像信噪比。如果这一信噪比大于接收器(通常是人眼)所需的阈值信噪比$(S/N)_{\min}$，说明理想的光电成像系统可以探测这一图像。即有

$$\sqrt{2\pi r^2\alpha^2 Q\tau\eta L_{\mathrm{m}}C^2}\geqslant (S/N)_{\min} \tag{1.5-15}$$

若式(1.5-15)的关系成立，表明图像可探测到；反之将不能探测到图像。

$(S/N)_{\min}$与图像形状有关。勃莱克韦尔 1946 年确定一个圆盘短时出现在屏幕上八个位置之一的任意位置，且以 50%的可靠率观察时，得到的阈值图像信噪比为 1.5。在采用兰道尔特 C 环观察其缺口处于上、下、左、右四个位置中的某一个位置且要求观察者回答四次其中三次正确时，得到的阈值图像信噪比为 1.9。而在确定具有黑白线条间隔的光学系统能分辨的最高频率时，所需要的阈值图像信噪比为 1.0。

式(1.5-15)中有两类参数。第一类为表征景物的参数，包括景物的平均亮度 L_{m}、景物的对比度 C、景物的视角 α；第二类为表征光电成像系统的参数，包括光电成像系统的接收孔径 $D=2r$、光电转换量子效率 η、有效积分时间 τ。

将式(1.5-15)中的上述两类参数分别置于不等号的两边，可得到如下关系式：

$$L_{\mathrm{m}}\alpha^2C^2\geqslant\frac{2}{\pi D^2\tau\eta Q}\left(\frac{S}{N}\right)^2_{\min} \tag{1.5-16}$$

该关系式定量地描述了图像探测特性，表明由关系式左边的客观参量 L_{m}、α、C 所描述的景物细节可以被关系式右边的参量 D、η、τ 所确定的理想光电成像系统探测到。当这一关系式为等式时，即为临界状态，表示理想光电成像系统的极限探测灵敏阈。该关系式通常称为理想条件下光电成像系统的图像探测方程(P.Schagen-夏根方程)。

5．图像探测灵敏阈

图像探测方程给出了光电成像系统的临界状况，表明光电成像对视见灵敏阈的扩展并不是无限的，其理论极限值由理想条件下的图像探测方程来确定。所能探测的极限值就是光电成像系统对视见灵敏阈扩展的极限。这一极限由被探测景物的三个参数来表示，即式(1.5-16)中的 L_{m}、α 和 C。这三个参数是互相关联的，只有确定其中的两个后，才能得到另一个的阈值。

选定光电成像系统的 D、η 及 τ，代入式(1.5-16)中，即可得到图 1.5-3 所示的图像探测特性。

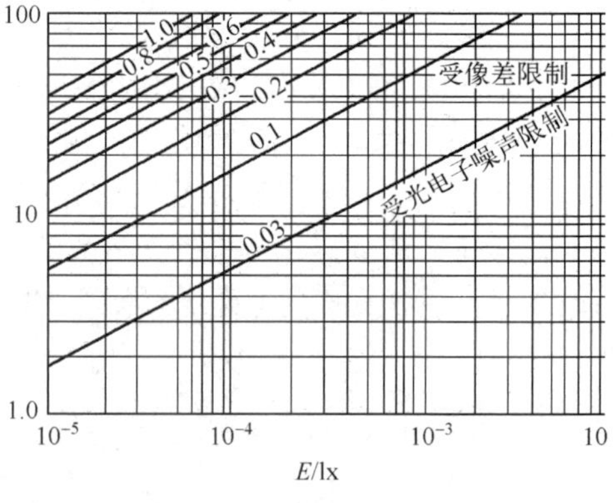

图 1.5-3　光电成像系统的图像探测特性

图 1.5-3 的纵坐标为图像分辨率 R，由其倒数和视距可计算出图像的视角 α。横坐标是景物的平均照度 E，可折算出景物的平均亮度 L_{m}。图中每根斜线上标明的数字是景物的对比度 C，这族斜线表示了理想光电成像系统的图像探测极限，其极限值由斜线每点坐标的分辨率、平均照度和对比度值确定。斜线的下部区域满足式(1.5-16)，称为图像可探测域。斜线的上部区域不满足式(1.5-16)，称为图像的不可探测域。

由于式(1.5-16)只考虑了光电成像系统的光电转换量子噪声，忽略了其他噪声和像差，因此，图中的斜线只给出了光电成像系统受光电子噪声限制时的图像探测特性，即光电成像过程的理论极限。

根据应用光学理论，成像系统的像差也限制着图像探测的极限分辨率。由于像差不会因图像亮

度的变化而改变，因此由光学像差所限制的图像探测阈值不随图像亮度而变化，其在图 1.5-3 中是一条平行于横坐标轴的直线，表明其为由像差所限制的图像探测特性。

由于光电子噪声和像差两个因素对光电成像系统图像探测特性的影响彼此独立互不相关，因此可通过线性叠加求出考虑像差及光电子噪声时的图像探测特性。图 1.5-3 中由斜线(光电子噪声限制)与平线(像差限制)合成的折线来表示相关的图像探测情况。折线表明，在低的景物平均亮度时，光电成像系统的图像探测特性主要受光电子噪声的限制。而在高的景物平均亮度时，图像探测特性则主要受像差的限制。

图像探测方程确定了扩展的阈值与相关因素的关系，对进一步讨论各类光电成像系统的原理及特性具有重要意义。

习题与思考题

1．试述光电成像技术对人眼视见光谱域的延伸以及所受到的限制。

2．人眼具有哪些特性？光电成像技术突破了人眼的哪些限制？

3．人眼视觉分为哪三种响应？明暗和色彩适应各指什么？

4．何为人眼的绝对视觉阈、阈值对比度和光谱灵敏度？

5．试述人眼的分辨率的定义及特点。

6．人眼及人眼-脑的调制传递函数具有什么特点？

7．什么是图像？如何理解图像的物理意义？

8．光学成像系统与光电成像系统的成像过程各有什么特点？光电成像系统的性能评价通常应从哪几方面考虑？

9．反映光电成像系统光电转换能力的参数有哪些？表达形式有哪些？

10．光电成像过程通常包括哪几种噪声？表达方式有哪些？

11．怎样评价光电成像系统的光学性能？有哪些方法和描述方式？

12．微光观测条件下信号与光量子噪声之间有什么关系？

13．影响光电成像系统分辨景物细节的主要因素有哪些？

14．如果光子发射和光电转换过程都符合泊松分布，试由此导出理想条件下光电成像系统的图像探测方程，并说明其物理意义。

第 2 章　直视型光电成像器件

20 世纪 30 年代，人们尝试利用光电倍增技术来扩展人眼的视见灵敏阈，电子光学聚焦成像技术就是其中成功的代表。电子光学聚焦成像技术是指将通过外光电效应获得的电子分布利用电磁场的作用进行会聚、能量增强和发光显示的成像技术，其具有代表性的器件称为像管。

像管包括变像管和像增强器两大类，变像管的主要功能是完成辐射图像的电磁波谱转换，像增强器的主要功能是完成可见光图像的亮度增强。因该成像过程必须在一个封闭的真空系统内以二维分布的形式完成，同时解决了图像的发光显示问题，因此，相比于电视成像过程，也将这类直视型光电成像器件称为直视型电真空成像器件。

2.1　像管成像的物理过程

像管作为直视观察器件，置于物镜与目镜系统之间。其输入窗位于望远系统中物镜的后焦面处，确保远方景物的光学图像或不可见的辐射图像清晰会聚成像到其输入窗；而其输出窗则位于目镜系统的前焦面上，确保人眼观察的舒适性。像管成像原理图如图 2.1-1 所示。

原理上，像管通过三个环节完成光辐射图像的电磁波谱转换和亮度增强，即：将接收的微弱的可见的光学图像或不可见的辐射图像转换成电子图像；使电子图像聚焦成像并获得能量增强或数量倍增；将获得增强后的电子图像转换成可见的光学图像。上述三个环节分别由光阴极、电子光学系统和 MCP，以及荧光屏完成，并共同封置在一个高真空的管壳内。以下简要说明其工作的物理过程。

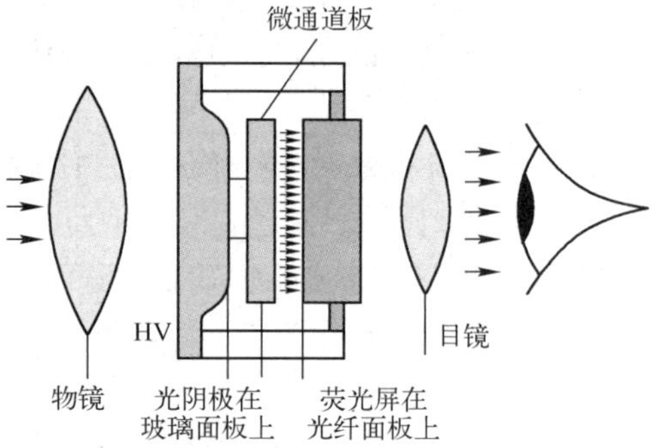

图 2.1-1　像管成像原理图

2.1.1　辐射图像的光电转换

像管利用外光电效应将输入的辐射图像转换为电子图像。外光电效应包括波长和强度两方面，分别由下面两个定律表述。

① 斯托列托夫定律：当入射光的频率或频谱成分不变时，光电发射体单位时间内发射出的光电子数或饱和光电流 I_G 与入射光的能量 Φ 成正比，即

$$I_G=S_\lambda\Phi \tag{2.1-1}$$

式中，S_λ 为比例系数，即通常的光电(谱)灵敏度(μA/lm)；Φ 为单位时间内照射到光电发射体上的能量(流明)。该定律表明：入射光越强，其产生的光电发射越大。

② 爱因斯坦定律：光电发射出来的光电子的最大初动能与入射光的频率成正比，与入射光的强度无关，即

$$W_{\max}=\frac{1}{2}mv_{\max}^2=h(\nu-\nu_0) \tag{2.1-2}$$

式中，m 为电子的质量；$v_{\max}$ 为光电子的最大初速度；h 为普朗克常数；ν_0 为截止频率(或红限频

率)。该定律表明：当入射频率低于ν_0时，不论光强如何都不会产生光电发射。

斯托列托夫定律和爱因斯坦定律揭示了光电转换过程的光电转换关系和光谱响应范围。

像管的输入端面是采用光电发射材料制成的光敏面，该光敏面接收辐射量子产生光电子发射。所发射的电子流密度分布正比于入射的辐射通量分布。由此完成将辐射图像转换为光电子图像的过程。由于光电子发射需要在发射表面有法向电场，所以光敏面应接在低电位处。该光敏面通常称为光阴极或光电阴极。像管中常用的光阴极有：对红外光敏感的银-氧-铯光阴极；对可见光敏感的双碱、多碱光阴极和 GaAs 材料的负电子亲和势(NEA)光阴极；对紫外光敏感的紫外光阴极等。有关实用光阴极将在 2.3 节中进行介绍。

光阴极分为透射型和反射型两种。像管中常用的光阴极是透射型的。即入射辐射从像管的入射端面进入，所以这类光阴极是半透明的。光阴极的制备过程必须在高真空中进行。

光阴极进行图像转换的简要物理过程是：当具有能量为 $h\nu$ 的辐射量子入射到半透明的光电发射体内时，会与体内电子产生非弹性碰撞而交换能量。当辐射量子的能量大于电子产生跃迁的能量时，电子将被激发到受激态。这些受激电子向真空界面迁移，如果电子在到达真空界面后仍具有可克服电子亲和势的能量，则可以发射到真空中，成为光电发射的光电子。具有负电子亲和势的光阴极不需要克服电子亲和势的能量。

由斯托列托夫定律可知，饱和光电发射的光电子流密度与入射辐射通量密度成正比。因此，由入射辐射分布构成的图像可以通过光阴极变换成由光电子流分布构成的图像。这一图像称为光电子图像。

2.1.2 光电子图像的能量增强

像管中的光电子图像通过特定的静电场或电磁复合场获得能量增强。光阴极的光电发射产生的光电子图像在刚离开光阴极面时是低速运动的光电子流，其初速度由爱因斯坦定律决定。这一低能量的光电子图像在静电场或电磁复合场的力作用下得到加速并聚焦到荧光屏上。到达像面时的高速运动的光电子流能量很大，由此完成了光电子图像的能量增强。像管中特定设置的静电场或电磁复合场统称为电子光学系统。由于它具有聚焦光电子成像的作用，故又被称为电子透镜。

像管中常用的电子光学系统有：纵向均匀静电场的投射成像系统；轴对称的静电聚焦成像系统；准球对称的静电聚焦成像系统；旋转对称的电磁场复合聚焦成像系统等。有关实用电子光学系统将在 2.4 节中介绍。

有些像管中还使用了微通道板，利用光电子图像的电子流密度倍增来进行图像增强。有关微通道板的内容将在 2.6 节中阐述。

2.1.3 光电子图像的发光显示

像管输出的是可见的光学图像。为把光电子图像转换成可见的光学图像，通常需要使用荧光屏。荧光屏是由发光材料的微晶颗粒沉积(或刷涂、喷涂等)而成的薄层，可以将光电子动能转换成光能。

荧光屏发光是利用掺杂的晶态磷光体受激发光的，这一物理过程将光电子图像转换为可见的光学图像。像管中常用的荧光屏，不仅应该具有高的转换效率，而且它的辐射光谱要和人眼或与之耦合的其他接收器件的光谱响应相一致。

实验证明，荧光屏由高速电子激发发光的亮度除了与发光材料的性质有关，还取决于入射电子流的密度和加速电压值。当像管中光电子图像的加速电压一定时，荧光屏的发光亮度正比于入射光电子流的密度。由此可知，像管的荧光屏可以将光电子图像转换成可见的光学图像。有关荧光屏的更详细内容将在 2.5 节中阐述。

2.2 像管的结构类型与性能参数

用于直视成像系统的像管具有多种类型。根据像管的工作波段可分为：工作于微弱可见光的像增强器，工作于非可见辐射（近红外、紫外、X 射线、γ 射线）的变像管；根据像管的工作方式可分为：连续工作像管、选通工作像管、变倍工作像管等；根据结构可分为：近贴式像管、倒像式像管（静电聚焦式、电磁复合聚焦式）等；根据使用的技术可分为：级联式的一代像管、带 MCP（微通道板）的二代像管、采用负电子亲和势光阴极和 MCP 的三代像管等。下面介绍一些主要类型像管的结构及性能参数等。

二维码 2.2-1

2.2.1 像管的结构类型、发展与制造

1．像增强器（零代/一代像增强器）

① 静电聚焦倒像式像增强器

静电聚焦倒像式像增强器中由光阴极和阳极共同构成静电聚焦系统。常用的电极结构有：平面光阴极双圆筒系统和球面光阴极双球面（同心球）系统两种，它们都能形成轴对称的静电场。静电场形成的电子透镜可使光阴极面上的物像发射出来的电子图像加速并聚焦于荧光屏上，形成一倒像。

在通常采用的双球面电极的系统中，阳极头部曲面和光阴极球面以及荧光屏球面构成近似同心球面。由此构成近似的球形对称静电场，使轴外各点的电子主轨迹都是近似对称轴，从而使轴外像差，如场曲、像散、畸变等都小于双圆筒系统。常用的单级静电聚焦倒像式像增强器的结构如图 2.2-1 所示。

在实际应用中，为了获得更高的亮度增益，常用光学纤维面板多级耦合完全相同的单级像增强器，因此像增强器的输入窗和输出窗多由光学纤维面板制成，以便将球面像转换为平面像，完成级间耦合。由于每级像增强器都成倒像，故为获得正像，耦合级数多取奇数，通常为三级。第一代三级级联像增强器如图 2.2-2 所示。

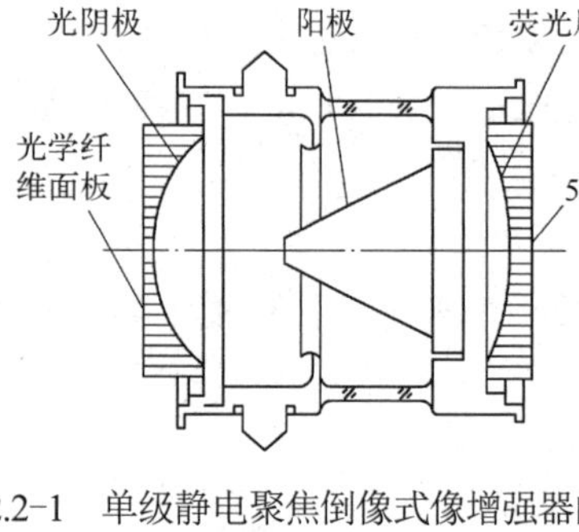

图 2.2-1 单级静电聚焦倒像式像增强器的结构

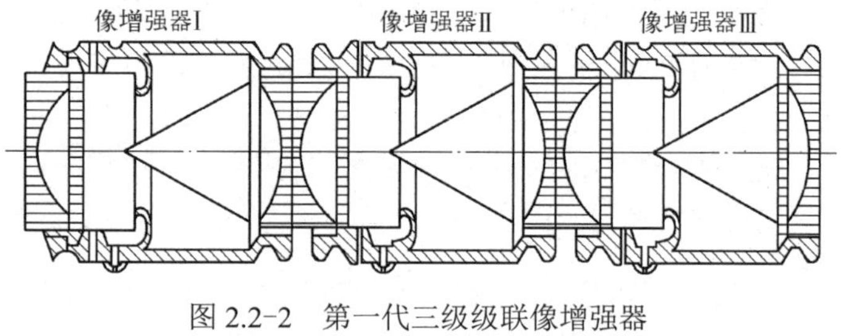

图 2.2-2 第一代三级级联像增强器

② 近贴式像增强器

近贴式像增强器的结构如图 2.2-3 所示，光阴极在输入窗的内表面，荧光屏在输出窗的内表面，光阴极和荧光屏相互平行。在光阴极与荧光屏之间施加高压时，两电极间形成纵向均匀静电场，光阴极发射出的电子受到电场的作用飞向荧光屏，由于间距很近（约 1mm），所以称其近贴聚焦的电子光学系统。

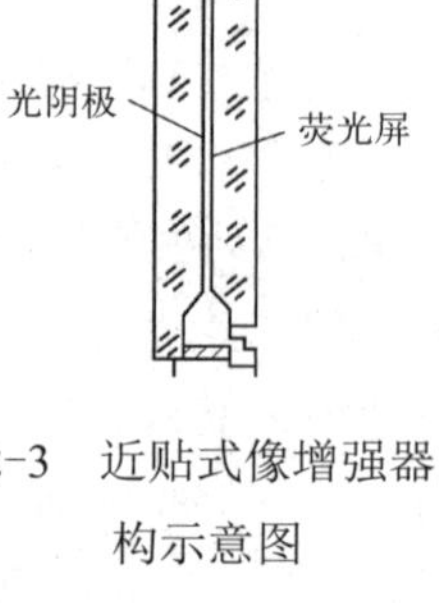

图 2.2-3 近贴式像增强器的结构示意图

近贴式像增强器是结构最简单的像增强器，在荧光屏上成正像，且无畸变。但是由于受分辨率的限制，极间距离不能太大，又因为受场致发射的限制，极间电压不能太高，因此系统的亮度

增益受到限制，像质也受到影响。

③ 电磁复合聚焦式像增强器

电磁复合聚焦式像增强器结构如图 2.2-4 所示，它采用平面像场。在平面光阴极和荧光屏之间设置有环形电极，其上加有逐步升高的电压，沿管轴建立起上升的电位；同时，管壳外设置有通以恒定电流的螺旋线圈，产生均匀磁场，由此形成纵向的均匀电磁场。该电磁场使光阴极发射的光电子加速并聚焦到荧光屏上成像。只要严格控制电压和磁场，就可以得到良好的像平面，在荧光屏上获得较高分辨率的图像。但是由于复合聚焦系统结构复杂、笨重，给使用带来不便。因此，通常只在需要高性能像质的场合，如天文观察时才使用这种聚焦方式。

④ 选通式像增强器

选通式像增强器是静电聚焦式像增强器。它是在普通两电极像增强器的结构上增加控制栅极构成的，其典型结构如图 2.2-5 所示。控制栅极由靠近光阴极的栅网和阳极孔阑组成。当栅极电位低于光阴极电位时，形成反向电场使光阴极的光电发射截止；当在栅极上施加正电位的工作脉冲时，构成聚焦成像的电场。由此实现了选通式工作状态。

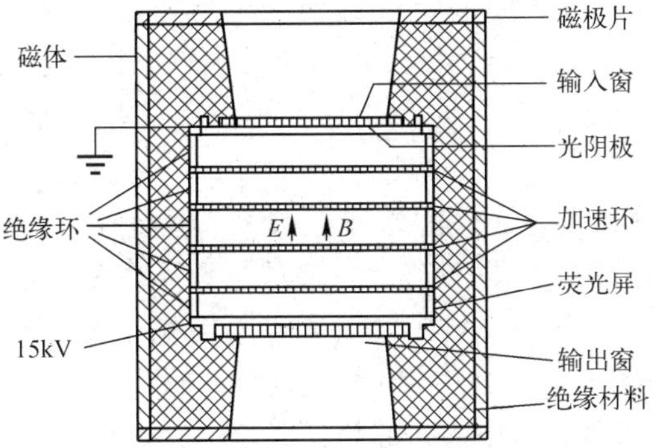

图 2.2-4　电磁复合聚焦式像增强器结构

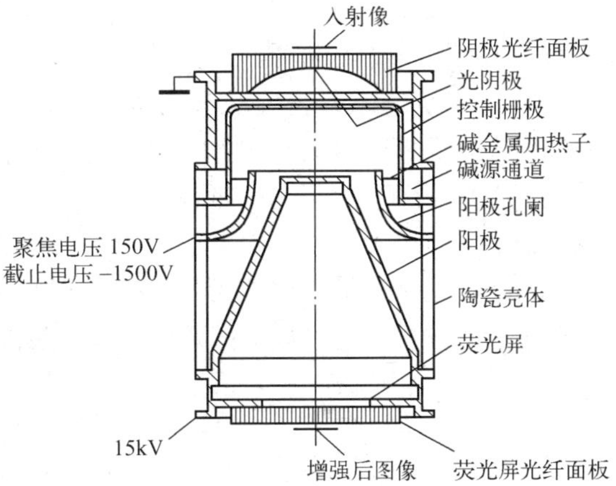

图 2.2-5　选通式像增强器结构

选通式像增强器具有可控的间断工作功能。选通的工作方式有两种：一是单脉冲触发式工作；二是连续脉冲触发式工作。前者用于在高速摄影中作为电子快门，后者用于主动红外选通成像与测距。

选通式像增强器中有另一种类型，它增加了一对偏转电极，这对偏转电极设置在阳极锥体内，其上施加线性斜坡状脉冲电压使输出图像偏转，将连续选通的几幅图像在荧光屏上分开。这种像增强器称为条纹管。

在技术划代方面，级联式像管属于一代像管，其标志性的技术是使用了光纤面板作为像管的输入输出窗体后，将原单级像管级联成多级像管(如图 2.2-2 所示)，在此之前使用的单级像管被称为零代管。

由于单级像管不能提供星光场景中高速探测识别目标所需的屏幕亮度，像增强器单级的光增益只有 50～100 倍，人们于 20 世纪 50 年代末已经制成三级级联的玻璃管体的静电聚焦倒像式像增强器，它虽然解决了整体图像亮度增加的问题，却也带来了分辨率明显降低的弱点；1958 年光纤面板的诞生让人们看到了希望，1965 年美国与其他欧洲国家相继成功研制了光纤面板耦合的三级级联的像增强器，在解决多管倍增提升的同时，较好地利用每根微细光纤的导光能力，最大限度地降低了级联带来的分辨率损失。同时，由于光纤面板作为单管窗体的外侧可制成平面利于胶合，内侧可制成球面，更有利于形成球面阴极和荧光屏，有利于电子光学系统的聚焦成像，进一步提升了图像的分辨能力。当然，一代像管的缺点也很明显，体积大、质量重，三级像管均需高压电源控制，整体上比较笨重。

2．带微通道板的像增强器（二代像增强器）

同样，为解决单级增益不足的问题，20 世纪 60 年代开始在像增强器中使用微通道板（MCP，Micro Channel Plate）技术，习惯上将这类像增强器称为二代像增强器。二代像增强器与一代像增强器的根本区别在于：它不是采用多级级联实现光电子图像倍增的，而是采用在单级像增强器中设置 MCP 来实现光电子图像倍增的。

MCP 是两维空间的电子倍增器，它是由大量平行堆集的微细单通道电子倍增器组成的薄板，通道孔径通常为 5～10μm。通道内壁具有较高的二次电子发射系数。在 MCP 的两个端面之间施加直流电压形成电场。入射到通道内的电子在电场作用下，碰撞通道内壁产生二次电子。这些二次电子在电场力加速下不断碰撞通道内壁，直至由通道的输出端射出，实现了连续倍增，达到了增强光电子图像的作用。

二代像增强器有两种管型结构，一种是双近贴式，另一种是倒像式。双近贴式二代像增强器的结构如图 2.2-6 所示。MCP 近贴于光阴极和荧光屏之间，构成两个近贴空间，因此这种像管又称为双近贴式像增强器。由于采用了双近贴、均匀场，所以图像无畸变，放大率为 1，不倒像。同样，由于近贴，会出现光阴极、MCP、荧光屏三者之间的相互影响。如光阴极和 MCP 之间的近贴，为了避免场致发射，所加电压较低，因而光电子到达 MCP 的能量也较低，这使近贴管的增益受到限制；又如光阴极与荧光屏之间的空间很小，其光反馈比较严重，这使其分辨率受到影响。

图 2.2-7 为静电聚焦倒像式二代像增强器的结构。MCP 与光阴极之间采用静电透镜，MCP 置于电子透镜的像面位置，与荧光屏之间形成近贴均匀场。为了使电子透镜的像面为平面，阳极孔径要置于稍微超前于阴极球面中心的位置。还在像增强器的阳极与 MCP 之间设置一个消畸变电极。该电极与光阴极电位相近，可使外缘电子收拢以减小鞍形畸变，同时又使电子垂直入射到 MCP 输入面以获得均匀的电子倍增。由 MCP 增强后的电子图像通过近贴电子光学系统聚焦到荧光屏上。荧光屏上所成的像相对于光阴极上的像来说是倒像，故仍称其为倒像增强器。

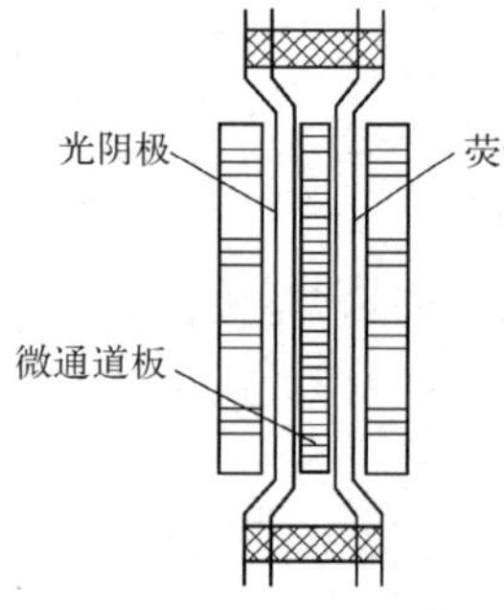

图 2.2-6　双近贴式二代像增强器结构

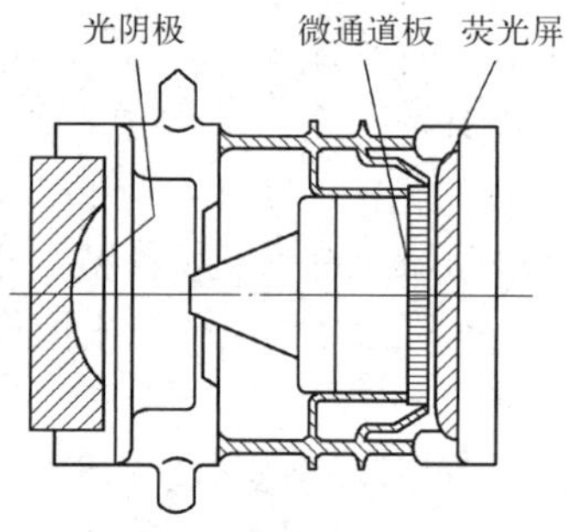

图 2.2-7　静电聚焦倒像式二代像增强器结构

由于光电子在微通道中的连续倍增，MCP 输出端的电子密度较高、速度快，易于使像增强器内残余气体分子电离。如果电离产生的正离子轰击光阴极将降低像增强器的寿命。当 MCP 输入端电位低于阳极电位时，形成一个防止正离子反馈的位垒。这个位垒一方面阻止正离子反馈，另一方面又收集 MCP 端面上所产生的二次电子，从而消除了光晕现象。

由于 MCP 本身具有高增益、增益可控、电流饱和等特性，因此，与第一代像增强器相比，无论双近贴式还是倒像式二代像增强器，均具有体积小、质量轻、亮度可调、可以防强光等优点。

随着工艺技术的成熟和发展进步，在标准二代像增强器的基础上发展了超二代、高性能超二代等像增强器，这些像增强器在性能参数上比标准二代像增强器有了较大幅度的提高。

3．采用负电子亲和势光阴极的像增强器(三代像增强器)

由于二代像增强器仍受限于更低的工作照度，20 世纪 70 年代初，人们开始尝试进一步提高光阴极的光电灵敏度，即采用可以形成负电子亲和势的材料制备像增强器的光阴极，并取得了成功，在技术上便将采用了负电子亲和势光阴极的像增强器称为三代像增强器。

由于目前还只能在平面上制作负电子亲和势光阴极，所以它的结构与二代像增强器类似，其根本区别在于光阴极的材料和制备工艺。二代像增强器采用的是表面具有正电子亲和势的多晶薄膜结构的多碱光阴极，其光电灵敏度通常为 400～800μA/lm；而三代像增强器采用负电子亲和势光阴极的光电灵敏度目前最高可达 4000μA/lm 以上，因此，三代像增强器在高增益、低噪声方面更具优点。此外，负电子亲和势发射的光电子主要为热化电子，其初动能较低且能量比较集中，所以，三代像增强器具有更高的图像分辨率。三代像增强器的这些特点使其成为目前性能最优越的直视型光电成像器件。

据有关报道，近年来美军在三代像增强器的基础上，通过改进 MCP 技术，进一步提高了三代像增强器的性能，相继出现了超三代像增强器、高性能超三代像增强器和四代像增强器等器件。

从根本上讲，在技术应用形式上几种像增强器并没有本质上的区别，但性能参数、特别是分辨率和信噪比等参数方面则存在较大差别。图 2.2-8 为三代和四代像增强器的外形。

(a) 通常的18mm 三代像增强器　(b) 未倒像的16mm 四代像增强器(为远离电源带有引线)　(c) 倒像的 16mm 四代像增强器

图 2.2-8　三代和四代像增强器的外形

4．各类变像管

红外变像管、紫外变像管、X 射线和 γ 射线变像管分别用于将不可见的红外图像、紫外图像、X 射线图像和 γ 射线图像转换为可见的光学图像。其中前两种在结构上与普通的像增强器基本相同，只是在窗口、光阴极材料和光谱响应方面有所不同。后两种则比普通像管多了一个射线转换荧光屏(又称输入荧光屏)，它位于变像管的输入窗内，在它与外壳之间设置有薄铝层以遮挡杂光。转移屏与光阴极之间靠很薄的玻璃耦合，以减小荧光图像的扩散。这一转换屏可将入射的 X 射线图像或 γ 射线图像转换为荧光的弱光图像，该弱光图像入射到光阴极上产生光电子图像。其后续过程与普通像管相同。图 2.2-9 给出了近贴 X 射线变像管工作原理示意图，图 2.2-10 给出了缩小型 X 射线变像管结构示意图。

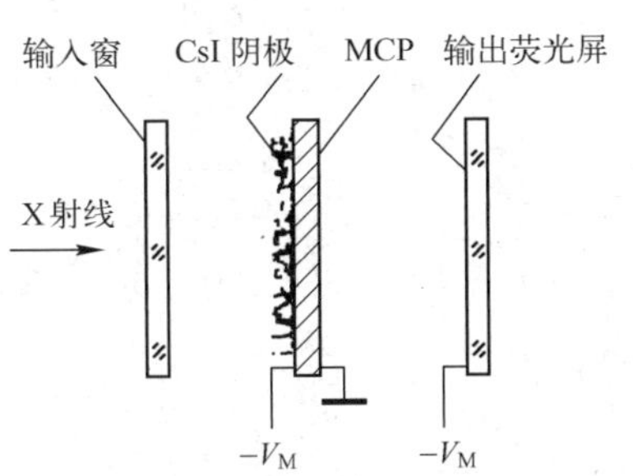

图 2.2-9　近贴 X 射线变像管工作原理示意图

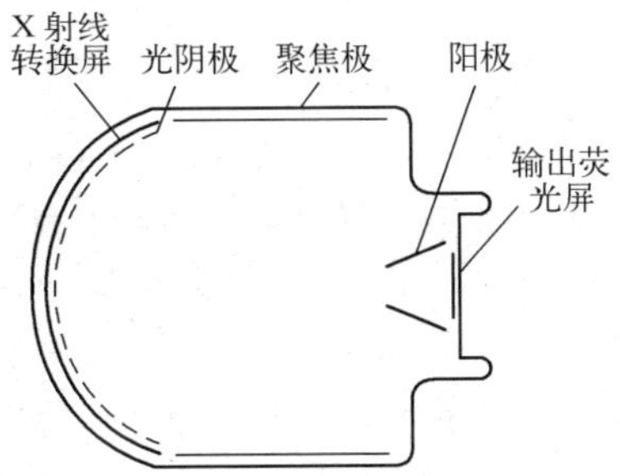

图 2.2-10　缩小型 X 射线变像管结构示意图

X 射线转换屏由 X 射线激发可发光的材料制成，目前国内通常采用 ZnS：Ag(P11)、(Cd，Zn)S：Ag(P20)和 CsI(Tl)等材料。γ 射线转换屏由 NaI(Tl)、CsI(Tl)和 CsI(Na)等闪烁晶体制成。

5．像管的制造

像管(像增强器和变像管)属于电真空器件，其整管制造时需要在高真空环境下完成并保持高真空状态，工艺环节多，过程复杂，成品率较低。以金属-陶瓷结构的像管为例，其典型研制工艺包括如下环节。

① 阴极面板组的制备：主要流程为阴极盘的清洗、烧氢、检验平度、预氧化、涂玻璃焊料、将清洗后的光纤面板熔封至阴极盘，涂银膏标记、去氧化层、抛光、清洗、蒸铝环(其中多道工序间都有检验环节)。

② 阳极面板组的制备：主要流程为阳极盘的清洗、烧氢、检验、涂玻璃焊料、将清洗后的光纤面板熔封至阳极盘，涂银膏、抛光、清洗、离心制屏、涂膜、蒸铝、烘膜、蒸铝(其中多道工序间都有检验环节)。

③ 管壳组的制备：主要流程为将清洗后的陶瓷筒、焊料圈、可伐类法兰及阴极外筒以及铜管在加热条件下装配在一起，完成铜焊、检验、清洗、烘涂 Cr_2O_3、用银膏做标记、加热、检验、加入吸气剂和碱金属蒸发器、点焊、氩弧焊、对做好真空处理的电极和不锈钢引入管壳点焊、检测电极装置及隔珠位置。

④ 装配：通过点焊、氩弧焊连接阴极面板组、阳极面板组、MCP 组件、管壳组，再通过点焊、氩弧焊将阴极蒸发器组与前者相连，通过检漏实现整管装配。

⑤ 制管：对整管进行排气、阴极加工、台上老练、台上烤吸气剂、下排气台、夹掉碱源、消气并检漏、引入清洗后的护帽、密封冷焊口、高压老练、测试、消气检漏、封离、将清洗后的护帽放置其上胶合后完成单管制造。

2.2.2 像管的性能参数

直视光电成像器件是为扩展人眼视见范围和视见能力而发展起来的，它既能探测到微弱的或人眼不可见的目标辐射信号，又能将目标满意地进行成像，使人眼能看到再现的目标图像。因此，像管既是一个辐射探测器、放大器，同时又是成像器。作为辐射探测器，它应具有高的量子效率和信号放大能力，以提供足够的亮度。这一性能通常用灵敏度和亮度增益来描述；作为成像器，它必须具有小的图像几何失真，适当的几何放大率，尽可能小的亮度(能量)扩散能力，以提供足够的视角和对比。这些性能通常用畸变、放大率、分辨率及调制传递函数来描述。下面简述像管的主要特性。

1．光谱响应特性

像管的光谱响应特性是指像管的响应能力与入射波长的对应关系，实际上是其光阴极的光谱响应特性。它决定了像管工作的光谱范围，通常用光谱响应率、量子效率、光谱特性曲线等来描述。

光谱响应率是像管对单色入射辐射的响应能力；积分响应率(有时也简称为响应率)是像管对全色入射辐射的响应能力。它们分别以 R_λ 和 R 表示。由于在实际应用中，像管接收的往往不是单色辐射，而是某一光源的全色辐射，所以响应率更具有实际意义。

根据响应率的定义，即单位入射辐射功率所产生的输出光电流，则

$$R=\frac{I}{P}=\int_0^{\infty}P_\lambda R_\lambda \mathrm{d}\lambda \Big/ \int_0^{\infty}P_\lambda \mathrm{d}\lambda \tag{2.2-1}$$

考虑到
$$P_\lambda = P(\lambda)P_m \tag{2.2-2}$$
$$R_\lambda = R(\lambda)R_m \tag{2.2-3}$$
式中，P 为入射辐射功率；I 为输出信号电流；P_λ 为单色辐射功率；R_λ 为光阴极光谱响应率；$P(\lambda)$ 为单色辐射功率相对值；$R(\lambda)$为光阴极相对光谱响应率；P_m 为单色辐射功率最大值；R_m 为光阴极光谱响应率最大值。所以
$$R = \int_0^\infty P_m P(\lambda) R_m R(\lambda) d\lambda \bigg/ \int_0^\infty P_\lambda P(\lambda) d\lambda = R_m \int_0^\infty P(\lambda)R(\lambda) d\lambda \bigg/ \int_0^\infty P(\lambda) d\lambda \tag{2.2-4}$$
令
$$a = \int_0^\infty P(\lambda)R(\lambda) d\lambda \bigg/ \int_0^\infty P(\lambda) d\lambda \tag{2.2-5}$$
则
$$R = aR_m \tag{2.2-6}$$
式中，a 称为光谱匹配系数。它反映了在像管响应的波长范围内，光源与光阴极，荧光屏与光阴极及荧光屏与人眼光谱光视效率之间在光谱上的吻合程度。如果匹配良好，就能获得高的整管响应度。因此，光谱匹配系数是选择像管各级材料的重要依据。常用的辐射源和光阴极的光谱匹配系数见二维码 2.2-2。

二维码 2.2-2

2．增益特性

合适的亮度是观察图像的必要条件。像管输出的图像亮度既与入射图像的照度有关，又取决于像管本身对辐射能量的变换与增强的能力。“增益”就是用来描述像管这种能力的参数。像管的增益有亮度增益、辐射亮度增益及光通量增益，其中亮度增益是最基本而通用的。

（1）亮度增益的定义

像管的亮度增益定义为：像管在标准光源照射下，荧光屏上的光出射度 M 与入射到阴极面上的照度 E_V 之比。即
$$G_L = M/E_V \quad (倍) \tag{2.2-7}$$
由于荧光屏具有朗伯发光体的特性，发光的亮度分布符合余弦分布律，因此 M 与亮度 L 之间的关系为
$$M = \pi L \tag{2.2-8}$$
则
$$G_L = \pi L/E_V \qquad [\mathrm{Cd/(m^2 lx)}] \tag{2.2-9}$$
有时由于像管的输出与输入采用的单位不同，像管的增益还用辐射亮度增益 G_{Le} 和光通量增益 G_Φ 来表示，即
$$G_{Le} = \frac{\pi L}{E_e} = \frac{\pi LK}{E_V} = KG_L \tag{2.2-10}$$
$$G_\Phi = \frac{\Phi_{out}}{\Phi_{in}} = \frac{MA_s}{E_V A_c} = m^2 G_L \tag{2.2-11}$$
式中，E_e 为光阴极面入射辐照度；K 为光视效能，典型光源的 K 值见二维码 2.2-3；Φ_{out} 为荧光屏输出光通量；Φ_{in} 为光阴极面输入光通量；A_s 为荧光屏有效面积；A_c 为光阴极有效面积；m 为像管的几何放大率。

二维码 2.2-3

（2）亮度增益的表达式

下面根据定义建立亮度增益的表达式，即亮度增益与像管各参数之间的关系。

设入射到像管光阴极面上的照度为 E，光阴极的积分响应率为 R，那么光阴极有效面积 A_c 上产生的光电流为
$$I = EA_c R \tag{2.2-12}$$
若以 τ 表示电子光学系统透射比，U 为像管的加速电压，则入射到荧光屏上的功率为

$$P = \tau IU \tag{2.2-13}$$

由荧光屏发光效率 η(lm/W)的定义 $\eta=\Phi/P$ 可知，荧光屏发出的光通量为

$$\Phi = \eta P = \eta\tau IU = \eta\tau EA_{c}UR \tag{2.2-14}$$

荧光屏的光出射度为

$$M = \frac{\Phi}{A_{s}} = \eta\tau EUR\frac{A_{c}}{A_{s}} = \frac{\eta\tau EUR}{m^{2}} \tag{2.2-15}$$

这样，根据定义便可得到单级像管的亮度增益表达式为

$$G_{L} = \frac{M}{E} = \frac{\eta\tau UR}{m^{2}} \tag{2.2-16}$$

同理可推得三级级联像管的亮度增益为

$$G_{L} = \frac{\eta_1\eta_2\eta_3\tau_1\tau_2\tau_3U_1U_2U_3R_1R_2R_3}{m_1^2m_2^2m_3^2} \tag{2.2-17}$$

式中，R_1 为第一级光阴极对入射光的积分响应率；R_2 为第二级光阴极对第一级荧光屏的积分响应率；R_3 为第三级光阴极对第二级荧光屏的积分响应率。

（3）亮度增益表达式的意义

在像管亮度增益的表达式中，清楚地表明了像管各参数对亮度增益的影响。为了提高增益，以便在一定图像入射照度下提高荧光屏上输出图像的亮度，必须提高 η、τ、α、R、U 并减小 m。由于 η、τ、α、R 永远小于 1，因此这些参数的提高对增益的改善并不显著。m 对 G_L 的影响则较大，当 m 减小时，G_L 以平方关系增大，然而这是以缩小图像为代价的。同时 m 不能太小，因为荧光屏的发光效率与荧光粉的颗粒度之间有一定关系，要保证荧光屏的发光效率，荧光粉的颗粒度就不能太小，这样就使缩小的图像很难由颗粒度较大的荧光屏分辨出来，导致分辨率下降。所以绝大多数现有像管的 m 值为 0.5～1。此外，加大 U 对 G_L 是有利的，而且是提高 G_L 的根本条件。一般单级像管的 U 值为 12～15kV，这实际上是通过外界能量的输入来提高像管亮度增益的。但是，当 U 超过一定值时，将引起强烈的背景，甚至会出现破坏性的放电，因而要受到限制。像管的级数增加，G_L 会有很大提高。但是随着级数的增加，体积和质量也将增加，且像质变差，因此需要全面考虑，进行合理的选择。

由上述表达式计算出的亮度增益，是在忽略了许多影响因素情况下得到的理论值。实际上像管的亮度增益要小于理论值。像管实际亮度增益的大小，可通过实验测试得到。具体测试是根据亮度增益的定义进行的。常用像管亮度增益的典型值为：红外变像管：30～50；单级像增强器：50～100；三级级联像管：5×10^4～10^5；二代像管：$>10^4$。

3．背景特性

合适的亮度是人眼观察图像的必要条件，但像管的输出亮度并不都是有用的。在输出端，荧光屏的图像中除了有用的成像(信号)亮度，还存在一种非成像的附加亮度，称之为背景(或背景亮度)。像管的背景包括无光照射情况下的暗背景和因入射信号的影响而产生的附加背景，称为信号感生背景(或光致背景)。暗背景产生的主要原因是光阴极的热电子发射和可能引起的场致发射。产生信号感生背景的主要原因是阴极透射光、管内散射光、离子反馈、光反馈所致。由于背景的存在，在荧光屏上的目标和其周围景物的图像上都叠加了一个背景亮度，因而使图像的对比下降，影响图像的清晰程度。

为了反映背景对像管图像对比的影响，引入两个参数：等效背景照度和对比恶化系数。

（1）等效背景照度

为了与来自目标的照度相比较，通常用等效背景照度来表示暗背景。使荧光屏亮度等于暗背景亮度值时的光阴极面上的输入照度值称为等效背景照度。若像管的亮度增益为 G_L，在像管的光阴

极面没有受到照射时，测得荧光屏暗背景亮度为 L_{db}，则等效背景照度为

$$E_{be} = \pi L_{db} / G_L \tag{2.2-18}$$

当光阴极面上的输入照度为 E、荧光屏的亮度为 L 时，亮度增益为

$$G_L = \pi(L - L_{db}) / E \tag{2.2-19}$$

所以式(2.2-18)可写成

$$E_{be} = \frac{L_{db}}{L - L_{db}} E \tag{2.2-20}$$

根据上式，调节输入照度使荧光屏亮度为暗背景亮度的 2 倍，此时的输入照度在数值上即等于等效背景照度。

等效背景照度的典型值，对变像管而言为 10^{-3}lx 数量级，对像增强器而言则为 10^{-7}lx 数量级。

（2）对比恶化系数

由于背景的存在使图像模糊不清，背景使像质下降的程度可用对比恶化的多少来描述。即

$$r^{-1} = C_b / C_0 \tag{2.2-21}$$

式中，r 称为对比恶化系数，C_b 是有背景影响时输出图像的对比度，C_0 是没有背景影响时输出图像的对比度。设荧光屏上图像亮度的最大值和最小值分别为 L_{max} 和 L_{min}，则

$$C_0 = \frac{L_{max} - L_{min}}{L_{max} + L_{min}} \tag{2.2-22}$$

设像管的总背景亮度 L_b 是暗背景亮度 L_{db} 和入射辐射所引起的附加背景亮度 L_{sb} 之和，即有

$$L_b = L_{sb} + L_{db} \tag{2.2-23}$$

则在荧光屏上由于背景亮度影响而恶化了的对比度应为

$$C_b = \frac{(L_{max} + L_b) - (L_{min} + L_b)}{(L_{max} + L_b) + (L_{min} + L_b)} = C_0 \left(1 + \frac{2L_b}{L_{max} + L_{min}}\right)^{-1} = C_0 \left(1 + \frac{2L_{db}}{L_{max} + L_{min}} + \frac{2L_{sb}}{L_{max} + L_{min}}\right)^{-1} \tag{2.2-24}$$

设

$$r_{db} = \frac{2L_{db}}{L_{max} + L_{min}}, \quad r_{sb} = \frac{2L_{sb}}{L_{max} + L_{min}}$$

则

$$C_b = C_0 (1 + r_{db} + r_{sb})^{-1} \tag{2.2-25}$$

$$r^{-1} = (1 + r_{db} + r_{sb})^{-1} = C_b / C_0 \tag{2.2-26}$$

r^{-1} 的值在 0～1 之间。当信号很小时，主要是暗背景起作用；当信号很大时，主要是信号感生背景起作用。

4．成像特性

像管既是一个辐射探测器，又是一个图像探测器。作为图像探测器，它应该具备好的成像特性。成像特性通常用放大率、畸变、分辨率和调制传递函数来描述。

（1）放大率

像管的放大率 m 指的是像管输出端输出的图像线性尺寸 l' 与其对应的输入端图像的线性尺寸 l 之比，即

$$m = l' / l \tag{2.2-27}$$

因此，放大率是表征像管对图像几何尺寸放大或缩小能力的一个性能参数。

（2）畸变

由于像管常采用静电聚焦电子光学系统，它的边缘放大率比近轴放大率大，所以在输出端图像产生枕形畸变。由于物高不同，放大率不同，导致图像形状发生畸变，并以 D 表示畸变的程度

$$D = \left(\frac{m_r}{m_0} - 1\right) \tag{2.2-28}$$

式中，m_r为距光阴极中心特定半径处的放大率；m_0为中心放大率。

对于三级级联像管，由于

$$m_r = m_{1r}m_{2r}m_{3r}\ ,\quad m_0 = m_{10}m_{20}m_{30} \tag{2.2-29}$$

式中，$m_{1r}, m_{2r}, m_{3r}, m_{10}, m_{20}, m_{30}$分别为各单级像管距阳极轴心$r$处的放大率和中心放大率。

由上式可得到三级级联像管总的相对畸变为

$$D = (1+D_1)(1+D_2)(1+D_3)-1 \tag{2.2-30}$$

式中，D_1, D_2, D_3是各单级像管的相对畸变。

通常取光阴极有效直径的80%处的放大率来表征畸变大小。它的典型数据是：变像管为10%；三级级联像管为25%～35%。

（3）分辨率

成像器件刚刚能分辨清两个相距极近的目标的像的能力称为该成像器件的分辨率。由于像管中电子光学系统存在着各种像差，再加上荧光屏对入射电子、出射电子的散射和荧光粉粒度的限制，以及级间耦合元件对光的散射、串光等原因，造成亮度分布失真，使输出图像的清晰度下降。为评定像管的成像质量，常用的方法是测定其分辨率。

像管的分辨率是指高对比度的标准测试板图案聚焦在像管的光阴极面上，通过目视方法观察荧光屏上每毫米尺度包含的能够分辨开的黑白相间等宽矩形条纹的对数，即 lp/mm。

所谓分辨的线对数是指能分辨出每个测试单元4个方向(或2个方向)条纹的对数。如果不能同时看清，则认为不能分辨该单元。

对于像管来说，中心的成像性能好于边缘。一般用中心分辨率来表示，但有时也测定半视场分辨率和边缘分辨率。

用分辨率来表示像管的成像质量，简单方便，意义明确，同时给出一个定量的数值，便于比较。但这种方法也存在一些问题，主要有：①虽然测定的两个像管的极限分辨率一样，但成像质量却可能存在很大差异。这说明，分辨率只能表达最小分辨细节的界限，而对条纹的成像质量则不能做出定量的评价，即它并不能全面反映出影响成像质量的各种因素所起的作用。②不能揭示出单管分辨率好，但耦合起来的级联像管的分辨率显著降低的原因，即不能揭示串光的影响。③有些像管从可以分辨到不可分辨，转变比较明显。有些像管则模模糊糊，甚至可以跨越几个组，似乎都可以分辨，但又都难以分辨。④它以目测为手段，由于人眼的差异、主观因素的限制，不可能使所测定的分辨率完全一致，即难以得到一个统一的确定的值。所有这些问题都反映出分辨率测试的实质的缺陷，说明该方法不是全面评定像管成像质量的理想方法。

（4）调制传递函数

调制传递函数(MTF)是一种可以全面描述成像系统对构成图像的各种细节(较高空间频率)的衰减能力的数学关系。它建立在傅里叶级数和傅里叶变换的基础上，将整个成像过程描述为物图像与成像系统的响应函数(扩散函数)的卷积过程。通过数学上的分析，可以描述各种细节在像方组成图像时调制度的变化和影响。

这里只介绍具有解析形式的光电子成像器件 MTF 的经验公式。常用的 MTF 经验公式为

$$\mathrm{MTF}(f) = \mathrm{e}^{-(f/f_c)^n} \tag{2.2-31}$$

式中，f_c为空间频率常数，亦既 MTF 下降到 e^{-1}时的空间频率(lp/mm)；n为器件指数，其与具体的器件有关，其值介于 1.2～2.1 之间。经实际验证，当选择了合适的f_c和n值时，式(2.2-31)所给出的 MTF 只有 5%以内的相对误差。式中，f_c和n的值可通过预先测定两个不同空间频率的 MTF 值，然后利用式(2.2-31)联立求解确定。图 2.2-11 给出了光电子成像器件的f_c和n值的分布范围。

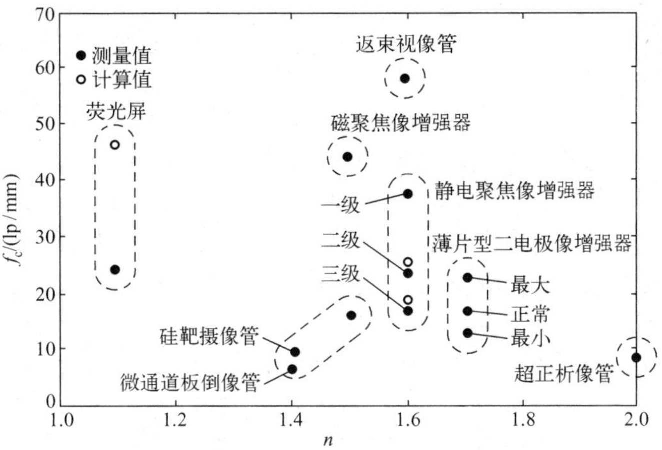

图 2.2-11　光电子成像器件的 f_c 和 n 值的分布范围

2.3　辐射图像的光电转换

由像管的工作过程可知，辐射图像的光电转换必须经由辐射图像转换为电子图像的过程才能实现。同时，为了获得增强的可见的光学图像，也必须首先完成将光学图像转换为电子图像的过程。因此，辐射图像的光电转换是像管工作的基础。像管中实现辐射图像的光电转换环节的是光阴极。下面讨论光阴极的工作机理。

2.3.1　光电发射的基本理论

光电发射现象是赫兹于 1887 年在做电磁振荡的研究中首先发现的，并由此开拓了外光电转换技术。经过 100 多年的大量研究工作，光电发射的理论得到了不断的发展，目前公认的光电发射理论模型是一个三步过程模型(三阶段理论)。即整个光电发射的物理过程分为三步：

① 光电发射体内的电子被入射光子激发到高能态；

② 受激电子向表面运动，在运动的过程中因碰撞而损失部分能量；

③ 到达表面的受激电子克服表面电子亲和势而逸出。

也就是说，光电发射是大量电子分立地受激、散射和逸出的结果。由于电子本身的量子性和散射的随机性，导致了光电发射过程是一个离散随机过程。根据概率论原理，可以用随机泊松点过程来表征这一各自独立、相互无关的电子受激过程，这是因为光电子的发射在时间上和空间上都可以用 δ 函数描述的缘故。

完整地描述光电发射的统计特性还需要计入入射光子的状况，光子辐射过程是具有泊松分布的随机过程。由于光子对光电发射体的入射在时间上和空间上都可表现为 δ 函数所描述的过程，因此，光子的行为也是一个随机泊松点过程。

综合上述分析，可以得出结论：光电发射所产生的光电子统计特性吻合双随机泊松点过程。

1．电子受激跃迁

可以从光电发射的物理模型出发分析第一步过程，定量讨论光电子受激跃迁的统计规律。在建立光电子受激跃迁的统计方程时，采用半经典的处理方法，对入射的光辐射采用经典电磁场理论描述，对电子的基态和受激态则采用量子力学方法描述。

但实际上，光电发射体内电子受激过程是很复杂的，尤其是半导体光电发射的受激过程，它可能是来自价带上的电子，也可能是来自杂质能级上的电子，以及自由电子。因此，其初态能级是多种多样的。另外，受激电子的激发态也有可能处于真空能级之下，这些电子成为导带中的非平衡电子，只对光电导有贡献。

2．受激电子向表面迁移

光电发射体内电子受激后，在其寿命时间内要产生迁移运动。电子从受激处向表面迁移的过程中会因散射而损失一部分能量。所产生的散射有：自由电子散射、晶格散射、激子散射等。此外，受激电子与体内束缚电子发生非弹性碰撞而产生次级电子–空穴对时，将损失更多的能量。

透射式光阴极的工作状况是：光从光阴极的基底一面入射，所产生的光电子由真空界面出射。由于光阴极吸收光的有效深度和光电子逸出的有效深度都很小，所以对透射式光阴极的厚度有着严格的限制，通常为呈半透明状的薄层。

受激电子向真空界面迁移的概率随光吸收因数 α 及有效逸出深度 L 的增加而提高。对于半导体材料，它的光吸收系数取决于它的能带结构。通常，当入射的光子能量大于禁带宽度时，其本征吸收系数很高，在 $10^5 \sim 10^6 cm^{-1}$ 的范围内。因此，有效的光吸收深度为 $10^{-6} \sim 10^{-5} cm$。所以大部分受激电子产生在 10～100nm 的距离内，而这个距离恰好又在半导体逸出深度之内。实验证明，实用的半导体光阴极，如果吸收系数在 $10^6 cm^{-1}$ 左右，则全部光电子都能以足够能量迁移到真空界面。

3．电子逸出表面过程的分析

光电子的发射过程可以用固体的能带理论来解释和分析。处于 0K 的本征半导体的能带如图 2.3-1 所示。

半导体的光电逸出功 W_c 不同于热电子发射逸出功 W_h。根据定义，T=0K 时电子占据的最高能级是价带顶，它的 W_c 是指从价带顶把电子激发到导带并使之逸出表面的最低能量，也就是价带顶到真空能级之间的能量差。即

$$W_c = E_g + E_A \tag{2.3-1}$$

其数值等于禁带宽度 E_g 与电子亲和势 E_A 之和。由此可确定本征半导体在 0K 时的长波阈（红限）波长为

$$\lambda_0 = \frac{hc}{E_g + E_A} \tag{2.3-2}$$

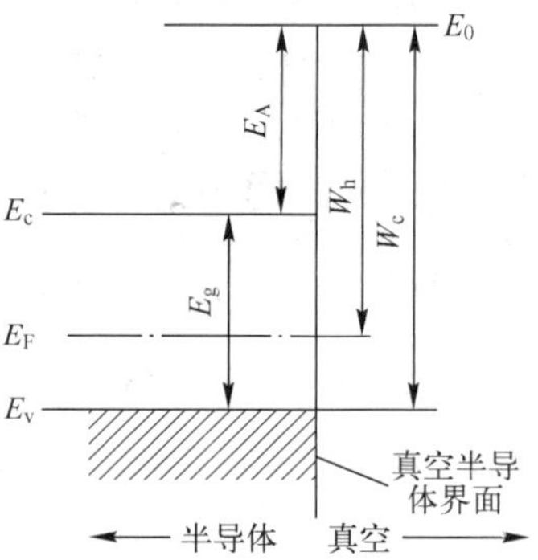

图 2.3-1　本征半导体能带图

式中，h 和 c 分别表示普朗克常数和真空中光速。

由以上可知，光电发射体内电子可由小于阈值波长的光子激发成为灼热的电子，它经散射迁移到真空界面时，如具有克服正 E_A 的能量则可逸出表面，形成光电发射。因此，受激电子能否逸出表面主要取决于电子亲和势。下面具体讨论光电发射体的电子亲和势以及电子逸出表面的状况。

半导体表面吸附有其他元素的分子、原子或离子，都可以形成束缚能级，称为表面态。如果吸附层较厚，则在表层形成施主或受主能级，从而构成异质结。这些情况都会影响表面处半导体的能带的变化（弯曲），因此改变了电子逸出表面的状况，也就改变了电子逸出表面所需要的能量，即改变了 W_c。图 2.3-2 给出了四种情况的半导体附有不同表面态的能带图。

（1）P 型半导体附有 N 型表面态

P 型半导体和 N 型表面在未建立平衡前，两者的费米能级 E_F 不等，前者低于后者。因此，表面态中的电子要迁到 P 型半导体的受主能级上，以建立费米能级的平衡。由此导致在外表层形成正的空间电荷区，在内表层形成负的空间电荷区。所产生的附加电场使表面电位下降，从而造成表面层的能带向下弯曲，如图 2.3-2(a)所示。弯曲的能带有效地减小了导带底与真空能级之间的能量差。这表明电子从导带底逸出表面所需的最小能量降低了。通常，将能带弯曲所得到的导带底与真空能级 E_0 之间的能量差 E_{Aeff} 称为有效电子亲和势。由于 P 型半导体附有 N 型表面的匹配有利于电子逸出表面，因此，实用光阴极都采用这种结构。同时，由于 P 型半导体的费米能级处于较低的价带附近，其热逸出功函数较大，所以这种结构所产生的热电子发射较小，也有利于降低光阴极的暗发射。

（2）N 型半导体附有 P 型表面态

N 型半导体的费米能级处于导带底附近，在与表面未建立平衡前，它比表面态的费米能级高。因此在建立平衡时，表面的受主能级将接受半导体内部的电子，由此形成内正外负的空间电荷区。其附加电场将使表层的能带向上弯曲，如图 2.3-2 (b)所示。这种能带弯曲会增大有效电子亲和势，因此增加了受激电子逸出表面所需的能量。这对光电发射是不利的。

图 2.3-2 (c)、(d)两种组合，由于其间费米能级差异不明显，故表面处能带不产生明显弯曲。

由上述讨论可知，通过选择适当的表面态可以改变半导体的有效电子亲和势。通过在这一原理基础上进行深入研究，现已制成有效电子亲和势为零以及为负值的光阴极，由此开创了负电子亲和势光电发射体的新领域。

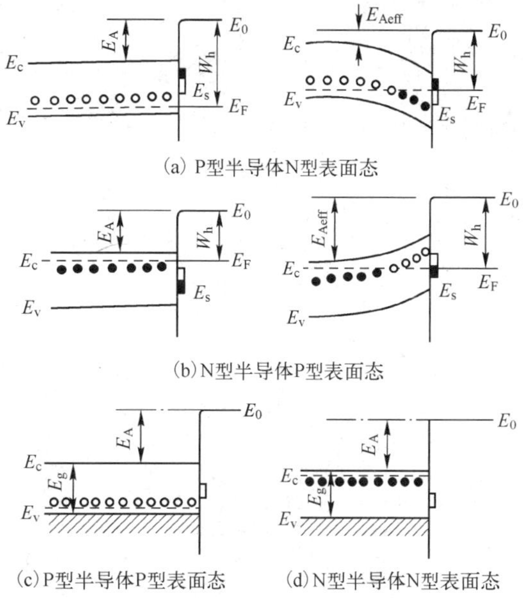

图 2.3-2　半导体附有不同表面态的能带图

2.3.2　典型实用光阴极及其发展历程

像管实用光阴极的种类很多，通常是以其敏感的光谱范围来分类的。目前，根据国际电子工业协会标准采用 S 系列序号来命名各种实用光阴极的光谱响应特性。S 系列光谱响应的各种光电发射体材料及其工作特性见二维码 2.3-1。图 2.3-3、图 2.3-4 和图 2.3-5 给出了几种光阴极的光谱响应特性。

二维码 2.3-1

几十年来，已实用的光阴极的种类很多，而且还在不断发展。下面介绍几种常用的光阴极。

1. 银氧铯(Ag-O-Cs)光阴极

银氧铯光阴极是 1929 年最先发明的一种对近红外光敏感的实用光阴极，它的光谱响应范围为 300～1200nm 的波长区域，其响应曲线有两个峰值：短波峰介于 300～400nm 之间，长波峰位于 800nm 附近。

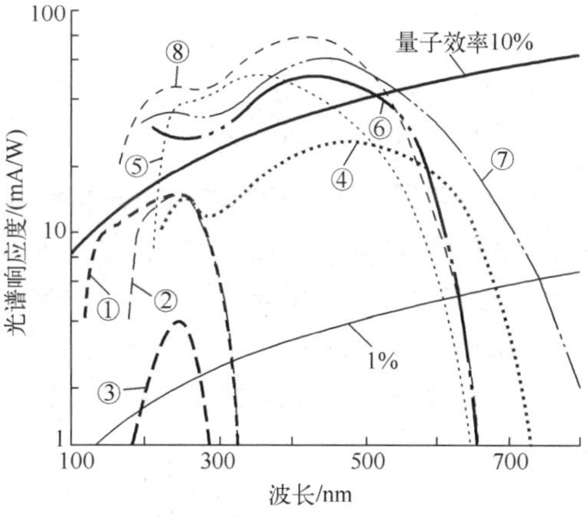

① CsTe+LiF ② CsTe+SiO_2 ③S-23
④ Ag-Bo-Cs+9741玻璃 ⑤S-5 ⑥S-13
⑦ Na-K-Cs-Sb+SiO_2 ⑧K-Cs-Sb+蓝宝石

图 2.3-3　对紫外及可见光敏感的光阴极的光谱响应特性

银氧铯光阴极是通过对已沉积好的薄 Ag 膜(最佳厚度为 10～20nm)用辉光放电的方法氧化后再引 Cs 敏化制成的，它的实际结构很复杂。目前有两种理论模型用于解释银氧铯光阴极的发射机理：半导体理论模型和固溶胶理论模型。这里特别提一下由北京大学吴全德院士提出的固溶胶理论。该理论大大推进了关于 Ag-O-Cs 光阴极结构和机理的研究。固溶胶理论模型认为：在半导体中的杂质银原子，当超过一定浓度后，会产生脱溶现象而形成银胶粒（直径小于 100nm)；银胶粒可以在晶粒内，也可以在晶界上；银胶粒不是施主，而是一种电子阱，脱溶的胶粒不服从于化学热力学而服从于化学动力学，即温度升高时胶粒体积增大合并但过程不可逆。所以银氧铯光阴极的结构是：大量的银胶粒和银颗粒(直径大于 100nm)分散埋藏在 Cs_2O 半导体层中，其表面附有单原子铯层。其组成结构如图 2.3-6 所示。

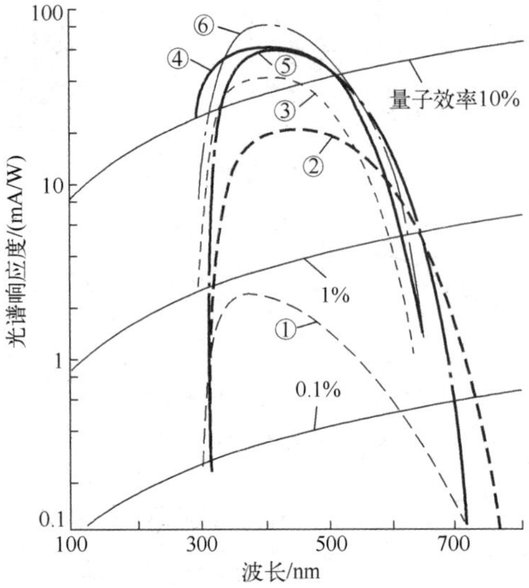

① S-8 ② S-10 ③ S-4 ④ Na-K-Sb+7056玻璃
⑤ S-11 ⑥ K-Cs-Sb+石灰玻璃

图 2.3-4 可见光敏感的光阴极的光谱响应特性

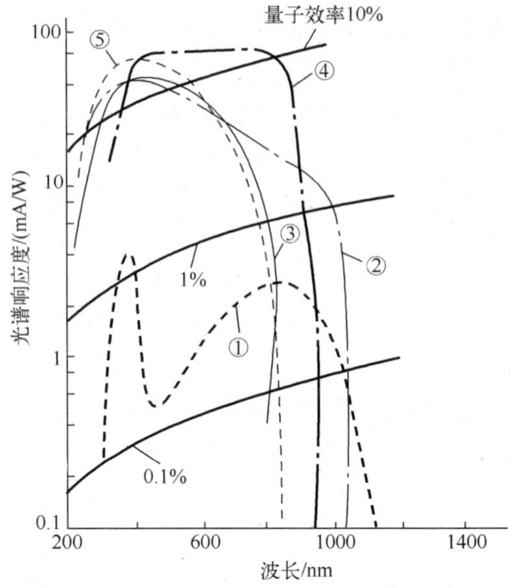

① S-1 ② GaInAs+9741玻璃 ③ GaAsP+9741玻璃
④ GaAs+9741玻璃 ⑤ S-20

图 2.3-5 近红外及可见光敏感的光阴极的光谱响应特性

银氧铯光阴极在波长小于 350nm 的紫外区域的光电发射是在薄 Cs_2O 层中产生的，Cs_2O 的禁带宽度 E_g =2eV，电子亲和势 E_A=0.6eV，相应于 2.6～3eV 的光电发射阈。在短波的光电发射是由被 Cs_2O 覆盖的银颗粒产生的，而 Cs_2O 在其发射过程中只起到降低逸出功的作用。对波长超过 400nm 的辐射，其光电发射来源于埋藏在 Cs_2O 中的小银胶粒的贡献，银胶粒被 Cs_2O 层所包围，其界面位垒由金属与半导体接触而形成。因为银胶粒很小，胶粒界面的电场很强，致使胶粒与半导体之间的位垒很窄，所以银胶粒内的受激电子由隧道效应很容易穿过界面势垒，进入低电子亲和势的 Cs_2O 层，再运动到 Cs_2O 与真空界面并克服其表面位垒而逸出。对于波长大于 1100nm 的光电发射，通常则认为是来自 Cs_2O 中的 Cs 杂质能带以及表面吸附铯的贡献。表面的吸附铯原子起到了降低有效电子亲和势的作用。

2．锑铯(Sb-Cs)光阴极

1936 年研制出的锑铯光阴极其光谱响应在大部分可见光区和紫外区，长波阈值接近 650nm。峰值光谱灵敏度处于蓝光和紫外波段，峰值的量子效率接近 20%。根据所用窗口材料的不同而有不同的光谱特性。在 S 系列中包括 S-4、S-5、S-11、S-13、S-17 和 S-19 等多种编号。

锑铯光阴极的结构如图 2.3-7 所示，其制作工艺是首先在真空中向基板上蒸镀纯 Sb 膜，后进行引 Cs 热处理，使光电发射达最大即可。制得的 Cs-Sb 层应当是十分稳定的，厚度约 30nm。

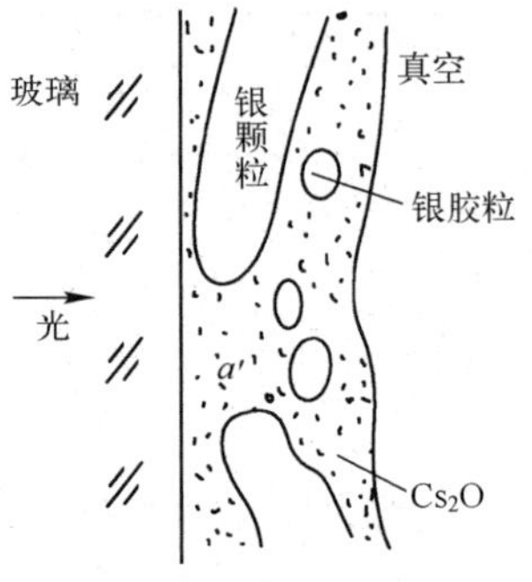

图 2.3-6 银氧铯光阴极组成结构

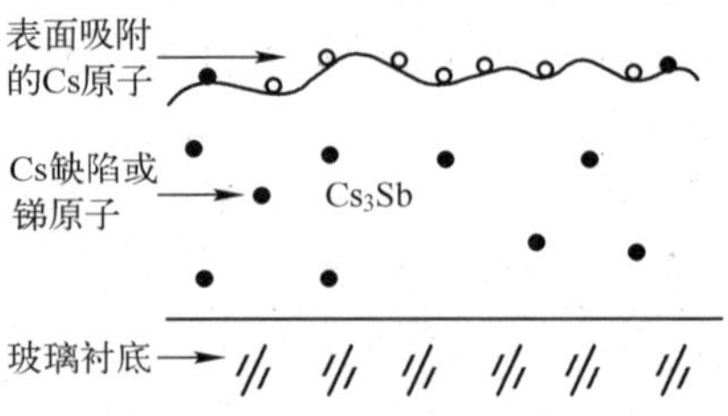

图 2.3-7 锑铯光阴极结构

Cs-Sb 层的化学组成为 Cs_3Sb，它是由平均尺寸为 7.5～8.5nm 的 Cs_3Sb 半导体微晶构成的多晶薄膜，Cs_3Sb 的禁带宽度为 1.6eV。Cs_3Sb 晶体是 P 型结构的，费米能级比受主能级稍低。锑铯光阴极的光电发射主要来自价带中的受激电子，属于本征光电发射。

锑铯光阴极的表面附有铯的单原子层。这一单原子层能进一步降低电子亲和势。这是因为铯的电离能小于锑铯半导体的热逸出功函数，所以铯原子的价电子要转移到锑铯半导体内的受主上。图 2.3-8 给出了锑铯光阴极的能带模型。

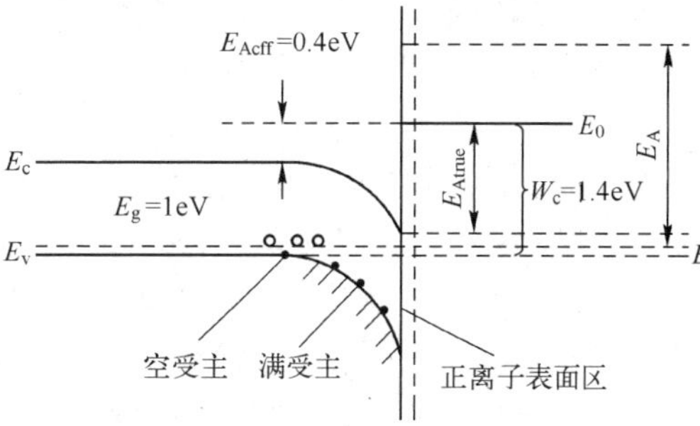

图 2.3-8　锑铯光阴极的能带模型

3．多碱光阴极

1955 年诞生的 S-20 光阴极作为第一个高灵敏度、低暗电流的多碱光阴极，成为当时微光夜视技术发展的重要基础。锑与一种以上的碱金属结合可获得比单碱锑铯光阴极更高的量子效率。其中有双碱（如 Sb-K-Cs、Sb-Rb-Cs）光阴极、三碱（如 Sb-K-Na-Cs）光阴极和四碱（如 Sb-K-Na-Rb-Cs）光阴极等，统称为多碱光阴极。这类光阴极在可见光波段有很高的量子效率，峰值量子效率接近 30%。

Sb-K-Na-Cs 的组成可用（Cs）Na_2KSb 表示，系一晶粒尺寸平均为 10.0～17.5nm 的多晶薄膜。在制成透射式光电阴极时，其厚度约为 100nm。表面吸附有单原子铯层。它具有和锑铯光阴极相接近的电子亲和势，却有远比锑铯光阴极小的禁带宽度，因而 Sb-K-Na-Cs 光阴极不仅量子效率高，而且有宽得多的光谱响应范围，其长波阈已扩展到近红外区域。

图 2.3-9 给出了多碱光阴极 Cs 激活前后的能带结构。

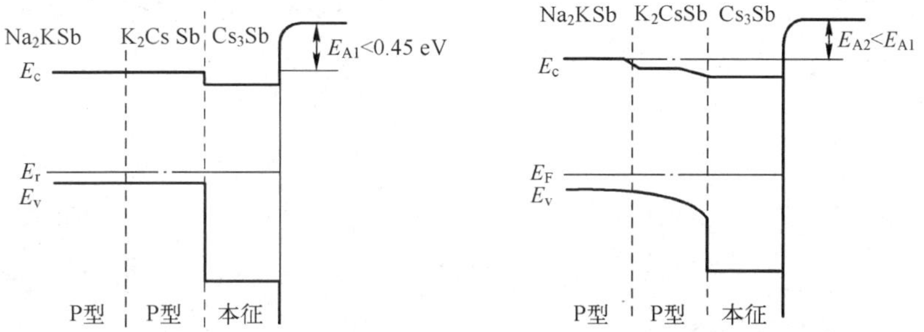

(a) 无表面Cs层　　(b) 有表面Cs层

图 2.3-9　多碱光阴极能带结构

多碱光阴极在室温下的热发射电流很小，约为 10^{-16}A/cm^2，同时，它在室温下的电阻率也较低，可允许较大的光电发射电流密度。

4．负电子亲和势（NEA）光阴极

上面所述的光阴极都是表面具有正电子亲和势的多晶薄膜。光电子在晶粒间界处可能遭到反射、散射或吸收，也可能存在与空穴复合等情形，这些都会降低光阴极的量子效率。为了减少和消除多晶性给光阴极带来的不利影响，最好直接将光阴极制备成单晶薄膜。此外，正电子亲和势也是光阴极进一步提高量子效率和向长波方向扩展响应受到限制的重要原因。能设法使阴极获得近似为零甚至为负的电子亲和势，则即便是到达表面且已降到导带底的电子也可以发射出来。负电子亲和势状态可以通过适当方法处理 P 型发射材料得到，使其功函数减到比材料本身的禁带宽度还小。自负电子亲和势光阴极理论于 1963 年被提出以来，研究者用铯吸附在 P 型 GaAs 表面得到了零电子亲和势，其后又有人对 GaAs 表面以 Cs 和 O_2 交替激活，得到了负电子亲和势，通常用缩写 NEA（Negative Electron Affinity）来表示负电子亲和势光阴极。它以理论模型概念新颖、发射体本身量子效率高、暗发射小、光电子能量分布和角分布集中、扩展长波限的潜力大等特性而成为广泛研究的课题。据报道，现在的透射式 NEA 光阴极的积分灵敏度已经可以达到 3000μA/lm 以上，室温下 1.06μm 波长处的量子效率也超过了 9%。

目前，制成负电子亲和势的半导体材料有两类：一类是化学元素周期表中的III族和V族元素的化合物单晶半导体；另一类是硅单晶半导体。两类都是通过吸附 Cs、O 表面层来形成负电子亲和势的。

具有代表性的透射式负电子亲和势光阴极的结构如图 2.3-10 所示。从真空界面来看，它的第一层是单分子的 Cs_2O 层；第二层是 GaAs 单晶外延层，用来构成光电发射体；第三层是 AlGaAs 单晶层，它是为生成良好的单晶态 GaAs 层而设置的基底层。AlGaAs 与 GaAs 两者有良好的晶格匹配，从而能有效地减少光阴极后界面处受激电子的复合速率，保证光电发射的性能。

到目前为止，对于 Cs、O 在III-V族化合物表面上存在的形态，以及它们使逸出功降低并形成负电子亲和势的理论，仍有着不同的看法。存在两种影响较广的理论模型：异质结构理论模型和偶极层理论模型。

异质结理论模型认为，GaAs 层通过重掺杂构成 P 型半导体，它的表面先吸附单原子的 Cs 层，再吸附一层 Cs_2O 层。Cs_2O 是一种 N 型半导体，由此构成 GaAs+Cs 与 Cs_2O 两者相接触的异质结。其中 P 型 GaAs 的禁带宽度约为 1.4eV，逸出功约为 4.7eV。而 N 型的 Cs_2O 层的禁带宽度约为 2eV，逸出功约为 0.6eV，电子亲和势均为 0.4eV。当两者紧密接触时，由于 Cs_2O 的价带和 GaAs 的导带相通，因此，二者之间的平衡态是不可维护的，必然产生电荷转换，即由于隧道效应而在界面处通过电荷迁移来建立平衡。达到平衡时两边的费米能级高度相互重合，因为有空间电荷的存在，P 型 GaAs 的界面处能带向下弯曲，N 型 Cs_2O 的界面处能带向上弯曲，如图 2.3-11 所示。这是利用了 Cs_2O 的逸出功远小于 GaAs 的逸出功的缘故。虽然两者各自的逸出功都大于零，但是 GaAs：Cs_2O 的有效电子亲和势 E_{Aeff} 却小于零。这样，在 GaAs 体内的受激电子处于导带底时，仍可以以一定的概率穿过 PN 结之间的位垒而逸出到真空中去。

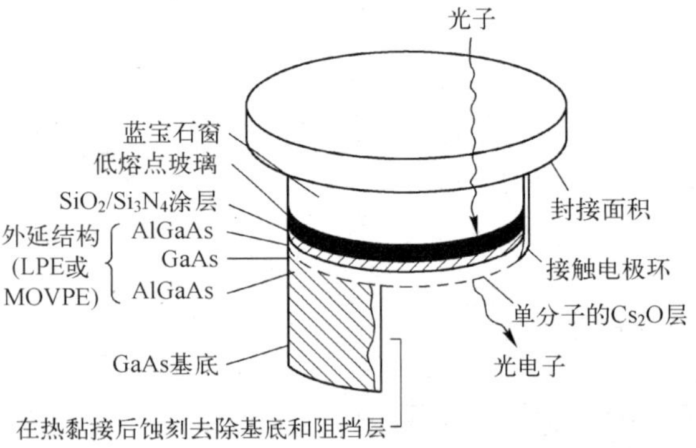

图 2.3-10　透射式负电子亲和势光阴极结构

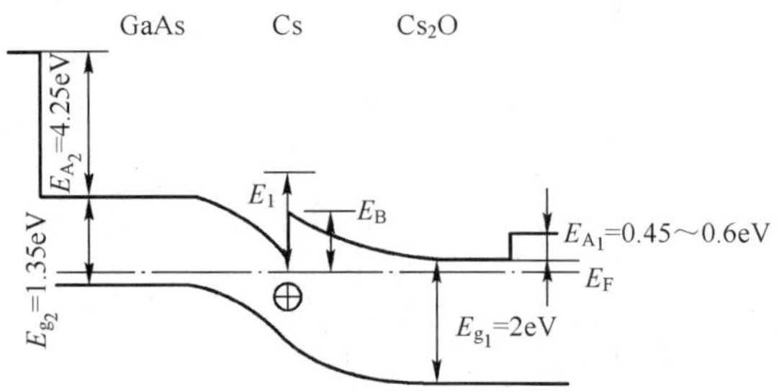

图 2.3-11　GaAs：Cs-Cs_2O 异质结能带

偶极层模型与异质结模型不同，认为表面吸附的 Cs 和 Cs_2O 层只是单原子及分子层。对于这样的薄层，应当用偶极层来解释。Cs 是一种电离能最低的金属，它的电离能约为 1.4eV，当 Cs 吸附在重掺杂的 P 型 GaAs 表面时，由于 Cs 的电离能小于 GaAs 的逸出功，Cs 原子的价电子将转移到 P 型半导体的受主能级上，产生空间电荷区，使半导体表面能带向下弯曲，如图 2.3-12 所示，同样使 GaAs 半导体表面呈负电性。这一呈负电性的表层与失掉电子而成正电性的 Cs 离子层形成偶极层。在此偶极层内，由于偶极层电场的作用，引起了电位的跳变 ΔE。这一过程一直要持续到热平衡状态为止，此时表面逸出功与 Cs 的电离能一致。由于 Cs 的电离能恰好等于 GaAs 的禁带宽度，同时重掺杂 P 型 GaAs 的费米能级很靠近价带顶，所以这时可构成的有效电子亲和势恰好为零。如果再吸附上一层 Cs_2O，则会在表面 Cs 离子层与半导体之间出现 O 层或 Cs_2O 层，由此增大了偶极层的偶极矩，从而会进一步降低表面逸出功，使有效电子亲和势成为负值。图 2.3-12 表明了这种情况。由于 Cs_2O 层厚约为 0.8nm，因此 GaAs 内受激电子即使处于导带底也有较大的概率穿透位垒而形成光电发射。

NEA 光阴极的受激电子向表面迁移过程与正电子亲和势光阴极的迁移过程有所不同。一般正电子亲和势光阴极中只有过热电子迁移到表面才能形成光电发射。而过热电子的寿命只有 10^{-14}～10^{-15}s。在这一时间内受激电子以 10^8～10^7cm/s 的平均速度做随机的迁移运动，并产生晶格散射，所能行进的有效距离也只有 10～20nm。而负电子亲和势光阴极中全部受激电子都可以参与光电发射，即使处于导带底的电子，只要在没有被复合之前扩散到表面，就可能逸出。受激电子的寿命可长达 10^{-8}s 数量级，它在寿命时间内随机迁移运动扩散到表面的有效逸出深度可达 1μm，因此，显著提高了负电子亲和势光阴极的量子效率。同时，它的形成光电发射的电子大部分是处于导带底的电子，由光电发射的爱因斯坦定律可知，它的光电子出射初能量分布比较集中。另外，由于逸出深度较大，光电子的出射角分布也比较集中。这些因素都有利于降低电子光学系统的像差。

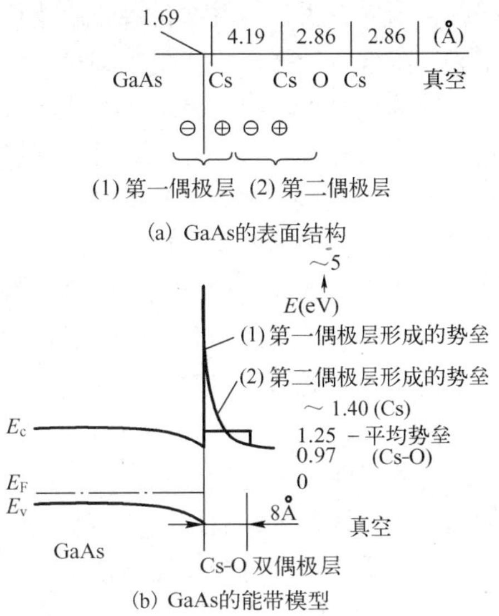

图 2.3-12　NEA 光电阴极的双偶极层模型

对于透射式 NEA 光阴极来说，影响量子效率的重要参量还有厚度 σ。通过选择合理的基底材料及外延工艺，目前最好的透射式光阴极的光灵敏度已超过 4000μA/lm。

除上述讨论的二元Ⅲ－Ⅴ族元素 NEA 光阴极 GaAs：Cs_2O 以外，还有三元光阴极及四元光阴极。采用 NEA 光阴极的像增强器，通常称为三代像增强器(或四代像增强器)。

5．超表面结构的光阴极

超表面结构光阴极是近年来建立在窗口衬底纳米结构研究基础上，被广为关注的一项进一步提升量子效率的新型光阴极。

通常阴极材料的衬底都是制作在入射窗(玻璃或光纤面板)光滑的内壁上的，这不可避免地使入射光在进入阴极材料之前出现界面反射，也就是说这部分反射光或反射的辐射不能进入阴极材料进行光电转换。研究表明在 500～800nm 波长范围内，(Cs)Na_2KSb 多碱阴极的平均光谱反射率约为 22%，GaAs 负电子亲和势光阴极的平均光谱反射率约为 35%。传统的多膜层减反方式可将光阴极的平均光谱反射率降低至 10%，而纳米阵列超表面结构能够将 GaAs 光阴极的光谱反射率降至 6.5%，显示了超表面结构降低光阴极光谱反射率的潜力。近年来，已有关于在反射式 GaN 光阴极衬底上制作纳米线阵列来降低光谱反射率的相关报道(见图 2.3-13)。

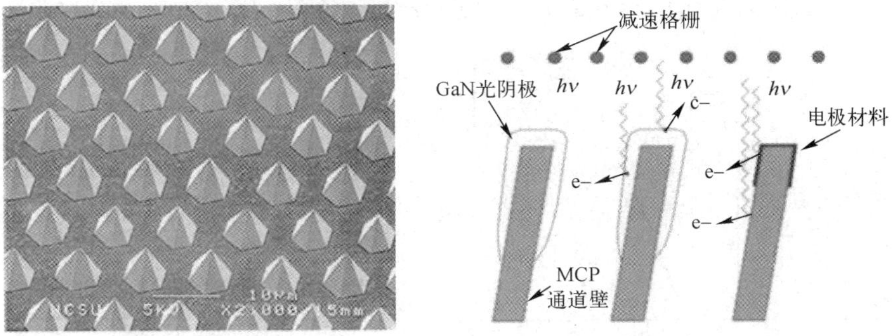

(a) 金字塔结构GaN阴极　　(b) 基于MCP的反射式GaN阴极

图 2.3-13　阵列结构 GaN 光阴极的紫外像管中的两种超表面结构

光子到达光阴极，除反射损耗外，还会形成局部共振，导致入射光能量以晶格振动的方式发生损耗。研究表明，超表面材料的亚波长纳米结构可以与光子相互作用产生 Mie 氏谐振，激发电偶极子和高阶偶极谐振，将入射光集中在特定的空间范围，从而减少局部共振损耗。折射率高的材料通常更容易激发 Mie 氏谐振，常用的碱金属和半导体光阴极材料恰好符合高折射率这一特点，故基于超表面结构的 Mie 氏谐振是除降低光谱反射率外，另一种提高光阴极光子吸收率的手段。

超表面结构光阴极具有显著的性能优势，但其量子效率在不同波长处对尺寸敏感，按照目标波长优化纳米柱的结构是关键，同时纳米柱结构对入射角敏感，有人研究了纳米柱尺寸与光阴极量子效率的关系，结果表明纳米柱阵列结构可以提高在短波区的量子效率。甚至有报道认为当纳米柱顶端直径小于底端形成纳米锥结构时，由于聚集在纳米锥顶部的光电子从侧面逸出的概率增加，可以在一定程度上提高量子效率 QE，纳米锥阵列在长波区域具有更高的光电发射能力。

同时，因为纳米线（纳米柱）超表面结构能够调和光阴极中光程与电子输运距离的矛盾，当光子在纳米线之间被引导和吸收时，可同时具有短的电子输运距离和长光程。即：电子可以通过更短的输运距离到达纳米线的侧面并逸出到真空中；而纳米线的柱面面积远大于其截面积，可以确保光子被充分收集产生光电子。此外在电子发射阶段，平面光阴极只能从表面逸出电子，而纳米线阵列结构还可以由柱面向四周发射电子，具有不可忽视的电子发射面，能够进一步提高量子效率。

6．紫外（UV）光阴极

紫外辐射与可见光并没有本质上的区别，只是由于紫外辐射的光子能量高而产生了一些特殊要求。

首先是对窗口材料的要求。紫外光阴极器件的短波截止波长，一般取决于窗口材料的光谱透过性质。普通的玻璃是不透紫外辐射的。在所有透紫外辐射的窗口材料中，LiF 的短波截止波长最短（λ_c=104nm）。实际上它也很稳定，具有 LiF 窗口的器件历经五年可维持其远紫外性质不变。但 LiF 的透过性能却易遭受放射性辐射的损害，因而不宜于应用在有高能放射性的环境中。对于这种特殊环境中的应用，可选用 λ 稍长些的 MgF_2，MgF_2 对重要的 121.6nm 的莱曼辐射十分透明。蓝宝石（Al_2O_3）的 λ_c 更长些，它可与常规的硼硅玻璃进行近似匹配封接。透紫外窗口材料的光谱透射比曲线如图 2.3-14 所示。

其次，为了抑制背景辐射的干扰作用，在实际应用中，通常要求紫外光阴极“日盲”，即对太阳辐射没有响应。用于大气层中时，应对波长 350nm 以上的辐射无响应。用于外层空间中时应对波长 200nm 以上的辐射无响应。有时，还要求紫外光阴极应是“莱曼 α 盲”的，即对 121.6nm 的莱曼 α 辐射没有响应。

根据上述要求，紫外光阴极一般按光谱响应范围分为以下三类。

- 在 400～200nm 波段工作的“日盲”紫外光阴极，常用的仅有 Cs_2Te 和 Rb_2Te 两种。当它们以半透明形式应用于光电子器件中时，量子效率均约为 8%，并有相似的光谱响应特性，但 Cs_2Te 的长波截止波长比 Rb_2Te 稍长些，如图 2.3-15 所示。透射式日盲紫外光阴极的光谱响应与阴极制作工艺关系极大，制备过程中的过量碱金属将损害光阴极的长波截止特性。适合于与日盲紫外光阴极配用的窗口材料为石英。

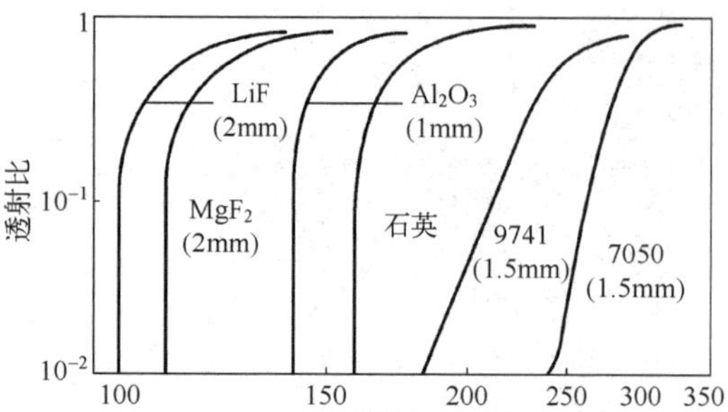

图 2.3-14　透紫外窗口材料的光谱透射比曲线

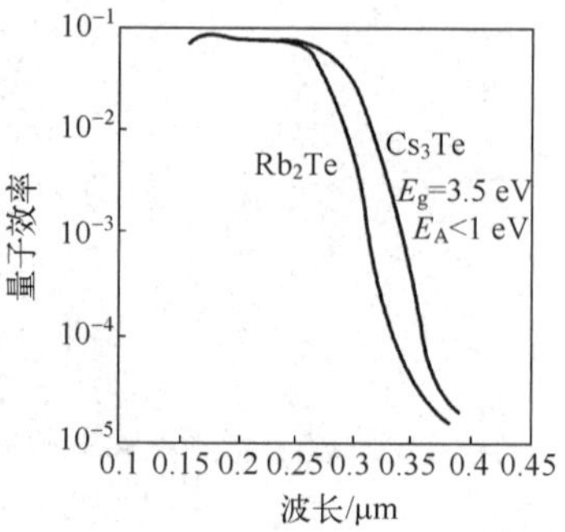

图 2.3-15　透射式日盲紫外光阴极的光谱响应曲线

● 工作于 200～104nm 中紫外波段(硬紫外)的碱金属卤化物光阴极，当它以透射式应用在 LiF 或 MgF_2 窗口的器件中时，在近 130nm 波长处的峰值量子效率为 10%左右，各种碱金属卤化物紫外光阴极可根据使用要求选定，其长波截止波长从 150nm(NaCl)到 200nm(CsI)不等，具有显著不同的长波响应拖尾。而铜的卤化物则给出锐利的长波截止波长，因而可更好地鉴别出长波背景辐射。在像管中，它的峰值量子效率约为 CsI 的一半。图 2.3-16 给出了透射式紫外光阴极的光谱响应曲线。

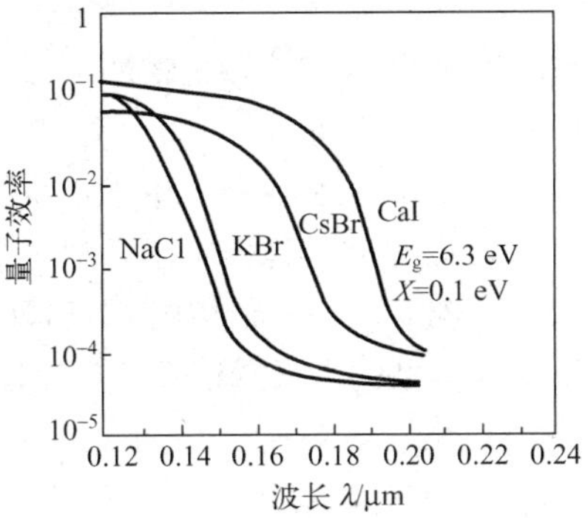

(a) 碱金属卤化物

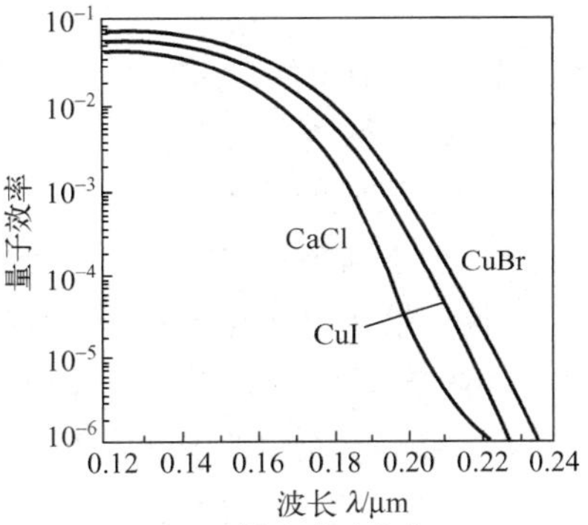

(b) 铜的卤化物

图 2.3-16 透射式硬紫外光阴极的光谱响应曲线

● 104nm 以下的远紫外光阴极，又称“莱曼 α 盲”光阴极，目前尚无可用之窗口，因而只能做成反射式的。

利用碱金属卤化物和碱土金属卤化物均可制成对远紫外辐射敏感的光阴极。此外，还有纯金属的金属紫外光阴极，其量子效率虽较碱金属卤化物或碱土金属卤化物低，但它不怕暴露在大气中，发射性能稳定，可称之为“莱曼 α 盲”的反射式远紫外光阴极，常用的有 LiF 和 MgO。

所有紫外光阴极薄膜本身的电阻都很大，因此在制作透射式光阴极时，必须预先在窗口基底上沉积一层透紫外的金属导电膜。

2.3.3 光电发射的极限电流密度与光阴极面电子渡跃过程

像管光阴极接受辐射进行图像转换时，所产生的光电发射电流密度将受到空间电荷效应的限制。这一现象可做如下解释。

在工作状态下，像管维持光电发射要依赖于光阴极的真空界面有向内的电场场强。该电场是由电子光学系统提供的。光阴极的光电发射将产生空间电荷，此空间电荷所形成的附加场与电子光学系统的电场方向相反。随着光电发射电流密度的增大，空间电荷的电场会增加到足以抵消电子光学系统所提供的电场。如果忽略光电子的初速度，当光阴极面的法向场强为零时光电发射就要受到抑制，这时像管的光电发射将呈饱和状态。这一电流密度称为光电发射的极限电流密度。

像管处于选通工作状态或输入突变的图像时，在光阴极中心区将产生光电转换的动态过渡过程。这一过程简述如下：像管的光阴极是半导体薄膜，具有较高的面电阻。当光阴极中心区接受瞬间强辐射而产生光电发射时，将失去大量的电子。由于光阴极的面电阻很高，在瞬间不能及时从电源补充上所失去的负电荷，故光阴极中心区的电位将升高，造成光阴极面的电位不等。由此改变了电子光学系统的聚焦电场，导致电子图像的像变和失真。因而，由这一过渡过程所产生的像差将随瞬间输入照度的增大而加剧。

像管允许的光电发射最大电荷量与光阴极对地的等效电容成正比。因此，在超短工作脉冲的像管中，应尽量增大光阴极对地的电容，以改善光电发射的过渡过程。具体措施有：

● 在光阴极输入窗的外表面制作一层透明的导电层；
● 采用网状栅极及减小阴极与栅极间距；
● 采用高介电常数的材料制作输入窗及减小输入窗的厚度。

减小光阴极等效电阻的措施有：采用透明导电层做光阴极的衬底；采用低电阻光阴极的工艺。

2.4 电子图像的成像理论

像管光阴极发出的电子图像通过电子光学系统的作用聚焦成像到输出像面上并完成电子图像的能量增强。电子光学系统也称电子透镜。

在电子光学理论中，研究电子束聚焦、偏转、成像，起着电子透镜和电子棱镜作用的分支，称为弱流细束电子光学。由于其分析方式与几何光学相似，故也称为几何电子光学。弱流细束电子光学的主要研究内容包括：解决电子光学系统中场的分布(等价于几何光学中的折射率分布)问题；研究电子的运动规律和运动轨迹；讨论理想成像和各种特殊类型的电子透镜及其像差理论。

讨论和研究弱流细束电子光学的条件如下：

① 场为静场，即场与时间无关或随时间变化甚慢，换言之，静场只是空间坐标的函数；
② 在真空中；
③ 忽略电子束本身空间电荷(或电流)分布对场的影响；
④ 电子速度远小于光速，即不考虑相对论修正。

2.4.1 电子光学基础

解释各种电子光学现象及进行电子光学系统的计算和设计，必须了解电子在电磁场中的运动规律。研究电子在由电子光学系统确定的电、磁场中的运动规律，又必须知道电场、磁场的具体分布，以求得电子光学折射率的分布，从而决定该系统的电子光学折射性质和聚焦成像性质。电子光学系统中的场分布具有比较复杂的形式，是与空间坐标有关的非均匀场。求解电场、磁场的场分布问题，在数学上归结为用电动力学和数学物理方法求解场所满足的偏微分方程的边值问题。但获得解析解的情况是有限的，大多数情况是应用计算机进行数值计算或用实验方法来确定场的分布。

电磁场理论是以麦克斯韦方程组为基础的，即

$$\nabla\times\boldsymbol{E}=0 \qquad \nabla\cdot\boldsymbol{E}=\rho/\varepsilon_0 \tag{2.4-1}$$

$$\nabla\times\boldsymbol{B}=\mu_0\boldsymbol{J} \qquad \nabla\cdot\boldsymbol{B}=0 \tag{2.4-2}$$

当所讨论的空间没有空间电荷和空间电流存在时，上面二式化为

$$\nabla\times\boldsymbol{E}=0 \qquad \nabla\cdot\boldsymbol{E}=0 \tag{2.4-3}$$

$$\nabla\times\boldsymbol{B}=0 \qquad \nabla\cdot\boldsymbol{B}=0 \tag{2.4-4}$$

可见，静电和静磁现象是彼此独立的，可分别讨论。

式(2.4-3)中的第一式表明 $\boldsymbol{E}$ 是无旋场，因此可用电位函数 V 来描述，即

$$\boldsymbol{E}=-\nabla V \tag{2.4-5}$$

由式(2.4-1)的第二式得到

$$\nabla^2 V=0 \tag{2.4-6}$$

这说明在没有空间电荷时，V 满足拉普拉斯方程。而当存在空间电荷时，式(2.4-6)变为

$$\nabla^2 V=-\rho/\varepsilon_0 \tag{2.4-7}$$

即 V 满足泊松方程。

由式(2.4-4)的第二式可知 $\boldsymbol{B}$ 是无源场。因此可引入矢量磁位函数 $\boldsymbol{A}$，其定义为

$$\boldsymbol{B}=\nabla\times\boldsymbol{A} \tag{2.4-8}$$

由电动力学理论可知，$\boldsymbol{A}$ 只是由静磁场无源部分确定的，其无旋部分可以任意选取。为此，可令 $\boldsymbol{A}$

的无旋部分为零而只有无源部分，亦即 $\boldsymbol{A}$ 满足下述附加条件

$$\nabla\cdot\boldsymbol{A}=0 \tag{2.4-9}$$

从而亦可得到

$$\nabla^2\boldsymbol{A}=0 \tag{2.4-10}$$

式(2.4-10)表明在没有自由电流的静磁场中矢量磁位函数 $\boldsymbol{A}$ 必须满足的二阶偏微分方程。

显然从理论基础上，电场、磁场在弱流细束假设的前提下，从数学形式上具有类似的规律性，因此讨论清楚单一静电场的特性，对于进一步分析复合电磁场相当于掌握了钥匙。同时，由于电磁复合聚焦类型的像管结构相对复杂，考虑到课程整体容量，本教材将仅关注静电聚焦类型像管的电子光学系统，故本章后续内容将不再讨论磁场的内容。

2.4.2 旋转对称静电场的场方程

如果电极系统对某一轴具有旋转对称形状，例如由同轴的双圆筒组成的如图 2.4-1 所示的系统，在两个圆筒上加上不同的电位，所形成的静电场即为旋转对称静电场，或称为轴对称场。

在旋转对称静电场的情况下，选取柱坐标系(z, r, θ)，且使 z 轴与旋转对称轴重合。则电位 V 与 θ 无关，仅是 z 和 r 的函数，且在子午面上关于 z 轴对称，即 $V(z, r)=V(z, -r)$。从而可以简化问题的讨论。

在柱坐标系中，拉普拉斯方程为

$$\frac{\partial^2 V}{\partial z^2}+\frac{1}{r}\frac{\partial}{\partial r}\left(r\frac{\partial V}{\partial r}\right)+\frac{1}{r^2}\frac{\partial^2 V}{\partial \theta^2}=0 \tag{2.4-11}$$

由于 V 与 θ 无关，即 $\dfrac{\partial^2 V}{\partial \theta^2}=0$，故式(2.4-11)变为

$$\frac{\partial^2 V}{\partial z^2}+\frac{\partial^2 V}{\partial r^2}+\frac{1}{r}\frac{\partial V}{\partial r}=0 \tag{2.4-12}$$

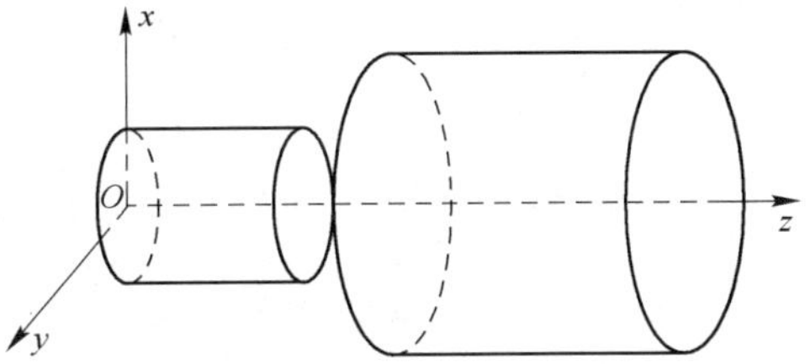

图 2.4-1　旋转对称静电场

这类方程可通过第一类边界条件(即阳极电位分布)求解。在没有点电荷、面电荷和偶电层，即没有奇异点的空间里，V 是解析函数，可以展开为幂级数，如

$$V(z,r)=V_0(z)+V_2(z)r^2+V_4(z)r^4+\cdots=\sum_{n=0}^{\infty}V_{2n}(z)r^{2n} \tag{2.4-13}$$

将式(2.4-13)代入式(2.4-12)并利用因 $r\neq 0$ 而必须令各系数等于零的条件，最后可得到

$$V(z,r)=\phi(z)-\frac{1}{4}\phi''(z)r^2+\frac{1}{64}\phi^{(4)}(z)r^4+\cdots=\sum_{n=0}^{\infty}\frac{(-1)^n\phi^{(2n)}(z)}{(n!)^2}\left(\frac{r}{2}\right)^{2n} \tag{2.4-14}$$

式中，$\phi(z)$为轴上电位分布。该式表明旋转轴对称场内任一点的电位函数 $V(z, r)$都可以从它的坐标和$\phi(z)$的导数求得。亦即只要知道轴上电位分布，就可完全而又唯一地决定空间电位分布。式(2.4-14)也称为谢尔赤公式。

在大多数电子光学问题中，主要考虑近轴的情况，且只取式(2.4-14)中的前三项，即

$$V(z,r)=\phi(z)-\frac{1}{4}\phi''(z)r^2+\frac{1}{64}\phi^{(4)}(z)r^4 \tag{2.4-15}$$

相应的场强分量为

$$E_r=-\frac{\partial V}{\partial r}=\frac{1}{2}\phi''(z)r-\frac{1}{16}\phi^{(4)}(z)r^3 \tag{2.4-16}$$

$$E_z=-\frac{\partial V}{\partial z}=-\phi'(z)+\frac{1}{4}\phi'''(z)r^2 \tag{2.4-17}$$

这表明，在旋转对称场中，E_r是 r 的奇函数(在对称轴上 E_r 恒为 0，符合对称性)，而 E_z是 r 的偶函数。这里，谢尔赤级数只对 r 较小的近轴区域适用，而对 r 较大的远轴区域则最好采用其他的数学形式。

在近轴区，通常略去 r^2 及 r^2 以上的高次幂项，于是，可由式(2.4−17)和式(2.4−16)得到作用在电子上的电场力为

$$F_z = -eE_z = e\phi'(z) \tag{2.4-18}$$

$$F_r = -eE_r = -\frac{e}{2}\phi''(z)r \tag{2.4-19}$$

由此可知，电子所受的径向力 F_r 与 r 及$\phi''(z)$正比，受力的方向由$\phi''(z)$的符号决定。若$\phi''(z)>0$，则径向力的方向与 r 的方向相反，指向对称轴，电子受到会聚作用；反之，$\phi''(z)<0$，则电子所受到的径向力是离轴的，电子受到发散作用。因此，$\phi''(z)$的正或负是判别旋转对称静电场对电子起会聚或发散作用的依据，也是静电透镜的本质所在。

2.4.3 静电场中带电粒子的运动

带电粒子进入非均匀分布的旋转对称静电场后，在电场的作用下，将按照电场的场强分布而有规律地沿着一定的运动轨迹运动。了解和掌握这些运动规律和运动轨迹是认识和研究带电粒子在电场中为什么会获得能量增强、为什么能聚焦成像等现象的重要理论基础。

1．电子在静电场中的运动方程

已知运动速度为 v 的电子在电场中所受的作用力为

$$F = \frac{\mathrm{d}}{\mathrm{d}t}(mv) = -e\boldsymbol{E} \tag{2.4-20}$$

在直角坐标系中，静电场 E 仅是坐标的函数，因此，式(2.4−20)的三个分量形式可写为

$$\begin{cases} \dfrac{\mathrm{d}^2x}{\mathrm{d}t^2} = \eta\left(\dfrac{\partial V}{\partial x}\right) \\ \dfrac{\mathrm{d}^2y}{\mathrm{d}t^2} = \eta\left(\dfrac{\partial V}{\partial y}\right) \\ \dfrac{\mathrm{d}^2z}{\mathrm{d}t^2} = \eta\left(\dfrac{\partial V}{\partial z}\right) \end{cases} \tag{2.4-21}$$

式中，$\eta=e/m_0$ 为荷质比。对式(2.4−21)积分可得以时间 t 为参量的电子运动方程。

对式(2.4−20)两端用 v 做标量积，得到

$$\frac{\mathrm{d}}{\mathrm{d}t}\left(\frac{mv^2}{2}\right) = -e\boldsymbol{E}\cdot v \tag{2.4-22}$$

这表明电子在电子光学系统中获得的能量来源于电场。

式(2.4−22)又可以写成

$$\frac{\mathrm{d}}{\mathrm{d}t}\left(\frac{mv^2}{2}\right) = -e\left(\frac{\partial V}{\partial x}\frac{\mathrm{d}x}{\mathrm{d}t} + \frac{\partial V}{\partial y}\frac{\mathrm{d}y}{\mathrm{d}t} + \frac{\partial V}{\partial z}\frac{\mathrm{d}z}{\mathrm{d}t}\right) = e\frac{\mathrm{d}V}{\mathrm{d}t} \tag{2.4-23}$$

对式(2.4−23)积分得

$$\frac{1}{2}mv^2 = eV + 常数 \tag{2.4-24}$$

可见，当电子在静电场中运动时，电子的动能和位能之和保持不变。若电子在 P_1、P_2 两点处的速度和电位分别为 v_1、v_2 和 V_1、V_2，则

$$\frac{1}{2}mv_2^2 - \frac{1}{2}mv_1^2 = e(V_2 - V_1) \tag{2.4-25}$$

这表明电子动能的增加意味着位能的减少。

如果发射电子的阴极电位为零，即 $V_1=0$，电子的初速度 $v_1=v_0$，电子在电位 V 处的动能为

$$\frac{1}{2}mv^2 = \frac{1}{2}mv_0^2 + eV \tag{2.4-26}$$

如果把电子的初始能量 $mv_0{}^2/2$ 用等效电位 V_0 来表示，即

$$\frac{1}{2}mv_0^2 = eV_0 \tag{2.4-27}$$

这里的 eV_0 即为以电子伏特表示的电子初能量的等效电位能。V_0 则等价于静止的阴极电子获得初始速度 v_0 所需的加速电位，称为初电位。那么由式(2.4-26)可写出

$$\frac{1}{2}mv^2 = e(V + V_0) = e\varphi^* \tag{2.4-28}$$

式中，$\varphi^* = V + V_0$ 称为规范化电位，表示选择电子动能为零的地方作为电位的零点，从而 φ^* 可直接表示电子的动能。于是可求出电子在 V 处的速度为

$$v = \sqrt{2\eta\varphi^*} = \sqrt{2\eta(V + V_0)} \tag{2.4-29}$$

2．电子在静电场中的轨迹方程

（1）静电场中直角坐标系下的轨迹方程

在静电场中，电子的运动方程为

$$\begin{cases} m\ddot{x} = m\dfrac{\mathrm{d}^2 x}{\mathrm{d}t^2} = e\dfrac{\partial \varphi^*}{\partial x} \\ m\ddot{y} = m\dfrac{\mathrm{d}^2 y}{\mathrm{d}t^2} = e\dfrac{\partial \varphi^*}{\partial y} \\ m\ddot{z} = m\dfrac{\mathrm{d}^2 z}{\mathrm{d}t^2} = e\dfrac{\partial \varphi^*}{\partial z} \end{cases} \tag{2.4-30}$$

将上述三式依次乘以 $\dot{x}, \dot{y}, \dot{z}$ 后，相加并关于时间积分一次，得到

$$\frac{1}{2}m(\dot{x}^2 + \dot{y}^2 + \dot{z}^2) = e\varphi^* \tag{2.4-31}$$

如果选择 z 为独立变量，便有

$$\frac{1}{2}m\dot{z}^2(1 + x'^2 + y'^2) = e\varphi^* \tag{2.4-32}$$

式中，$x' = \mathrm{d}x/\mathrm{d}z$，$y' = \mathrm{d}y/\mathrm{d}z$。从式(2.4-32)中解出 z，并考虑下式

$$\begin{cases} m\ddot{x} = m\dfrac{\mathrm{d}}{\mathrm{d}t}(\dot{x}) = m\dot{z}\dfrac{\mathrm{d}}{\mathrm{d}z}(\dot{z}x') \\ m\ddot{y} = m\dfrac{\mathrm{d}}{\mathrm{d}t}(\dot{y}) = m\dot{z}\dfrac{\mathrm{d}}{\mathrm{d}z}(\dot{z}y') \end{cases} \tag{2.4-33}$$

将 $\dot{z}$ 代入式(2.4-33)并利用式(2.4-30)便可得到轨迹方程

$$\begin{cases} \dfrac{2\sqrt{\varphi^*}}{\sqrt{1 + x'^2 + y'^2}}\dfrac{\mathrm{d}}{\mathrm{d}z}\left(\dfrac{\sqrt{\varphi^*}\,x'}{\sqrt{1 + x'^2 + y'^2}}\right) - \dfrac{\partial \varphi^*}{\partial x} = 0 \\ \dfrac{2\sqrt{\varphi^*}}{\sqrt{1 + x'^2 + y'^2}}\dfrac{\mathrm{d}}{\mathrm{d}z}\left(\dfrac{\sqrt{\varphi^*}\,y'}{\sqrt{1 + x'^2 + y'^2}}\right) - \dfrac{\partial \varphi^*}{\partial y} = 0 \end{cases} \tag{2.4-34}$$

该式为电子在任意静电场中的直角坐标系形式的普遍轨迹方程。

（2）静电场中柱坐标系下的轨迹方程

在柱坐标系中，静电场的运动方程为

$$\begin{cases} \dfrac{\mathrm{d}}{\mathrm{d}t}(m\dot{r}) - mr\dot{\theta}^2 = e\dfrac{\partial \varphi^*}{\partial r} \\ \dfrac{1}{r}\dfrac{\mathrm{d}}{\mathrm{d}t}(mr^2\dot{\theta}) = \dfrac{e}{r}\dfrac{\partial \varphi^*}{\partial r} \\ \dfrac{\mathrm{d}}{\mathrm{d}t}(m\dot{z}) - mr\dot{\theta}^2 = e\dfrac{\partial \varphi^*}{\partial r} \end{cases} \tag{2.4-35}$$

利用能量守恒定律得 $$\frac{1}{2}m(\dot{r}^2+r^2\dot{\theta}^2+z^2)=e\varphi^* \tag{2.4-36}$$

选取 z 为独立变量，可得 $$\dot{z}=\sqrt{2\eta\varphi^*}(1+r'^2+r^2\theta'^2)^{-1/2} \tag{2.4-37}$$

这里 $r'=\mathrm{d}r/\mathrm{d}z$ ，$\theta'=\mathrm{d}\theta/\mathrm{d}z$ 。消去运动方程中的时间 t ，求得轨迹方程为

$$\begin{cases}\dfrac{\mathrm{d}}{\mathrm{d}z}\left(\dfrac{\sqrt{\varphi^*}r'}{\sqrt{1+r'^2+r^2\theta'^2}}\right)-\dfrac{\sqrt{1+r'^2+r^2\theta'^2}}{2\sqrt{\varphi^*}}\dfrac{\partial\varphi^*}{\partial r}-\dfrac{r\theta'\sqrt{\varphi^*}}{\sqrt{1+r'^2+r^2\theta'^2}}=0\\ \dfrac{\mathrm{d}}{\mathrm{d}z}\left(\dfrac{\sqrt{\varphi^*}\cdot r^2\theta'}{\sqrt{1+r'^2+r^2\theta'^2}}\right)-\dfrac{\sqrt{1+r'^2+r^2\theta'^2}}{2\sqrt{\varphi^*}}\dfrac{\partial\varphi^*}{\partial r}=0\end{cases} \tag{2.4-38}$$

式(2.4-38)为任意静电场中圆柱坐标形式的普遍轨迹方程。该式在实际中求解是很困难的，但式(2.4-38)的第一式是电子径向运动方程式，第二式是电子角向运动方程式，所以，通常把电子在整个空间的运动分解成径向运动和角向运动分别研究，以使问题简化。

（3）旋转对称场中电子的近轴轨迹方程

在电子光学问题中，大多数是研究旋转对称场中电子靠近对称轴的运动情况，因此常常利用旋转对称场中近轴(傍轴)条件($r\ll 1$，$r'\ll 1$)，略去普遍轨迹方程中二次项以上各项，得出一级近似条件下的二阶线性齐次微分方程，即电子近轴轨迹方程，也称为高斯轨迹方程。满足高斯轨迹方程的电子轨迹都是可以理想成像的电子轨迹，亦即高斯轨迹。当然，高斯轨迹只是实际轨迹的一级近似，是电子成像性质的抽象描写，它与实际轨迹是有差别的。这种差别就是像差。但是，由于它反映了旋转对称场具有聚焦成像性能这一重要本质，因此，讨论高斯轨迹理想成像规律对实际设计和分析电子透镜具有指导意义。

首先讨论纯电场的情况。在旋转对称条件下 $\partial\varphi^*/\partial\theta=0$ ，故在柱坐标系中的电位分布谢尔赤级数为

$$\varphi^*(z,r)=\phi(z)-\frac{1}{4}\phi''(z)r^2+\frac{1}{64}\phi^{(4)}(z)r^4+\cdots \tag{2.4-39}$$

在电子角向运动的轨迹方程中，利用近轴条件有

$$\begin{cases}\varphi^*=\phi(z)\\ E_r=\dfrac{1}{2}\phi''(z)r\\ E_z=-\phi'(z)\end{cases} \tag{2.4-40}$$

由式(2.4-38)并考虑 $\partial\varphi^*/\partial\theta=0$ ，在电子径向运动轨迹方程中可得

$$\frac{\mathrm{d}}{\mathrm{d}z}\left[\sqrt{\phi(z)}r'\right]+\frac{1}{4\sqrt{\phi(z)}}\phi''(z)r=0 \tag{2.4-41}$$

所以，有 $$\phi r''+\frac{1}{2}\phi'r'+\frac{1}{4}\phi''r=0 \tag{2.4-42}$$

该式即为电子运动的近轴(高斯)轨迹方程。它是一个二阶线性齐次方程，较普遍轨迹方程[式(2.4-38)]明显地简单。因为方程对ϕ、r 和它们的导数(ϕ''，ϕ'，r'', r')都是线性的，所以给定初始条件即可得到近轴电子轨迹的解。

从式(2.4-42)可以看到：①若轴上电位分布$\phi(z)$已知，则可以由它求得整个近轴空间的轨迹而不必预先知道全部场空间的电位分布；②它不含荷质比，所以由零电位的同一点发出的电子或离子，不论其质量与电量如何，在这种近轴场内其轨迹相同，但各自的速度和渡越时间不同；③$\phi(z)$的线性表明，若所有电极上的电压都改变 k 倍，而电极的几何形状不变，则轴上每一点的电位也改变 k 倍，但

方程并不改变，即电子的轨迹不变，这种规律叫电压同比定律；④r 的线性表明，如果所有的电极尺寸放大 k 倍，而电极上的电压不变，则电子轨迹也同样放大 k 倍而不改变其形状，这种规律叫几何相似性。

2.4.4 旋转对称电子光学系统的成像

理想成像应满足：①物平面上某点发出的电子在场的作用下能在像平面上会聚于相应的像点上；②像和物的几何形状相似，横向放大率与物的大小无关。

同前，主要介绍旋转对称静电场的成像性质，并主要讨论 $C=0$ 的情况。

在 $C=0$ 时，由式(2.4-42)可知，$\theta=\theta_0$=常量，即电子始终在一固定的子午面上运动，其轨迹为平面轨迹。因此，在 $\theta=\theta_0$ 的平面上，只需考虑子午面上的近轴轨迹方程。

此时

$$\begin{cases}\phi r''+\dfrac{1}{2}\phi' r'+\dfrac{1}{4}\phi'' r=0\\ \theta'=0,\theta(z)=\theta_0=\text{常量}\end{cases}\tag{2.4-43}$$

根据微分方程理论，式(2.4-43)的通解可由任意两个常系数的线性无关的特解的线性组合构成，设

$$r=r_1(z),\qquad r=r_2(z)\tag{2.4-44}$$

为式(2.4-43)的两个独立的特解，其通解可记为

$$r=Ar_1(z)+Br_2(z)\tag{2.4-45}$$

式中，A、B 为由初始条件决定的常数。在电子光学中，常取如下两个特解：一个是离对称轴单位距离的平行入射的电子轨迹

$$\begin{cases}r_1(z_0)=1\\ r_1'(z_0)=0\end{cases}\tag{2.4-46}$$

另一个是轴上发出以单位斜率即与轴成 45° 角入射的电子轨迹

$$\begin{cases}r_2(z_0)=0\\ r_2'(z_0)=1\end{cases}\tag{2.4-47}$$

这里，z_0 为电子发出点的 z 坐标(如图 2.4-2 所示)。于是近轴区域的轨迹为

$$r(z)=Ar_1(z)+Br_2(z)\tag{2.4-48}$$

由两个特解可知

$$A=r(z_0),B=r'(z_0)\tag{2.4-49}$$

即 A，B 分别为电子出发时的初始坐标和初始斜率。故离轴 $r(z_0)$以 $r'(z_0)$入射的电子近轴轨迹的表达式为

$$r(z)=r(z_0)r_1(z)+r'(z_0)r_2(z)\tag{2.4-50}$$

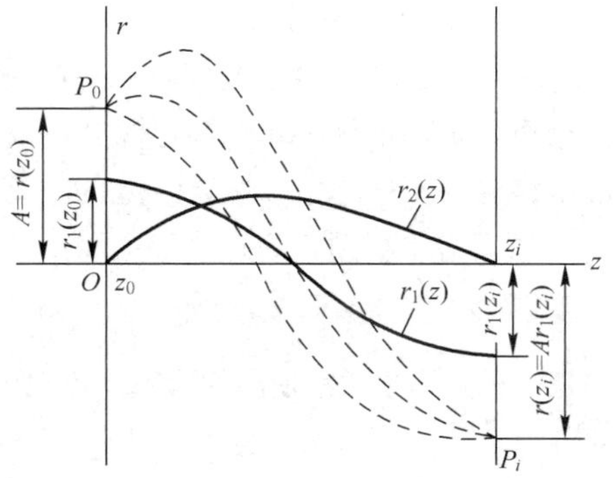

图 2.4-2 旋转对称场的聚焦成像

这里，两个特解并不满足近轴条件，但是根据高斯光学的原理和方法，在整个电场空间都满足近轴轨迹理想成像空间的情况下，只要证明高斯轨迹能够理想成像，则近轴轨迹也可理想成像。

下面参照图 2.4-2 进行聚焦成像的讨论。

对于轴上点，$r(z_0)=0$，故由式(2.4-50)可知通解为

$$r(z)=r'(z_0)r_2(z)\tag{2.4-51}$$

当 $r'(z_0)$不同时，式(2.4-51)表示轴上发出的不同斜率的电子轨迹。若设所讨论的是会聚区，即 $\phi''(z)>0$，则由于电子受到向轴的径向力的作用，故从轴上某点发出的轨迹 $r_2(z)$，总能在某一点 $z=z_i$ 处与轴相交，即在 $z=z_i$ 时有

$$r(z_i)=0$$

即

$$r(z_i)=r'(z_0)r_2(z_i)=0$$

这表明，尽管各自 $r'(z_0)$不同，但从 $z=z_0$ 发出的所有轨迹都将会聚于 z_i 点。也就是说，由轴上 z_0 点发出的所有电子，不论其初始斜率 $r'(z_0)$如何，只要其中有一条电子轨迹在 $z=z_i$ 处与 z 轴相交，则所有电子都将会聚在轴上 $z=z_i$ 处。这便是轴上点的理想聚焦成像。$z=z_i$ 平面称为高斯成像平面或高斯像面。

对于轴外点，即 $r(z_0)\neq 0$ 的情况，从轴外物平面上任一点发出的初始斜率不同的所有轨迹在 $z=z_i$ 平面上，由通解表达式可知

$$r(z_i)=r(z_0)r_1(z_i)+r'(z_0)r_2(z_i)=r(z_0)r_1(z_i)=Ar_1(z_i)=\text{常数} \tag{2.4-52}$$

式中，$r(z_i)$表示轨迹在高斯像面上落点的离轴高度(像高)，$r_1(z_i)$是一个特解在高斯像面上的像高，对于确定的场来说，它是一个确定的值(即为横向放大率)。因此，式(2.4-52)说明，物平面上任意一点的电子轨迹在高斯像面上的位置 $r(z_i)$只与它本身的初始离轴距离 $r(z_0)$有关，而与其初始斜率 $r'(z_0)$无关。即凡是从物平面上轴外同一物点发出的电子，不论其初始斜率如何(即初速度方向如何)，都会聚在同一点 P_i，该像点的坐标为

$$z=z_i,\ r=r(z_i)=r(z_0)r_1(z_i)$$

P_i 是 P_0 点的共轭像点，$z=z_i$ 平面是物平面 $z=z_0$ 的共轭像面。从而表明旋转对称场的近轴区域有使近轴电子成点像的性质。

此外，由像点 P_i 的 r 坐标与物点 P_0 的坐标的比值

$$\frac{r(z_i)}{r(z_0)}=r_1(z_i)=M=\text{常数} \tag{2.4-53}$$

可知，物与像的几何形状是相似的。M 称为电子光学系统的横向放大率。场分布一经确定，像平面位置($z=z_i$)也就确定了，故 $r_1(z_i)$也为定值。可见，旋转对称电场在 $C=0$ 的情况下具有理想成像的性质。

2.4.5 静电场电子光学系统的折射率与典型电子透镜

1. 电子光学折射率

前面的讨论得到了旋转对称静电场对带电粒子的聚焦成像作用，这与光学媒质对光线的作用十分相似。实际上这种相似性还深刻地反映在光学中的费马原理和带电粒子在静电场中运动所遵循的最小作用量原理的相似性上。即在电子光学中也有类似的电子光学折射率的概念。

根据最小作用量原理，静电场中的电子光学折射率可以表示为

$$n=\sqrt{\varphi^*} \tag{2.4-54}$$

这是电子光学中经常使用的形式。该式可由电子通过两个不同电位的交界面时的折射定律直接得出。

如图 2.4-3 所示，设电子从电位为$\sqrt{\varphi_1^*}$ 的区域进入电位为$\sqrt{\varphi_2^*}$ 的区域，分界面是一个平面。不同电位的分界面可以看成一个无限薄的偶极层。在两个不同的电位空间，电子做直线运动，其速度由所在处的电位决定，即

$$v=\sqrt{2\eta\varphi^*} \tag{2.4-55}$$

电子通过分界面将产生折射，因此在分界面上只存在法向电场而无切向电场，电子只受法向电场的作用而加速，切向分量不变，即 $v_{1r}=v_{2r}$(若$\sqrt{\varphi_2^*}>\sqrt{\varphi_1^*}$，则电子运动的折射如图 2.4-3 所示。若电子轨迹与分界面法线的夹角为 α_1、α_2，则有

$$v_1\sin\alpha_1=v_2\sin\alpha_2$$

即

$$\sqrt{\varphi_1^*}\sin\alpha_1=\sqrt{\varphi_2^*}\sin\alpha_2$$

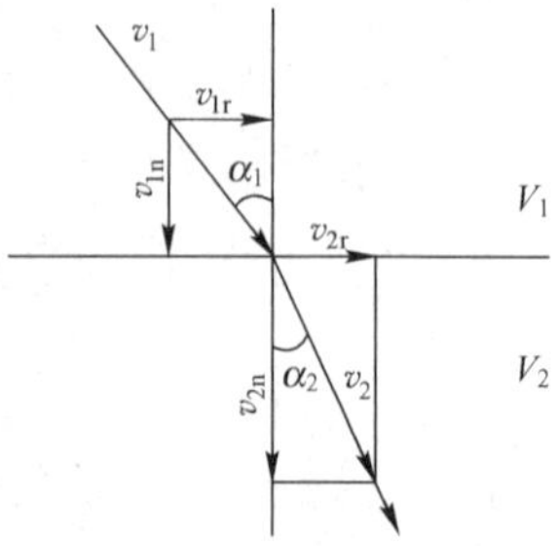

图 2.4-3 电子运动的折射

比较光学中的折射定律，可知$\sqrt{\varphi^*}$ 起着光学中的折射率作用，故静电场中 $n=\sqrt{\varphi^*}$。

前面讨论的电子光学和几何光学之间的相似性，反映了两者之间的内在联系和本质上的一致性。但两者之间还是有着很大差异的，例如在折射率上就有如下区别：

（1）电子光学中的 $\sqrt{\varphi^*}$ 是渐变的，所以电子光学折射率是空间位置的连续函数，电子轨迹不可能是突然折射的连续的曲线，而光学中的折射率是突变的，光线路径为一折线。

（2）电子光学折射率随 $\sqrt{\varphi^*}$ 而变化，因此可使折射率具有任意的数值，而光学折射率的变化范围很有限(一般在 1～2.5 之间)。

（3）当电子光学系统中，边界一经确定，折射率空间的分布就完全确定了，不能自由改变和选择，因此也不能采用几何光学的方法来消除像差，而几何光学中则可通过改变透镜表面的几何形状来减小像差。

（4）当存在磁场时，电子光学系统折射率与电子运动方向有关，因此，在这种场中电子运动轨迹不可逆。这如同几何光学中各向异性媒质的情况。

（5）电子光学系统折射率与电子速度的绝对值有关，某点的折射率对于同一阴极发出的初速度不同的电子有不同的数值，因而出现了色差。这正如光学介质的折射率与波长有关一样。

此外，在电子光学中有时必须考虑电子之间的斥力，即空间电荷效应。而几何光学中则不存在这种情况。

2．电子透镜

由前面讨论可知，旋转对称电磁场具有聚焦成像性能。通常在电子光学中，也将凡是能形成旋转对称电场、磁场或复合电磁场的电子光学系统中的电极系统和/或磁场系统统称为电子透镜。电子透镜按场的情况分为静电透镜、磁透镜和复合透镜。这里只简单介绍静电透镜的分类和特点及短透镜的焦距。

最常见的静电透镜按轴上电位分布形状不同可以分为以下四大类。

（1）膜孔透镜——透镜两旁的电位不是常数而随 z 变化

其结构为：一块薄的膜片，上面开一个很小的圆孔。膜片隔开两个不同的但恒定的电场，即在膜片的两侧分别具有线性上升或下降的电位区域，如图 2.4-4(a)～(c)所示。在特殊情况下，膜片的一侧具有恒定电位，即电场强度为零，如图 2.4-4(d)和(e)所示。

这种透镜的轴上电位分布曲线如图 2.4-5 所示。从前面已知，$\phi''>0$ 是会聚的，而 $\phi''<0$ 是发散的。因此，膜孔透镜可以是会聚的，也可以是发散的。

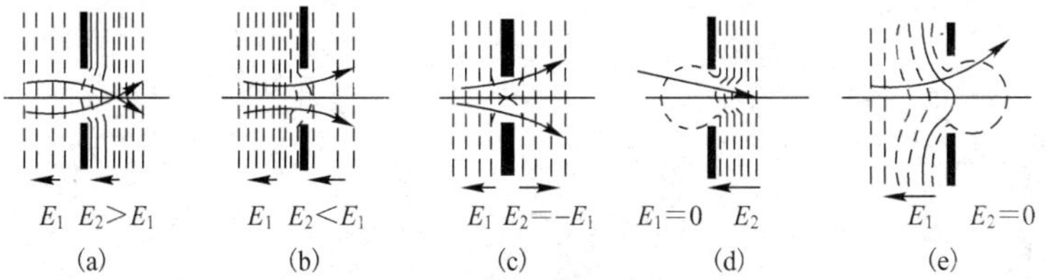

图 2.4-4　膜孔透镜举例

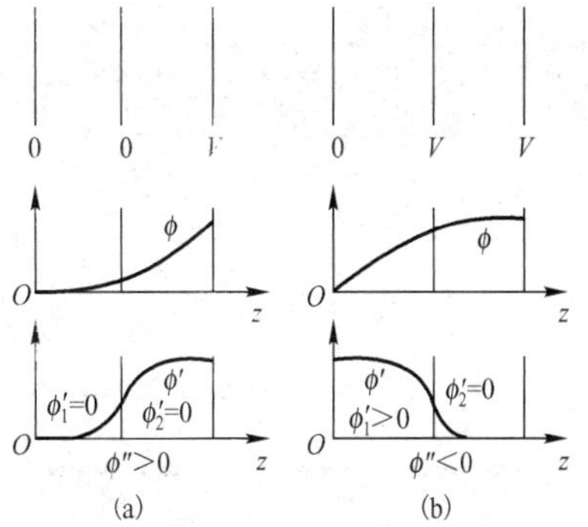

图 2.4-5　膜孔透镜轴上电位分布曲线

（2）单透镜——透镜两旁的电位为常数且数值相等

其结构一般由三个直径相同(或不相同)的同轴圆筒形电极(或膜片)组合而成，如图 2.4-6 所示。通常，三个电极的组合形状是对称的。在这种透镜的两侧具有相同而恒定的电位。由于外侧电极的电位相同($V_1=V_3$)而中央电极的电位 V_2 为零，因此，只需要一个电位(如 V_1)就能工作。故这种透镜又称为单电位透镜。

事实上，不论中央电极的电位 V_2 是大于还是小于外侧电极的电位($V_1=V_3$)，单透镜总是会聚的。图 2.4-7(a)和(b)分别表示 $V_1>V_2$ 和 $V_1<V_2$ 时单透镜轴上电位分布$\phi(z)$、$\phi'(z)$及 $\phi''(z)$。从图 2.4-7(a)可看到，电子如从左侧进入透镜场，它将经历(顺次)发散($\phi''(z)<0$)—会聚($\phi''(z)>0$)—发散($\phi''(z)<0$)三个区域，但电子通过透镜中间部分时速度较小(ϕ较低，电子受阻)，因此中间场对电子的作用要比两端大，最后结果还是会聚作用占优势。同理分析图 2.4-7(b)可知，在透镜两侧，电子速度较小(ϕ较低)，因此电场对电子的作用比在透镜的中间部分大，最后结果仍是会聚作用占优势。

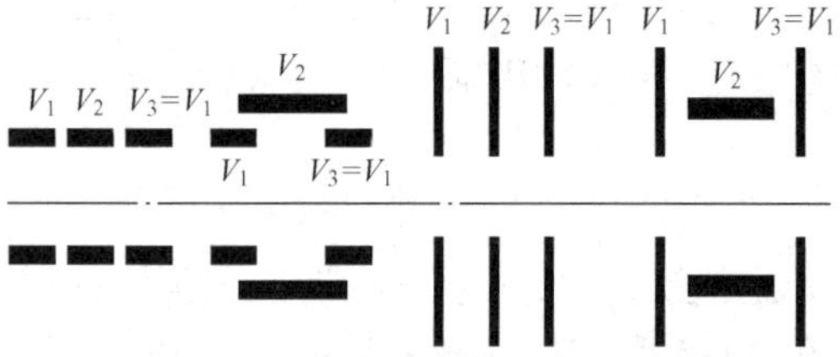

图 2.4-6　单透镜举例

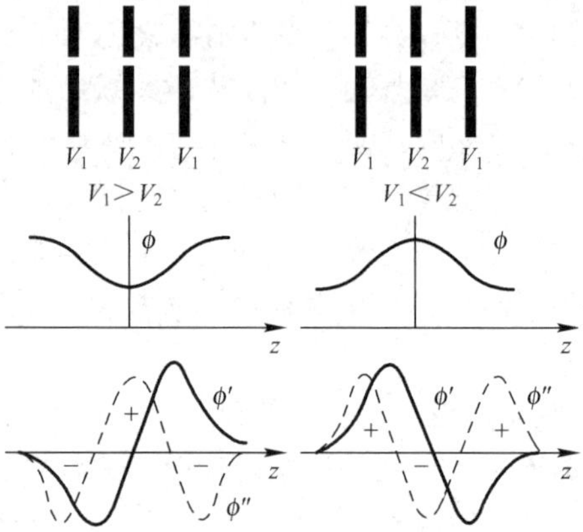

图 2.4-7　单透镜轴上电位分布

（3）浸没透镜——透镜两侧的电位是常数但数值不同

在这种透镜的两侧有恒定的电位，但不相同，即电子光学折射率不同。这种透镜类似于光学中为提高透镜分辨率而将光学透镜一侧浸没于油中的情况。大多数浸没透镜由两个圆筒形电极组成，但也可以用两个膜片或一个圆筒与一个膜片组合而成。图 2.4-8 所示为该系统的几种典型结构。

所有浸没透镜，不论 $V_1<V_2$ 还是 $V_1>V_2$，都是会聚的。这是因为：从图 2.4-9(a)可以看到，若电子从左边进入透镜场，则先会聚后发散，但在后面的发散部分电子具有较大的速度(ϕ较高)，场对电子的作用要比前一部分小得多，所以最后结果是会聚作用占优势。从图 2.4-9(b)则可以看到，电子从左边飞入后将先发散后会聚，但在后面的聚焦部分电子具有较小的速度(ϕ较低)，所以对电子的作用较大，结果还是会聚作用占优势。

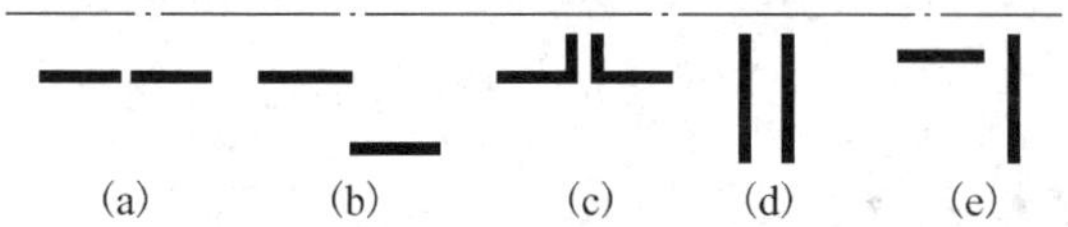

图 2.4-8　浸没透镜的典型结构

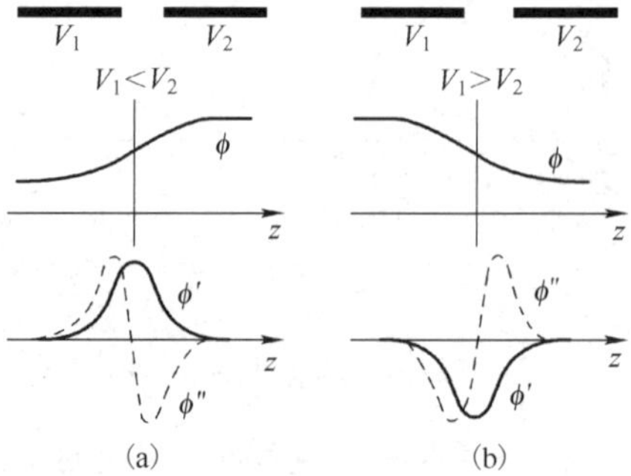

图 2.4-9　双筒透镜的轴上电位分布

（4）阴极透镜——透镜场为加速电场，阴极浸没场中

这种透镜的一边有一个垂直于对称轴的电位通常为零的阴极。图 2.4-10(a)便是其中一种。除

阴极外，它还有两个膜孔电极：一个是较阴极电位为负的调制极，一个是较阴极电位高很多的加速极。这种透镜也是会聚的，其轴上电位分布如图 2.4-10(b)所示。它的大部分区域$\phi''(z)>0$。任何窄束电子束管的电子枪中，必有一个阴极透镜。

除了可以从轴上电位分布的二阶导数对静电透镜的性能做定性分析，还可以：①从电子光学系统中等位面分布的形状出发，根据折射定律来分析电子运动轨迹的趋势，从而确定透镜场对电子是起会聚作用还是发散作用。这种分析方法中，重要的不是等位面的形状，而是等位面两侧电位的高低。②由电子透镜焦距公式计算出的焦距正、负来判别是会聚透镜还是发散透镜。但是不论用哪种方法分析，这些方法分析的结果应该是一致的。

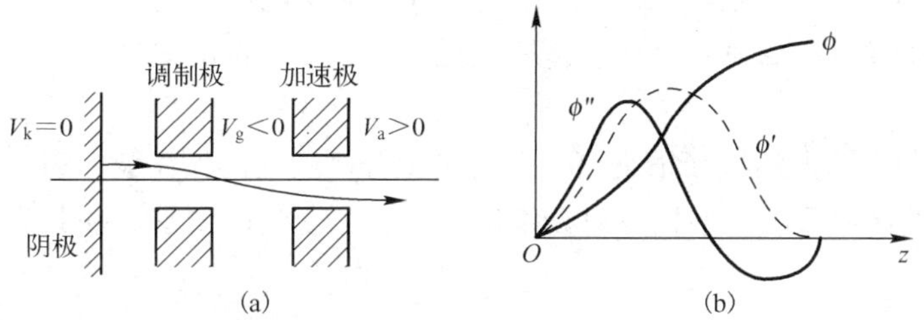

图 2.4-10　阴极透镜及其电位分布

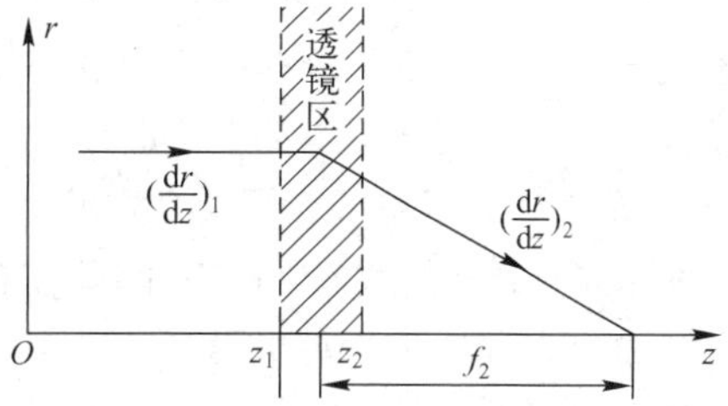

图 2.4-11　短透镜的焦距

3．短透镜与电子透镜的焦距

严格地讲，如果两端不存在封闭电极如接收屏、光阴极之类的物质，则任一电子透镜的场将延伸到无穷远处，因而无法像几何光学中那样定出物方空间和像方空间的明确界限。但在实际情况下和在所需要的精度范围内，可以把对电子起有效作用的场——透镜的作用区间限于一个有限的空间范围内，称此空间为透镜空间。在此空间中，电子轨迹在场的作用下是连续变化的，而物与像则位于透镜场外。透镜场外的空间为等位空间。这种做了理想化的电子透镜称为短透镜(或薄透镜)(见图 2.4-11)。一般情况下，电子光学中所谈及的透镜都属于短透镜。它满足以下条件：①透镜的作用区域(即透镜空间厚度)较之透镜到物、像距离小得多，比焦距小得多，物、像和焦点均在透镜场外；②场划分为三个区域：物方空间、透镜空间和像方空间。在物方和像方空间，电位固定不变，电子轨迹为直线。

二维码 2.4-1

在这种情况下，设电子飞入处电位为ϕ_1，飞出处电位为ϕ_2，设透镜很短，在透镜场内 r 的值不会有很大变化，则 $\mathrm{d}r/\mathrm{d}z$ 也不会有很大变化。假设进入透镜的电子是平行于对称轴的，可推导出像方焦度[焦距(见图 2.4-11)的倒数，又称为聚焦本领]为

$$\frac{1}{f_2}=\frac{1}{4\sqrt{\phi_2}}\int_{-\infty}^{\infty}\frac{\phi''}{\sqrt{\phi}}\mathrm{d}z \tag{2.4-56}$$

同样可得物方焦度为

$$\frac{1}{f_1}=\frac{1}{4\sqrt{\phi_1}}\int_{-\infty}^{\infty}\frac{\phi''}{\sqrt{\phi}}\mathrm{d}z \tag{2.4-57}$$

2.5　电子图像的发光显示

像管是借助于荧光屏将电子图像转换为可见光图像的。荧光屏由受高能电子轰击而发光的材料制成。某些金属的硫化物、氧化物或硅酸盐等粉末状晶体在适当掺杂后就具有受激发光的特性。将这些材料称为晶态磷光体。晶态磷光体在受电子激发时产生的光发射称为荧光，停止电子激发后持续产生的光发射称为磷光。本节将具体讨论荧光屏的发光机理及特性。

2.5.1 荧光屏的结构与发光理论基础

1．荧光屏的构成

荧光屏的底层是由晶态磷光体微细颗粒沉积而成的薄层。其厚度稍大于颗粒直径，为 5～8μm。所用的晶态磷光体先在水中用重力沉积方式进行颗粒分选，选取直径为 1～5μm 的颗粒。颗粒越细获得的图像分辨率越高，但发光效率越低，因此，粒度应该适当。通常选取颗粒直径与荧光屏厚度相近，这样可获得发光效率与图像分辨率的最佳组合。荧光粉层的厚度应能充分吸收入射电子的能量，并使产生的光子能有效地射出。在荧光屏的表层上蒸镀一层铝膜。铝膜的厚度约为 0.1μm。其作用为：引走积累的负电荷；防止光反馈给光阴极；使荧光屏形成等电位；将光反射到输出方向。通常的铝膜是在真空状态下蒸镀的亮铝膜，也可以是在充氩气状态下蒸镀的黑铝膜，后者有利于改善输出图像的对比度。

图 2.5-1 示出了镀铝荧光屏的剖面图。图上的铝膜很平整，这是由于在镀铝之前先在荧光粉层上涂敷了一层光滑的有机膜，因此在有机膜上蒸镀的铝层具有光滑表面，有利于光的反射。在荧光屏制成后通过加热将有机膜分解。

2．荧光层的发光理论

描述荧光屏受激发光的机理有两种理论模型：一种是用于解释复合发光过程的固体能带模型；另一种是用于解释分立发光过程的位形坐标模型。这里仅介绍前者。

由受激辐射的理论可知，晶态磷光体的发光取决于电子能态的跃迁。因此，受激辐射可见光的条件是电子跃迁的能级差必须与可见光光子的能量相同。所以用于荧光屏的晶态磷光体都掺有杂质，以便产生局部能级使能带结构满足这一条件。典型的能带结构及发光过程示意图如图 2.5-2 所示。

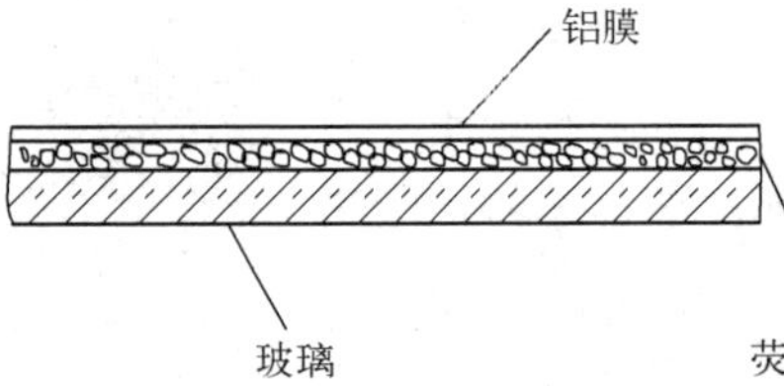

图 2.5-1　镀铝荧光屏的剖面图

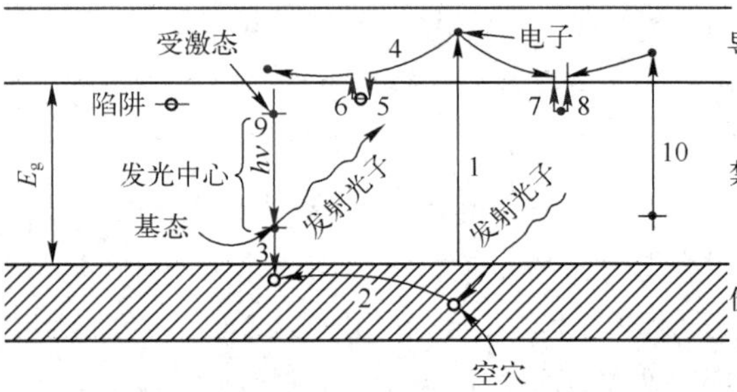

图 2.5-2　晶态磷光体的能带结构及发光过程示意图

晶态磷光体的基质决定了能带结构的满带和导带。晶体中掺入的适量杂质产生了靠近满带顶的局部能级。掺入的杂质通常称为晶态磷光体的激活剂。由激活剂原子所产生的局部能级刚好满足受激辐射可见光光子的条件。因此，这些激活剂杂质所构成的局部能态就被称为发光中心。另外，在晶态磷光体的晶格结构中不可避免地存在缺陷及其他杂质，这将产生靠近导带底的局部能级。下面根据图 2.5-2 的能带结构，讨论晶态磷光体的复合发光过程。

（1）阴极射线激发过程

高能电子发射到晶态磷光体内，将使基质的满带电子受激跃迁，同时激活剂杂质能级的电子也会产生受激跃迁，但由于数量较少，因此主要的受激电子是来自基质的原子。基质满带中电子的受激过程在图 2.5-2 中用箭头 1 表示。杂质能级的电子受激过程用箭头 10 表示。基质原子的受激电离一方面产生导带中的自由电子，另一方面也产生满带中的空穴。这些受激产生的电子和空穴将分别在导带和满带的能态下进行空间扩散。这一迁移扩散过程会受到各种散射而损失能量，使电子和空穴的能态分别向导带底和满带顶靠近，在图 2.5-2 中分别用曲线 2 和 4 表示这一过程。当满带中的空穴扩散到杂质原子附近时，就会与杂质局部能级上的电子相复合。杂质局部能级的电子填充了基质满带中的空穴而形成了受激电离的发光中心。这一过程在图 2.5-2 中用箭头 3 表示。

（2）受激辐射光子过程

由高能电子轰击晶态磷光体所产生的受激电子，将通过以下 3 种方式与电离的发光中心相互复合辐射出可见光光子。

① 在靠近电离的发光中心产生的受激电子，经过短距离的迁移就可以与电离的发光中心复合。由于电子在导带中运动的速度为 10^6～10^7cm/s，在导带中停留的时间短于 10^{-10}s，所以这一复合过程产生短瞬的发光，是发光的主要部分。图 2.5-2 中的箭头 9 表示了这一过程。

② 在导带中迁移的受激电子，可能被某些浅的局部能级所俘获，而后借助于晶格振动能量再次跃迁到导带，如图 2.5-2 中箭头 5 和 6 所示，然后再与电离的发光中心复合而辐射光子。这一发光过程由于受激电子被局部能态俘获而延迟，所以发光要滞后于电子轰击的时间。由此构成荧光屏发光的余辉过程。

③ 受激电子在导带中迁移时，又可能被较深的局部能级所俘获。由于这些局部能级与导带的能级差较大，常温下晶格振能不足以使电子逸出这个能级。只有接受外界作用，例如加热或辐射照射，才能使电子获释，如图 2.5-2 中箭头 7 和 8 所示。而后再与电离的发光中心相互复合辐射出可见光光子。将这种发光现象称为热释光或光释光过程。

上述的三种发光方式具有共同的特点，即吸收电子轰击的能量是在基质中进行的，而辐射光子是在激活剂处完成的。由吸收和辐射两个过程的复合构成发光的全过程，因此称为复合发光。又由于该过程中还伴随有电子和空穴的漂移或扩散，从而产生特征性的光电导现象，因此复合发光又称为光电导型发光。

3. 荧光层发光的衰减规律

这里所介绍的复合发光过程基于简化的能带模型，实际上晶态磷光体的能带结构是很复杂的。例如硫化锌型磷光体，这种材料参与发光的能带结构包含有多个导带和满带。目前在量子理论的基础上还难以定量分析晶态磷光体的发光过程。

由上述定性的理论分析可知，复合发光过程伴随有受激电子被局部能级俘获而产生的发光延迟，由此造成荧光屏在受到电子激发时发光强度不能立即达到额定值，其增长过程有滞后。当激发停止时，发光强度也有一个衰减过程。发光的上升延迟不明显，而发光的衰减延迟很严重。理想晶态磷光体复合发光的基本衰减规律包含有指数函数和双曲线函数。一般情况下，可以用经验公式分段逼近实测曲线来描述其真实的衰减过程。

2.5.2 典型荧光屏发光特性

由于荧光屏所产生的光学图像应当有较高的发光效率和适当的余辉，以及匹配的光谱，因此对荧光屏的发光材料是有限制的。常用的荧光屏发光材料见二维码 2.5-1。用于像管荧光屏的典型材料有两类：一类是硫化锌为基质掺银激活剂的荧光屏（ZnS:Ag）；另一类是硫化锌镉为基质掺银激活剂的荧光屏（ZnS·CdS: Ag）。

二维码 2.5-1

图 2.5-3 给出了几种典型荧光屏的发光光谱。图 2.5-3（a）是黄绿色荧光屏（ZnS·CdS:Ag），其中的曲线 1 是苏联编号 K-67 荧光材料的光谱特性，曲线 2 是美国编号 P-20 荧光材料的光谱特性。这类荧光屏的发光光谱分布与人眼视觉光谱响应相匹配，并具有中短的余辉（下降到 10%时约为 0.2ms）和较高的发光效率（高于 15cd/W）。图 2.5-3（b）是蓝光荧光屏（ZnS:Ag），其中的曲线 1 是苏联编号 K-11 荧光材料的光谱特性，曲线 2 是美国编号 P-11 荧光材料的光谱特性。由于这类荧光屏的发光光谱与照相底片的感光光谱分布相匹配，发光效率约为 3cd/W，并具有短余辉，约为 50μs，因此适宜做摄影的像管荧光屏。

图 2.5-4 给出了电子加速电压与荧光屏转换效率的关系曲线，从图中可见当加速电压超过 10kV

时，荧光屏转换效率达到饱和。

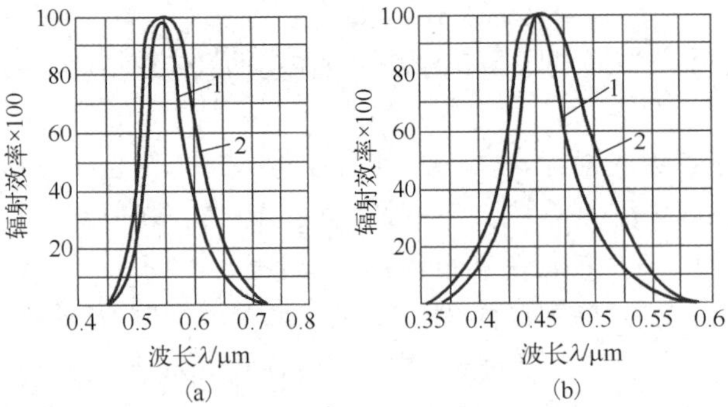

图 2.5-3 几种典型荧光屏的发光光谱

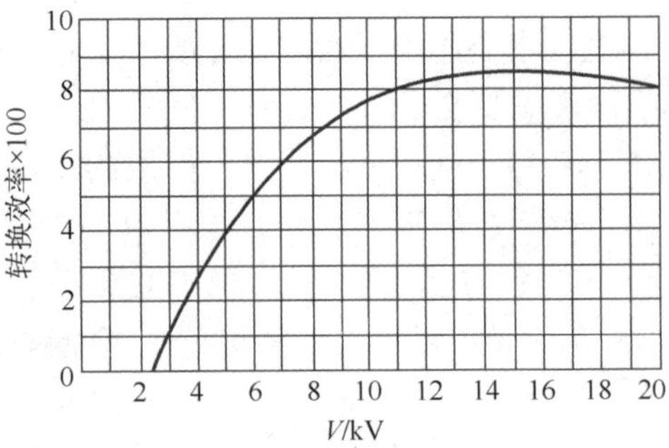

图 2.5-4 电子加速电压与荧光屏转换效率的关系曲线

图 2.5-5 给出了硫化物荧光屏的厚度与图像分辨率的关系曲线。厚度的增加会导致光扩散的增大，分辨率将随之下降。当荧光粉的粒度不变时，分辨率的下降将随厚度的增加而减慢。最佳选择是单层颗粒沉积的荧光屏。

为了提高荧光屏的图像分辨率，可以在光学纤维面板上采用凹陷屏的方式制造荧光屏。凹陷屏是预先将光学纤维面板表面处的每根内芯去除一薄层，形成凹陷的微坑，而后在每个微坑中填入粉质形成荧光屏。这样制成的荧光屏可减少光的扩散，改善了图像分辨率。

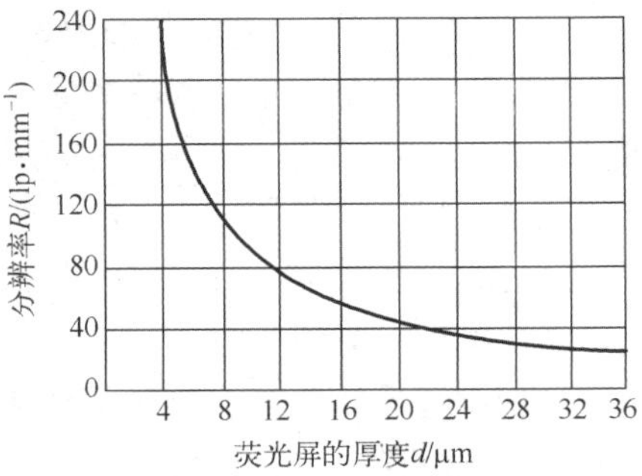

图 2.5-5 硫化物荧光屏厚度与图像分辨率的关系曲线

2.6 光学图像的传像与电子图像的倍增

在像管中，完成光学图像传像的元件是光学纤维面板(OFP)，完成电子图像倍增的元件是微通道板(MCP)。

2.6.1 光学纤维面板

一代级联式像增强器的输入窗和输出窗都是由光学纤维面板制成的，利用光学纤维面板之间通过光学接触即可传像的性能，可以直接耦合。同时，光学纤维面板又使像增强器获得以下优点：①增加了传递图像的传光效率；②提供了采用准球对称电子光学系统的可能性，从而改善了像质；③可制成锥形光学纤维面板或光学纤维扭像器。下面具体说明光学纤维面板的传像原理及特性。

1. 传像原理

光学纤维面板可以将输入端面上的像传递到输出端面上，其由密集的微细光导管组成，在两个端面进行抛光。每根光导管都由高折射率的玻璃做芯，低折射率的玻璃做外皮，其外表再涂以吸光层制成，称之为光导纤维。

光学纤维面板是基于光线的全反射原理进行传像的，由于光导纤维的芯料折射率高于皮料的折射率，因此入射角小于全反射临界角的全部光线都只能在内芯中反射。所以每一根光导纤维能独立地传递光线，且相互之间不串光。由大量光导纤维所组成的面板则可以传递一幅光学图像。

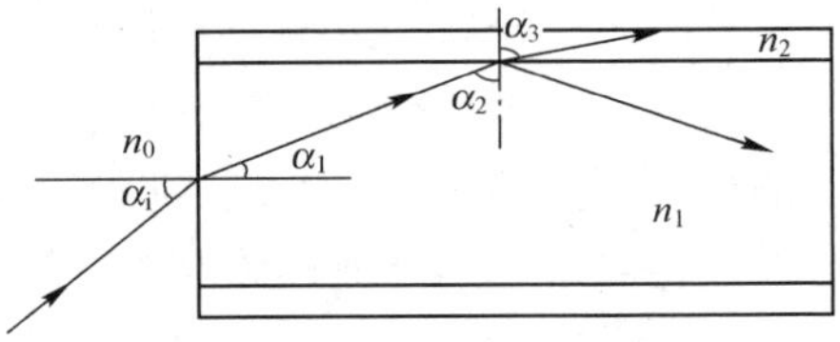

图 2.6-1 光线传递的过程

图 2.6-1 示意了光线传递的过程。当光线的入射角为 α_i

时，所产生的折射情况可由下面的公式确定

$$\frac{\sin\alpha_i}{\sin\alpha_1}=\frac{n_1}{n_0} \tag{2.6-1}$$

$$\frac{\sin\alpha_2}{\sin\alpha_3}=\frac{n_1}{n_2} \tag{2.6-2}$$

式中，n_0、n_1、n_2 分别是周围介质、纤维芯料及纤维皮料的折射率。根据全反射的条件（α_3=90°）可得到临界入射角的表达式

$$\sin\alpha_i=\frac{1}{n_0}\sqrt{n_1^2-n_2^2} \tag{2.6-3}$$

由式（2.6-3）可知，只要选择光导纤维的芯料和皮料使其折射率满足下面的不等式，即可具有理想的传像功能

$$n_1\geqslant\sqrt{n_0^2+n_2^2} \tag{2.6-4}$$

光学纤维面板具有不同的类型。例如，根据端面的形状分为双平面型和平-凹球面型，后者用于制作准球对称电子光学系统的像管。根据传像性能，又可分为普通光学纤维面板、变放大率的锥形光学纤维面板和传递倒像的扭像器等。

二维码 2.6-1

2．数值孔径与三环效应

表征光学元件集光性能的参数是数值孔径。根据定义可以写出光学纤维面板的数值孔径为

$$A=n_0\sin\alpha=\sqrt{n_1^2-n_2^2} \tag{2.6-5}$$

式中，A 是数值孔径，α 为孔径角。光学纤维面板在光导纤维内只传递入射角小于 α 的光线，入射角大于 α 的光线的一部分将由纤维内芯折射到纤维外皮中形成杂散光，这将破坏图像的传递特性。因此，A 值表明了光学纤维面板的集光性能和传递图像的性能。

光学纤维面板的有效传光效率总是小于 1 的。当入射光为朗伯光源时，其效率为 50%～60%。降低有效传光效率的因素有：

① 入射到光导纤维外皮的光全部是无效的。通常光学纤维面板的外皮截面面积占总截面面积的比例约为 30%；

② 光线在光学纤维面板端面上及界面处的反射损失；

③ 光线在光导纤维之间的串光损失。

光导纤维间串光的起因可以用三环效应来说明。当用准直光束照射光学纤维面板时，其输出光呈现三个环带光，它们分别为：

① 出射角最小的第一环带光，其出射角 α_o 与入射角 α_i 的关系为 $\sin\alpha_o=\sqrt{\sin^2\alpha_i-\sin^2\alpha}$，这是由光导纤维内芯向外皮串光所产生的光环。

② 出射角相等的第二环带光，有 $\sin\alpha_o=\sin\alpha_i$，这是由光导纤维内芯经全反射所产生的光环，同时也有入射到纤维外皮又由外皮出射的光。

③ 出射角最大的第三环带光，有 $\sin\alpha_o=\sqrt{\sin^2\alpha_i+\sin^2\alpha}$，这是由光导纤维外皮向内芯串光所产生的光环。

在上述三个环带光中只有由光导纤维内芯出射的第二个光环是有效传递图像的光。其余都是非有效光，将造成图像对比度的损失。通常为了减少这一损失而在光导纤维的外部涂以吸光层或在缝隙中加入吸光丝。通过吸收杂散的串光来改善光学纤维面板的传像特性。

2.6.2 微通道板

微通道板（MCP）的最重要应用是作为二维电子图像倍增级。由于它具有高增益、低噪声、高分辨

率、宽频带、低功耗、长寿命及自饱和效应等优点，因而被广泛用在像管、高速光电倍增管、阴极射线管、摄像管、存储管，以及电子、离子、X 射线和紫外线探测器等领域。

1．MCP 的构成

MCP 是由大量平行堆集的单通道电子倍增器组成的薄板。它实际上是一块通道内壁具有良好二次发射性能和一定导电性能的微细空心玻璃纤维面板（见图 2.6-2）。这些通道的孔径为 5～10μm。孔间距尽可能小，以求尽量减小非通孔的端面。端面上的开口面积比为 55%～85%。通道的长度与孔径之比的典型值为 40。在 MCP 的两个端面镀有镍层，形成输入电极和输出电极。在 MCP 的外缘带有加固环。通常微通道不垂直于端面，而具有 7°～15°的斜角。图 2.6-3 为 MCP 通道的剖视图和扫描电镜(SEM)图像。

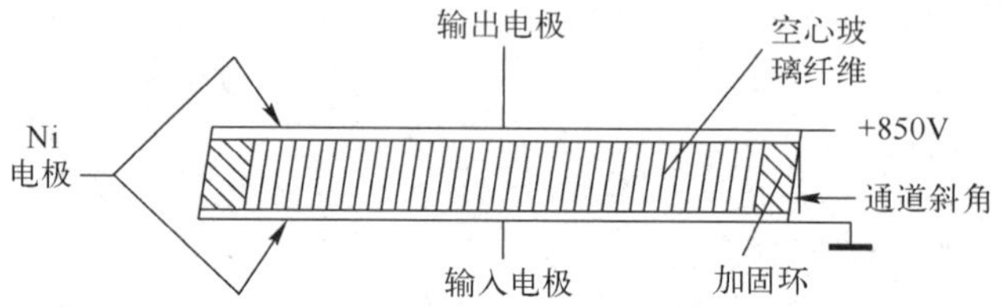

图 2.6-2　微通道板剖面示意图

通常，MCP 由含有铅、铋等氧化物的硅酸盐玻璃制成。采取的工艺有实心法和空心法。为使微通道的内壁具有良好的二次电子发射特性需进行烧氢处理，高温下被氢还原的铅原子分散在表层的铅玻璃中，通道内壁的这一表层具有半导电和较高的二次电子发射特性。为防止离子反馈，有时要在微通道输入端面镀上 Al_2O_3 膜，通常的膜厚约为 3nm。这一膜层允许能量大于 120eV 的电子穿透并阻止离子通过。其目的是保护像管的光阴极，避免其受到离子的轰击。

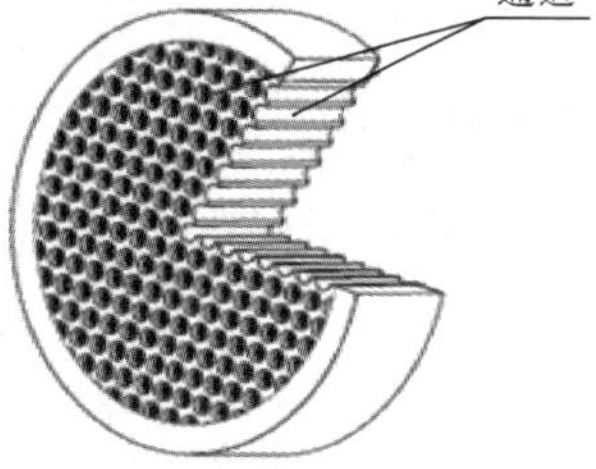

(a) 剖视图

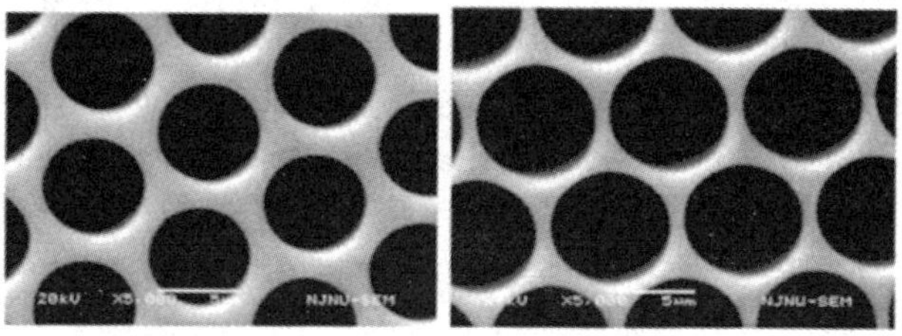
(b) 标准MCP（左）和扩口的高性能MCP（右）的SEM图像

图 2.6-3　MCP 通道的剖视图和 SEM 图像

2．通道内的二次电子发射

在介绍微通道的工作原理之前，首先介绍二次电子发射过程。高速电子入射到固体表层，与体内电子连续碰撞使电子受激而逸出表面的过程称为二次电子发射。其出射的电子数与入射的电子数之比定义为二次电子发射系数 δ，也称为二次电子倍增系数。

二次电子发射过程受多种因素制约。通过半经典理论的分析与实验验证，对纯洁的固体表面可以用相似的函数来描述它的二次电子发射特性。这一函数通常称为二次发射的普适函数。它是入射电子加速电位及入射角的函数（入射角取为入射线与通道壁表面法线的夹角），同时也是材料性质与表面状况的函数。

由实验测定的二次电子发射的特性曲线如图 2.6-4 所示。

可见，二次电子发射系数 δ 是入射角 θ 和初电子加速电位 V 的函数，并且存在极值。当 $\cos\theta\to 0$ 和 $V=V_m$ 时，δ 可获得最大值 $\delta_m(\theta)$。

综合上述说明可知，为获得 $\delta_m(\theta)$，应取 θ（入射线与通道壁表面法线的夹角）接近 90°，即取掠射电子。同时电子的加速电位应取最佳值，过高或过低都将不利。这是因为过高的加速电位和垂直入射的电子穿透到材料深处，会使所激发的电子难以迁移到表面而被散射。

MCP 是利用二次电子倍增性质来完成电子图像增强的。图 2.6-5 示出了 MCP 中的微通道电子倍增器的原理。

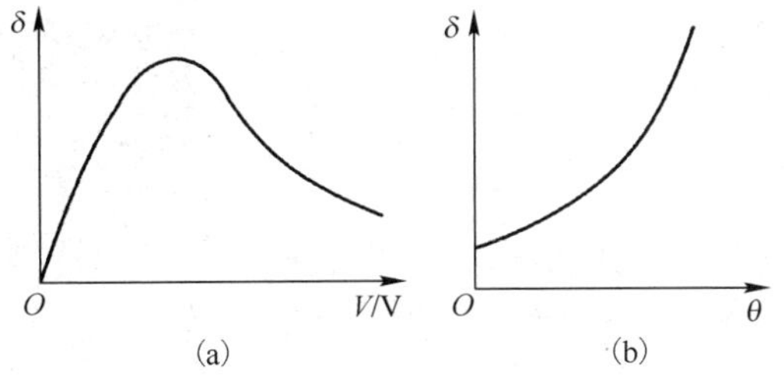

图 2.6-4　二次电子发射的特性曲线

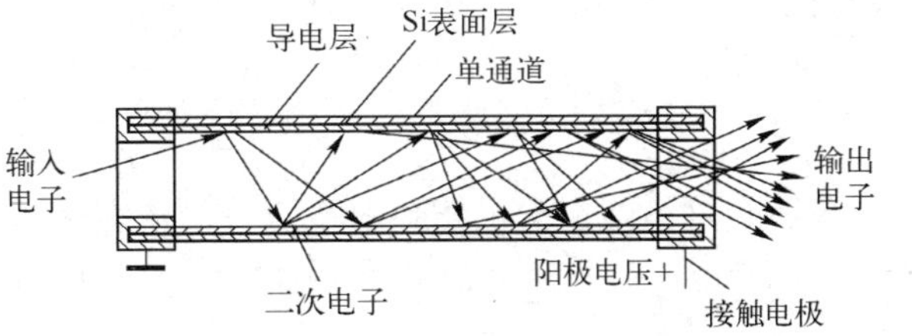

图 2.6-5　MCP 中微通道电子倍增器的原理

微通道的入口端对着像管的光阴极，并位于电子光学系统的像面上，出口端对着荧光屏。微通道的两个端面电极上施加工作电压形成电场。高速光电子进入通道与内壁碰撞，由于通道内壁具有良好的二次电子倍增性质，入射电子得到倍增。重复这一过程直至倍增电子从通道出口端射出为止。如果取每次碰撞的二次倍增系数 $\delta=2$（通常 $\delta=2\sim5$），当累计的碰撞次数为 10 时，则通道的总电子倍增值大于 $2^{10}\approx10^3$。由此可看出通道的电流增强作用是十分惊人的。

MCP 的各通道彼此隔离，因此，它可以将二维空间分布的电子流进行对应的增强，从而实现了电子图像增强的目的。

二维码 2.6-2

3．电流增益与相关参数的关系

MCP 的电流增益用输出电流 I_{out} 与输入电流 I_{in} 之比来表示。

$$G = I_{out} / I_{in} \tag{2.6-6}$$

由于电子电荷量相同，故在连续稳定工作状态下，电流增益也可以由出射电子数 N_{out} 与入射电子数 N_{in} 之比来表示。

$$G = N_{out} / N_{in} = \delta^n \tag{2.6-7}$$

下面具体讨论 MCP 的电流增益特性。

（1）简化的电流增益表达式

MCP 的电流增益在每一瞬间并不是一个确定的数值，这是因为通道中的二次电子倍增过程具有随机性。每个电子所激发的二次电子数目并不相等，只能用平均值来表示二次电子倍增特性。二次电子数目的平均值取决于入射电子的加速电压及入射角度。在通道多次倍增过程中这些因素都是变化的，因此在每一瞬间 MCP 的电流增益并不相同，通常只取其平均值表示 MCP 的电流增益值。

简化的电流增益表达式是通过以下近似处理建立的：

① 通道内二次电子逸出表面的角度分布符合余弦分布律，因此，归一化最大概率的出射角，取所有的二次电子均垂直于表面出射；

② 通道内二次电子的初能量分布呈现麦克斯韦分布，全部归一化为最大概率值，用 V_0 表示二次电子初电位的最大概率，即所有出射的二次电子均具有同样的初速度；

③ 由于通道内二次电子的出射角及初电位都归一化为确定值，在通道内电场作用下，所有二次电子的运动轨迹一致，二次电子与通道内壁碰撞时的加速电位及入射角相同，故可取统一的二次电子倍增系数。令该平均倍增系数为 δ，并取其值为 KV_c（V_c 是入射电子的加速电位，K 是比例系数）。

在上述的简化条件下，MCP 的电流增益可表示为

$$G = \eta\delta^{L/S} = \eta(KV_c)^{L/S} \tag{2.6-8}$$

式中，η 是 MCP 输入端面的探测效率，通常它等于输入端面的通道开口面积与总面积之比；L 是通道长度；S 是通道内每个电子在轴向行程的平均距离。

设通道板两端电极的工作电压为 U，通道直径为 d，通道内所建立的电场为 E。根据上述假

设，有

$$G = \eta\left(\frac{KU^2}{4V_0\alpha^2}\right)^{4V_0\alpha^2/U} \tag{2.6-9}$$

二维码 2.6-3

在严格计算 MCP 的电流增益时还应单独考虑入射电子的倍增作用。通常入射电子的入射角及加速电位不同于简化模型下通道内二次电子的入射角及加速电位，因此产生的二次电子倍增系数不等。

（2）电流增益与相关参数的关系

由 MCP 电流增益的表达式可知，相关参数包括通道的长径比、MCP 的工作电压、MCP 输入端的开口面积比和通道的二次倍增系数。

① 通道的长径比 α

具有相同长径比的 MCP，当通道直径和长度按比例改变时其电流增益不变，这一点已被实验所证实。式(2.6-9)表明了电流增益仅与通道长径比有关。

图 2.6-6 给出了通道长径比与电流增益的关系曲线，该曲线是在不同的工作电压下得到的，可看出 MCP 的电流增益具有最大值，因此，可以利用式(2.6-9)来确定最大电流增益时的通道长径比。根据求极值的条件，对电流增益求一阶偏导并令其等于零，即

$$\frac{\partial G}{\partial \alpha} = 0 \tag{2.6-10}$$

由此得到 MCP 长径比的最佳值为

$$\alpha = \sqrt{\frac{KU^2}{4\mathrm{e}V_0}} \tag{2.6-11}$$

式中的 e 是自然对数的底。由式(2.6-11)可知，α 与工作电压成正比。因此，图 2.6-6 中的曲线峰值在一条斜线上。

在确定 MCP 的几何参数时，首先根据分辨率要求选定通道直径，而后根据工作电压选定最佳的通道长径比，并进一步确定 MCP 的厚度。这样选择的几何参数，可使 MCP 获得最佳增益，并具有较好的增益均匀性。这是因为图 2.6-6 的曲线在峰值附近的斜率最小，所以电流增益受通道直径变化的影响最小。

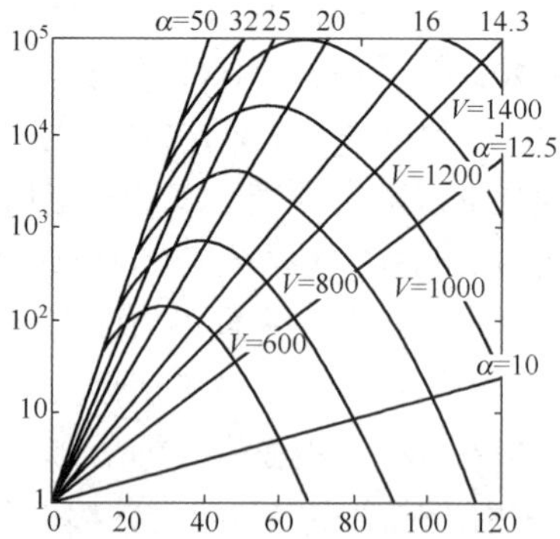

图 2.6-6 通道长径比与电流增益的关系曲线

② MCP 的工作电压

同理，MCP 的工作电压 U 对电流增益的影响可以用式(2.6-9)来分析。工作电压的最佳值应满足

$$\frac{\partial G}{\partial U} = 0 \tag{2.6-12}$$

结合式(2.6-11)，通常取

$$U = 22\alpha \tag{2.6-13}$$

式中的工作电压以 V(伏)为单位。

③ MCP 输入端的开口面积比

入射到 MCP 的电子将有一部分损失在输入端面上，只有进入通道开口的电子才能获得增益。对于均匀入射的电子流可用开口面积比来表征这一情况。这一比值有时称为 MCP 的探测效率。通常制成的 MCP，其开口面积比可达 60%。为了增大这一比值有时采用喇叭口形的通道，目前开口面积比可达到 80%以上。

④ 通道的二次电子倍增系数

为获得高增益必须尽量提高通道内壁的二次电子倍增系数。因此，在制造 MCP 时要进行烧氢

处理，以改善内壁的二次电子发射特性。有时在通道入口处的内壁上蒸镀氧化镁(MgO)层，也可改善通道输入端的二次电子倍增特性。

4．输出电流密度的饱和效应

MCP 的自饱和特性表现在输入电流密度增大到一定程度后输出电流不再随输入电流增加而增加。这一最大的输出电流密度称为 MCP 的饱和电流密度。MCP 的饱和效应可以自行恢复，并且只限于每个通道而不影响邻近通道。

MCP 的自饱和效应构成了第二代像增强器的主要优点，使像增强器具有防强光特性。因为强光产生的光电流受到 MCP 饱和电流的限制而不会输出过高的电流，从而保护了荧光屏不致被灼伤损坏。

经实验测试 MCP 的工作特性曲线如图 2.6–7 所示。图中给出了不同工作电压下输入电流与输出电流的关系曲线，曲线的平坦部分表明了 MCP 的饱和效应。

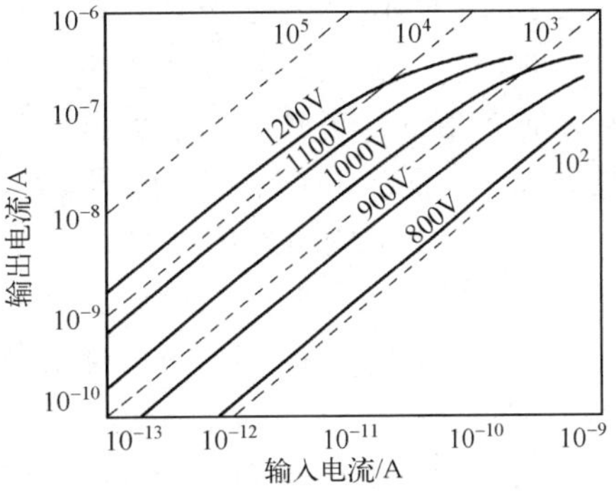

图 2.6–7　微通道板的工作特性曲线

可以分两种情况介绍 MCP 的饱和效应。

（1）通道壁的电阻效应

对于连续工作的 MCP，持续发射的二次电子是由通道壁的传导电流提供的。MCP 施加工作电压 U 则在通道壁上产生传导电流 I_p，I_p 的大小取决于通道壁的电阻 R_i。

$$I_p = U / R_i \qquad (2.6\text{–}14)$$

由于通道内壁要发射二次电子，所以又产生了局部的附加电流 $I_s(x)$，$I_s(x)$在通道壁内的局部电流方向恰好与 I_p 相反，并且 $I_s(x)$在通道全长上各处并不相等，它是通道轴向坐标 x 的函数。在通道的输入端 $I_s(x)$值最小，随倍增级数增加而变大，在输出端达到最大值。

MCP 的输入电流增大到一定值时，会使输出端的二次电子电流 $I_s(x)=I_p$。这时在通道输出端的传导电流减小到零，从而使这段通道上的电压降变为零。由于这段通道内的场强为零，因此电子通过这段通道时得不到加速，就没有足够的能量产生二次电子。所以通道的输出电流不再随输入电流的增加而增大，形成了输出电流密度的饱和现象。由上述分析可知，饱和的输出电流密度刚好等于 MCP 在工作电压下所形成的传导电流密度。

（2）通道壁的充电效应

当 MCP 处于脉冲工作状态时，在短瞬间可以输出大于通道电阻效应所限定的饱和电流密度。这是由于通道壁的电子发射在脉冲工作瞬间不完全需要由传导电流来补充损失的电子。但这一瞬间通道壁被充以正电荷，所以不能维持较长时间的电子发射。

脉冲工作状态的饱和电流密度取决于充电效应。其极限工作状态是通道输出端充电所形成的电场完全抵消了工作电场，使发射的二次电子得不到加速而不能再产生二次电子倍增，导致出现了脉冲工作状态的输出电流饱和现象。MCP 脉冲工作状态的饱和输出值取决于工作电压、通道半径和长径比。

5．离子反馈

MCP 是像管内部的元件，在真空状态下工作。但是由于真空工艺的限制及气体分子吸附作用，必然在像管内有残余的气体分子，这些气体分子在 MCP 的输出端会受到密集的二次电子碰撞而电离，所产生的正离子在电场的作用下会轰击像管的光阴极，从而产生电子发射，在荧光屏形成亮斑，即离子斑。它破坏了 MCP 的线性工作特性，同时也降低了光阴极的寿命，因此，必须避免产生离子反馈。

消除或减少离子反馈的措施有：①提高像管的真空度及设置吸气剂；②采用倾斜通道或弯曲通

道的 MCP，使正离子不能穿出通道；③在 MCP 的输入端蒸镀一层 Al_2O_3 薄膜，膜厚约 3nm，覆盖住全部通道的入口，该膜层可以阻止正离子穿过，但对质量很小速度较高的电子并不能阻挡，当电子的加速电压大于一定值时，可穿透膜层，这一电压值与膜厚成正比，对于 3nm 厚的 Al_2O_3 膜临界电压值约为 120V；④在像管的阳极区设置离子收集电极，将这一电极置于 MCP 输入端的外缘，如果其电位低于 MCP 输入电极的电位，则可以收集正离子。

6．MCP 的噪声

MCP 在无信号输入时，由工作电压产生的场强会使通道内壁产生微弱的场致发射，再经倍增而产生输出电流，这一输出电流通常称为背景噪声。通常将该输出电流折合为输入电流密度值，定义为背景噪声的等效电子输入。实测表明，该噪声比光阴极的暗发射电流密度约小两个数量级。因此可以忽略 MCP 的背景噪声。但对单电子计数的 MCP，背景噪声则成为限制探测灵敏阈的主要因素。

MCP 的输入信号是入射的电子流密度，输出信号是出射的电子流密度。在正常工作状态下，要求输入信号与输出信号之间有确定的增益关系。但是，由于实际上存在下述因素而偏离了确定的增益值，从而产生了 MCP 的噪声。

① MCP 的输入端面上通道开口面积只占总面积的一部分。当入射电子落在非开口面积上时将不能进入通道，从而损失部分入射电子。通常将输入端面的开口面积比定义为 MCP 的探测效率。

② 入射电子的运动方向与通道曲线一致时，则直接贯穿通道而不倍增。

③ 通道内二次电子倍增过程具有随机性。这是由于每个二次电子的出射角和初能量不同，因而在通道内的轨迹及落点都不同，每个电子将以不同的入射角和能量与通道壁碰撞，从而产生二次电子的数目也不相等。并且二次电子的逸出概率也与多种因素有关，所以通道内累计的二次电子倍增值是变化的，由此产生的增益变化构成二次倍增的量子噪声。

上述三个因素将使 MCP 的增益产生起伏变化，这一起伏变化构成了噪声。

7．MCP 的生产制造

MCP 的生产制造过程比较复杂，需要经过多道工序才能将相关的玻璃材料拉制成 5～10μm 直径的微通道。具体工艺包括：

① 皮料玻璃熔炼→一次化料→二次化料→机械拉管→退火→刻槽→清洗；

② 芯料玻璃熔炼→制棒→退火→研磨、抛光→刻槽→清洗；

③ 实体边玻璃熔炼→制棒→退火→研磨、抛光→刻槽→清洗；

④ 拉单丝→排复丝棒→拉复丝→选复丝→排板（排屏）→压板→切片→滚圆→倒边磨、抛→清洗→检验→清洗→腐蚀→清洗→烘干→氢还原→镀电极→检验→测试→包装→与制管工艺兼容性试验。

MCP 的生产制造流程如图 2.6-8 所示。

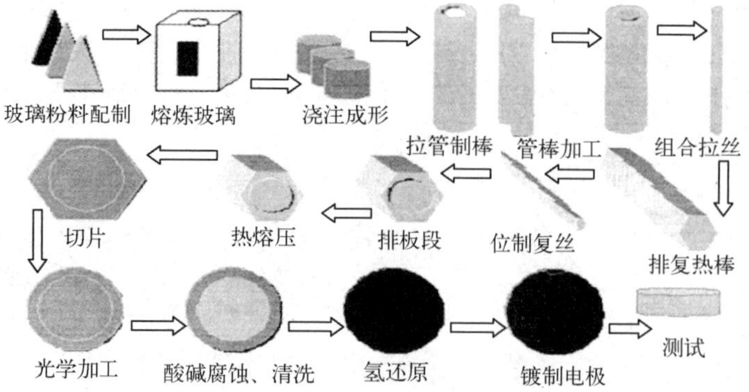

图 2.6-8　MCP 的生产制造流程

2.7 像管的小型化直流高压电源

变像管和像增强器需要在几千到几万伏的工作电压下才能完成图像增强的任务，且由于直视型成像系统通常为便携式仪器，因此，像管出厂时基本上都配置了小型化的直流高压电源。像管通常要求高压电源具备以下特点：

① 提供稳定的直流高压，使像管工作时保持合适的输出亮度；

② 性能稳定，在高低温环境下保证仪器正常工作；

③ 实现自动亮度控制（Auto-Brightness Control，ABC）功能；

④ 对于选通系统，应提供选通周期、脉宽以及延时可调的选通电压；

⑤ 对自动快门（Auto-Gating），能够根据像管电流自动调整工作电压的占空比；

⑥ 防潮、防震、体积小、质量轻、耗电少。

由于像管工作电流很小，电源工作电流只有 100～200mA，因此，电源的整体功耗很低，采用 2 节干电池也能维持很长的工作时间。此外，这种直流高压技术也可用于其他产品，例如高压电棍和高压手套等。

2.7.1 直流高压电源工作原理

像管多采用晶体管直流变换器式高压电源，其方框图如图 2.7-1 所示，各部分作用如下：

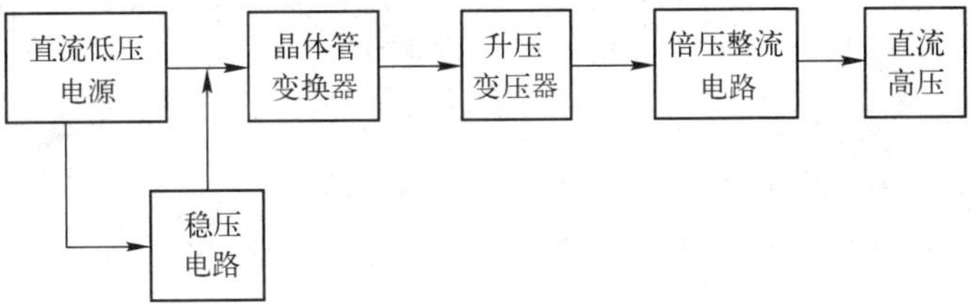

图 2.7-1 直流高压电源方框图

① 直流低压电源：通常为几伏到二十几伏，由干电池或蓄电池提供，为高压电源提供能量。

② 晶体管变换器：主要由晶体三极管、升压变压器的初级绕组和反馈绕组构成，其作用是将直流低压变为高频交流低压。

③ 升压变压器：将低压交流电压升为高压交流电压，输出电压可达数千至上万伏。

④ 倍压整流电路：由高压整流二极管（或高压硅堆）、高压电容和高压变压器次级绕组构成，把变压器次级绕组上的交流高压整流并倍压到所需直流高压。

⑤ 稳压电路：保证晶体管变换器有稳定的输入电压，以使电源的高压输出稳定。

下面主要介绍其中的几种特殊的电源模块的功能及原理。

1．倍压整流电路

倍压整流电路把变压器次级绕组上的交流高压整流并倍压到所需直流高压。图 2.7-2 给出一个二倍压电路。变压器 T 的次级绕组输出峰值电压为 U_2 的交流电压，则

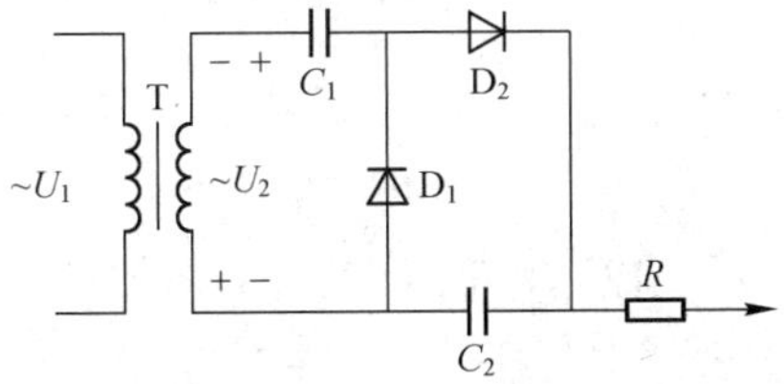

图 2.7-2 二倍压电路

① 正半周：假设 T 的输出端上负、下正，则 D_2 因反向偏置而截止，D_1 回路导通，对 C_1 充电，在正半周结束前，C_1 两端电压为 U_2；

② 负半周：T 的输出端上正、下负，则 D_1 因反向偏置而截止，D_2 回路导通，对 C_2 充电，在负半周结束前，C_2 两端电压为 $2U_2$，送至输出端口为 $2U_2$ 的直流。

如果需要更高的直流电压输出，可以进一步采用多级倍压电路。

2．自动亮度控制电路

自动亮度控制（ABC）电路的作用是通过控制像增强器外加电压的办法来控制它的增益，以达到控制荧光屏输出图像亮度的目的。

当入射到像增强器光阴极面上的照度为 E_c(lx)时，荧光屏输出亮度为 L_s(cd/m^2)，由亮度增益的定义可知

$$L_s = G_L E_c \tag{2.7-1}$$

式中，G_L 为像增强器的亮度增益。

结合式（2.7-1）为保持荧光屏输出亮度不变，应在入射照度 E_c 增加时降低屏上所加电压 V。图 2.7-3 给出一种美制像增强器的输出屏亮度随光阴极面上入射照度变化的曲线，图中曲线 1 是不加任何控制电路的情况；曲线 2 是在像增强器电源的高压回路中串高阻值电阻的情况；曲线 3 为电源中有 ABC 电路的情况。曲线比较可看到：ABC 电路能使像管在较大的入射照度范围内输出合适的亮度，从而扩大了微光成像系统的适用光度范围。

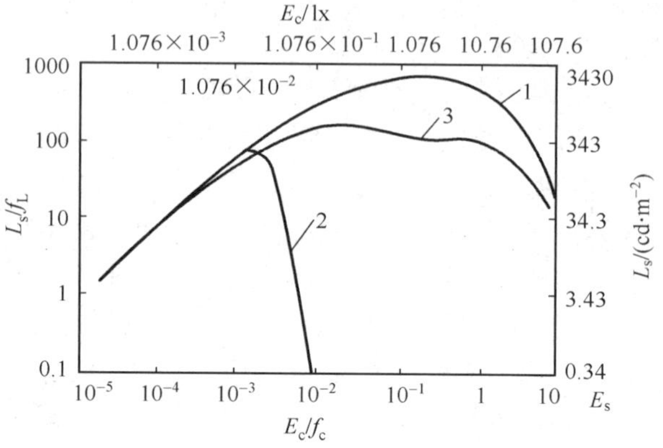

图 2.7-3　输出屏亮度随光阴极面上入射照度变化的曲线

在实际 ABC 电路应用中，要求入射照度变化小时，ABC 作用小，当入射照度变大时，像管亮度增益下降速度也大，即要求亮度非线性控制。通常用三极管做控制器件。

图 2.7-4 为级联像增强器高压电源，其中包括典型的 ABC 电路。ABC 电路实际是一个带负反馈的直流低压电源，输出的直流电压 E_1 经 DC→AC 变换电路变为交流电压，再经升压变压器及倍压整流滤波电路，供给像增强器。图中 R_1、R_2 和稳压二极管 D_1 构成比较电压回路；R_W 为取样电阻；C_1 为高频旁路电容；C_2、C_3 为低频旁路电容。当比较电压回路电流大于 V_1 的基极电流 I_{b1} 时，分压电阻 R_1 和 D_1 上的电压为标准电压。当光阴极入射照度 E_c 上升时，供给像增强器的电流上升，ABC 电路输出的直流电压 E_1 下降，最终导致供给像增强器的直流高压下降而降低了像管的增益，起到维持荧光屏亮度基本不变的作用。

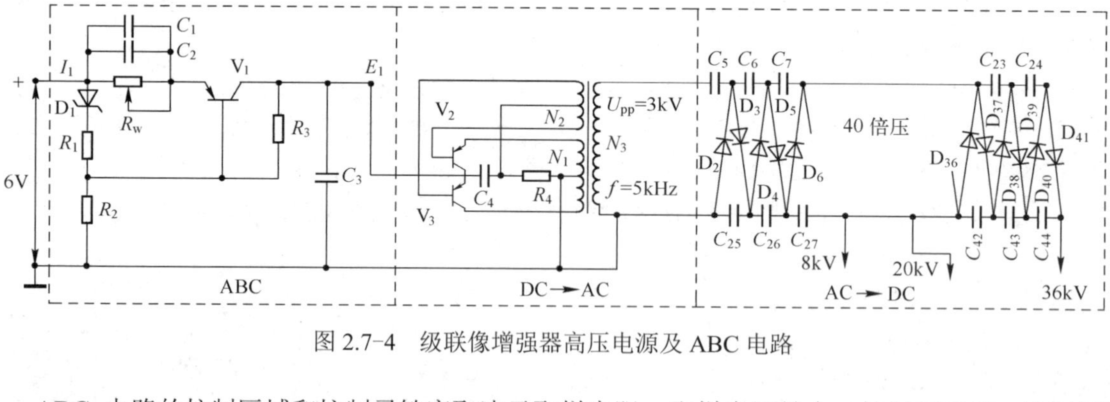

图 2.7-4　级联像增强器高压电源及 ABC 电路

ABC 电路的控制区域和控制灵敏度取决于取样电阻。取样电阻越大，控制越灵敏，控制区域也向强光方向移动。随着微光技术的发展，对高压电源要求也相应提高，例如光增益稳定电路、温度稳定控制电路及反极性保护电路等。为使高压电源体积小、性能可靠，电路采用小型电子元件且用环氧树脂灌封成固态瓦状包在像管上。

2.7.2　直流选通高压电源

直流选通高压电源主要用于选通型静电像管。选通管与普通像管的主要区别在于其中某一电极

(对于倒像管为选通电极或聚焦电极，对近贴管由于一般 MCP 输入端电极接地，因此选通电极为光阴极)作为选通电极。当电极被施加正常电压时，像管正常工作，但当电极被施加相对于光阴极更低的电压时，由于静电场为保守场，从阴极发射出的电子被阻滞，难以加速(及电子倍增)到达荧光屏，像管被截止。

图 2.7-5 给出某种近贴像增强器用 100ns 选通型高压电源，MCP 输入端接地，MCP 输出端电压为 1000V，阴极电极为选通电极。正常工作时，阴极电压 V_c = −200V；选通工作时，V_c = +50V，选通工作由标准 TTL 门控信号控制。

选通门控信号的主要参数是脉冲周期 T、选通脉宽 τ 和选通延时 Δt(见图 2.7-6)。其中 T 与脉冲光源相匹配，Δt 根据成像距离可调，τ 的宽窄决定了选通成像的景深和成像的层次(后向散射的大小)，但 τ 受电路响应时间以及像管结构的限制，不能过小。目前实用的水下探测用选通成像系统的脉宽最小为 2～10ns。

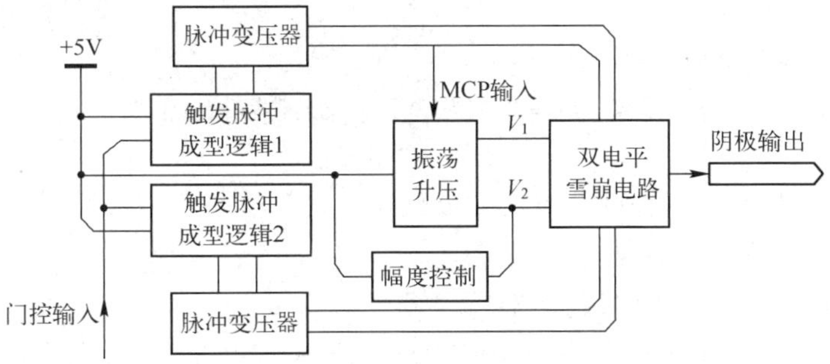

图 2.7-5　某种近贴像增强器用 100ns 选通型高压电源

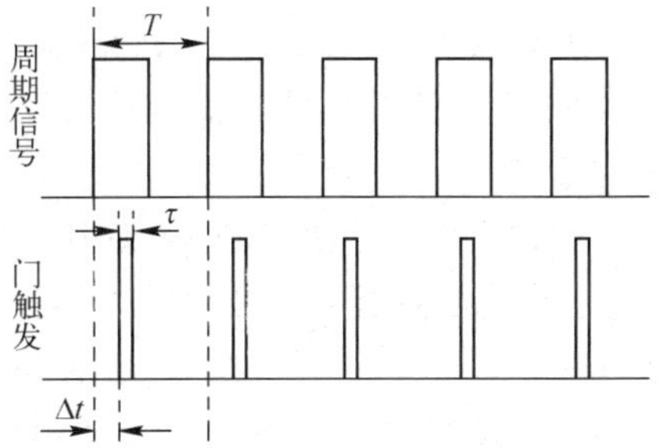

图 2.7-6　选通门控触发信号及其控制参数

2.7.3　自动快门电路

自动快门(Auto-Gating)电路是为像管防强光而设计的。ABC 电路虽然通过降低系统增益，可部分拓展系统的光强适应范围，特别是对观察场景中突然出现的强光具有很好的防护作用。但如果观察场景中一直存在强光源，例如观察开着大灯的汽车，则像管荧光屏会出现局部饱和，影响像管寿命，甚至造成像管不可逆的损坏。

传统的防护方法有分压法和散焦法，但对观察有不利的影响。目前，为了使直视型微光夜视仪更适合实际可能的使用环境(如战场、城市)，发展了自动快门技术。自动快门实际利用了荧光屏的余辉特性和人眼的时间暂留特性，自动快门电路根据像管光电流大小对像管实施自动间断供电。

目前采用自动快门技术已使直视微光夜视仪的动态范围拓展到 10^{-6}～10^{5}lx，即在白天具有阳光的自然环境下也可工作。

习题与思考题

1. 像管的成像包括哪些物理过程？其相应的理论或实验依据是什么？
2. 像管是怎样分代的？各代的技术改进特点是什么？
3. 评价像管性能有哪些主要参数？各参数反映了像管的什么能力？
4. 公认的光电发射理论模型是什么？各过程的特点是什么？
5. 为什么说 P 型半导体 N 型表面态结构的光阴极更有利于光电发射？
6. 典型的实用光阴极有哪几种？其各自的光电发射特性和机理如何？
7. Ag-O-Cs 光阴极的固溶胶理论解决了什么问题？
8. 负电子亲和势光阴极的特点是什么？其较正电子亲和势光阴极有哪些优点？

9．光电发射为什么会存在极限电流密度？试根据连续工作条件和脉冲工作条件两种模式进行分析。

10．电子光学系统在像管中的作用是什么？

11．写出下列表达式并说明各量的物理意义：

（1）电子在静电场中的运动方程；（2）轴对称静电场的谢尔赤级数；

（3）电子光学系统折射率；（4）柱坐标系下的高斯轨迹方程。

12．电子的运动方程和轨迹方程的区别与联系是什么？试导出直角坐标系下静电场中的电子轨迹方程。

13．试从静电场的高斯轨迹方程出发讨论其理想成像性质。

14．什么样的透镜叫短透镜？导出短透镜的焦距公式并分析其成像性质。

15．静电透镜最本质的特征是什么？静电透镜是怎样分类的？各有怎样的成像性质？

16．什么叫荧光？什么叫磷光？

17．荧光屏表面蒸镀铝膜的作用是什么？

18．受激辐射可见光的条件是什么？

19．试利用复合发光模型分析和讨论荧光屏发光衰减规律。

20．荧光屏的转换效率与哪些因素有关？为什么说图像分辨率和发光效率对荧光粉颗粒度的要求是相互矛盾的？

21．光纤面板(OFP)的传像原理是什么？使用了光纤面板的像管有什么优势？

22．什么是 OFP 的三环效应?其对传像结果有什么影响？

23．试结合二次电子发射特性的实验曲线说明二次电子发射的物理规律和机理。

24．设 MCP 通道长为 L，两边电位差为 U，通道直径为 d，通道的二次电子垂直于表面出射，且均有相同的逸出初能量 U_0 及相同的运动轨迹 S。试根据上述模型条件导出简化的 MCP 电流增益表达式。

25．什么是 MCP 的自饱和效应？在二代像增强器中利用该效应解决了什么问题？

26．试分析使 MCP 产生自饱和效应的原因？

27．为什么 MCP 大多采用斜通道或弯曲通道的形式？

28．MCP 的噪声来源有哪些？

29．为什么要对像增强器进行强光保护？如何实现？

30．像管直流高压电源的特点是什么？其主要包含哪几部分？

31．试以二倍压电路为例，说明倍压电路的工作原理。

32．试述像管使用自动亮度增益(ABC)电路的目的及工作原理。

33．试述像管的选通工作原理，并指出在进行选通控制时，可以通过哪些参量进行控制。

34．调研分析 MCP 抗离子反馈使用了哪些技术手段，各自的优势和问题在哪里。

35．调研了解像管研制与生产的国内外发展现状，指出我国在哪些关键技术与工具上与先进国家还存在差距。

第 3 章　直视型光电成像系统

直视型光电成像系统是以像管为核心器件的直视成像系统，主要用于微光夜视。作为基本的夜间观察设备，该系统具有发展历史长、装备规模大、技术成熟、图像清晰、体积小、质量轻、价格低、使用维修方便等优点。该系统目前仍是国内外装备量最多、生产规模最大、应用范围最广泛的夜视器材。严格来讲，微光成像系统一般分为直视微光成像系统和微光电视系统，本章主要介绍直视微光成像系统的分类、组成、关键技术及系统设计方法。

3.1　直视微光成像系统的分类与构成

直视微光成像系统可分为主动微光夜视系统和被动微光夜视系统，两者主要差异为是否使用了辅助照明光源。使用辅助照明光源(一般为近红外波段)的通常称为主动微光夜视系统，不使用辅助照明光源的通常称为被动微光夜视系统。

3.1.1　主动微光夜视系统

主动微光夜视系统目前在公安、工业监控、医学和科学研究等许多领域具有广泛应用，特别是近年来选通技术的发展应用。该系统在一些特殊的军事领域也获得重要应用。

主动微光夜视系统的主要部件包括红外照明光源、物镜、红外变像管(或具有近红外延伸的像增强器)及目镜等，工作波段为 0.76～1.2μm 的近红外光谱区，长波限由变像管光阴极光谱响应决定。主动微光夜视系统组成如图 3.1-1 所示。红外照明光源发出的红外辐射照射景物场景，物镜将场景反射回来的红外辐射成像在红外变像管的光阴极面上，形成场景的反射图像；变像管对场景图像进行光谱转换和亮度增强，最后在荧光屏显示场景的可见光图像；人眼通过目镜观察增强的场景图像。系统外形如图 3.1-2 所示。

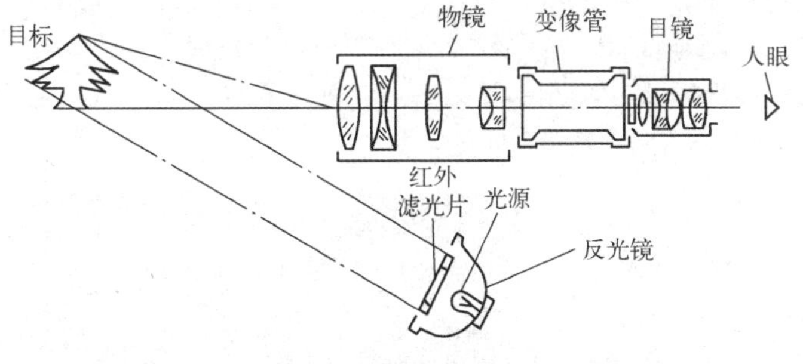

图 3.1-1　主动微光夜视系统组成

图 3.1-2　主动微光夜视系统外形

目前主动微光夜视系统之所以还有许多重要的需求，主要是因为利用近红外波段工作有如下优点：

(1) 充分利用军事目标和自然界景物之间反射能力的显著差异。图 3.1-3 给出了三种典型目标的光谱反射比曲线。在可见光谱区，绿色草木和暗绿色漆的光谱反射积分量相似，故可见光接收器(包括人眼)对这两类目标难以区分。但在近红外光谱区中，绿色草木的反射比要比暗绿色漆高得多，因而主动微光夜视系统能充分利用这种差异获得高对比度的目标与背景细节。实验观察发现，离开树木的绿叶，红外光谱反射比迅速下降。显而易见，该系统可用于人工伪装的识别。

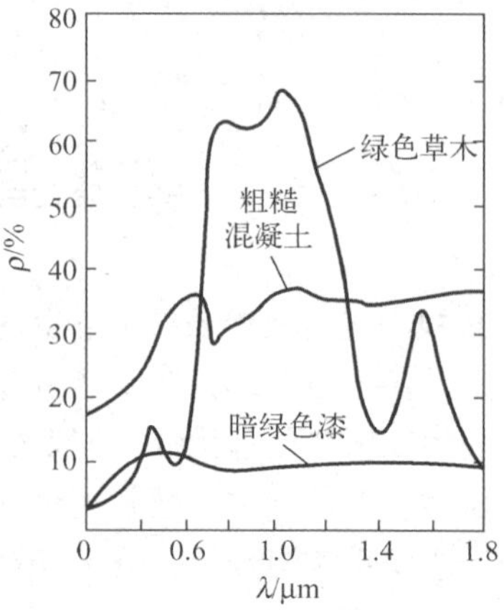

图 3.1-3　三种典型目标的光谱反射比曲线

（2）近红外辐射较可见光受大气散射的影响小，具有较高的大气透射比，因而可以观察更远的景物。但在雾、霾等恶劣天气条件下，近红外辐射同样受到大气散射的影响。

（3）由于系统“主动”照明目标，使系统工作不受环境照明的影响，可在“全黑”条件下工作。同时，主动照明可充分利用红外照明的窄光束照明目标，使视场中目标与背景的反差加大，获得较为清晰的图像。

（4）通过选通技术，减小传输介质的后向散射或传感器与场景相对运动造成的图像模糊，使主动夜视成像技术在巡航导弹地形匹配下视系统、水下探测和制导系统、海上救援等军事领域获得重要应用。

当然，主动微光夜视系统也有不足，如在军事应用条件下，辅助照明光源容易暴露自己，这是该系统最致命的弱点，也是军事应用背景的夜视成像系统由主动向被动发展的重要原因。

3.1.2　被动微光夜视系统

被动微光夜视系统利用微光增强技术，可在极低照度（1lx 以下）下完全“被动”式工作，明显改善人眼在微光环境下的视觉性能，因而首先在军事上得到迅速发展和广泛应用。此外，在天文、公安、安防、生物医学及科研领域也有相当广泛的应用。

微光夜视仪是 20 世纪 60 年代开始发展起来的光电成像仪器，它随着一代级联式像增强器、二代微通道板像增强器和三代负电子亲和势像增强器的发展，也相继研制成功了三代产品。无论采用哪一代像增强器，微光夜视仪的基本原理都是相同的。系统主要由物镜、目镜、像增强器、高压电源等部分组成（见图 3.1-4）。夜天空自然微光照射在景物场景上，经反射和大气传输后，辐射经物镜成像在像增强器光阴极面上，光阴极对景物像进行光电转换、电子倍增成像和亮度增强，最后在荧光屏上显示增强了的场景目标图像。微光夜视系统外形如图 3.1-5 所示。

被动微光成像系统与主动微光成像系统相比，其最主要的优点是被动式工作，不需用人工辅助照明，完全依靠自然夜天光照明景物，故隐蔽性好，但景物之间反差小，图像较平淡，层次不够分明，且系统工作受自然照度和大气透明度影响大，特别是在浓云和地面烟雾情况下，景物照度和对比度明显下降，影响观察效果。

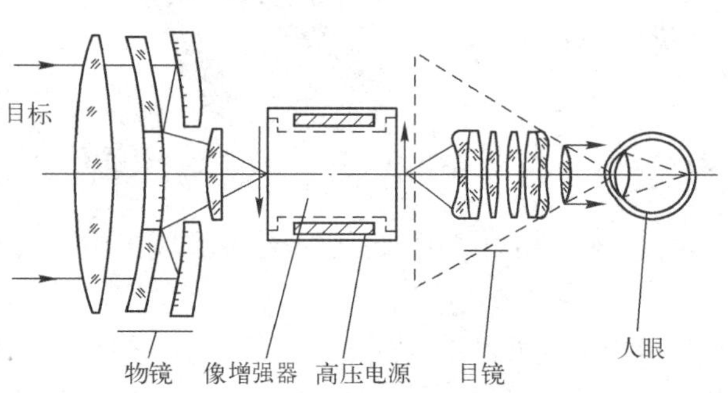

图 3.1-4　直视微光成像系统原理图

图 3.1-5　微光夜视系统外形

需要指出：目前微光像增强器通常都有一定的近红外或紫外光谱响应，因此，除非有特殊的应用需要，从成本等方面考虑，一般不会选择单纯的红外变像管或紫外变像管制作主动微光成像系统。

3.2 直视微光成像系统的主要部件

3.2.1 主动微光成像系统的辅助照明系统

1．主动微光成像系统对辅助照明系统的基本要求

辅助照明系统是主动微光成像系统的重要组成部分，因此，它的性能对系统的总体性能有重要影响。主动微光成像系统对辅助照明系统的要求有：

（1）照明系统的辐射光谱(光源与滤光片的组合光谱)要与像管光阴极的光谱响应有效匹配，并在匹配的光谱内有高的辐射效率。

（2）有一定的照射范围。照明系统发出光束的散射角应与成像系统的视场角基本一致，在保证系统观察目标所要求的照明的同时，尽可能减小自身暴露的可能性。一般垂直方向的发射角可比仪器的视场角稍小，以减小大气散射对观察效果的影响。

（3）红光暴露距离要短。红光暴露距离是指夜间观察者沿照明系统光轴方向由远至近，当人眼刚能发现照明系统透过的红光时，观察者与照明系统间的距离。为保证在对方不使用同类仪器情况下自身的隐蔽性，红光暴露距离应尽可能短。红光暴露距离与照明光源的辐射功率和光谱(或红外滤光片的短波起始波长)有关。

（4）应保证足够的辐射强度，以保证在工作距离内从目标反射回来的辐射具有一定的强度。

（5）结构上应保证容易调焦和方便更换滤光片、光源等。

（6）应尽量做到体积小、质量轻、寿命长、成本低、功耗小、工作可靠。

2．光源

照明系统所用的光源种类很多。在主动红外夜视成像系统中，常用的光源有电热光源(如白炽灯)、气体放电光源(如氙灯)、半导体光源(如砷化镓发光二极管)和激光光源(如砷化镓激光二极管)等。

（1）白炽灯

白炽灯(包括普通、充气和卤钨白炽灯)根据热辐射原理制成，通过电流加热灯丝使之达到白炽而发光。高温下普通白炽灯的钨会大量蒸发，为此，常用卤钨白炽灯取代普通白炽灯。通过“卤钨循环”提高了灯的寿命。溴钨灯的灯丝工作温度在 2400～3200℃时其发光效率为 15～32lm/W，与 S-1 光阴极的光谱响应有较好的匹配。涂有耐热红外反射膜的双端卤钨灯发光效率可达 40lm/W。

（2）氙灯

氙灯是利用高压、超高压惰性气体氙放电现象制造的一种高效率光源，是一种以石英玻璃管为放电管，以钍钨材料为电极封接而成的强电流弧光放电灯。

主动红外夜视成像系统中用的高压短弧氙灯的电弧长只有几毫米，光斑集中，发光效率高且寿命长。在实际应用中，由于照明系统内温度高，易使灯电极的钼铂引线损坏而降低寿命。

（3）大功率红外发光二极管

大功率红外发光二极管(IR-LED)材料主要有砷化镓(GaAs)和镓铝砷(GaAlAs)等。IR-LED 是一种非相干 PN 结光源，在结上加正向电压时，PN 结区产生强的近红外辐射。

GaAlAs 大功率 IR-LED 可以设计为多种中心波长，常用的有 810nm、880nm、910nm、940nm 等，外形结构也有许多形式。

用作主动红外夜视成像系统光源的大功率红外发光二极管通常采用阵列排布方式，是目前普遍使用的低成本红外光源，具有发光效率高、寿命长、体积小、质量轻、结构牢固、不需加红外滤光片等优点。

（4）GaAs 激光二极管

GaAs 激光二极管与发光二极管在辐射输出上的差别是能否产生激光的阈值电流，即给 GaAs 的 PN 结加正向电流时引起光辐射，若进一步增加电流则光辐射急剧增加并且辐射谱宽度变窄。垂直于 PN 结的两个相互平行的反射面构成谐振腔，光在腔内反射形成雪崩式感应跃迁而产生激光。

GaAs 激光二极管除具备一般激光器的优点外，还有效率高、体积小、质量轻、结构简单、抗震性强等独特的长处，易通过调制电流来调制激光发射。功率效率(输出光功率与输入电功率之比)在 77K 时为 30%，室温时为 4%，输出峰值功率为 10～20W，脉冲重复频率可高达 10kHz，在主动红外夜视成像系统中通常被用作选通像管工作时的脉冲光源。

3．红外滤光片

红外滤光片是一种光学滤波器，主要滤除光源辐射中的可见光成分。对红外滤光片的基本要求是：在红外波段光能损失应尽可能小，对其他波段的辐射应尽量全部吸收或反射；光谱透射比与光阴极光谱灵敏度曲线的红外部分相匹配；热稳定性好，防潮性和机械性能好，耐光源工作时的高温。

4．照明系统的反射镜

反射镜通常是照明系统的重要组成之一，它把位于焦点的光源发出的一定立体角范围内的光辐射聚焦成沿轴向窄发射角出射的光束。反射镜由镜基和镀层两部分组成，镜基材料有金属和玻璃两种。

为增加反射特性，通常在镜基表面镀一层高反射比涂层。涂层主要用银或铝(图 3.2-1 所示为涂层的光谱反射比曲线)，银涂层的反射比高达 95%，铝涂层的反射比稍低，但也在 85%以上。

反射镜由球面、抛物面、椭球面、双曲面等形状构成，在主动红外夜视系统中常用抛物面反射镜。抛物面反射镜参量如图 3.2-2 所示。抛物面的对称轴为反射镜的光轴或旋转轴，是通过抛物面顶点 O 和焦点 F 的直线。反射镜有正反两个面，正面垂直于光轴平面上的投影圆称为反射镜的光孔，其直径 D 为反射镜口径；平行于理想反射镜光轴的光线会聚点 F 为反射镜的焦点。

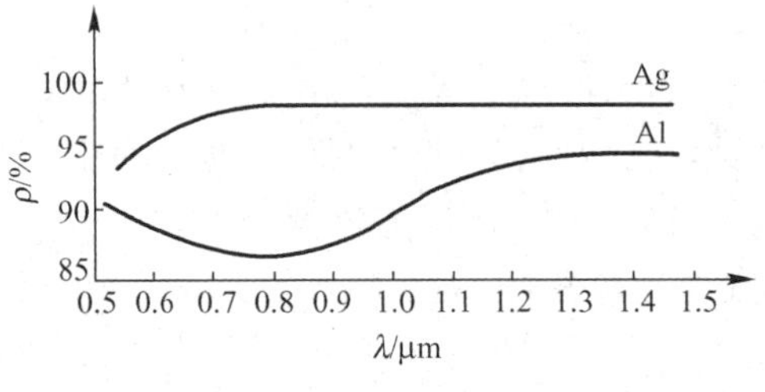

图 3.2-1　银和铝涂层的光谱反射比曲线

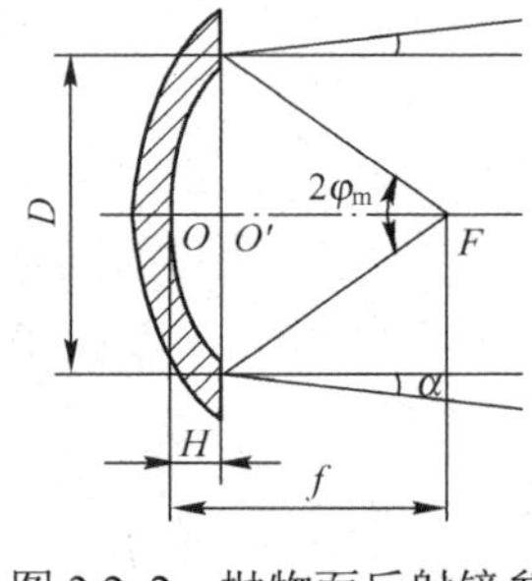

图 3.2-2　抛物面反射镜参量

事实上，随着红外二极管、激光二极管的发展，直接利用这类二极管阵列的空间布局可以更加灵活地产生所需要的光强分布。

3.2.2　直视微光夜视系统的光学系统

1．直视微光夜视系统对物镜的基本要求

物镜把目标场景成像于直视微光成像器件的光敏面上，因此夜视系统对物镜的基本要求大致有以下几点：

（1）通光孔径和相对孔径要大。限制微光成像系统视见能力的主要因素之一是来自景物的辐射噪声。加大物镜的口径能最大限度地接收来自目标的辐射，获得高的光敏面照度，即大的通光孔径有利于提高微光系统的信噪比。

（2）渐晕小。当入射斜光束宽度小于轴向光束宽度而产生渐晕时，像面边缘照度相对于中心照度会下降，光敏面上照度的不均匀会造成荧光屏上图像亮度从中心到边缘下降，使边缘像质变坏，在直视微光成像系统中尤为明显。

（3）色差校正的光谱范围要宽。色差校正的光谱范围取决于系统光谱响应波段，对主动红外夜视成像系统为0.65～1.2μm，对微光成像系统为0.4～0.9μm。

（4）物镜的调制传递特性要好。像管为低通滤波器，目前的极限分辨率为 30～70lp/mm，通常要求物镜在 10lp/mm 的空间频率时 MTF 不低于 75%。

（5）最大限度地消除杂散光。杂散光对低信噪比的光电成像的影响比较明显，减小物镜的杂散光可减小像质的下降。

2．微光夜视系统对目镜的基本要求

在直视型光电成像系统中，目镜的作用是放大像管荧光屏或显示屏上的目标像，使人眼能进行舒适清晰的观察。一般对目镜的主要要求有：

（1）合适的焦距。目镜焦距 f_e' 通常为 10～55mm，目镜放大率 $M_e=250/f_e'$，仪器放大率 $\gamma=(f_0'/f_e')\beta$，其中 β 为像管横向放大率，f' 为物镜焦距。当 f' 和 β 确定后，仪器放大率取决于 f_e'。

（2）足够的视场。目镜视场 2ω 由荧光屏有效直径 D 和 f_e' 决定，$\tan\omega=D_s/(2f_e')$。通常 2ω 在 30°～90°之间。

（3）合适的出瞳距离 p' 和出瞳直径 d。视不同的应用条件，一般成像系统出瞳直径取人眼夜间瞳孔直径(5～7mm)。出瞳距离 p'（目镜后表面到人眼瞳孔的距离）一般取为 9～50mm。

（4）适当的前节距(目镜前表面和前焦点之间的距离)，以保证工作时的视度调整。

此外，因为目镜视场大，轴外像差是影响像质的重要因素。又由于目镜口径大，球差和彗差也要校正，校正像差的波长由荧光屏的光谱特性决定。

3．典型直视微光成像物镜

常规光电成像系统的物镜系统分为三类，即折射物镜系统、反射物镜系统和折反射物镜系统。

（1）折射物镜系统

折射物镜系统较易校正像差，可获得较大视场，结构简单，装调方便。光电成像系统中常用的折射物镜有双高斯型和匹兹伐型，其基本结构如图 3.2-3 所示。双高斯型结构是微光成像系统中大相对孔径的基本型，由于这种结构较容易在较宽光谱范围内修正像差，属于基本对称型结构，能自动抵消轴外像差。图 3.2-4 是微光头盔采用的一种改进的双高斯型物镜，相对孔径为 1:1，$f'=20.58\text{mm}$。在仪器视场不大的情况下，可采用匹兹伐型物镜，其基本结构为两个正光焦度的双胶透镜，结构简单，球差和彗差校正较好，但视场加大时场曲严重。图 3.2-5 为一种改进的匹兹伐型物镜，$f'=100\text{mm}$，相对孔径为 1:1，$2\omega=10°$。

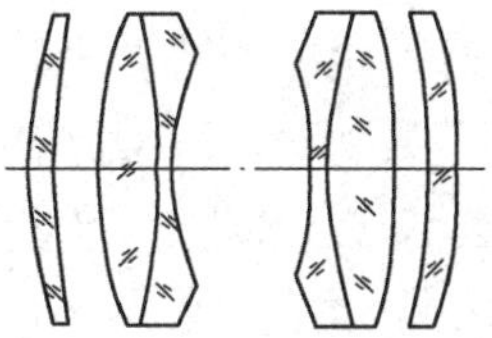

(a) 双高斯型

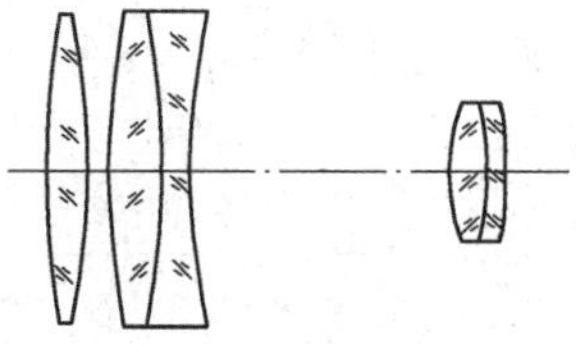

(b) 匹兹伐型

图 3.2-3　折射物镜的基本结构

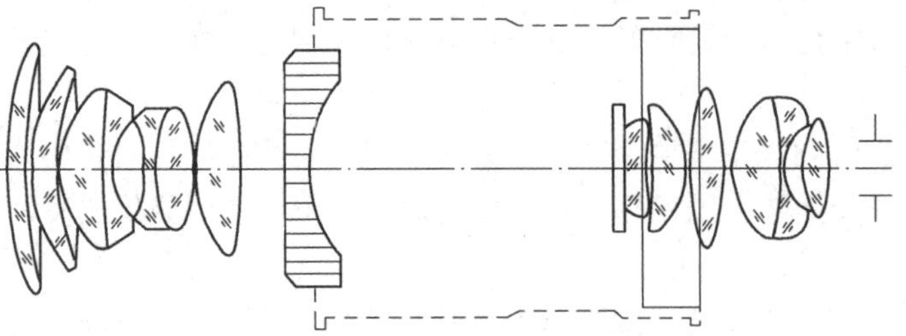

图 3.2-4　改进的双高斯型物镜

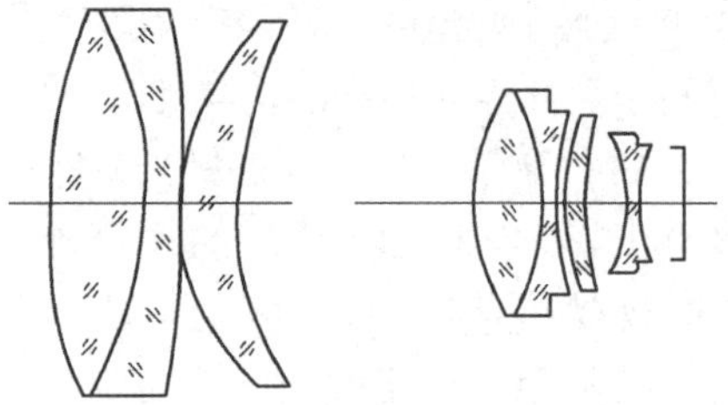

图 3.2-5　改进的匹兹伐型物镜

近年来随着光学精密加工技术的发展，非球面光学和衍射光学(二元光学)元件在夜视成像物镜中得到成功的应用。这些技术的应用不仅提高了系统的成像性能，减小了像差，而且减少了镜片的数量，进而减小了系统的质量和体积。非球面光学系统或带有衍射光学元件的光学系统具有广阔的发展和应用空间。

（2）反射物镜系统

反射物镜系统可做成大口径、长焦距，且取材容易，既可用金属材料，也可在普通玻璃上镀金属膜或介质膜来制作，对材料要求不高。反射物镜系统光能损失小，无透射损失(即镜面反射比要比透镜的透射比高)，不产生色差。这些优点使其在红外光学系统中应用较多，但也存在体积大及次镜遮挡等问题。

反射物镜系统分为单反射镜和双反射镜系统。最常用的是双反射镜系统。

单反射镜分为球面镜和非球面镜(抛物面、椭球面和双曲面镜)。图 3.2-6 给出了四种单反射镜，分别由对应的曲线绕对称轴旋转得到，其光学焦距都是顶点曲率半径的一半，即 $f'=r/2$ 。球面镜和抛物面镜可单独使用，图 3.2-7 所示为两种常用的抛物面镜；椭球面和双曲面镜由于其光学焦点和几何焦点不重合，彗差大，像质欠佳，所以通常需和其他反射镜组合成双反射镜系统使用。

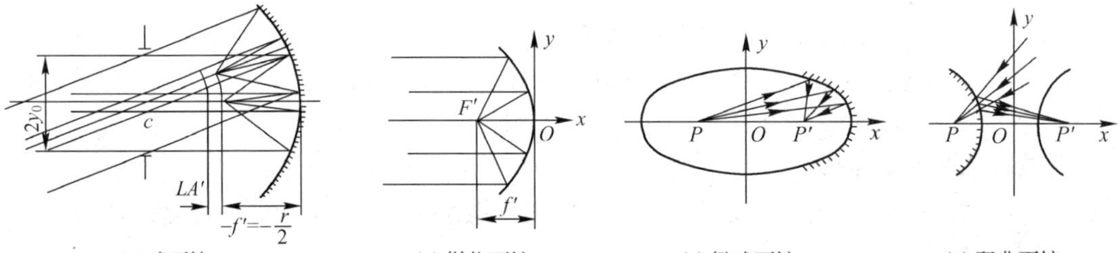

(a) 球面镜　(b) 抛物面镜　(c) 椭球面镜　(d) 双曲面镜

图 3.2-6　单反射镜

球面镜和抛物面镜的焦点通常均在入射光路内，若在焦点放置接收器，则装调不方便，并会产生遮挡。通常采用在反射镜光路中加另一个反射镜的方法把焦点引到主反射镜之外，构成双反射镜系统。

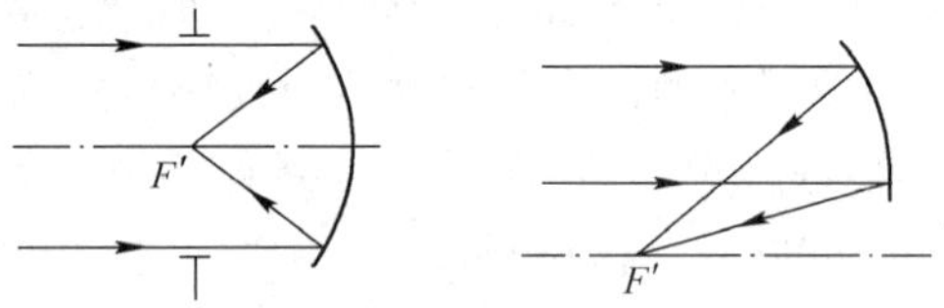

(a) 光阑位于焦面（同轴）　(b) 焦点在入射光束之外（离轴）

图 3.2-7　两种常见的抛物面镜

常用的双反射镜系统有牛顿系统、卡塞格伦系统和格里高里系统，其基本结构如图 3.2-8 所示。三者均由一抛物面主镜和一个次镜构成。

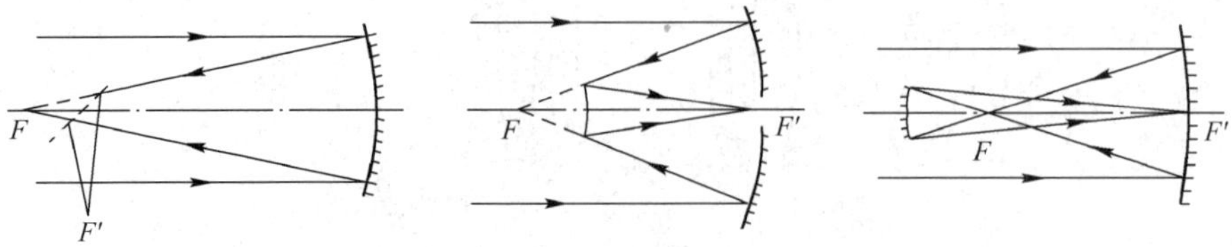

(a) 牛顿系统　(b) 卡塞格伦系统　(c) 格里高里系统

图 3.2-8　双反射镜系统的基本结构

牛顿系统：次镜为平面镜，位于主镜焦点附近与光轴成 45° 角。由于主镜是抛物面镜，对轴上无穷远点无像差，像质只受衍射限制，弥散圆为艾里圆，但轴外像差大，常用于像质要求高的小视场红外系统中。特点是镜筒长、质量大。

卡塞格伦系统：次镜为双曲面，位于主镜焦点之内，双曲面镜的一个焦点与抛物面镜焦点重合，另一个焦点为整个系统的焦点，系统无穷远轴上点没有像差。特点是焦距长、镜筒短、结构紧凑、会聚光束通过主反射镜中心的孔，使焦面上便于放置接收器件，但非球面加工较困难。

卡塞格伦系统广泛用于微光夜视系统中，且为消除不同像差而发展有多种结构，如椭球-球面系统可消除球差，双曲面系统可同时消除球差和彗差。

格里高里系统：次镜为椭球面，位于主镜焦距之外，椭球面的一个焦点和抛物面主镜焦点重合，另一个焦点为整个系统的焦点。系统对无穷远轴上的点没有像差。

格里高里系统也有其他组合形式，如主次镜都用椭球面可同时消除球差和彗差。

（3）折反射物镜系统

为获得好的像质，反射物镜系统需要采用非球面镜，而非球面镜加工和检验困难，成本高。于是，人们研究改进反射物镜系统，把反射镜的主镜和次镜都采用球面镜，用加入补偿透镜的方法校正球面镜的球差，构成折反射物镜系统。折反射物镜系统可实现大口径、长焦距。常用的折反射物镜有施密特校正板、曼金折反射镜、包沃斯-卡塞格伦系统及包沃斯-马克苏托夫系统。见图 3.2-9～图 3.2-12。

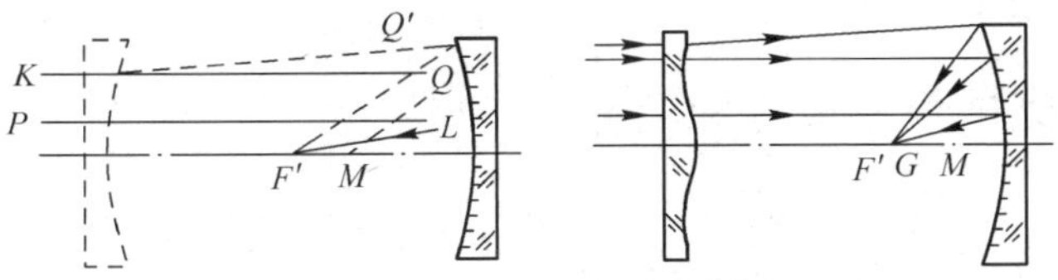

(a) 工作原理　(b) 改进的施密特校正板

图 3.2-9　施密特校正板

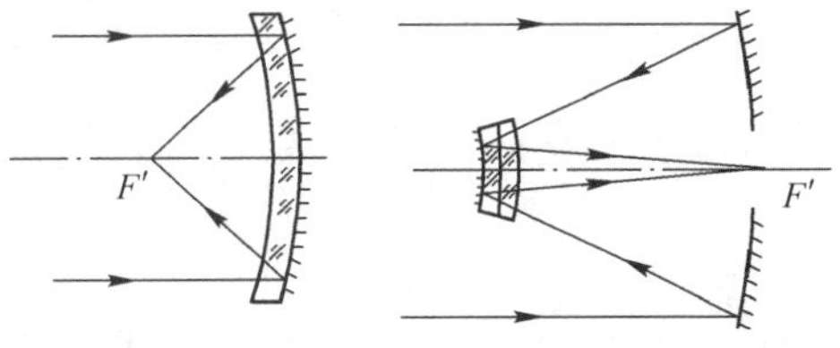

(a) 曼金折反射原理　(b) 曼金－卡塞格伦系统

图 3.2-10　曼金折反射系统

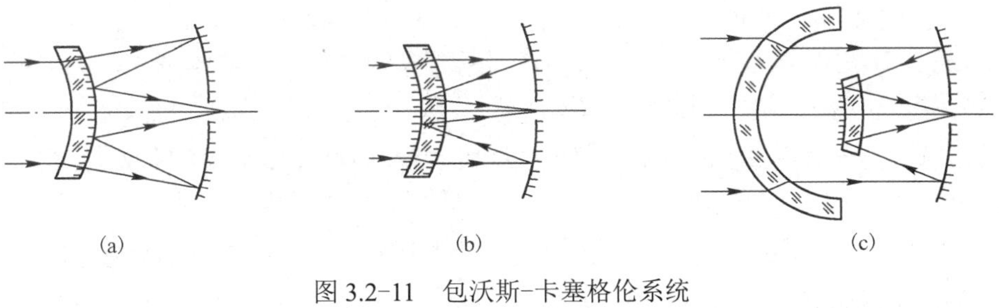

(a)　(b)　(c)

图 3.2-11　包沃斯-卡塞格伦系统

微光成像系统用折反射物镜结构比红外系统稍复杂，因为取材容易且价格较低，复杂的结构使像差校正更好。图 3.2-13 所示微光望远镜的折反射物镜由一对薄透镜、一对反射镜和一个校正透镜组成，薄透镜的位置靠近主反射镜焦点，负薄透镜中央部分镀反射膜层。作为次反射镜，主反射镜中部为通孔，放置校正透镜，来自场景目标的光线经透镜和反射镜，再经校正透镜到达像增强器的光阴极面。系统可在宽光谱情况下消除色差，性能良好。

4. 目镜系统

图 3.2-14 示出了微光夜视系统中常用的目镜系统。

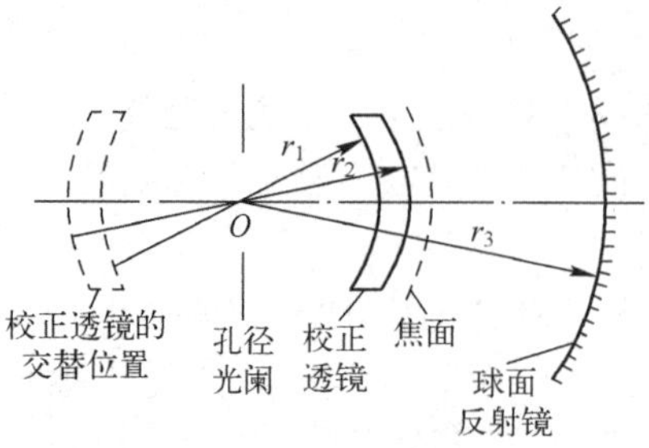

图 3.2-12　包沃斯-马克苏托夫系统

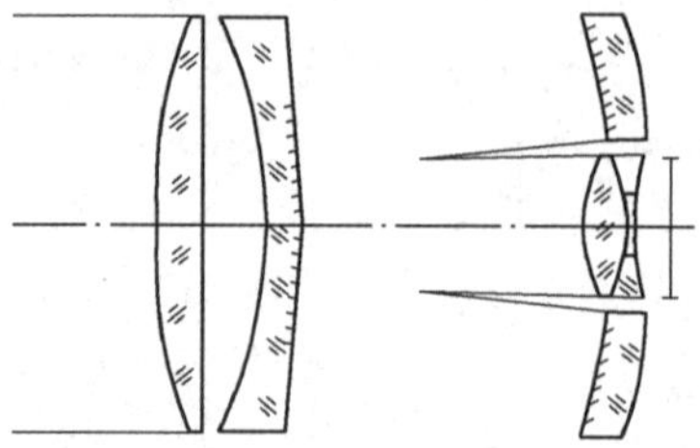

图 3.2-13　微光望远镜用折反射物镜

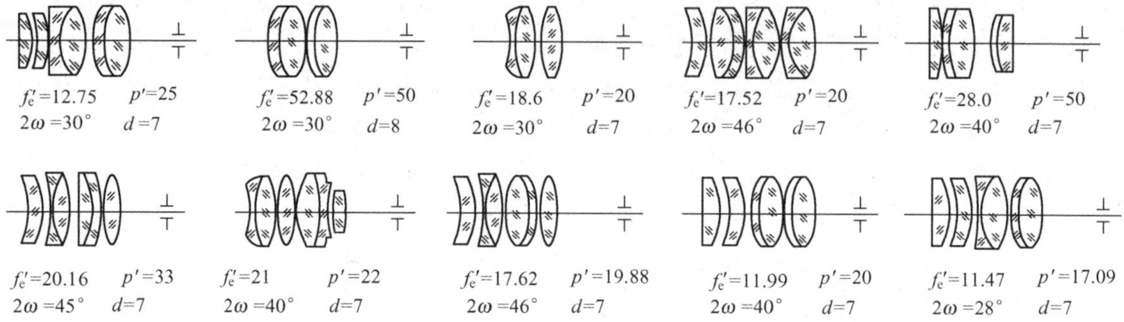

图 3.2-14　微光夜视系统中常用的目镜系统（目镜组）

3.3　直视微光成像系统的性能分析

3.3.1　各组成部件性能对直视微光成像系统性能的影响

直视微光成像系统的性能受三个方面的限制，即光子噪声的限制、系统光学性能的限制和人眼视觉性能的限制。对于总体性能来说，在设计过程中主要考虑光学系统、像管以及与人眼的匹配等相关参数。

1．理想像增强器系统的极限分辨特性

在纯光子噪声限制下，理想（内部无噪声）像增强器系统的极限性能可由下式给出：

$$\alpha_{\mathrm{k}} = \frac{2(S/N)}{DC}\sqrt{\frac{(2-C)e}{L_0 \tau t s}} \tag{3.3-1}$$

式中，α_{k} 为系统受光子噪声限制的极限分辨角；D 为物镜有效直径；C 为目标对比度；e 为电子电荷；L_0 为目标亮度；τ 为物镜透射比；t 为系统积累时间；s 为光阴极灵敏度。

在较高输入光度下，像增强器的光学性能为主要限制因素，若像增强器光阴极面上极限分辨率为 m，物镜焦距为 f'，则系统的最小光学分辨角为

$$\alpha_{\mathrm{t}} = \frac{1}{mf'} \tag{3.3-2}$$

由于总分辨角 α_0 和系统各部分分辨角之间的关系为

$$\alpha_0^2 = \alpha_1^2 + \alpha_2^2 + \alpha_3^2 + \alpha_4^2 + \cdots + \alpha_n^2 \tag{3.3-3}$$

则由上述三式，可知光子噪声和光学系统分辨率共同限制的理想系统极限分辨角为

$$\alpha_0 = (\alpha_{\mathrm{k}}^2 + \alpha_{\mathrm{t}}^2)^{1/2} = \left[\left(\frac{2(S/N)}{DC}\right)^2 \frac{(2-C)e}{L_0 \tau t s} + \left(\frac{1}{fm}\right)^2\right]^{1/2} \tag{3.3-4}$$

由式(3.3-4)确定的理想条件下的极限分辨角随目标表面照度的变化曲线如图 3.3-1 所示。位于实线下面条件的物体细节是可分辨的，而实线上面的所有目标细节是不可分辨的。当考虑光学系统和像增强器的 MTF 时，系统极限分辨率在不同目标亮度下都有所下降。

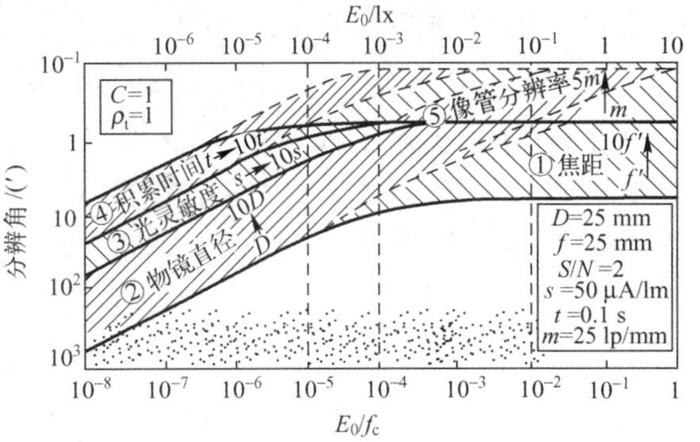

图 3.3-1　极限分辨角随目标表面照度变化曲线（理想条件下）

2．物镜和像增强器参数对系统极限分辨率的影响

在像增强器暗噪声可忽略的前提下，从图 3.3-1 可看出物镜和像增强器参数对系统极限分辨特性的影响(C=1，$\rho_t=1$)。

① 物镜焦距从 f' 增大到 $10f'$，在大于星光照度 10^{-3}lx 情况下，系统分辨率得到明显改善；反之则改善很小。

② 物镜直径从 D 增大到 $10D$，在低于满月光 10^{-1}lx 情况下，系统分辨率得到明显改善；大于满月光，改善很小。

二维码 3.3-1

③ 光阴极灵敏度从 s 提高到 $10s$，在低于 10^{-2}lx 照度范围内，系统得到最大改善。

④ 增加系统积累时间 t 得到与光灵敏度 s 类似的改善。

⑤ 提高像增强器极限分辨率 m，在 10^{-4}～10^{-1}lx 目标照度范围对系统分辨率提供一般的改善。当 D、s、t 一起增加时这种改善更有意义。

需要指出，上述分析中具体的照度值范围可能随系统参数和目标特性而有所改变，但其反映出在低、中、高照度条件下对系统性能的影响规律是一致的。

3．像增强器暗背景噪声对系统极限分辨率的影响

像增强器存在的噪声(如暗噪声等)将使像管输出图像对比度恶化，分辨率下降。设像增强器等效背景照度为 E_b，其相应地在目标场景上附加一个暗背景亮度 L_b，有

$$L_b = \frac{4}{\pi\tau R_A^2} E_b \tag{3.3-5}$$

式中，R_A 为系统物镜的相对孔径。

若目标的固有亮度为 L_0，则目标亮度变成 $L_0' = L_0 + L_b$。目标的表观对比度 C 和 α_k 分别变为 C' 和 α_k'：

$$C' = C\bigg/\left(1+\frac{L_b}{L_0}\right) \qquad \alpha_k' = \alpha_k\left[1+\frac{2L_b}{L_0(2-C)}\right]^{1/2} \tag{3.3-6}$$

将 L_0' 和 C' 对应的 α_k' 代入式(3.3-4)中对应的 α_k 项，经过整理得到

$$\alpha_0 = \left[\left(\frac{2(S/N)}{DC}\right)^2 \frac{(2-C)e}{L_0\tau ts}\left[1+\frac{8E_b}{\pi L_0\tau R_A^2(2-C)}\right]+\left(\frac{1}{fm}\right)^2\right]^{1/2} \tag{3.3-7}$$

即当像增强器存在 E_b 时，系统极限分辨角增大。为使系统性能尽可能达到光子噪声限，像增强器暗背景噪声应尽可能减小。通常要求

$$\frac{8E_b}{\pi L_0\tau R_A^2(2-C)} \ll 1 \qquad \text{或者} \qquad E_b \ll \frac{\pi L_0\tau R_A^2(2-C)}{8} \tag{3.3-8}$$

从式(3.3-8)可以看出：当 L_0 很高时，E_b 影响很小，$\alpha_k' \to \alpha_k$；L_0 下降时，E_b 影响相应增大，以致信号被噪声淹没。为最大限度地减小 E_b 的影响，可采用大相对孔径物镜，若取 $R_A=1$，$\tau=0.8$，

并假定 C=1，则 $E_b \ll L_0/10$。

受光子噪声和系统光学性能共同限制的有暗背景噪声的像增强器的极限分辨角为

$$\alpha_0 = (\alpha'^2_k + \alpha_t^2)^{1/2} \tag{3.3-9}$$

图 3.3-2 绘出了以 E_b 为参量的大、中、小三种系统在暗背景条件下的极限分辨角随目标表面照度的变化曲线。无论对哪一种系统，在满月光照度下，E_b 即使增加到 10^{-5}lx，对系统极限分辨角的影响也很小，但在晴朗星空和阴云夜空的低照度下暗背景噪声对各系统性能均有很大影响。

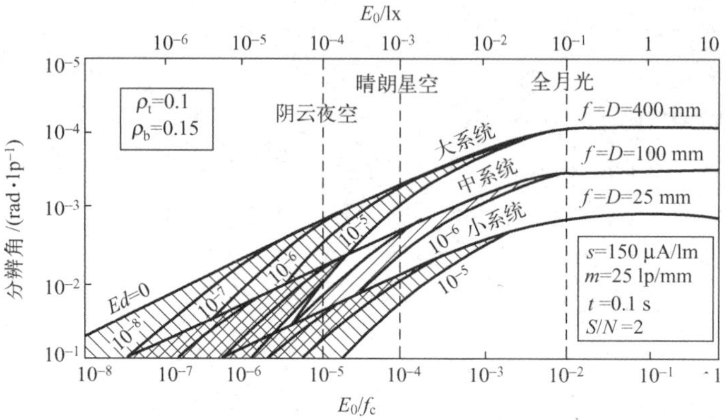

图 3.3-2　极限分辨角随目标表面照度的变化曲线(暗背景条件下)

4. 人眼与像增强器系统的最佳匹配

在前面的讨论中，相当于假定微光夜视系统的极限性能不受人眼视觉的限制，实际上，还需获得像增强器系统与人眼之间的匹配。为便于讨论，把系统分为两部分：一是物镜与像增强器的组合；二是目镜与人眼的组合(人工助视眼)。

为便于比较，把物镜与像增强器组合的极限分辨特性表示为像增强器荧光屏目标亮度 L_a(人眼观察目标亮度)与该组合的空间分辨率之间的函数关系，即

$$L_a = GE_c \tag{3.3-10}$$

式中，G 为像增强器亮度增益；E_c 为入射到光阴极上的照度。

$$E_c = \frac{\pi}{4} L_0 \tau R_A^2 \tag{3.3-11}$$

因而

$$L_0 = \frac{4E_c}{\pi \tau R_A^2} = \frac{4}{\pi \tau R_A^2}\frac{L_a}{G} \tag{3.3-12}$$

在光子噪声限制下，光阴极上极限分辨率为

$$m = \frac{1}{2\alpha_k f'} = \frac{R_A c}{4(S/N)}\sqrt{\frac{L_0 \tau ts}{(2-C)e}} \tag{3.3-13}$$

由以上两式可建立起当物镜像增强器组合受光子噪声限制时，屏上极限空间分辨率 m_a 与荧光屏上目标像亮度之间的关系(假定电子光学系统线倍率为 1)：

$$m_a = \frac{c}{2(S/N)}\sqrt{\frac{L_0 \tau ts}{(2-C)eG}} \tag{3.3-14}$$

图 3.3-3 中的实线为像增强器亮度增益从 10^2～10^5 的一组屏上极限分辨率和目标亮度之间的关系曲线。

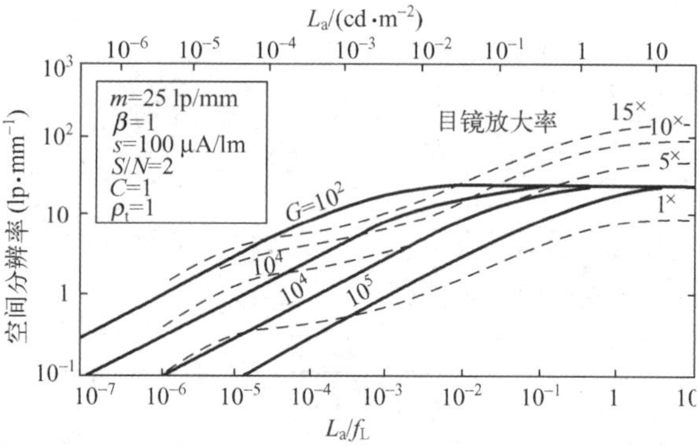

图 3.3-3　理想像增强器与目镜助视眼极限分辨特性的比较

由人眼视觉特性可知，人眼视觉分辨率与观察视场亮度有关，在忽略目镜光损失和像差的情况下，目镜助视眼的视觉锐度曲线等于人眼锐度曲线乘以目镜放大率(见图 3.3-3 中的虚线)。

比较两组曲线可以看出：为使人眼特性不限制整个系统性能，要求在任一目标像亮度下，目镜助视眼的锐度特性曲线都应高于物镜像增强器组合的空间分辨率，以使系统性能不受人眼限制。由图 3.3-3 可以看到：在使用 15 倍目镜时，在屏上目标像亮度范围内，G 必须大于 10^3 才能符合要求，在中等光度区，目镜助视眼特性曲线下弯。成像系统用目镜通常在 13 倍以下，因而要求像增强器有较高的 G。

3.3.2 直视微光成像系统总体设计中像管与光学参数的选择

由前面的讨论可以知道，只要系统输出的图像亮度、对比度和分辨角能满足人眼视觉特性的要求，由合适的物镜、像增强器和目镜构成的直视微光成像系统可以改善人眼在低照度下的视觉性能。下面以某小型直视微光成像系统为例，简要说明其总体设计思想。

对于一个直视微光成像系统而言，有较高的像质是最核心的技术要求，故设计的关键是像增强器的选型。

1. 像增强器的选择

像增强器的性能参数是基本确定的数据，具体选用像增强器时根据视距要求和用途而定。因为成像系统的主要性能受像增强器限制，因此需要首先选定。

一般地，对 100m 左右视距的系统(如车辆驾驶仪、头盔眼镜等)，可选一代单级像增强器，这样可在满足增益要求下降低成本；车辆驾驶仪多为潜望镜式，物镜焦距较长，为保证合适的视场角(30°～50°)，要选光阴极直径较大的像管；头盔眼镜要求小巧轻便，要选用小型管，在成本不太重要时，可选用二代、二代半以至于三代像增强器；视距 600～1000m 的微光夜视仪，如车长指挥镜、炮长瞄准镜，远距离侦察仪器等视距远、总倍率高、物镜焦距较长的，可选级联、二代倒像管以及高性能超二代像增强器等。

在选择像增强器时，首先要考虑极限分辨率 m、增益 G 和噪声等效背景 EBI 等性能参数，此外，还需要注意几点：

（1）像增强器的输入/输出窗。应注意像增强器的输入和输出窗类型。输入窗的选择因素之一是光谱匹配要求，输出窗决定于后续的应用模式(如级联耦合、CCD 光锥耦合或直接观测等)，选择光学玻璃、纤维光学面板(Fiber-Optic Plate，FOP)或 FOP 扭像器等。

（2）荧光屏类型。材料及工艺决定荧光屏发光的波长范围和效率，也对荧光屏的分辨率有着重要影响。目前较成熟的工艺过程可使荧光屏的分辨率达到 120lp/mm 以上。对于选通型像增强器，应考虑系统响应时间对荧光屏余辉的要求。

（3）调制传递函数(MTF)。MTF 表征了对不同空间频率正弦亮度分布条纹的调制度衰减特性，它能够比较完整地描述像增强器的空间传递特性。

（4）信噪比(SNR)。SNR 对于低照度下微光夜视对景物目标探测和识别具有重要作用。

美国 2000 年以来提出一种新的质量评价指标——品质因数 $D=m\cdot\mathrm{SNR}$，并规定 $D<1250$ 可向不结盟国家出口(相当于美国 20 世纪 80 年代水平)；$D<1600$ 可向北约及“金色七国(澳/日/韩/以色列/埃及/阿根廷/巴林)”出口；$D>1600$ 则在美国国内使用。目前的典型高性能像增强器品质因数如图 3.3-4 所示。

工程应用中还应考虑最大输出亮度及亮度均匀性、质量、功耗、MTBF 等工作性能参数。

综上，依据具体的设计要求，选择一款具有分辨率高、灵敏度高、信噪比高、MTF 高等优点，同时在成本和能耗、外形尺寸、质量上满足系统需求的管型就完成了像增强器的选择。

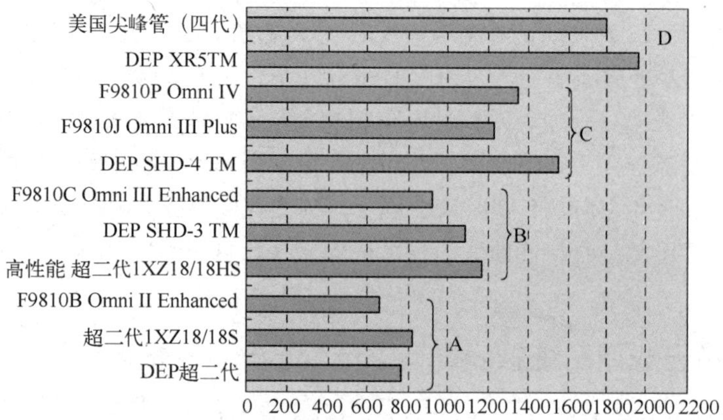

图 3.3-4　典型高性能像增强器的品质因数

2．望远物镜系统设计分析

前面已经介绍过，常见的望远物镜有折射、反射和折反射三种。这些常用的望远物镜基本上都是由薄透镜系统或反射系统构成的，且多数望远物镜的相对孔径和视场都不大，高级像差比较小，因此多数望远物镜的设计方法都可以建立在薄透镜初级像差理论的基础上，比较简单，也比较系统。整个设计过程可以大致分为三个步骤：

（1）根据外形尺寸计算系统对物镜的焦距、相对孔径和视场，以及对成像质量提出的要求，从而选定物镜的结构；

（2）应用薄透镜系统初级像差公式计算透镜组的初始结构参数；

（3）通过光路计算求出实际像差，然后进行微量校正，得到最后结果。

要结合整机质量，选择一款合适且成熟的物镜结构。基本参数有：①物镜焦距、孔径；②物镜的调制传递函数、T 数(透光率)；③物镜的杂光系数。

3．目镜系统设计分析

与物镜系统设计一样，在选定结构类型后，在设计软件中，主要从点列图、光学传递函数、像差、球差及色差等环节进行参数调整设计，最后确定目镜焦距。

4．成像系统的光学性能计算

系统中像增强器的光阴极位于物镜后焦面，荧光屏位于目镜的前焦面(见图 3.3-5)，由此可以根据几何关系，基于系统极限性能确定系统的主要光学参数。

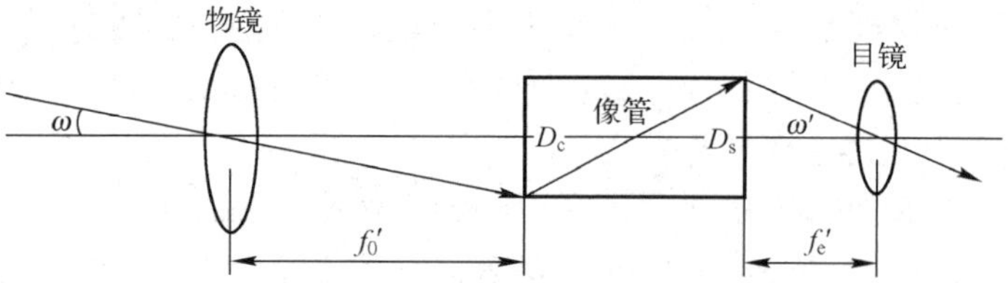

图 3.3-5　直视微光成像系统的视场与放大率

（1）视场

直视光电成像系统的视场光阑为像管光阴极的固定框，故系统视场

$$\omega = \arctan \frac{D_c}{2f_0'} \tag{3.3-15}$$

式中，ω 为物镜半视场角；D_c 为光阴极面有效工作直径。即物镜确定后，视场越大则要求光阴极直径越大；在选定像管后，应设计相应焦距的物镜来满足视场要求。

（2）角放大率

角放大率是光学望远仪器系统中的一个重要技术指标，它取决于观察者需要观察的目标距离和区域。一般情况下，微光夜视仪的放大率越大，观察的距离就越远，但观察视场也越小。为了不丢失目标信息，需要观察搜索的次数就越多。对于观察者来说，希望通过微光夜视仪观察到的目标和对距离的感受同没有使用仪器时一样真实。

系统的角放大率可表示为

$$\gamma = \frac{\tan\omega'}{\tan\omega} = -\frac{f_0'}{f_e'}\beta \tag{3.3-16}$$

式中，β 为像管放大率；$2\omega'$ 为目镜的视场角；f_e' 为目镜焦距。

在选定像管的情况下，系统的放大率取决于物镜和目镜的焦距之比。

（3）分辨率

按像增强器输出端闪烁信噪比公式，对 1×10^{-3}lx，某环境条件下对应的分辨率进行分析计算，计算关系式为

$$\alpha = \frac{2K}{MCD}\sqrt{\frac{2ef}{(\rho_1+\rho_2)ESt\tau e^{-\tau_a l_o}}} \tag{3.3-17}$$

式中，K 为阈值信噪比，取 1.2；M 为系统调制传递函数；C 为景物对比度，按 35%要求；D 为物镜的有效孔径；e 为电子电荷数，取为 1.6×10^{-19}Q；f 为像增强器的噪声功率因子；$\rho_1+\rho_2$ 为背景目标反射率之和；E 为环境夜天光照度；S 为光阴极的积分灵敏度；τ 为物镜的透过率；t 为人眼的积累时间，取 0.2s；τ_a 为大气透射比；l_o 为目标距离。

在 1×10^{-1} lx 照度下，式(3.3−17)可近似用下式估算：

$$\alpha = \frac{1}{m\cdot f_{物}} \tag{3.3-18}$$

式中，m 为线对数；$f_{物}$ 为物镜的焦距。

（4）出瞳和出瞳距离

由于直视微光夜视成像系统的物镜和目镜被像增强器隔开，物方和像方光线不为直接的共轭关系，所以需要分别讨论物镜和目镜对光束的限制。

如图 3.3−6 所示，物镜的有效直径 D 限制成像光束而成为成像系统的孔径光阑；光阴极面有效工作直径 D_c 限制系统的成像范围而成为视场光阑。

目镜系统由像管荧光屏和目镜组成。屏上的像是目镜系统的物，故荧光屏的有效成像面决定了目镜成像范围，对应的目镜视场角(系统的像方视场角)为

$$2\omega' = 2\arctan\frac{D_s}{2f_e'} \tag{3.3-19}$$

式中，D_s 为荧光屏有效工作直径；f_e' 为目镜焦距。

对于直视微光夜视成像系统，人眼通过目镜观察，目镜的出射光束进入人眼成像，故光束孔径取决于人眼瞳孔的大小和位置，即人眼瞳孔 d 为系统出瞳，眼睛到目镜后表面的距离 p'为出瞳距离。出瞳距离与目镜有效直径的关系如图 3.3−7 所示。设目镜为一薄透镜，有效直径为 D_e，P_A' 为无渐晕时的最大出瞳距离，则无渐晕时

$$D_e = 2P_A'\tan\omega' + d \tag{3.3-20}$$

即在系统目镜视场 ω' 确定时，目镜有效直径随出瞳距离而加大。

设 P_B' 为 50%渐晕时的出瞳距离，则

$$P_B' = P_A' + \frac{d}{2\tan\omega'} \tag{3.3-21}$$

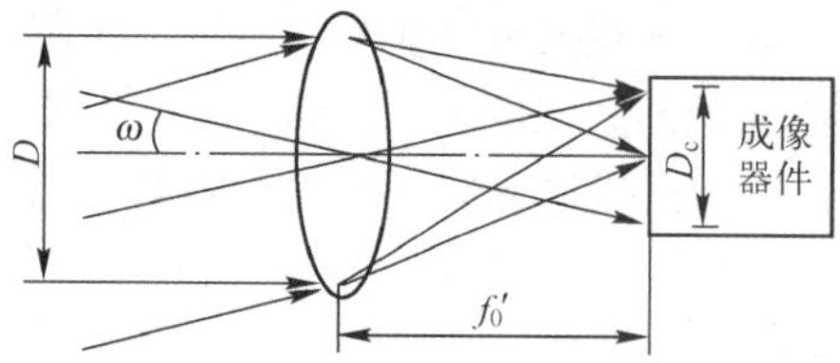

图 3.3-6　成像系统的物镜系统

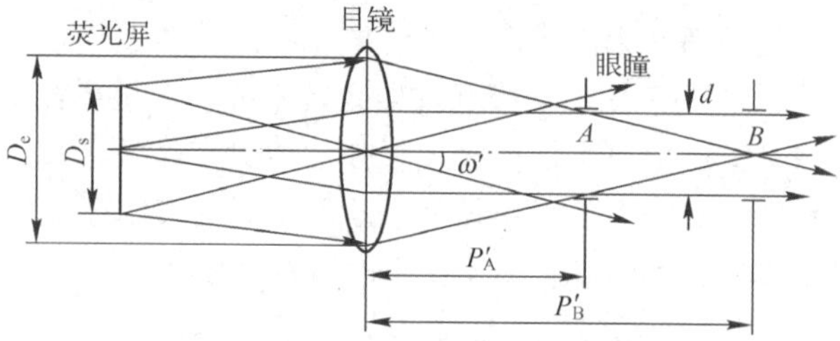

图 3.3-7　出瞳距离与目镜有效直径的关系

由于微光夜视成像系统在出瞳距离上没有视场光阑像存在，因此，出瞳距离便是观察者实际工作时眼瞳的位置。

由于人眼瞳孔随着仪器出射亮度的变化而变化，瞳孔的变化范围决定目镜出瞳直径范围，一般出瞳直径应大于人眼瞳孔所需变化的范围。在实际工作中为避免因震动使人眼脱离目镜视场，导致观察者难以观察目标，出瞳直径应尽可能取得大一些。但受光学系统成像质量的限制，出瞳直径不可能取得太大。例如在满足设计要求的前提下，系统出瞳直径取 7mm。

考虑系统抖动和加装光阑眼罩的需要，出瞳距离可设为 25mm。

3.4　距离选通成像技术及其应用

与被动夜视成像系统不同，主动夜视系统的辅助照明光路与成像光路基本重合，因此，辅助照明光波在传输介质(空间为大气，水下为水体)中传播时会产生光线的后向散射，导致所成图像的对比度下降，进而导致其作用距离的下降。

3.4.1　传输介质的后向散射与选通原理

为方便分析，在确保模型有效的情况下假定(图 3.4-1)：接收器光轴在通过介质的路程上是水平的；散射粒子在辐射传播路程上均匀分布(散射系数为常数)；照明光束均匀照射；照明器与接收器视场开始交叠的距离 l_0 远大于两者间的距离(近似同轴)。

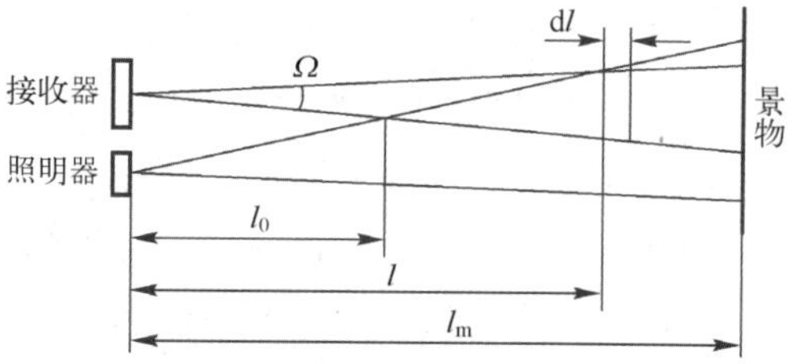

图 3.4-1　照明器与接收器的光路重叠

在主动红外成像系统中，照明系统安装在接收器附近，在照射远距离目标时，探照灯光轴非常接近成像系统光轴。照射光束在传播过程中受到介质(水体或大气)散射，其中一部分后向散射辐射将进入观察视场，在成像面上形成一个附加背景，进而降低成像的对比度和清晰度。在能见度较差的情况下，这一影响是主动红外成像系统性能的一个基本限制因素。

距离选通成像是短脉冲光辅助照明器和选通型像增强器通过在时间上分开来自不同距离上的散射光和来自目标的反射光(图 3.4-2)，使得被观察目标反射回来的辐射脉冲刚好在像管选通工作时到达像管并成像的技术。由于辐射脉冲在投向目标过程中所产生的后向散射辐射到达接收器时，像管处于非工作状态，所以可减小后向散射对系统成像效果的影响。

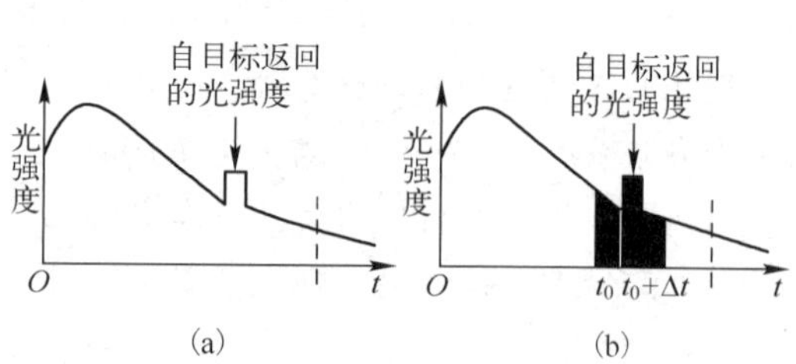

图 3.4-2　距离选通消除后向散射法

3.4.2　距离选通成像系统构成与工作原理

选通型像增强器通常为静电型像增强器，照明器光源多采用脉冲激光光源。为保证足够的能量有时也采用激光二极管阵列。通常情况下，脉冲的脉宽为 5～200ns，与光速对应的纵深距离(景深)为 1.5～60m，由此可有效减小其他路径范围上的后向散射影响。一般而言，脉冲的脉宽越小，越有利于消除后向散射的影响，但脉宽的减小将对选通像管的响应时间和选通控制提出更高的要求，在技术上增加难度和提高成本。

距离选通成像系统原理框图如图 3.4-3 所示。激光发生器由脉冲发生器控制，选通像管的选通电极由控制延迟器通过选通脉冲控制。脉冲发生器给激光发生器施加控制脉冲使激光器发射光脉冲，同时延迟器控制选通像管，通过设定的延迟配合同步工作。选通技术的另一优点是可精确测得辐射发出到返回接收器的时间，确定目标与观察者之间的距离。

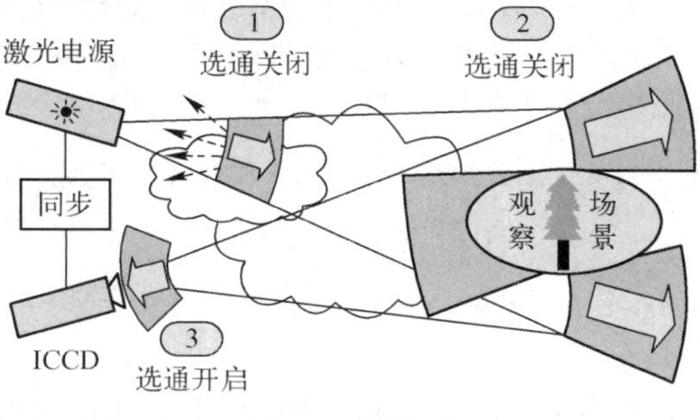

图 3.4-3　距离选通成像系统原理框图

根据经验，一般天气情况下，在观察距离大于 600m 时应考虑采用选通成像的方式提高视距，在有较为严重的雾霾时，必须利用选通成像的方式保证视距。此外，在水体中进行成像时，由于水体较空气有更大的媒介密度，后向散射的影响更加严重，所以必须采用选通方式工作才能获得较好的成像效果。图 3.4-4 所示为北京理工大学研制的水下距离选通集成实验系统外观及内部组件；图 3.4-5 所示选通成像效果对比。

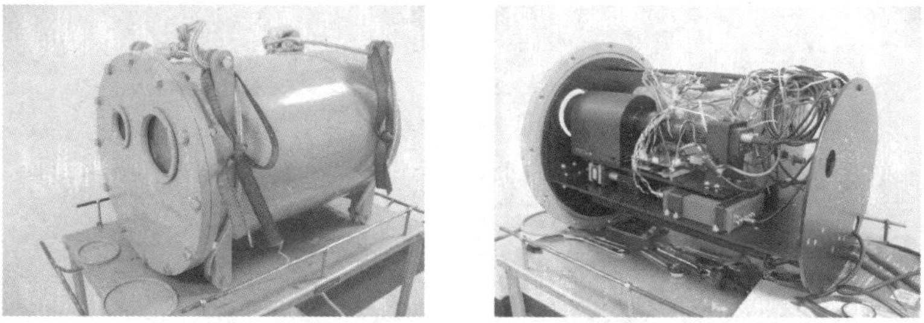

图 3.4-4　水下距离选通集成实验系统外观及内部组件

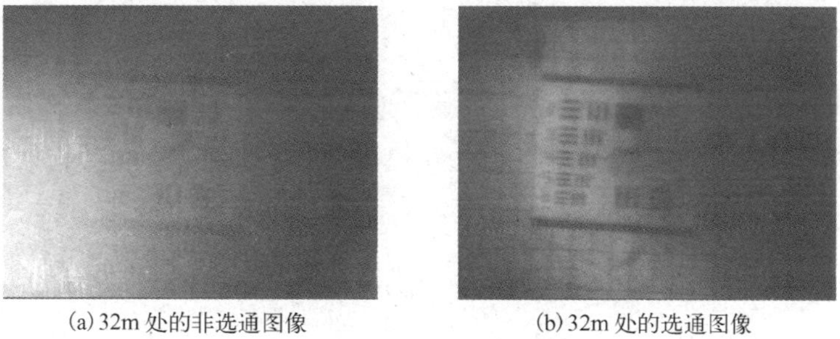

(a) 32m 处的非选通图像　　(b) 32m 处的选通图像

图 3.4-5　选通成像效果对比

习题与思考题

1．试述主动红外成像系统的组成及工作原理。

2．为什么说用主动红外成像系统观察一些可见光迷彩伪装时有可能获得较好的识别效果？

3．试述直视微光成像系统与主动红外夜视系统的异同。

4．主动红外成像系统对红外探照灯的基本要求是什么？

5．目前常用的主动红外光源主要有哪些类型？

6. 为什么说大功率红外二极管作为主动红外光源具有比较好的应用开发前景？

7. 红外探照灯的几何结构是如何影响其基本光学性能的？试以抛物面反射镜为例说明。

8. 夜视成像系统对物镜的基本要求是什么？

9. 成像物镜主要分为哪几种类型？各种类型的典型形式是怎样的？

10. 为什么品质因数成为较为综合评价像管的重要性能指标？试调查当前主流像管的品质因数及其技术特点。

11. 直视型微光成像系统对目镜的基本要求是什么？

12. 某火箭筒夜间瞄准镜要求放大率 γ=2.9$^{\times}$，视场 $2\omega=8°$，相对孔径 $D/f_0'=1:1.6$，出瞳直径 d=7mm，出瞳距离 p'=25mm，若选用某红外变像管其轴上放大率为 1，输入/输出窗有效直径为 18mm，试求系统的外形尺寸。

13. 为什么说大气后向散射会对主动红外夜视仪性能产生不利影响？

14. 为防止犯人越狱，需警戒犯人接近监狱围墙，试设计一种采用主动红外夜视仪的夜间警戒方案。

15. 简述直视微光成像系统对像增强器的要求。

16. 物镜和像增强器的参数是如何影响系统的极限分辨率的？

17. 试述像增强器背景噪声对系统极限分辨特性的影响。

18. 三代微光夜视仪比二代微光夜视仪视距提高的主要原因是什么？

19. 为什么距离选通技术可以提高光电成像系统的视距？该技术目前的应用有哪些？还可以向哪些领域扩展？

第 4 章　电视制式与扫描成像技术

电视是现代社会生活必不可少的信息媒介，电视技术实现了场景的记录、存储和远程实时传输，拓展了人类观察景物在时间和空间上的局限，光电成像技术也迈入电视型成像的新时代。从本章起至第 8 章将持续围绕各类电视型成像器件与系统展开学习。

在电视系统中(见图 4.0-1)，摄像机对景物成像，图像信号可以通过发射端和接收端的天线传送电视信号的高频电磁波，构成开路电视系统；也可以通过线缆传送电视信号，构成闭路电视系统。接收端接收到电视信号后，将其解码复原成为图像，显示在显示器上供人眼观看。

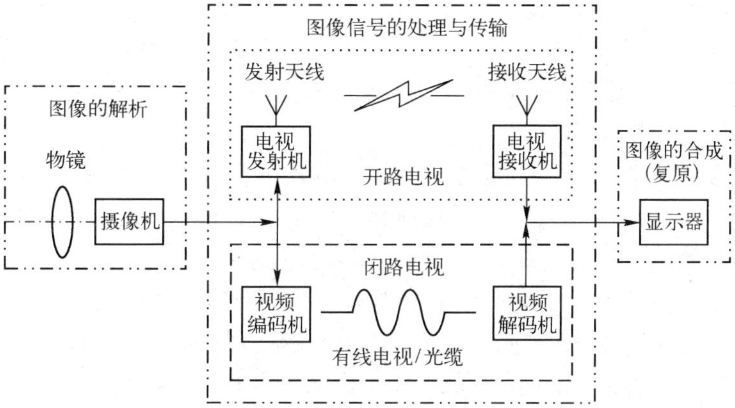

图 4.0-1　电视系统的构成和电视信号传输形式

要想在有限的信号带宽限制下传输二维图像信号，首先需要将场景的二维图像解析为一个一个的小单元，相当于数字图像中的像素，再按照特定的规则将每个小单元的位置、亮度，甚至颜色信息通过电信号进行调制和编码后，以一维电信号的形式顺序传输出去。接收端对一维电信号的信息进行解调和解码，再按照特定的规则在显示器上逐点复原位置，显示亮度和颜色，二维图像就被复现出来了。

由此可见，对二维图像进行解析是电视型成像系统的关键环节，扫描是实现图像解析的有效方法。在成像技术发展的历程中，扫描成像的思想在不同的成像器件和成像系统中，有不同的表现形式。为了在显像端兼容通常的显示器，不同成像系统输出的视频信号需要遵循约定一致的标准格式，于是电视制式应运而生。本章将在理解扫描思想和了解电视制式的基础上，理解扫描成像技术的不同表现形式及其原理。

4.1　电视制式与图像传送原理

4.1.1　电视图像的解析与合成

通常我们看到的动态电视画面实际上是一幅幅静态图像快速刷新呈现出来的，这里，利用了人眼的视觉暂留特性，也就是光刺激在眼睛内产生的兴奋在刺激停止后，人眼的视觉并不会立即消失，而会在 0.1～0.4s 的短暂时间内保留的感觉。因此只要静态图像刷新时间间隔短于人眼视觉暂留时间，人眼看到的就是连续的动态画面。称每一幅静态图像为一帧。

一帧图像是一幅二维平面图像，为了传输，需要运用扫描思想和扫描成像技术将二维平面图像解析为若干行。在不同的扫描成像技术中，一行也被称为一条扫描线，或一条电视线。一行还可以更进一步解析为若干个点，也就是图像的最小单元，类似于人眼视网膜上的视细胞，以及 CCD/CMOS 等固体成像器件中的像素。

对于黑白图像，每个点(单元)是灰度(也就是亮度)不同的发光点，则黑白电视图像可以表示为空间和时间的函数：$L=f(x,y,t)$；彩色图像信息量更大，每个点(单元)包含颜色信息和亮度信息，我们现在已知颜色信息可以用红、绿、蓝三种颜色分量的合成表达，由此可见，彩色电视图像的传输比黑白电视图像更复杂，因此先从黑白电视开始了解电视图像解析传输和合成复现的基本过程。

当按照一定的规则将二维黑白图像顺序输出时，图像上每一个点(单元)的坐标(x,y)就变成了与时间 t 一一对应的关于 t 的函数$(x(t),y(t))$，则每一点(单元)的亮度就可以写为关于时间 t 的函数：$L=f(x,y,t)\Rightarrow f[x(t),y(t),t]=f(t)$，每一个时刻信号幅值的大小反映了黑白图像上各点(单元)的亮度。接收端接收到这个一维信号后，只要按照时间的先后顺序依次将各点(单元)的亮度显示在显示屏上，就可以复原这个黑白图像。

正确地接收并复原图像要求收发双方必须保持格式一致，并且为了兼容不同的摄像机和显示器，也需要制定统一的标准。因此，电视制式应运而生，电视制式就是电视信号分解和合成的通用规则和统一标准。

在早期电视系统中，图像信号以模拟信号的形式传输，国际上较为通用的黑白电视制式有 EIA 和 CCIR 两种，其中我国使用的电视制式为 CCIR，采用隔行扫描，每秒 25 帧，每帧分为 2 场，分别扫描奇数行和偶数行，包含 625 行电视线，其中反映图像信号的有效行有 575 行。

在摄像端，需要通过扫描把光学图像分解成很多细小的点(单元)，并按电视制式的参数要求依次把每个点(单元)上的光变成电信号读出，经过一定的处理传输出去。电视系统采用的扫描方式有逐行扫描和隔行扫描两种。

1．逐行扫描

如图 4.1-1 所示，逐行扫描是从图像的左上角开始以一定的速度自左向右逐点，自上而下一行接一行进行扫描的。扫描点的水平方向运动称为水平扫描或行扫描，其中自左至右的扫描称为行扫描的正程，自右至左的扫描称为行扫描的逆程；扫描点自上而下的运动称为垂直扫描或帧扫描，由画面右下角回到左上角的运动称为帧扫描逆程。

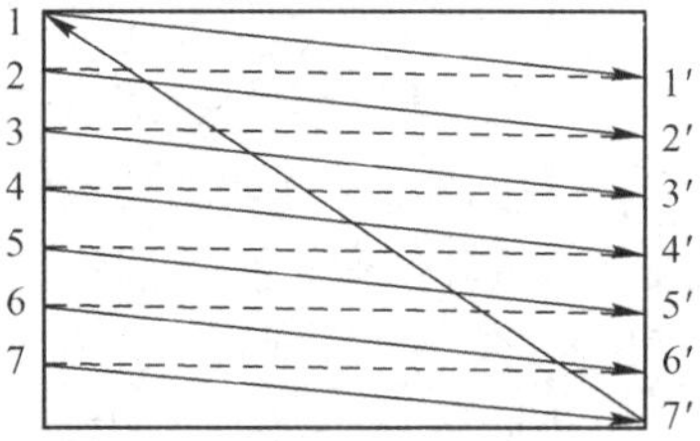

图 4.1-1　逐行扫描示意图

当帧频足够高，如大于 24 帧/秒(如电影)时，人眼就感觉不到眼前的一幅一幅图像是不连续的。因此，为使人眼对图像没有闪烁感，在逐行扫描中，帧频应高于 24 帧/秒，通常与市电交流电源频率(50Hz 或 60Hz) 相同，即帧频 50 帧/秒或 60 帧/秒。

逐行扫描的图像信号频率取决于图像内容，图像细节越小，频率越高。假定一幅图像由许多黑白相间的单元组成(图 4.1-2)，每一单元的高和宽等于扫描线宽度。一般电视屏幕的高宽比为 3:4，垂直方向的单元数为扫描线行数，即 n=575，则整幅图像的黑白单元总数为$N=n\cdot\left(\frac{4}{3}n\right)\approx 4.4\times10^5$，黑白单元的数目相同，扫描点每扫过一对黑白单元便形成一个方波信号。每秒扫过的黑白单元的对数，即为图像(电信号基频)的最高频率 $f_{\max}$，有

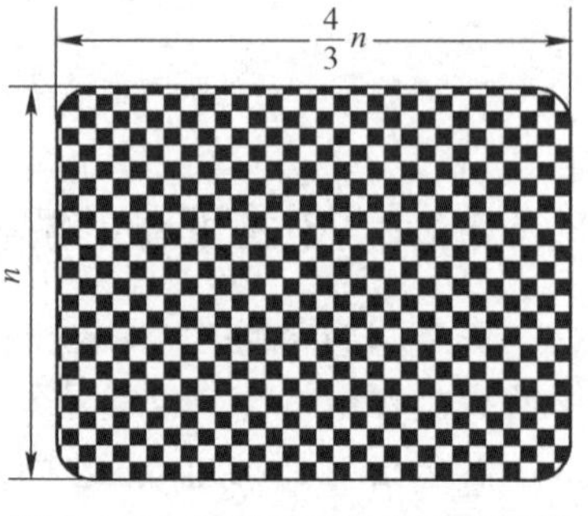

图 4.1-2　信号频率最高时的图像

$$f_{\max}=\frac{1}{2}\cdot\left(\frac{4}{3}n^2\right)\cdot f_z\approx 0.5\times4.4\times10^5\times50\text{Hz}=11\text{ MHz}$$

式中，f_z为帧频，取值为 50Hz。

图像电信号最低频率可能是很低的，例如图像为一幅上白下黑的图案，则图像信号的频率就等于帧频。图像信号的频率甚至可以更低，例如图像为一亮度缓慢变化的背景。所以，图像信号不是具有某一个固定的频率，而是占据了一个频带，其频带宽度为 11MHz。

这样宽的频带，对接收机的成本和在一定的电视波段范围内设立更多的电视台都是不利的。在逐行扫描中，要降低图像信号的频带宽度，势必减少扫描行数或降低帧频，减少扫描行数会降低分辨率，降低帧频可能使画面产生闪烁现象。既要压缩图像信号的频带宽度，又不降低分辨率和产生图像闪烁，隔行扫描便成为有效的解决途径。

2．隔行扫描

隔行扫描示意图如图 4.1-3 所示，把一帧图像分为奇、偶两场。奇数场扫描奇数行，偶数场扫描偶数行，总行数必须采用单数，奇数场结束于最后一行的一半，偶数场开始于图像上方中央，这样就能保证偶数场的扫描线正好嵌在奇数场扫描线的中间。

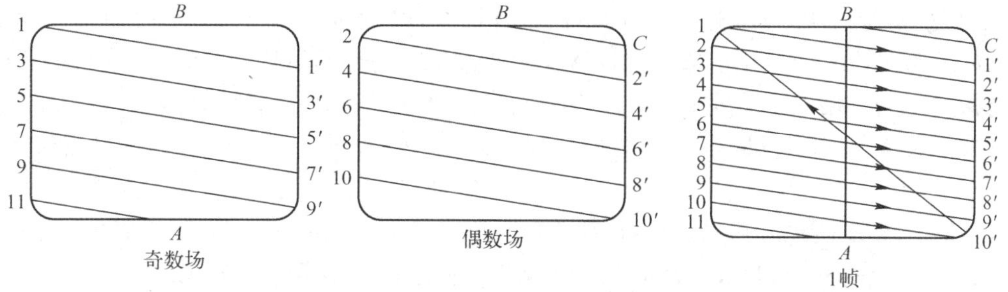

图 4.1-3　隔行扫描示意图

隔行扫描场频为 50Hz，则帧频只有 25Hz，故在图 4.1-2 所示的图像情况下，信号最高频率为

$$f_{\max}=\frac{1}{2}\cdot\left(\frac{4}{3}n^2\right)\cdot f_z\approx 0.5\times4.4\times10^5\times25\text{Hz}=5.5\text{ MHz}$$

只是逐行扫描的一半。因为每秒仍扫描 50 场，所以巧妙地压缩了信号带宽，却不会产生画面的闪烁。

4.1.2　全电视信号（以 CCIR 制式为例）

在早期的电视系统中，图像信号以模拟信号的形式传输，国际上较为通用的黑白电视制式有 EIA 和 CCIR 两种，主要参数如下：

CCIR 制式：隔行扫描，帧频 25 Hz，场频 50 Hz，625 行（50 行逆程+575 行有效行）；

EIA 制式：隔行扫描，帧频 30 Hz，场频 60 Hz，525 行（35 行逆程+ 490 行有效行）。

这里以我国使用的 CCIR 制式为例，简要介绍全电视信号的构成，以便于理解电视型成像器件的工作原理。

1．图像内容与电信号的关系

摄像时，图像上各单元的亮度按空间顺序排列，经过扫描后变成按时间顺序排列的电信号，因此图像是电信号的时间函数。视频图像信号是单极性的，其幅值与亮度成正比，宽度与图像内容相关（图 4.1-4）。

但是，仅有图像信号还无法确保接收机（显示器）能与摄像机保持同步，正确复现图像，因此还需要在图像信号的基础上加入必要的控制信号，包括同步脉冲、消隐信号和均衡脉冲等，这些控制信号协同成为整体，构成全电视信号。

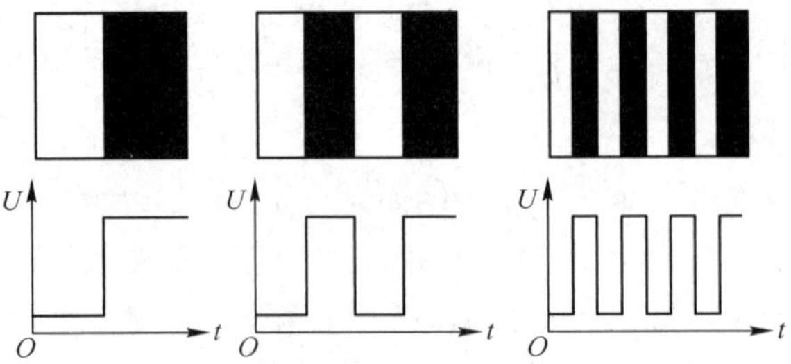

图 4.1-4　电视图像内容与信号的关系

2．信号的同步与消隐

假定图像由若干由白逐渐变黑、宽度相等的垂直条纹组成，则电视图像信号电压波形如图 4.1-5 所示。扫描点由 A 扫到 B 时，输出对应于 t_A 到 t_B 的阶梯形电压波形，其中，白色图像信号为低电平，黑色图像信号为高电平，这是行扫描的正程。

点 B 到点 C 为行扫描逆程，在此期间摄像机不应有图像信号输出，以免干扰图像画面。此时输出黑色信号，控制显示器，使输出为零，故把该黑色信号称作行消隐信号。为了使接收机（或显示器）的行扫描与摄像机行扫描严格同步，在行消隐信号期间，加入一个窄脉冲信号，接收机收到此脉冲信号时，立即使显示器回扫，故称此脉冲信号为行同步脉冲信号。同步脉冲信号只供接收机与摄像机同步用，不需要显示，所以行同步信号出现在消隐开始以后，其电平比行消隐信号电平更高，以示区别。以同步信号电平作为 100%，黑色信号电平占 75%，白色信号电平占 12.5%。

同理，在一场扫描结束时，摄像端也需要在回扫期间发出场同步信号和场消隐信号，接收机显示器进行由下而上的回扫和截断显示。如图 4.1-6 所示，场消隐信号宽度占 25 行的行扫时间（25H），场同步在场消隐出现之后发出，其宽度应使场和行同步脉冲便于分离，所以规定其为 3 行的行扫时间（3H），电平与行同步脉冲电平相同。

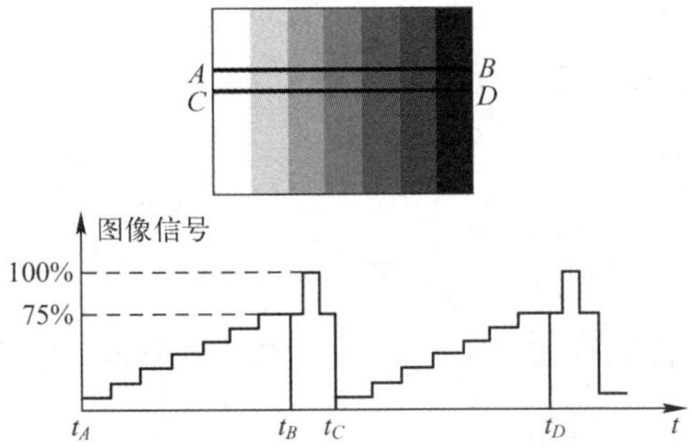

图 4.1-5　电视图像信号电压波形

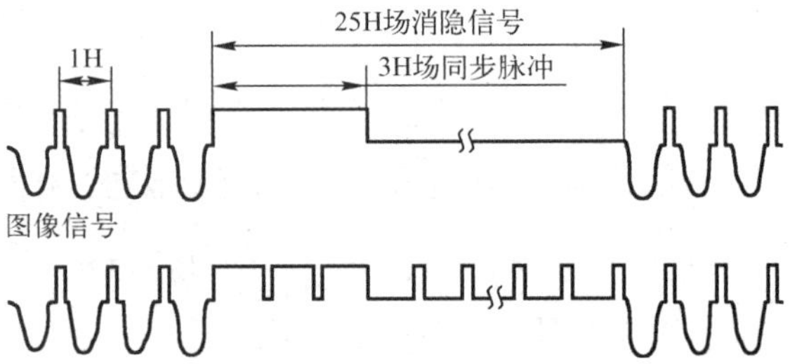

图 4.1-6　场同步脉冲和场消隐信号

为使接收机不失去行同步，保持行同步脉冲的连续性，在场消隐期间还加入了行同步脉冲，称为将场同步脉冲开槽，图 4.1-6 中下面一行信号波形示意的就是开槽后的场同步脉冲和场消隐信号。

另外，为消除隔行扫描前后两场时间间隔的误差，均衡两场的差异，在场同步脉冲的前后还要加入 3 行的行扫时间（3H）的均衡脉冲，并使场同步脉冲信号开槽加倍，这样就形成了完整的行、场消隐和同步脉冲波形，如图 4.1-7 所示。

3．全电视信号

上述控制信号中，行、场同步脉冲组合在一起称为复合同步脉冲，行、场消隐信号组合在一起称为复合消隐信号，图像信号（视频信号）、复合消隐信号、复合同步信号组合在一起构成黑白电视的全电视信号(峰－峰值为1V)。

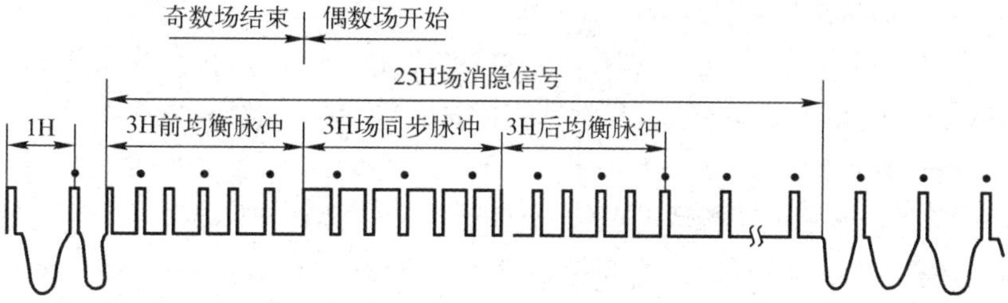

图 4.1-7　加入前后均衡脉冲的场同步脉冲和场消隐信号

CCIR 制式的全电视信号中，行同步脉冲频率等于行频，为 15.635kHz，行周期为 64μs；场同步脉冲频率等于场频，为 50Hz，场周期为 20ms，即 312.5 行的行扫描时间(312.5H)；行同步脉冲宽度为 4.7μs 左右，场同步脉冲宽度为 2.5～3 行的行扫描时间（2.5H～3H)。行消隐重复频率是行频，脉冲宽度为 12μs，为确保行逆程完全消隐，行消隐脉冲的前沿比行同步脉冲提前 1.3～1.5μs；场消隐重复频率是场频 50Hz，脉冲宽度为 25 行的行扫描时间(25H)，场消隐脉冲的前沿比第一个前均衡脉冲提前 1.3～1.5μs。

奇数场和偶数场的全电视信号波形如图 4.1-8 所示。

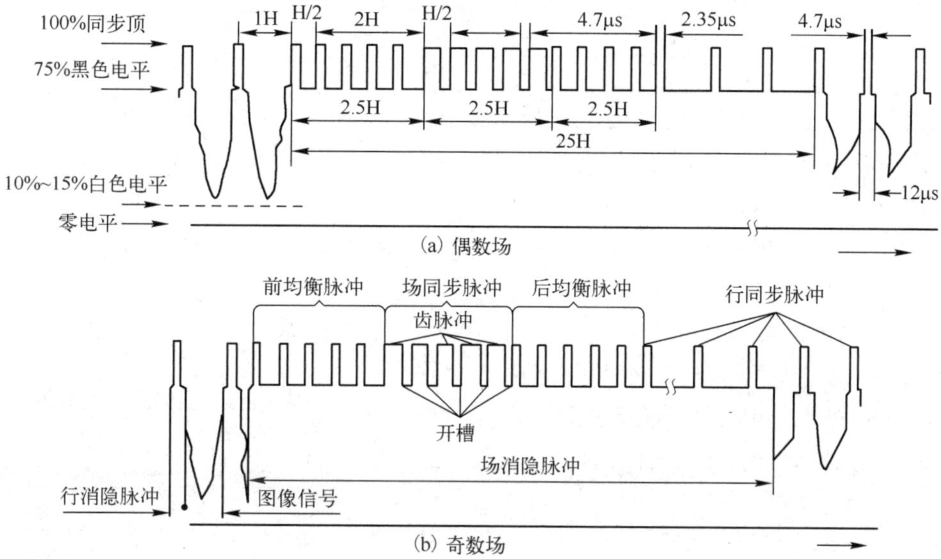

图 4.1-8　奇数场和偶数场全电视信号波形

4.1.3　彩色全电视信号

彩色电视系统建立在黑白电视系统之上，除了要处理与黑白电视系统相同的亮度信号信息，还要处理和传输彩色信息，并且要能与黑白电视系统兼容，因此彩色电视信号需要满足以下基本要求：

（1）彩色电视信号应具有与黑白电视信号相同的扫描参数。

（2）频带宽度要与黑白电视保持一致，以适应已有的黑白电视传输系统。然而，彩色虽然可以由红、绿、蓝三基色合成，但要传输三种颜色信号的亮度，而不增加带宽，是彩色电视信号适应黑白电视系统的核心问题。

（3）除了亮度信号，彩色电视信号还包含色度信号，并且要尽可能减小亮度信号与色度信号之间的干扰。

因此，在黑白全电视信号基础上，彩色全电视信号由亮度信号、复合消隐信号、复合同步信号、色差信号、色同步信号组成。

世界上较为统一的三种彩色电视制式分别为：NTSC 制、PAL 制和 SECAM 制，表 4.1-1 列出了常用的三种模拟彩色电视制式的参数。我国使用的是 PAL 制，与黑白电视制式 CCIR 兼容，扫描方式、帧频、扫描线行数均保持一致。

在彩色电视系统中，彩色电视图像的获取与传送有三个步骤：

（1）摄像端利用光学元件将彩色光学图像进行光谱分解，分别得到红、绿、蓝三个通道亮度对应的电信号，图 4.1-9 示意了一种使用分光棱镜实现光谱分解的原理和结构。

表 4.1-1　常用的三种模拟彩色电视制式的参数

	NTSC	PAL	SECAM
场频(Hz)	57.94	50	50
行数(TVL/帧)	525	625	625
行频(行/秒)	15，750	15，625	15，625
图像幅高比	4:3	4:3	4:3
彩色坐标	YIQ	YUV	YdbDr
亮度带宽(MHz)	4.2	5.0，5.5	6.0
色度带宽(MHz)	1.5(I)，0.5(Q)	1.3（U, V）	1.0（U, V）
彩色副载波(MHz)	3.58	4.43	4.25(Db)，4.41(Dr)
彩色调制	QAM	QAM	FM
音频副载波(MHz)	4.5	5.5，6.0	6.5
复合信号带宽(MHz)	6.0	8.0，8.5	8.0

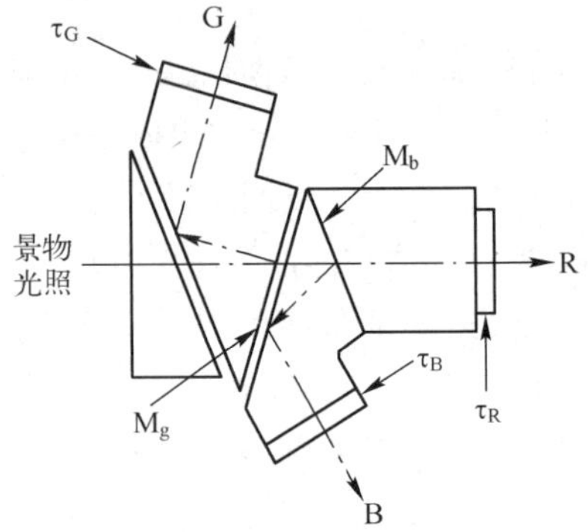

图 4.1-9　使用分光棱镜实现光谱分解的原理和结构

（2）将三基色电信号按特定的方式编码成用亮度和色差表征的彩色电视信号，与同步和消隐信号合成为彩色全电视信号进行传输。

（3）接收端对彩色全电视信号中的亮度和色差信号进行解码复原，得到三基色电信号后，再利用混色原理显示成像。

电视三基色指电视系统中实际应用的红(R)、绿(G)、蓝(B)基色光，它们完全取决于电视显示装置中采用的 RGB 三色光源或发光材料。因此，电视三基色也称为显像三基色。由于显像装置的发光材料通常只能发出复合光，因此，显像三基色难以采用标准三基色。由于传统显像装置是 CRT 显示器，故显像三基色取决于实际能生产出的基色荧光粉。表 4.1-2 给出了常用的彩色电视 NTSC 和 PAL 制式的显像三基色的色坐标。

表 4.1-2　显像三基色的色坐标

制　式	基色及白平衡点	色坐标（x,y）
NTSC（1973）（美、日、加、韩等）	R_e	(0.648, 0.329)
	G_e	(0.306, 0.592)
	B_e	(0.153, 0.074)
	白平衡 D_{65}	(0.313, 0.329)
PAL（1970）（德、英、中等）	R_e	(0.640, 0.330)
	G_e	(0.290, 0.600)
	B_e	(0.150, 0.060)
	白平衡 D_{65}	(0.313, 0.329)

不同的彩色电视制式采用不同的亮度和色差表征方案，我国使用的 PAL 制式使用 YUV 信号来表征图像信号的亮度和色差，其对彩色信号编码的步骤为：

（1）直接获取的红、绿、蓝三基色电信号为 R、G、B，经过伽马校正后的红、绿、蓝信号为 R'、G'和 B'；

（2）使用亮度方程可以表示出亮度信号为：$Y=0.222R'+0.706G'+0.072B'$；

（3）两个色差信号 U 和 V 用 Y 表示出来：$U=0.492(B'-Y)$，$V=0.877(R'-Y)$；

（4）为了传输，将 U、V 信号调制成色度调制信号 C：$C = U\sin\omega t \pm V\cos\omega t$；

（5）将 Y 和 C 加上其他复合同步信号、复合消隐信号和色同步信号，构成了 PAL 制式的彩色全电视信号。

其他制式的彩色电视全电视信号与 PAL 制式的原理相同，限于篇幅此处不再赘述。

电视技术经历了从黑白电视到模拟彩色电视，现在已经进入了数字电视普及的时代。有关于数字电视的清晰度标准、技术环节、信号传输标准和数据压缩编码标准等内容，可以扫描二维码学习。

二维码 4.1-1

4.2 电子束扫描成像技术——摄像管

摄像管是最早出现的电视型成像器件，可以将二维空间分布的光学图像转换为一维时间变化的视频电信号。从二维到一维的解析过程是通过电子束扫描实现的，由于电子束需要在真空环境中工作，因此整个器件由玻壳封装并抽真空，这一类器件称为电真空器件。

利用电子束扫描成像的摄像管一方面要用电信号反映和记录二维光学图像中每一个点的强弱和位置，另一方面还要对二维电子图像上的每一个点进行扫描读出，因此摄像过程可具体分为以下三个环节：

① 摄像管光敏元件接受输入图像的辐照度进行光电转换，将二维空间分布的辐射量转变为二维空间分布的电荷量，且电荷量与入射辐射量有定量关系；

② 摄像管电荷存储单元在一帧周期内连续积累光敏元产生的电荷量，并保持电荷量的空间位置分布，该存储电荷的元件称为靶；

③ 摄像管电子枪产生能进行空间二维扫描的电子束，在一帧周期内完成全靶面所有点的扫描，同时恢复靶面上的初始状态(没有光入射的状态)。输出与被扫描点辐照度成比例的电信号，即视频信号。

上述物理过程是摄像管进行电视摄像的基本原理，不同类型的摄像管采用不同的工作方式完成上述过程，但其摄像的基本原理是一致的。

本节具体介绍不同类型摄像管的结构、工作原理和性能评价参数，包括用于在红外波段成像的热释电摄像管。

4.2.1 光电导型摄像管的结构和工作原理

光电导型摄像管是利用光电导效应进行光电变换获取电荷(电位)图像的一类摄像管，也称为视像管。

为了实现上述摄像过程，光电导型摄像管的典型结构如图 4.2-1 所示，景物的光学图像在靶面上发生光电变换，在靶面的内侧(右侧)形成电荷图像，并在一帧周期内积累和存储，右端的电子枪发射电子束，在线圈和电极的控制下发生加速、偏转和聚焦，实现对靶面内侧(右侧)电荷图像的逐点扫描读出，由靶外表面的透明导电极所连接的读出电路输出图像视频信号。靶和电子枪是光电导型摄像管的核心组成部分，分别承担光电变换与存储、信号阅读和图像擦除两大功能，封装在玻璃管壳的真空环境中，外围包裹环形线圈控制电子束的聚焦和偏转。

1. 光电导型摄像管的光电变换与电荷存储

光电导体是应用最为广泛的摄像管光电变换材料，属于半导体，未接受光照时具有较高的电阻率，通常约为 $10^{12}\Omega\cdot cm$。当入射光子的能量大于光电导体的禁带宽度时，产生本征吸收，使价带中的电子跃迁到导带而产生光生载流子。在光电导体内部光生载流子的密度分布与受光面输入图像的照度分布一致。因此，由光生载流子所产生的电导率变化也与图像照度分布相一致。

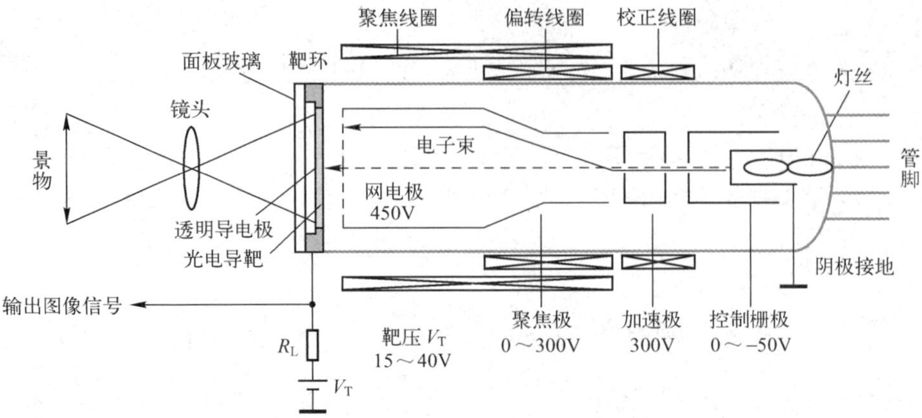

图 4.2-1　光电导型摄像管的典型结构

使用光电导体制作光电导靶时，在靶的受光面附加一薄层透明导电层，称为输出信号电极板（简称信号板），见图 4.2-2，信号板上接有数十伏的工作电压。由于靶的电阻率较高，因此，靶的另一表面与工作电压绝缘，光电导靶的两侧形成跨层电场。此时，光照产生的光生电子和空穴将分别向相反的方向运动，于是，图 4.2-2 中光电导体的绝缘表面（图右侧表面）将积累正电荷，电位上升。电位升高量与电导率相对应，也就是与光照强度的空间分布相对应。这样就把入射到光电导左边的光学图像转换成右边的电位图像（电荷图像）。

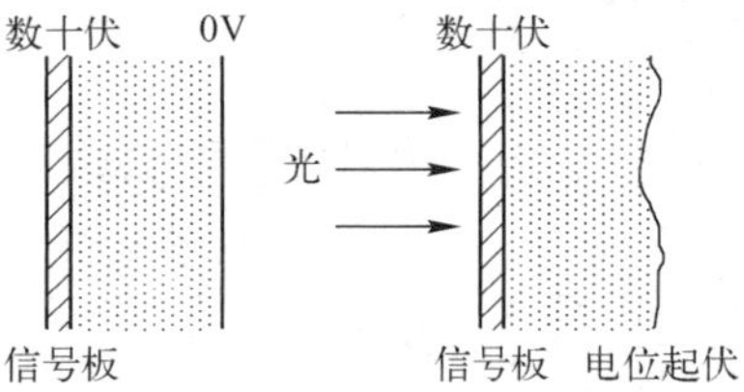

图 4.2-2　光电导体光电变换原理

根据 4.1 节所述的视频信号传输原理，在一帧周期内电子束完成对靶面所有点的扫描输出一维视频信号，而靶面上的各点在被电子束扫描读出之前，一方面要不断积累电荷信号，不能泄漏，以获取到更强的图像信号，另一方面，还要防止与相邻各点之间的横向扩散，造成图像上各点的混叠，降低图像分辨率。因此，要求靶面既要积累和存储信号，又要具有足够的绝缘能力，光电导体由于电阻率较高，恰好满足这两方面的要求，因此，在光电导摄像管中，光电导体既是光电变换元件又是电荷积累元件。

按照靶面光电导的性质不同，有不同材料和电荷积累原理的光电导靶，其中硅靶灵敏度较高，但硅材料导电率比较高，为了防止靶面电荷的横向扩散，采用半导体平面工艺制成了分立的 P-N 结硅光电二极管阵列结构，成为后续离散型半导体成像器件的雏形。需要学习该内容的可以扫描二维码。

二维码 4.2-1

2．光电导型摄像管的信号阅读与视频信号的形成

从靶面上取出信号的任务由摄像管的信号阅读部分完成。信号阅读部分通常是电子枪扫描系统，由细电子束的发射源、电子束聚焦系统和电子束偏转系统三部分组成。图 4.2-1 中示意出了电子枪的组成，其中，细电子束发射源负责将灯丝发射出的电子束进行整形和筛选，最终出射的电子束是径向扩展小，速度分散小的细电子束；电子束聚焦系统负责使电子束的轨迹与环形线圈的对称轴一致，也就是垂直于靶面的方向；电子束偏转系统通过偏转电极或磁偏转线圈的作用控制电子束的落点位置，使得电子束可以扫过靶面的每一个点。为了实现上述控制功能，每一个电极都加有适当的电压，电子枪阴极接地，电位为 0V，光电导靶工作时需要在靶的受光面信号板上施加 15～40V 的靶压 V_T，而靶电子束扫描面的电位初始值为 0V，并随光的入射，这一面的电位会升高，但不会高于靶压。

场网位于靶电子束扫描面的内侧，通常加 450V 高压，与靶的电子束扫描面形成一个强烈而均匀的减速场，电子束中的电子通过场网后在减速场中立即减速并垂直于靶面飞行，最后慢速落到靶的电子束扫描面上，因此，场网主要起到对电子减速并保证电子束能垂直上靶的作用。

前面我们已经了解到光电导靶同时起光电变换和电荷存储的作用，光电变换时电导率的变化与光敏电阻等效，电荷存储时又相当于电容器在起作用，因此，我们可以把靶面上的每一个最小单元等效为一个光敏电阻 R 和一个电容 C 组成的 RC 电路，当电子束扫描到这个最小单元时，等效电路如图 4.2-3 所示，靶面最小单元的大小由电子束的直径决定。

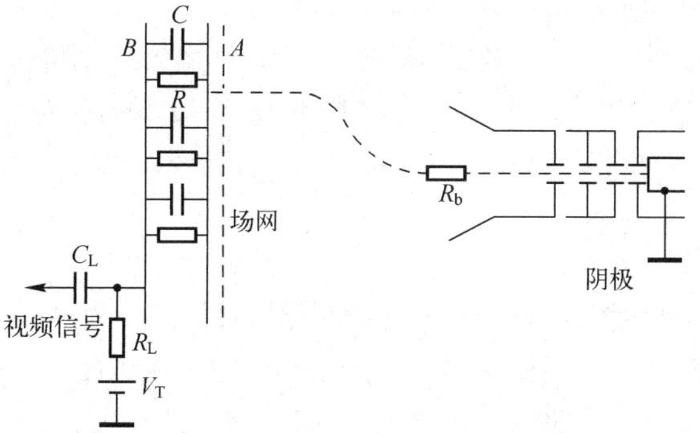

图 4.2-3　光电导型摄像管信号输出等效电路

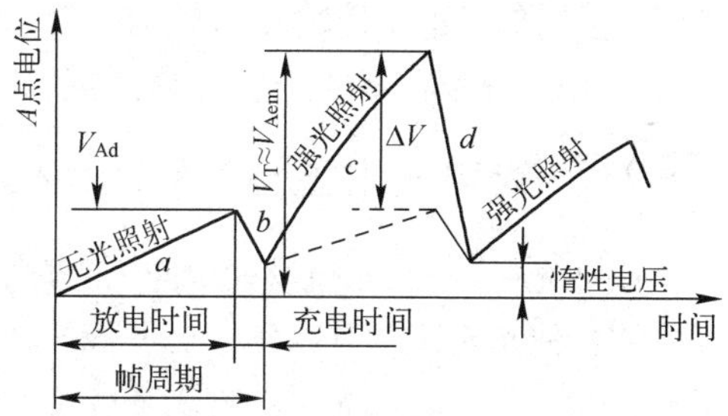

图 4.2-4　光电导靶扫描面上 A 点的电位变化

由于靶压很低，且电子经过减速后上靶，二次电子发射系数小于 1，因此进入靶的电子比出来的电子多，进入的电子将中和靶的电子束扫描面上积累的正电荷，达到一定程度后就完全阻止电子继续上靶。这时，靶的电子束扫描面的电位等于阴极电位，也就使等效电容 C 两端的电位差达到靶压，可见电子束扫描某个位置读出视频信号的过程是一个电容器充电过程。电子束在每个位置上停留的时间即为充电时间，在我国所使用的 PAL 制电视制式中，这个时间约为 0.1μs。

下面我们具体分析一下在无光照和有光照的情况下，靶的电子束扫描面上 A 点(如图 4.2-3)的电位变化。

当无光照时，等效光敏电阻的阻值最大，记为暗电阻 R_d，在被电子束扫描以后，等效电容开始沿 R_dC 回路放电，但不输出信号电流。靶的外侧 B 点电位固定为靶压 V_T；扫描侧 A 点的电位 V_{Ad} 随等效电容 C 的放电而从零开始上升，如图 4.2-4 中的线段 a，其值为

$$V_{Ad} = V_T(1 - e^{-\frac{1}{R_dC}}) \tag{4. 2-1}$$

等效电容 C 的放电时间近似等于帧周期 T_f，即 40ms。因此，在下一次电子束对该点扫描以前，扫描侧 A 点电位的最大值为

$$V_{Adm} = V_T(1 - e^{-\frac{T_f}{R_dC}}) \tag{4. 2-2}$$

如果 R_d 很大，则 $V_{Adm}=0$。

当电子束扫描到 A 点时，电流通过束电阻 R_b、电容 C、负载电阻 R_L、靶电源和地构成回路向 C 充电。在充电过程中，A 点电位的变化如图 4.2-4 中的线段 b，其值为

$$V_{Ad} = V_{Adm} e^{-\frac{t}{(R_b + R_L)C}} \tag{4. 2-3}$$

通常 R_b= 10MΩ，而 $R_L \leqslant$ 1MΩ，所以

$$V_{Ad} \approx V_{Adm} e^{-\frac{t}{R_bC}} \tag{4. 2-4}$$

充电电流在 R_L 上产生电压降 ΔV_d，此电位变化通过 C_L 输出，称为黑色电平。

当用强光照射时，由于光电导增大而使电阻 R 变小(设这里 $R=R_e$)。在放电过程中，A 点的电位上升，如图 4.2-4 中的线段 c，最高电位为

$$V_{Aem} \approx V_T(1 - e^{-\frac{T_f}{R_eC}}) \tag{4.2-5}$$

而在电子束再一次扫描充电时，电位下降，如图 4.2-4 中的线段 d，其变化为

$$V_{\mathrm{Ae}} \approx V_{\mathrm{Aem}} \mathrm{e}^{-\frac{t}{R_{\mathrm{b}} C}} \tag{4.2-6}$$

这样，由于光照产生的有效信号

$$\Delta V = V_{\mathrm{Aem}} - V_{\mathrm{Adm}} \tag{4.2-7}$$

由此信号电压引起的充电电流在 R_{L} 上产生电压降 ΔV_{L}，ΔV_{L} 被称为白电平。此电位变化将作为由光照产生的信号电压通过 C_{L} 输出，即视频信息的白电平。由于电子束对靶的扫描是连续的从左到右、从上至下的扫描，因此，实际输出的是对应于空间照度分布的、时间序列脉冲的视频信号。

4.2.2　光电发射型摄像管的结构和工作原理

利用外光电效应(光电发射效应)完成光电变换的摄像管属于光电发射型摄像管，第 2 章中用于像管中的各种光阴极都可以作为摄像管的光电发射体。光阴极在光照下产生与光通量成正比的光电子流。只要光照存在，光电子流就会持续产生；而一旦光照消失，光电子流也就会立即停止。光阴极的灵敏度可以很高，但无法承担电荷信号存储和积累的任务，因此在光电发射型摄像管中存在移像区，光电变换器件和信号存储是分开的，当光阴极受激发射的光电子入射到靶面时，不同材料的靶会有不同的电荷积累，大体有三种类型：

（1）二次电子发射积累型

如图 4.2-5 所示，光阴极发射出与光通量成比例的光电子，经加速后高速轰击靶面产生二次电子发射，被靶左侧的收集网收集，产生二次电子发射的部分将形成正电位并在一帧时间内连续积累，因此这种二次电子发射积累型靶是双面靶，无法在靶的入射面附加信号板。

超正析摄像管就是利用这一原理制成的，为了解决双面靶读出电荷信号的特殊问题，超正析摄像管采用了返束电流增强的工程思想，详细了解请扫描二维码。

二维码 4.2-2

（2）二次电子导电积累型

如图 4.2-6 所示，光电子在加速电场的作用下穿过透明支撑层和信号板轰击二次电子导电层，产生二次电子。但是由于二次电子导电层为疏松的纤维状结构，由它所产生的二次电子并不跑出到靶外，而是仍在层内运动。由于信号板上总是加有固定的正电压，所以二次电子不断地流入信号板，使靶的电子束扫描面(图 4.2-6 的右侧)带上正电荷，电位升高。电位的升高量与景物入射照度一致，在电子束扫描之前，靶电荷将一直积累下去。

（3）电子轰击感应电导积累型

如图 4.2-7 所示，与二次电子发射积累型不同的是，这种类型使用感应靶。光电子高速轰击靶面时，靶的电导率增加，类似于光电导靶，在信号板上的正电荷在跨层电场的作用下向靶的电子束扫描面(图 4.2-7 的右侧)转移，从而在靶的表面建立起电位图像。这种类型因不需要把电子轰击出体外而只需将其激发到导带，故一次电子的能量要节省得多。

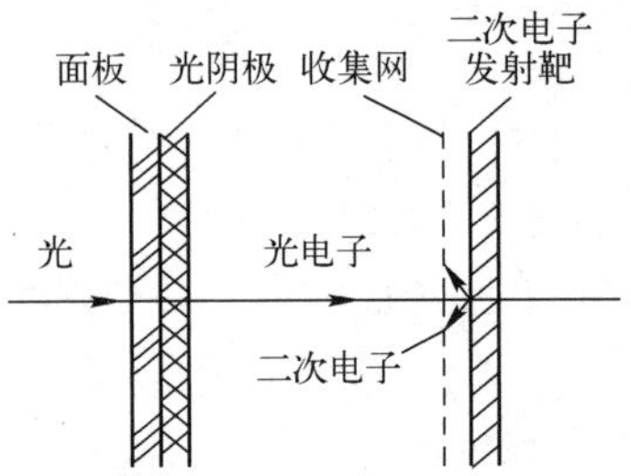

图 4.2-5　二次电子发射积累型

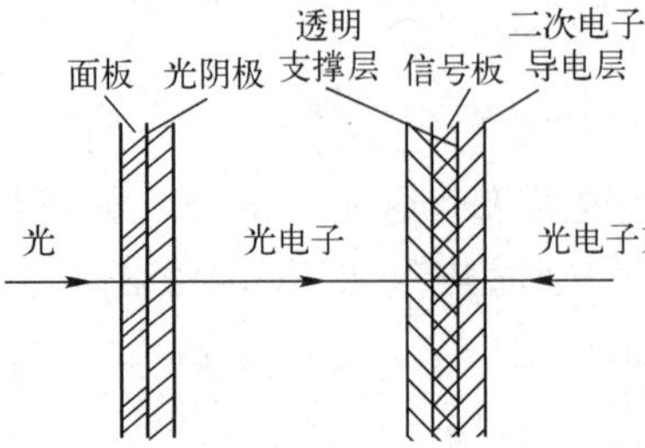

图 4.2-6　二次电子导电积累型

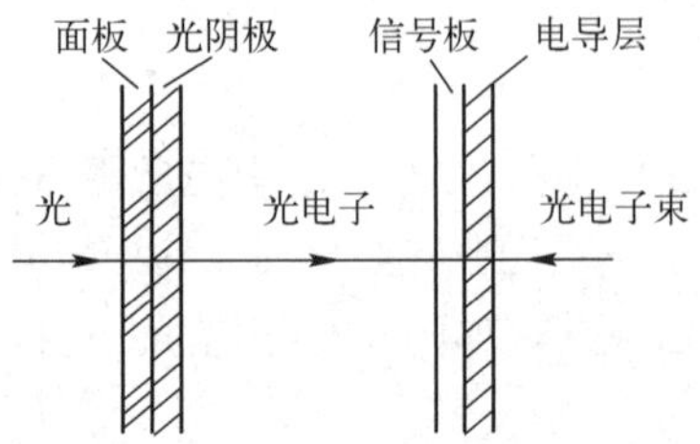

图 4.2-7　电子轰击感应电导积累型

光电发射型摄像管的共同特点是：①光电变换部分都采用光阴极把输入的光学图像转换为光电子图像；②光电变换部分和信号存储靶是分开的，结构上由移像区、靶和阅读系统等三个部分组成。

4.2.3 摄像管的性能参数

本小节从摄像管的光电转换性能、时间特性、成像性能和噪声特性等四个方面简要介绍相关的特性参数。

1．摄像管的光电转换性能

光电转换性能主要包括描述摄像管光电转换能力和表现水平的参数，主要参数如下。

（1）灵敏度

灵敏度 S 的定义为单位入射辐射所能产生的电信号的大小，在摄像管中表示为输出信号电流与输入光通量(或照度)的比值，单位为 μA/lm 或 μA/lx。

设电子束在靶面上总共扫描 N 个点，一帧周期内电子束依次扫过每一个点，那么每个点接受光照积累电荷的时间是电子束在该点扫描驻留时间的 N 倍，如果以扫描驻留时间为单位时间，将单位时间内靶面上一点所接收到的光通量记为 Φ，则在帧周期 T_f 内该点接收的光通量为 $N\Phi$，对应的输出信号电流为 I_S，灵敏度就可以表示为

$$S=\frac{dI_S}{d(N\Phi)} \tag{4. 2-8}$$

为了提高摄像管的灵敏度，通常采用信号倍增和放大措施。因为放大作用是通过摄像管内部进行的，所以称为内增益。实现内增益的方法主要有以下几种：①放大入射光信号，如在摄像管前面耦合像增强器；②改变光入射为光电子入射，如附加移像部分；③利用阅读电子束进行倍增，如设置返束电子倍增器。

（2）γ 特性(光电转换特性)

灵敏度描述了输出电信号与入射辐射能量之间的量值关系，而 γ 特性则用来描述输出电信号与入射辐射能量(辐照度 E)之间是否为线性关系，通常用输出视频信号电流 I_S 与光敏面上的辐照度 E 的关系曲线表示，如图 4.2-8，用公式表达为：

$$I_S=kE^{\gamma} \tag{4. 2-9}$$

式中，k 为常数，指数 γ 随不同光敏面材料而变。上式两边取对数，可得

$$\lg I_S=\lg k+\gamma\lg E \tag{4. 2-10}$$

由式(4. 2-10)可知，γ 值就是以双对数坐标表示的 γ 特性曲线的斜率，又称为灰度系数，如图 4.2-9 所示。

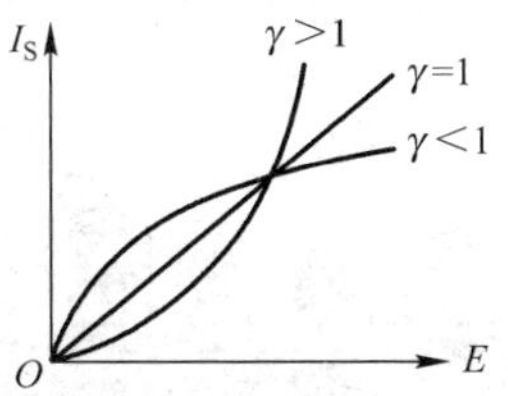

图 4.2-8　摄像管的 γ 特性曲线

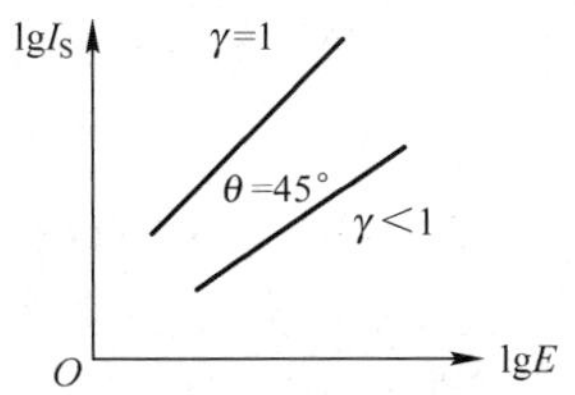

图 4.2-9　用双对数坐标表示的 γ 特性曲线

$\gamma=1$ 时，灰度等级均匀；$\gamma<1$ 时，有均匀的灰度畸变，但此时提高了弱照度时的灵敏度，从而使强照度时的光电特性呈一定的饱和状态。前者有利于提高暗场时的信噪比，后者有利于扩展动态范围。$\gamma>1$ 是不适用的，因为对整个电视系统而言，从输入到输出既包含了摄像管的光电转换特

性，同时也包含信道和显像管的电光转换特性。而显像管的电光转换特性，其 γ 值都大于 1，所以为了使整个电视系统总的灰度特性为 1，通常使用 $\gamma<1$ 的摄像管。

（3）动态响应范围

摄像管所能允许的光照强度的变化范围称为动态响应范围。其下限取决于低照度下的信噪比，而上限则取决于靶面储存电荷的能力。通常靶的电位起伏最大为几伏，否则会影响电子束的聚焦与边缘电子束的着靶。

2．摄像管的时间特性——惰性

在摄取动态图像时，摄像管的输出信号滞后于输入照度的变化，这一现象称为惰性。当输入照度增加时，输出信号的滞后称为上升惰性。当输入照度减小时，输出信号的滞后称为衰减惰性。对于电视摄像管的惰性指标，通常采用输入照度截止后第 3 场和第 12 场(以帧周期 0.04s 计，为 60ms 和 240ms)剩余信号所占的百分数来表示。

惰性在图像上表现为残留图像的现象，当观察快速运动的目标，或快速移动摄像机时，在显示屏上会看到当前视场以外的景物图像重叠到了当前视场图像上，使图像变得模糊。

摄像管产生惰性的主要原因有两个：一是图像写入时的光电导惰性；二是图像读出时扫描电子束的等效电阻与靶的等效电容所构成的充放电惰性。

半导体材料中的陷阱对光电导惰性的影响非常严重，因此减小光电导惰性主要从材料的角度考虑。为了减小摄像管的电容性惰性，可供采取的措施有：

① 减小靶的等效电容。例如，选取相对介电常数较低的材料，制造低密度疏松结构的靶，在不影响光电导效应的前提下增加靶厚，从而有效地降低靶的等效电容。

② 降低电子束的等效电阻。例如，采用层流电子枪，其电容性惰性仅为普通电子枪的三分之一。

③ 在低照度摄像时增加背景光。当增加电子束电流值时，电子束的等效电阻下降，因此，加大输出信号可以减小惰性。

3．摄像管的成像性能——分辨率

摄像管对图像细节的分辨能力称为分辨率，它是一项重要的性能指标。由于电子束扫描在水平方向和垂直方向的扫描点间距往往不同，故分辨率在垂直和水平方向上一般是不同的。通常分为垂直分辨率和水平分辨率，即以画面垂直方向或水平方向尺寸内所能分辨的黑白条纹数来表示。这一极限分辨的线条数简称为电视线(TVL)。

（1）垂直分辨率(或称分解力)

在整个画面上，沿垂直方向所能分辨的像元数或黑白相间的水平等宽矩形条纹数，称为垂直分辨率。例如若能够分辨 600 行，即称垂直分辨率为 600TVL。

靶面像元的大小由电子束落点尺寸、扫描行数和扫描位置所决定，它们决定了垂直分辨率的上限。当这些因素确定之后，靶本身的质量就决定着分辨率的大小。

① 扫描行数的影响。考虑实际扫描过程中的消隐行数，最高垂直分辨率总是低于扫描行数。例如，水平扫描行数为 600 行的电视系统，其垂直分辨率绝对不会超过 600TVL。

② 扫描位置的影响。如果扫描中心线的位置不当，会使应有的分辨率下降。如图 4.2-10 所示，设被传送的是黑白测试图案，当扫描中心线与条纹中心线正好重合时（见图(a)中的列

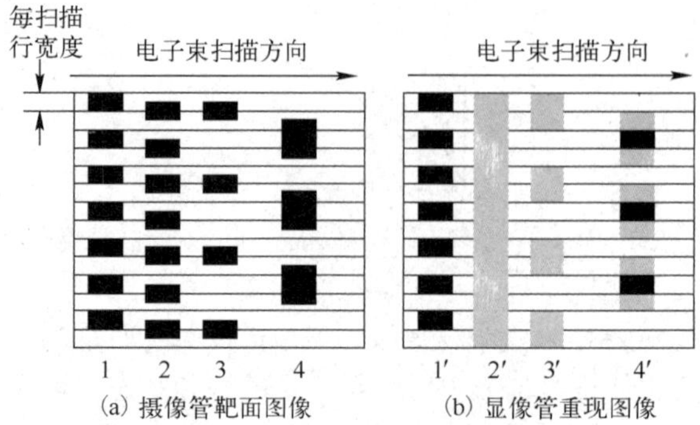

图 4.2-10　扫描线位置对垂直分辨率的影响

1)，分辨率最高(见图(b)中的列 1′)。此时垂直分辨率等于有效扫描行数(不考虑其他因素)。当扫描中心线与条纹边界线重合时(见图(a)中的列 2)，垂直分辨率最低，图案难以分辨(见图(b)中的列 2′)。但是，如果图案线条间距加宽一倍(见图(a)中的列 3)，则仍可分辨，但垂直分辨率下降一半(见图(b)中的列 3′)。如果扫描中心线介于线条的中心线和边界线之间(见图(a)中的列 4)，则垂直分辨率将介于以上两种情况之间(见图(b)中的列 4′)。

③ 扫描电子束落点(简称束点)尺寸及其电流密度分布。以上是假设束点尺寸正好等于线宽的情况。如果不等，垂直分辨率随着束点尺寸的变化而变化。如果束点尺寸增大，垂直分辨率将会下降。这是由于扫描时同时取走了相邻线条的信号，使它们相互混淆。此外，垂直分辨率还与束点上的电流密度分布有关。通常束截面上的电流密度服从高斯分布，所以束点中心和边缘部分的阅读能力不同。如果能设计均匀电流密度分布的束点，阅读效果及分辨率会大大改善。

（2）水平分辨率

整个画面上，沿水平方向所能分辨的像元数，称为水平分辨率。习惯上也用电视线来表示。由于在水平方向上，扫描电子束是连续移动的，所以它同垂直方向上的情况不同。因此两个方向的分辨率也不相等。除了靶和屏，影响水平分辨率的因素有：束点尺寸和信道频带宽度。

如图 4.2-11 所示，由于扫描点的大小等于电子束的直径，所以在黑白边界上，会使得原本锐利的黑白边界变得平滑模糊，模糊的范围与电子束直径相等，水平分辨率会因此而下降。束点尺寸对水平分辨率的这种影响称为孔阑效应。电子束直径越小，则平滑模糊的范围越小，水平分辨率越大，为了减小孔阑效应，应缩小束点的水平尺寸。

此外，信道频带宽度也会影响水平分辨率。电子束扫描靶面时，像元上的信号接连不断地输送出去，像元数越多，则输出视频信号的脉冲频率越高。这就要求信道有足够的通频带宽。如果带宽不够，就会限制水平分辨率。

图 4.2-12 为常用的电视分辨率测试卡，除了可以观察电视系统的分辨率，还可以观察对应的灰度变换情况(γ 特性)等。

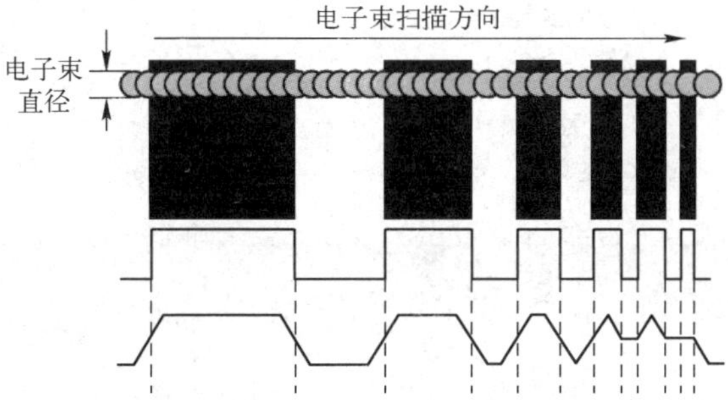

图 4.2-11　束点尺寸对水平分辨率的影响

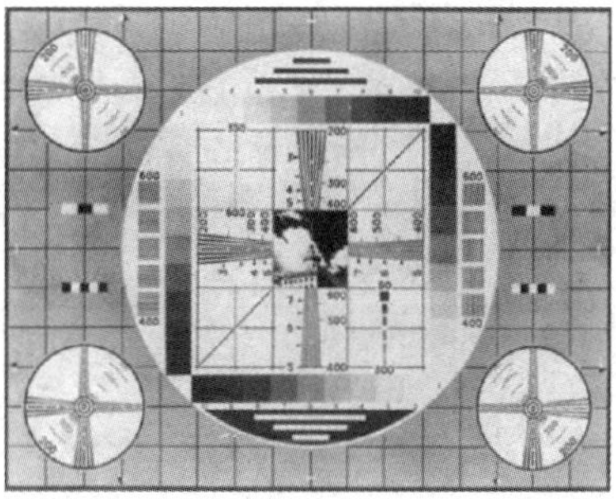

图 4.2-12　电视分辨率测试卡

4．摄像管的噪声特性——信噪比

一般用信噪比来评价摄像管的噪声水平。摄像管的信噪比定义为：输出视频信号电流峰-峰值与输出电流中所含噪声均方根值的比值。

在摄像管的各个环节都有可能产生噪声，总体上，主要的噪声来源包括：光电转换过程中的光子、光电子、载流子、二次发射电子等散粒噪声，电子束扫描过程中的扫描电子散粒噪声，光电导体和二次电子导电材料内的载流子产生-复合噪声，分子热运动产生的热噪声，与频率相关的 1/f 噪声和对输出视频信号进行处理的放大器噪声等。

噪声大时，在图像上反映为大量随机移动的黑点和亮点。不同的探测目的对摄像管的信噪比要求是不一样的。为使观察者感觉不到噪声，摄像管的信噪比应大于 30dB。

定义了噪声后，灵敏度的定义也可以理解为：输出视频信号刚好满足信噪比要求时，光敏面所需最小辐射照度的倒数。所以，摄像管的灵敏度与信噪比是密切相关的。降低噪声水平，提高信噪比，有利于提高灵敏度，而摄像管图案的清晰程度则是由多种因素决定的，其中灵敏度和惰性主要取决于靶面，分辨率主要取决于扫描电子枪。除以上性能参数外，评价摄像管性能还使用暗电流、畸变、晕光、寿命、机械强度等参数。

4.2.4 热释电摄像管

热释电摄像管是一种热成像器件，工作波段为长波红外（8～14μm），靶面由热释电材料构成。由于常温状态下的任何景物都产生红外辐射，因此获取红外辐射图像不需要任何的照明，故热释电摄像管的工作是一种全被动的摄像方式，具有全天候工作的特点。

1. 热释电效应与热释电材料

热释电效应是少数介电晶体所特有的一种性质，这种效应可表述为：晶体在没有外加电场和应力的情况下，具有自发的或永久的电极化强度，且这种电极化强度随晶体本身温度的变化而变化。如图 4.2-13 所示，当温度降低时电极化强度升高，当温度升高时电极化强度降低。使电极化强度降低到零时的温度称为居里温度。在图中 ΔT 的一小段温度范围内，电极化强度与温度近似成线性变化，则电极化强度的变化可以线性地反映温度变化。

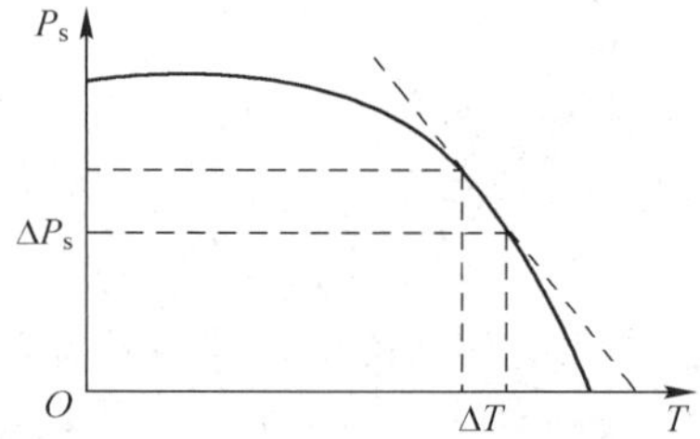

图 4.2-13 电极化强度 P_s 与温度 T 的关系曲线

具有热释电效应的晶体中，晶格没有对称中心，且具有唯一单向极轴，单个晶胞中正电荷的分布重心与负电荷的分布重心不重合，即电矩不为零而形成电偶极子，当相邻的晶胞的电偶极子方向一致地近似平行排列时，晶体将表现出宏观的自发电极化。

在热释电晶体中还有一部分晶体，其自发电极化的取向可通过外电场重新定向，即具有铁电性，在固体物理学中被称为铁电体。铁电体在交变的外电场作用下还会出现电滞回线，如图 4.2-14 所示，图中的 E_c 称为矫顽场强，即当 $E=E_c$ 时，极性晶体的电极化强度为零。在外电场的作用下，内部的电偶极子受电场作用会使偶极矩趋于一致，产生了较强的电极化强度 P_s，这种通过外电场的瞬间作用使铁电体产生较强自发的电极化强度的过程称为单畴化。当外电场消失时，偶极矩的宏观一致性仍能被保持一段时间。

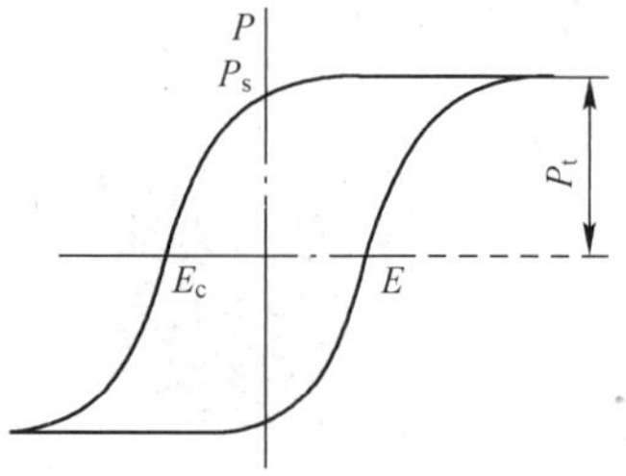

图 4.2-14 热释电材料的电滞回线

按照电偶极子形成的原理不同，铁电体通常可以划分为三种类型：位移型、氢键中质子线性有序型和旋转受阻型，其中，常见的材料有硫酸三甘肽、钽酸锂、铌酸锶钡和钛酸锶钡等。在实际应用中，选取何种材料与具体的应用条件有关。对热释电靶材料通常从以下几方面考虑：

① 热电系数 η。如果取靶面对应于电子束直径尺寸的小单元面积为ΔS，在帧周期 T_f 内该单元的温度由 $T(t)$变为 $T(t+T_f)$，则电子束扫描该单元时产生的输出信号电流为

$$I(t)=\eta\frac{\Delta S}{t_0}[T(t)-T(t+T_f)] \tag{4.2-11}$$

式中，t_0 为电子束扫描该单元的时间。从上式可知，热电系数越大，产生相同的信号电流所需要的温度变化越小，也就是说摄像的温度灵敏度越高。因此，材料的热电系数越大越好。

② 居里温度。居里温度决定了热释电效应的上限温度，为使摄像有较大的动态范围，靶面材料的居里温度应高于靶面工作温度范围的上限，且尽可能高。

③ 介电常数。热释电靶的电容取决于材料的介电常数，为减小摄像的电容性隋性应尽量降低

靶的电容，选择介电常数尽可能小的靶材料。

④ 热导率。热释电靶在摄像时，靶面形成的电荷图像是由其温度决定的。但热传导会使得靶面横向上的温差减小，从而降低摄像的分辨率。所以要求靶的热导率越小越好。

⑤ 比热容。靶接收热辐射，产生的温升与靶的比热容成反比。因此，为获得较高的温度响应率，要求靶材料的比热容要小。

⑥ 辐射发射率。通常靶都不是理想的黑体，它对目标红外辐射的吸收取决于靶的辐射发射率。为最大限度地接收目标的红外辐射，要求靶材料的辐射发射率尽可能接近于 1。

常用的热释电摄像管靶的主要材料有硫酸三甘肽、钽酸锂和铌酸锶钡等。

2．热释电摄像管的结构和靶面电荷图像的形成

热释电摄像管与普通光电导摄像管在结构上类似，只是以热释电靶代替了光电导靶，图 4.2-15 是一个具有代表性的靶面直径为 2.54cm 的热释电摄像管。输入窗使用对 8～14μm 辐射波段有良好透射比的材料制成，通常是锗单晶，其上涂有抗反射层，靶由铁电体材料制成，电极化轴垂直于表面，厚度为 30～50μm，表面经抛光后蒸镀金属透明导电层充当电极，该电极面对输入窗。靶的电子束扫描面镀有保护层，其作用是防止靶受到离子的侵蚀，可以改善输出信号的均匀性和延长靶的寿命。

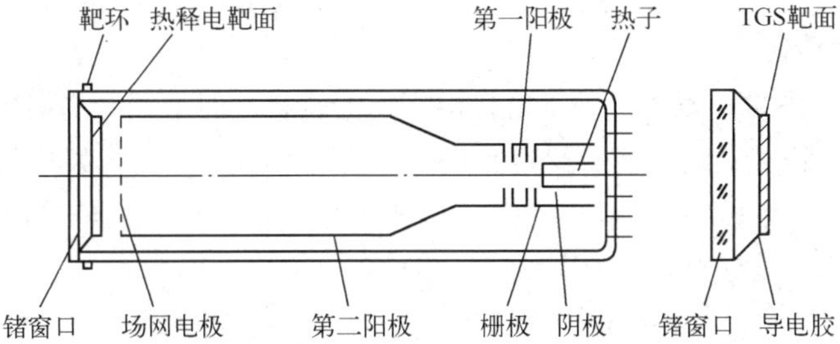

图 4.2-15　热释电摄像管及靶的结构（TGS 是硫酸三甘肽的简写）

热释电靶是良好的电绝缘体，因此靶面的电荷横向扩散可以不考虑，但是靶面的横向热扩散将损失热辐射图像的分辨率，所以应选用低热导率的靶材料，但是这样又降低了靶的纵向热传导，从而增大了摄像的惰性。为此，出现了网格状的热释电靶，用光刻或激光蚀刻方法将热释电靶材料刻制成网格状后，黏合到低热导率的三硫化二砷（As_2S_3）基底上（厚度约为 10μm），这样做可以减小横向热扩散而又不影响纵向热传导，虽然有效工作面积损失了约 25%，但摄像的分辨率会得到明显提高。

经过单畴化的铁电体，在垂直于极化方向的表面上，由表面层的电偶极子构成相应的静电束缚电荷。因为自发电极化强度定义为单位体积内的电矩矢量和，所以该面电荷密度 σ 与自发电极化强度 P_s 之间的关系可由下式确定。

$$P_s = \frac{\sum \sigma \Delta S \Delta d}{V} \quad 及 \quad P_s = \frac{\sigma S d}{V} \tag{4.2-12}$$

式中，S 和 d 分别是晶体垂直于极化方向上的表面积和晶体极化方向上的厚度；V 是晶体的体积。由于 $V=Sd$，故又有

$$P_s = \sigma \tag{4.2-13}$$

式（4.2-13）表明热释电晶体的表面束缚面电荷密度等于它的自发电极化强度。平时这些束缚电荷常被晶体内部或外来的自由电荷所中和，因此不能维持较长时间。由内部自由电荷中和表面束缚面电荷的时间常数为 $\tau=\varepsilon\rho$（ε 和 ρ 分别为晶体的介电常数和电阻率）。对于多数热释电晶体，τ 值在 1～1000s 之间。这表明：多数热释电晶体表面束缚面电荷可以保持 1～1000s 的时间。那么，根据

上面的关系，由于在该时间内表面束缚面电荷还没有被中和掉，只要在该时间内使热释电晶体的温度发生变化，晶体的自发电极化强度就将随温度的变化而变化，从而使相应的束缚面电荷也随之变化。这样就完成了将晶体的温度变化转化为晶体表面束缚面电荷的变化，这就是热释电摄像管靶在工作时完成热电转换的基本原理。

靶温变化产生的自发电极化强度变化量 ΔP 等于靶面束缚面电荷密度的变化量 $\Delta\sigma$。因为靶是介电材料，当它的两个表面存在有电荷时则可以等效为一个充电电容。由此可知，$\Delta\sigma$ 所产生的电位变化为

$$\Delta V=\frac{S\Delta\sigma}{C}=\frac{S\Delta P_s}{C}=\frac{S}{C}\int_0^{\Delta T}\left(\frac{\partial P_s}{\partial T}\right)_{\theta,E}\mathrm{d}T \tag{4.2-14}$$

式中，C 是靶的等效电容；S 是靶的有效工作面积。若热释电靶工作在热电系数 η 为常数的温度区，则上式可写为

$$\Delta V=\frac{S}{C}\eta\Delta T=\frac{\eta\Delta Td}{\varepsilon} \tag{4.2-15}$$

式中，d 是靶的厚度；ε 是靶的介电常数。

式(4. 2-15)定量地描述了热释电靶的温升 ΔT 与靶的扫描面电位变化 ΔV 之间的线性关系。这说明热释电靶可以将所接收的热辐射图像转换为靶面的电位图像，即完成了摄像的写入过程。

3．热释电靶的单畴化

热释电摄像管在工作时，靶必须处于自发电极化的状态，即电极化的极轴方向应垂直于靶面。通常在制靶时及靶产生退极化时，都要进行单畴化，使之形成最大的自发电极化强度。热释电摄像管进行单畴化处理的工作过程如图 4.2-16 所示。图中 V_S 是热释电靶的信号电极电位；V_M 是电子枪场网电极的电位；V 是热释电靶的电子束扫描面电位。

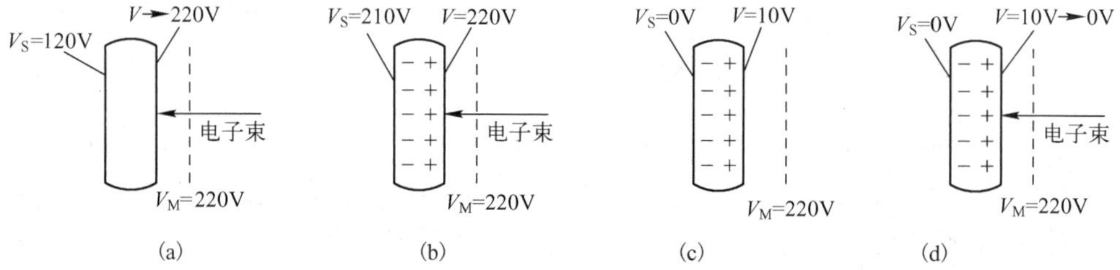

图 4.2-16　热释电靶单畴化处理过程示意图

① 将 V_S 升到 120V，由电子枪发射电子束扫描靶面，如图 4.2-16(a)所示。由于到达靶面的电子具有 120eV 的能量，靶面将产生二次电子发射，二次电子发射系数大于 1，靶面损失负电荷而电位升高。当电位升高到与场网电极电位 V_M(220V)相等时，便不再升高。这是因为靶面发射的二次电子已不能为场网所收集而被排斥回到靶面上所致。此时靶的电子束扫描面将稳定在场网电极的电位(220V)上。由于热释电靶是绝缘体，而两个表面的电位又分别为 220V 和 120V，所以晶体内将产生电场力，该电场力将使体内的电偶极矩方向趋于一致，形成宏观的自发电极化强度。这一过程大约需要 1～2 分钟。其结果是在靶的电子束扫描面产生束缚的负电荷。

② 将 V_S 缓慢升到 210V。同时电子束继续扫描靶面，保持靶的扫描面电位为 220V。这时靶的两个表面间电位差下降到 10V。保持一段时间，使热释电靶的电极化稳定，如图 4.2-16(b)所示。

③ 停止电子束扫描，并将 V_S 迅速降到 0V。这时靶的两个表面间电位差将保持 10V，所以靶的电子束扫描面电位将变为 10V，如图 4.2-16(c)所示。

④ 重新由电子束扫描靶面。这时由于靶面的电位只有 10V，上靶电子的能量较低，二次电子发射系数小于 1，所以电子将沉积在靶面上，直至靶的扫描面电位下降到 0V 为止。这样就完成了

热释电靶的单畴化处理，如图 4.2-16(d)所示。

4．热释电靶电荷图像的读出

热释电摄像管的靶面上形成的电荷图像也是通过电子束扫描读取成为视频信号的，其基本原理与光电导摄像管相同。但是由于热释电靶的电子束扫描面上产生的电荷是可正可负的，其正负由入射辐射使靶面升温还是降温决定。而扫描电子束中只有带负电荷的电子，这样，对靶面上的负电荷图像将不能进行中和，因而无法产生信号读出电荷图像。为此产生了热释电摄像管中的特殊的信号读出问题。前人提出了两种解决问题的思路：①在电荷图像形成之前，使靶面稳定在高电位上，在积累电荷时便不至于形成负的靶面电位；②对靶面提供基底正电荷，中和靶面积累的负电荷。因而产生了两种读出靶面电荷图像的方法，限于篇幅，不再详述，可扫描二维码了解。

二维码 4.2-3

5．热释电摄像管工作的特点

热释电靶面上的静电电荷面密度随靶温度变化而产生相应的变化，这是它完成将热辐射图像转换为电荷图像的基本性质，但是它产生的靶面电荷是静电电荷，电荷图像是静电的束缚电荷图像，如果靶温不变，则靶面电荷被电子束着靶中和后，将不能再产生新的面电荷，电荷图像也就不复存在。

为了能连续摄取图像，要求热释电摄像管在每次电子束扫描靶面后，能够重新产生靶面的静电电荷图像。具体的方法就是采取人工方法将恒定的入射辐射变成相应变化的入射辐射。这样当电子束扫描靶面后虽然清除了原来形成的静电电荷图像，但由于入射辐射的变化继续使靶温改变从而形成新的静电电荷图像。通常热释电摄像管采用的图像入射方式有如下三种：

① 平移式：摄像机构对景物做平行移动。

② 摄全景式：摄像机相对被摄景物在原地摆动。

③ 斩光式：在摄像机中设置光学斩波器(见图 4.2-17)，周期地截止输入辐射。摄像机靶面上的图像不动，但其入射能量周期地发生变化，因而靶温也随时间周期地发生变化。

图 4.2-17　光学斩波器

前两种方式(也叫运动式)的优点在于，装置简单，不需要加光学斩波器。但是图像总在运动，不便于观察，不能凝视成像，限制了它的应用范围。另外，特殊的、沿摄像机运动方向的等亮度图案不受调制，也无法得到图案的输出信号。还有一种情况，热目标的后边缘还会出现黑色拖尾，这是因靶温下降时产生极性相反的信号输出所形成的。

斩光式虽然可以克服运动式的缺点，但是要附加光学斩波器及相关系统，斩光速度要与扫描速度协调。此外，斩光时的亮暗信号形成的是极性相反的信号，所以必须增加校正电路将负极性的信号倒相，否则人眼会对正负两种信号积分造成图像的对消。

热释电摄像管的性能参数与前面的光电摄像管基本相同，但由于需要考虑成像过程中热传导、热扩散等的影响，所以讨论相对复杂。限于篇幅，这里不做讨论。

4.3　光机扫描成像技术

光机扫描成像技术在早期的红外热成像系统中有典型的应用，因为早期的红外探测器受限于材料制备技术水平，只能得到单元红外探测器(单元探测器可以理解为只有一个像元的成像器件)，所对应的景物空间瞬时视场往往是很小的，一般只有毫弧度或亚毫弧度，为得到需要观察的视场中景物的热图像，必须在探测器进行光电转换之前，通过扫描对场景进行解析。这种扫描通常由机械传动的光学扫描部件完成，相应的过程称为光机扫描。

4.3.1 光机扫描成像原理及系统基本参数

图 4.3-1 是一个使用单元红外探测器借助光机扫描结构获取目标和景物红外辐射分布的红外热成像系统。单元探测器一次只能接收到景物空间中很小一部分的红外辐射，这一部分的大小由探测器的有效尺寸和光学系统的参数决定，与探测器互为共轭的物像关系，相当于探测器在物空间的投影，也就是这个红外热成像系统所能成像的最小单元。物空间的总视场可以被解析为若干行若干列的最小单元，要得到总视场的图像，只需要让单元探测器每一次指向不同的最小单元，在一帧周期内，按照从左到右、从上到下的顺序遍历总视场中的每一个最小单元，在探测器的信号输出端就可以得到包含图像信号的一维视频信号，经过视频处理的信号，在同步扫描的显示器上显示出景物的热图像。改变探测器指向方向，使其按顺序遍历所有最小单元的过程就是将二维场景解析降维的扫描过程，实现这个扫描过程靠的就是光机扫描系统。首先介绍光机扫描成像的基本参数和对应的物理概念。

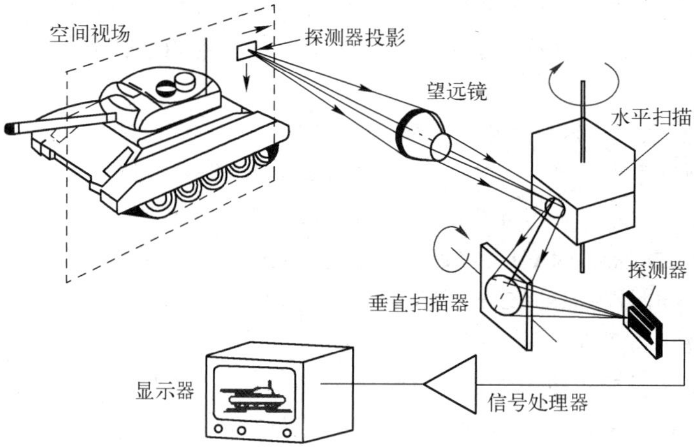

图 4.3-1　光机扫描型红外热成像系统

1．瞬时视场(IFOV)

瞬时视场指的是探测器线性尺寸对系统物空间的二维张角，也就是上述红外热成像系统中，探测器在物空间投影区域相对于光学系统的两维张角，由探测器的形状、有效尺寸和光学系统的焦距决定。

一般探测器为矩形，若尺寸为 $a \times b$，则瞬时视场在水平和垂直方向上的平面角分别为

$$\alpha = a / f' \,,\ \beta = b / f' \tag{4.3-1}$$

式中，f' 为光学系统焦距，因为角度很小，所以用比值近似了反正切函数。瞬时视场通常以弧度或毫弧度(mrad)为单位。一般情况下，瞬时视场体现了成像系统的空间分辨能力。

2．帧周期和帧频

系统扫过一幅完整画面所需的时间 T_f 称为帧周期，单位为 s；系统 1s 扫过画面的帧数 f_p 称为帧频或帧速，单位为 Hz。有

$$f_p = 1 / T_f \tag{4.3-2}$$

3．扫描效率 η_{scan}

红外热成像系统对景物扫描时，同步扫描、回扫、直流恢复等处理需要占用时间，而在这个时间内并不产生视频信号，故称之为空载时间，用 T_f' 表示。帧周期与空载时间之差($T_f - T_f'$)称为有效扫描时间。有效扫描时间与帧周期之比称为系统的扫描效率，即

$$\eta_{scan} = (T_f - T_f') / T_f \tag{4.3-3}$$

4. 空间角频率

空间频率定义为单位空间上目标条纹的周期数，在热成像系统中常用单位毫弧度中的周期数来表示(cyc/mrad)。设有等宽度的垂直亮暗条纹图案(见图 4.3-2)，相邻条纹中心距为 l_x，称为空间周期(mm)，若观察点 O 与图案之间的距离为 R(m)，则 $\theta=l_x/R$(mrad) 便为水平方向的角周期，其倒数即为空间角频率：

$$f_x = 1/\theta = R/l_x \quad (\text{cyc/mrad}) \tag{4.3-4}$$

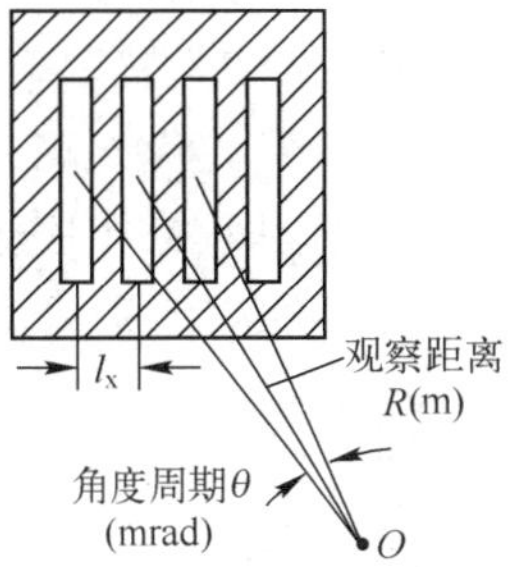

图 4.3-2 空间角频率

对于二维图像可以定义二维空间角频率(f_x，f_y)。

5. 过扫比

在光机扫描的红外热成像系统中，扫描过程中相邻两行的瞬时视场之间可能有重叠或间隙，表征这种行扫描重叠程度的系数称为过扫比 O_s。

设探测器大小为 $a \times b$，前后两扫描行之间的中心距为 d，如果是隔行扫描，如图 4.3-3 所示，前后两扫描行之间还会插入下一场的一行，因此相邻两扫描行之间的间距为 $d/2$，与逐行扫描情况不同。不同扫描方式下的过扫比为

$$O_s = Kb/d = \begin{cases} b/d & \text{逐行扫描}K=1 \\ 2b/d & \text{隔行扫描}K=2 \end{cases} \tag{4.3-5}$$

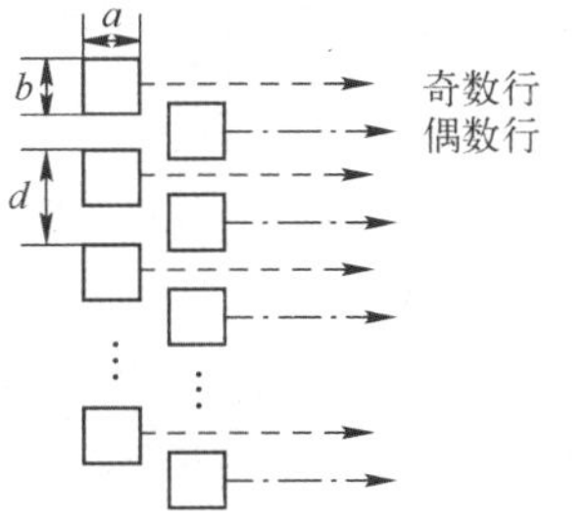

图 4.3-3 探测器阵列与扫描线

由定义和几何分析可知，O_s=1 时，相邻瞬时视场正好相接；O_s>1 时，相邻瞬时视场重叠；O_s<1 时，相邻瞬时视场有间隙。

6. 总视场(FOV)

光机扫描成像系统的总视场指系统观察的物空间的二维视场角。总视场由系统所观察的景物空间和光学系统的焦距决定，若总视场在水平和垂直方向的尺寸分别为 W_h 和 W_v，则系统的总视场可表示为 W_hW_v。在 O_s=1 的理想情况下，一帧图像中所包含的瞬时视场数有 $m=\dfrac{W_hW_v}{\alpha\beta}$ 个，但是，往往 $O_s \neq 1$，则总视场中包含的瞬时视场数最大值为

$$m = \frac{W_hW_v}{\alpha\beta/O_s} = \frac{O_sW_hW_v}{\alpha\beta} \tag{4.3-6}$$

由此可见，瞬时视场，即探测器的尺寸越小，系统的分辨率越高。

7. 驻留时间

驻留时间是光机扫描型红外热成像系统的一个重要参数，指的是扫过一个探测器张角所需的时间。当扫描速度为常数，系统的扫描效率为η_{scan}时，探测器的驻留时间为

$$\tau_d = \frac{T_f\eta_{scan}}{m} = \frac{\alpha\beta T_f\eta_{scan}}{W_hW_vO_s}(\text{s}) \tag{4.3-7}$$

为了保证输出信号有足够的信噪比，要求探测器的驻留时间应大于探测器的时间响应常数。

8. 时间频率与空间频率的关系

在光机扫描型红外热成像系统中，空间角频率 f_x(cyc/mrad)和时间频率 f_t(Hz)的关系为

$$f_t = \omega f = \frac{\alpha}{\tau_d} f_x \tag{4.3-8}$$

式中，ω为扫描角速度(mrad/s)。

4.3.2 光机扫描系统的分类和常用方案

光机扫描系统是一个非常复杂、精密的光学元件和机械传动的机构，通常与成像光学系统配合使用，只改变光线偏折的角度，改变像的位置，而不改变像的大小。

1. 基本扫描方式

根据光机扫描器置于聚光光学系统之前或之后，构成了两种基本的扫描方式，即物方扫描和像方扫描。图 4.3-4(a)和(b)分别表示以物点为固定参考点的物方扫描和像方扫描，图 4.3-4(c)和(d)分别表示以像点为固定参考点的物方扫描和像方扫描。

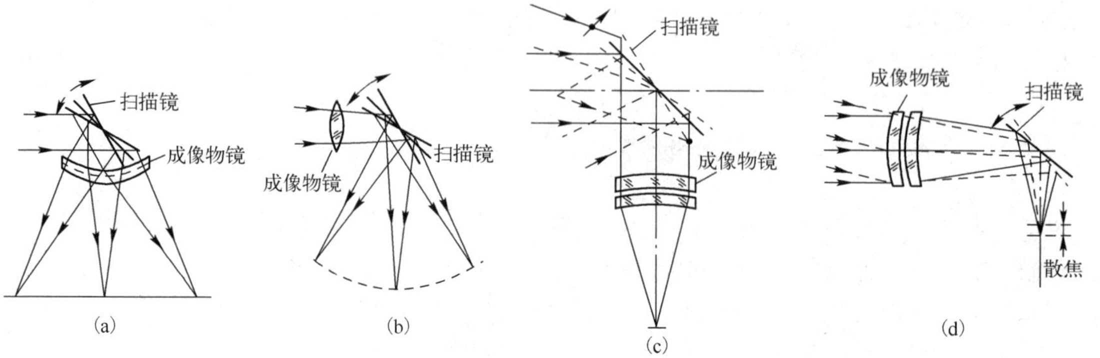

图 4.3-4　物方扫描和像方扫描

（1）物方扫描

光机扫描器位于聚光光学系统之前或置于无焦望远系统压缩的平行光路中。由于光机扫描器在平行光路中工作，故称平行光束扫描。图 4.3-5 为物方扫描的实例，光机扫描在聚光光学系统前面，旋转反射镜鼓 3 完成水平方向快扫，摆动反射镜 2 完成垂直方向慢扫。这种扫描方式一般需要比聚光光学系统口径大的光机扫描器，且口径随聚光光学系统口径的增大而增大。由于光机扫描器比较大，扫描速度的提高受到限制。

（2）像方扫描

光机扫描器位于聚光光学系统和探测器之间的光路中，对像方光束进行扫描。由于光机扫描器在会聚光路中工作，故称会聚光束扫描。图 4.3-6 为像方扫描的实例，摆动平面反射镜和旋转折射棱镜置于会聚光路中，光机扫描器可做得较小，易于实现高速扫描。但这种扫描方式需要使用后截距长的聚光光学系统。由于像方扫描会导致像面的扫描散焦，故对聚光光学系统有较高的要求，且扫描视场不宜太大，像差修正比较困难。

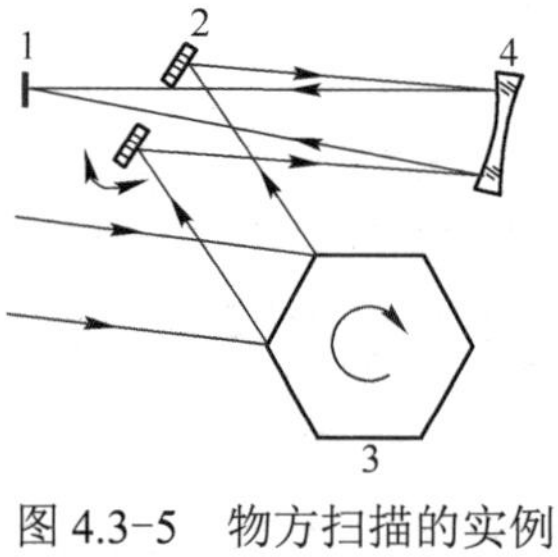

图 4.3-5　物方扫描的实例

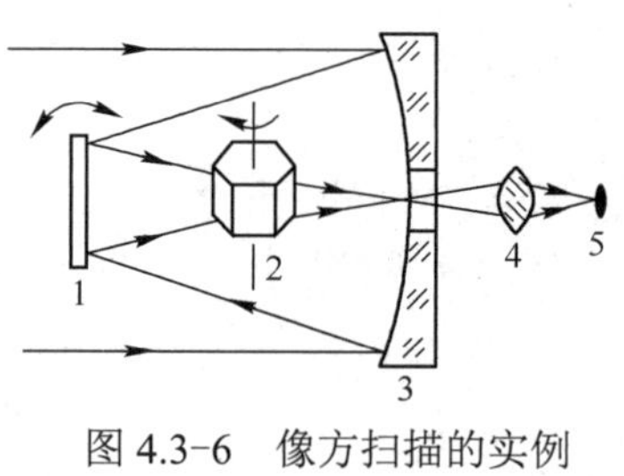

图 4.3-6　像方扫描的实例

（3）两种基本扫描方式的比较

由以上分析可知，两种扫描方式各有利弊。两种扫描方式的比较见表 4.3-1。

表 4.3-1　两种扫描方式的比较

	物方扫描	像方扫描
优缺点	产生平直扫描场 大多数光机扫描器不产生附加像差 光机扫描器光学质量对系统聚焦性能影响较小，像差校正容易 光机扫描器尺寸大，不易实现高速扫描	产生弯曲场 光机扫描器存在不可避免的散焦 光机扫描器光学质量对系统聚焦性能影响较大，像差校正困难，聚光系统设计复杂 光机扫描器尺寸较小，容易实现高速扫描
应用	民用热像仪中居多，配以长焦望远系统，压缩平行光路，减小尺寸，可用于军事上	军用热像仪，如前视红外系统等

2．光机扫描器

红外热成像系统对光机扫描器的基本要求是：（1）光机扫描器转角与光束转角呈线性关系；（2）光机扫描器扫描时对聚光系统像差的影响应尽量小；（3）扫描效率高；（4）光机扫描器尺寸尽可能小，结构紧凑。下面定性介绍几种常用的光机扫描器的扫描原理。

（1）摆动平面反射镜

摆动平面反射镜在一定范围内周期性地摆动完成扫描。根据反射的光学原理，摆动平面反射镜使光线产生的偏转角2倍于平面反射镜的摆角，即当平面反射镜摆动α角时，反射光线偏转2α角。

摆动平面反射镜构成的扫描器既可用作平行光束扫描器(见图4.3-7)，又可用作会聚光束扫描器(见图4.3-8)。

摆动平面反射镜做周期性往复运动。因为机构有一定惯性，所以速度不宜太快，且在高速摆动的情况下，视场边缘变得不稳定，要求较高的电机传动功率，因此，总的来说摆动平面反射镜不适合高速扫描。

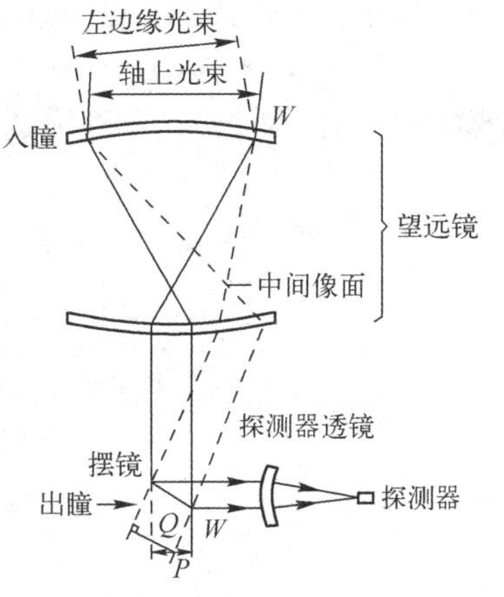

图4.3-7　平行光束扫描器

（2）旋转反射镜鼓

在高速扫描的情况下，经常采用旋转反射镜鼓，由于镜鼓是连续转动的，故比较平稳(见图4.3-9)。旋转反射镜鼓主要用于平行光束扫描。旋转反射镜鼓与摆动平面反射镜工作状态基本相同，转角关系和像差也类似。但旋转反射镜鼓的反射面绕镜鼓中心线旋转，故镜面位置相对于光线会产生位移(见图4.3-10)。

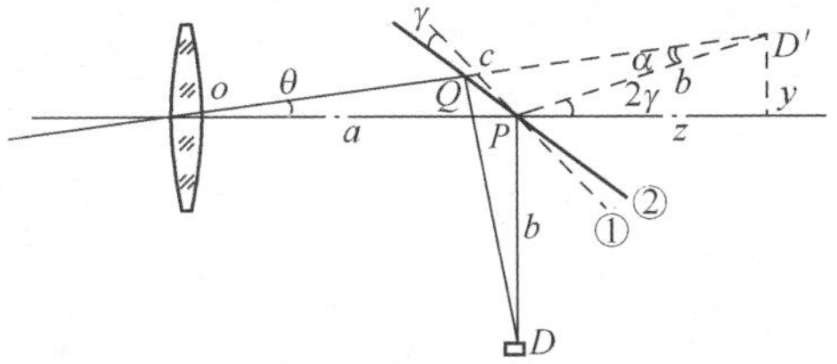

图4.3-8　会集光束扫描器

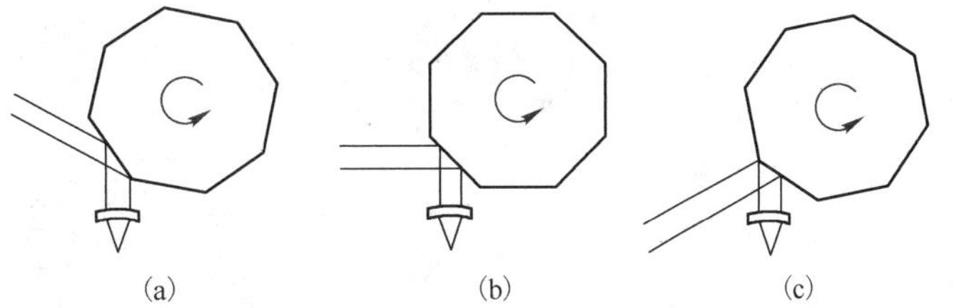

图4.3-9　旋转反射镜鼓

（3）旋转折射棱镜扫描器

具有 2(*n*+1)个侧面(*n*=1, 2, 3, …)的折射棱镜，绕通过其质心的轴线旋转，构成旋转折射棱镜扫描器(见图4.3-11)。旋转折射棱镜只用于会聚光束扫描器，图4.3-12给出旋转折射棱镜在会聚光束中的应用情况：入射光束经物镜系统，再经折射棱镜会聚成像。当其旋转时，焦点不仅沿轴向移动了Z，而且还沿垂直于轴的方向上移动了Y。

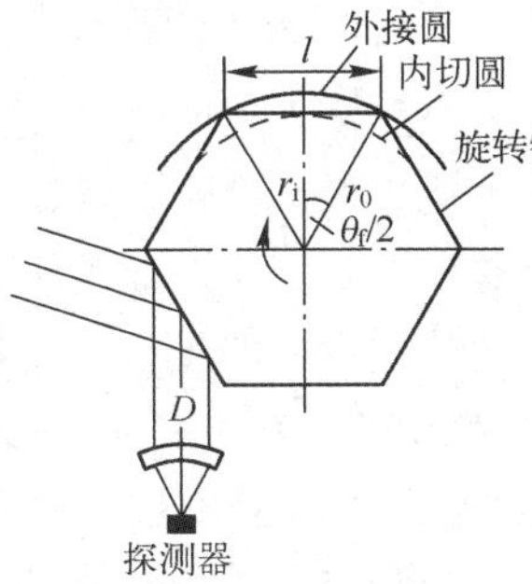

图4.3-10　多面反射镜鼓的尺寸关系

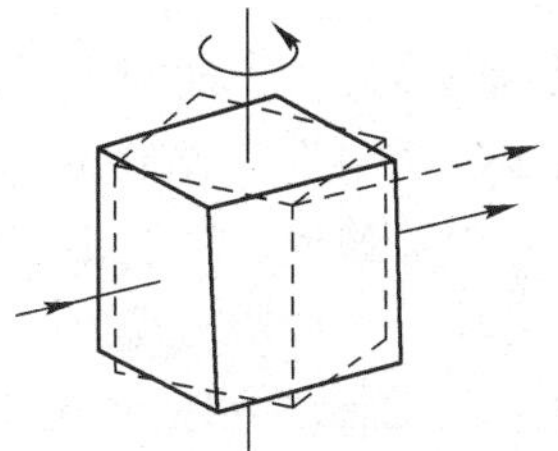
图4.3-11　旋转折射棱镜扫描器

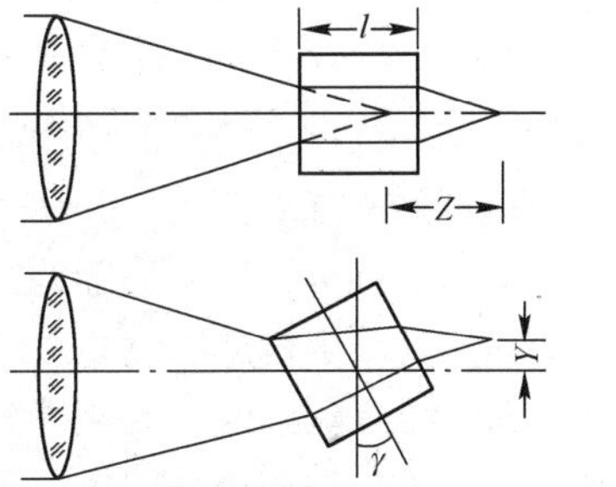

图4.3-12　旋转折射棱镜的焦点位移

会聚光束中旋转折射棱镜扫描器除使焦点移动外，还产生各种像差。但由于其运动平衡且连续，尺寸小，机械噪声小，有利于提高扫描速度。但对物镜系统消像差的要求较高，增加了设计难度。

（4）旋转折射光楔

折射光楔是指两折射平面夹角很小的折射棱镜。旋转折射光楔扫描由于在会聚光束中会产生严重的像差，因此一般用在平行光路中。

图 4.3-13 给出两个相同折射光楔组成的扫描器，探测器通过物镜和旋转折射光楔对物面进行扫描，所产生的扫描图形如图 4.3-14 所示。随着两旋转折射光楔旋转方向和转速的变化，还可产生许多复杂的扫描图形，如螺旋线形、椭圆形、正弦光栅形、摆线形等。

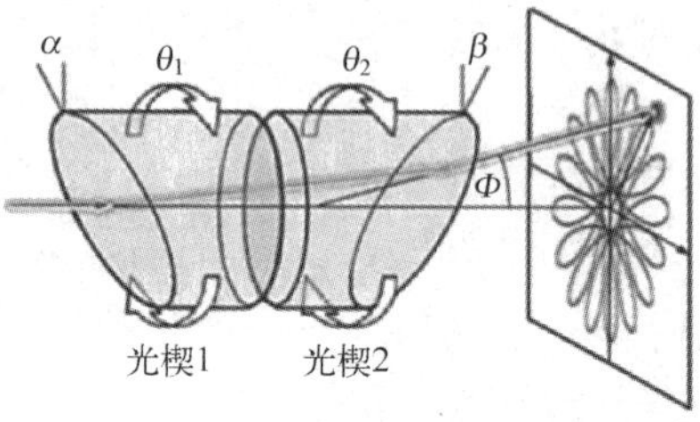

图 4.3-13　两个相同光楔组成的扫描器

图 4.3-14　旋转光楔产生的扫描图形

（5）其他扫描器

除上述常用的光机扫描器外，还有其他类型的光机扫描器（见图 4.3-15）。

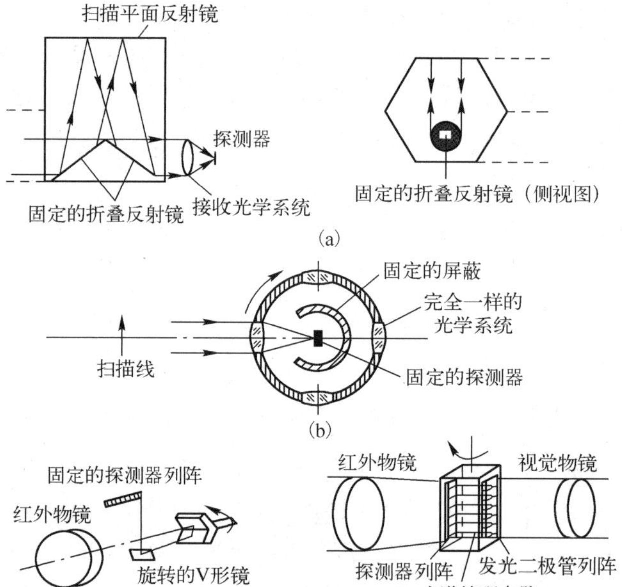

图 4.3-15　其他扫描器

图 4.3-15(a)为旋转多边形内镜鼓扫描器。其中的固定折叠反射镜的一个面使入射的平行光束改变方向，指向多边形的顶边，光束经内镜鼓的一个面向下反射，回到另一块折叠反射镜，接着使光束返回到原来的方向，并从另一边射出。两块折叠镜中的一块可以刚好等于入瞳大小，而另一块镜面必须足够大，以便能容纳扫描视场。内镜鼓反射镜的扫描也存在二倍角的关系，即当折叠反射镜固定不动，内镜鼓的镜面绕轴旋转 α 角时，入射光线就转过 2α 角，从而实现对物方的扫描。

图 4.3-15(b)为“旋转球”扫描器，它是一种能提供恒定扫描速率和较高扫描效率的扫描装置。四个透镜绕一个固定的探测器旋转，探测器周围放一个屏蔽罩，以保证探测器一次只能通过一套光学系统对物方进行扫描。如果每一光学系统的光轴都在图示的纸平面内，则每一透镜只能依次扫描同一条线。为了提供俯仰视场，整个系统还要在垂直方向上进行摆动。

图 4.3-15(c)表示的是 V 形镜扫描器，通过旋转 V 形反射镜对目标实现扫描。

图 4.3-15(d)为摆动焦平面扫描器，通过摆动探测器列阵实现扫描。

3．几种常用的光机扫描方案

将各种光机扫描器做不同的组合，可构成实用的一维或二维光机扫描系统。红外热像仪中多数是二维扫描，常用的光机扫描方案有：

（1）旋转反射镜鼓做行扫描、摆镜做帧扫描

图 4.3-16 是旋转反射镜鼓做行扫描(即完成从左到右一行的扫描)，摆镜做帧扫描(即从上到下换行的扫描)的扫描方案实例。

图 4.3-16(a)的旋转反射镜鼓 1 和摆动平面镜 2 都处于物镜系统前端的平行光路中，其结构尺寸由光束的有效宽度和总视场决定，因而结构尺寸一般较大。实际应用中，通常在扫描器前端有望远系统，可以压缩光束直径。

图 4.3-16(b)中，摆镜置于会聚光路中，仍做帧扫描用，视场增大时，像质会变差，不适宜做大视场扫描用。在实际列阵探测器扫描应用中，也可以使旋转镜鼓的各镜面形成一定的角度，完成帧扫描，这样就可以减少帧扫描反射镜，简化系统结构。

（2）折射棱镜做帧扫描、反射镜鼓做行扫描

图 4.3-17 为折射棱镜做帧扫描，反射镜鼓做行扫描的扫描方案实例。四方棱镜 1 置于前置望远系统的中间光路中做帧扫描，可获得较稳定的高转速。由于折射棱镜比摆镜的扫描效率高，故总扫描效率较前面方案高；反射镜鼓置于压缩的平行光路中做行扫描。这种系统的像差校正较困难，但若设计得好，可用作大视场及多元探测器串并扫描。

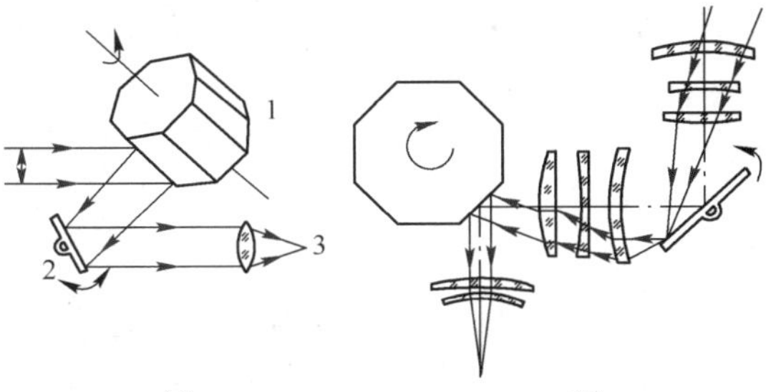

(a)　　(b)

图 4.3-16　反射镜鼓做行扫描，摆镜做帧扫描的扫描方案实例

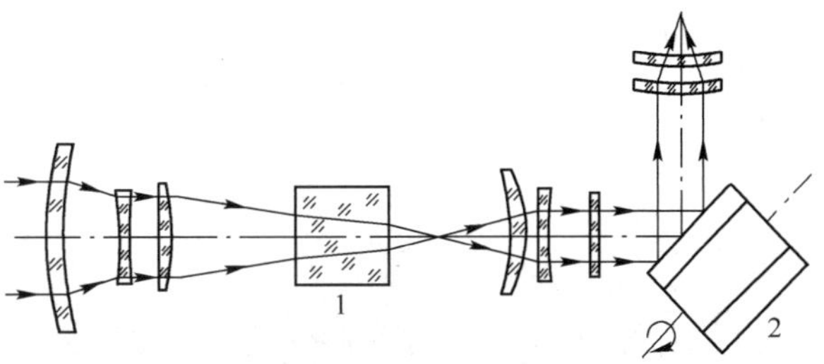

图 4.3-17　折射棱镜做帧扫描，反射镜鼓做行扫描的扫描方案实例

（3）两个折射棱镜扫描

图 4.3-18 为两个折射棱镜的扫描方案实例。帧扫描棱镜在前，行扫描棱镜在后，都是八面棱柱，可使垂直和水平视场像质一样。这种系统的优点是扫描效率高，扫描速度快，但像差修正难度大。

（4）两个摆动平面镜扫描

如图 4.3-19 所示，单元探测器光机扫描红外热像仪通常采用这种扫描方案，帧扫描和行扫描都采用摆动平面镜。由于摆动平面镜稳定性差，不适合高速扫描。

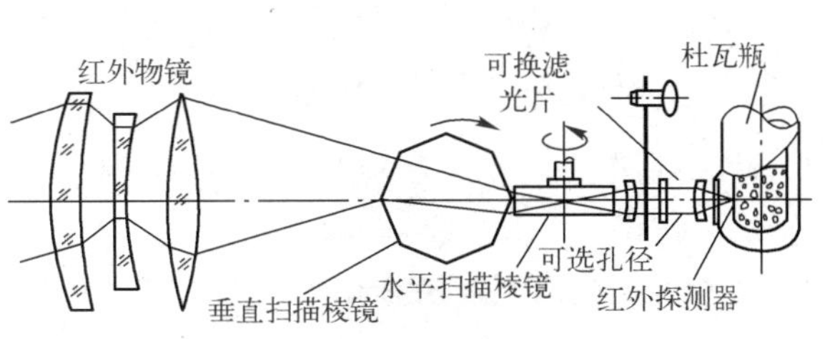

图 4.3-18　两个折射棱镜的扫描方案实例

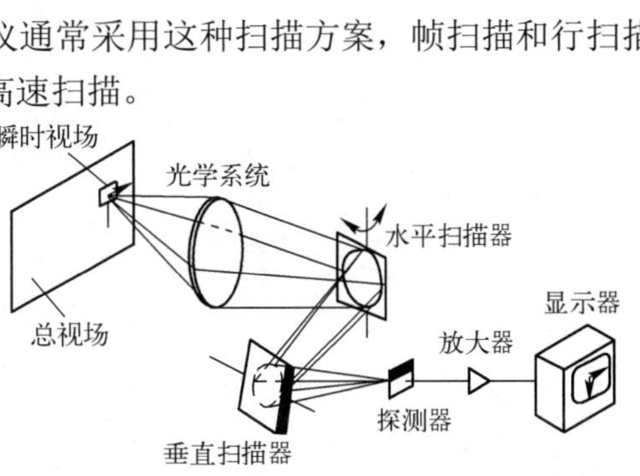

图 4.3-19　两个摆动平面镜扫描的方案实例

（5）前置望远镜和中继透镜组

① 前置望远镜

在采用平行光束扫描的红外热成像系统中，为减小光学扫描器的尺寸，在成像物镜前加一组前置望远镜。前置望远镜由物镜组和准直镜组构成(见图 4.3-20)，物镜组像方焦点与准直物镜组物方焦点重合，且 $f_1' > f_2'$。

前置望远镜的放大率为

$$\Gamma = f_1'/f_2' \tag{4.3-9}$$

且入射光束口径 D_1 和出射光束口径 D_2、物方视场 W_1 与出射视场 W_2 存在如下关系

$$D_2 = D_1/\Gamma \quad , \quad W_2 = \Gamma W_1 \tag{4.3-10}$$

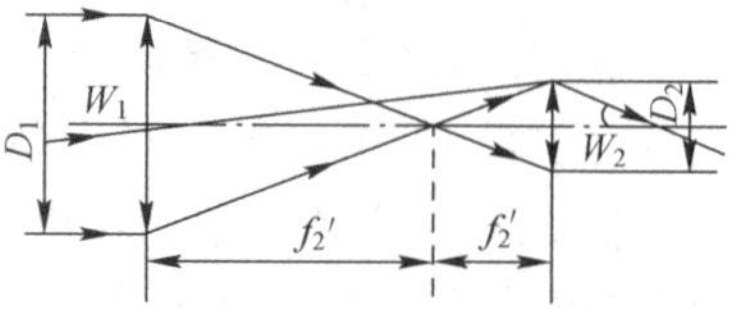

图 4.3-20 前置望远镜组

对于成像物镜，加上前置望远镜后，入射光束口径变小，视场变大，从而可缩小反射镜或反射镜鼓等扫描部件尺寸，有利于仪器小型化及提高扫描速度；另外，也可降低因衍射而带来的像点弥散斑尺寸，有利于提高像质。扩大视场也可以提高行扫描效率，增大总扫描效率。

加入前置望远镜可改善系统的性能、结构，因此，在实际中这种方案获得广泛应用。

② 中继透镜组

中继透镜组用于将所成像沿轴向从一个位置传送到另一个位置。在传送过程中，图像将反转(成倒像)。连续使用一系列中继透镜，可使图像沿一条直径限定的长管路线进行传送。

图 4.3-21 给出一种使用了 $1^{\times}$放大率中继透镜组 5 的红外光学系统。红外光学系统所观察场景的各点经二次曲面反射镜 1 和次镜 2 以及旋转折射棱镜 3 的扫描后，依次成像在轴上位于棱镜后面不远的同一点(光阑 4)，如果将探测器安放在这个位置，结构安排上会有一定困难，且这里的杂光干扰较大。中继透镜组 5 将图像沿轴向移动适当距离，成像于探测器 6 上，避免了结构上的困难。

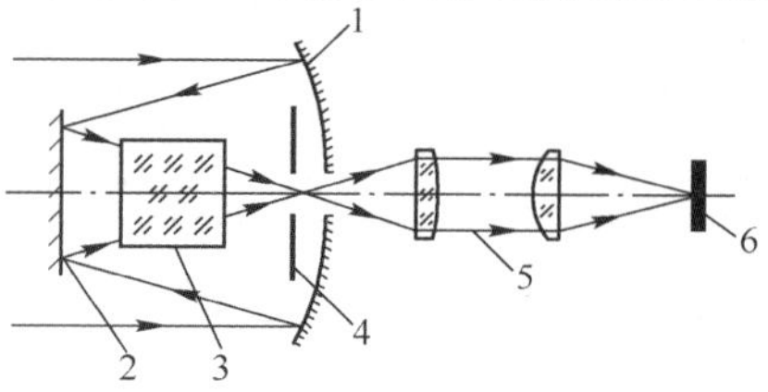

图 4.3-21 红外光学系统

4.3.3 多元探测器的光机扫描成像方式

单元探测器的红外热成像系统存在驻留时间短，热灵敏度和信噪比不佳的问题，性能受到局限，为了提高红外热成像系统的性能，探测器从单元发展到了多元，例如几个单元探测器排列成一列或一行，甚至出现了小规模的阵列，如图 4.3-22 所示。当光机扫描器配合多元探测器成像时，可以有以下 3 种不同的成像方式。

1. 并联扫描成像方式

并联扫描是利用一个与行扫描方向垂直的探测器列阵来分解景物的，列阵中的每个探测器平行扫过景物像，每个探测器扫过一行，见图 4.3-22(a)。每个探测器输出的信号经多路传输和扫描转换后按视频信号输出(见图 4.3-23)。

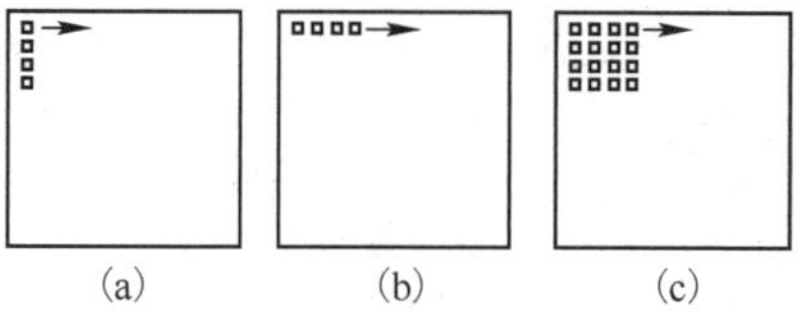

图 4.3-22 探测器的排列方式

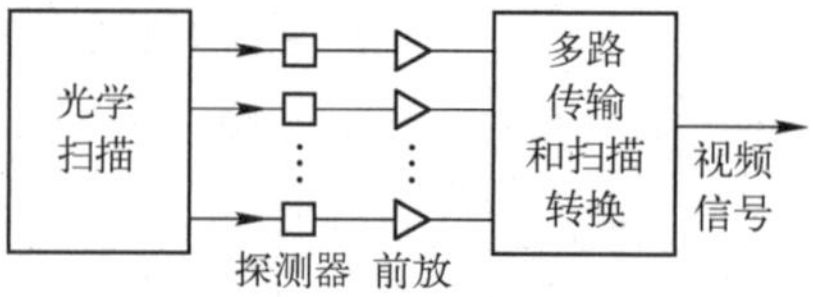

图 4.3-23 并联扫描成像方式

在总视场中的瞬时视场数量相同，特别是行数相同的情况下，n_p 个探测器并联扫描(简称 n_p 元并扫)可以一次性得到 n_p 行图像信号，仅需要扫描总行数的 $1/n_p$ 次就可以完成总视场的扫描，则探测器在一个瞬时视场内的驻留时间 $\tau_d = n_p\tau_{d1}$ (τ_{d1} 是使用单元探测器时的驻留时间)，代入式(4.3-7)，得到 n_p 元并扫的驻留时间为

$$\tau_{\mathrm{d}} = n_{\mathrm{p}}\tau_{\mathrm{d1}} = \frac{\alpha\beta n_{\mathrm{p}}\eta_{\mathrm{scan}}}{W_{\mathrm{h}}W_{\mathrm{v}}O_{\mathrm{s}}f_{\mathrm{p}}} \tag{4.3-11}$$

因此并联扫描成像方式降低了对探测器快速响应的要求。可将单元探测器的输出信噪比表示为

$$(S/N)_{单} = PD^{*}/\sqrt{A_{\mathrm{d}}\Delta f} \tag{4.3-12}$$

式中，P 为入射到探测器上的辐射功率；D^{*}为单元红外探测器的比探测率；A_{d} 为单元探测器的敏感面积；Δf 为系统的噪声等效带宽，$\Delta f = \frac{\pi}{4}\frac{1}{\tau_{\mathrm{d}}}$，$\tau_{\mathrm{d}}$ 为探测器的驻留时间，则多路传输中每一路的带宽 $\Delta f_{\mathrm{i}} = \Delta f / n_{\mathrm{p}}$。

于是，假设列阵中每个探测器性能一致，则每一路的输出信噪比为

$$(S/N)_{\mathrm{i}} = PD^{*}/\sqrt{A_{\mathrm{d}}\Delta f_{\mathrm{i}}} = \sqrt{n_{\mathrm{p}}}(S/N)_{单} \tag{4.3=13}$$

即在帧速和扫描效率相同的情况下，n_{p} 元并扫红外热像仪的信噪比增加至单元红外探测器热像仪的 $\sqrt{n_{\mathrm{p}}}$ 倍，大大提高了系统的热灵敏度。

并联扫描成像方式的主要问题是：因为每一探测器单元只扫描一条电视线，为了提高空间分辨率和热灵敏度，势必尽量增加探测器单元数，且要求探测器列阵中各单元性能均匀一致。随着探测器单元数的增多，对探测器材料和制造工艺要求就更高，探测器的响应度和比探测率的差异会造成图像不均匀，而每一探测器单元引线的排列和引出，都给探测器的制造工艺增加了困难。

2．串联扫描成像方式

串联扫描使用 n_{s} 个探测器列阵，参照物空间水平排列成一行（见图 4.3-22(b)）。各探测器单元扫描的是同一行，通过二维扫描，每个探测器都扫过系统的总视场。各探测器信号经相应的延迟后进行叠加，形成单一通道视频信号（见图 4.3-24）。

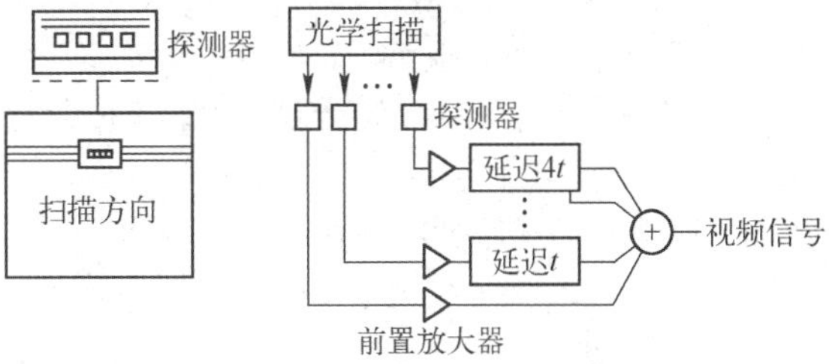

图 4.3-24　串联扫描摄像方式

串联扫描与单元探测器扫描相似，仍然需要快速的行扫描和慢速的帧扫描。由于列阵中每个探测器都要扫过整个视场，探测器的驻留时间与单元扫描相同，因此在串联扫描中，要求探测器响应速度快，即时间常数小。

串联扫描的一个突出优点是消除了探测器性能不均匀造成的图像缺陷。这是因为在串联扫描中，等效于用一个探测器分解景物。若各探测器单元具有相同的性能，则输出信噪比为

$$(S/N)_{单} = \sum_{i=1}^{n_{\mathrm{s}}} S_i \Bigg/ \sqrt{\sum_{i=1}^{n_{\mathrm{s}}} N_i^2} = \frac{n_{\mathrm{s}}S}{\sqrt{n_{\mathrm{s}}}N} = \sqrt{n_{\mathrm{s}}}(S/N)_{单} \tag{4.3-14}$$

即在提高热灵敏度方面与并联扫描类似，系统的信噪比与单元探测器的系统相比提高至 $\sqrt{n_{\mathrm{s}}}$ 倍。串联扫描成像方式的信号处理容易，不需要扫描转换就可以形成时序视频信号，有利于实现电视兼容。

3．串并联扫描成像方式

无论是串联扫描成像方式还是并联扫描成像方式，都有各自的优点和不足。尤其当并联探测器的单元数不能覆盖整个景物区域时，为了得到一幅完整的图像，须采用串并联扫描成像方式。该方式中，用二维多元探测器面阵代替线列探测器，见图 4.3-22(c)。但该方式的视频信号处理电路更加复杂，既要多路输出，又要延迟叠加。

4．三种光机扫描成像方式的比较

综上所述，三种光机扫描成像方式各有特点，在提高系统热灵敏度方面具有大体相同的效果。但在具体应用上却受到许多实际问题的影响，使其在实用上有一定差异。三种扫描成像方式的比较见表 4.3-2。

表 4.3-2　三种扫描成像方式的比较

	串联扫描成像方式	并联扫描成像方式	串并联扫描成像方式
探测器列阵	列阵方向与行扫描方向一致	列阵方向与行扫描方向垂直	二维面阵
探测器单元数	较少	较多	较多
探测器特性	对探测器特性一致性要求不高，但要求响应速度快	对探测器特性一致性要求高	对探测器特性要求与并联扫描相同，但有利于提高图像质量
制冷	探测器列阵短，制冷和冷屏蔽方便	探测器列阵长，制冷和冷屏困难，制冷效果差	探测器面阵尺寸不大时，可实现冷屏蔽
系统频带及频带范围	频带宽，低频端可取高些，以避开 1/f 噪声区	频带窄，低频端不能取得太高，往往避不开 1/f 噪声区	介于前二者之间，比串联扫描带宽窄
信号处理	延迟后叠加，不需扫描转换就可以形成单通道视频信号	探测器信号并行输出，需经多路传输和扫描转换形成视频信号	电路复杂，需延迟叠加和多路传输、中间存储
信噪比	通过信号叠加增强信号，从而提高信噪比，理论上提高 $\sqrt{n_s}$ 倍	通过降低系统带宽，从而降低噪声来提高信噪比，理论上提高 $\sqrt{n_p}$ 倍	兼有前两种提高信噪比的功能，理论上提高 $\sqrt{n_s n_p}$ 倍
扫描速度	扫描机构转速高，实现起来较困难	速度相对较低，易实现	扫描速度较低，易实现

4.3.4　微扫描技术

红外焦平面探测器的问世，为红外热成像系统摆脱光机扫描，实现凝视型成像提供了可能，但早期的红外焦平面探测器像元尺寸还比较大，难以获得高分辨率的红外图像。为了在探测器分辨率不改变的情况下，获得更高分辨率图像，人们借鉴光机扫描器的作用，提出了通过局部微扫描实现超分辨成像的解决方案——微扫描技术。

1．局部微扫描超分辨成像原理

焦平面红外探测器是离散采样成像的器件，通常其光敏面结构可用图 4.3-25 表示，像元尺寸为 $a \times b$，相邻两像元在两个方向上的间距分别为 Δx 和 Δy，通常离散成像器件都有 $a<\Delta x$ 和 $b<\Delta y$ 的关系。景物连续分布的光强图像和经过光学系统后的成像，将会在焦平面探测器阵列上被离散，在每个独立的像素单元上积分并转换为电信号，因而像素单元面积将成为最小的采样尺寸。按照采样定理，焦平面探测器的像素单元尺寸和排布将决定采样后可以保留的景物最高空间频率（奈奎斯特频率），图像出现了欠采样和高频衰减。因而，如果在进行景物图像重建时仍采用景物初始的空间频率分布，重建后的图像将出现混叠效应而无法再现高频细节。

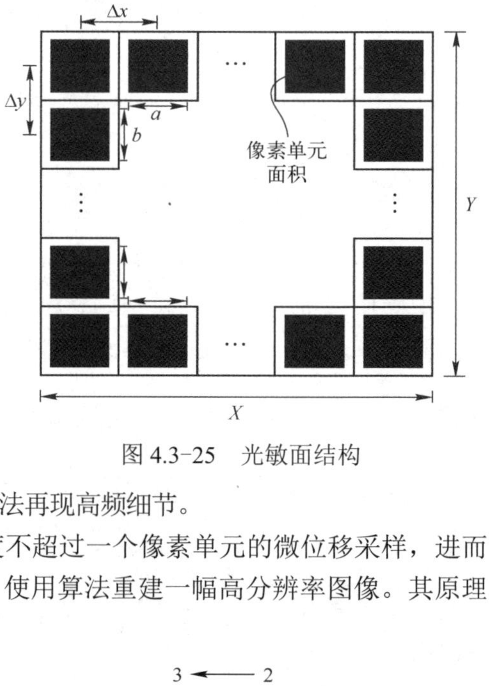

图 4.3-25　光敏面结构

微扫描技术的具体做法是：对同一场景进行多次幅度不超过一个像素单元的微位移采样，进而由多幅相互之间具有微小位移的时间序列低分辨率图像，使用算法重建一幅高分辨率图像。其原理如图 4.3-26 所示。

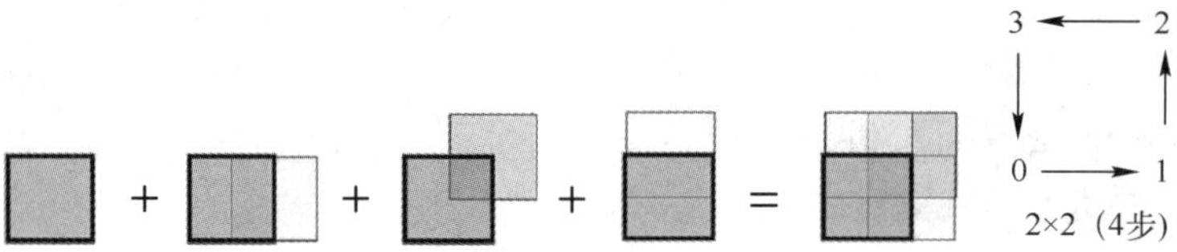

图 4.3-26　基于微扫描的高分辨率图像重建原理

2．微扫描的扫描模式

根据微位移产生的来源，微扫描技术可分为非控制微扫描和可控微扫描。其中，非控制微扫描是载体(卫星、飞机等)相对于目标的运动或随机振动产生的图像相邻像元间的微位移，这样的微位移通常对分辨率是有害的，需要想办法避免和消除。而可控微扫描则是主动产生的，采用光学微扫描机构实现相对于成像器件的微位移，实现相邻图像在成像器件上的亚像元(小于 1 个像元)移动。

依据微位移的路线，目前微扫描的扫描模式主要有 1×1、2×2、3×3、4×4 四种，如图 4.3-27 所示。微扫描模式决定了探测器上图像的位移周期和微扫描轨迹。每种微扫描模式都有不同的扫描轨迹及扫描步数，随着微扫描步数的增加，微扫描系统的空间分辨率也会随之提高。

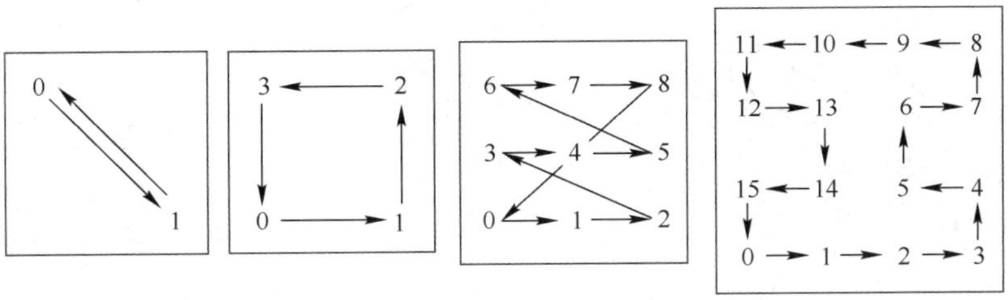

(a) 1×1（2步）　(b) 2×2（4步）　(c) 3×3（9步）　(d) 4×4（16步）

图 4.3-27　四种常用的微扫描模式

3．微扫描的实现方式

目前光学微扫描的实现方式主要有以下 3 种：

（1）机械平移法

如图 4.3-28 所示，按照图 4.3-27 的任意一种方式平移成像光学系统或者探测器系统即可实现对景物图像的微扫描。

（2）旋转平板法

如图 4.3-29 所示，由于光线通过倾斜的平板时会在平行光轴的方向上产生位移，改变倾斜的角度和姿态会产生不同方向和不同距离的微位移，故按照图 4.3-27 所示的任意一种方式旋转光学平板即可实现需要的景物图像微扫描。

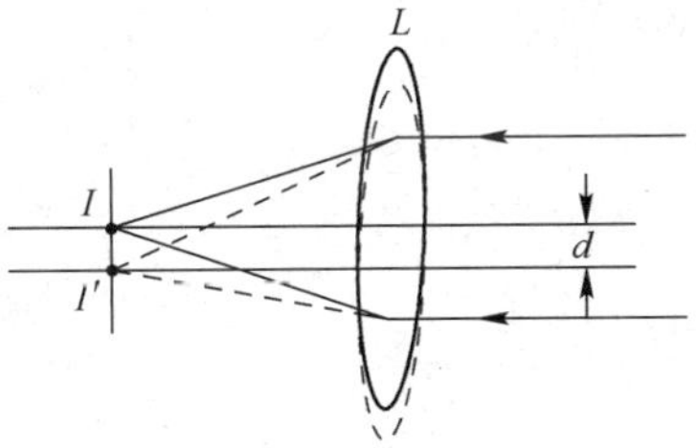

图 4.3-28　机械平移法

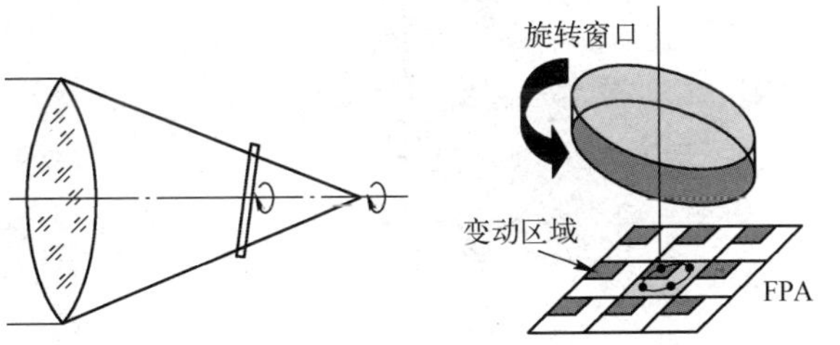

图 4.3-29　旋转平板法

（3）光学变换法

图 4.3-30 所示为两个平面摆镜组合而成的微扫描系统，由图可知，通过上下摆镜按照图 4.3-27 所示的任意一种方式进行摆动配合即可实现需要的景物图像微扫描。

由于需要精确移动的微位移很小(亚像素)，微扫描系统需要很高的精度，主要有两个方面的难点：保证将图像从一个位置移到下一个位置在时间上的精确性；保证微位移自身的精确性。因此，微扫描器需要配备精确控制的控制器。

4．微扫描系统的应用

由于微扫描是完全基于现有的探测器规模、尺寸的，因此实现成本较低，目前国外在红外热成像和可见光成像领域中均有广泛应用，特别是在红外热成像领域，随着红外焦平面探测器的实用化，可控微扫描技术在红外热成像领域的应用正在受到普遍关注和重视。

从系统空间分辨率的角度看，遵循采样定理，对于给定的探测器尺寸，原有的单个探测器扫描系统的分辨率要比红外焦平面阵列性能好两倍以上。通过微扫描，红外焦平面阵列的分辨率也可以达到扫描系统的分辨率极限。图 4.3-31 为英国 BAE 系统公司 FPA 红外热像仪微扫描方案。

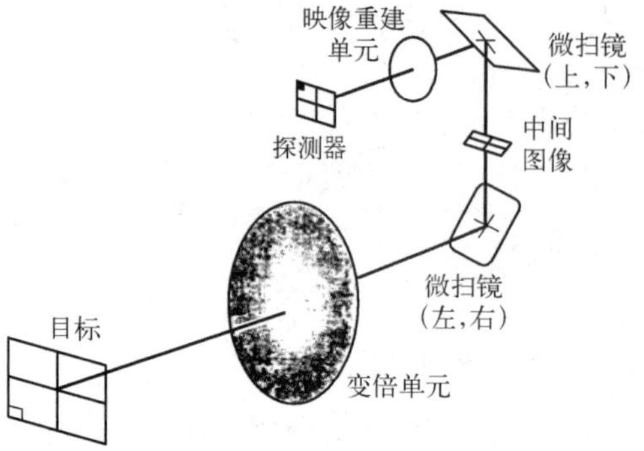

图 4.3-30　基于摆镜组合的微扫描系统

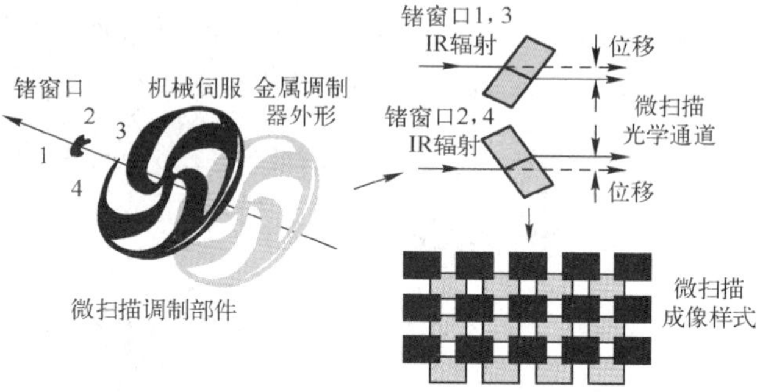

图 4.3-31　英国 BAE 系统公司 FPA 热像仪微扫描方案

在可见光领域，也可通过可控微扫描技术实现高分辨率成像，成像器件为面阵 CCD。微扫描技术的应用主要针对卫星遥感、数字航空相机、数字显微等领域，技术也主要掌握在法国和德国公司手中。如德国 JENOPTIK 公司研发的数字显微系统，可通过微扫描技术提供可变的分辨率，从 1300×1030 像素一直到 3900×3090 像素。德国 Leica 公司的 ADS40 数字航空相机(图 4.3-32)则应用了非控制的微扫描技术，采用特殊的线阵 CCD，利用机体运动产生扫描动作。ADS40 所采用的线阵 CCD 和法国 SPOT 卫星上所采用的器件极为相似，每一组线阵 CCD 都由两列线性阵列组成，两列线性阵列错开半个像素。

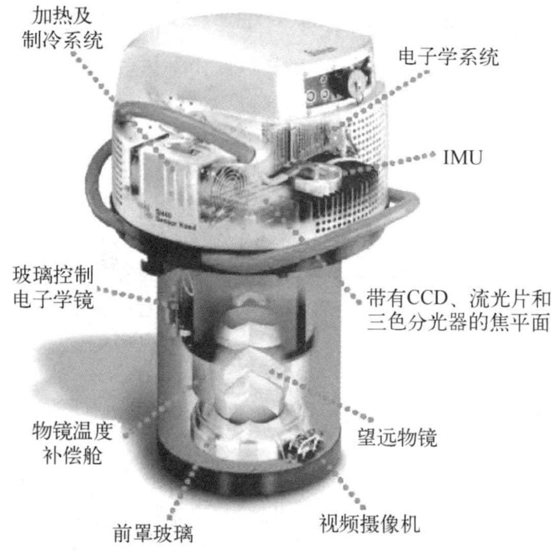

图 4.3-32　ADS40 数字航空相机的结构和拍摄的高分辨率图像

微扫描技术目前也不仅限于光电成像领域的应用，研究人员也在积极地研究其在其他成像领域的应用。如微扫描技术在恶劣天气环境下毫米波成像的适应性极为优秀，与热成像和可见波段传感器相比，毫米波成像的空间分辨率过低以及由于非理想采样所引入的混淆和模糊一直是需要解决的问题。此外，合成孔径成像等也是微扫描技术可以大有作为的领域。

4.4 三维成像中的扫描成像技术

随着技术的发展，焦平面红外探测器问世，并且规模不断扩大，光机扫描系统在红外热成像系统中不再是必需的，但光机扫描技术的工程思想在新的领域得到了继承和发展，比较典型的是利用扫描成像思想和光机扫描技术实现三维成像，代表性的领域是空间三维成像的激光雷达和能够获取光谱数据立方体的成像光谱技术。本节主要介绍扫描成像思想在激光雷达和成像光谱仪中的表现形式。

4.4.1 三维成像激光雷达的基本原理和分类

激光雷达(Light Detection And Ranging，LiDAR；Laser Detection And Ranging，LaDAR)是以激光作为载波，用来测量目标距离、速度、角位置等运动参数，目标反射率、散射截面和形状等特征参数的光电设备。按照功能，激光雷达可以分为激光测距雷达、激光测速雷达、激光测角和跟踪雷达和成像激光雷达等。

成像激光雷达是一种具有成像功能的激光雷达，能够在一定视场范围(以像素点位置为空间坐标)内获取目标的高程(空间深度)、反射率或辐射度分布信息。它常用于航空航天对地观测领域，是对地观测空间信息获取的主要技术手段之一，与成像光谱、合成孔径雷达一起被列为对地观测领域三大前沿技术。

近年来随着智能驾驶技术的快速发展，三维成像激光雷达越来越多地被应用于车载平台上感知周围环境的空间三维信息。

激光雷达能够感知空间深度信息的基本原理是飞行时间法，如图 4.4-1 所示。激光发射到目标物体，然后探测反射回的激光信号与发射激光的时间间隔，就可以计算得到目标物的距离。这种方法也称为直接飞行时间法。还有一种是间接飞行时间法，如图 4.4-2 所示，并不是直接测量光脉冲发射与接收的时间间隔，而是采用了一种测相位偏移的方法，即测量发射正弦波/方波与接收正弦波/方波之间的相位差，通过传感器在不同时间窗口采集到能量值的比例关系，解析出信号相位，间接测量发射信号和接收信号的时间差，进而得到距离。

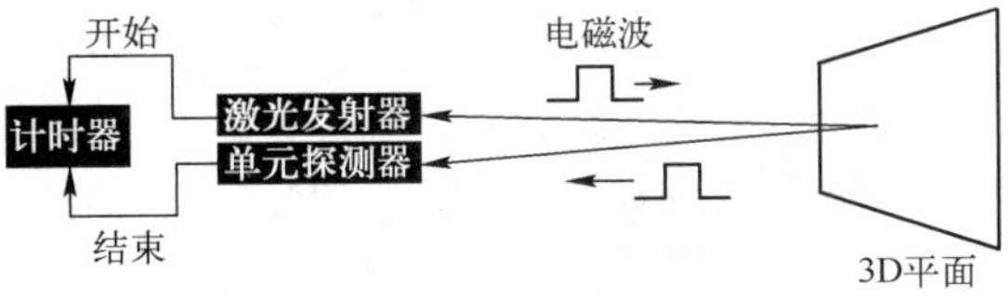

图 4.4-1 直接飞行时间法原理示意图

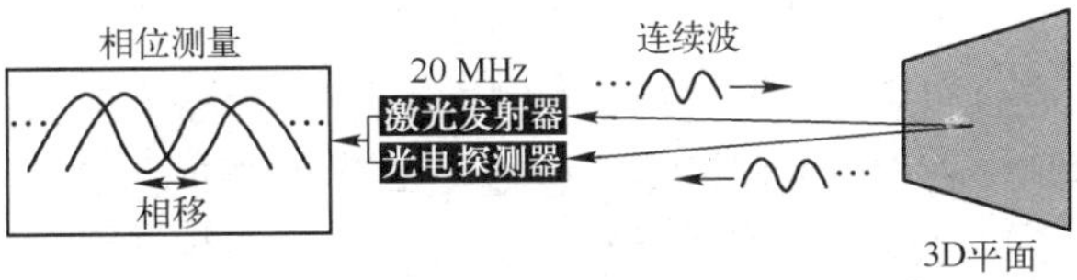

图 4.4-2 间接飞行时间法原理示意图

使用图 4.4-1 和图 4.4-2 中的一个激光发射器和一个单元探测器，配备必要的光束整形光学系统和成像光学系统，以及后端的信号处理器等，就可以对景物空间中的一个点进行测距了。要对目标景物空间进行三维成像，则只需要配备 4.3 节所述的光机扫描系统完成空间二维扫描就可以获得每一个点的空间三维数据，称为点云数据。这种三维成像激光雷达是最早出现的机械扫描式激光雷达，被称为单点扫描激光雷达，常用的扫描方式为如图 4.4-3 中所示的 Z 字形扫描，当用于机载平台进行航空对地观测时，可以借助于一维飞行运动与另一维的光机扫描配合完成空间二维扫描。

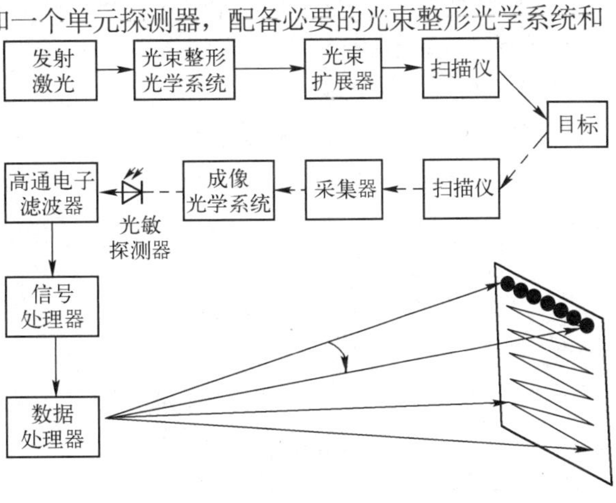

图 4.4-3 单点扫描激光雷达构成和 Z 字型扫描方式

随着激光雷达技术的发展，三维成像激光雷达也逐渐从机械扫描式发展到面阵凝视型，以自动驾驶领域为例，目前三维成像激光雷达可分为机械旋转扫描式、MEMS 微镜扫描式和固态激光雷达三种类型。其中固态激光雷达不需要扫描，是面阵凝视型，根据原理的不同有光学相控阵(OPA)技术和 FLASH 全固态技术等。

此处由于我们更关注扫描成像技术的应用，因此，仅对机械旋转扫描式和 MEMS 微镜扫描式的扫描结构进行具体介绍。

4.4.2 三维成像激光雷达中的扫描成像技术

1. 机械旋转扫描式激光雷达

机械旋转扫描式激光雷达的发射系统和接收系统一起绕转轴进行肉眼可见的转动，形成水平方向上稳定的周期性 360° 扫描。它的激光发射器由多个激光光束在垂直方向上平行排布成竖线，形成扫描面，因此在垂直方向上无需扫描。有多少发射器的激光光束，就需要有多少单元探测器与激光光束一一对应接收反射信号。当电机控制激光雷达整体旋转一周时，就可以完成对周围环境的 360° 三维成像，水平视场角为 360°，垂直视场角由激光光束的数量和间距决定。如果应用于机载平台对地观测，则可以用飞行平台的一维飞行运动代替旋转运动完成扫描。

机械旋转扫描式激光雷达技术相对成熟，但价格昂贵，性能提升需要增加收发模块来实现高线束，导致整套系统成本高、体积大，光路调试装配复杂。另外，机械旋转部件对环境稳定性要求比较高。因此，出现了一种改进方案——转镜旋转扫描式（见图 4.4-4），在激光雷达内部，使用旋转反射镜鼓实现激光束扫描面水平方向的扫描，而不再需要激光发射器和单元探测器整体旋转。这种方式的优势在于结构更紧凑，稳定性高，功耗低，安装难度相比机械旋转扫描式显著减小；但在运行中要求光学转镜实现连续高速旋转，对于电机的稳定性、光学系统控制精度均提出了较高的要求。

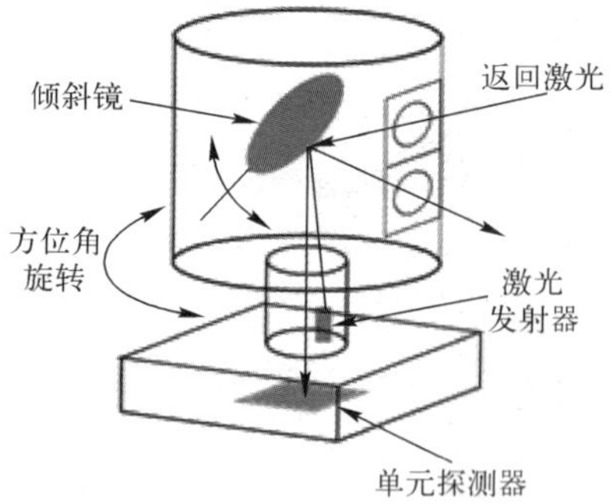

图 4.4-4 机械旋转扫描式激光雷达原理示意图

还有一些激光雷达产品使用了双楔形棱镜扫描的方式，原理示意见图 4.3-13，只要两个楔形棱镜的相对速度控制得当，那么在同一位置通过长时间扫描就可以几乎覆盖整个区域，分辨率可以达到很高；但是双楔形棱镜方案扫描出来的点云图呈现花瓣型，属于非结构性数据，数据处理更加复杂，且要想得到高分辨率数据，需要扫描时间足够长，因此更适宜静态场合使用。

2. MEMS 微振镜扫描式激光雷达

MEMS(Micro Electro Mechanical System)激光雷达是在硅基芯片上集成了悬臂梁结构的微振镜，图 4.4-5(a)示意了一个微振镜的结构，微振镜前后左右各有一对扭杆连接，可以使用电磁驱动或静电驱动使得微振镜产生两个方向上的扭转，起到平面摆镜的作用，将入射到微振镜表面的激光光束反射到不同的方向，实现对景物空间的扫描。

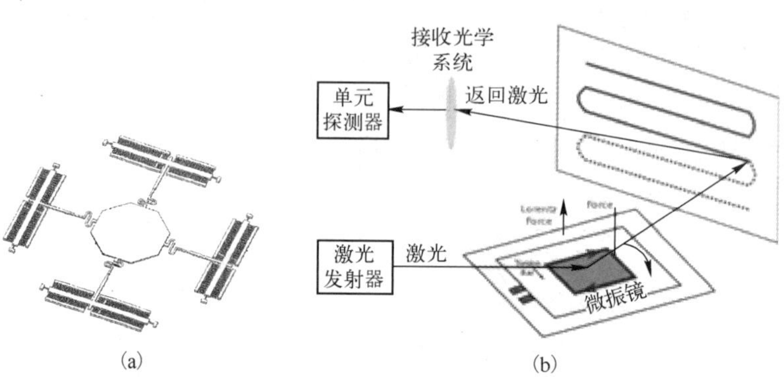

图 4.4-5 微振镜的结构和微振镜扫描式激光雷达原理

基于 MEMS 技术的微振镜扫描式激光雷达（见图 4.4-5(b)）体积小、扫描频率高、无机械组件，摆脱了笨重的旋转电机和扫描镜等机械运动装置。同时 MEMS 模块可采用半导体工艺规模化生产进而降低成本。但是硅基 MEMS 悬臂梁微振镜结构非常脆弱，耐久性存在不足，并且微振镜转角有限，限制了激光雷达的视场角，需要采取其他特殊措施扩大视场角，这必将增加系统的复杂度。因此三维成像激光雷达技术又进一步发展，出现了不需扫描的凝视型成像固态激光雷达，此处不展开。

4.4.3 成像光谱系统中的扫描成像技术

三维成像激光雷达使用二维成像器件可以获取三维空间信息，大大扩展了工程技术感知信息的丰富程度。另一种三维成像技术是成像光谱技术。

波长是表征光的属性的一种物理量，我们通常所说的光包含了各种波长的分量，以可见光波段的白光为例，实际上是由波长在 0.38～0.76μm 范围内的不同颜色单色光复合而成的，通常使用二维面阵成像器件时，获得的是在可见光波段内所有波长辐射的积分。所谓成像光谱技术就是在获得目标景物空间信息的同时，获取到每个点在各个波长上的辐射强度信息，由此可见，与激光雷达所不同的是，成像光谱技术获取到的是二维空间信息和一维光谱信息，称为数据立方体，如图 4.4-6 所示。

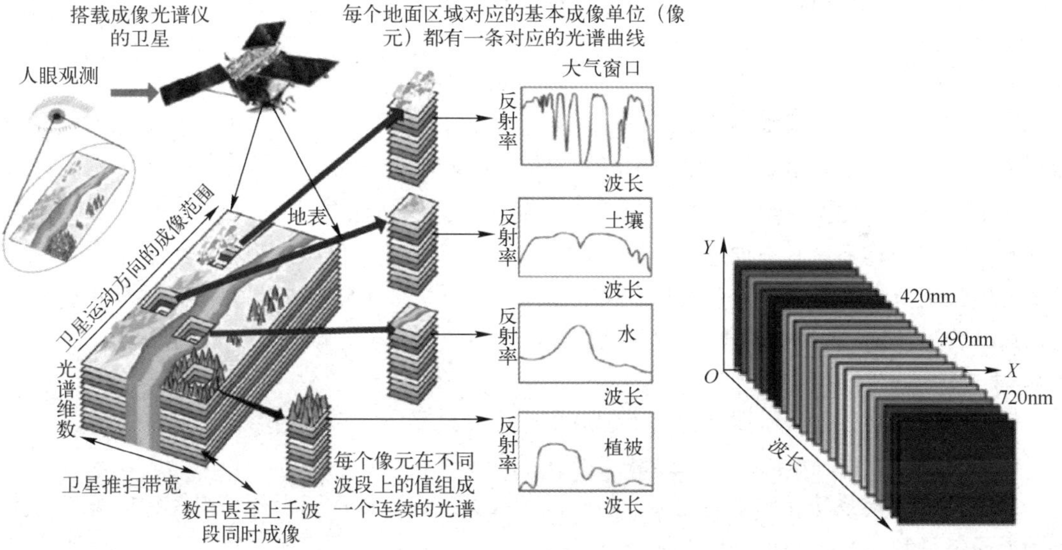

图 4.4-6　成像光谱仪原理和获取的数据立方体

因景物对不同波长的辐射具有不同的反射系数及其他光学特征，因此，对同一景物采用不同的波段进行成像可以获得更多的景物构成信息，这对基于卫星的资源遥感探测、农业估产、环境污染及军事侦察等均具有重要的应用价值。目前，世界各国都投入大量的人力、物力和财力研制各种成像光谱系统。

为了获得光谱维数据，一方面要利用光学原理将不同波长的光分开，称为分波长，另一方面也需要借助于扫描的思想，实现在二维成像器件上获得三维数据。

分波长就是要把波长范围较宽的复合光解析成若干个小的波段 $\Delta\lambda$，用 $\Delta\lambda$ 与波长 λ 的比值衡量对波段的细分程度，称为光谱分辨率，据此可以将成像光谱技术划分为如下三类：

多光谱成像（Multispectral Imaging）技术：光谱分辨率大约在 $\Delta\lambda / \lambda = 0.1$ 量级上；

高光谱成像（Hyperspectral Imaging）技术：光谱分辨率大约在 $\Delta\lambda / \lambda = 0.01$ 量级上；

超光谱成像(Ultraspectral Imaging)技术：光谱分辨率大约在 $\Delta\lambda/\lambda = 0.001$ 量级上。

根据光的透射、折射、干涉和衍射的物理原理，常用的分波长手段包括：滤色片分光、色散分光和干涉分波长。按照分波长的原理不同，成像光谱系统可以分为色散型成像光谱系统和干涉型成像光谱系统。

1．色散型成像光谱系统

色散型利用光学元件对复合光进行色散获得单一波长辐射信息，不同波长光在发生折射时光程差不同，出射光会有位置上的细微差异，则目标景物中的一个点出射的辐射经过棱镜色散后，就可以得到在不同波长上的辐射强弱分布。用一个线阵成像器件，就可以记录得到一行信息对应不同波长的辐射强度。

如果在图 4.4-7 中狭缝位置有一列(垂直于纸面方向排列)目标景物点入射，在棱镜长度足够的情况下，每一个目标点都可以色散为一行，则需要一个二维面阵成像器件记录得到图像信息，其中一维是空间维，另一维则是光谱维。很自然地想到，要对二维目标景物进行光谱成像，只要在垂直于狭缝方向进行一维运动扫描成像就可以得到数据立方体，这样就构成了色散型成像光谱系统。

色散型成像光谱系统出现较早，技术比较成熟，是最实用化的成像光谱系统之一。其中的关键部分为分光器件，有棱镜、光栅和棱镜光栅混合型三种分光类型。在现有应用棱镜分光的色散型成像光谱仪中，主要使用的是简单三棱镜、李特洛棱镜、科纽棱镜、直视光谱棱镜、阿贝恒偏向棱镜、瓦茨沃斯棱镜系统和阿贝棱镜系统等，典型代表为美国海军实验室研发的高光谱数字图像收集仪 HYDICE 及欧空局的机载成像光谱仪 APEX 等；应用光栅分光的色散型成像光谱仪中，主要使用的是凸面光栅、凹面光栅和平面光栅以及阶梯光栅等，典型代表有美国机载成像光谱仪 AVIRIS、美国航空航天管理局(NASA)的高光谱成像仪 Hyperion、美国海军地球测绘观测者卫星上的海岸海洋成像光谱仪 COIS、NASA 的中分辨率成像光谱仪 MODIS、欧空局的中分辨率成像光谱仪 MERIS，以及 PROBA 卫星上搭载的紧凑型成像光谱仪 CHRIS 等。

色散型成像光谱系统具有原理简单、性能稳定等诸多优点，但系统中带有狭缝，其分辨率受到狭缝宽度的限制，中等空间分辨率的光谱系统的光谱分辨率很难做到 5nm 以下，并且狭缝大大限制了进入系统的光通量，信噪比很低，对高灵敏度探测器依赖过多，成为其发展的瓶颈。

2．干涉型成像光谱系统

干涉型成像光谱系统从原理上解决了色散型成像光谱系统能量利用率低的缺陷，并具有多通道和高光谱分辨率等优点，是目前成像光谱技术研究的热点。

干涉型成像光谱系统通过干涉光路，将干涉条纹叠加在二维图像上，使得图像的每一列像元带有不同的相位调制信息，在垂直于干涉条纹的方向上进行扫描成像，相当每一列像元遍历所有的干涉级次，将一列像元在所有干涉级次上的强度信息抽取出来重组(见图 4.4-8)后进行傅里叶变换，就可以得到这一列像元所对应的目标的光谱。

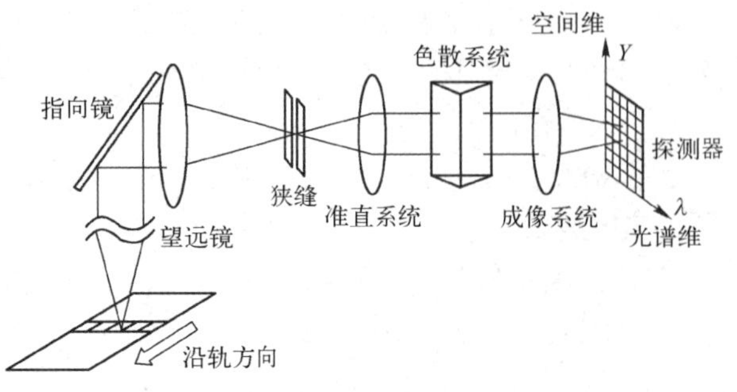

图 4.4-7　色散型成像光谱系统

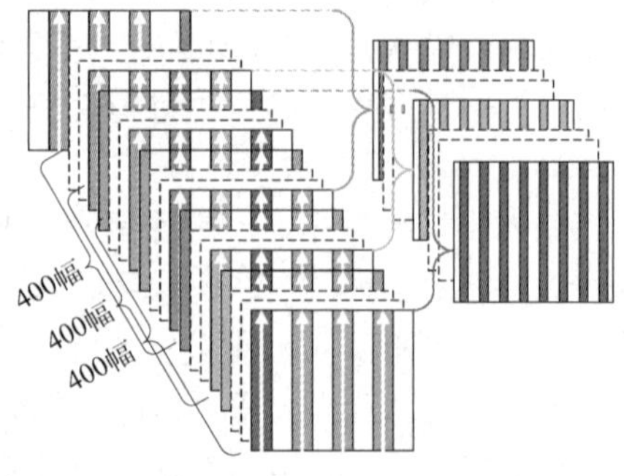

图 4.4-8　干涉型成像光谱系统干涉级次抽取过程示意图

现有的干涉型成像光谱系统按照干涉调制原理主要可分为三种：时间调制型(Temporarily Modulated)、空间调制型(Spatially Modulated)和时空联合调制型。这里的“调制”意思是用干涉相位信息对景物图像进行调制，使得景物图像上叠加能够反演出波长的干涉信息。干涉相位随时间而变化则称为时间调制型，这一类系统中通常包含一面前后平移运动的动镜，需要一套高精度的动镜系统，在动镜运动过程中，既要保持其匀速性，对晃动或倾斜也有非常严格的要求，这就增加了系统的成本；且实时性不好，由于对干涉图完成采样需要动镜运动一个周期的时间，因此不适合用于测量快速变化的光谱。干涉相位随空间位置而变化则称为空间调制型，这一类系统中无动镜结构，系统稳定性更好。

经典的时间调制型干涉成像光谱系统是基于迈克耳孙干涉仪结构的，系统的光路图如图 4.4-9 所示。空间调制型成像光谱系统具有代表性的有 Sagnac 空间调制型干涉成像光谱系统和双折射晶体干涉成像光谱系统。带狭缝的 Sagnac 空间调制型干涉成像光谱系统光路图如图 4.4-10 所示，五面体的 Sagnac 分光镜的作用就是一个“横向”剪切器，它采用非对称结构，可以使位于狭缝位置的物一分为二；柱透镜使成像器件在行的方向上获得一维光谱信息，在列的方向上获得一维空间信息；另一维空间信息则需要利用垂直于狭缝方向的扫描成像获取。双折射干涉成像光谱系统的光路图如图 4.4-11 所示，其利用的是偏振分光干涉的原理。

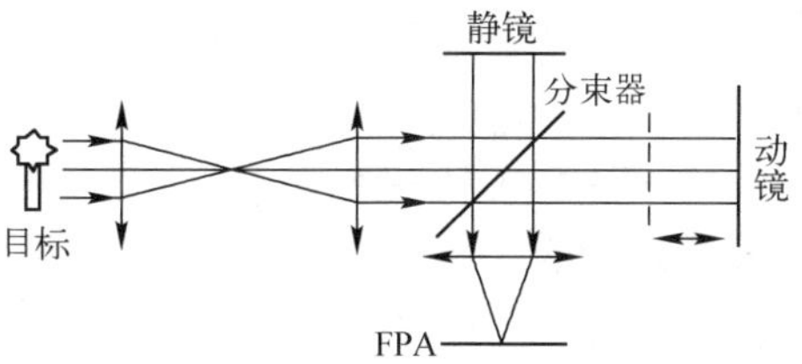

图 4.4-9　时间调制型干涉成像光谱系统光路图

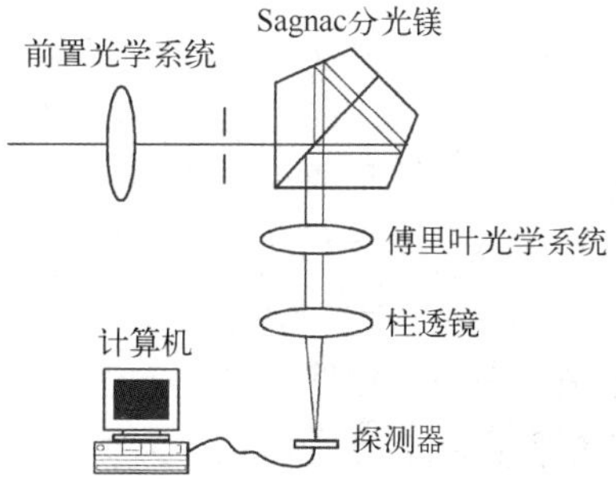

图 4.4-10　Sagnac 空间调制型干涉成像光谱系统光路图

时空联合调制型干涉成像光谱系统是一类新型傅里叶变换成像光谱系统，图 4.4-12 所示为我国西安光机所研制的大孔径静态干涉成像光谱系统(LASIS)的光路图。由于物点的干涉信息由面阵探测器的一行记录，该系统一般被归入空间调制型干涉成像光谱系统的范畴；同时由于物点的干涉信息不是在同一瞬时获得的，该系统又具有时间调制型干涉成像光谱系统对平台姿态变化敏感的特点，因此被称为时空联合调制型。

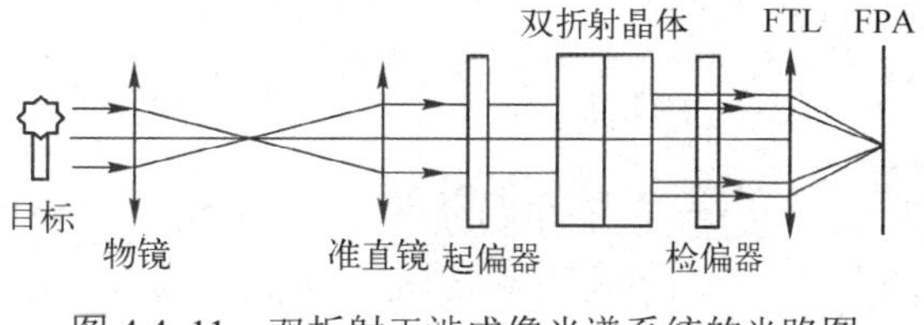

图 4.4-11　双折射干涉成像光谱系统的光路图

3．成像光谱系统的扫描方式

前面所介绍的各种类型成像光谱系统中，都提到需要借助于至少一维扫描才可以直接或间接获得数据立方体，不同的成像光谱系统，需要不同的扫描方式与之相配合，目前使用的扫描方式主要有三种：摆扫式、推扫式和窗扫式。

摆扫式(Whisk broom)成像光谱系统的扫描方式如图 4.4-13 所示。在使用线阵探测器的色散型成像光谱系统中，每一个时刻只能对景物空间中的一个小的瞬时视场进行光谱成像，线阵探测器用于记录任一瞬时视场内目标点的光谱分布。两个平面反射镜组成的光机扫描器控制进入光学系统的瞬时视场的位置，并配合实现对整个场景的二维逐点扫描。其中一个反射镜负责左右摆动横向扫描，相当于行扫描，另一个则负责对不同行切换，相当于帧扫描，因此这种扫描方式被形象地称为

“摆扫”。通常成像光谱系统用于航空对地观测时，帧扫描由飞行平台的一维直线运动产生，只需要一个平面反射镜完成行扫描即可。

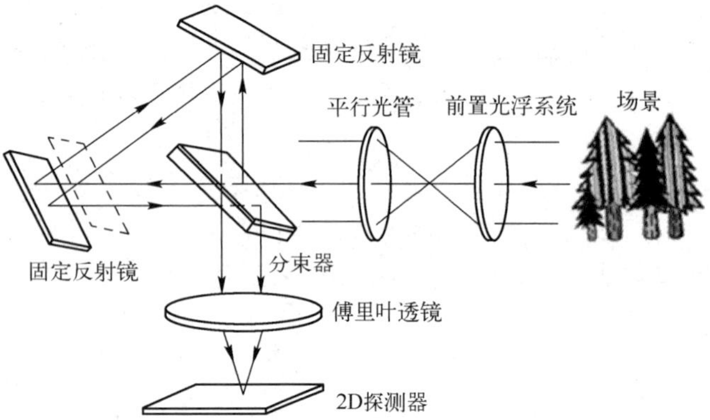

图 4.4-12　LASIS 的光路图

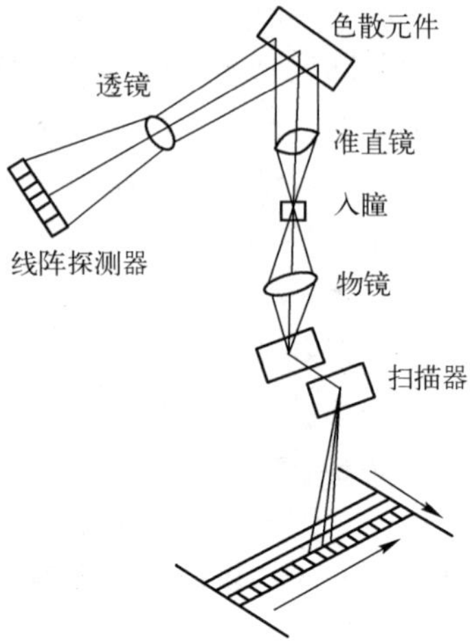

图 4.4-13　摆扫式成像光谱系统的扫描方式

推扫(Push Broom)式成像光谱系统的扫描方式如图 4.4-7 所示，使用面阵探测器，y 轴方向为一维空间信息，λ 轴方向为光谱维信息，空间第二维扫描既可由飞行器本身实现，也可使用扫描反射镜。这种扫描方式就像是推着一行探测器在进行扫描，故形象地称为“推扫”。图中指向镜的作用是选择进入系统的视场位置，不参与扫描成像。

窗扫(Window Broom)式成像光谱系统一般用于不含狭缝的时空联合调制型干涉成像光谱系统中，数据采集中每一帧图像既是干涉图又是“景物”图，面阵探测器上输出的是叠加有干涉条纹的图像，要获得完整的光谱信息，需要利用系统的运动对目标场景进行全像面的一维运动扫描成像，这时面阵探测器的像面就好像是一扇窗，整体进行扫描，形象地称为“窗扫”。这里的一维运动扫描可以借助于飞行平台的一维运动，也可以在光学系统前端加装平面反射镜，利用反射镜的旋转实现对目标场景的扫描。

习题与思考题

1．摄像管的结构由几部分组成？各部分的作用是什么？

2．摄像管的分辨率是怎样定义的？通常采用什么单位？

3．简述光电导摄像管的工作原理，指出光电导靶的特点。

4．光电发射型摄像管有什么特点？试述光电发射型摄像管的工作原理。

5．什么叫热释电效应？试叙述之。

6．热释电摄像管的靶有什么特点？具有什么性质？

7．什么是热释电摄像管？其与普通摄像管有什么异同？

8．为什么热释电摄像管工作前要进行单畴化？简述热释电摄像管的单畴化过程。

9．热释电摄像管工作时有什么要求？对应这种要求有几种工作方式？各有何优缺点？

10．简述概念：红外热成像系统全视场、瞬时视场、驻留时间、过扫比、帧周期与帧频、扫描效率。

11．若采用 6 边旋转反射镜转鼓及 4 元探测器的并扫，产生与我国广播电视扫描制式相同的视频信号时，行扫电机的转速需为多少？

12．光机扫描有几种基本扫描方式？其特点如何？

13．热成像系统对扫描器的基本要求是什么？常用的光机扫描器有哪些？各有什么特点？

14．常用的光机扫描方案有哪些？特点如何？

15．热成像系统中前置望远系统和中继透镜系统的作用是什么？

16．热成像系统的扫描成像方式主要有哪些？各有什么特点？

17．增加探测器元数为什么可以提高系统的信噪比？串行扫描和并行扫描成像方式在提高系统信噪比方面有何异同？

18．凝视成像与扫描成像有什么特点？目前实现凝视成像的基本途径有哪些？

19．什么是微扫描技术？微扫描技术可以解决当前光电成像技术遇到的什么问题？

20．简述实现微扫描的可能方法，其实现的难易程度如何？

21．从光电成像的角度简述将二维景物图像转换为一维时间序列电信号可通过哪些途径实现？

第 5 章　固体成像器件

固体成像器件通常是指利用内光电效应工作在非真空工作环境下的器件，因其具有电真空成像器件无法比拟的优点而成为当今的主流成像器件。这类固体成像器件体积小、质量轻、灵敏度高、寿命长、低功耗、动态范围大，因而受到人们的重视，并在许多领域获得了广泛的应用。

在 20 世纪 60 年代前后，陆续出现了电荷注入器件(CID)、电荷耦合光电二极管器件(CCPD)、电荷引动器件(CPD)、电荷扫描器件(CSD)，以及互补金属-氧化物-半导体(Complementary Metal Oxide Semiconductor，CMOS)、自扫描光电二极管列阵(SSPD)等电荷转移器件或电荷传输器件。

电荷耦合器件(Charge-Coupled Devices，CCD)是最具代表性、最成功的固体成像器件之一。CCD 是 1970 年由美国贝尔实验室首先研制出来的新型固体成像器件。作为多功能器件，CCD 主要有三大应用领域：摄像、信号处理和存储。鉴于 CCD 对信息化社会进步的巨大贡献，其发明人美国贝尔实验室(Bell Labs)的维拉・波义耳(Willard S.Boyle)和乔治·史密斯(George E.Smith)于 2009 年与光纤的发明者高锟一起获得了诺贝尔物理学奖。近年来，随着半导体器件制备技术的快速发展，CMOS 也成功地用于光电成像领域，且逐渐成为技术应用的主流。

固体成像器件主要以自扫描代替电子枪扫描实现电荷的高速读出。固体成像器件采用的主要是电子驱动电荷耦合顺序读出方式(如 CCD、CCPD、CSD)和水平移位寄存器配合垂直移位寄存器的 X-Y 寻址读出(如 CMOS、CID、SSPD)方式，其他的区别主要体现在光敏元结构与排列方面。目前，除了硅基材料的固体成像器件，其他材料的固体成像器件主要是将 CCD 或者 CMOS 作为其读出电路使用，采用倒装互连的方式形成响应不同波段辐射信息的固体成像焦平面阵列。本章主要介绍 CCD、CMOS 成像器件的工作原理及技术进展情况。

5.1　CCD 的结构与工作原理

CCD 是基于 MOS(金属-氧化物-半导体)电容器在非稳态下工作的一种器件。普通的双极和单极型半导体器件的工作原理是以在热平衡状态下工作为基础的，而 CCD 则是用处于非热平衡状态的势阱来进行电荷存储和转移。

因此，首先要了解 MOS 电容器的稳态和非稳态工作及其与 CCD 的关系。

5.1.1　稳态下的 MOS 电容器

理想 MOS 电容器结构如图 5.1-1 所示。在硅片上生长一层 SiO_2 层，厚度为 d_{0x}，再蒸镀上一层金属铝作为栅电极。硅下端形成欧姆接触电极，便构成一个 MOS 二极管或 MOS 电容器。V_g 为加在栅电极上的偏压，当栅电极电压为正时，则 V_g 为正；反之，V_g 为负。半导体作为底电极，称为“衬底”。衬底分为 P 型硅衬底和 N 型硅衬底，它对应不同的沟道形式。由于电子迁移率高，所以，大多数 CCD 选用 P 型硅衬底。下面以 P 型硅衬底 MOS 电容器为参照进行说明。

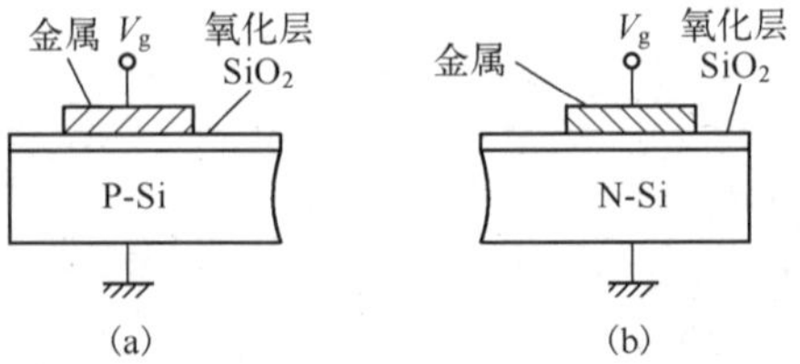

图 5.1-1　理想 MOS 电容器结构

MOS 电容器的状态随 V_g 发生变化。在 V_g 为零时，Si 表面没有电场的作用，其载流子浓度与体内一样，Si 本身呈电中性，电子能量从体内到表面都相等，所以能带是平坦的，不存在表面空间电荷区，这种状态称为“平带状态”，如图 5.1-2(a)和(b)所示。

当在栅电极加上电压，即 V_g 不为零时，Si 表面的电荷和电势分布可通过求解泊松方程式得到。下面分三种情况讨论：

（1）$V_g<0$ 的多数载流子积累状态

当在栅电极加上直流负偏压，即 $V_g<0$ 时，电场使 Si 内部的可移动空穴集中到 Si-SiO_2 界面，在 Si 表面形成多数载流子积累层，如图 5.1-2(c)所示，这种状态称为“积累状态”。当达到热平衡时，V_g 的一部分降落在 SiO_2 层内，其余部分作用于半导体表面而引起表面势 V_s。由于 $V_s<0$，则 $-eV_s>0$，表面处能带向上弯曲，如图 5.1-2(d)所示，从而导致表面附近的价带中比体内有更多的空穴，使表面呈现强 P 型。为了保持 MOS 系统的电中性条件，栅电极上的负电荷与半导体积累层中的正电荷正好相互补偿。但金属的费米能级与半导体的费米能极并不相等，即 $E_{Fm}\neq E_{Fs}$，其差值正好是 V_g 与电子电荷的乘积。若此时在 V_g 上叠加交流小信号，则积累在界面处的空穴数将随交流信号的变化而变化。

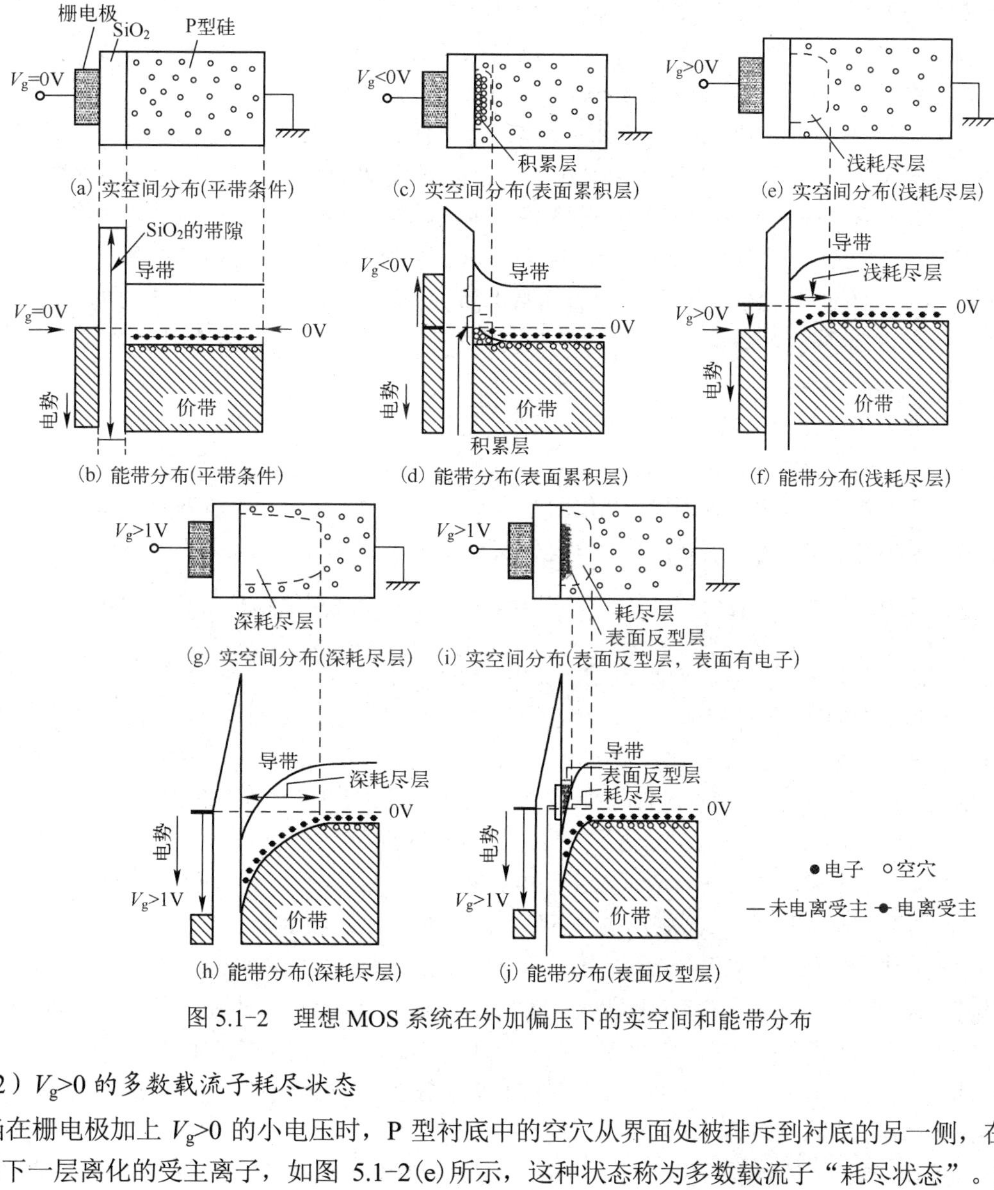

图 5.1-2　理想 MOS 系统在外加偏压下的实空间和能带分布

（2）$V_g>0$ 的多数载流子耗尽状态

当在栅电极加上 $V_g>0$ 的小电压时，P 型衬底中的空穴从界面处被排斥到衬底的另一侧，在 Si 表面处留下一层离化的受主离子，如图 5.1-2(e)所示，这种状态称为多数载流子“耗尽状态”。这相当于 MOS 电容器充负电。该充电区域(空间电荷区)称为耗尽层。此时表面势 $V_s>0$，则$-eV_s<0$，表面处

能带向下弯曲，如图 5.1-2(f)所示。栅电极处施加的正电压越高，半导体内的耗尽层展开的越宽，在实空间分布上表现为耗尽层厚度变大，如图 5.1-2(g)(h)所示。由于能带弯曲，越接近表面，费米能级 E_{Fs} 与价带顶能级 E_+的间隔越大，构成空穴势垒，表面处空穴浓度比体内小，以至完全没有空穴，即多子从表面耗尽。在一定的掺杂浓度下，V_s 与 V_g 有关，耗尽层厚度 x_d 与 V_s 有关。

（3）$V_g>V_{th}>0$ 的反型状态

在上述基础上正电压 V_g 进一步增加，表面处能带相对于体内进一步向下弯曲，当 V_g 超过某一阈值时，将使得表面处禁带中央能级 E_i 降到 E_{Fs} 以下，导带底能级 E_-离费米能级 E_{Fs} 更近一些。这表明表面处电子浓度超过空穴浓度，已由 P 型变为 N 型。这种情况称为“反型状态”，如果电子通过某种方式注入导带，则电子会聚集在表面空的能级处，如图 5.1-2(i)和(j)所示，从图中还可看出，反型层到半导体内部之间还夹有一层耗尽层。

反型状态可分为弱反型和强反型两种情况。当 V_s 增加到正好等于体内费米势 φ_F 时，在表面 E_F 达到 E_i，表明表面处电子浓度开始超过空穴浓度。这种情况称为“弱反型”。

强反型状态定义为表面处反型载流子电子浓度 n_s 已达到或大于体内多数载流子空穴的浓度 p_0，即 $n_s \geqslant p_0$。发生强反型时半导体表面势应满足的条件为 $V_s=2\varphi_F$。半导体衬底掺杂浓度 N_A 越高，半导体表面越不易反型。在强反型状态下，表面处电子浓度随 V_s 增加呈指数增长，而 V_s 随耗尽层厚度 x_d 呈二次函数增加。因此，一旦出现反型层，即使提高栅电压，使栅电极的正电荷进一步增加，但由于反型层中的电子也增加而维持平衡，结果耗尽层厚度几乎不变，即达到耗尽层厚度最大值。聚集在反型层中的电子由耗尽层中的热激发产生的电子-空穴对供给。由于这种机制的产生比较缓慢，即使在直流电压上叠加上小的交流电压，反型层的电子数也不能响应这种交流变化。所以在强反型状态下，耗尽层达到最大厚度 x_{dmax} 而且不随 V_g 而变化，电容 C_{0x} 将达到极小值并大致保持恒定。在 MOS 结构中，表面出现强反型状态时对应的外加偏压 V_g 称为阈值电压(又叫开启电压)，常用 V_{th} 表示。

从图 5.1-2(j)中的能带可以看到，对表面反型层的电子来说，一边是 SiO_2 绝缘层，它的导带比半导体高许多。另一边是弯曲的导带形成的一个陡坡，其代表由空间电荷区电场形成的势垒。所以，反型层中的电子实际上被限制在表面附近能量最低的一个狭窄区域，因此，常称反型层为沟道。P 型半导体的表面反型层是由电子构成的，所以称为 N 沟道。反之，N 型半导体的表面反型层则称为 P 沟道。

5.1.2 非稳态下的 MOS 电容器——MOS 电容器的电荷存储原理

仍以 P 型硅半导体为例。在 MOS 电容器上施加足够大的 V_g，使半导体近界面处能带向下弯曲形成反型层。在电压加到栅电极上的瞬间，在介电弛豫时间(约 4^{-12}s)内，金属电极上即感应生成正电荷，而半导体中只有多子空穴能跟上变化，少子电子取决于产生-复合过程而跟不上这个变化(还来不及产生)，反型层也还没有形成(尽管 $V_g>V_{th}$)，因此有 N 个空穴从表面流向体内，体内则有同样数目的空穴流向底电极以保持体内的电中性。而在界面层内留下了同样数目的离化受主。此时的能带结构如图 5.1-3(a)所示，外加电压大部分降落在半导体表面的空间电荷区上(即 V_s)，只有一小部分降落在 SiO_2 层上(即 V_{0x})。此时，尽管半导体表面已形成强反型的条件，但因电子尚没来得及产生，实质上那里只是空的电子势阱。也就是说表面还处在载流子耗尽状态，因此耗尽层从表面一直延伸到体内较深处，故也称其为深耗尽状态(形成势阱)。深耗尽状态实际上是 MOS 电容器处于非热平衡时的一种状态，这时耗尽层的厚度超过强反型时的厚度，表面势 V_s 也超过强反型时的表面势，其大小都由栅电压来决定。此时，如果由外来因素(光注入或者电注入)导致产生大量的非平衡载流子(此处为电子)，则这些与外来因素对应的信号将进入并保存在该势阱内，形成了信号电荷的存储。

随着时间的推移，热激发产生的电子将由于电场(有时附加有扩散)的作用而进入势阱(即向界面集中)，空穴则流入衬底。势阱中的电子增加将使该处的能带抬高，最后恢复热平衡状态(稳态)，并在表面形成强反型层，如图 5.1−3(b)所示。

从非平衡态的建立到达到热平衡所需的时间(热激发产生的电子填满势阱所需的时间)称为存储时间 T。通常

$$T=\frac{2\tau_0 N_A}{n_i} \tag{5.1-1}$$

式中，τ_0 为耗尽区少子寿命，N_A 为半导体衬底掺杂浓度，n_i 为本征半导体载流子浓度。存储时间的长短主要取决于硅晶体的完整性，优质硅单晶的存储时间长达几秒甚至几十秒。

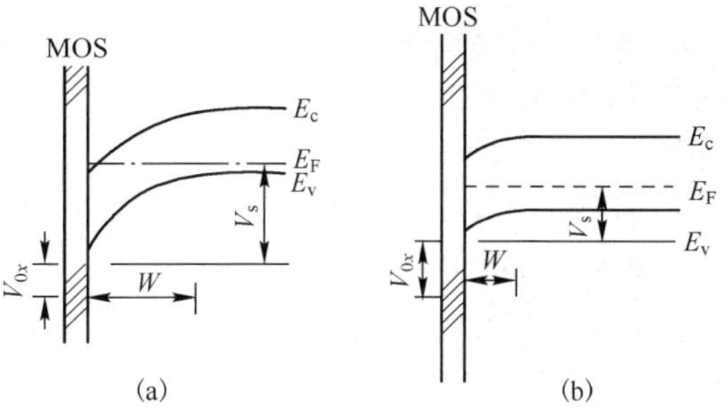

图 5.1−3　非稳态和稳态时的能带结构

非稳态时 V_s 特别大，表面处电子的静电势能为 $-eV_s$，特别低，从而形成电子的深势阱，其深度为 eV_s。如果此时有外界光信号或电信号的激励或注入，即在空间电荷区产生电子−空穴对或注入电子，则空穴在表面电场作用下被驱赶到体内耗尽区外，而电子则逆电场运动进入势阱存储起来。

信号电子到达势阱后，将屏蔽掉一部分电场，从而使空间电荷区电场减弱，表面势下降，即势阱变浅，空间电荷区变窄。随着表面信号电子的积累，表面势继续下降。每增加 ΔQ_s 电荷，表面势就下降 $\Delta Q_s/C_{0x}$；下降到 $2\varphi_F$ 时，信号电子就不能增加了，否则将破坏它的耗尽工作条件。此时势阱已满，这也就是一个电子势阱所能容纳的最大电荷量。满势阱时所能容纳的信号电荷量近似为

$$Q_s=C_{0x}V_gA_d \tag{5.1-2}$$

该式表明电子势阱的信号电荷存储能力，可以看成一个普通电容器来处理。要提高信号容量，可以通过增加 V_g 实现。但这又受 SiO_2 层耐压强度 E_{max} 的限制。一般情况下 $E_{max}=5\times10^6\sim10\times10^6$V/cm，故 MOS 电容能存储的最大电荷面密度为 $Q_{smax}=\varepsilon_0\varepsilon_{0x}E_{max}\approx 10^{13}$ 电子/cm^2。增加栅极面积 A_d 也可以提高电荷存储量，但会影响器件频率特性和集成度。

此外，不同的氧化层厚度和不同的衬底掺杂浓度也影响表面势与栅电压的关系。如果使 N_A 变化或改变 d_{0x}，则可以在器件中永久地建立起势垒而形成沟阻，限定 CCD 的沟道走向，并提供二相 CCD 工作所需要的体内势垒(台阶)。在一定栅电压下，V_s 与 Q_s 的关系曲线如图 5.1−4 所示。

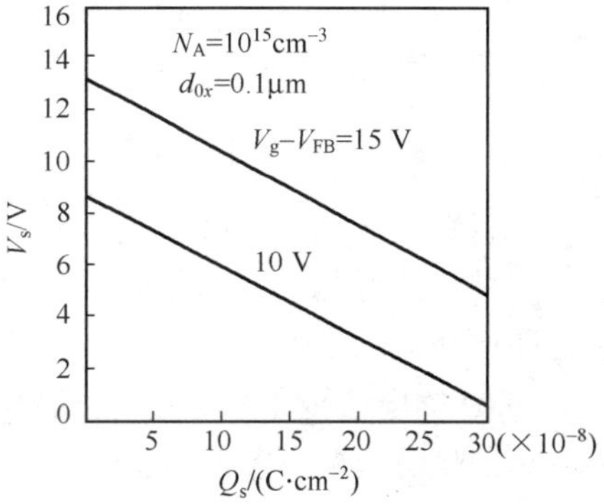

图 5.1−4　表面势与信号电荷量的关系曲线

CCD 就是利用 MOS 电容器的上述过程来存储信号和转移信号的。该过程将信号电荷从一个因带有这些电荷而变浅的势阱中驱入相邻的尚未变浅的深势阱中。但必须指出，这些过程必须在非平衡状态下，热激发的载流子远没有出现之前进行。所以 CCD 是一种工作在非平衡状态的器件。

5.1.3　CCD 的电荷耦合与传输原理

CCD 是一行行紧密排列在硅衬底上的 MOS 电容器阵列。它具有存储和转移信息的能力，故又称之为动态移位寄存器。了解 CCD 的工作原理前，首先必须了解 MOS 电容器之间耗尽层的耦合。

1. MOS 电容器的耦合

考察两个间隔较大的 MOS 电容器，在两个金属栅电极之间没有被金属覆盖那部分的氧化物下的表面势，将由氧化层上面的情况、固定氧化物电荷及衬底掺杂浓度等确定。因此，在这种情况下，不可能使一个 MOS 电容器中存储的信息电荷转移到另一个 MOS 电容器中，如图 5.1−5(a)所示。但是，当两个

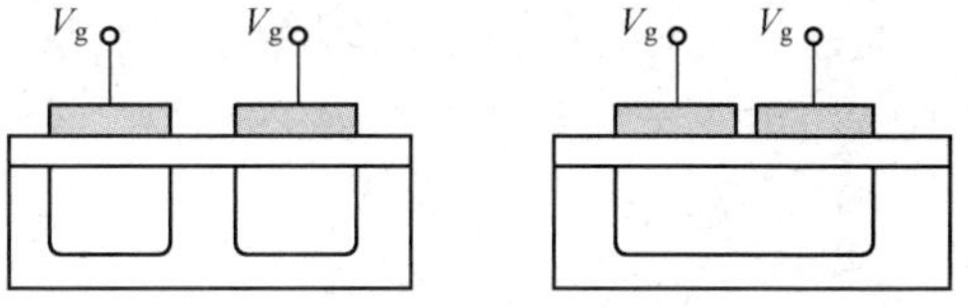

(a) 间隙大，耗尽层间存在势垒　(b) 间隙小，耗尽层耦合

图 5.1−5　不同栅电极间隙形成的耗尽层

金属栅电极彼此足够靠近时，其间隙下的表面势将由两个金属栅电极上的电位 V_g 决定，从而形成两个 MOS 电容器下面耗尽层的耦合，如图 5.1-5(b)所示，使一个 MOS 电容器中存储的信号电荷转移到下一个 MOS 电容器中。

因此，CCD 能否成功地工作，首先取决于金属栅电极的排布情况。为了找出最佳的间隙宽度，必须对各种尺寸的器件求解二维泊松方程并给出表面势作为间隙的函数曲线。图 5.1-6 所示的 CCD 模型，加上周期性边界条件并使用有限差分方法，通过计算机求解泊松方程，得到如图 5.1-7 所示结果，即给出表面势作为各种间隙宽度和各种电极长度时的分布曲线。从所得结果看，为保证表面势不形成高的势垒，间隙宽度 g 应小于 3μm。如果 g=3μm，势垒基本消失。g<3μm 时边缘效应还可以加速电荷的转移。上述模型中取 d_{0x}=0.3μm，但实际中常取 d_{0x}=0.1μm。这样，要实现相邻 MOS 电容器的势阱良好耦合，必须要求 g<1μm。常规的集成电路工艺还达不到这个水平，但采用交叠栅结构则能使间隙小至 0.2μm 以下。同时，采用交叠栅结构还能防止裸露间隙氧化物外表面的静电条件随工作环境湿度变化造成的转移效率降低。

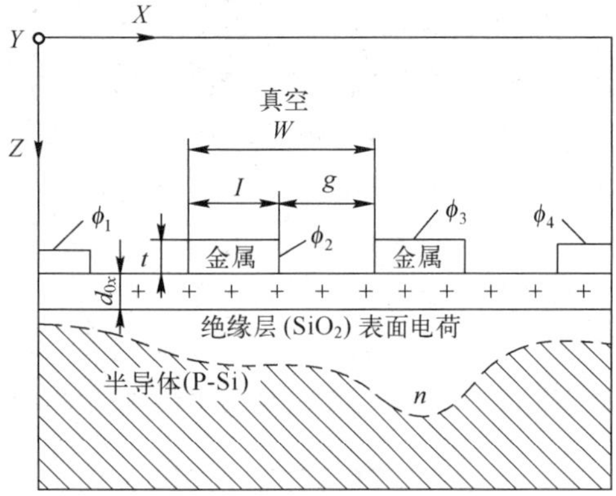

图 5.1-6　计算用 CCD 模型

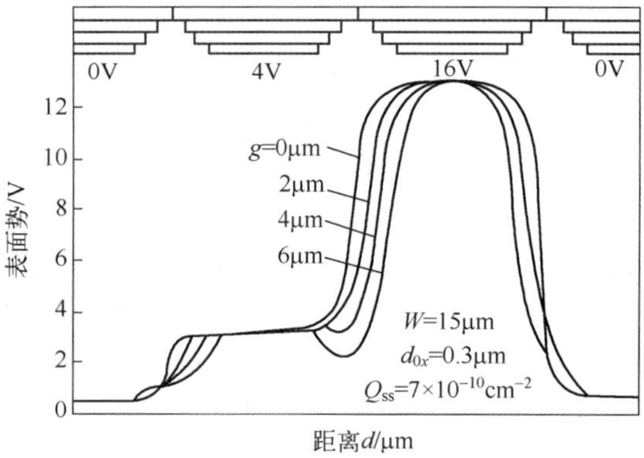

图 5.1-7　V_s 沿 x 方向的分布曲线

2．CCD 的电荷传输原理

当 CCD 工作时，可以用光注入或电注入的方法向势阱注入信号电荷，以获得自由电子或自由空穴。势阱所存储的自由电荷通常也称为电荷包。在提取信号时，需要将电荷包有规则地传递出去，即进行电荷的转移。

CCD 的电荷转移利用耗尽层耦合原理，即根据加在 MOS 电容器上的 V_g(>V_{th}，一般 V_{th}=2V)越高产生的势阱越深的事实，在耗尽层耦合的前提下，通过控制相邻 MOS 电容器栅电压的高度来调节势阱的深浅，使信号电荷由势阱浅的位置流向势阱深的位置。

此外，CCD 中电荷的转移必须按照确定的方向。为此，MOS 电容器阵列上所加的电位脉冲必须严格满足相位时序要求，使得任何时刻势阱的变化总是朝着一个方向。图 5.1-8 给出了三相 CCD 转移过程，图 5.1-9 是其转移脉冲时序波形。如图 5.1-8 所示，若电荷从左向右转移，当存储有信号电荷的势阱抬起时，与之相邻的右边的势阱总比该势阱深，这样才能保证电荷始终朝右边转移。为此，通常在 CCD 的 MOS 阵列上将几个相邻的 MOS 电容器划分为一个单元而无限循环，每一单元称为一位。将每一位中对应位置上的电容器栅电极分别连在各自共同的电极线上，称之为相线。如图 5.1-8 中所示，三相 CCD 中 1, 4, 7, …为一共同相线，2, 5, 8, …及 3, 6, 9, …分别为另外两个共同相线。可见，一位 CCD 中包含的电容器个数即为 CCD 的相数，或者说每相线连起来的电容器的个数即为 CCD 的位数。

下面根据图 5.1-8 具体分析三相 CCD 的电荷转移过程。图 5.1-8 中给出的是 N 衬底 P 沟道情况，而对 P 衬底 N 沟道情况，只需将所加电压反极性即可。由图 5.1-8 可知，当 $t=t_1$ 时，$\phi_1=-V$，$\phi_2=\phi_3=0$，势阱位于第 1, 4, 7, 10 电极下面，而且仅第 4 电极下面没有空穴存储；在 $t=t_2$ 时，$\phi_1=\phi_2=-V$，$\phi_3=0$，此时空穴包扩展到两个电极下面；$t=t_3$ 时，$\phi_1=-V/2$，$\phi_2=-V$，$\phi_3=0$，空穴包流入深势阱；$t=t_4$ 时，$\phi_1=0$，$\phi_2=-V$，$\phi_3=0$，信号电荷包向右移动一个电极的距离。如此循环，时钟脉冲 $t_1 \sim t_9$ 构成一个周期，周期为 T。即在 T 周期内，信号电荷包向右转移了一位。上述这种 P 沟道情况，因其必须加负极性栅电压，且空穴的迁移率低，故除特殊用途外，通常使用 N 沟道 CCD。

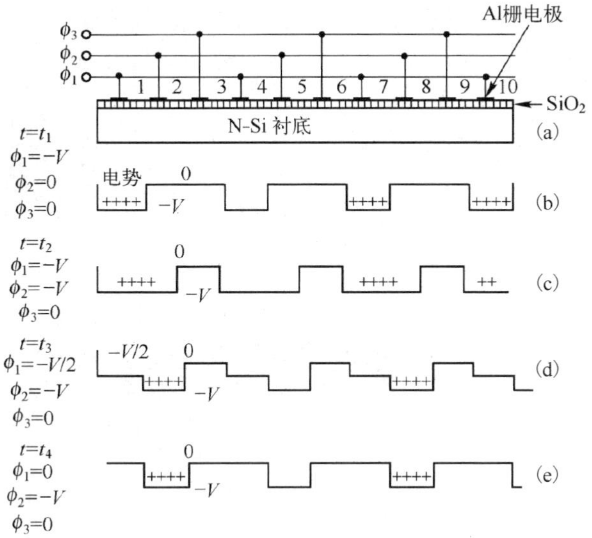

图 5.1-8　三相 CCD 的转移过程

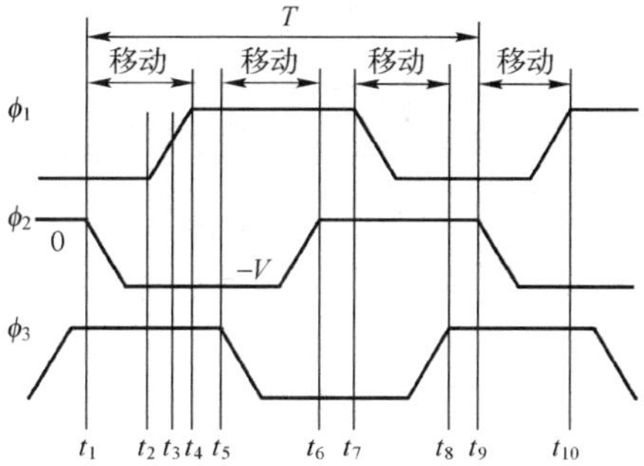

图 5.1-9　三相 CCD 转移脉冲时序波形

除了上述要求，CCD 中信号电荷的转移还必须沿确定的路线。所以，在工艺设计时必须考虑好沟道与沟阻。电荷转移的通道称为沟道，而限定沟道的部分称为沟阻。根据前边的讨论，在相同 V_g 下，N_A 越高，V_s 越低。所以可以在设计为沟阻的部位做更高掺杂，形成沟阻，从而确定沟道，如图 5.1-10 所示。

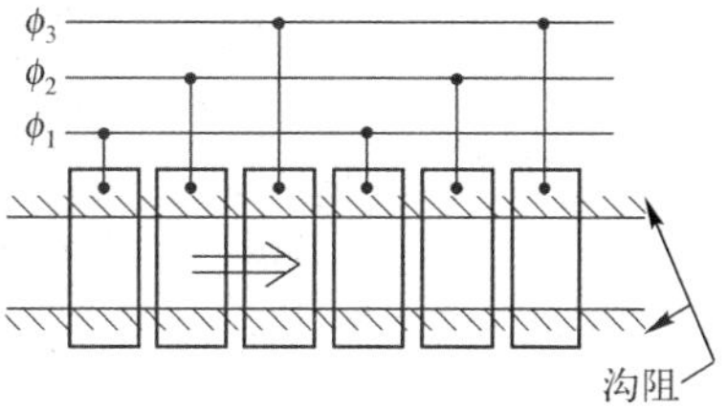

图 5.1-10　三相 CCD 的俯视图

5.1.4　CCD 的结构

1．转移电极结构

转移电极结构通常按照每位采用的电极相数来划分。对于普通结构的 CCD，为了使电荷包单向转移，至少需要三相转移电极。对于特殊结构的 CCD，也可采用二相供电或四相供电等方式。

三相 CCD 是最简单的电极结构。因为在某一确定的时刻，对存储有电荷的电极而言，两个相邻电极，需要一个被“打开”，另一个保持“关闭”，以阻止电荷倒流。通常这种电极结构采用三相交叠硅栅结构(图 5.1-11)，它既可得到电极间窄间隙，又能得到封闭的电极结构。三相交叠电极可以是多晶硅，也可以是铝金属，或者两种混用。此外，还有三相单层铝电极结构和三相电阻海结构。为了发挥各类 CCD 结构的最佳性能，对时钟脉冲有一定的要求。对三相时钟脉冲有三点要求：①三相时钟脉冲有一定的交叠，在交叠区内，电荷包源势阱与接收势阱同时共存，以保证电荷在这两个势阱间充分转移；②时钟脉冲的低电平必须保证沟道表面处于耗尽状态；③时钟脉冲幅度选取适当。

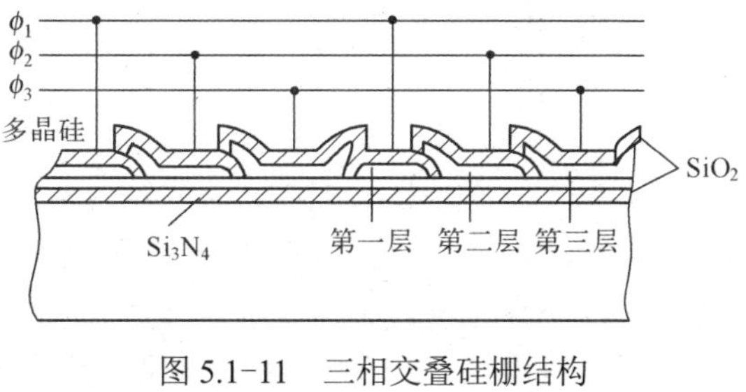

图 5.1-11　三相交叠硅栅结构

为使 CCD 能在二相时钟脉冲驱动下工作，电极本身必须设计成不对称，在这种不对称电极下产生体内势垒，保证电荷能定向运动。实现不对称电极结构，可利用同一电极下不同氧化物厚度台阶和离子注入来产生体内势垒，如图 5.1-12 所示。其中图(a)为台阶氧化层二相结构，图(b)为离子注入势垒二相结构，图(c)为其电势分布。二相时钟方法在结构上和时钟驱动上都很简单。但它也有缺点，即厚氧化层下面是阻挡势垒，不能存储电荷，加之势阱势垒差减小，使能够存储在势阱中的信号电荷量比三相时钟情况少。

四相 CCD 电极结构如图 5.1-13 所示。奇数电极位于厚 SiO_2 上，偶数电极位于薄 SiO_2 上。因此，即使在同一栅电压下，偶数电极下面的耗尽层要深一些。四相 CCD 较为适合于工作时钟频率很高的情况(如 100MHz)，此时驱动波形接近正弦波。不同相电极结构及工作原理请扫描二维码 5.1-1。

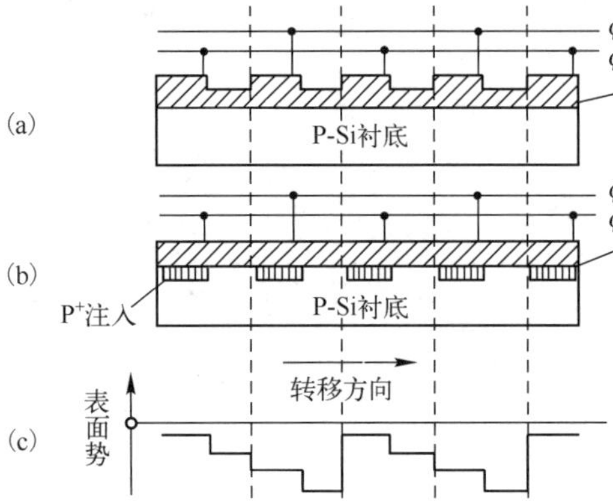

图 5.1-12　二相时钟的电极结构

二维码 5.1-1

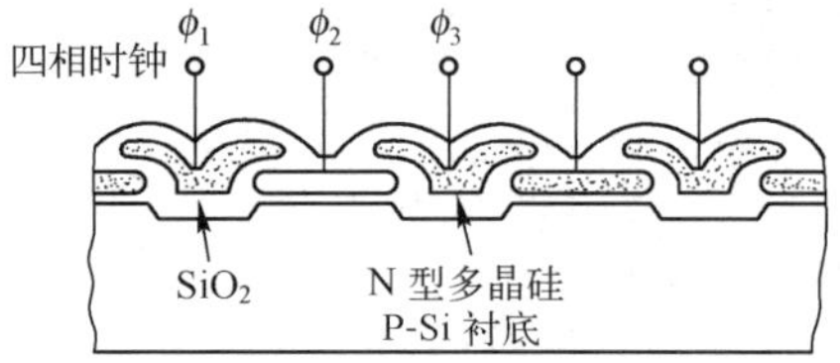

图 5.1-13　四相 CCD 的电极结构

2．转移沟道结构

CCD 的电荷转移沟道有两种形式，即表面沟道和体内埋沟。前者称为表面 CCD，简记为 SCCD；后者称为埋沟 CCD，简记为 BCCD。

表面 CCD 存在电荷转移速度和转移效率低等问题。其主要原因是受表面态和迁移率的影响。在 Si 和 SiO_2 界面处的表面态，能够接受电荷包中的电子，也能向电荷包发射电子。当电荷包转移时，空的界面态从沟道中获得电子，如果它能很快地把这些电子释放出来，随原电荷包一起前进，则不影响转移效率；若释放慢，则电子进入后续的电荷包，造成信息损失。为了避免表面态的这种影响，将电荷转移沟道做在体内，从而形成埋沟 CCD。

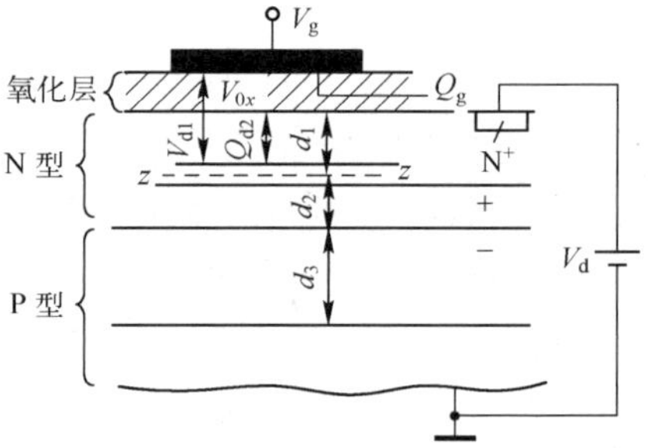

图 5.1-14　埋沟 CCD 原理

埋沟 CCD 的原理如图 5.1-14 所示。设衬底为 P 型，在硅的表面注入杂质，如磷，其典型浓度为 $10^{12}/cm^3$，使之形成薄的 N 层。在 N 层的两端做上 N^+层，起源和漏的作用。设开始时，$V_g=0$，N^+区加上足够的正偏压，并取衬底为零电位，这样栅电极相对于 N 层为负，于是在 N 区形成场感应耗尽层(电子耗尽)，其厚度为 d_1，由于同时在 N 区和 P 区之间施以反偏压，故在 PN 结区形成了体内耗尽层，其厚度为 d_2+d_3。d_2 和 d_3 分别为耗尽层扩展到 N 区及 P 区的部分。d_2、d_3 随偏压的升高而增大。但当 d_2 同 d_1 相接触时，N 区全部电离，d_2 不能再增加。若设 d_1 同 d_2 的交界线为 z，则在极限情况下，V_z 不随偏压而改变。

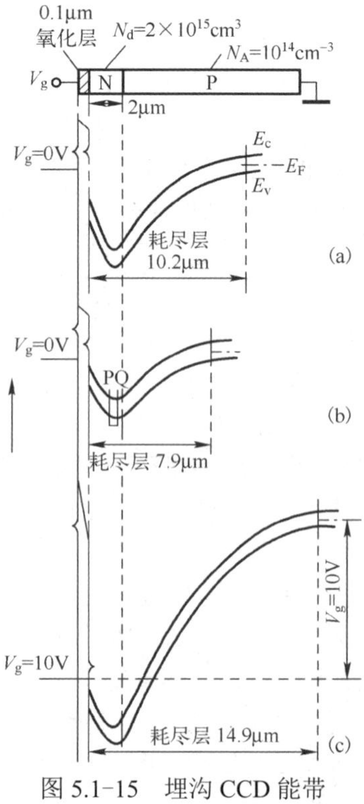

图 5.1-15　埋沟 CCD 能带

埋沟 CCD 的能带如图 5.1-15 所示。从图中可以看出最低势能不在界面处，而是在体内。此处能够收集电子，作为电子通道。当通道内有自由电荷时，势能发生变化，如图 5.1-15(b)所示，形成 PQ(Potential Quenching)等位区，即势阱最低区，电荷存储于此区，使电势底部变平坦。如果施以正的栅电压，则势能曲线下降，且 P 区耗尽层加宽，如图 5.1-14(c)所示。

埋沟 CCD 与表面 CCD 电荷转移机理的区别在于：①前者携带信息的电子是 N 层中的多子，而后者则是 P 层中的少子；②表面 CCD 中的信号电荷集中在界面处很薄的反型层中，而埋沟 CCD 的信号电荷集中在体内的 z 平面附近。

典型的埋沟 CCD 结构如图 5.1-16 所示。它的输入与输出部分与表面 CCD 相似。一般的埋沟 CCD 的制作并不太难，只比表面 CCD 多了离子注入这一项工艺。所以有的器件把埋沟 CCD 和表面 CCD 做在一起，用表面 CCD 作为输入部分，以保证输入信号的线性，而埋沟 CCD 则用于高效传输部分。

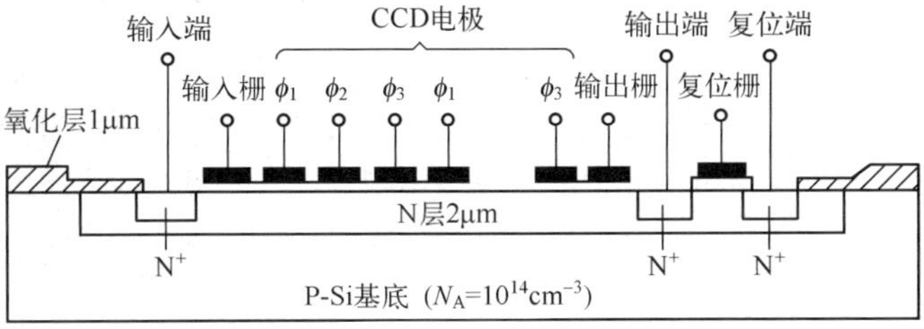

图 5.1-16　埋沟 CCD 结构

表面 CCD 具有比埋沟 CCD 好的线性，是因为表面 CCD 的电容有两部分，即 C_{0x} 和 C_d，C_{0x} 不变，而耗尽层电容 C_d 随信号大小及 V_g 而变。但埋沟 CCD 除了这两部分，还多了一个可变电容 C_{d1}，其位于电荷包和 SiO_2 层之间，所以，埋沟 CCD 的线性较表面 CCD 的差。两者均因有 C_d 而具有非线性。

埋沟 CCD 的性能优于表面 CCD 主要体现在：

① 其信号电荷在体内存储和转移，避开了界面态俘获信号电荷的不良影响，所以转移损失率较小，一般比表面 CCD 小 1～2 个数量级。

② 由于各栅电压间具有较强的耦合，这种耦合随沟道加深而变强，从而增加了边缘电场。另外，硅体内迁移率比表面迁移率高约一倍，因此埋沟 CCD 的工作频率较高，已证实在 135MHz 的时钟频率下仍可工作。

③ 最大优点是噪声低。这种低噪声和高传输效率相结合，可使埋沟 CCD 成为低照度下较为理想的成像器件。

埋沟 CCD 的主要缺点是信号处理容量较小，约比表面 CCD 小一个数量级。为提高其容量，已出现蠕动式(Profilid Peristaltic)CCD 结构，简称 P^2CCD。它采用轻掺杂外延层，表面实行浅注入重掺杂。这样既能防止大电荷包接触表面，又能保证埋沟深度，并且无需加过高的工作电压。如果是小信号，则能在外延层内的通道中高速转移。如果是大信号，则进入杂质浓度较高的区域。这种 P^2CCD 比埋沟 CCD 的容量要大好多倍。

3．输入/输出结构

典型三相二位 CCD 的输入/输出结构如图 5.1-17 所示。在 CCD 主体两端分别加上输入二极管(ID)和输入栅(IG)构成电荷的输入结构，输出控制栅(OG)和输出二极管(OD)构成电荷的输出结构。

（1）信号电荷的注入

表面 CCD 的信号电荷注入有光注入和电注入两种形式。对于光注入，只要把光敏区的光敏元栅极施加正电压使栅极下产生耗尽势阱，则光敏区产生的光生载流子被收集到这个势阱中去。当转移栅为高电平时，信号电荷将从光敏区寄存器转移到水平移位寄存器，完成光注入。后面还将详细叙述这一过程，因此这里主要介绍电注入。

所谓电注入，实际上就是对 CCD 势阱电容注入电荷。完成这种输入的结构通常由一个输入二极管、一个或几个输入控制栅构成。其工作模式可以多种多样，但总的要求是输入线性好，噪声低。常用的方法有动态电流积分法、二极管截止法和电位平衡法等。在实际中，电位平衡法应用最广泛，故这里重点介绍该方法。

电位平衡法是利用输入栅 G_1 表面势与存储栅 G_2 表面势平衡来获得信号电荷的，如图 5.1-18 所示。图 5.1-18(a)为输入结构，表面扩散区(N^+)和 P 型衬底构成注入二极管 ID，当ϕ_2为高电平时，可将 N^+区看作 MOS 晶体管的源极，G_1 为栅极，G_2 为漏极。模拟信号 V_s 加在 ID 上，G_1 加有与ϕ_2同相位的选通脉冲，但其宽度小于ϕ_2 的脉宽。在选通脉冲的作用下，电荷被注入到 G_2 下面的势阱里，直到势阱的电位与 N^+区的电位相等时，注入电荷才停止，如图 5.1-18(b)所示。图 5.1-18(c)表示 G_1 选通脉冲终止，G_1 下的势垒把 G_2 和 N^+下的势阱分开。图 5.1-18(d)为 G_2 下面的势阱中的电荷向下一级转移。电位平衡法注入的信号电荷 Q_s 与两个相邻栅极 G_1 和 G_2 的电势差成正比，但因 V_{IG} 是固定的，所以 Q_s 同信号电压 V_s 成正比。这样的电荷可以分为信号电荷和衬底电荷，也就是说，注入势阱的绝对电荷量不代表信号电荷，而电荷量的差值才是信号电荷。这个衬底电荷相当于“胖 0”电荷。

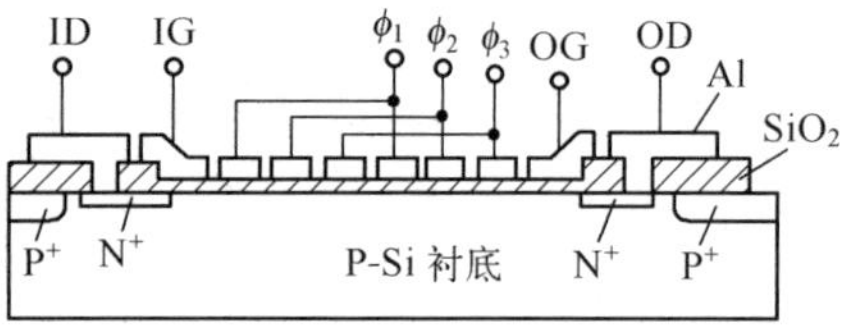

图 5.1-17　三相二位 CCD 输入/输出结构

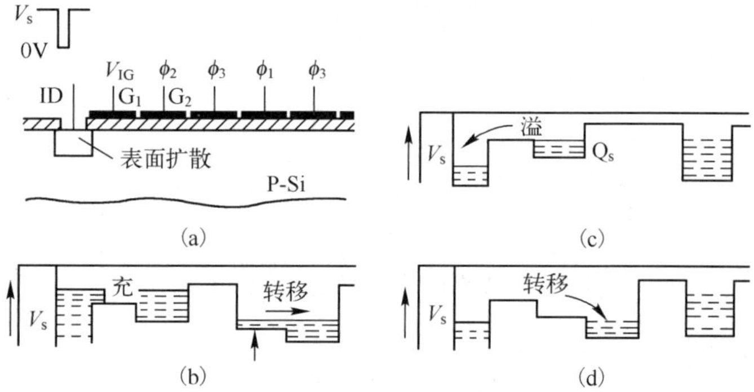

图 5.1-18　电位平衡法

电位平衡法不仅线性好，有高信噪比，而且信号电荷在转移过程中，不会因界面态及电荷转移不完全而使信号失真。此外，电位平衡法消除了注入所带来的随机噪声。它是目前表面 CCD 作为模拟信号处理较理想的输入方法。

（2）信号电荷的输出

信号电荷经输入结构变成大小不同的电荷包后，就在时钟脉冲驱动下沿 CCD 沟道转移，很快转移到输出端的最后一个时钟电极下面。如何将电荷包无破坏地检测出来是输出结构的任务。通常 CCD 输出信号电荷的检测有电流输出和电压输出两种方法。

常用的电流输出的结构如图 5.1-19 所示。采用反偏二极管，外加片外运算放大器构成输出电路。ϕ_3 下面的电荷包经输出栅 OG 后，进入强反偏的扩散层二极管 OD，使之表面势升高。当复位电压使二极管重新回到原电位时，就有电流流入体外放大管。该方法有较好的线性，但需外接放大器构成大的电容。电荷转移到偏置的输出扩散结是完全的电荷转移过程，本质上是无噪声的。影响读出线性和加入噪声的主要是与输出二极管相关的电容大小及放大器的噪声。

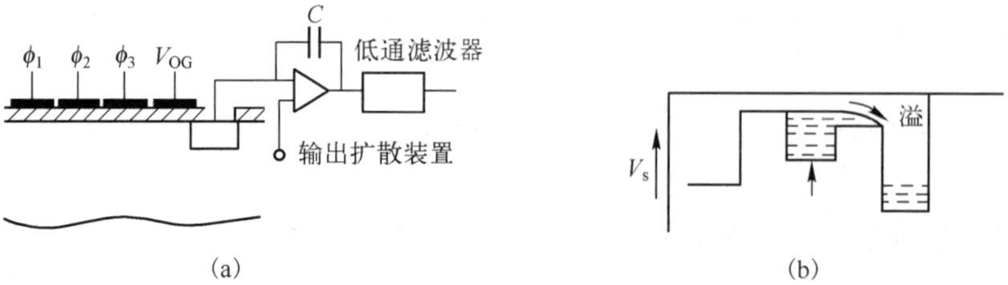

图 5.1-19　电流输出的结构

常用的电压输出有浮置扩散放大器输出(FDA)和浮置栅放大器输出(FGA)等方法。浮置扩散放大器输出的结构如图 5.1-20 所示。该结构中，除输出栅和输出二极管外，还在同一芯片上集成一个复位 MOS 场效应管(T_1)和一个读出 MOS 场效应管(T_2)。浮置扩散层的输出信号直接送至 T_2 的栅极。开始时，扩散层在 T_1 的复位电位作用下处于强反型状态。当电荷流入时，扩散层下的表面势升高。读出经 T_2 放大后的输出信号电压 ΔV_{out} 后，T_1 在复位脉冲 ϕ_{reset} 作用下导通，将电荷包 Q_s 通过 T_2 的沟道抽走，使节点电位重新置为 T_2 的 V_{RD} 值。当 ϕ_{reset} 结束，T_2 关闭后，由于 T_1 处于节点的 V_{RD} 电位的强反偏状态，无放电回路，所以，节点电位一直维持在 V_{RD} 值，直到下一个时钟脉冲周期信号电荷包来到。这种输出结构称为选通电荷积分器。

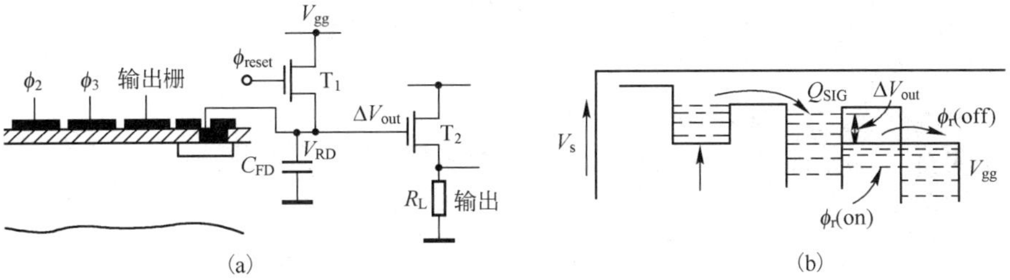

图 5.1-20　浮置扩散放大器输出的结构

浮置栅放大器输出结构如图 5.1-21 所示。其特点是，用于取出信号的栅极浮置于沟道上面的氧化层中间，加有固定的偏置电压。当电荷包在浮置栅下通过时，浮置栅上由于电容耦合产生电位变化，其改变量用上面的方法送至 T_1 的栅极。T_1 仍然做在同一芯片上，与浮置栅一起构成浮置栅放大器。

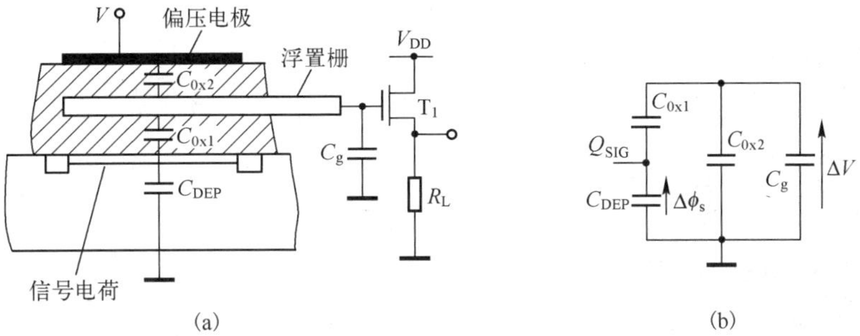

图 5.1-21　浮置栅放大器输出的结构

对 SCCD 来说，浮置栅放大器的输出，有较好的线性，没有复位噪声，有较高的灵敏度，可达 3.5μV/电子。并且由于采用了非破坏性输出，同一电荷包在转移过程中可以多次取出信号。

5.1.5　CCD 的物理性能

CCD 同其他固体成像器件一样，其物理性能是决定器件优劣的重要因素，也是器件理论设计的重要依据。下面介绍和分析 CCD 的一些物理性能。

1．开启电压 V_{th}

从物理意义上说，CCD 开始产生沟道所需要的栅电压就是开启电压，也就是前面讨论过的阈值电压 V_{th}。开启电压与 SiO_2 层的电容 C_{0x} 有关。SiO_2 层越厚，ε_{0x} 越小，C_{0x} 越小，开启电压就越大。因此，在制造 CCD 时，SiO_2 层的厚度要适当，以获得优质的开启电压。此外，开启电压还与金属-硅的功函数差、SiO_2 层中固定的和可动的电荷及衬底的掺杂浓度等因素有关。

2．满势阱电荷量

式(5.1-2)给出了作为电荷存储和转移器件的 CCD 的满势阱情况的信号电荷量。但由于它没有考虑相邻势阱深度的制约，所以应该在实际情况当中加以考虑并予以修正。不同结构的 CCD 存储能力存在差异。

设三相 CCD 的满势阱情况如图 5.1−22 所示。电极电压 $V_{g1}=V_{g3}(<V_{g2})$，区域 2 在 V_{g2} 的作用下形成势阱。三相及多相 CCD 单位电极面积的最大电荷存储能力为

$$Q_S = C_{0x}(V_{g2} - V_{g1}) \tag{5.1-3}$$

可看出，它仅由 SiO_2 层电容和相邻电极电位差来决定。

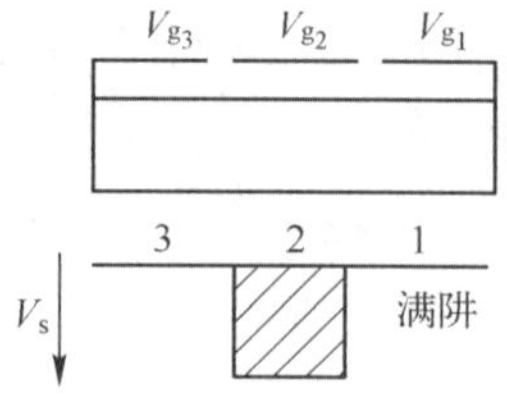

图 5.1−22　三相 CCD 的满势阱情况

对二相 CCD 的满势阱情况如图 5.1−23 所示。图(a)表示电极下面氧化层厚度不同，图(b)表示掺杂浓度不同，因而区域 1 和 2 的势阱深度不同，区域 1 为满阱状态。二相 CCD 的最大电荷存储能力由相邻二区氧化层厚度之差决定。如果利用内掺杂来形成台阶的话，则由相邻二区掺杂浓度之差来决定。

对于均匀掺杂的 BCCD，其存储电荷量与电荷所在处中性通道的厚度有关。且存储能力比表面 CCD 要小许多。埋沟越深，BCCD 的存储能力越弱。

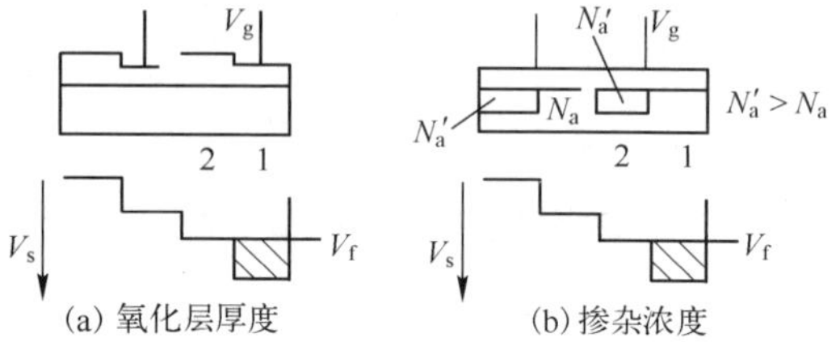

图 5.1−23　二相 CCD 的满势阱情况

3．工作频率

CCD 只能在一定的频率范围内正常工作，这个范围称为 CCD 的工作频率，其受许多因素的影响。

（1）影响 CCD 工作频率下限的因素

CCD 是一种非稳态工作器件，如果驱动脉冲电压变化太慢，则在电荷存储时间内，MOS 电容器已过渡到稳态，热激发产生的少数载流子将很快填满势阱，从而无法进行信号电荷的存储和转移。因此，驱动脉冲电压必须有一个下限频率的限制。下限频率的大小取决于信号电荷的寿命。为了避免热激发少数载流子对存储的信号产生影响，注入信号电荷从一个电极转移到下一个电极所需要的时间 t_r 必须小于少数载流子寿命 τ_e。对于三相 CCD，$t_r=T/3$，这里 T 为时钟脉冲(CP)的周期。则 CCD 的工作下限频率为

$$f_{c_1} > \frac{1}{3\tau_e} \tag{5.1-4}$$

显然，τ_e 越长，CCD 工作频率的下限越低。

（2）影响 CCD 工作频率上限的因素

影响 CCD 工作频率上限的因素有两个，一个是 CCD 的电极长度不是无限小，信号电荷通过电极需要一定时间。若驱动时钟脉冲变化太快，将使转移势阱中的部分电荷来不及转移到接收势阱，从而引起信号电荷的转移损失。要使信号电荷有效地转移，必须使 $t_r \leqslant T/3=1/3f_{c2}$，这里，$f_{c2}$ 为频率的上限，故有

$$f_{c2} \leqslant \frac{1}{3t_r} \tag{5.1-5}$$

与此同时，由于 CCD 存在界面态，若界面态释放俘获电荷的时间大于 $T/3$，就使得被界面态俘获的部分信号电荷跟不上原来所在的信号电荷包而落到尾随的信号电荷包中去，造成了信号电荷的损失。因此，若使信号不至于因界面态俘获而损失，就必须要求俘获载流子的释放时间 $\tau_c<T/3$，亦既 $\tau_c \leqslant t_r$。故 f_{c2} 又可写为

$$f_{c2} < \frac{1}{3\tau_c} \tag{5.1-6}$$

这表明，界面态的俘获时间也是决定时钟脉冲频率上限的因素之一。

4．转移效率

在理想情况下，认为信号电荷包能够完整无损、及时地从一个势阱转移到另一个势阱中去。但事实上并非如此，当电荷包从前边的势阱转移到相邻的势阱时，因种种原因，电荷并不是瞬时地、

百分之百地从前面的势阱转移到相邻的势阱中去，而是有所损失。设 t=0 时势阱中的电荷为 $Q(0)$，经过时间 t 后，大多数电荷在电场作用下，到达相邻的下一势阱，此时留在原势阱中的电荷为 $Q(t)$，于是，定义 CCD 的电荷转移损失率为

$$\varepsilon(t)=\frac{Q(t)}{Q(0)}\times 100\% \tag{5.1-7}$$

$\varepsilon(t)$也称为不完全转移因数。如果 CCD 的相数为 n_{cp}，则每位电荷转移的平均电荷损失率为

$$\overline{\varepsilon}=\frac{1}{n_{\mathrm{cp}}}\sum_{i=1}^{n_{\mathrm{cp}}}\varepsilon_{\mathrm{i}} \tag{5.1-8}$$

此时，转移到相邻势阱中的电荷与原势阱中的电荷之比为

$$\eta(t)=\frac{Q(0)-Q(t)}{Q(0)}=1-\varepsilon(t) \tag{5.1-9}$$

称为 CCD 的转移效率。如果电荷在 CCD 中经过 n 次转移，则总的转移率为

$$\frac{Q(n)}{Q(0)}=\eta^{n}=(1-\varepsilon)^{n}\approx \mathrm{e}^{-n\varepsilon} \tag{5.1-10}$$

由此可见，ε 越大，转移次数 n 越多，则信号电荷的衰减越快，从而导致器件性能下降。

造成电荷转移损失的主要因素有三个：转移速度快慢、界面态俘获和极间势垒。可通过以下途径降低电荷转移损失。

缩短电极长度、提高栅电压、增大耗尽层厚度等均可减小 t_{r} 加快转移。图 5.1-24 给出了 $\varepsilon(t)$-f_{c} 关系曲线。在时钟脉冲频率低于几 MHz 时，$\varepsilon(t)$近似为常数；但当 f_{c} 升高至 10MHz 时，$\varepsilon(t)$迅速增大。

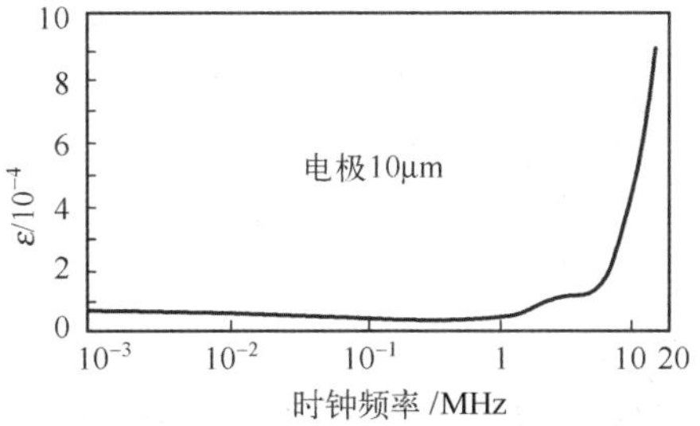

图 5.1-24　$\varepsilon(t)$-f_{c} 关系曲线

BCCD 的损失比 SCCD 要小得多。为了减小 SCCD 的表面态俘获损失，通常用一定数量的基底电荷先将界面态填满，当信号电荷注入时，信号电荷被俘获的概率变小，而从界面态释放出来的电荷又可以跟上原来的电荷包。信号电荷包损失到界面态中去的电荷，可能与它从界面态得到的电荷相等，从而在一定程度上减小了界面态带来的损失。因为这种工作模式下的“0”信号也有基底电荷注入，所以称为“胖0”(fat zero) 工作模式。

要基本消除极间势垒，应使极间距离小至 3μm 以下，故常采用交叠栅结构，以减小边缘势垒。同时采用高阻衬底，使势阱加深，也有利于降低边缘势垒。

5．填充因子

CCD 传感器每个像素并不是 100%的面积都可以用于感光，每个像素除了能够感光的区域，还有一部分面积用来安排放大器、连线等，这部分不能用于感光。

填充因子 = 感光有效面积/像素总面积

提高填充因子的主要方法就是减小放大器和连线所占的面积，把尽可能多的面积留给感光区，具体实施时一般通过提升制程，也就是减小线宽来实现。例如，一个典型的 CCD，若电路相同，采用 0.35μm 工艺时，填充因子为 0.2(20%)，采用 0.18μm 工艺时，填充因子为 0.8(80%)，这是因为线宽变为原来的 1/2，则放大器面积变为原来的 1/4，原来占像素面积 80%的放大器在制程改进后只占像素面积的 20%了。

另外，为了提高像素的响应率，可以在像素上覆盖和像素尺寸接近的透镜，称之为微透镜。如图 5.1-25 所示，微透镜的作用就是将入射光线聚焦到光电二极管的光敏区域上充分利用，从而得到

两个效果：提高像素的填充因子；将光聚焦在合适深度，提高通过吸收区的光通量。

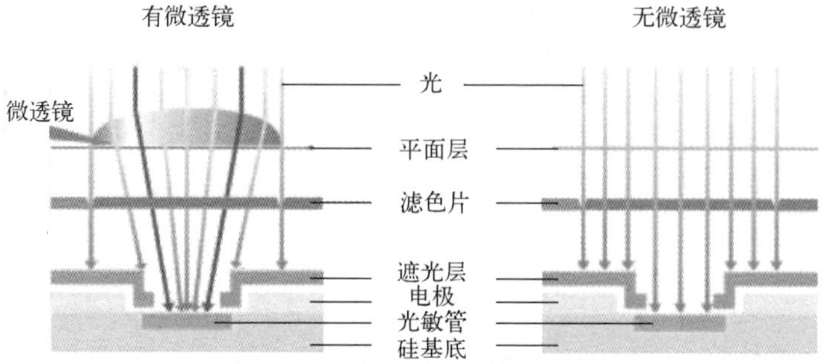

图 5.1-25　微透镜的作用

6．噪声

CCD 在存储和转移信息电荷的过程中，作为信息的各个少数载流子电荷包，在衬底内保持隔离状态，从这个意义上说，可以认为 CCD 自身是低噪声器件。但电荷的注入、转移及检测等过程都有噪声叠加在真实信号之中，影响信号的真实再现。CCD 的噪声源有三种，即散粒噪声、转移噪声及热噪声(即 kTC 噪声)。这三种噪声源是独立无关的，因此，CCD 的总噪声应是这三种噪声的均方和。

7．暗电流

CCD 成像器件在既无光注入又无电注入情况下的输出信号称为暗信号，即暗电流。

CCD 的暗电流由三部分组成：耗尽层内的载流子产生的暗电流；衬底内的载流子扩散产生的暗电流；SiO_2-Si 界面的产生-复合中心产生的暗电流，见图 5.1-26。其中，表面暗电流由硅-二氧化硅表面的界面态密度决定；耗尽区暗电流产生于耗尽区的热产生电子，由有效少子寿命决定；扩散暗电流产生于沟阻、CCD 势阱下方的中性区域和衬底。除上述暗电流外，在氧化层或衬底的开启电压不够高时，也会有电荷从这些区域的寄生沟道流入电荷转移沟道。同时，若 SiO_2 的质量太差，信号电荷会从转移沟道漏到电极，从而形成明显的负的暗电流。

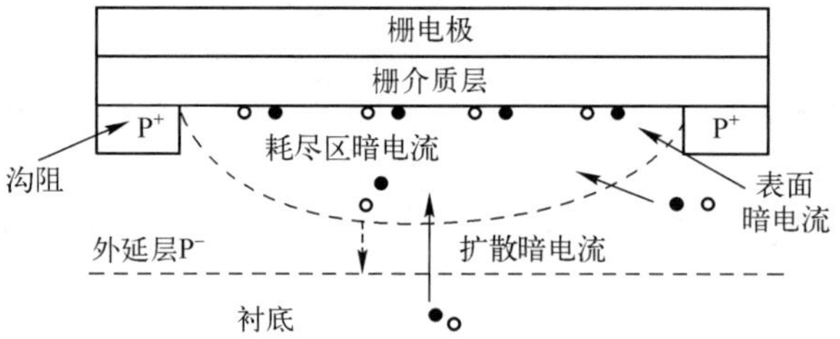

图 5.1-26　CCD 暗电流示意图

在正常情况下，CCD 的暗电流以耗尽区暗电流为主。暗电流的存在使之每时每刻地加入信号电荷包中，不仅引起附加的散粒噪声，而且还占据越来越多的势阱容量。为了减少暗电流的这种影响，应尽量缩短信号电荷的存储与转移时间，但这样限制了 CCD 工作时钟频率的下限。

表面暗电流来源于一定的体内杂质产生的能带间复合中心，这些杂质在原始材料中就有，在制造器件时也可能被引入。为了减小暗电流，应采用缺陷尽可能少的晶体和减少玷污。

另外，由于 CCD 光敏元处于积分工作状态，则光敏区的暗电流也与光信号电荷一样，在各光敏元中进行积分，形成一个暗信号图像，叠加到光信号图像上，引起固定的图像噪声。个别处暗电流特别大(即暗电流尖峰)，则在图像上出现白斑。由于各处暗电流大小与位置固定，故可用电子学方法消除。目前暗电流可控制在 $1nA/cm^2$ 的水平。此外，暗电流还与温度有关。温度越高，热激发产生的载流子越多，暗电流就越大。据计算，温度每降低 10℃，暗电流可降低 1/2。制冷也可大大降低暗电流而使 CCD 适合在低照度下工作。

8．功耗

信号电荷包存储在 CCD 势阱中，如果不做重复和更新，则信号电荷包最后将消失。因此，要使 CCD 正常工作，就要消耗功率，以形成势阱，驱动电荷沿沟道转移等。CCD 的片上功耗主要消耗在以下方面。①电荷包在沟道中运动的耗散功率：在电荷转移过程中，由于载流子在硅体内运动，而有某种内部功耗。②形成耗尽层的耗散功率：这些功率用于使多数载流子在衬底体内移动。③越过势垒的耗散功率：实际信号电荷沿沟道转移，并不是在同一电位上进行的，尤其是二相 CCD，每当电荷从一个电极转移到下一个电极时，要越过势垒进入势阱。即电荷的电势先举高，然后降低，这个过程中每个电荷包越过势垒产生耗散功率。对于三相器件和多相器件，由于采用推进方式驱动，电荷转移中表面势变化量 ΔV_s 比二相器件低得多，故其越过势垒功耗比二相器件低得多。

目前，绝大部分驱动电路尚未集成在 CCD 的同一基片上，但驱动电路自身也有功耗，比较上述片上功耗，称这部分功耗为片外功耗。驱动周期脉冲每作用一次，要经历充、放电各一次。片外功耗通常是片上功耗的数十倍，所以，CCD 的功耗主要是片外功耗。

5.2　CCD 成像原理

成像是 CCD 的重要应用领域。由 CCD 构成的成像系统体积小、质量轻、功耗小、坚固可靠、低压供电、价格低廉，深受各行各业用户的青睐。这里只简单介绍基于 CCD 的成像器件结构和工作原理。

5.2.1　线阵 CCD 成像原理

线阵 CCD 成像器件也记为 LCCD，其结构可分为图 5.2-1 所示的单边传输与双边传输两种，其工作原理相仿，但性能略有差别。在同样光敏元数的情况下，双边的转移次数为单边的一半，所以总的转移效率比单边的高；光敏元之间的最小中心距也可比单边的小一半。双边传输的唯一缺点是两路输出总有一定的不对称。

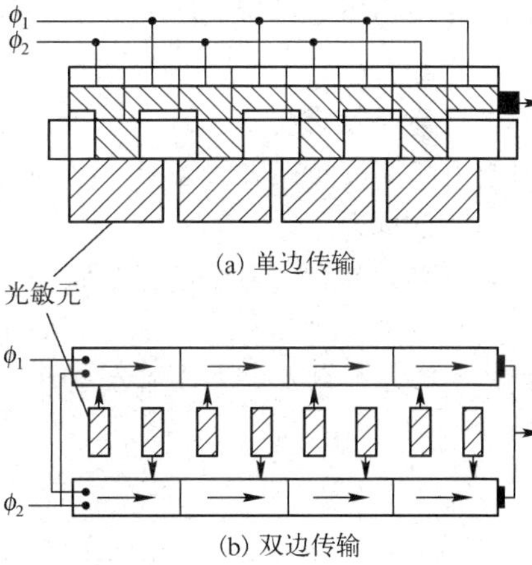

图 5.2-1　线阵 CCD 成像器件结构

下面以单边传输器件为例说明线阵 CCD 的工作原理。图 5.2-2 所示为有 N 个光敏元的线阵 CCD 成像器件，由光敏区、转移区、模拟移位寄存器（即 CCD）、“胖 0”电荷注入电路和信号电荷读出电路等组成。器件的工作过程可归纳为图 5.2-3 所示的五个工作环节。这五个环节按一定时序工作，相互有严格的同步关系，并且是一个反复循环过程。图 5.2-4 为其工作波形。

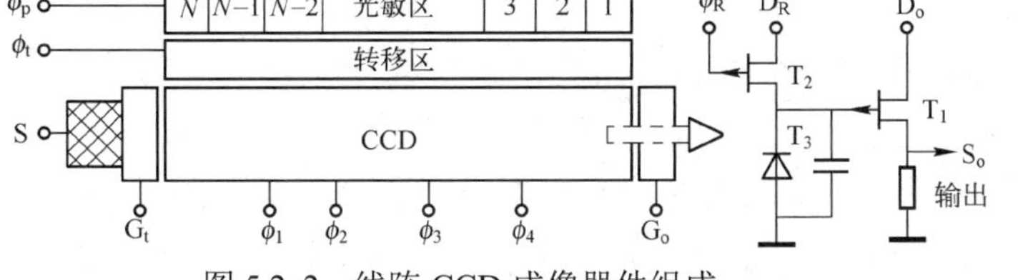

图 5.2-2　线阵 CCD 成像器件组成

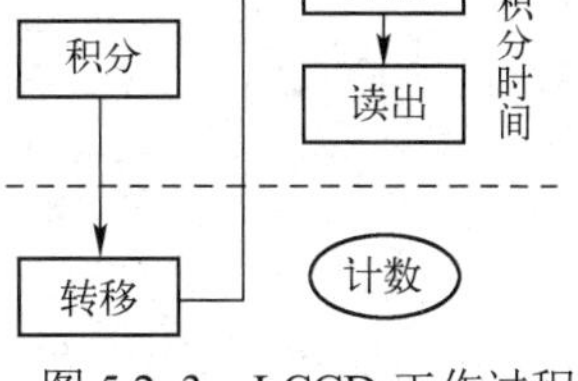

图 5.2-3　LCCD 工作过程

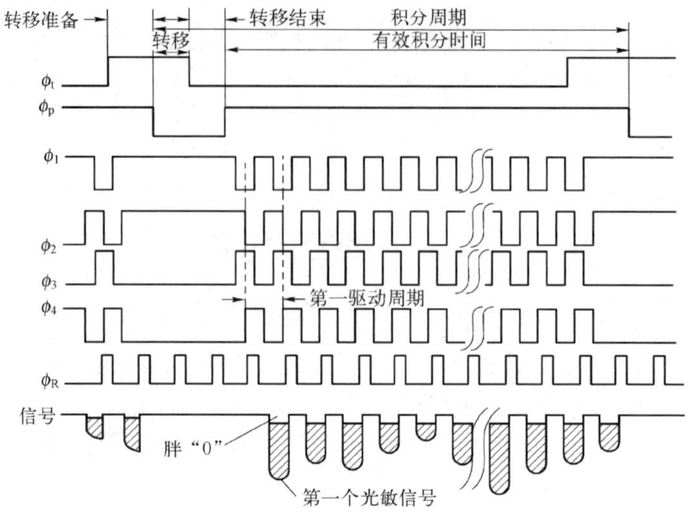

图 5.2-4　LCCD 工作波形

（1）积分

如图 5.2-5 所示，在有效积分时间里，光敏栅ϕ_p为高电平，每个光敏元下形成势阱。入射到光敏区的光子，在硅表面一定深度范围激发电子-空穴对。空穴被驱赶到半导体体内，光生电子被积累在光敏元的势阱中。势阱中电荷包的大小，与入射到该光敏元的光强成正比，也与积分时间成正比。所以，经过一定积分时间后，光敏区对应入射光图像形成由电荷包构成的“电像”。在积分阶段，转移栅ϕ_t为低电平而使光敏区与 CCD 隔开，这样就保证了光敏区的正常积分及 CCD 将前一积分周期的信号正常转移和读出。积分阶段势阱分布如图 5.2-5(a)所示。因积分的同时，CCD 在传输前一积分周期的信号电荷包，故ϕ_2栅下面的势阱是交变的。

（2）转移

这里的转移是指将 N 个光信号电荷包从光敏元并行转移到所对应的那位 CCD 中。为了避免转移中可能引起的信号损失或混淆，ϕ_p、ϕ_t及 CCD 四相驱动脉冲电压的变化应遵照一定的时序。整个转移过程可分解为：

转移准备：转移准备阶段是从时间 t_1 开始的。每当计数器到达预置值时，计数器的回零脉冲触发ϕ_t由低电平变成高电平，形成转移沟道。转移沟道形成后，CCD 停止传输，ϕ_1相、ϕ_2相停在高电平以形成势阱，等待光信号电荷包到来；ϕ_3相、ϕ_4相停在低电平，以隔开相邻位的 CCD。此时势阱分布如图 5.2-5(b)所示。

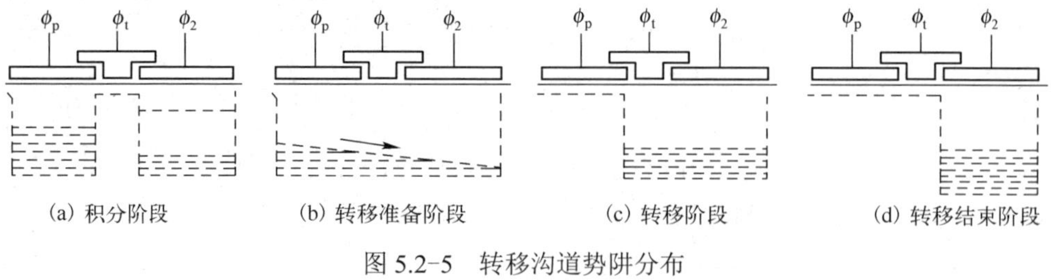

图 5.2-5　转移沟道势阱分布

转移：到时刻 t_2，随ϕ_p电压下降，光敏元势阱抬升，N 个信号电荷包转移到对应位 CCD 的第二相中。此时势阱分布如图 5.2-5(c)所示。

转移结束：到时刻 t_3，ϕ_t电压由高变低，关闭光敏元和 CCD 之间的转移沟道，转移结束。势阱分布如图 5.2-5(d)所示。之后到时刻 t_4，ϕ_p电压升高开始新的信号电荷的积累(等价于另外一行信号的积累)。与此同时，CCD 开始传输刚刚转移过来的信号电荷包。势阱分布又重新恢复成图 5.2-5(a)的状态。

（3）传输

信号电荷包的传输是在 t_4 时刻之后开始的。N 个信号电荷包依次沿着 CCD 串行传输。每驱动一个周期，各信号电荷包向输出端方向转移一位。第一个驱动周期输出第一个光敏元的信号电荷包；第二个驱动周期输出第二个光敏元的信号电荷包；以此类推，第 N 个驱动周期输出第 N 个光敏元的信号电荷包。

（4）计数

计数器用来记录驱动周期的个数。由于每一驱动周期读出一个信号电荷包，所以，只要驱动 N 个周期就完成了全部信号的传输与读出。但考虑到“行回扫”时间的需要，应过驱动几次。故计数器的预置值通常定为 $N+m$，其中 m 为根据具体要求确定的过驱动次数。每当计数到预置值时，表示前一行的 N 个信号已全部读完，新一行的信号已经准备就绪，计数器产生一个脉冲，触发 ϕ_t、ϕ_p 脉冲，从而开始新一行信号的“转移”“传输”。计数器重新从零开始计数。

（5）读出

输出电路的功能在于将信号电荷转换为信号电压并读出。典型的输出电路见图 5.1-20。

作为成像器件，线阵 CCD 有着难以克服的缺点，即其信号积累时间太短，在每帧时间内，对每个像元来说仅有一行扫描时间的积累。因此，为增加信号积累，应该采用面阵器件。

5.2.2 面阵 CCD 成像原理

面阵 CCD 成像器件简记为 ACCD。常见的面阵 CCD 成像器件的结构有以下三种。

1. 行间转移结构 CCD(IT-CCD)

（1）工作模式

行间转移结构 CCD 如图 5.2-6 所示。它采用了光敏区与转移区相间排列方式，相当于将若干个单边传输的线阵 CCD 成像器件按垂直方向并排，再在垂直阵列的尽头(上方)设置一条水平行 CCD(HCCD)而构成。水平行 CCD 的每一位与垂直列 CCD(VCCD)一一对应，相互衔接。IT-CCD 的读出操作见二维码 5.2-1。

二维码 5.2-1

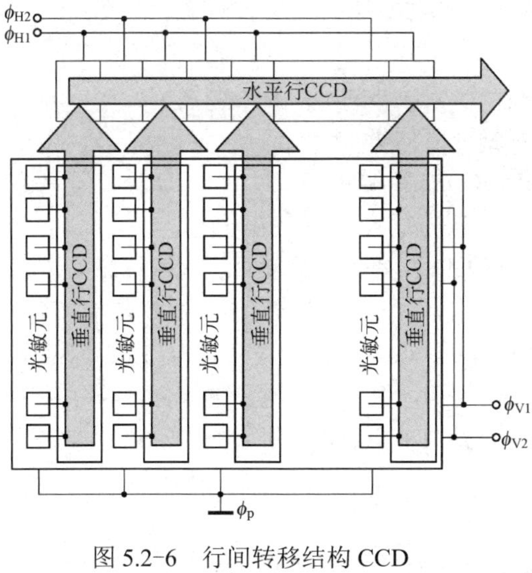

图 5.2-6 行间转移结构 CCD

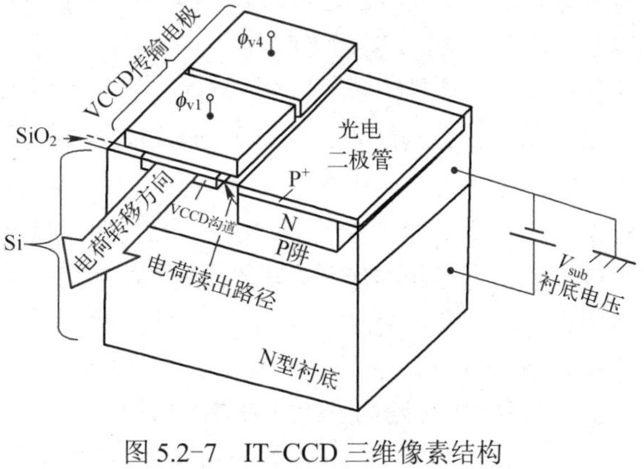

图 5.2-7 IT-CCD 三维像素结构

当器件工作时，HCCD 的传输速率为 VCCD 的 N_h 倍(N_h 为垂直列数)。每当 HCCD 驱动 N_h 次，便读完一行信息，信号进入行消隐。在行消隐期间，VCCD 向上传输一次，即向 HCCD 转移一行信息电荷，然后，HCCD 又开始新的一行信号读出。以此循环，直到将整个一场信号读完，进入场消隐。在场消隐期间，又将新的一场光信号电荷从光敏区转移到各自对应的 VCCD 中。而后，又开始新一场的信号逐行读出。这里信号从光敏区转移到 VCCD 的过程同线阵 CCD 相同。

为实现交替场隔行“扫描”显示，每个光敏元分为 A、B 两部分。在结构上，每个光敏单元的 A 部分对应垂直列 CCD 的第一相；B 部分对应第二相。只要在时钟脉冲中设定好 A、B 场的不同相位，就能实现光敏元 A、B 交替积分，从而得到 A、B 场的隔行“扫描”显示。

（2）基本结构

在 VCCD 面积较小的情况下，为了获得更高的灵敏度，需增加光电二极管(PD)面积。因此，可以储存大量电荷的四相 CCD 通常是 VCCD 的首选。转移到 HCCD 的一行信号电荷包通常以比 VCCD 高两到三个数量级的频率转移给浮置扩散放大器。与 VCCD 相比，HCCD 在宽度方面的设计限制很少，因此 HCCD 很容易有足够的面积来处理所需的电荷数量。因此，两相 CCD 适用于需要高频传输且面积设计限制较少的 HCCD。接收入射光的传感器部件以外的区域通常覆盖有金属层(如铝)，以免受到入射光的影响。典型的 IT-CCD 三维像素结构如图 5.2-7 所示。在 N 型衬底的 P 阱中形成 BCCD 沟道和钳位 PD。PD 的 N 型区域基本上被 P 型区域包围，这些 P 型区域包括相邻 PD 之间隔离部分的两侧，尽管它们没有在图中展示。PD 的表面由 P^+层覆盖以形成钳位 PD。为了使 PD 更好地接收入射光，PD 上方不会设置吸收或反射光的材料。ϕ_{V4} 和 ϕ_{V1} 多晶硅转移栅位于 VCCD 沟道上方，并与 SiO_2 绝缘层接触。每个像素有两个传输电极。具有 ϕ_{V2} 和 ϕ_{V3} 两个传输电极的像素与图 5.2-7 中所示像素相邻，两类像素交替排列形成四相 CCD。零电势(GND)和正偏压 V 分别适用于 P 阱和 N 型衬底。通过设置 V_{sub} 电压可以使得 PD 中产生的过剩载流子流向 N 型衬底，以防止它们溢出到 VCCD 或相邻的 PD 中。在这里，栅极 ϕ_{V1} 对应的多晶硅层不仅在 VCCD 中作为传输电极存在，而且还起到将 PD 中的信号电荷读出到 VCCD 沟道中的作用。因此，电极会延伸到图 5.2-7 中电荷读出路径上方的区域。

2．帧转移结构 CCD(FT-CCD)

帧转移结构 CCD 如图 5.2-8 所示。其主要由三部分组成：光敏区、暂存区、输出区。在暂存区及输出区上面均由铝层覆盖，以实现光屏蔽。光敏区与暂存区 CCD 的列数及位数均相同，而且每一列是相互衔接的。不同之处是光敏区面积略大于暂存区。FT-CCD 的读出操作请扫描二维码 5.2-2。

二维码 5.2-2

工作时，当光积分时间到后，时钟 A 与 B 均以同一速度快速驱动，将光敏区的一场信息转移到暂存区。然后，光敏区重新开始另一场积分，即时钟 A 停止驱动，一相停在高电平，另一相停在低电平。与此同时，转移到暂存区的光信号逐行向 CCD 移位寄存器转移，再由 CCD 移位寄存器快速转移读出。光信号由暂存区到 CCD 移位寄存器的转移过程与行间转移结构相同。

虽然像素的结构简单，只有 CCD 和隔离层，但 FT-CCD 需要额外的储存区域，这些储存区域位于成像区域之外，例如帧存储器。因为像素在不同的工作期间可分别作为传感器和传输 CCD，而这两种工作模式并不会同时进行，这导致了传感器尺寸的增加。对于 IT-CCD，由于像素中的 VCCD 起着帧存储器的作用，虽然像素结构比 FT-CCD 更复杂，但不需要额外的存储区域。从生产的角度来看，这意味着 IT-CCD 需要更精细的加工技术，而 FT-CCD 以更大的芯片尺寸换取了加工需求的降低。

3．帧行间转移结构 CCD(FIT-CCD)

帧行间转移结构 CCD 是有超高图像质量需求应用(例如演播室中的摄像机)的标准传感器。FIT-CCD 是在 IT-CCD 的成像区和 HCCD 之间安装类似 FT-CCD 的存储区而构成的，如图 5.2-9 所示。将光电二极管中累积的信号电荷读取到 VCCD 的工作方式与 IT-CCD 相同。帧转移时将 VCCD 中的电荷高速移到存储区，其原理与 FT-CCD 相同。存储区的电荷包逐行转移到 HCCD 上，转移的电荷包在输出放大器上再逐一转换为电压信号输出，这与 IT-CCD 和 FT-CCD 中的方式相同。这种类型的传感器的主要目的是实现非常低的漏光水平。通过高速帧转移，电荷包在短时间内通过被照射的成像区，这减小了漏光现象的时间因子。IT-CCD 的垂直传输频率在 10kHz 左右，而 FIT-CCD 的垂直传输频率在 1MHz 左右或更高，即在获得相同像素结构的情况下，其漏光水平为 IT-CCD 的 1%或更低。因此，这种极低漏光水平的 FIT-CCD 长期作为专业媒体摄像机的标准传感器类型。

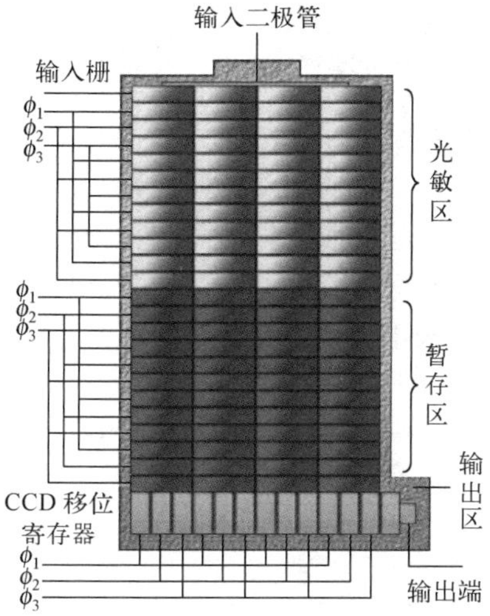

图 5.2-8　帧转移结构 CCD

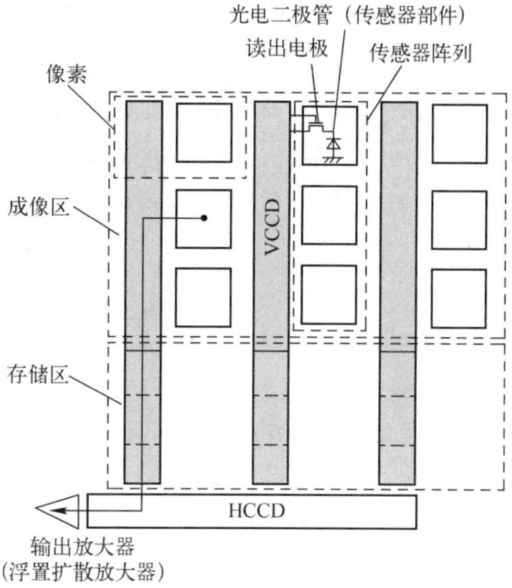

图 5.2-9　帧行间转移结构 CCD

5.2.3　TDI-CCD 的成像模式

如前所述，线阵 CCD 积分时间短不利于低照度条件下工作。但其容易制成长线阵，在推扫状态下可以获得宽幅高密度图像的优势又使其难以被割舍。于是诞生了一种低照度工作模式，即采用面阵 CCD 器件，结合时间延迟积分（Time Delay Integration, TDI）模式进行推扫成像。

问题的提出：线阵 CCD 要摄取二维平面图像，摄像机与景物之间必须相对运动。运动方向上最小可分辨尺寸（几何分辨率）由物体运动速度（或摄像机速度通过光学系统在物平面上的投影）和摄像机积分时间决定，即

$$d_{\mathrm{g}} = v_0 t_{\mathrm{i}} \tag{5.2-1}$$

式中，d_{g} 是积分时间 t_{i} 内摄像机在物平面运动方向上覆盖距离的投影（地面分辨率），v_0 为运动速度。对应的输出信号幅值 S_0 正比于输入照度 E 和 t_{i}，即

$$S_0 \propto E t_{\mathrm{i}} \tag{5.2-2}$$

由以上二式可知，几何分辨率与积分时间成反比，信号的幅值与积分时间成正比，这说明为提高几何分辨率，应降低 t_{i}，但输出信号幅值也将随之减小，可见，其几何分辨率与信号幅值为一对矛盾。

解决方案：采用面阵 CCD 完成以上工作模式，二维成像列阵沿列的方向采用延迟积分，则可在提高灵敏度的同时，不降低几何分辨率，即通过采用延迟积分来提高信号响应（见图 5.2-10、图 5.2-11）。设该列阵为 M 行 N 列，沿列方向与景物相对运动，只要延迟时间和扫描速度一致，就可以把 M 行从同一景物单元接收到光敏元的信号积累起来，相当于对每一列来讲，每个光敏元的信号电荷量都增大至 M 倍，因此灵敏度提高至 M 倍，而几何分辨率可保持不变，即

$$S_0 \propto M S_0 = M E t_{\mathrm{i}} \tag{5.2-3}$$

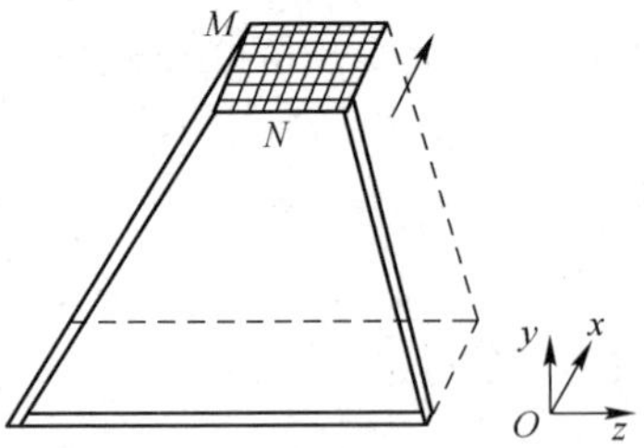

图 5.2-10　TDI 工作模式

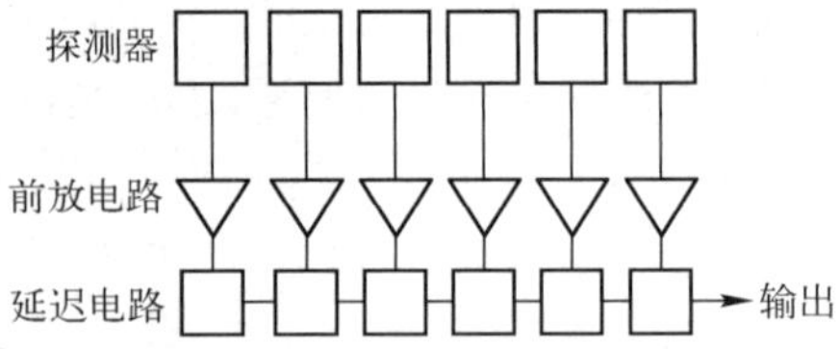

图 5.2-11　TDI 工作模式示意图

几何分辨率仍由式(5.2-1)给出。这表明 TDI 工作模式的信号响应增加 M 倍，可提高信号的输出信噪比，改善 CCD 微光下的工作性能，而几何分辨率又不发生变化。

灵敏度的提高使 S/N 得到了改善，即

$$\left(\frac{S}{N}\right)\Big/\left(\frac{S}{N}\right)_{\text{th}}=\frac{d_{\text{g}}}{d_{\text{gmin}}} \tag{5.2-4}$$

式中，$(S/N)_{\text{th}}$ 为阈值信噪比；d_{g} 为无延时积分时相对扫描系统的最小物平面分辨尺寸；d_{gmin} 为延时积分时的最小物平面分辨尺寸。

在微光条件下，TDI 系统处于噪声限制区，其在运动方向上的最小物平面分辨尺寸为

$$d_{\text{gmin}}=\left(\frac{S}{N}\right)_{\text{th}}d_{\text{g}}\left[\frac{CSAMEt_{\text{i}}/e}{(SAMEt_{\text{i}}/e+MN_1^2+N_2^2)^{1/2}}\right]^{-1} \tag{5.2-5}$$

式中，C 为景物对比度；S 为灵敏度(或响应度)；A 为一行像元的有效感光面积；M 为 TDI 的级数；N_1 为 CCD 单元本身的噪声；N_2 为输出放大器噪声。d_{gmin} 随 M 的增加而减小。在噪声方面，如果以光子噪声为主，则 d_{gmin} 正比于 $M^{1/2}$；如果以 N_2 为主，则 d_{gmin} 正比于 M^1；如果以 N_1 为主，则 d_{gmin} 也正比于 $M^{1/2}$。

实验证明，TDI 系统具有明显的效果，可达到探测每级 2 个电子的水平。此外，TDI 工作模式在红外成像领域还用于改善红外扫描成像器件的信噪比。

在调制传递函数方面，TDI 工作模式的几何形状的调制传递函数 $T_{\text{x}}(f)$与线阵 CCD 类似，在转移传递函数 $T_{\text{T}}(f)$方面，由于在 TDI 工作模式的运动方向上，成像单元阵列中不同位置相加的电荷包经历不同的转移次数和相移，因此，在运动方向上的 $T_{\text{T}\cdot\text{x}}(f)$为

$$T_{\text{T}\cdot\text{x}}(f)=\frac{1}{n(a^2+b^2)}\{[(a-\mathrm{e}^{-na})(a\cos nb-b\sin nb)]^2+[b-\mathrm{e}^{-na}(a\sin nb+b\cos nb)]^2\}^{1/2} \tag{5.2-6}$$

这里，$a=\varepsilon[1-\cos(\pi f/f_{\text{N}})]$，$b=\varepsilon\sin(\pi f/f_{\text{N}})$。

除了以上影响，TDI 工作模式还须考虑如下两个效应：

(1) 同步性

若电荷包的平均速度不等于物在像平面上的运动速度，则响应将发生退化。如果电荷包平均速度 $\overline{v}$ 与 v 之差为 Δv，那么经过 M 级 TDI 后，电荷包将从同步条件下的位置移动 $Md(\Delta v/v)$(d 为像平面内沿运动方向上的采样间隔)。成像列阵看到的是行波而不是代表每个空间频率的固定傅里叶分量。故这种非同步效应引起的 $T(f)$退化为

$$T_{\Delta\text{v}}(f)=\operatorname{sinc}\left[\frac{\pi}{2}\frac{f}{f_{\text{N}}}\frac{\Delta v}{v}M\right] \tag{5.2-7}$$

当 $M\Delta v/v=2$ 时，在 $f/f_{\text{N}}=0.5$ 时 $T(f)=0.64$，在 $f/f_{\text{N}}=1$ 时 $T(f)=0$。更大的退化一般认为已不能接受，故 $M\Delta v/v\leqslant 2$ 常被用作选择 TDI 级数的主要判据。若 $\Delta v/v=1\%$，则 $M\leqslant 200$。当 $\Delta v/v\approx 1\%$时，TDI 级数实际上不超过 200。

（2）分立电荷运动

即使电荷包的平均速度等于像点越过成像系统的速度，由于像点越过成像系统的运动是均匀的，而电荷转移是分立的，因此仍然会有响应损失。在连续两次电荷转移之间，像运动距离为 $d=l/n_{cp}$，这里 l 是 CCD 各单元的中心间距，n_{cp} 是每单元转移次数(即相数)，由此引起的 $T(f)$ 为

$$T_{\rm d}(f)={\rm sinc}\left(\frac{\pi}{2}\frac{f}{f_{\rm N}}\frac{1}{n_{\rm cp}}\right) \tag{5.2-8}$$

在奈奎斯特频率极限处，$T_{\rm d}(f)$=0.900 (n_{cp}=2)、0.955(n_{cp}=3)、0.974(n_{cp}=4)。这表明四相器件的 $T(f)$ 最高，四相器件中电荷的运动更接近于连续。

5.2.4 面阵彩色成像 CCD

图像传感器的光电转换完成的是将光强转化为对应的电压或者电流信号，因此只有灰度信息。为了实现彩色成像，图像传感区按特定的模式分成 3 类或 4 类子区域，每个子区域通过覆盖滤光片感应不同的基色。

CCD 图像传感器通常采用棋盘式滤色器(图 5.2-12)，每个滤色器下面对应一个 CCD 图像传感器像元。利用人眼对红色(R)和蓝色(B)光的敏感度低的特点，增加了绿色(G)光采样点的数目，相应减少了 R、B 光采样点的数目，以便在提高 G 信号上限频率的同时又能保持图像画面的彩色均匀性。此外，还采用了 Foven 垂直滤光技术，对 CCD 图像传感器进行分层感光设计，三个深度不同的感光层，分别感应蓝、绿、红光，利用硅对不同波长光线的吸收效应，实现单像素内色彩信息的全面感应(图 5.2-13)。

R	G	R	G	R	G	R	G	1
G	B	G	B	G	B	G	B	2
R	G	R	G	R	G	R	G	3
G	B	G	B	G	B	G	B	4
R	G	R	G	R	G	R	G	5
G	B	G	B	G	B	G	B	6
R	G	R	G	R	G	R	G	7
G	B	G	B	G	B	G	B	8

图 5.2-12　棋盘式滤色器的结构

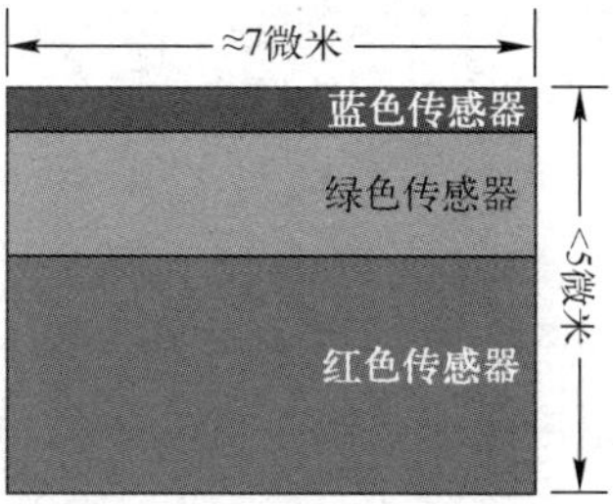

图 5.2-13　Foven 垂直滤光彩色成像

棋盘式滤色器的滤色单元排列方式已有多种，常见的两种为 Bayer 排列和行间排列(GCRS)，如图 5.2-14 所示。

在图 5.2-14(a)所示的 Bayer 滤色器中，每一行上只有两种滤色单元，或者是 G、R，或者是 G、B，因此在整个滤色器上，G 光的采样单元数是 R 光或 B 光的两倍。在图 5.2-14(b)所示的行间排列滤色器中，每一行上都有 R、G、B 三种滤色单元，但 G 单元隔列重复，R、B 单元则隔三列重复。因此，G 滤色单元的数目也是 R 单元或 B 单元的两倍。

如果把 Bayer 滤色器应用于行间扫描读出的图像传感器上，便得到如图 5.2-15(a)所示的图案，其中每种颜色采样的垂直间距加大了一倍。但如果被摄物体的照度在水平方向的变化频率接近奈奎斯特频率，则会产生颜色失真。图 5.2-15(a)中奇数列像元只有绿色和蓝色，偶数列像元只有绿色和红色。因此，若滤色器平面上的像在奇数列处是亮的，在偶数列处是暗的，或者相反，那么图像的输出信号将分别缺失红色或蓝色，便会在水平方向上产生颜色失真。

为克服上述问题，可采用图 5.2-15(b)所示图案，保留绿色方格性质，但红色和蓝色采样在奇场和偶场之间交换。这样，每一列中都有蓝色和红色采样。这种图案结构称为 GCFS(Green

Cheoker Field Sequence）滤色器。采用这种滤色器，不会因水平空间频率的变化而产生颜色失真。

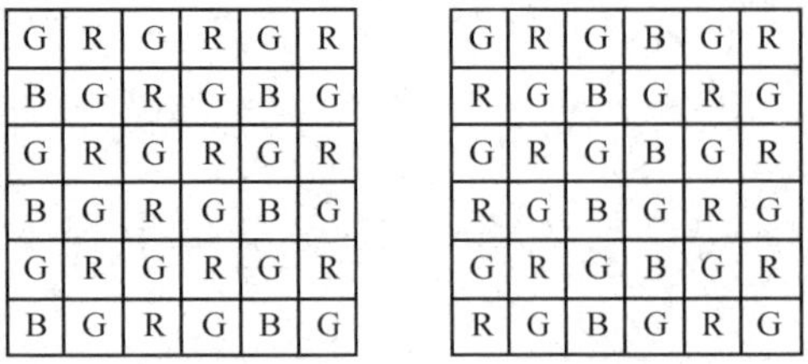

(a) Bayer排列 (b) GCRS排列

图 5.2-14 两种棋盘式滤色器的基本结构

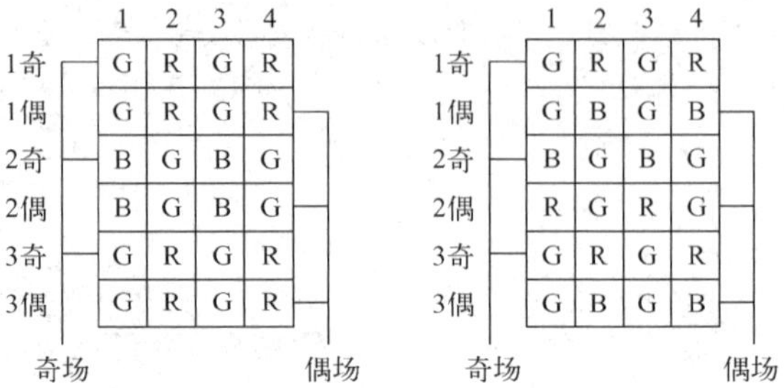

(a) Bayer排列 (b) GCFS排列

图 5.2-15 适于行间扫描读出的滤色器

5.3 CMOS 成像器件

互补金属-氧化物-半导体（Complementary Metal Oxide Semiconductor，CMOS）型固体成像器件是早期开发的一类成像器件，基于 CMOS 工艺的 CMOS 图像传感器较 CCD 具有可在芯片上进行系统集成、随机读取和低功耗、低成本等潜在的优势。1968 年，P. Noble 提出了最早的 CMOS 图像传感器。1980 年，NHK 公司的 F. Andoh 开始对 CMOS 图像传感器进行研究，他的工作在国际被公认为是第一个实质意义上的 CMOS 图像传感器。1997 年东芝公司开始大规模生产用于数码相机中的 CMOS 图像传感器。最早出现的 CMOS 成像器件是无源像素传感器，即 MOS 图像传感器，但受到低灵敏度、高噪声等困扰。虽然 CMOS 图像传感器被认为是一种“改进的 MOS 图像传感器”，但由于其像素中的晶体管数量较多，在半导体制造技术达到 0.35μm 工艺后才有商业可行性。随着 CMOS 技术和制造工艺技术的进展，通过改进结构，采用 PG（Photo Gate）、PD（Photo Diode）像素结构和相关双采样 CDS（Correlated Double Sampling）、双 A 采样 DDS（Double Delta Sampling）技术，特别是采用固定图像噪声消除电路等，使得它在当前的单片式彩色摄像机中得到了广泛应用。各种规格的 CMOS 成像器件已经普遍应用于数码相机、手机和摄像机商品中，事实上目前它已完全超过 CCD 成像器件的市场占有量。

5.3.1 CMOS 图像传感器工作原理

CMOS 图像传感器（CMOS Image Sensor，CIS）的光电转换原理与 CCD 基本相同，其光敏单元受到光照后产生光生电子，但信号的读出方法却与 CCD 不同，每个 CMOS 像素传感单元都有自己的缓冲放大器，而且可以被单独选址和读出。

1. 基本像素结构

图 5.3-1（a）给出了由光电二极管（PD）和 MOS 三极管（开关管）组成的相当于一个像素的结构剖面，在光积分期间，MOS 三极管截止，光电二极管随入射光的强弱产生对应的载流子并存储在源极的 PN 结上。当积分结束时，扫描脉冲加在 MOS 三极管的栅极上，使其导通，光电二极管复位到参考电位，并引起视频电流在负载上流过，其大小与入射光强对应。图 5.3-1（b）给出了一个具体的像素结构，由图可知，MOS 三极管源极 PN 结起光电变换和载流子存储作用，当栅极加有脉冲信号时，视频信号被读出。

2. 传感器工作原理

CMOS 图像传感器的基本设计原理是，考虑到早期信号的放大可以抑制信号线上的高水平噪声，而在光电二极管和垂直信号线之间设置一个像素放大器，如图 5.3-2 所示，放大后的信号由

MOS 开关(行选择晶体管、列选择晶体管)、信号线及后续电路读取。

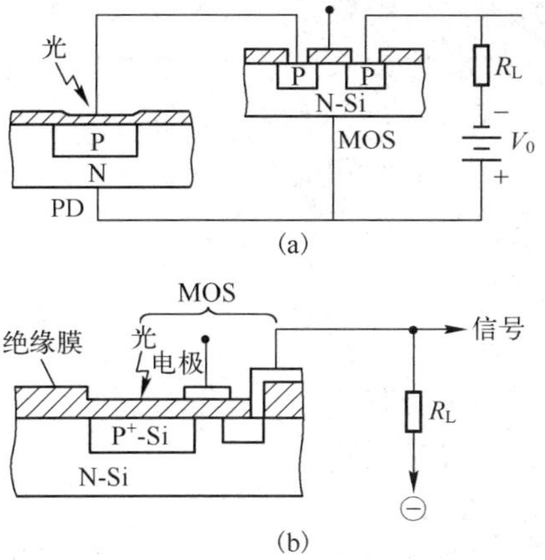

图 5.3-1　光敏二极管与 MOS 管组成的像素结构

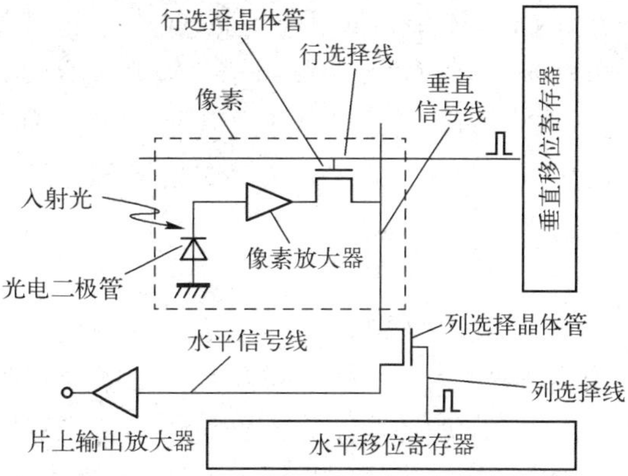

图 5.3-2　CMOS 图像传感器的基本配置

各 MOS 晶体管在水平和垂直扫描电路的脉冲驱动下起开关作用。水平移位寄存器从左至右顺次接通起水平扫描作用的 MOS 晶体管，也就是寻址列的作用；垂直移位寄存器顺次寻址阵列的各行，每个像元由光电二极管和起垂直开关作用的 MOS 晶体管组成，在水平移位寄存器产生的脉冲作用下顺次接通水平开关，在垂直移位寄存器产生的脉冲作用下接通垂直开关，于是顺次给像素的光电二极管加上参考电压(偏压)。被光照的二极管产生载流子使结电容放电，这就是积分期间信号的积累过程。而上述接通偏压的过程同时也是信号读出过程。在负载上形成的视频信号大小正比于该像素上的光照强弱。

源跟随放大器是最常用的像素放大器。虽然在每个像素中都存在驱动晶体管(放大晶体管)，但每个垂直信号线或列上仅设置一个公共负载晶体管作为源跟随放大器。当源跟随放大器的电压增益小于 1 时，电荷量需要乘以源跟随放大器的输出电容与输入电容之比，在实际 CMOS 图像传感器中，该比值为 100～10000。这种乘法放大作用使电路中的后续操作受噪声（比如作为 MOS 图像传感器致命缺点的 kTC 噪声)的影响被实际电荷量增益的倒数因子大幅抑制。这也是 CMOS 图像传感器能够在信噪比和灵敏度方面与 CCD 竞争的最重要原因。像素级放大传感器最重要的特点就是电荷量的倍增和极低水平的噪声。

CMOS 图像传感器是基于 CMOS 工艺而制造的，这意味着可以在传感器上嵌入基于 CMOS 工艺的各种功能电路。此外，CMOS 图像传感器随 CMOS 工艺技术的进步而发展，这也是 CMOS 图像传感器可持续发展的根本原因。

5.3.2　CMOS 图像传感器的像素结构

像素中具有电荷放大功能的图像传感器，被称为有源像素传感器(Active Pixel Sensor，APS)。而不具有这种像素电荷放大功能的图像传感器，被称为无源像素传感器(Passive Pixel Sensor，PPS)。CMOS 图像传感器的像素结构经历了无源到有源的发展，且有源像素结构发展了 3T(三晶体管)、4T(四晶体管)、共享像素结构等多种形式。

1．无源像素结构(PPS)

PPS 结构(图 5.3-3)由一个反向偏置的光敏二极管和一个开关管构成。当开关管开启时，光敏二极管与垂直的列线连通。位于列线末端的电荷积分放大器读出电路保持列线电压为一常数，并减小噪声。当光敏二极管存储的信号电荷被读取时，其电压被复位到列线电压水平。与此同时，与光信号成正比的电荷由

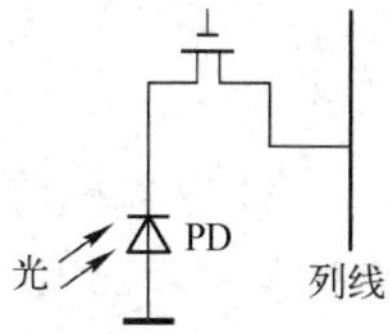

图 5.3-3　PPS 结构

积分放大器转换为电压输出。PPS 结构的像素可以设计成很小的像元尺寸，它的结构简单、填充系数高(有效光敏面积和单元面积之比)，可提高芯片集成度。由于填充系数以及没有覆盖一层类似于在 CCD 中的硅栅层(多晶硅叠层)，因此量子效率(积累电子与入射光子的比率)很高。PPS 结构有一个致命的弱点，即由于传输线电容较大而使读出噪声很高，主要是固定噪声(FPN)，而商业型 CCD 的读出噪声更低；而且 PPS 不利于向大型阵列发展，很难超过 1000×1000，不能有较快的像素读出率。这是因为增大阵列和快速读出都会增加线电容；若要更快地读出就会导致更高的读出噪声。

2．3T 像素结构

一个基本的 3T 像素结构如图 5.3-4 所示。由于单个像素中有三个晶体管，它被称为 3T 像素结构。光电二极管 PD 的 N 型区域直接连到源跟随放大器的驱动晶体管的栅极输入，并通过复位晶体管 RST 直接连接以对电压源 V_{dd} 进行复位。该节点的等效输入电容为 C_{in}。驱动晶体管的源极同时也是源跟随放大器的输出，通过行选择晶体管 RS 连接到垂直信号线 TSL。负载晶体管是一个共用晶体管，与垂直信号线上端的驱动晶体管一起组成源跟随放大器。一个垂直信号线连接到多个具有输出电容 C_{sl} 的垂直像素，其电容量为几到几十皮法(pF)。RS 和 RST 作为开关晶体管工作，而驱动晶体管在源跟随放大器中作为模拟晶体管工作。这种结构可以看作是由驱动和负载晶体管构成的全差分运算放大器。

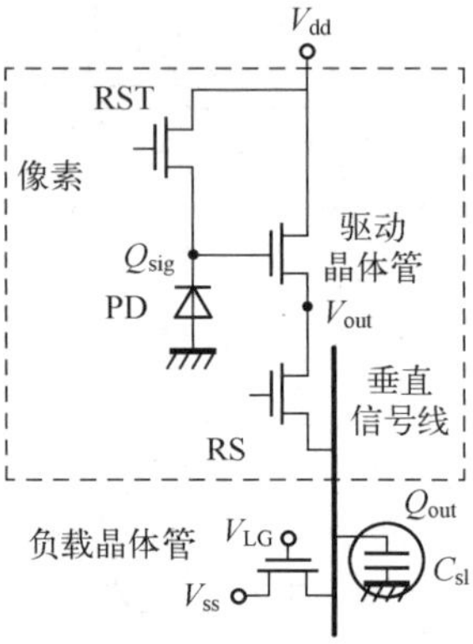

图 5.3-4　3T 像素结构

工作过程如下。当访问需要读取像素的行时，垂直存取电路(垂直移位寄存器或译码器)产生的行选择脉冲通过行选择线路被应用于 RS 上，使其处于导通状态以激活源跟随放大器(由驱动晶体管加负载晶体管构成)。首先，RST 接通，接着 PD 复位到 V_{dd}-V_{th}，V_{th} 是 RST 的阈值电压。接下来，RST 关闭，PD 进入电气浮动状态。当光入射时，光生载流子聚集在 PD 结电容 C_{PD} 上。积累的电荷改变了 PD 的势垒，根据输入光强度，PD 电压 V_{PD} 会降低。在一个积累时间之后，比如 33ms 的视频帧率，RS 导通，像素中的输出信号 V_{out} (源跟随放大器的输出)在垂直信号线上被读出。读出过程完成以后，RS 关闭，垂直存取电路产生的复位脉冲作用于 RST 上，RST 再次接通，通过将存储在 PD 上的信号电荷释放到电源电压 V_{dd}，使 PD 的电压复位，随后开始进行下一次曝光。CMOS 图像传感器产生的电荷增益分析请扫描二维码 5.3-1。

二维码 5.3-1

用 G_v 表示源跟随放大器的电压增益，电荷量增益 G_Q 为

$$G_Q = \frac{Q_{out}}{Q_{sig}} = \frac{C_{sl}}{C_{in}} G_v \tag{5.3-1}$$

其中，Q_{out} 表示输出电容 C_{sl} 上的存储信号电荷量。可以看出电荷量增益是输出与输入电容比和电压增益的乘积。一般情况下，C_{in} 为飞法量级，C_{sl} 约为几十皮法，而 G_v 为 0.7～0.9V。因此，经过放大后入射光产生的信号电荷量增加了 100～10000 倍。这是 CMOS 图像传感器具有良好性能的根本。整个像元输出电压为

$$V_{out} = -\frac{Q_{sig}}{C_{in}} G_v + (V_{dd} - V_{th}) G_v \tag{5.3-2}$$

3T 像素结构是 CMOS 图像传感器的一种基本结构。目前这种结构并没有被广泛地用于 CMOS 图像传感器，原因是 3T 像素配置有以下三个缺点：①暗电流较大。因为光电二极管的 N 型区直接用金属线连接到驱动晶体管的栅极，无法应用掩埋式光电二极管。②难以实现更高的输出电压。由于光电二极管还具有浮动扩散节点的作用，其电容不能设置过低，否则将难以实现高动态范围。

③光电二极管的复位(kTC)噪声无法被消除。因为信号输出和复位输出的复位情况不同，即两个复位噪声之间没有相关性，但它们之间又存在复位操作。为了消除复位噪声，需要用一个帧存储器来存储先前的复位情况。而偏移量的变化可以通过消除电路来消除。

3．4T 像素结构

高性能 CMOS 图像传感器采用 4T 像素结构，以克服 3T 像素结构的缺点。图 5.3-5 给出了 4T 像素结构。对比 3T 像素结构，4T 像素结构在光电二极管和驱动晶体管之间引入了独立于光电二极管的浮动扩散电容，以及控制信号电荷从光电二极管到浮动扩散电容的读出转移的传输栅。在读出操作过程中，通过向传输晶体管 TX 的栅极施加读出脉冲，使光电二极管中的信号电荷被转移到浮动扩散区，浮动扩散区的电压变化由源跟随放大器检测，源跟随放大器由驱动晶体管和负载晶体管组成(与 3T 像素结构相同)。

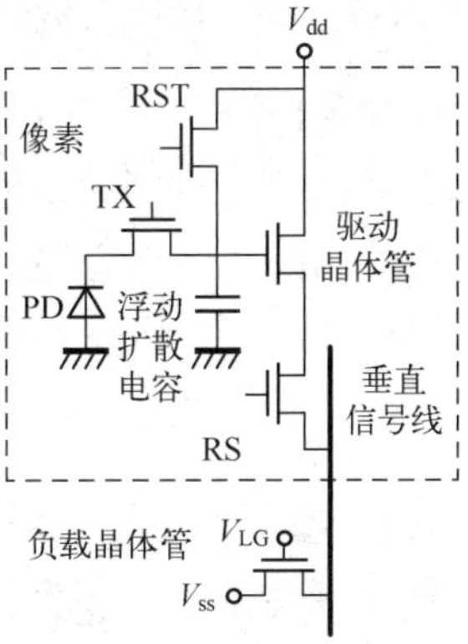

图 5.3-5　4T 像素结构

对于 4T 像素结构的 CMOS 图像传感器来说，至少需要一个光电二极管和四个晶体管，每个晶体管又由栅极、源极和漏极的两个扩散层以及它们周围的隔离层组成，这导致其需要较大的像素尺寸。这是 CMOS 图像传感器直到 20 世纪 90 年代末才开始批量生产的主要原因，而 MOS 图像传感器和 CCD 的生产在 20 世纪 80 年代初就开始了。为了降低成本，在 MOSFET 制造工艺节点达到 0.35μm 左右后，4T 像素结构才会被制造。

4．共享像素结构

作为一种像素缩小方法，小尺寸像素传感器的发展主流是使用共享像素结构。在图 5.3-6(a)所示的二共享像素结构中，两个像素共用相同的复位晶体管、驱动晶体管(放大晶体管)和行选择晶体管，而光电二极管、传输(读出)晶体管和浮动扩散区 FD 则不被共享，且 FD 通过布线连接。由于两个像素有 5 个晶体管，所以每个像素的晶体管数量减少到 2.5 个。图 5.3-6(b)为四共享像素结构，由于共享部分与图 5.3-6(a)相同，此时四个像素中一共有 7 个晶体管。共享像素数量的增加导致浮动扩散区的电容增加，连接的浮动扩散区增加即意味着电荷-电压转换系数的下降，即输出电压和电荷量增益的下降。因此，需要根据系统的整体性能进行具体设计。

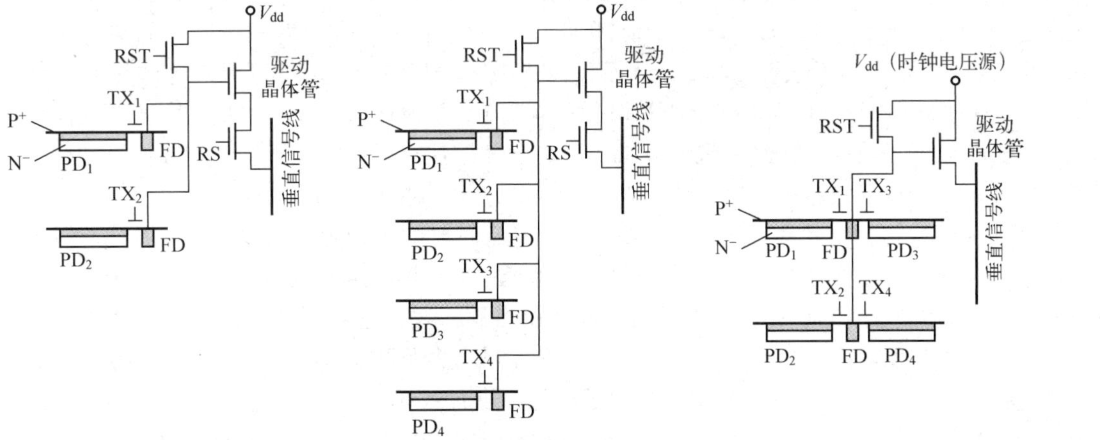

(a) 二共享像素　(b) 四共享像素　(c) 水平垂直四共享像素

图 5.3-6　共享像素结构示意图

此外，进一步减少晶体管数量的方法是使用浮动扩散区驱动结构，因此，还有水平垂直四共享像素结构，如图 5.3-6(c)所示，以及八共享像素结构等。共享像素结构中电荷的移动是通过金属线连接各个部分来实现的，因此，也可以将 CCD 认定为一种极限条件下的共享像素传感器，因为只有一个输出放大器通过无噪声连接被所有像素共享。

5.3.3 背照明 CMOS 成像器件

1. 工作原理

随着像素尺寸的变小，提高填充因子越来越困难，目前最流行的技术是从传统的前照式(FSI，Front Side Illumination)变为背照式(BSI，Back Side Illumination)，将放大器等晶体管以及互连电路置于背部，前部全部留给光电二极管。这种技术可以把一颗标准 CMOS 硅芯片的大部分面积变为一块感光区域，这样理论上就实现了 100%的填充因子。图 5.3-7 给出了其工作原理。

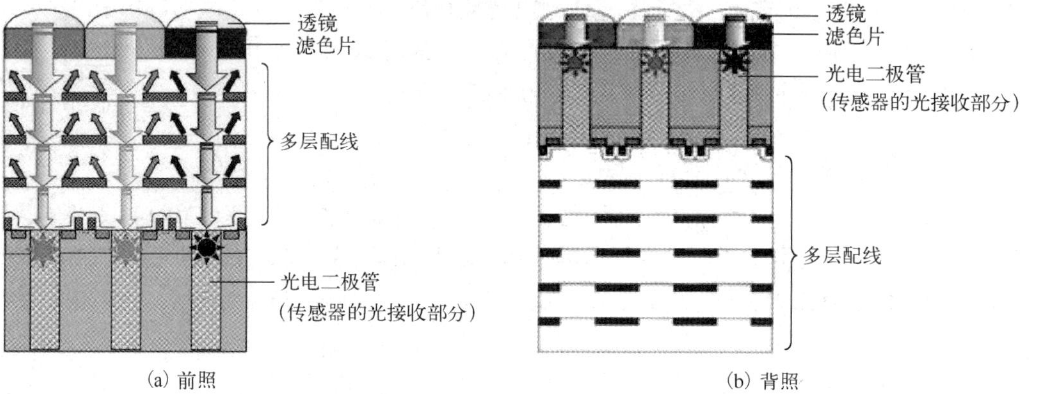

图 5.3-7 前照式(a)与背照式(b)工作原理

因前照工作透镜排列在顶部，透镜、光接收部分和光电二极管之间排有配线，部分斜入射的光线会受配线影响反射到直射入射的光中，导致整体感光度下降。而将透镜固定在衬底后侧的平面上，光线直接照射到光电二极管，不会影响到整体的性能。与前照式相比，背照式图像传感器在灵敏度上具有优势。从像素设计的角度来看，金属布局的灵活性对背照式图像传感器有很大好处。

图 5.3-8 所示为背照式图像传感器的工艺流程：图(a)在光电二极管中，进行电路和布线而形成正照式图像传感器；图(b)在表面一侧添加一个支撑衬底；图(c)对减薄后的晶圆进行研磨和刻蚀；图(d)处理新的背面表面以抑制暗电流，并形成光屏蔽膜；图(e)形成彩色滤光片和片上微透镜，完成工艺流程。图(b)～(d)所示的步骤是为背照式图像传感器专门增加的。背照式图像传感器有着广泛的应用领域，无论是在像素数量上还是质量上都有很大的发展空间。即使新增的工艺增加了制造成本，但其带来的利益却超过了该成本。

背照式图像传感器尤其是在小尺寸像素中因具有较好的灵敏度等特性而具有优势。图 5.3-9 为一个实际的背照式图像传感器像素的横截面视图，其像素间距为 1.0μm，清晰地展示了单芯片彩色相机中 PD 的纵横比。显然，PD 在垂直方向上相当长。为了能够吸收足够的红光，PD 深度必须为 3～3.5μm，这与像素间距相吻合。由于目前的带有颜色的吸收型彩色滤光片的厚度约为 1μm，因此从微透镜顶部到 PD 感光表面的距离必须足够长，以有效地引导入射光到达 PD。由于彩色滤光片无法控制光的传播方向，所以一部分入射光线进入相邻的像素，从而产生明显的串扰。为了抑制单芯片彩色成像的不良串扰，可通过制造一层光屏蔽膜实现，如图 5.3-9 所示。因上述原因而无法实现 100%的感光面积，可以说目前还没有充分发挥背照式图像传感器的潜力。由于串扰水平取决于光线倾斜入射的程度，所以对光学镜头提出了更高的要求。此外，对于背照式图像传感器高水平的工艺技术同样不可或缺。

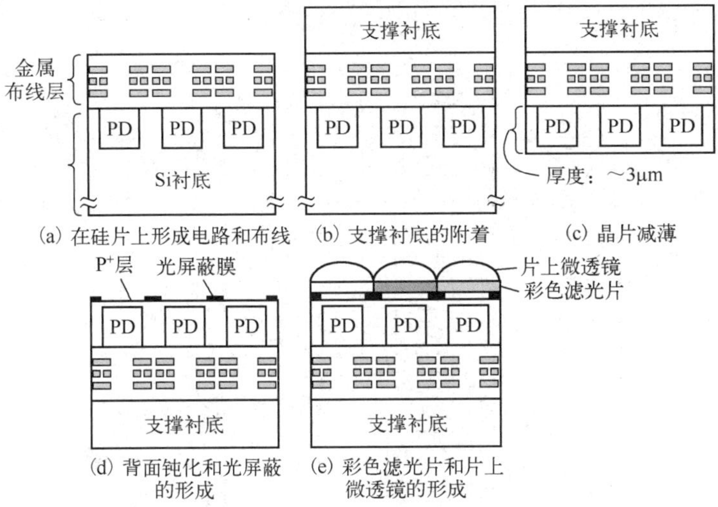

图 5.3-8 背照式图像传感器的工艺流程示意

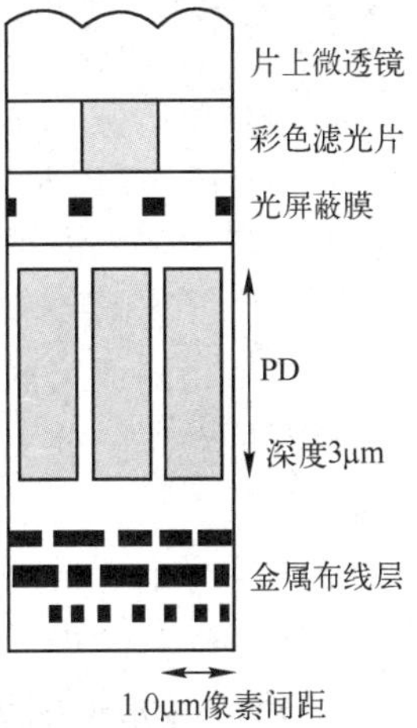

图 5.3-9 1.0μm 像素间距的实际背照式图像传感器像素的横截面视图

2. 堆叠背照式图像传感器

堆叠背照式图像传感器引起了人们广泛关注，并在缩小传感器尺寸方面起到很大作用。传统的背照式图像传感器，支撑衬底仅起到支撑的作用，它由硅晶体制成，见图 5.3-10(a)。堆叠背照式图像传感器由顶部和底部构成。顶部包括像素阵列、行驱动器、负载晶体管和比较器，底部包括控制电路、行解码器、参考电压、计数器、图像处理和输出接口，见图 5.3-10(b)。

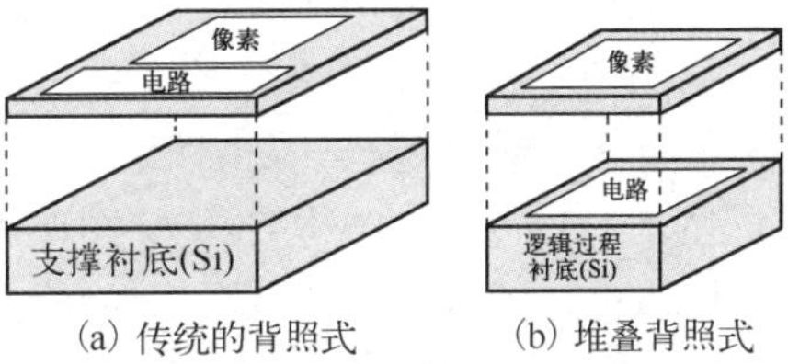

图 5.3-10 图像传感器的结构

堆叠背照式图像传感器的顶部和底部通过一种垂直通孔(Through-Silicon Via，TSV)连接在一起，顶部部分向上堆叠，并通过 TSV 进行连接，见图 5.3-11(a)。顶部部分由一块多晶硅和四层金属层（1P4M）组成，包括彩色滤光片和片上微透镜。底部部分采用了 65nm 的 1P7M 逻辑工艺。在传统的背照式图像传感器中，整个芯片都必须使用昂贵的 CIS 工艺。但在堆叠背照式图像传感器中，可以针对每个芯片选择最合适的工艺，这将在一定程度上弥补传统背照式图像传感器的上述缺点。通过引入各种功能可以将这项技术推广到三维图像传感器，具有像素级 ADC 的图像传感器已经实现。后续将基于铜互连的 DBI(Direct Bond Interconnect)混合键合技术引入堆叠式图像传感器，以进一步缩小传感器尺寸，见图 5.3-11(b)和(c)。混合键合技术的核心在于通过直接铜对铜的连接方式，取代传统的凸点或焊球互连。在工艺过程中，芯片表面的金属层(通常是铜层)经过精密对准后直接压合在一起，形成直接电学接触。为了保证良好的连接效果，芯片表面还需进行特殊处理，如沉积一层薄且均匀的介电材料(如 SiO_2 或 SiCN)，并在其上制备出微米甚至纳米级别的铜垫和通孔。这些铜垫和通孔将芯片内部的电路与外部相连，极大地提升了数据传输速度和集成度。

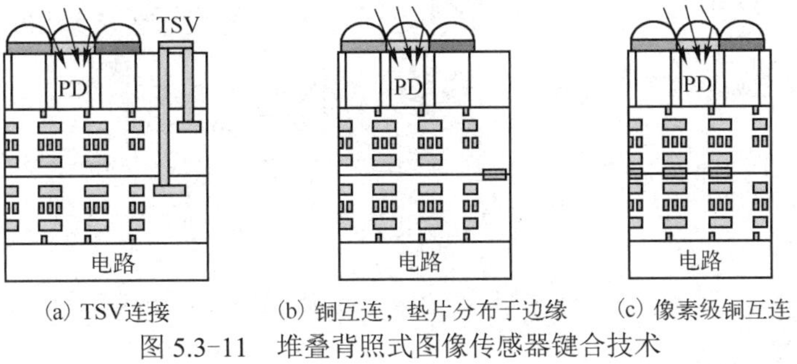

图 5.3-11 堆叠背照式图像传感器键合技术

5.3.4 CMOS 的读出模式

1. 读出模式

3T 像素结构 CMOS 图像传感器原理电路如图 5.3-12。在工作中，由垂直存取电路产生的行选择脉冲被施加到行选择晶体管 RS 以及 MOS 图像传感器上，使得源跟随放大器处于工作状态，且垂直信号线被设置为源跟随放大器的输出电压，在其上会产生与电压相对应的倍增电荷量。因此，垂直信号线中的放大信号电荷由源跟随放大器提供。由于 PD 中的信号电荷不移动，而是保持读出操作，这种读出方式被称为无损读出。为了开始下一次曝光，通过把垂直存取电路中产生的复位脉冲施加到 RS 上使 PD 复位，然后将水平存取电路产生的列选择脉冲施加到列选择晶体管 CS 上。垂直信号线的电压由输出部分输出，在偏移量变化被消除后，通过 CS 存取，并串行输出。在一行的所有列都输出后，进行下一行的操作。

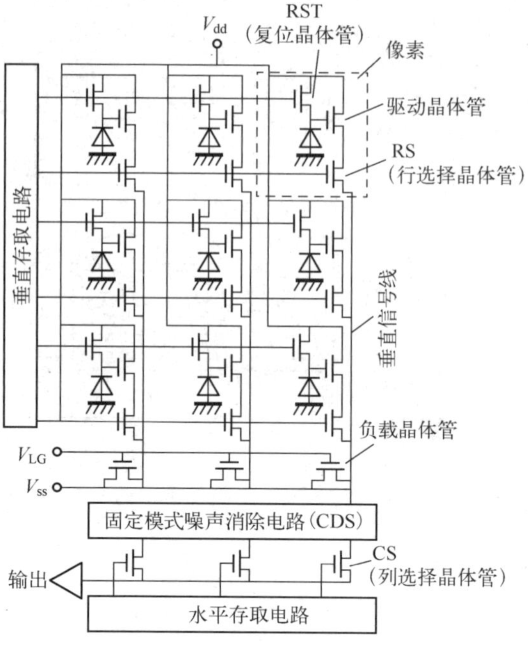

图 5.3-12　3T 像素结构 CMOS 图像传感器原理电路

图 5.3-13 为 3T 结构 CMOS 图像传感器中单个像素的读出操作示意图。图 5.3-13(a)～(e)分别展示了读出时的器件横截面和电压分布。将电源电压 V_{dd} 和 V_{ss} 分别置为 3V 和 0V。如图(b)所示，曝光刚结束，信号电荷 Q_{sig} 被存储在光电二极管中。接下来，行选择脉冲被施加到行选择晶体管，以激活源跟随放大器，其中电子开始从 V_{ss} 流向 V_{dd}，如图(c)所示。由于光电二极管中存在 Q_{sig} 并与驱动晶体管的栅极相连，所以源跟随放大器输出电压信号 V_{out1}。输出后，复位脉冲被施加到复位晶体管，使光电二极管复位到电压 V_{dd}，如图(d)所示。随即，源跟随放大器输出对应于光电二极管中电压重置为 V_{dd} 的电压信号 V_{out2}，如图(e)所示。在下一步，通过对 V_{out1} 和 V_{out2} 做差分以实现偏移量消除。4T 结构 CMOS 图像传感器及其读出时序请扫描二维码 5.3-2。

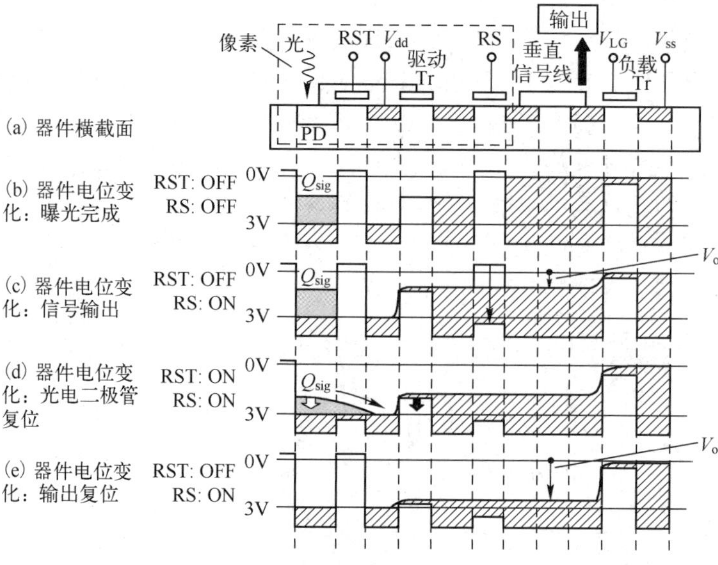

图 5.3-13　3T 像素结构中单个像素的读出操作示意图

二维码 5.3-2

2. 读出电路

光电二极管的电压用源极跟随器(SF)读取。如图 5.3-14 所示，每个像素中有一个源极跟随器晶体管 M_{SF}，每一列有一个电流负载 V_b。在跟随器和负载之间有一个选择管 M_{SEL}。源极跟随器的直流响应与输出不呈线性关系。输出电压会被采样并保存在用于相关双采样的电容中。在使用源极跟随器的读出周期中，采样保持电容 C_{SH} 的充放电过程是一样的。充电过程中，C_{SH} 在恒定电压模式下充电，因此上升时间 t_r 由恒压模式决定。在放电过程中，C_{SH} 在源极跟随器的电流源提供的恒流模式下放电，因此下降时间 t_f 由恒流模式决定。当对读出速度要求较高时，就必须考虑这些特性。

图 5.3-15 给出了一个带有 4T 像素结构的典型相关双采样 CDS 电路。基本的 CDS 电路由两组 S/H 电路和一个差分放大器组成。复位电平和信号电平被采样并分别保持在电容 C_R 和 C_S 中，然后对保持在两个电容中的复位值和信号值进行微分得到输出信号。CDS 可以用来消除光电二极管中复位晶体管产生的热噪声，也就是 kTC 噪声。相关双采样电路的体积要小得多，甚至可以在每一列布置一个，在带宽小于 1MHz 的窄带宽内，通过每一列的并行处理进行消除操作。从噪声特性的角度来看，这是一个很大的优势。

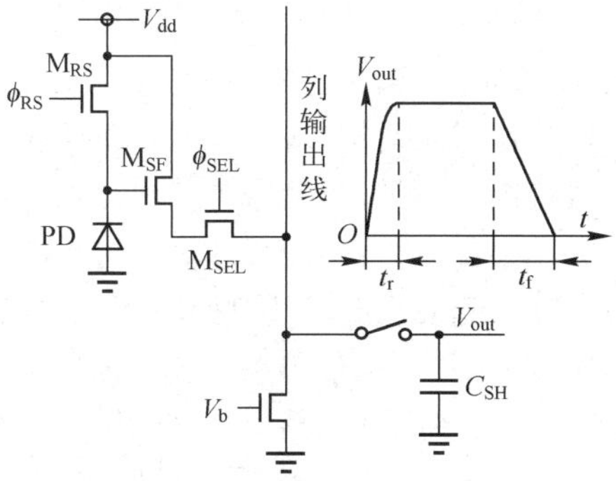

图 5.3-14　使用源极跟随器的读出电路

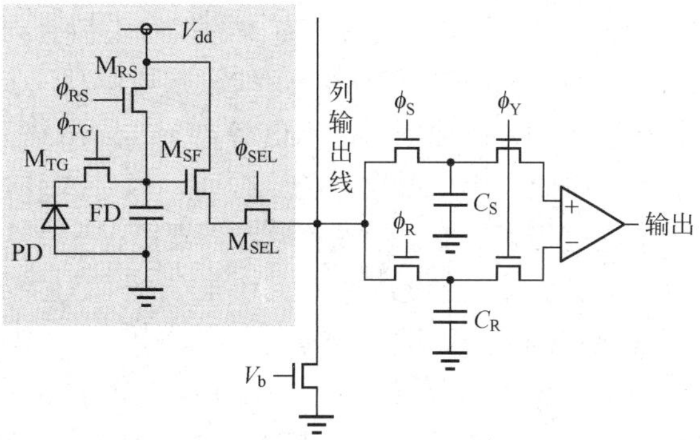

图 5.3-15　典型相关双采样 CDS 电路

3. 电子快门

目前为止，所提到的模式都是以入射光产生信号电荷作为图像信息为前提的。在某些应用中，图像传感器设计要求具有短曝光时间，因为长时间的曝光会降低物体运动时的图像清晰度，这通常可通过控制曝光时间的电子快门实现。电子快门的工作原理如图 5.3-16 所示，它展示了入射光产生的信号电荷随时间的变化。

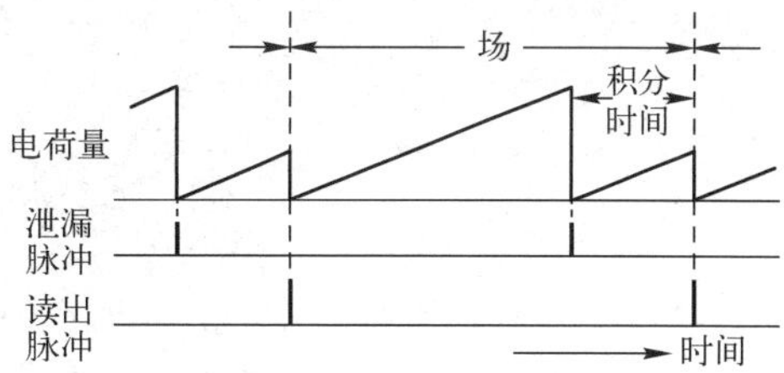

图 5.3-16　电子快门的工作原理

入射光进入传感器，产生的光生电荷随着时间推移不断增加，但是通过将泄漏脉冲施加到传感器可以完全消除收集到的电荷。通过这种方式，传感器将重新启动一个新的积分时间，直到脉冲被读取到。从泄漏脉冲到读出脉冲的时间是实际曝光时间，其中信号电荷被收集并用作图像信号，实际曝光时间可以通过设置泄漏脉冲时序来控制。

电子快门是控制曝光量和曝光时间的重要技术，常见的工作模式有全局快门和卷帘快门。全局快门所有像素同时开始曝光，且同时结束曝光，如图 5.3-17(a)所示；卷帘快门则以每一行为序逐行曝光，且每行的曝光时间相同，如图 5.3-17(b)所示。一般来说，CCD 多采用全局快门，CIS 多采用卷帘快门。

由于卷帘曝光每行像素曝光取像的时间不同，所以拍摄运动物体时，会产生图像变形、拖影、摇摆的现象。比如在拍摄高速转动的风扇时，采用卷帘曝光拍摄时会呈现出扭曲失真的图像。图 5.3-18(a)和(b)分别是 CMOS 图像传感器在不同电子快门模式下拍摄到的旋转风扇图像。

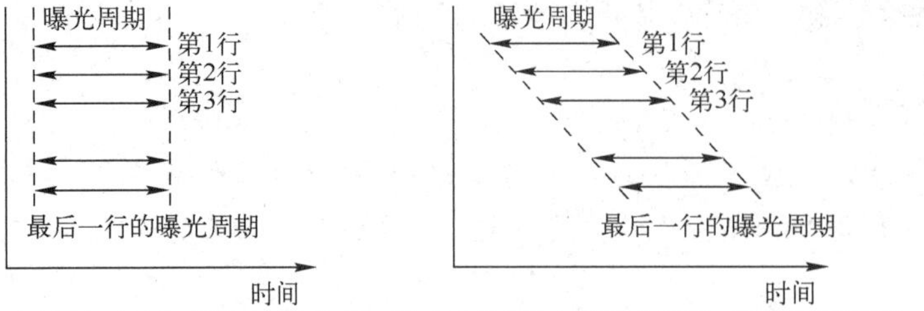

(a) 全局快门所有行的曝光时间相同　(b) 卷帘快门每行的曝光周期开始时间逐渐增加

图 5.3-17　不同快门模式的读出时序和曝光周期

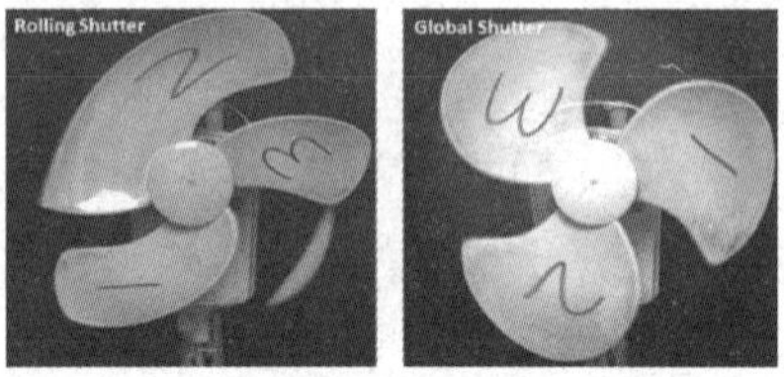

(a) 卷帘快门　(b) 全局快门

图 5.3-18　使用不同电子快门模式捕捉旋转风扇的图像

很明显，要实现较小的失真，就必须缩短曝光区域从上到下的时间。这也是高速读出 CMOS 图像传感器的发展受到关注的原因之一。具有一定性能的 CMOS 图像传感器相机都配备了机械快门系统，通过同时控制整个图像的曝光时间来避免这些失真。

在 CCD 中，集成在所有像素中的信号电荷会同时传输到 VCCD。这意味着 VCCD 可以接收并存储与像素数量相同的信号电荷，即它起着帧存储器的作用。CMOS 图像传感器不能使用全局快门模式拍摄静止图像的原因是：当信号电荷被读出到垂直信号线时，由于是金属布线，每条信号线每次只能独立接收一个信号电荷包。因此，信号线只能接收一行像素相对应的信号电荷包；作为整个传感器，它有行存储器，但没有帧存储器。

目前，CMOS 图像传感器已由最初的几万像元、几十万像元发展至今天的百万像元(1280×1024，2048×2048)乃至上千万像元(4096×4096)。现在 CMOS 技术在两个前沿获得突破：用于计算机和手机的摄像产品和超高速、大规格的高档产品。从根本上说，考虑到视频速率下的读出噪声和灵敏度问题，CMOS 图像传感器比 CCD 更有优势，有着更低的瞬态噪声，而且这个优势随着像素数目的增大而更加明显。最近设计的高速 CMOS-APS 能实现 2368×1728 分辨率下的 240FPS 的帧速和 1280×1024 下的 600FPS 的帧速。

CMOS 成功的关键是低能源消耗、片内集成以及较 CCD 更低的成本，用 CMOS 图像传感器开发的数码相机、微型和超微型摄像机已大批量进入市场。CMOS 传感器目前在成像系统中具有广泛的应用。

5.4　特殊 CCD/CMOS 成像器件

尽管性能良好的普通 CCD 能够在$(1.5\sim2.0)\times10^{-2}$lx 下成像，但在夜天光条件下工作则还需进一步借助于微光图像增强技术。微光 CCD 与硅增强靶摄像管相似，可用光子型或电子型增强，即可用像增强器与 CCD 耦合在一起，构成图像增强型 CCD(ICCD)。也可用光电子轰击 CCD 的光敏元，构成电子轰击型 CCD(EBCCD)。

5.4.1　增强型成像器件 ICCD/ICMOS

这种耦合方式可分为光学耦合方式和光纤耦合方式。前者是利用光学成像系统将像增强器和 CCD/CMOS 耦合起来(图 5.4-1(a))，后者是用光学纤维面板将像增强器和 CCD/CMOS 直接耦合起来(图 5.4-1(b))。

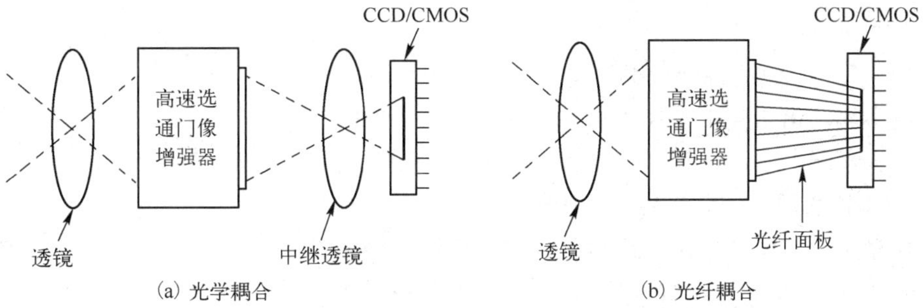

图 5.4-1　像增强器与 CCD/CMOS 芯片的耦合方式

图 5.4-2 是光纤耦合 CCD 的结构，从增益和分辨率考虑，像增强器可以采用两级级联的方式。例如，第一级采用高增益的三代 18mm 的 GaAs 光阴极的近贴像增强器，其光灵敏度达 1800μA/lm，光谱响应为 0.6～0.9μm，极限分辨率为 64 lp/mm(9kV 工作电压)。第二级采用多碱阴极的一代单级倒像式像增强器，用 18:14 的缩像器把两级连接起来。两级增益达 13500，这相当于图像传感器在 2×10^{-6}lx 的照度下信号电荷为 400 个电子/像素。在对比度为 1、照度为 1×10^{-4}lx 条件下可清晰成像。当对比度降为 0.2 时，仍能在 10^{-3}lx 下工作。该装置的光学图像用 2.54cm 长的光纤耦合到图像传感器上。实验表明，光纤与图像传感器耦合界面上的光损失很小，可以忽略。实际中，为了使耦合图像与图像传感器光敏面匹配，大多采用光纤锥进行耦合。

除上述方式外，还可根据具体要求和用途进行不同形式的耦合。如图 5.4-3 所示的耦合二代近贴像增强器的 CCD 成像系统。由于二代像增强器和图像传感器的体积小，质量轻，所以用它们耦合而成的 ICCD/ICMOS 也具有上述优点，在军事、安全检查等领域有着广泛的用途。CCD 拍摄的微光场景视频请扫描二维码 5.4-1。

二维码 5.4-1

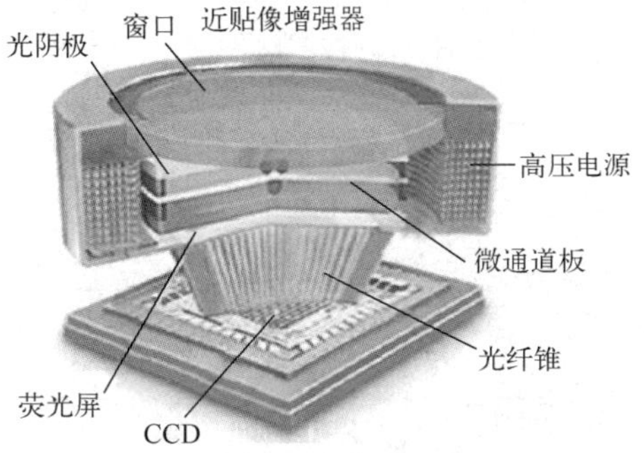

图 5.4-2　光纤耦合 CCD 的结构

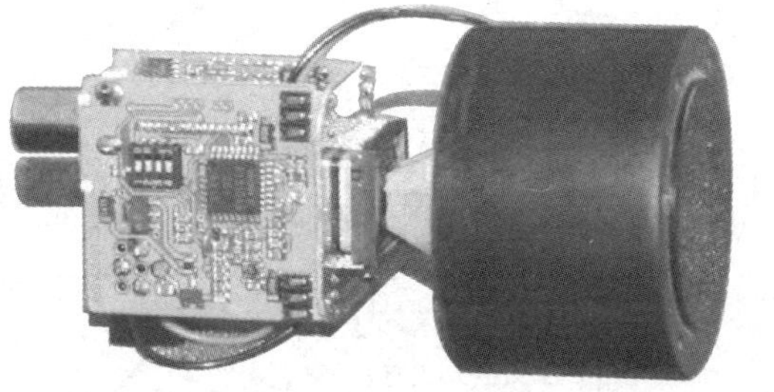

图 5.4-3　耦合二代近贴像增强器的 CCD 成像系统

5.4.2　电子轰击型成像器件 EBCCD/EBCMOS

这种微光 CCD 电子轰击(EB)工作模式的基本原理是入射光子照射光阴极转换为光电子，光电子被加速(10～15kV)并聚焦成像在 CCD 芯片上，损失掉一部分能量后，在 CCD 光敏元中产生信号电荷，积分结束时，信号电荷被转移到寄存器输出。

目前常用的三种电子光学成像方式都可用于 EBCCD。其中，静电聚焦简单，得倒像，但易产生枕形畸变；磁聚焦分辨率高，得正像，但笨重且常引起螺旋形畸变。近贴式结构得正像(图 5.4-4)，但靠阴极表面的强电场来保证分辨率，故会引起场致发射，构成强背景辐射。倒像式 EBCCD 的结构如

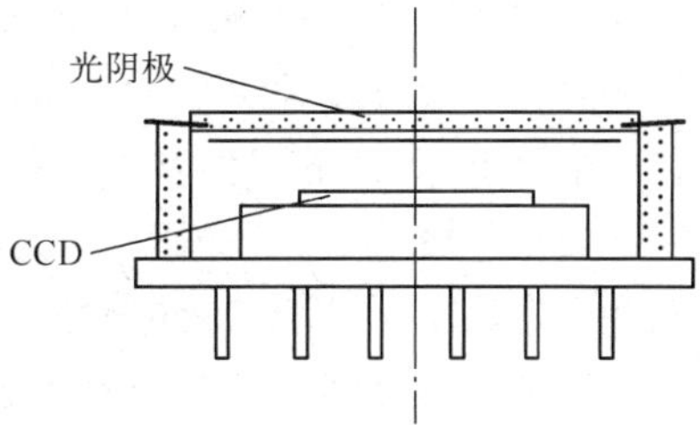

图 5.4-4　近贴式 EBCCD 的结构

图 5.4-5 所示。

根据加速电压和覆盖层情况不同，轰击到 CCD 光敏元上的电子能量也不同。每个光电子通常可以产生 2000～3000 个电子。用作光子探测器时，这种增益量级已经足够。例如，若 CCD 芯片上放大器噪声为 300 个电子，则很容易分清有一个光电子或者没有光电子。而用作微光成像时，由于二代像增强器光阴极的灵敏度可达 400μA/lm 以上，所以，EBCCD 也可以实现高灵敏度、高电子增益和低暗电流。

EBCCD 的不足是工作寿命短。CCD 在高速电子轰击下会产生辐射损伤，从而使暗电流和漏电流增加，转移效率下降，严重影响 CCD 的寿命。

除上述两种得到应用的微光 CCD 外，还可以使背照减薄的帧转移结构 CCD 在低温下工作，以大大降低暗电流，并允许增加每场光积分时间，从而进一步提高信噪比。前照器件的量子效率典型值约为 25%，而背照器件的量子效率可高达 80%。制冷器件适用于凝视工作模式，已经在天文观察方面获得成功应用。

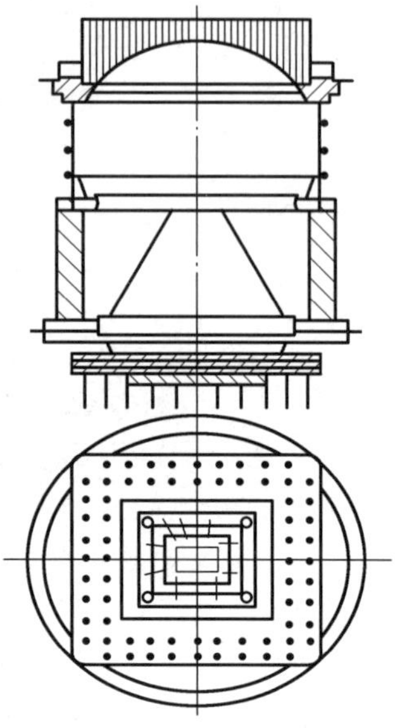

图 5.4-5　倒像式 EBCCD 的结构

5.4.3　电子倍增 CCD

由于采用图像增强手段的 CCD 既具有 CCD 的优点，同时又能在夜光下工作，因此微光 CCD 已成为微光电视系统的主要器件。

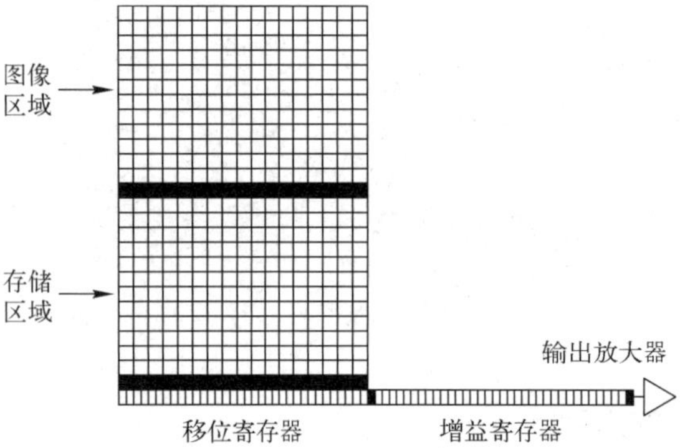

图 5.4-6　EMCCD 倍增原理示意图

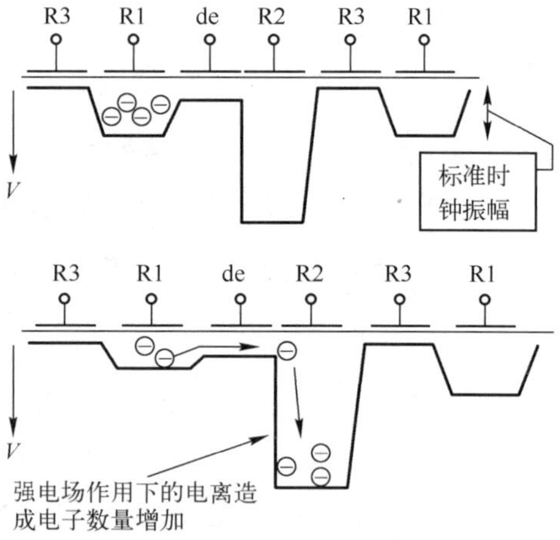

图 5.4-7　电离效应倍增电子示意图

电子倍增 CCD(Electron-Multiplying CCD，EMCCD)是当前最新的一种使用标准 CCD 生产工艺制造的高灵敏成像器件，它继承了 CCD 的优点，并具有与 ICCD 相近的灵敏度。EMCCD 芯片中具有一个位于 CCD 芯片的移位寄存器和输出放大器之间的特殊的增益寄存器(图 5.4-6)。增益寄存器的结构和一般的 CCD 类似，只是电子转移第二阶段的势阱被一对电极取代(图 5.4-7)，第一个电极上为固定值电压，第二个电极按标准时钟频率加上一个高电压(40～50V)。通过两个电极之间高电压差形成对待转移信号电子的冲击电离，从而形成新的电子。尽管每次电离能够增加的新电子数目并不多，但通过多次电离，就可将电子的数目大大提高。目前每次电离后电子的数目约为原来的 1.015 倍，如通过 591 次倍增后，电子数目约为原来的 6630 倍，大幅提高了输出信号的强度，减小了 CCD 固有的读出噪声对系统的影响。EMCCD 增益寄存器对信号增强工作原理请扫描二维码 5.4-2。

EMCCD 具有很高的信噪比，且具有比 ICCD 更好的空间分辨率，输出图像的质量也更好。Andor 公司的 DV465 型 EMCCD 摄像机的电子增益可在 1～1000 倍之间调节。图 5.4-8 给出 EMCCD 和其他成像器件的量子效率（考虑噪声因素，并使用电子倍增）示意图，EMCCD 的量子效率好于 ICCD，在最佳波段可达近 60%。不过由于 EMCCD 还处于完善阶段，且大多数情况下需要采取制冷措施降噪，成本较高，故目前应用尚不广泛。

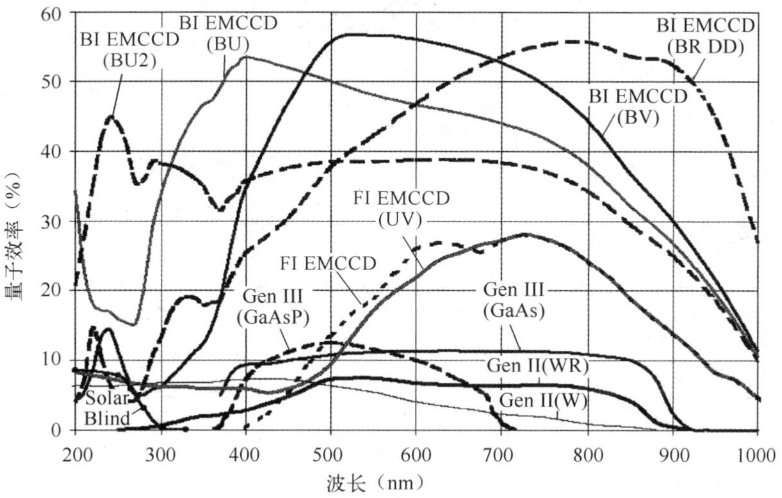

图 5.4-8　不同成像器件的量子效率示意图

二维码 5.4-2

5.4.4　各类新型成像器件

1．单光子探测成像器件

单光子探测成像器件是一种能够检测单个光子并生成图像的高性能光电探测器。这种器件在低光强条件下表现出极高的灵敏度，广泛应用于天文学、光谱学、生物医学成像、量子光学等领域。多阳极微通道阵列（MAMA）是单光子探测成像器件的一种，具有高灵敏度、高时间分辨率、高空间分辨率、低噪声的特点。

MAMA 探测系统的原理如图 5.4-9 所示。探测器阵列安置于微通道板输出端，构成近贴聚焦，该探测器为成像 MAMA。该阳极阵列探测单光子事件产生的电子云的位置并收集电子云，然后，将阳极电极所收集的电荷经高速放大器与识别线路进行放大、成形。

MAMA 探测系统包括真空管部件和辅助的模拟、数字电子线路、弯曲型微通道板（MCP）电子倍增器。光阴极可直接蒸镀在微通道板前表面或与微通道板近贴安装。在 MCP 输出面的近贴聚焦处有两层结构精细的阳极。这两层阳极可探测并确定由单光子事件产生的电子云的位置。MAMA 探测管的结构如图 5.4-10 所示。每层电极分成两组排列，这样可以通过一定数量的输出电路唯一地确定出高分辨率成像所必需的位置坐标。两层电极成正交布置，电子云的坐标位置通过每层中两组电极的重合信号可唯一地确定。两层阳极之间由 SiO_2 介电层加以绝缘。上层与下层电极之间介电材料被刻蚀掉，这样可以使来自 MCP 电子云的低能量（约 30eV）电子同时被收集到每一层上。四组电极的输出信号，通过放大器和鉴别电路加以制约并馈送到数字逻辑电路中，从叠加的输出信号中解出电子云的坐标位置。

用于太阳和大气日光层观测（SOHO）、空间望远镜摄谱仪（STIS）和远紫外光谱探测仪（FUSE）中的 MAMA 探测系统，其结构和基本特性参数见表 5.4-1。

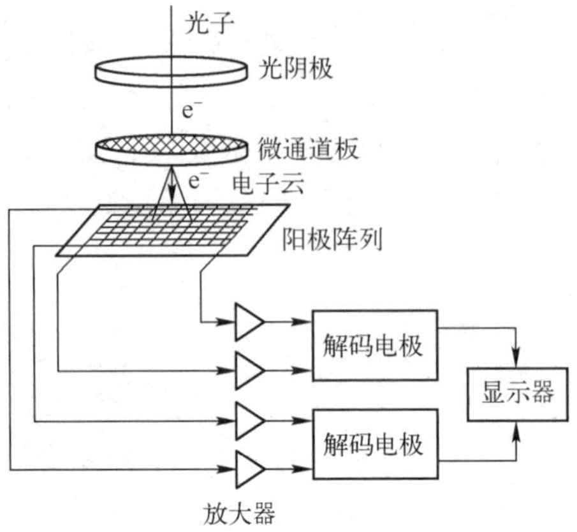

图 5.4-9　MAMA 探测系统原理

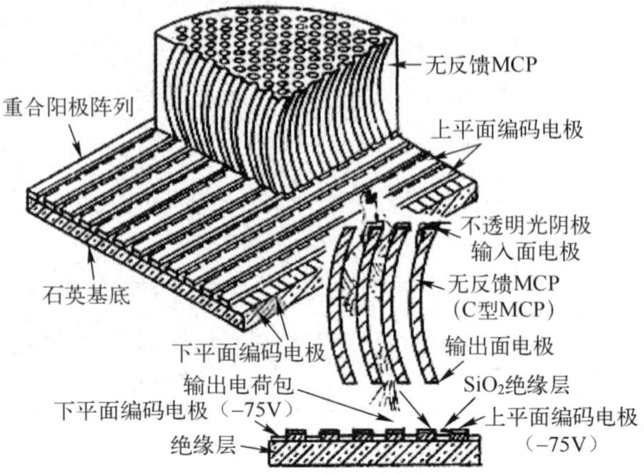

图 5.4-10　MAMA 探测管的结构

表 5.4-1　MAMA 探测系统的结构和特性参数

	SOHO	STIS	FUSE
像元数	360×1024	1024×1024	728×8096(4×728×2024)
像元尺寸(μm)	25×25	25×25	22×16
阳极有效面积(mm^2)	9.0×25.6	25.6×25.6	16×32.4(×4)
MCP 有效面积(mm^2)	10×27	27×27	17×33(×4)
MCP 通道尺寸(μm)	12	12	8
放大器数	105(104+1)	133(132+1)	577(4×144+1)
光阴极材料	MgF_2 和 KBr	CsI 和 Cs_2Te	KBr

2．直角转移 CCD

直角转移 CCD(Orthogonal Transfer CCD，OTCCD)是一种可以在所有方向转移电荷的 CCD，是为地基天文成像而开发的。OTCCD 可以修正由于大气效应引起的波前倾斜，还可以补偿镜头抖动，提高图像分辨率，改善信噪比。

图 5.4-11 为 OTCCD 的结构。每个器件都包含 8×8 阵列的 OTA 单元，每个 OTA 单元都由 500×500 的像素阵列和一系列读出寄存器组成。单个像素结构如图 5.4-11(c)所示，包含 4 相结构。4 相的组成方式有两种，如图 5.4-11、图 5.4-12 所示。

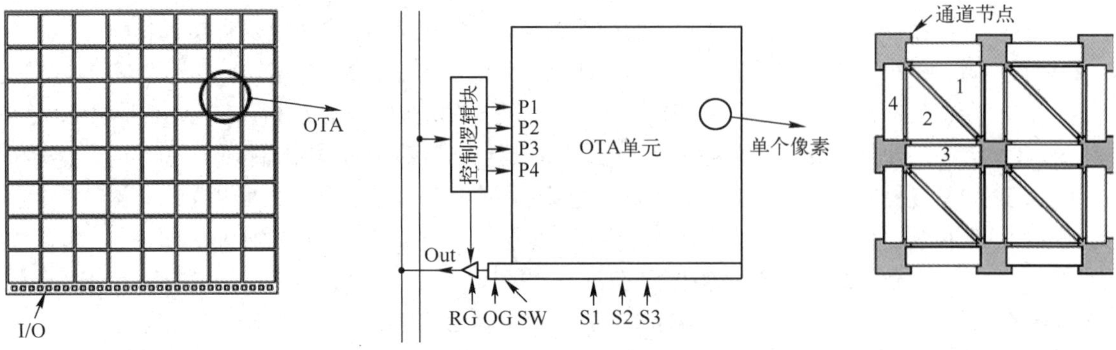

(a) 8×8阵列OTCCD单元　(b) OTA单元及其控制逻辑　(c) 单个像素结构

图 5.4-11　OTCCD 结构之一

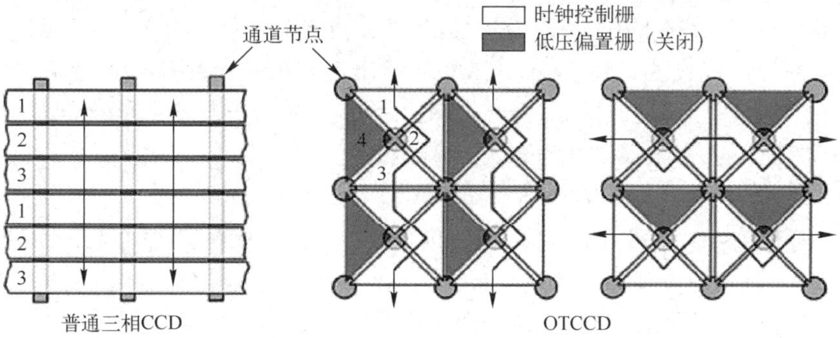

图 5.4-12　OTCCD 结构之二

每个 OTA 单元都有一个控制逻辑块，控制 4 个平行相(P_1～P_4)以及每个单元的视频输出信号。每个控制逻辑块都可以被寻址以及装载数据，这些数据用来：（1）决定平行相用来积分或者转移电荷；（2）开启或者关闭输出放大器，输出放大器连接到视频输出总线。为了最大化占空比，单元与单元之间尽可能接近，所有的 I/O 引线都设计到器件的一边。

由图 5.4-11、图 5.4-12 可知，当图中第 4 相的门限电压置成低电平时，1～3 相可以按照时钟顺序在垂直方向上转移电荷；而当第 3 相的门限电压置成低电平时，其余 3 相可以在水平方向转移电荷。

3．曲面 CCD

曲面 CCD 是为兼顾光学系统设计而研发的一种成像器件，它在成像系统中具有如下优势：①兼顾光学系统像方焦面的曲率，消除或减少渐晕，提高边缘区域的成像质量；②兼顾光学系统大视场设计，保证探测器视场与成像系统的视场重合而不会限制视场；③可减少光学元件数量，因此增大了透过率；④降低成像系统的光学设计成本。

可以直接将硅膜压制在球面上制作单片式曲面 CCD(图 5.4-13)，或者基于单片平面 CCD 的镶嵌拼接曲面 CCD(图 5.4-14)。

图 5.4-13　单片式曲面 CCD

图 5.4-14　镶嵌拼接曲面 CCD

4．混合 CCD 成像器件

CCD/CMOS 混合焦平面(FPA)拥有 CCD 的成像特性(高量子效应、低暗电流、优良的均匀性、低串扰)和 CMOS 的信号读出技术(高速、低能耗、超低读出噪声)。这种 FPA 由 2 个 CMOS 读出电路(ROIC)和 1 个 CCD 阵列组成，中间通过 In 柱连接(图 5.4-15)。

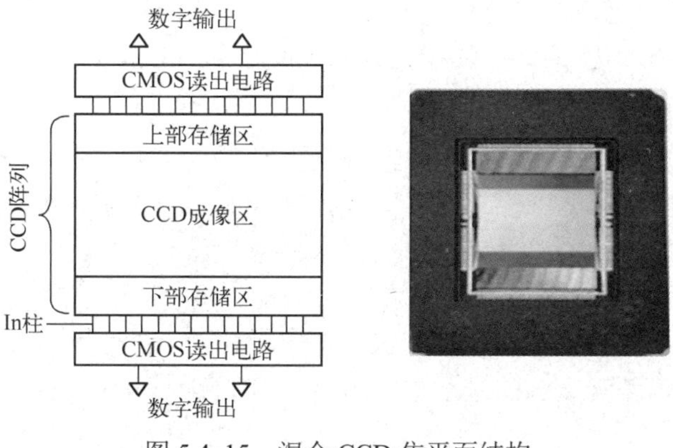

图 5.4-15　混合 CCD 焦平面结构

该 FPA 去除了传统 CCD 的串行转移寄存器，直接将电荷转移到 ROIC 中，因而在具有超低读出噪声的同时，保持了优良的成像特性。CMOS 读出电路的平行结构减小了有效输出带宽，为 ROIC 完成复杂的放大器电路提供了足够的硅基底，因此，能够很好地降低读出噪声。高速串行时钟和大电流输出放大器的去除也极大地降低了器件的功耗。

5．仿视网膜分布 CMOS 成像器件

近些年来，随着精确制导武器的发展，人们开始关注高速精确制导武器相向运动过程中的视场清晰范围问题，并尝试采用仿视网膜像元分布结构减轻高速相向运动产生的辐射状模糊效应。

此外，由于仿视网膜像元分布探测器在小数据量、高分辨率和大视场范围之间能取得较好的平衡，还可以根据不同应用场合（如抗相向运动成像模糊、图像消旋、视频传输、全景相机等）的需求，设计符合各自应用的仿视网膜像元分布探测器布局，以避免采用矩阵探测器时存在的问题。

北京理工大学根据上述研究结果，设计了一款仿视网膜像元分布的 CMOS 图像探测器。该探测器采用变光敏元尺寸的辐射状布局，螺旋变址读出图像数据，初步实现了国内首款仿视网膜像元分布的 CMOS 图像传感器芯片和成像系统的研制。目前，该研究小组正在基于该传感器进行相关的系列实验研究。图 5.4-16 为该研究小组所研制探测器的像元布局、简易封装外形及所生成的分辨率靶图像（图（c）为直接输出图像，图（d）为经过坐标变换的图像）。其相关参数如表 5.4-2 所示。

表 5.4-2　仿视网膜像元分布 CMOS 探测器的性能参数

参数名称	数　值	单位
工艺	0.35μm 图像传感器工艺	
像素类型	线性像素、6T 结构、全局曝光	
像素尺寸	14～22	μm
总像素数	52066	
像素环数	138	
像素输出频率	20	MHz
输出帧频	80 @Tint=9ms	FPS
电子转换增益（CG）	12.1	μV/e−
饱和输出幅度	1.59	V
读出噪声电压	0.66	mV
动态范围（电压）	67.6	dB
工作电压	3.3	V
光谱响应范围	400～1000nm	
曝光时间	4μs 以上任意可调	

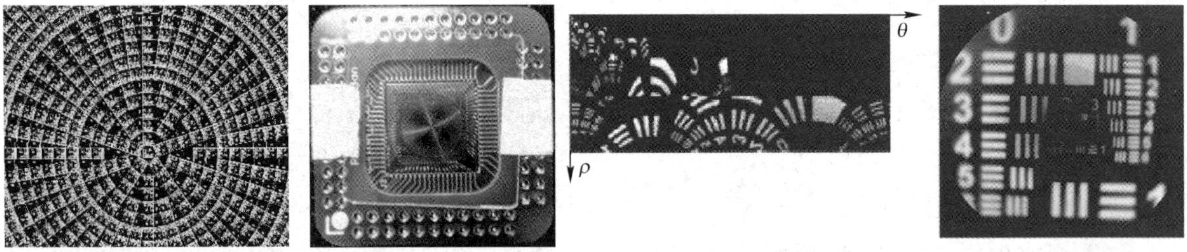

（a）像元布局　（b）简易封装外形　（c）直接输出的图像　（d）经过坐标变换的图像

图 5.4-16　仿视网膜像元分布的 CMOS 探测器

5.5　固体成像器件的性能

固体成像器件的主要特性参数有：灵敏度（或响应度）、分辨率（或调制传递函数）、光谱响应以及信噪比等。但由于 CCD 还起着电荷传输的作用，故还包括转移效率、噪声、功耗等性能参数。这里只对固体成像器件用作光电成像器件时的主要特性参数做介绍。

1．分辨率和调制传递函数

分辨率即指极限分辨率，是指在一定测试条件下，具有一定性质的鉴别率图案投射到固体成像器件光敏面时，在输出端观察到的最小空间频率，通常用 lp/mm 表示，也可以用相应的 TVL 表示。

固体成像器件都是离散采样器件，由奈奎斯特采样定理可知，它的极限分辨率为空间采样频率的一半。如果某一方向上的像元间距为 d，则该方向上的空间采样频率为$1/d$ (lp/mm)，其极限分辨率将小于$1/2d$ (lp/mm)。若用 TVL 表示，在某一方向的像元数就是 TVL 数。显然，TVL 数的一半与固体成像器件光敏面线度尺寸的比值，就是相应的 lp/mm 数。

由于极限分辨率包括观察者的主观因素在内，因此在全面评价分辨能力时应采用调制传递函数，以客观地评价固体成像器件的传递特性。假设固体成像器件是一个具有线性、时空不变性的系统，则可按环节分别求出其调制传递函数，然后再用各环节的调制传递函数之积来表示系统的调制传递函数。具体环节包括几何 $T_x(f)$、扩散 $T_D(f)$和转移 $T_T(f)$。

固体成像器件在某一方向可看成具有“积分均化作用”的离散采样环节，因此会产生几何 $T_x(f)$，它与固体成像器件的单元尺寸与中心间距有关。在中心间距相同的情况下，像元小些对提高分辨率有利。对 CCD 器件而言，其工作时若光生载流子产生在离耗尽层较远，则在向势阱漂移的同时还会发生横向扩散，并被相邻势阱收集，由此造成 $T(f)$的衰减，即扩散 $T_D(f)$。随着光生载流子产生处到相邻像元耗尽层的距离的增大，$T_D(f)$变差。此外，对于不同波长的光照，$T_D(f)$值也不同。对 CCD 器件而言，因 CCD 工作时的电荷包由光敏区向存储区转移，由存储区向水平区转移或在水平区中连续转移，这一系列的转移过程都存在电荷的损失，尤其是在水平方向，这种损失造成了 $T(f)$的衰减，即转移 $T_T(f)$。

2．灵敏度（响应度）

当光电流 I_L 用积分时间 t 内一个面积为 A_g 的像元所积累的信号电荷数 N_s 表示时，固体成像器件的灵敏度可以写成如下形式

$$S_I = \frac{eN_s}{\Phi A_g t} \tag{5.5-1}$$

式中，Φ 是景物的辐射度。S_I 的单位用 mA/W 表示。

固体成像器件的平均量子效率可由测量所得的灵敏度或响应度求得。因为一个理想的硅探测器在光吸收区（0.4～1.1μm）具有 100%的量子效率，其响应度约为 238mA/W（2856K），故成像器件在整个波长范围的响应度就是对应的平均量子效率。

3．光谱响应

固体成像器件光谱响应的含义与一般光电探测器的光谱响应相同。固体成像器件的光谱响应范围由光敏面的材料决定，本征硅的光谱响应范围为 0.4～1.1μm。但光谱响应曲线受多方面因素的影响，如光敏面的结构、各层介质的折射率和消光系数、各介质层的厚度、入射光的角度等。

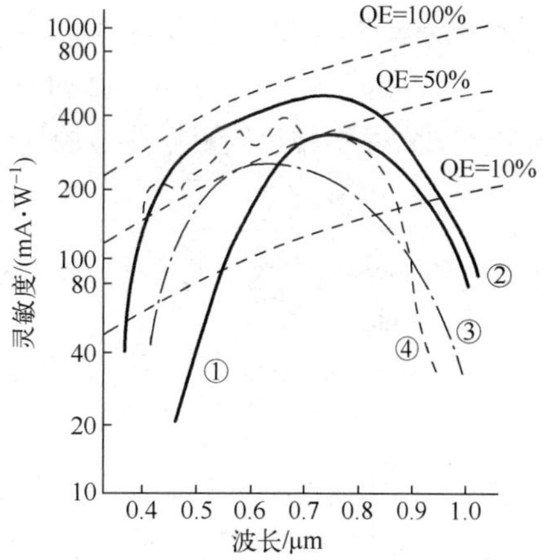

图 5.5-1　CCD 的光谱响应曲线

图 5.5-1 给出了四种采用 MOS 电容作为像元的 CCD 的光谱响应曲线。曲线①是前照单层多晶硅电极的 CCD 特性。多晶硅的吸收导致蓝光响应的跌落，加上硅的蓝光响应本来就低于红光，引起光谱响应曲线在短波处下跌严重，因而不利于彩色成像。曲线②是衬底减薄到约 10μm 的背照 FT-CCD 的特性，其已达到硅靶摄像管（背照）的光谱灵敏度水平，因此，这种背照器件可用于在低照度下的天文观察等。曲线③是虚相结构前照 CCD 的特性。该器件有 50%的光敏面没有栅电极，开口率增大，灵敏度提高，蓝光响应也得到了相应的改善。曲线④是前照 FT-CCD 器件的特性，其第一层为多晶硅栅，由于多晶硅层的吸收以及 Si-SiO_2 界面上的反射，使得光谱响应起伏变化。而在第二层采用了透明的金属氧化物栅，改善了相关的响应，特

别是对蓝光的响应。因此，除背照型器件外，这种器件的灵敏度应为最佳的。以上曲线都是在器件未带抗晕结构下测得的，否则其灵敏度将均有所下降。

当前改善固体成像器件的光谱响应大多采取以下措施：

（1）背照工作。器件的背面没有复杂的电极结构，因而能够得到高而均匀的量子效率。对比图 5.5-1 中的曲线①和②，可以看出背照 CCD 的量子效率在整个响应范围内均得到很大的提高，同时，光谱响应范围也得到了相应的扩展。

背照器件工艺上的困难主要是衬底必须减薄到小于一个分辨单元的尺寸，通常要求在 10μm 左右，目的是使在背照硅表面附近产生的光生载流子能够充分扩散到衬底正面的势阱，减少横向扩散引起传递函数损失。此外，结构的制约也是背照器件无法推广的原因之一，目前其只能在帧转移型器件中使用。

（2）采用透明金属氧化物作为透光栅电极材料取代多晶硅材料。

（3）采用高灵敏度的光导膜制成叠层结构器件，或采用特殊结构扩大开口率，如采用虚相结构。

（4）采用 PN 结光敏二极管代替 MOS 电容器作为光敏元，其光敏元上面只有一层绝缘物而无电导层，也可以改善灵敏度。

（5）通过适当设计和控制多层薄膜厚度，使入射光至衬底的透射比增大。

4．非均匀性

固体成像器件是离散采样型成像器件，因此，每个独立的光敏元应该有相同的响应，但由于材料和工艺等的影响，实际上很难做到这一点。响应的非均匀性尚无统一定义，一种较为严格的定义方法是用响应的均方根偏差值与响应的平均值的比值来表示固体成像器件响应的非均匀性。通常认为光敏元是非均匀的，而固体成像器件是近似均匀的，即每次的转移效率是一样的。那么有

$$\delta = \frac{1}{\bar{V}_0}\left[\frac{1}{m}\sum_{n=1}^{m}(V_{\mathrm{on}} - \bar{V}_0)^2\right]^{1/2} \tag{5.5-2}$$

式中

$$\bar{V}_0 = \frac{1}{m}\sum_{n=1}^{m} V_{\mathrm{on}} \tag{5.5-3}$$

是平均原始响应等效电压；m 为线阵光敏元的总位数；V_{on} 为第 n 个光敏元原始响应的等效电压。

对 CCD 而言，由于其工作时存在转移损失，因而 CCD 的输出信号 V_{n} 与它所对应的光敏元原始响应 V_{on} 并不相等。根据前边的假设，可以间接算出

$$V_{\mathrm{on}} = V_{\mathrm{n}} / \eta^{N \cdot n_{\mathrm{cp}}} \tag{5.5-4}$$

式中，N 为转移次数；n_{cp} 为 CCD 的相数。

5．动态范围

固体成像器件的动态范围是指输出的饱和电压 V_{sat} 与暗场下噪声电压的峰-峰值 $V_{\mathrm{p-p}}$ 之比，即

$$动态范围 = V_{\mathrm{sat}} / V_{\mathrm{p-p}} \tag{5.5-5}$$

动态范围可用倍数、dB 或 bit 等方式表示。典型的电荷包最大值为 2×10^6 个电子。最大的动态范围可达 80dB。由于技术的限制，固体成像器件所能记录的动态范围与人眼相比还是有一定差距。

当拍摄的图像在光线上有巨大差异时，更大的动态范围就能获得更大的影调空间。例如一个有明亮窗户和昏暗内部的地点，来自窗户的光线比墙壁内部的光线要亮得多，如果动态范围不够大，这时要么窗户的光线太亮，曝光过度(看起来是白色的)，要么墙壁太暗，曝光不足(看起来是黑色的)，这会导致图像失去细节。图 5.5-2 是类似场景的图像对比。动态范围越大，越能尽可能地保留这些高光区和阴影区的信息，图像中所能表现的层次就越丰富，所包含的色彩空间也就越广。

(a) 低动态范围曝光过度　(b) 低动态范围曝光不足　(c) 高动态范围

图 5.5-2　场景图像对比

6. 晕光

对 CCD 而言，当入射的光信号局部较强时，CCD 的局部区域将出现过载荷情况，并向四周扩散到相邻的势阱，在显示器上出现一个白色区域向四周扩散。这种现象称为晕光(弥散或开花)效应。其扩散情况与器件结构有关。对于 CCD 而言，由于沟道间有沟阻阻挡，过量的电荷将首先沿垂直的转移沟道扩散，形成白色亮条。

抑制晕光的方法如图 5.5-3 所示，当有过量载流子从像元溢出时，马上将它们吸收掉，以阻止扩散到邻近像点。通常有两种方法：

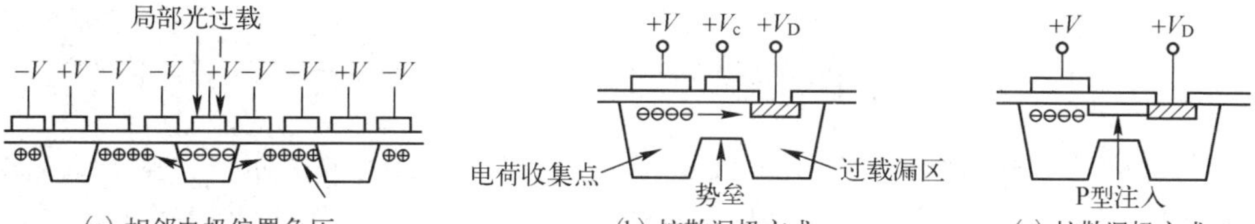

(a) 相邻电极偏置负压　(b) 扩散漏极方式一　(c) 扩散漏极方式二

图 5.5-3　抑制晕光的方法

(1) 对 SCCD 可将相邻电极偏置到一定负压，使电极下的硅表面处于积累状态，如有载流子溢入便可马上将它们复合掉，见图 5.5-3(a)。该方法可抑制过载 50 倍的电荷量。其缺点是当积累区再次耗尽时，界面态产生俘获，严重影响转移效率。

(2) 采用扩散漏极取走过量电荷，即在收集势阱与漏极之间形成一个势垒作为溢出载流子的阈值，该势垒必须低于邻近电极下的势垒，这样才能使过量载流子流向漏极而不流向相邻像元，见图 5.5-3(b)和(c)。这种方法的缺点是漏区占去了一部分光照面积而使灵敏度下降。

7. 响应时间

响应时间是指探测器将入射辐射转变为电输出的弛豫时间，是表示探测器工作速度的一个定量参数。探测器具有惰性，因而其对辐射的响应不是瞬时的，因探测器材料而有快有慢。如果在某一时刻以恒定的辐射源照射探测器，其输出信号 V_s 按指数随时间上升到一恒定值 V_0，其规律可表示为

$$V_s = V_0(1-e^{-t/\tau}) \tag{5.5-6}$$

式中，τ 为响应时间，单位用 s、ms 或 ps 表示。

当式(5.5-6)中 $t=\tau$ 时有 $V_s = V_0\left(1-\frac{1}{e}\right) = 0.63V_0$。这就是说，响应时间 τ 的物理意义实际上就是探测器接收辐射照射后，输出信号达到稳定值的 63%所需要的时间。显然 τ 越短，探测器响应越快。

图 5.5-4 为光生载流子浓度 Δn 随时间 t 变化的曲线，稳态时光生载流子浓度为 $g\tau$(g 代表单位时间单位体积内光生载流子的产生率)。可见，光照时和光照停止后，半导体材料中的光生载流子浓度的响应都要落后于光信号，这种现象称为弛豫过程，可分别用上升响应时间和下降响应时间来表示。

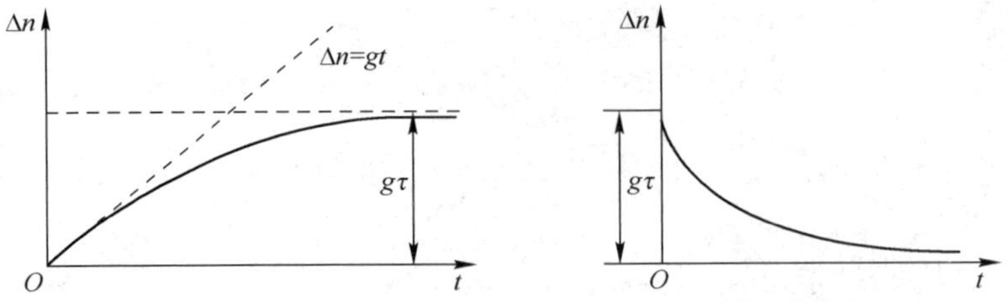

(a) 本征吸收　　(b) 光照停止后

图 5.5-4　光生载流子浓度随时间变化的曲线

从图 5.5-4(b)还可以看出：光照停止后，半导体中光生载流子并不是立即全部复合(消失)，而是随时间按指数规律减少。这说明光生载流子有一定的生存时间，有的长，有的短。对于 P 型半导体，光生空穴称为非平衡多数载流子，光生电子称为非平衡少数载流子，对 N 型材料则相反，而少数载流子寿命是衡量半导体材料性能的关键参数之一。因此，通常将少数载流子的平均生存时间称为光生载流子的平均寿命，简称载流子寿命。线性光电导的响应时间(上升时间或下降时间)等于载流子寿命，并且在一定温度下是一个常数。以上讨论的仅仅是本征光电导在直接复合过程中光电导响应的计算。间接复合等其他复合过程的计算更复杂。弱光照条件下，无论本征型还是杂质型光电导，其载流子寿命在一定温度下为常数，它取决于材料的微观复合结构、掺杂和缺陷等因素。

5.6　图像传感器性能提升技术

固体成像器件的目标是光强、空间、波长和时间等要素达到足够的水平。由于成像的目标不同，要求也会有所不同，因此人们开发了提升图像信息要素水平的技术，以提升图像传感器性能。

5.6.1　灵敏度

灵敏度对于图像传感器中像素的光子收集能力非常重要。通过信号增强及噪声降低技术，可以实现图像传感器灵敏度的提升。噪声降低主要涉及模拟电路和数字电路，这里不再阐述，本节主要讨论信号增强技术。

1．影响光信号的因素

图像传感器往往被组装在成像系统中，而成像系统一般被覆盖在透明封装玻璃下，如图 5.6-1(a)所示。光的损耗主要发生在光到达硅表面之前的阶段以及光进入硅内部后转化为信号电荷的阶段。具体包括：①入射光经封装玻璃两面反射后减少 5%～10%，如图 5.6-1(a)所示，根据具体应用情况可以使用抗反射涂层来降低损耗，但由于成本较高，使用率较低。②封装玻璃的吸收量在紫外波段可以忽略不计。③光到达传感器时，部分光在片上微透镜(On-Chip Lens，OCL)的表面发生反射，可以用低反射率的材料覆盖片上微透镜以抑制光损失。④片上微透镜和彩色滤光片会吸收部分光。由于彩色滤光片只允许通过相应波长范围的入射光，而光谱响应与颜色性能直接相关，因此彩色滤光片会接收较宽波长范围内的入射光。⑤光入射过程中也会被钝化层和隔离层吸收和反射。⑥当光到达 PD 时，可见光在硅表面会产生 30%～40%的反射，由于这种影响较大，因此通常采用抗反射膜(Anti-Reflection，AR)以降低反射率。⑦在此之前到达片上微透镜以外区域而没有进入感光孔的光也会产生损失。⑧当光进入硅后，光吸收会引起光电转换，产生的电子很容易与硅表面附近高密度的空穴发生复合，如图 5.6-1(c)所示。从抑制暗电流的角度来看，应选高掺杂的 P^+层。相反，从抑制信号电荷复合的角度来看，优选表面杂质浓度低且薄的 P^+层。因此需要一种折中设计以平衡需求。⑨如图 5.6-1(c)所示，在图像传感器中 N 型衬底上形成的 P 阱会向 N 型衬底放电。另外更长的 L 可以收集更深区域中产生的更多信号电荷，因此增加了长波长入射光的灵敏度。在 P 型衬底上形成的传感器，所有生成的信号电荷都能够被收集。

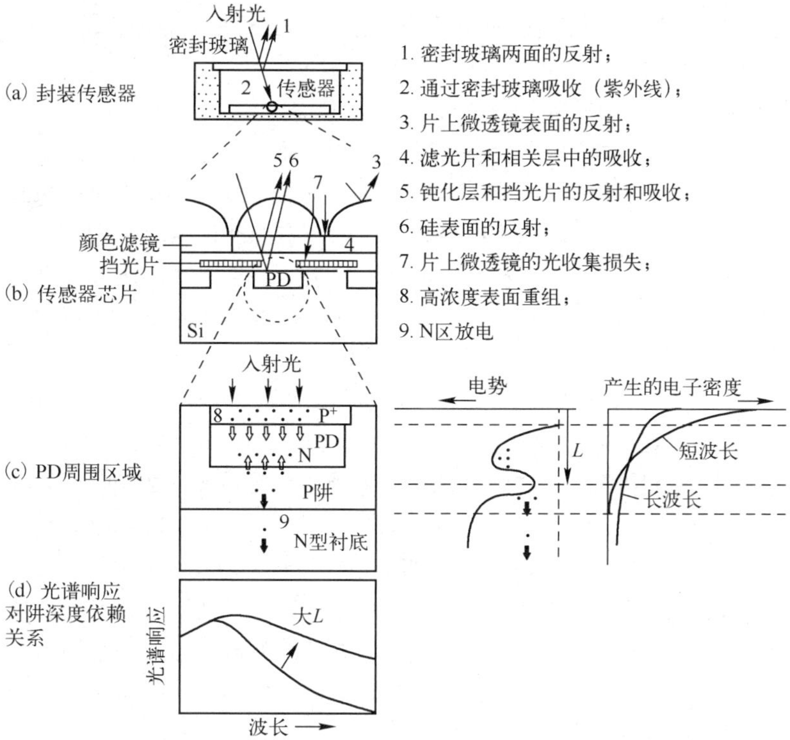

图 5.6-1　灵敏度损耗

2．增强信号技术

虽然影响灵敏度的因素有很多，已采用了多种技术有效利用光子和信号电荷，且在不断发展完善，比如片上微透镜、AR 膜、背照式和前照式等先进技术。同时与信噪比密切相关的降噪技术仍在发展完善中。

提升像素级信噪比的 IT-CCD 的典型横截面如图 5.6-2 所示。N 型硅衬底上形成 P 阱，然后再形成掩埋沟道 VCCD 以及覆盖有 P^+层的 PD。PD 的 N 区杂质浓度较低，当信号电荷读出到 VCCD 通道后，N 区完全耗尽。PD 下方的 P 阱具有垂直溢出漏极（VOD）结构，以便在过剩载流子溢出到 VCCD 通道或相邻 PD 之前将其泄漏到 N^-衬底。在硅衬底的上部区域，VCCD 传输电极的引出通过在 VCCD 沟道上方栅极绝缘材料制造通孔实现，并覆盖由金属制成的光屏蔽材料。从 PD 上方观察，存在一个片上微透镜，它能够有效地将入射光聚焦到感光孔区域。如果没有片上微透镜，则只有入射光直接照射到感光孔区域才能产生信号电荷，这样会造成灵敏度的下降。在片上微透镜下方，会设置彩色滤光片，这些滤光片只允许特定波段的光通过。此外，还存在一个内透镜以使入射光垂直于 PD，且会在 PD 上制作一层 AR 膜。这是因为镜面抛光的硅晶片呈现银色，会反射 30%～40%的可见光，AR 膜可以减少硅表面的反射，增加了到达 PD 的光强度。AR 膜为 SiO_2和 Si_3N_4 等材料，通过设置 AR 膜的厚度，可使 AR 表面和硅表面反射的

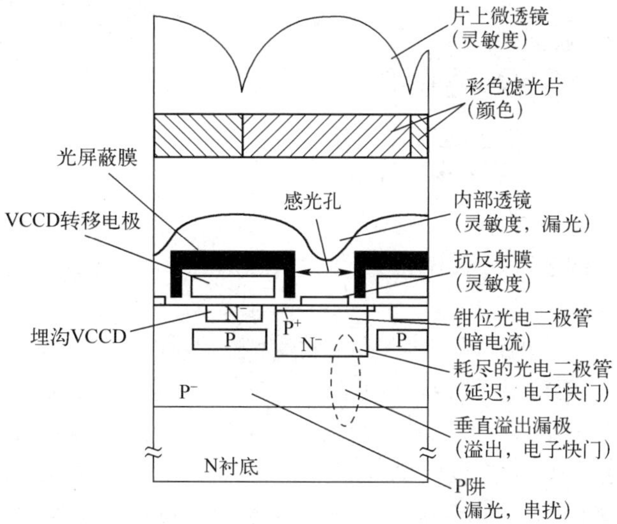

图 5.6-2　IT-CCD 的典型横截面

两种光的相位发生反相，使其振幅相互抵消。可以看出，通过设置片上微透镜、内透镜和 AR 膜可以增加信号量，使得 PD 具有较低的损耗，实现信号的增强。

3．光导减少串扰技术

利用光导（导光管）可以通过减少串扰以实现信号的增强。片上微透镜已经被广泛应用于将入射光引导到感光区域。在 20 世纪 80 年代初，微透镜被提出用于像素间距约为 10μm、感光尺寸约为 5μm 的器件中，这大约是现在像素间距和孔径宽的十倍。在感光区域处的聚焦意味着将入射光线进行会聚，实现光线的精准入射。但入射光线的角度不仅包括垂直分量，还包括大量的斜向分量，这会降低光线聚焦的效率。因此研究出了用内部透镜来抑制随着感光孔收缩和镜头聚焦长度缩短而引起的光线聚焦效率下降的技术。

在 CMOS 图像传感器中，常常需要使用多层金属布线和使用大规模 CMOS 集成电路，这将增加从微透镜的顶部到像素光电二极管的距离，因此光聚焦效率下降得更多。虽然多金属层的三维布线可以减少逻辑器件的成本，但会抑制光学性能，如灵敏度降低和串扰增加，特别是在像素间距较小的情况下。由于受到金属布线对光路造成的屏蔽、反射和衍射等影响，如图 5.6-3（a）所示，光学路径宽度接近光波长，因此很难到达相应的光电二极管区域。导光管就是为了抑制这种类型的退化而研制的。

一些入射光线会散射到相邻的光电二极管，这就是串扰。在使用导光管的传感器中，彩色滤光片和光电二极管之间的光路被高折射率材料填充，如图 5.6-3（b）所示。虽然微透镜的功能是聚焦光线，但在使用导光管的传感器中，入射光被限制在高折射率材料中，并被引导至光电二极管，功能类似于漏斗。使用这种方法可以抑制光损耗和串扰。

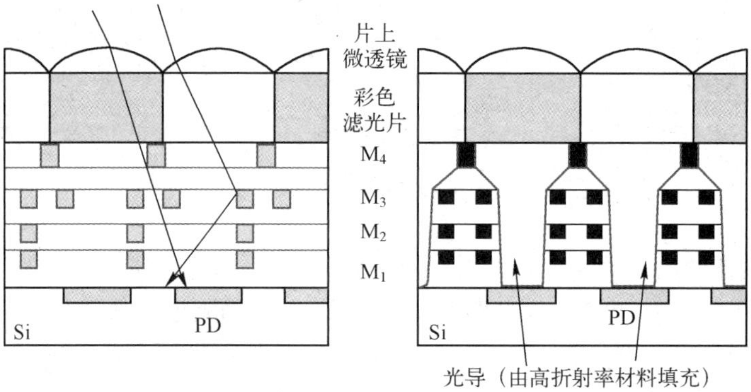

（a）无光导　　（b）有光导

图 5.6-3　具有四金属层布线像素的 CMOS 图像传感器示意图

5.6.2　动态范围

1．提升动态范围方法

人眼具有约 200dB 的动态范围，而传统的图像传感器动态范围只有 60～70dB，这主要是受光电二极管的势阱容量限制。在汽车、安防、航空航天、工业自动化等领域，要求图像传感器的动态范围超过 100dB。为了扩大动态范围，已经提出并论证了许多方法，如双灵敏度、非线性响应、多次采样和饱和重置等（见图 5.6-4）。

人的视网膜包含高灵敏度和低灵敏度两种类型的感光体。同样地，带有高灵敏度 PD 和低灵敏度 PD 的图像传感器可以实现很大的动态范围。

非线性响应是一种将光响应从线性修改到非线性的方法，例如对数响应。该方法可分为采用对数传感器和调整势阱容量。在对数传感器中，光电二极管具有对数响应。通过调整势阱容量，可以实现非线性响应，但在某些情况下也可以实现线性响应。通过使用溢出漏（OFD）作为第二累积电容，可以实现非线性响应，与线性响应相比，非线性响应可能会产生更复杂的色彩处理问题。

多次采样是一种信号电荷被多次读取的方法，这是一种线性响应。例如，以不同的曝光时间来获取亮或暗的图像，然后将两张图像进行合成，以使两个场景能够在一个图像中显示。

在饱和重置方法中，电路检测积分信号或累积电荷信号时，如果信号达到阈值，那么电路开始重置积累电荷并记录复位的次数。重复这个过程，最终得到残余电荷信号和复位次数。

2．提升动态范围技术实例

（1）高动态范围 CCD

高动态范围 CCD 通过形成双倍容量 VCCD 而达到可传输两倍传统信号电荷包数的效果，用以处理短曝光信号或正常曝光信号，如图 5.6-5 所示。在正常曝光中，饱和的信号会被短曝光中的非饱和信号所取代，然后通过处理合成信号，因此在更高的照明条件下仍可获取图像信息。在相同的曝光条件下，使用传统 CCD 相机无法很好地捕捉较暗的场景，但高动态范围 CCD 相机可以很好地捕捉明和暗区域，通过信号处理技术，可以改变整体图像的光强与图像信号之间的线性关系。

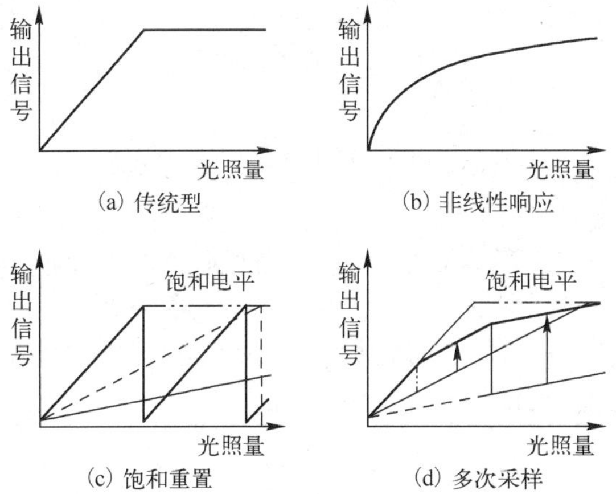

(a) 传统型　(b) 非线性响应　(c) 饱和重置　(d) 多次采样

图 5.6-4　提高动态范围的示意图

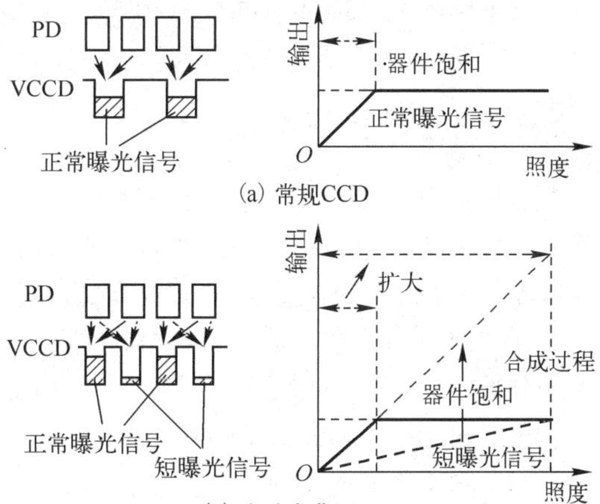

(a) 常规CCD　(b) 高动态范围CCD

图 5.6-5　高动态范围 CCD 的原理图

（2）配备横向溢出电容的 CIS

这种图像传感器的工作原理如图 5.6-6 所示，图 5.6-6(a) 将一个场效应晶体管 (M_3) 和一个列选管电容器 (CS) 添加到由 PD、读出晶体管 (M_1) 复位晶体管 (M_2) 放大（或驱动）晶体管 (M_4) 和行选择晶体管 (M_5) 组成的 4T 晶体管像素结构中。

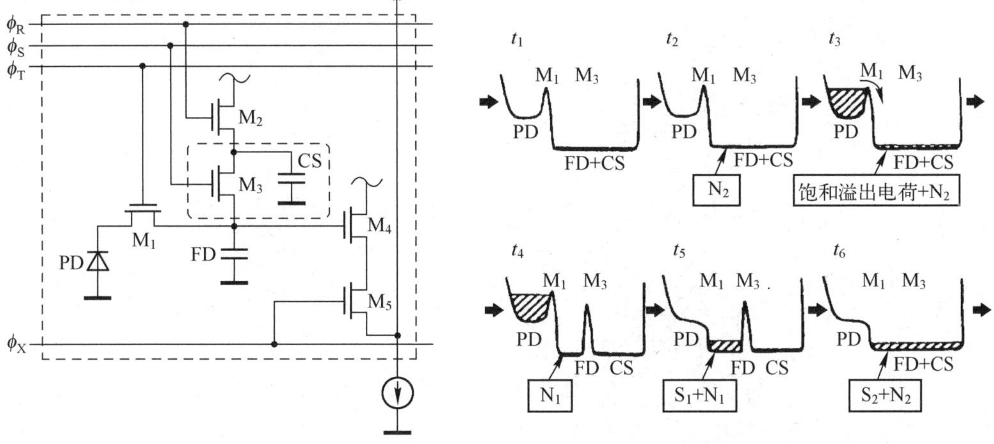

(a) 像素配置　(b) 工作原理示意图

图 5.6-6　高动态范围 C1S

工作原理如图 5.6-6(b)所示。在 t_1 时刻，令 M_2 和 M_3 处于导通状态，浮置扩散电容(FD)和 CS 被复位以开始曝光。复位操作后，组合电容器[FD+CS]中的 N_2 噪声输出并存储在 t_2 时刻的片外存储器中。在曝光期间，保持 M_3 处于导通状态，以便将来自于高照度下从 PD 溢出而产生的信号电荷存储在 FD 和 CS 中，如 t_3 时刻所示。在从 PD 读出信号电荷之前，将 M_3 设置为关断状态。此时，部分过饱和电荷和存在于 FD 中的 N_2 噪声会在 t_4 时刻输出为 N_1 噪声。接着将非过饱和信号电荷 S_1 从 PD 传输至 FD，以在 t_5 时刻输出(S_1+N_1)。对应于 S_1 的输出电压为 N_1 和(S_1+N_1)的输出电压之差。接着，在 t_3 时刻将 M_3 设置为导通状态，对过饱和信号电荷与 N_2 求和以获取(S_2+N_2)，即所有信号电荷和初始噪声 N_2 的总和。将(FD+CS)用作电荷数量检测电容器，在 t_6 时刻输出总信号电荷，S_2 对应的输出电压可从片外存储器中的 N_2 噪声输出电压差中获得。因为 t_6 时刻的噪声电荷量 N_2 是 t_2 时刻和曝光期间在 FD 中生成的暗电流总和，它们与 t_2 时刻的 N_2 不同，虽然需要帧存储器来存储每个像素在 t_2 时刻的 N_2，但可以通过下一帧的 N_2 来替换当前帧的 N_2，以免使用额外的存储器。尽管不同的复位操作之间没有相关性，无法消除复位噪声，但是由于在过饱和的情况下信号水平较高，可以认为它对噪声具有较高的容限。

5.6.3 空间分辨率

提升空间分辨率以采样定理为基础。提高奈奎斯特频率最直接的方法是增加像素数量，但同时也缩小了像素和光敏元的面积，导致光吸收降低而影响了感光度、信噪比和动态范围。像素插值阵列成像器件的像素排布是在水平方向上每两行有半像素间距的位移，两个相邻的行同时被读出，因此，水平方向上的采样点数量是方形阵列传感器的两倍，它通过设计不增加像素数的像素阵列来提高水平分辨率。由于扫描线数由电视系统的格式决定，因此不需要增加垂直分辨率。像素交错阵列 CCD(Pixel Interleaved Array CCD，PIA CCD)是具有垂直分辨率的图像传感器。

1．PIA CCD 成像分析

真实空间中的方形和交错阵列如图 5.6-7(a)和(b)所示，其中交错阵列是方形阵列以 45° 旋转后得到的。方形阵列中的垂直、水平和对角像素间距分别为 p、p 和 $p/\sqrt{2}$。相反，交错阵列的垂直和水平像素间距缩短为 $p/\sqrt{2}$，而像素间距为 p，如图 5.6-7(b)所示。

奈奎斯特频率如图 5.6-7(c)中的频率空间所示，在交错阵列中，奈奎斯特频率在垂直和水平方向上比方形阵列更高，而在对角线方向上更低。因此，方形阵列对角线方向上的高分辨率的一部分被分配到交错阵列中的垂直和水平方向。由于该结构仅以 45° 旋转，采样密度即信息密度，而权重随方向改变。

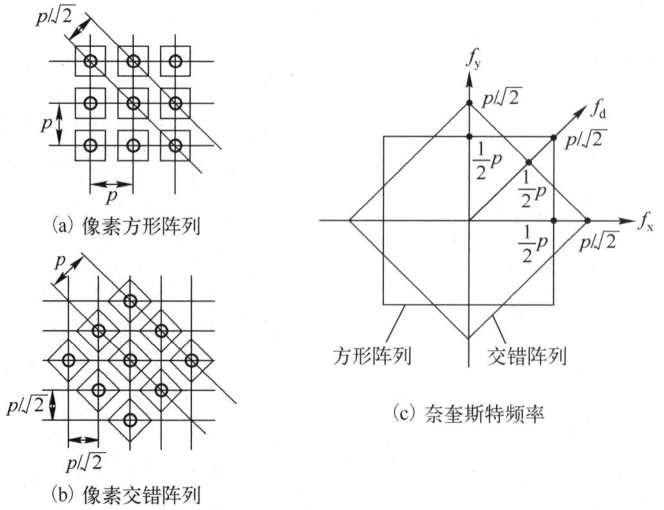

图 5.6-7 实空间中的像素阵列和每个阵列的奈奎斯特频率

2．像素交错阵列传感器实例

1999 年富士公司推出了像素按 45° 角排列的蜂窝状结构（图 5.6-8），即 Super CCD。Super CCD 采用较大的八角形光敏元，控制信号通路被取消，节省的空间用来增大光敏元。八角形的光电二极管更接近微透镜的圆形，从而可以比矩形光敏元更有效地吸收光。光敏元的加大和光吸收效率的提高使每个像素产生的光电荷增加，从而提高了 CCD 的感光度和信噪比。

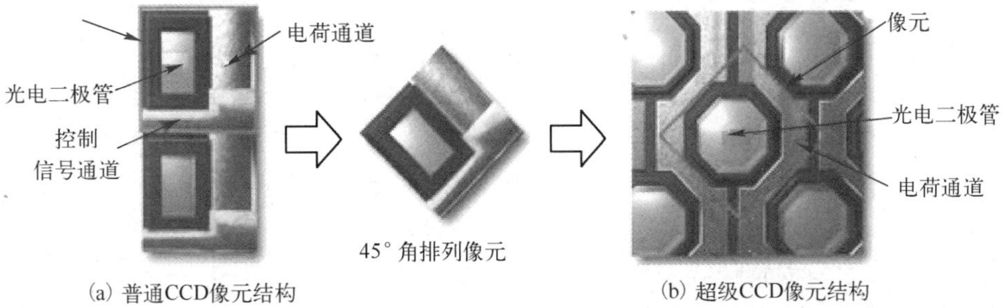

图 5.6-8　CCD 光敏元的蜂窝状结构

此外，传统 CCD 的光敏元呈正方形或者矩形，且需要走两条线（控制信号线和充电/传输线），像素之间的距离较宽。Super CCD 光敏元呈八角形，且只需要一条充电/传输线就可以，控制信号线可以以对角的方式在感光二极管之间传输，节省了控制信号线在 CCD 上所占用的空间，像素之间可以排列得更加紧密。

与传统 CCD 相比，在探测器面积与感光单元数目均相同时，第一代 Super CCD 的分辨率可提高 60%，动态范围提高 130%，感光度提高 130%，色彩再现能力提高 40%，而能量消耗却下降了 40%。

2003 年初，富士公司发布了第四代 Super CCD 技术——Super CCD HR（High-Resolution，即超高分辨率）和 Super CCD SR（Super Dynamic Range，即宽动态范围），如图 5.6-9 所示。Super CCD HR 在 1/1.7″的芯片上，集成了 600 万个感光单元，可以输出 1200 万像素超高分辨率的图像。在 Super CCD SR 的每个感光点上使用了一大一小两种不同性能的感光单元，大的感光单元采用高灵敏度、窄动态范围设计（S 像元），小的单元则采用低灵敏度、大动态范围设计（R 像元）。这样在拍摄时 S 像元负责捕捉画面中较暗的部分，而 R 像元负责捕捉较亮的部分，最后二者的信号经过 DSP 的叠加处理，就可以使照片的亮部细节与暗部细节都可以得到表现。Super CCD SR II 代技术将 R 像元与 S 像元相分离，较小的 R 像元放置在两个 S 像元之间，进一步提高图像传感器的空间利用率，以达到更好的效果。Super CCD SR 动态范围是第三代 Super CCD 的四倍，所以高光部分和低光部分很少会损失细节，从而产生更宽阔的色调范围和更平滑的色彩过渡。2011 年，Super CCD 不再继续改进和应用于数码相机，而是被背照明 CMOS 图像传感器代替。

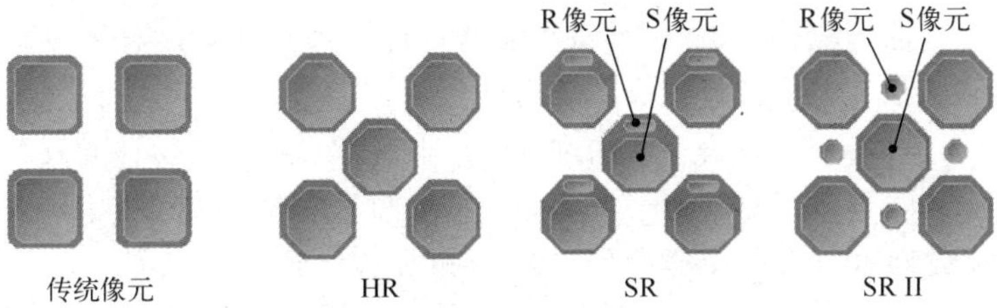

图 5.6-9　Super CCD 像元布局的变化

5.6.4　时间分辨率

1．基于帧的传感器

几乎所有的图像传感器都采用基于帧的曝光模式，该模式具有预定义的周期性和曝光周期，通过使用更高的帧率或更短的曝光时间以获得更高的时间分辨率和更高的调制传递函数(MTF)。关键是如何实现更高的帧率(FPS)或更高的输出像素数速率(像素/s)。基于帧的曝光模式的图像传感器的优势如下：通过多通道并行输出；通过列并行模数转换器(ADC)实现高速数字输出；使用具有所需数量内置帧存储器的 Burst 型传感器。

（1）并联输出型传感器

在这种方法中，由于像素信号输出由多路并行输出通道共享，因此输出频率可以通过输出通道的数量叠加而获得，图 5.6-10(a)和(b)分别展示了 4 通道输出的 CCD 和 8 通道输出的 CMOS 图像传感器。以一个具有 128 通道并行输出的 CMOS 图像传感器为例，在顶部和底部分别有 64 个通道输出，考虑到由输出通道特性的变化而导致的输出变化可能会引发固定模式噪声，其独立于传感器类型，因此有必要采取相关方法进行处理。

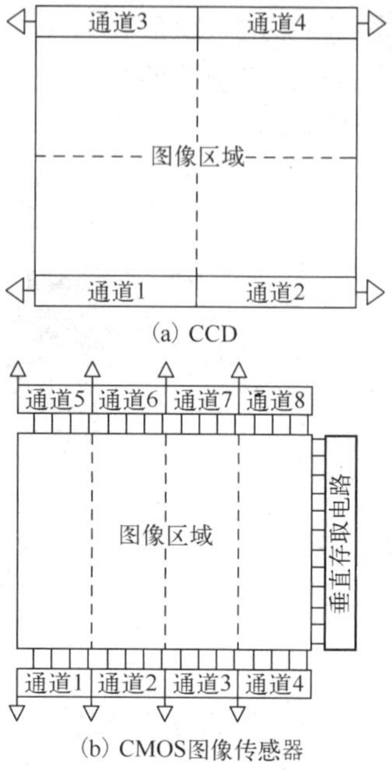

图 5.6-10　并联输出型传感器

（2）列式并联 ADC 型传感器

如图 5.6-11(b)所示，图像传感器的每列都会设置一个 ADC 传感器。由于模数转换在较低带宽(<1MHz)下并行，因此它在噪声性能方面具有优势，且其数字化信号的输出速度是芯片级 ADC 传感器的 10 倍。已报道的列式并联 ADC 型传感器实现了每秒十亿像素的高速性能输出。

（3）Burst 型传感器

迄今为止描述的所有传感器都具有连续捕获和输出的功能。相比之下，Burst 型传感器配备了用于存储捕获图像信号电荷的片上帧存储器，可以避免在每帧曝光后再输出(需要驱动和输出时间)的延迟问题，以实现更高的帧率。历史上第一个 Burst 型图像传感器是在 1996 年提出的一种 CCD 图像传感器。

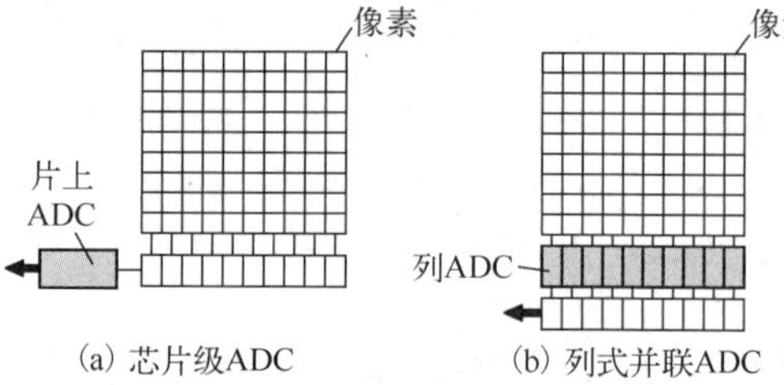

图 5.6-11　列式并联 ADC 型传感器

图 5.6-12 所示为 2×2 的像素结构，在 PD 中产生的信号电荷被收集并存储在 G1 门下方的势阱中。它们通过 G3 门依次传输到像素的串-并行寄存器中，以便检测连续的帧。下一帧的信号电荷也被传送到串-并行寄存器中。当串-并行寄存器填满五帧信号后，信号电荷被并行地从串-并行寄存器传输到并行寄存器。重复这个操作，直至填满 5×6 帧存储器；持续该操作直至观察到预期的现象。在操作过程中，当信号电荷从串-并行寄存器并行传输到并行寄存器时，位于上方像素的并行寄存器中最后一行的五个信号电荷包也会依次传输到下方像素的串-并行寄存器中。在每次将新生信号电荷依次从 PD 传输到串-并行寄存器的过程中，上述像素存储器传输的五个信号电荷也被依次传输到转储漏极 D。由于该传感器具有一个能够在每个像素中存储 30 个信号电荷包的寄存器，因此可以捕获的图像帧数为 30。该传感器旨在实现 10^6FPS 的传输速度。

ISIS(In-Situ Storage Image Sensor，原位存储图像传感器)采用线性 CCD 存储器以实现更高帧率。如图 5.6-13 所示，在每个像素处具有 10^3级的线性 CCD 存储器，达到 10^6FPS 的帧率。在光电门(photogate)传感器下的信号电荷以微秒级的速度传输到线性 CCD 存储器中，存储器中的信号电荷同时传输到漏极进行放电。2011 年，研究人员对该传感器进行了改进，通过背照式图像传感器技术实现了高灵敏度和信号倍增，且帧率高达 $1.6×10^7$FPS。然而它也存在一些问题，如要增加系统冷却负载以降低由高频驱动 CCD(作为大型电容器)引起的热量。

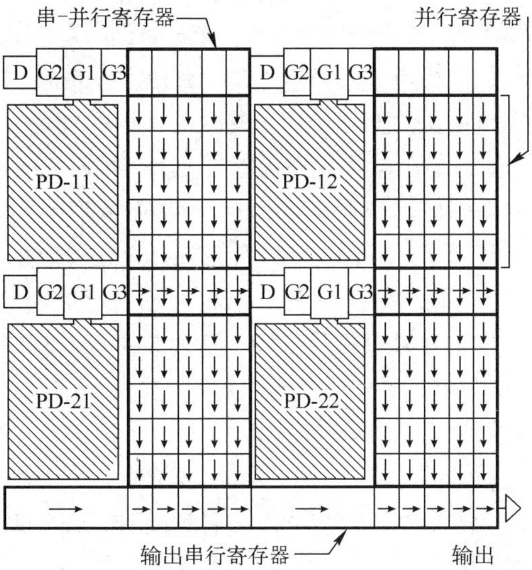

图 5.6-12 Burst 型 CCD（串-并行寄存器）的像素结构

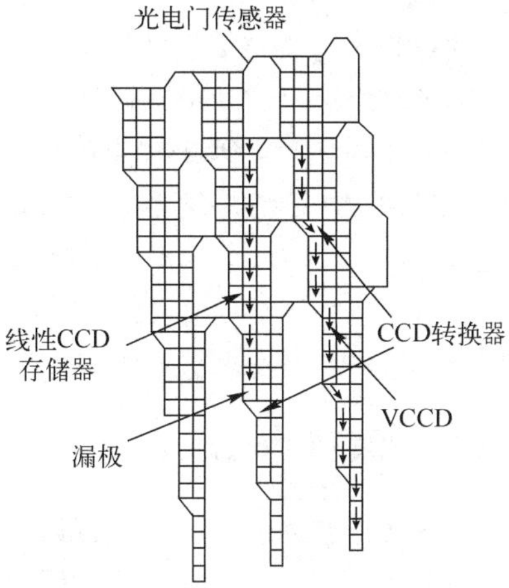

图 5.6-13 ISIS 的像素结构

2. 事件驱动传感器

事件驱动传感器（Event-based Sensor）是特殊的图像传感器。它并非基于帧的传感器，信号电荷在固定的曝光时间内完成积分。除了光电转换外，其工作原理与基于帧的传感器完全不同。

如图 5.6-14（a）所示，像素由三个模块组成。在①的信号产生模块中，通过 PD 的光电流不是被积分而是被持续监控。连接到 PD 阴极和反馈晶体管 M_{fb} 源极节点上的电压被反相放大器放大，其输出与 M_{fb} 的栅极输入相连，实现了光电流的放大和对数变换电压的输出。其输出被传输到②的放大模块，并在时间上进行差分运算，只放大随时间变化的分量。其输出被传输到③的量化模块，并通过增加或减少比较器以进行监测，当观察到预期量的增加或减少时，比较器会发出“开”或“关”的脉冲信号。这些脉冲信号代表预期输入量的增加或减少，并且仅在输入发生变化时和变化像素处产生，且不显示光强信号。在这种情况下，该传感器类似于脉冲输出传感器。因此，与几乎所有传感器不同，这种传感器的光强或光强信息的变化是被量子化的，而时间信息是连续的。

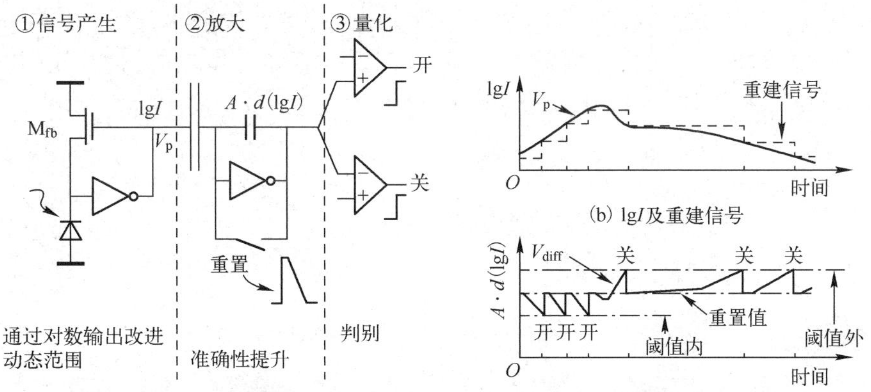

（a）像素示意图及各模块的作用　　（c）$A \cdot d$（lg$I$）的时间转换

图 5.6-14 事件驱动传感器

因此，获取的信息只是像素位置和时间，以及预定义的变化量发生时像素值的变化量。与基于帧的传感器有所不同，这种传感器的一大特点是信号仅在输入发生变化时仅在像素处产生。因此，与基于帧的成像模式相比，冗余度大大降低。在量化模块中产生的信号脉冲也被用于在放大模块中的复位操作，并由此开始下一电势的监测。如果信号产生模块的输出（如图 5.6-14（b）中实线所示）发生变化，则放大模块就会产生输出 $A \cdot d$（lg$I$）。当它达到“开”或“关”阈值（即预定义的变化量）时，量化模块会输出信号脉冲(图 5.6-14(c))，且放大模块的输出被复位。从图 5.6-14(c)所示的预定义变化发生时所获得的时间信息中可以得到图 5.6-14(b)中虚线所示的信号，即 $\lg I$ 或 V_p 时间过渡的重建。在重建过程中，光强信息是根据放大后差分信号预定义的变化量而被量化的，而时间信息则从电路所确定的分辨率高度中获得。在该传感器中，量化因子是由放大光电流 I 的时间导数的对数变换电压所输出的空间变化量。因此，传感器的信号输出不是积分信号电荷 $S(r,t)$，而是在像素单元 r_k 上的放大光电流 I 的对数变换电压输出的时差变化量达到预定量 $\pm A\cdot\Delta[\partial \lg I/\partial t]q$ 时的 T，即 $(\pm A\cdot\Delta[\partial \lg I/\partial t]q,r_k)$，其中 A 为电压放大增益。该传感器的时间分辨率大于 10μs。通过对数输出和差分电路，动态范围可以达到 120dB。只有输入变化的像素才会发出信号脉冲，可以将运动目标看作由这些像素所组成的簇，从而可以实时识别出运动物体。该传感器的单个像素中含有 26 个晶体管。

5.6.5 颜色和波长

颜色和波长信息对于图像探测器具有重要意义，不同物体在不同波长下的反射、辐射或透射特性不同，这些光谱特征可以被图像探测器捕捉，从而实现识别和分析物体的成分、结构、形状等目的。高光谱成像技术能够同时获取目标的空间结构信息和数十甚至上百个波段的光谱信息，可以更精准地识别目标材质特征，从而实现复杂环境精准辨识，在卫星遥感、深空探测、新质装备等诸多领域具有重大应用。图 5.6-15 展示了不同的高光谱技术方案，现有高光谱成像技术受限于几何分光(图 5.6-15(a))和窄带测量(图 5.6-15(b))的传统模式，空间、时间、光谱分辨率相互制约，系统体积大、质量重、集成难，严重制约了其在重大领域的发展和应用。

近年来，计算能力的大幅度增强、计算成本的大幅度降低、压缩感知和深度学习等数学工具的发展为高光谱成像器件的微型化发展注入了新的活力，计算光谱的概念也应运而生。计算光谱，通过计算来近似或“重构”入射光光谱，针对每个探测器设计不同的光谱响应(图 5.6-13(c))，从而设计图像探测器本身或在图像探测器上集成光学元件来实现高光谱成像。北京理工大学基于计算光谱的原理架构，设计了具有不同透过率的 4×4 滤光片阵列，使用光刻的宽带多光谱滤波片阵列制造技术，研制了一种高光谱成像器件如图 5.6-16 所示。该器件具备体积小(29mm×29mm×42mm)、重量轻(46g)、智能化程度高(实时高光谱成像与目标精准识别)的优势，可在可见-近红外波段实现高分辨光谱成像。其中在 400～1000nm 波段，光谱分辨率达到 2.65nm，时空分辨率为 2048×2048@47FPS；在 400～1700nm 波段，光谱分辨率为 8.53nm，时空分辨率为 1024×1024@124FPS。该器件还拥有较高的成像信噪比(40.2dB)、动态范围(68.71dB)以及热稳定性(-60℃～50℃)。

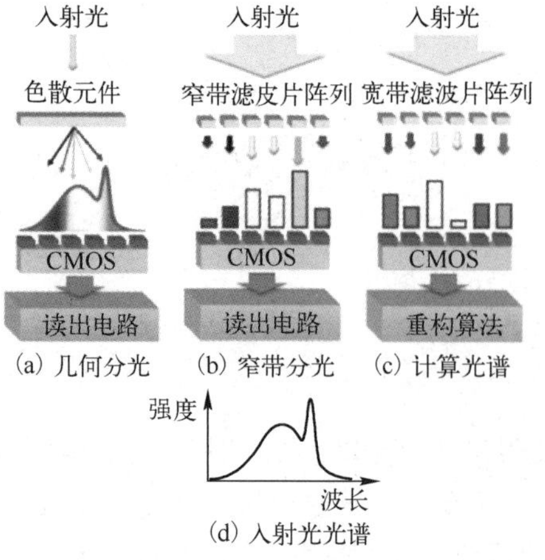

图 5.6-15 高光谱技术方案

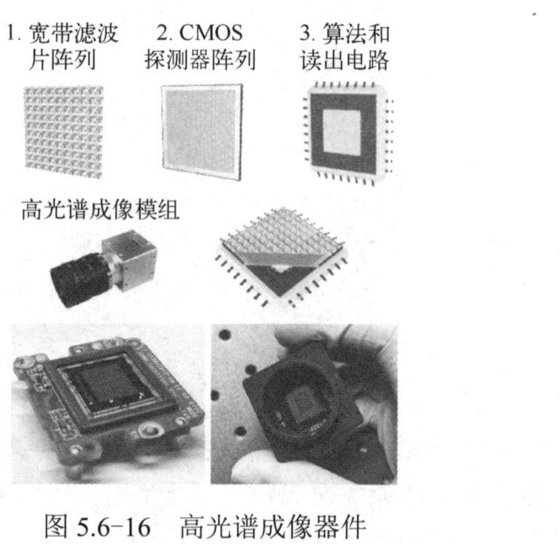

图 5.6-16 高光谱成像器件

习题与思考题

1．以 P 型 N 沟道 MOS 电容器为例，说明势阱存储电荷的原理。

2．简述 CCD 工作时的电荷耦合原理(画简图)。

3．什么是 CCD 的开启电压?

4．什么是 CCD 的转移效率？怎样计算？提高转移效率有哪几种方法?

5．简述 BCCD(埋沟 CCD)的工作原理，说明 BCCD 工作的特点，并比较其与 SCCD 各自的优缺点。

6．以三相 CCD 为例，说明决定其工作频率上下限的因素是什么?

7．什么是 CCD 的自扫描特性？以单边线阵 CCD 为例，说明其成像原理与过程。

8．面阵 CCD 有几种工作模式？各有什么优缺点?

9．CCD 的电子快门有哪些工作模式？各有什么优缺点?

10．什么是增强型 CCD？增强型 CCD 有哪些耦合类型或工作方式?

11．TDI-CCD 成像时采用的是面阵工作模式还是线阵工作模式？是凝视成像还是扫描成像?

12．简述 CMOS 器件的成像原理，比较 CMOS 器件与 CCD 在工作原理上的异同？各有什么优缺点?

13．为什么固体成像器件有前照和背照两种工作方式？这样做主要是为了解决什么问题?

14．3T 像素结构和 4T 像素结构有什么优缺点?

15．堆叠式图像传感器能够解决什么问题?

16．提升固体成像器件的信号灵敏度有哪些技术途径?

17．提升固体成像器件的动态范围可采用哪些方法?

18．结合结构与工作机理对比分析 ICCD/ICMOS、EBCCD/EBCMOS、EMCCD、TDI-CCD 在微光成像中各自的优势与不足。

19．调研了解 EBCMOS 技术的国内外发展现状与趋势。

第6章　固体成像系统

如第 1 章所述，由电视型光电成像器件构成的成像系统是集光学成像、信号转换与处理、机械控制等技术于一体的综合性成像设备，其核心功能是基于成像器件将现实世界的光学图像和声音信息转换为视频信号，并通过存储、传输等手段进行后续处理和展示。成像系统能够捕捉动态或静态的画面，广泛应用于多个领域，为信息记录、传播和分析提供了重要手段。成像系统根据成像器件的类型可分为真空成像系统(早期以摄像管真空成像器件为核心)和固体成像系统(现代以 CCD/CMOS 固体成像器件和红外焦平面成像器件为核心)。在半导体技术推动下，固体成像系统已取代真空成像系统成为主流解决方案。本章主要阐述由 CCD/CMOS 固体成像器件所构成的固体成像系统，下面简称成像系统。

6.1　成像系统的构成与基本性能

6.1.1　成像系统的构成与分类

1．成像系统的构成

物体发出的光或者被光源照射的物体反射的光通过透镜等光学系统聚焦在图像传感器上产生电信号，经过电子学电路的处理，进行输出、存储或者显示。成像系统的基本构成如图 6.1-1 所示，通常包括以下环节：

（1）物镜：将景物的光强分布聚焦到成像器件上；

（2）成像器件：将成像在传感器芯片上的光学图像转换为电荷图像；

（3）电子学电路：将传感器芯片上的电荷图像转换为视频信号输出，主要有扫描电路、视放电路、保护电路和输出接口。扫描电路包括行、场扫描电路。对摄像管而言，扫描电路为水平和垂直偏转线圈提供线性良好的锯齿波电流，使摄像管中的电子束在其产生的均匀磁场作用下，对摄像管靶面进行扫描；对 CCD 等固体成像器件而言，扫描电路产生时钟脉冲及电荷积分、转移、传输、过驱动等所需的驱动电压。视放电路对图像传感器产生的微弱图像信号进行放大，变换为适于传输的信号。保护电路用于电路和电源的控制等。输出接口用于向处理器或显示器输出特定格式的图像或视频数据。

（4）附属控制及防护装置：光阑、聚焦、变焦控制装置；空间状态控制装置(升降，俯仰)；冷却系统及其防护装置(如果需要)。

2．彩色成像系统的构成

目前 CCD/CMOS 成像器件通常采用单片或三片图像传感器构成彩色成像系统，有时用摄像机表示成像系统。

（1）单片式彩色摄像机

多数的家用摄像机采用单片式图像传感器成像系统。通过在图像传感器上覆盖有滤色片以感应不同的基色，Bayer 滤色片是常用的一种，如 5.2.4 节所述。图 6.1-2 是一种具有代表性的单片式彩色摄像机的原理框图。

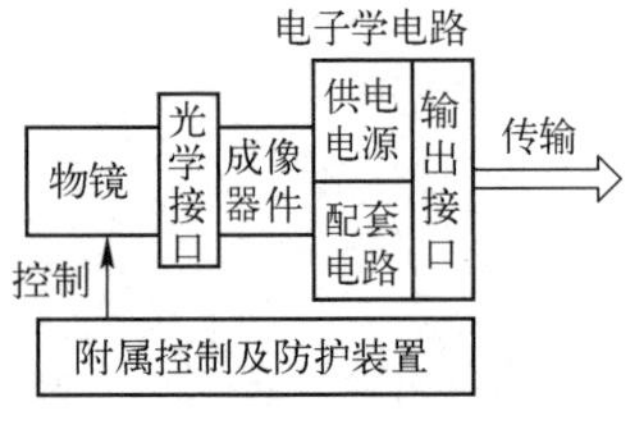

图 6.1-1　成像系统的基本构成

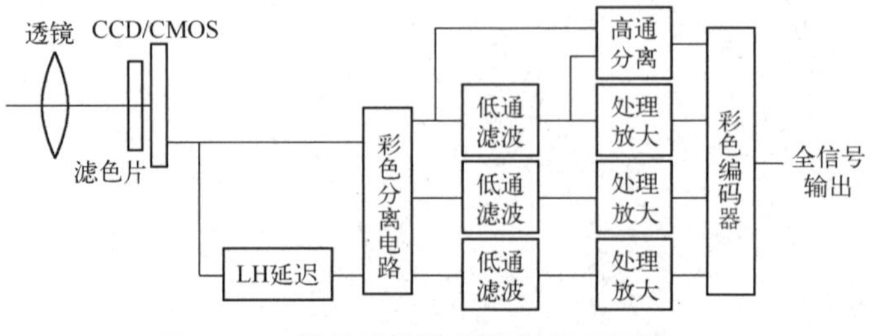

图 6.1-2　单片式彩色摄像机原理框图

(2) 三片式彩色摄像机

三片式彩色摄像机原理框图如图 6.1-3 所示，最前面是光学系统(包括物镜和分光棱镜，物镜有些是根据需要进行选配的，三个 CCD/CMOS 芯片和驱动器都位于摄像机头之内)。景物经过物镜和分光棱镜形成的红、绿、蓝三基色图像分别投射到三个 CCD/CMOS 芯片上，由这三个芯片分别完成光电转换后，对每一路的电荷信号或电信号分别进行读出、放大、编码等处理，再将三路复合形成彩色电视信号。为了提高其灵敏度，特别是蓝光灵敏度，可以使用透明电极(SnO_2)作为光敏区电极。CCD/CMOS 摄像机的信噪比主要由 CCD/CMOS 器件本身决定。为防止晕光需采用溢出漏结构；为控制暗电流，采用了背面磷吸杂工艺，还采用了缺陷补偿电路。

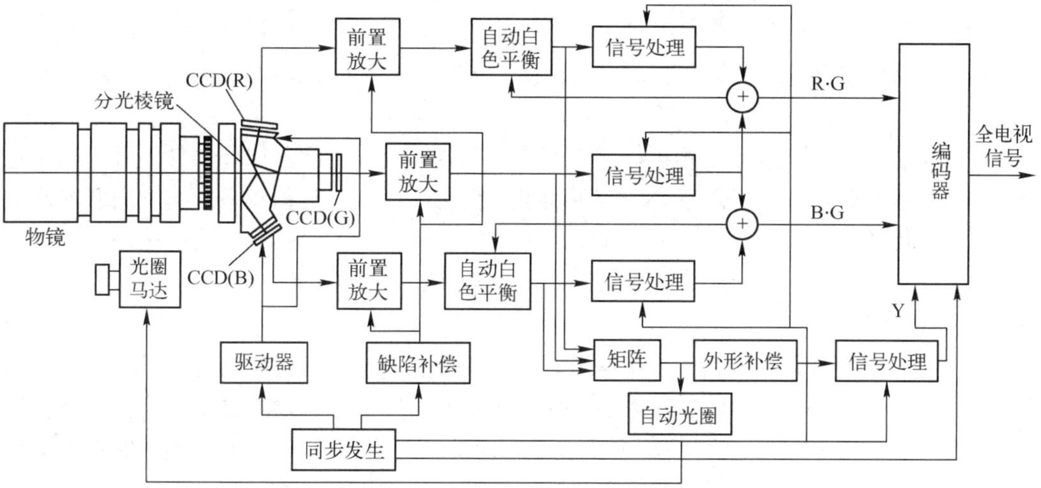

图 6.1-3　三片式彩色摄像机原理框图

在 CCD/CMOS 像元数给定后，CCD/CMOS 成像器件的采样频率 f_s 就确定了，为了确保采样后的信号不出现频谱的混叠，根据奈奎斯特采样定理，输入光信号的上限空间频率 f_m 应限制在 $f_s/2$ 之内，如图 6.1-4(b)所示。假如将 f_m 展宽至等于 f_s，如图 6.1-4(c)所示，采样后的频谱将 100%地混叠在一起，这是不希望出现的。

为了提高多片式彩色摄像机的分辨率，一般采用空间像素错开法减弱频谱混淆在图像上引起的干扰。如图 6.1-5 所示，在进行图像中心重合调整时，使产生绿色信号的 CCD/CMOS 成像器件 G 与成像器件 R、成像器件 B 在水平方向上错开 $L/2$(L 是像元的重复周期)。这样，对 G 信号采样的基波与对 R、B 信号采样的基波在相位上相差 180°，因而采样后 R、B 信号与 G 信号调制在基波 f_e 上的边带信号中的各对应频率分量都是相互反相的。因此，G 和 R 或 B 相加时，这种混叠会相互抵消，对于色饱和度越低的画面，其效果越好。

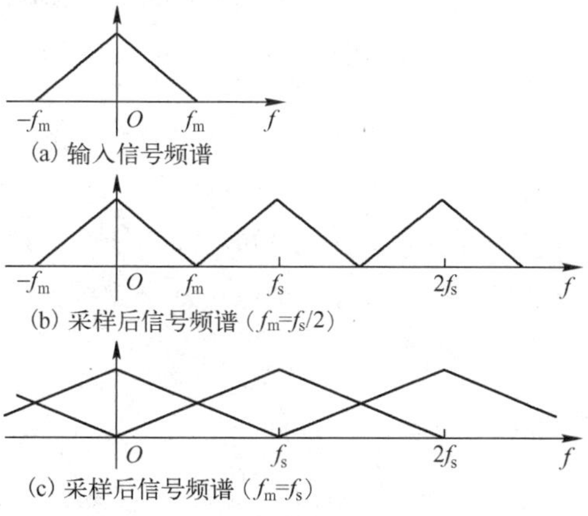

图 6.1-4　两种采样信号的频谱分布

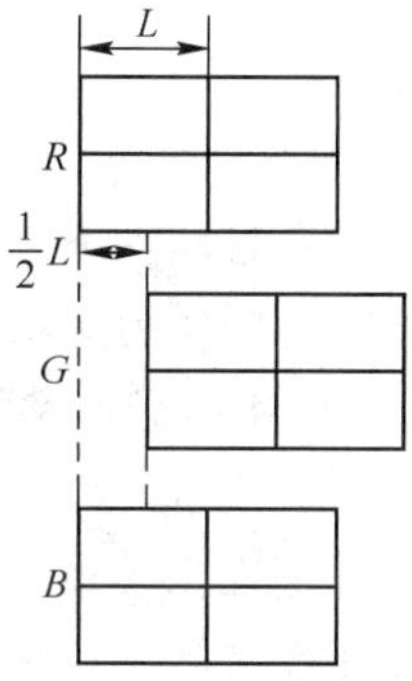

图 6.1-5　空间像素错开法

采用空间像素错开法，可将三片式 CCD/CMOS 彩色摄像机输出信号的视频带宽从 $f_m=f_s/2$ 提高到 $f_m=f_s$，从而使其分辨率提高了一倍。这在 CCD/CMOS 图像传感器水平像元数不足的情况下是一种可以获得较为满意的清晰彩色图像的有效方法。

3．成像系统的种类

成像系统可以按照不同的标准进行分类。

（1）按工作模式，可分为摄像机和相机。在不同的应用场景和行业中，摄像机和相机有各自的特点和用途，在传统意义上有明显的区别：摄像机主要用于视频录制，强调连续的图像捕捉和视频流的生成；相机主要用于拍摄静态照片，强调单张图像的高质量和细节。但随着技术的发展，两者的功能和应用场景越来越重合，两者的界限变得越来越模糊，因此在现代应用中已经出现了混合型设备，摄像机和相机越来越多地具备了对方的功能，一机多用。因此，现在常将摄像机和相机的概念混用，如工业相机即为可以输出视频和图像的工业摄像机。

（2）按成像器件，可分为面阵相机、线阵相机。面阵相机采用面阵成像器件，可以一次性捕捉整个图像区域，适用于静态或缓慢移动的应用场景，应用广泛；线阵相机采用线阵成像器件，图像传感器长度方向数量可以达到几千像素，而宽度通常只有几个像素，其输出的图像是一维的，但通过连续扫描可以生成二维图像，线阵相机具有的高分辨率和高速采集的特点，适合需要高精度测量和高速连续采集的应用。

（3）按信号输出格式，可分为模拟摄像机、数字摄像机。模拟摄像机输出的是连续变化的模拟视频信号，视频信号的幅值与图像中景物的光强成确定的对应关系，通过同轴电缆传输模拟信号，技术成熟，但传输距离和清晰度有限，主要用于传统的监控系统和一些对图像质量要求不高的场合。数字摄像机将模拟视频信号数字化输出，通过双绞线传输压缩的数字视频信号，具有更强的抗干扰和抗噪声的能力，传输速度快、信号损失小，像素可达到百万高清效果。

（4）按光学参数，可分为定焦相机、变焦相机。定焦相机的焦距固定不变，设计相对简单，通常具有更大的最大光圈值；变焦相机的焦距可以在一定范围内连续变化，提供了更大的灵活性，可以在不更换镜头的情况下调整视角和放大倍数。根据镜头焦距的范围，还可分为广角相机、长焦相机、鱼眼相机、微距相机等，适应于不同的场景需求。

（5）按用途，可分为便携式摄像机、演播室摄像机、监控摄像机、工业相机。便携式摄像机体积较小、质量较轻，方便携带。演播室摄像机相对体积较大、质量较重，因为它主要用在电视台的演播室环境等固定场所，它的性能要求很高，具备高画质、高稳定性和精确的色彩还原能力。监控摄像机主要用于安全监控领域，有多种类型，包括固定枪式摄像机、半球摄像机和云台摄像机等。工业相机是专门为工业和商业应用设计的成像设备，具有高分辨率、高清晰度、高速、高帧率、高灵敏度等特性，对画质、稳定性、耐用性等方面的要求更高，适合用于高质量成像和分析。

6.1.2 成像系统的性能参数

成像系统性能参数与成像器件性能参数基本相同，详见第 5 章，这里只做简单说明。

（1）灵敏度

灵敏度指保证图像质量所需的景物最低照度，主要根据景物照度、反射比、观察距离和光学系统参数来确定。它主要受到图像传感器性能的限制。有的摄像机会给出能分辨图像的极限灵敏度指标，即在信噪比为 6dB、分辨率为 100TVL 时对应的照度。

（2）动态范围

动态范围指保证图像质量所需的景物最高照度与最低照度的范围。对于微光成像系统，要求全天候工作，也就是既要求在夜间的低照度(10^{-5}lx)下，又要求在白天的高照度(10^{5}lx)下工作，其动态范围达 $10^{10}:1$，高动态范围是微光成像系统的特点。动态范围通常用线性响应区输出的饱和电压与暗场下噪声峰-峰值电压之比表示。动态范围可用倍数、dB 或 bit 等方式表示。

（3）分辨率

分辨图像细节的能力称为成像系统的分辨率，分为垂直分辨率和水平分辨率。

垂直分辨率指沿着垂直扫描线方向分辨水平条纹的能力，主要取决于每帧的扫描线数（探测器或显示器的像元数）及扫描轨迹与像素的重合程度。

扫描线数越多，垂直分辨率越高，垂直分辨率用每帧的电视线（TVL）表示。垂直分辨率还取决于人眼分辨率对电视图像清晰度的要求。若设显示器高为 h，取人眼分辨角$\theta=1.5'$，一般认为当观察距离 $l \approx 5h$ 时，可获得最佳观察效果，由此可得 Z=458（TVL）。我国电视制式为 625 行，垂直分辨率系数为 0.7（Kell 因子），则垂直分辨率为

$$N_{\mathrm{V}}=0.7\times625=437\,(\mathrm{TVL}) \tag{6.1-1}$$

对于电子束扫描情况，如果因隔行扫描不良而发生并行现象，则垂直分辨率还要低。扫描电子束聚焦不良，也会降低垂直分辨率。

水平分辨率指沿着扫描方向分辨垂直条纹的能力。水平分辨率主要取决于电子束截面积（或探测器像元数）和频带宽度。实践证明，当水平方向和垂直方向分辨率相等时，图像质量较佳。故水平分辨率为

$$N_{\mathrm{H}}=\frac{4}{3}N_{\mathrm{V}}=582\ (\mathrm{TVL}) \tag{6.1-2}$$

上述分辨率和电视线数是常规的成像特性评价方法，现在随着技术的进步，探测器面阵采用离散二维像元阵列成像并输出数字视频信号，因此，常常可以看到诸如 1920（H）×1080（V）或者 2K（2048）×1K（1024）的分辨能力表现形式。

图像分辨率通常用传感器的点阵像素数来计算，一般用水平和垂直方向的像素数表示。例如，传感器的分辨率 640×480 像素。不同的传感器有不同的图像分辨率，对于一些特定像素数的面阵传感器，有时用其全部像素的量级进行表示，例如 30 万、100 万、300 万像素等，有时用一些字母缩写进行不同等级的分辨率描述（这里借用了显示器件的分辨率表示），例如 VGA（Video Graphics Array）表示分辨率为 640×480；QVGA（Quarter VGA）为标准 VGA 分辨率的 1/4 尺寸，亦即 320×240；SVGA（Super VGA）的分辨率为 800×600；XGA（Extended Graphics Array）的分辨率为 1024×768；随着技术的发展，还有 SXGA、UXGA 等不同等级。

（4）传感器尺寸

传感器尺寸多用英寸（″）表示，常用对角线尺寸表示传感器靶面尺寸。常见的传感器靶面尺寸为 1/4″（3.2mm×2.4mm）、1/3″（4.8mm×3.6mm）、1/2″（6.4mm×4.8mm）、2/3″（8.8mm×6.6mm）、1″（12.8mm×9.6mm），如图 6.1-6 所示，多数以传感器宽高比为 4:3 进行示意。

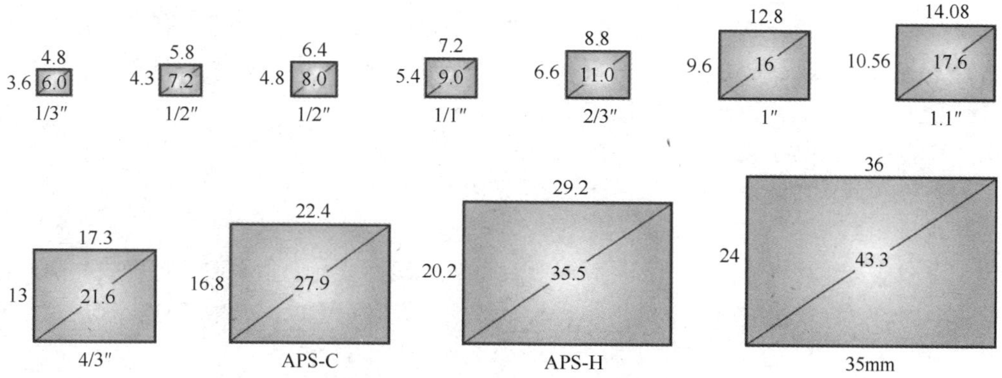

图 6.1-6　典型传感器靶面尺寸示意

在单反相机系统中还有一些术语用来表示不同的传感器尺寸。全画幅指的是感光面积为36mm×24mm。现在用APS(Advanced Photo System)加字母C(经典)、H(高清)、P(全景)代表不同尺寸的照相机传感器。满画幅(APS-H)的长宽比是16:9(30.3×16.6mm)。APS-C型画幅是目前单反相机主流格式，在满画幅的左右两头各挡去一端，长宽比为3:2(24.9×16.6mm)，与135底片同比例。现今的数码单反相机中，大都采用了小于135规格的CCD或CMOS成像器件，图像传感器几乎全部都是和APS-C型胶片一样大小，为了便于形容，把类似这种大小的感光器件称为"APS-C型"。APS-P型是满画幅的上下两边各挡去一条，使画面长宽比为3:1(30.3×10.1mm)，被称为全景模式。

这里需要说明的是1英寸对应16mm，是一种约定俗成的度量单位。因为早期的摄像机使用的感光元件是真空管——光电导摄像管，真空管的外面有玻璃罩，真空管外径把玻璃厚度也算进去，而玻璃管是不能用于成像的，所以外径1英寸(25.4mm)的真空管，实际成像区域只有16mm左右，于是16mm就成了电子摄像照相行业一个约定俗成的度量单位。CCD出现之后，最早被大量应用在摄像机上，也就沿用了光电导摄像管的尺寸表示方法，进而扩展到所有类型的图像传感器的尺寸表示。所以，现在成像器件中提到的英寸这个单位，都是按照1英寸对应16mm来计算的。

在实际应用时，应考虑图像传感器尺寸与光学系统的匹配，即传感器的接收面积应与光学系统所成光学图像的大小相同。

（5）帧速

帧速是指成像设备每秒能够捕捉或显示的图像帧数，通常以FPS(Frames Per Second)表示。较高的帧速可以使视频看起来更加流畅。例如，电影通常使用24FPS，电视广播常用30FPS或60FPS，而高速运动的场景(如体育赛事)可能需要更高的帧速(如120FPS或240FPS以及更高)以避免拖影。

（6）信噪比

在电视图像中，除了目标影像外还存在随机噪声。噪声的存在影响观看效果，通常以信噪比(SNR)来衡量噪声的大小。信噪比是指图像信号的峰-峰值与噪声的均方根值之比，用dB表示。根据经验，信噪比达30dB时，就可获得较好的观察效果；达到40dB时，噪声可被忽略。目前一般模拟CCD摄像机的信噪比约为50～56dB，数字视频摄像机的信噪比可达60dB以上。信噪比的理论计算公式为

$$\mathrm{SNR}=\frac{\eta Q_{\mathrm{P}}}{\sqrt{(\sigma_{\mathrm{d0}}^2+\sigma_0^2)+\eta Q_{\mathrm{P}}+S_{\mathrm{g}}^2\eta^2 Q_{\mathrm{p}}^2}} \tag{6.1-3}$$

式中，η为量子效率，Q_{p}为积分时间内单个光敏元接收的平均光子数，σ_{d0}为暗电流，σ_0为暗场图像的非均匀性，S_{g}为亮场图像的非均匀性。

（7）灰度等级

把图像从最亮到最暗分成若干亮度等级，这种亮度等级称为灰度。图像上任何一点的亮度应正比于景物的亮度，即重现景物的灰度比。因此，图像能重现景物的灰度等级数目越多，图像的层次越丰富，图像就越逼真。根据经验，灰度等级不应低于6级。

目前，随着图像的数字化，实际应用中常用bit来表述图像的灰度等级，如8bit表示图像有256个灰阶(灰度级差)，10bit表示图像有1024个灰阶等。

（8）非线性失真

景物经过成像系统成像后所产生的几何畸变，称为非线性失真。它主要由摄像机与显示器电子偏转电场的不均匀、行场扫描电流非线性、光学系统像差等因素造成。一般工业电视规定，非线性失真不大于10%。

（9）惰性

当观察快速运动的目标或快速移动摄像机时，显示屏会重叠当前视场以外的景物图像，使图像

变得模糊，这种残留图像的现象称为惰性或滞后。惰性通常用第三场与第一场残余信号之比来表示。摄像机的惰性主要由成像器件的惰性决定。

6.2 成像系统的主要组成部件

6.2.1 光学系统

摄像机的光学系统也称为物镜，用于将被摄景物的光强分布成像到摄像机的图像传感器光敏面上，因此，物镜的成像质量非常关键。一般对物镜的基本要求是：成像清晰、透过率高、像面照度均匀、图像畸变小、光阑可调整等。此外，对于工业摄像机(特别是微光电视摄像机)的应用，需要进一步考虑以下因素：

（1）焦距

焦距(f)是光学系统像方主面到无限远目标轴上共轭点(焦点)的距离。它反映了光学系统的基本成像规律：不同物距上景物在像方的位置、大小均由焦距确定。习惯上将摄像机的光学系统按照焦距的长短进行区分，主要有：

长焦距物镜：$f>l$(l为有效成像的尺寸，通常为图像传感器对角线长度，用于观察景物细节)；

短焦距物镜：$f<l$(用于环境照明差、但拍摄场面大的场合)；

中焦距物镜：f与l相当；

变焦距物镜：焦距在一定范围内连续可调。

（2）相对孔径/光圈(F数)

相对孔径定义为镜头的有效孔径(或入瞳直径)与焦距的比值。物镜的相对孔径表示其集光能力，因此，在微光电视中尽量选择大相对孔径的物镜；但相对孔径大的物镜，其像差校正困难，成本也随之提高。实际物镜上标注最大相对孔径的倒数——最小F数，并在物镜圈上标有可变光阑光圈刻度(F数)。通常物镜圈上的实际刻度值按$\sqrt{2}$的规律增大，例如1.4, 2, 2.8, 4, 5.6, 11, 16, 22, 32。F值越大，相对孔径越小。

（3）成像尺寸与视场角

由图像传感器靶面的有效尺寸来决定成像尺寸。图6.1-6表示不同规格图像传感器的靶面有效尺寸。当靶面尺寸确定后，便由物镜焦距确定系统的观察视野(视场)。可按下式确定物镜的水平视场角α和垂直视场角β：

$$
\begin{aligned}
2\alpha &= 2\arctan\frac{a}{2f} \\
2\beta &= 2\arctan\frac{b}{2f}
\end{aligned}
\tag{6.2-1}
$$

式中，a为图像传感器水平尺寸；b为图像传感器垂直尺寸。

（4）后截距和光学接口

当物距固定时，焦距决定了像距的大小，也决定了像的放大率。当物距固定且远大于焦距时，像距近似等于焦距，成像靶面几乎就在物镜的像方焦面附近。此时，像放大率$M<1$，成像为缩小的像。

实际物镜的最后一面与成像面的距离S称为物镜的后截距(也叫法兰距)，如图6.2-1所示。镜头的后截距需和成像组件的法兰距对应，才能让光线聚焦在图像传感器上。

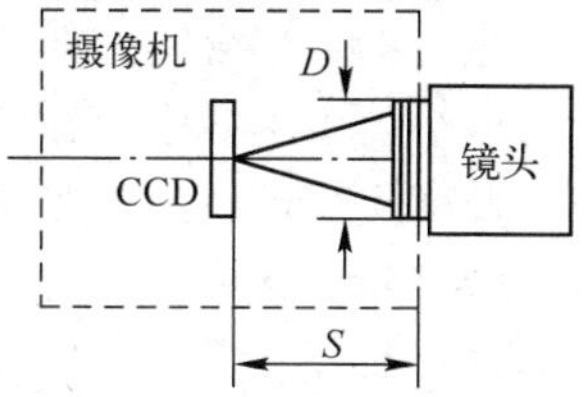

图6.2-1 物镜光学接口结构

当选用成品物镜组成成像系统时，需要注意物镜的光学接口。光学接口指的是物镜与成像组件相连接的机械部分，物镜和成像组件的光学接口需要互相匹配才可以机械连接并满足清晰成像的条件。为了增强通用性，业内规定了一些通用的标准光学接口，主要有两类：卡口和螺口。卡口在数码相机上比较常见，各个数码相机生产厂商都定义了自己的镜头接口标准，例如，佳能单反相机的 EF、微单相机的 RF、尼康单反相机的 F 和微单相机的 Z 等；螺口在工业相机上应用普遍，使用螺纹连接，不同标准螺口的口径和后截距均有不同，常用的标准螺口包括 C、CS、M12、M42 和 M58 等，这些标准光学接口不仅规定了接口的形式，同时也统一了后截距，表 6.2-1 列出了常用光学接口的后截距参数。

表 6.2-1　常用光学接口的后截距参数

接口形式	接口类型	后截距 S（mm）	接口环直径 D（mm）
卡口	EF	44.0	54
	F	46.5	47
螺口	C	17.526	25.4
	CS	12.526	25.4
	M12	无	12
	M42	11.48/12	42
	M58	11.48/24.06	58

C 和 CS 接口在工业相机中应用最为普遍，可以适用于靶面尺寸不大于 1 英寸的图像传感器；M12 接口比较小，属于小螺纹口径镜头，适用于小巧便携的小靶面图像传感器，例如无人机的摄像模块；M42 和 M58 接口则以其更大的口径在大面阵和线阵成像系统中具有明显的优势。

由于各种标准光学接口的物镜后截距固定，故当摄像物距更近时，成像位置将后移，透镜的调焦系统难以调整使成像面落在图像传感器光敏面位置，因此，实际的物镜都规定了一个最近物距，称为最近成像距离。当需要拍摄小于最近成像距离的景物时，需要将图像传感器从原来位置后移，此时可通过加接适当的近摄接圈实现，在不同后截距的各种标准光学接口物镜之间，有时也可以通过加接转换接圈实现转换，例如：C 接口的物镜可以通过加接 5mm 转换接圈与 CS 接口的成像组件匹配，同样可获得清晰的成像，尼康的 F 接口镜头也可以通过加接转换接圈的方式在佳能 EF 接口相机机身上安装使用。

（5）透射比与光谱特性

物镜的透射比是衡量光学系统透过光能程度的参数。组成光学系统的透镜片数越多，光能损失越大，透射比就越小。一般定焦镜头透射比可达 0.9，而变焦镜头仅为 0.8。

实际上，物镜也存在光谱分布，只是一般情况下其光谱透射比的变化比较平坦，因此可以用平均透射比表示。但在工作光谱较宽时，在一些应用中应考虑物镜的光谱透射比。

（6）分辨率与调制传递函数(MTF)

物镜的分辨率用来表征其分辨图像细节的能力，通常以人眼看清单位宽度内对比度为 1 的黑白条纹对数(lp/mm)来表示。以 N 表示物镜的分辨率，而成像系统的分辨率 N_V 则由图像高 h 内的电视线数(TVL)表示，如果图像的高宽比 $h:b=3:4$，则

$$N=\frac{N_V}{2h}=\frac{2N_V}{3b} \tag{6.2-2}$$

用 MTF 表征物镜分辨细节的能力更客观和科学。通常受成像系统分辨率的限制，物镜的分辨率要求并不太高，但在相应的系统分辨率范围内应拥有较高的 MTF。通常以 400TVL 下的 MTF 来衡量成像系统分辨率的好坏。

（7）畸变

当物镜只存在畸变时，整个物平面构成一个清晰的平面像，但像的大小与理想像高不等，整个像发生变形。如果实际像高小于理想像高，则畸变为桶形畸变；反之，则为枕形畸变。通常畸变随视场减小而迅速减小，在广角物镜中，畸变较为明显。对于物镜来说，在满足其他参数要求的情况下，畸变应尽量小，一般应在 5%以内。

（8）杂散光

入射到透镜表面上的光，除了折射外还有反射。由于物镜由多片透镜组成，透镜间相互杂乱反射，最后将反射光投射到成像面上，这种非理想成像的光称为杂散光。杂散光将降低图像的对比

度，因此镜片之间的反射应采用镀膜等方法使其尽量小。

（9）景深、焦深和调焦

被摄的景物往往有一定纵深范围，为了使目标及其前后景物都能清晰成像，物镜还应有景深和焦深的要求。

从图 6.2-2(a)可以看出：物体 B 成像在 B'面上，它前后的 A 和 C 点分别成像在 A'和 C'点，且在 B'面上均形成弥散斑。由于探测器尺寸或光电成像系统分辨率等的限制，弥散斑直径足够小到某一允许值，仍可将弥散斑看成点像。由弥散斑直径允许值所决定的物空间深度范围 Δl 称为物镜的景深。

同理，从图 6.2-2(b)可以看出：景物 M 成像在焦平面 M'上，M 上的点 S 在 M'上为一个很小的点像 S'。但在 M'面的前和后，像点变成了弥散斑，截面积分别为 S''和 S'''。只要弥散斑直径在光电成像系统分辨率允许值的范围内，仍然可看成点像，即能够清晰成像。物距固定时，像方焦平面前后能得到清晰图像的范围 $\Delta l'$称为焦深。

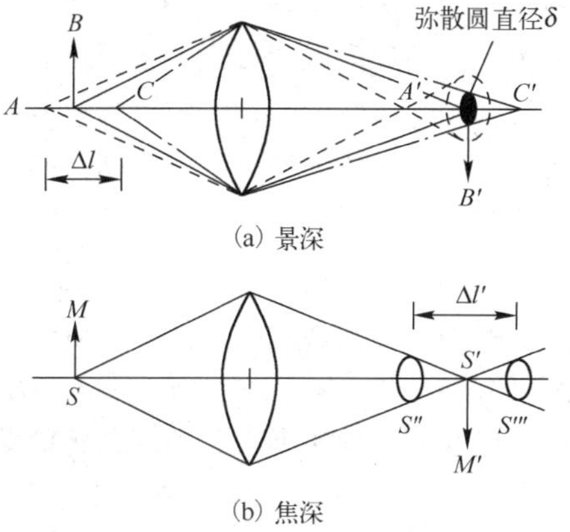

图 6.2-2　物镜的景深和焦深

在实际应用中，物距的变动将使成像超出景深范围而使图像模糊，因而需要改变镜头的像面位置，使图像仍然落在焦深以内，这种通过调节像面位置使得不同距离的景物在成像面保持清晰图像的过程称为调焦。

（10）变焦

焦距连续可变的物镜兼容了短焦距和长焦距的应用范围，使用十分方便。变焦物镜设计应满足下列基本要求：当焦距变化时，成像面位置固定不变；各个焦距所对应的像质和照度分布应符合要求。

由组合透镜的焦距公式 $\dfrac{1}{f'}=\dfrac{1}{f_1'}+\dfrac{1}{f_2'}-\dfrac{d}{f_1'\cdot f_2'}$ 可知，当组成物镜系统的透镜间距离 d 连续可变时，物镜焦距会随之连续变化，此即为变焦物镜的基本原理。

光学系统已有很多成熟和通用产品，除特殊需求外，通常应选择成熟和通用的产品，以节省成本和时间。设计成像系统时，需要综合考虑图像传感器与物镜的参数匹配，一般以图像传感器为基础选择合适的物镜。在已有产品无法满足某些特殊需求的情况下，可以考虑自研或定制。可提供各种工业镜头的厂家有 Kowa、Computar 等，高端专业镜头厂家主要有佳能(Canon)、尼康(Nikon)、适马(Sigma)、腾龙(Tamron)等。典型物镜及参数请扫描二维码 6.2-1。

二维码 6.2-1

6.2.2　图像传感器

第 4、5 章分别介绍了电真空摄像管和各类固体成像器件的工作原理及基本性能，本节从系统设计的角度讨论成像系统选用图像传感器的原则和要素。对于图像传感器，有很多不同的厂家提供各种不同的产品，设计者可根据具体工作任务需求选择对应的图像传感器。随着集成化和通用组件等技术的发展，有时会将图像传感器及其必要的驱动电路、电源电路和信号处理电路、信号输出接口集成在一起构成机芯，有时还会装入机壳称为成像组件，这样可以大大简化系统设计者的工作并缩短设计周期。典型图像传感器的性能指标请扫描二维码 6.2-2。

二维码 6.2-2

在为成像系统选择图像传感器(组件)时，需要在需求分析的基础上考虑以下因素。

（1）传感器形式

线阵传感器适用于需要高分辨率、一维图像的应用，如工业检测、印刷检测等。线阵传感器通常具有更高的分辨率和更快的采集速度，适合高速运动的物体。使用线阵传感器时，需要目标与图像传感器之间存在垂直于行的方向的一维相对运动关系，才可以得到二维图像，因此线阵传感器所构成的成像系统中需要有扫描机构，系统构成相对复杂，而优势是可以使用相对于大面阵图像传感器更加低廉的成本实现高分辨率成像。当应用于生产线的在线监测时，由于生产线自身存在一维运动，则线阵传感器的优势可以得到充分发挥。面阵传感器适用于安防监控、医疗成像等。面阵传感器可以一次性捕捉整个图像区域，适合凝视成像或缓慢移动的场景。

（2）像元尺寸

通常在物镜光学系统分辨率充足的情况下，图像传感器的像元尺寸决定了成像系统所能够分辨的景物的最小几何尺度。设计系统时，可以使用如图 6.2-3 所示的几何关系近似估算所需要的像元大小 a 或所能分辨的最小空间尺度 H。图中，当物距 L 和镜头焦距 f 确定后，a 就决定 H；同样，如果已知 H，则所选用的图像传感器像元尺寸应小于等于 a。

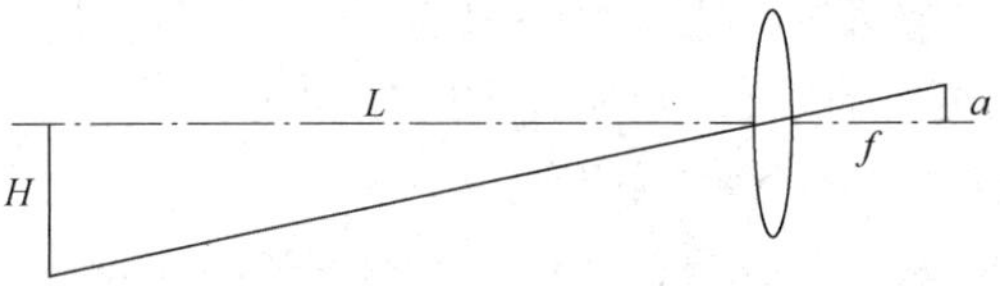

图 6.2-3　a 与 H 的几何关系

（3）图像传感器尺寸

图像传感器尺寸决定了像面尺寸，图像传感器尺寸与物镜焦距共同配合决定了成像范围(视场角)，如式(6.2-1)所示。同样，根据成像系统应用场景下所需的观察视场，如果物镜焦距选定，也可以确定图像传感器最小的像面尺寸；或者基于选定的图像传感器尺寸确定成像物镜焦距。

（4）帧速

帧速是衡量成像设备性能的重要参数之一，它直接影响视频的流畅度和图像的清晰度。较高的帧速可以减少运动模糊，使快速运动的物体在图像中更加清晰。例如，在拍摄高速运动的运动员或车辆时，高帧速(如 60FPS、120FPS 或更高)可以捕捉到更多的细节，减少模糊。但是，较高的帧速会增加数据量，需要更多的存储空间和更高的传输带宽。因此，在选择帧速时，需要综合考虑存储和传输能力。在低光环境下，较长的曝光时间可以增加图像亮度，但可能会导致运动模糊。因此，选择较低的帧速(如 24FPS 或 30FPS)可以增加曝光时间，提高图像亮度。

（5）光谱响应范围

使用成像系统对目标进行观察时，成像系统收集目标发射或反射的辐射进行光电转换，实现成像。因此，图像传感器的光谱响应范围需要与目标发射或反射的辐射波段保持一致，选择图像传感器时需要根据观察目标的辐射特性进行判断。

（6）响应率

响应率是描述成像器件光电转换性能的参数。在设计成像系统时，成像器件的响应率会影响到成像系统的工作条件，响应率越高，则成像系统可在更低的环境照度之下或入射辐射通量情况下，获得更理想的成像效果。因此，设计成像系统时，需要根据系统的使用场景及场景中的环境照度情况或目标的辐射特性，判断所需成像器件的响应率水平。如果是工作在低照度环境下的成像系统，则需要选用高响应率的成像器件。

（7）动态范围

动态范围由传感器的信号处理能力和噪声决定，反映了传感器的工作范围。高动态范围的传感器能够在不同光照条件下捕捉更多的细节，适用于需要处理高对比度场景的应用，如监控摄像头和户外摄影；而动态范围不足，则有可能出现强光处饱和、弱光处一片黑无法清晰成像的情况。

6.2.3 输出接口

摄像机获取的图像的信息传输是摄像机信息流顺畅的重要保证，也是摄像机应用技术关注的重点之一。在图像传输技术中，重点考虑传输带宽、传输距离、稳定性、抗干扰性、通用性和兼容性等方面。

摄像机的输出接口是连接摄像机与传输线缆的中间环节，其内涵包括物理层上的接口形式和与之匹配的线缆，以及协议层上对数据传输格式和标准的定义。从 20 世纪 50 年代开始，摄像机获取的图像数据多采用模拟同轴电缆(BNC)输出；90 年代以后，随着计算机应用的普及，摄像机输出开始数字化，相继出现了 LVDS、IEEE1394、Camera-link、USB、GigE、CoaXPress、MIPI CSI 等数字接口形式，为大图像数据的传输奠定了基础。部分摄像机视频输出接口如图 6.2-4。

图 6.2-4 部分摄像机视频输出接口

1. 模拟同轴电缆

BNC(Bayonet Neil-Concelman Connector，卡口式同轴连接器)是模拟摄像机主要使用的一种信号输出接口。BNC 接口可以让视频信号之间干扰减小，达到最佳的信号响应效果。其传输距离较远，通常可达数百米；成本较低，适合大规模部署。此外，由于 BNC 接口的特殊设计，连接非常紧，不必担心接口松动而产生接触不良。普通的工业摄像机和早期的标准摄像机均带有这类接口，可以方便地直接使用视频监视器(不是电视机)观察摄像机获取的图像。

2. LVDS

LVDS(Low Voltage Diferential Signaling，低电压差分信号)接口又称 RS-644 总线接口，用于在高速和长距离传输中减少干扰和功耗。LVDS 广泛应用于显示器、摄像机和高速数据传输等领域。LVDS 使用了差分信号传输的原理，即通过两个相互反向的信号线传输数据，其中一个为正极性信号，另一个为负极性信号。通过对比这两个信号之间的差异，可以抵消来自外部干扰的影响，提高信号的抗干扰能力。

LVDS 接口的优点是在数据传输过程中消耗的功耗较低；传输速率高，通常可以达到几百兆字节每秒(Mbps)到几千兆字节每秒(Gbps)；传输距离一般可达到数十米；抗干扰性强，可以有效地抵消来自环境和其他信号源的干扰；灵活性高，可以适应不同的应用需求和传输接口，如可以用于传输视频信号(如 LVDS 显示接口)、摄像机图像数据(如 LVDS 摄像机接口)等。

3. IEEE1394

IEEE1394 接口，也称 Firewire 接口，是一种高速串行总线，且对各种需要大带宽的设备提供了专门的优化，可以同时连接 63 个不同设备。IEEE1394 同后来的 USB 一样，支持带电热插拔和即插即用，用户无需安装驱动程序即可使用。该接口分为 4 芯和 6 芯，6 芯接口还包括一组电源线，用于对外接设备供电。

其传输速率最高可达 400Mbps(IEEE 1394a)或 800Mbps(IEEE 1394b)。IEEE1394 接口不需要控制器，可以实现对等传输，支持即插即用。IEEE1394a 的最大传输距离为 4.5m，IEEE1394b 的最大传输距离为 10m，降低数据率情况下可达到 100m。

4．USB

USB(Universal Serial Bus)的全称为通用串行总线，它支持热插拔，具有即插即用的优点。目前主流的 USB 使用两个规范，USB2.0 和 USB3.0。由于计算机上普遍具备 USB 接口，因此 USB 接口是现有摄像机中使用最广泛的数据传输接口之一。且它能够提供电源，因此摄像机可以无需设置额外的供电接口。

USB2.0 的传输速率达到了 480Mbps，折算为 60MB/s，可以满足大多数外设的速率要求。它基于半双工二线制总线，只能提供单向数据流传输。当传输距离超过 3m 时，需要用质量很高的传输线缆，而超过 5m 则基本无法使用。因此，USB 接口的摄像机更适合在本地近距离使用。

USB3.0 是为与 PC 或音频/高频设备相连接的各种设备提供的一个标准接口。它采用了对偶单纯形四线制差分信号线，支持双向并发数据流传输。其标准规范为：传输速率约 3.2Gbps，理论上的最高速率为 5.0Gbps；传输距离扩展至 10m；引入全双工数据传输，5 根线中 2 根用来发送数据，另外 2 根用来接收数据，还有 1 根是地线，可以同步全速地进行读写操作；供电能力为 1A；采用中断驱动协议，因此，在有中断请求数据传输之前，待机设备并不耗电，即支持待机、休眠和暂停等状态。

5．Camera Link

Camera Link 是一种专为机器视觉应用设计的接口标准，它提供高速、低延迟、实时信令和控制功能，适合线阵扫描相机。它是点对点并行数据接口，使用 26 针连接器配置，可支持 2.04 Gbps 至 6.8 Gbps 的带宽。Camera Link 接口使用 LVDS 信号模式，配置有 3 个、4 个或者 8 个芯片组并行传输数据，以及每个通道独立配置的同步时钟，因此，它的传输速度比较快，具体取决于配置(Base、Medium、Full、Deca 等)。

Camera Link HS 由 HS-Link 发展而来。HS-Link 是由加拿大 Teledyne DALSA 公司推出的“摄像机-图像采集卡”数字采集接口标准，主要是为了满足高端摄像机在高分辨率下高速传输的需求。Camera Link HS 是 Camera Link 的下一代接口标准。Camera Link HS 接口的优点：

① 传输带宽宽：Camera Link HS 可以轻松地从 300MB/s 上升到 6000MB/s，如果需要的话，也可降至更低。对于非常高端的解决方案，Camera Link HS 是最佳的连接标准选择。

② 支持长距离传输：采用 CX4 的传输方案可达 15m，且已经证明 20m 的可行性，目前已有公司实现了 40m 的传输，并且可以容易地转换为光纤进行 300m 的传输。

③ 系统成本低：其 CX4 线缆是标准 10GigE 万兆位以太网技术定义的传输线缆，可以使用多种传输介质。通用标准器件线缆可降低高数据率系统的成本。

④ 低延时和实时触发：对于所有的串行协议，Camera Link HS 具有最低的延迟和最小的抖动(在 ns 范围内)，不需要单独的触发线，并支持多摄像机和多采集卡级联。

6．GigE Vision

GigE Vision 是一种基于千兆位以太网(Gigabit Ethernet)通信协议开发的摄像机接口标准。由于网络的普及，使得 GigE 接口摄像机具有非常好的通用性。在工业机器视觉产品的应用中，GigE Vision 允许用户在很长距离上用廉价的标准线缆(通用的 Ethernet CAT-6)进行高速图像传输，同时还能在不同厂商的软、硬件之间轻松实现互操作。后续发展了万兆以太网接口 10GigE、25GigE，需要配万兆网卡。

GigE Vision 的电缆长度最长可扩展至 100m(转播设备上可无限延长)；带宽达 1Gb，因此大量的数据可即时得到传输；兼容标准以太网，可使用廉价电缆且方便集成到现有的网络系统。其也存在不足：网络性能上无法确定数据包的送达时间；与 Camera Link 接口摄像机相比，GigE 摄像机的耗电量较大；此外，必须优化主机端的软件(安装特定的驱动程序)。

7. CoaXPress

CoaXPress(简称 CXP)是一种非对称的高速点对点串行通信数字接口标准。CXP 1.0 标准支持的数据传输速率最高可达 6.25Gbps，CXP 2.0 标准则提升至 12.5Gbps。对于更高的数据传输速率，可以多条链路叠加，提供数倍于单根同轴电缆的传输带宽。它还可实现低延迟实时数据传输，确保实时信息的获取。

CXP 具备多通道传输图像数据和元数据的能力，因此，可在一根电缆上实现视频传输、串口通信控制和供电。设备可以不必是单独的一部摄像机，还可以是一种将数字摄像机之间的数据连接到一起的接口设备。对于从主机到设备的信息传送，有一个可以控制和配置数据的传输速率为 20Mbps 的“上行链路”。CXP 通过电缆提供电压为 24V 的电源，每根电缆的功率为 13W。

CXP 技术不仅具有极高的数据传输速率，且具有传输距离长的优势，最远可超过 100m(不使用集线器和中继器，随传输速率而异)，使用标准同轴电缆(如 RG6 或 RG11)即可实现连接，并且支持热插拔。CXP 1.0 数据速率分为多层，从 CXP-1(1.25Gbps，最远 210m)到 CXP-6(6.25Gbps，最远 90m)。CXP 2.0 增加了两层：CXP-10(10Gbps)和 CXP-12(12.5Gbps)，这两者的传输范围都大于 65m(使用 Belden 4731R 电缆的情况下)，更远的传输距离则需要使用中继器。

CXP 以其高带宽、长距离传输、低延迟和实时性能、电缆供电、可靠性等优越的技术性能在多个领域得到广泛应用。

8. MIPI CSI

MIPI(Mobile Industry Processor Interface，移动产业处理器接口)联盟发起的高性能、低功耗、低成本的串行通信接口标准 CSI(Camera Serial Interface)是一种广泛应用于移动设备和嵌入式系统中的高速摄像机接口标准。该接口标准不仅定义了物理层的时序，还包含传输协议、数据处理协议和应用层协议。

最常用的规范是 MIPI CSI-2，支持串行数据传输，最大支持 4 通道数据传输，单线传输速度可达 2.5Gbps，3 线可达 7.5Gbps，可以满足高带宽图像和视频数据的传输需求。

它采用低压差分信号，抗干扰能力强，可以有效避免信号传输过程中的失真和干扰，提高数据传输的可靠性，适用于高像素摄像机，支持 800 万像素以上，且具有极低的功耗。

通常情况下，MIPI CSI-2 的传输距离限制在 20～30cm。这是因为在设计上，MIPI CSI-2 主要用于设备内部的连接，如手机中的摄像头模块与主处理器之间的连接。通过使用特定的技术和转换器，如 V-by-One® HS 和自适应均衡器，可以显著延长传输距离。这些技术在需要长距离传输的特殊应用中非常有用，如工业自动化、汽车电子和医疗设备等。

它支持的传输电缆类型包括同轴电缆、屏蔽双绞线(STP)、微同轴电缆和柔性扁平电缆(FFC)。选择的电缆类型应根据传输距离、抗干扰能力和成本等因素综合考虑。同轴电缆和 STP 电缆适用于长距离传输和高抗干扰需求，微同轴电缆适用于空间受限的设备，FFC 电缆适用于内部连接。

MIPI CSI-2 还具有高灵活性，支持多种数据编码格式，包括 RGB、YUV 和 RAW 等；支持不同的数据位宽，包括 8 位、10 位和 12 位等，可以满足不同的应用需求；支持多路复用，多个设备可以共享同一个接口，从而节省系统成本和空间；支持双向数据传输，即同时支持图像和控制信号的传输。这些特点使得移动设备可以快速响应用户的操作，提高用户体验。

表 6.2-2 为典型数字接口性能比较。

表 6.2-2 典型数字接口性能比较

接口 性能	IEEE1394	USB3.0	GigE Vision	Camera link	CoaXPress	MIPI CSI
电缆类型	FireWire	USB	Cat-5/6 或光纤	CX4	Coaxial	多种电缆
最高传输速率	3.2Gbps	5Gbps	10Gbps	N×3.125Gbps（N 为线缆数）	N×12.5Gbps（N 为线缆数）	N×2.5Gbps（N 为线缆数）
最远传输距离	4.5m	5m	100m	>15m	210m@1.25Gbps 或 65m@12.5Gbps	30cm
是否实时	是	是	否	是	是	是
PC 接口	内置	内置	内置或不需要	采集卡	采集卡	采集卡
网络拓扑结构	树形、星形或环形	基于总线的星状分层	网状	点对点	点对点	点对点、星形或菊花链
标准成熟度	较高	一般	高	高	一般	高
线缆成本	低	低	低	高	低	低

6.2.4 信号处理

仅将图像传感器输出信号数字化并不能使其成为人眼可以处理的彩色图像信号，而是需要进行各种处理操作。下面以数码相机为例概述整个过程。选择来自传感器输出的每个颜色信号（*R*、*G* 和 *B*）并用于构建 RGB 彩色图像。然后将信号校正至恰当的亮度，并通过增强分辨率和对比度将其调整为自然色，最后将其转换为视频或者 TIFF 及 JPEG 等格式。

相机的数字信号处理流程如图 6.2-5 所示。第一阶段，对传感器像素数据进行线性处理：在缺陷、亮度校正和白平衡之后，进行去马赛克和颜色转换；之后进行非线性处理，例如色彩/色调转换、降噪和边缘增强。此类信号处理，是对最终图像质量有重大影响的重要操作。

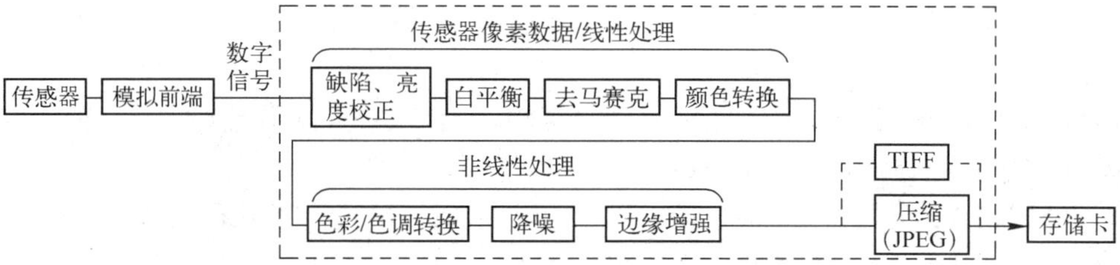

图 6.2-5 数字信号处理流程

（1）缺陷和亮度校正

虽然理想的传感器没有缺陷（白色和黑色缺陷），但如果只有零缺陷传感器才能用于成像系统，则传感器成本将相当高。因此，实际使用的传感器的缺陷水平和数量都在可校正范围内。为了校正缺陷，缺陷像素的信号将由另一个正常像素的信号或由周边正常像素获得的信号代替。在亮度校正中，信号电平将会得到调整，以便于后续处理。

（2）白平衡

调节白平衡可以防止本应以白色显示的物体在光源的作用下显示出白色以外的色调。有两种方法：一种是直接从传感器输出分布中获取光源的光谱分布信息，并在拍摄时调节白平衡；另一种是在图像采集后的信号处理过程中，通过采集信号的色彩分布来调节白平衡。由于数字信号处理器的功能已经非常先进，从成像系统尺寸、成本、拍摄时的时间和精力方面考虑，后一种方法更可取。在后一种方法中，*R*、*G* 和 *B* 的比例是根据图像像素输出总和为消色这一假设来调整的。但当大部分图像色彩度较高时（例如日落时的景色），此方法就会失效，因为这与上述的假设并不匹配。因此，大多数相机对白平衡还有其他选择。

（3）去马赛克

由于在单传感器彩色相机中，每个像素处仅形成一种滤色，因此每个像素处只能获得一种颜色信息。此外，人眼和大脑是通过 R、G 和 B 的组合来感知颜色的。因此，每个像素都需要所有 R、G 和 B 信息来构建彩色图像，以供观看应用。去马赛克（也称作颜色插值）技术可以生成每个像素原本没有捕捉到的颜色信号。

如图 6.2-6 所示，传感器输出的像素信号按每种颜色进行分离，并且在用于颜色信号插值的去马赛克操作中，生成图 6.2.6（c）中以 R'、G'或 B'表示的每个像素处缺少的颜色信号。这样，就得到了每个像素处的每个颜色信号。由于边界平滑度和色彩噪声水平等许多细微的方面是由去马赛克过程的架构决定的，因此不同相机公司开发了不同的技术。

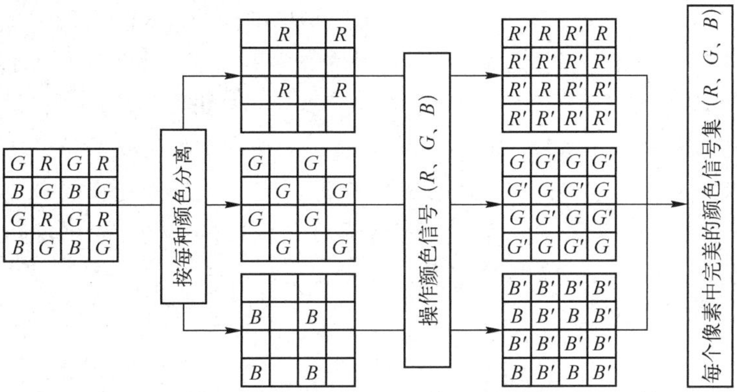

（a）彩色滤光片阵列和像素信号　（b）每种颜色分离和像素信号　（c）每种颜色分离　（d）完成每个像素点的RGB集合

图 6.2-6　去马赛克（颜色插值）

（4）颜色转换

颜色转换是将传感器响应的信号从一个颜色空间转换到另一个相应的颜色空间（其中色调对于人眼感知来说是自然的）的信号处理。采用线性 RGB 矩阵或色差矩阵进行处理。如果将 RGB 滤光片的传感器信号通过 RGB 矩阵进行转换，则信号处理的尺度会较小。将去马赛克后像素 i 处的图像信号、转换后的 RGB 矩阵和转换后像素 i 处的图像信号分别表示为$(rgb)_i$、A 和$(RGB)_i$，可得下式：

$$[RGB]_i = A[rgb]_i \tag{6.2-3}$$

$$A = \begin{bmatrix} a_{11} & a_{12} & a_{13} \\ a_{21} & a_{22} & a_{23} \\ a_{31} & a_{32} & a_{33} \end{bmatrix}$$

滤光片和矩阵 A 的光谱响应取决于色彩还原性与信噪比、色彩分辨率、算术载荷的恰当综合。虽然滤光片每种颜色的重叠对于色彩还原性是必要的，但过多的重叠会增加矩阵 A 的非对角线元素，从而降低信噪比。

此外，还有色彩和色调转化等处理，例如采用 Gamma 校正的非线性操作。

（5）降噪

相关双采样可有效去除相关噪声，而无相关性或频率依赖性较小的噪声则可通过空间或时间梯度的平均来减少，可以通过数字信号处理器实现。然而，降噪意味着空间或时间分辨率的降低。因此，降噪的适用范围具有一定的局限性。

6.3 成像系统的典型应用

6.3.1 数码相机

1．基本结构

图像传感器在数码相机中应用广泛，下面以可换镜头式数码相机为例，介绍数码相机的基本结构。可换镜头式数码相机又包括“单镜头反光式数码相机”(简称单反相机)和“无反光镜数码相机”(简称无反相机，现在多被称为微单相机)。

单反相机主要由机身和镜头组成，机身和镜头连接的部位称为镜头卡口，只要镜头卡口的规格相匹配，就可以替换使用。单反相机中常见的卡口有佳能的 EF 卡口、尼康的 F 卡口、索尼的 A 卡口和 E 卡口，以及宾得的 KAF2、4/3 卡口等。单反相机结构的最大特点就是机器内部有反光镜和五棱镜(图 6.3-1)。这种结构中，可以通过相机背面的光学取景器观察镜头中的场景。

相机的设计是要将进入镜头的光照射到图像传感器上，但如果不是正在存储的图像，那么进入镜头的光也可以通过反光镜和五棱镜被折射到取景器，从而被图像传感器记录下所拍的影像。单反相机在拍摄前和拍摄时的光路见图 6.3-2，没有拍摄时，光通过反光镜和机身上方的五棱镜进行反射到达取景器；拍摄时，反光镜升起，光通过位于反光镜后面的快门到达图像传感器，场景被处理和存储。五棱镜的另一个作用是把倒立影像翻转，以便观察。

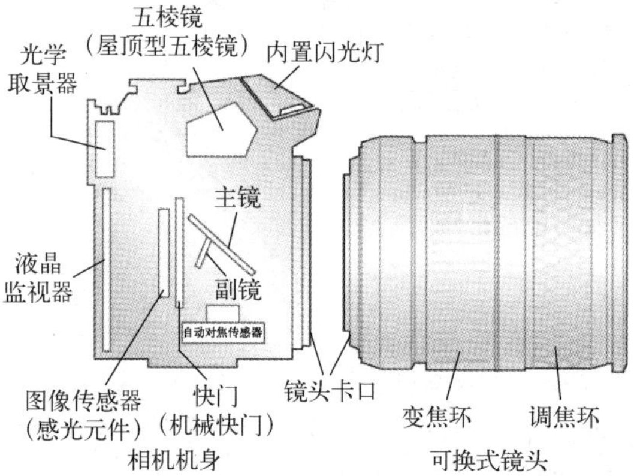

图 6.3-1　单反相机的工作原理

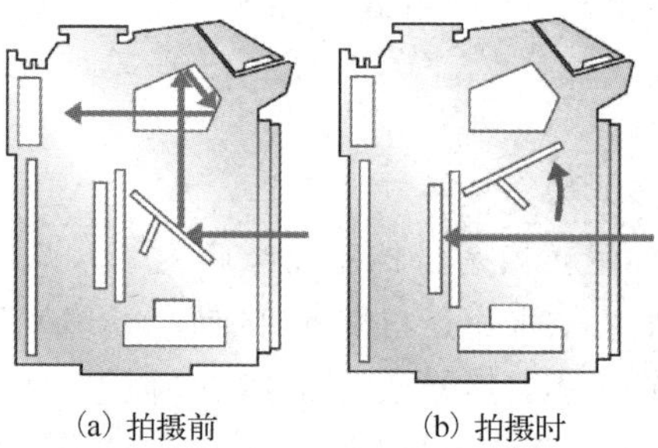

图 6.3-2　单反相机的光路

数码单反相机的系统结构是具有划时代意义的，但由于反光镜的存在，它不能像卡片数码相机那样小巧轻量。所以，想办法去除反光镜，让它的体积变得小巧。如果数码相机带液晶显示，即使没有反光镜，也能像单反相机一样使用，因为用户可以使用显示屏确认构图或实际拍摄的照片。这种方式就是让光总是照射到图像传感器上，并使成像显示在取景器上。用户可以通过取景器确认从镜头传到图像传感器上的影像，也可以通过图像传感器对接收的影像进行拍摄。微单相机的结构使其具有许多优点：机身缩小且由于没有驱动部分，机身不会在拍摄时抖动；另外，微单相机的结构还能够抑制机身内粉尘的产生或防止粉尘附着在图像传感器上。

2．自动对焦

对焦功能可以让照片整体清晰成像。对焦指的是微调焦点位置并合焦的过程。要改变焦点位置，需要移动 1 个或多个镜片，微调镜片之间的间隔。镜片之间的间隔非常小，需要通过连续移动来调整。通过手动拨动对焦环的对焦方式称为手动对焦(Manual Focus，MF)。自动对焦(Autofocus，AF)则通过检测对焦点技术控制马达带动镜片移动，自动完成对焦过程。自动对焦的检测方式主要有两种：被动式和主动式。

被动式对焦是单反相机、微单相机和卡片数码相机最常用的自动对焦方式，它通过测量透过镜头的光(影像)与被摄体的距离来检测自动对焦点。根据实现方式，被动式对焦还可以进一步细分，如相位检测、反差检测、外光被动。被动式对焦的优点是即使距离较远也可以检测出对焦点。但这种方式也存在缺点，比如在较暗的场景或被摄体反差较小时，检测精度会有所下降，而且如果被摄体的中间极其明亮或反差对比只由线条构成，合焦就会比较困难。

(1) 相位检测 AF

单反相机最常用的对焦方式是相位检测 AF。这种对焦方式是通过测距操作测量被摄体与相机传感器之间的距离。具体来说，就是使用专用的自动对焦传感器，捕捉光通过镜头后形成的两个不同图像，然后根据两个图像之间的偏移量进行测距(计算出到准确对焦位置的距离)，并一次性驱动镜片至准确的对焦位置，迅速完成合焦。其原理如图 6.3-3 所示，这种对焦方式与用双眼分别判断远和近并测量距离的工作原理非常接近。其特征是只需要移动一次镜片就可以完成对焦，不仅速度快，而且精度也比较高。所以，在运动、宠物或铁道摄影等被摄体可能发生移动的摄影中，这种高速的对焦方式非常有利。但这种对焦方式也存在缺点，其结构稍微有些复杂，会导致相机机身变大。在单反相机中，对焦时利用了透过镜头射入的光，所以人们有时也会称这种对焦方式为 TTL(Through The Lens)相位检测 AF。

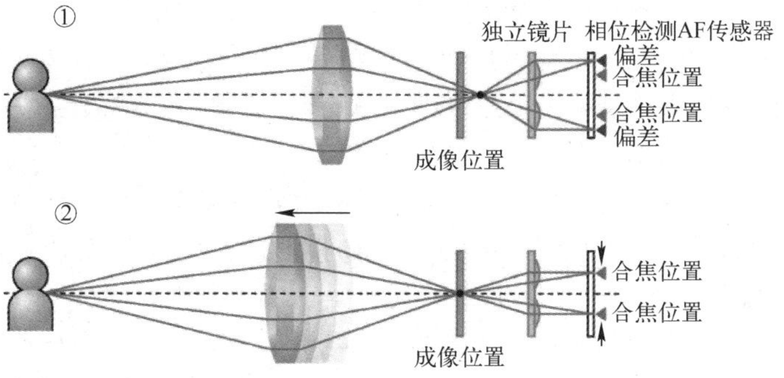

图 6.3-3 相位检测 AF 的原理

(2) 反差检测 AF

反差检测 AF 需要测量被摄体图像中暗部与亮部的对比度，然后找出对比度的峰值，将其判断为对焦位置。这种方式是通过一边移动镜片一边寻找图像对比度峰值部分来检测的，所以需要来回移动镜片。另外，它还有一个特点，那就是如果在焦点对准的状态下再次启动自动对焦，则焦点会先变成虚化状态，然后再次完成合焦。其原理图如图 6.3-4 所示。这种对焦方式一般不使用专用的自动对焦传感器，而使用图像传感器的图像来检测对焦位置，所以有时也被称为 CCD-AF 方式。因为这种对焦方式是利用图像传感器所接收的图像进行分析后对焦的，所以可以在这个过程中附加各种各样的功能，比如从图像传感器所接收的图像中检测人脸，或者从多个人物中追踪其中一个人进行对焦，从图像中自动检测出笑脸并按下快门等。这种对焦方式也适用于小型镜头，而且不需要专用的传感器，所以重视机身体积小巧的卡片数码相机、摄像机或微单相机等通常使用这种对焦方式。这种对焦方式虽然精度较高，但合焦的处理时间较长。

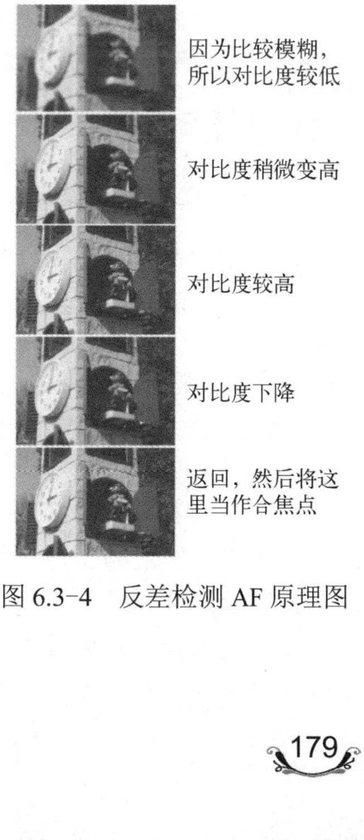

图 6.3-4 反差检测 AF 原理图

（3）外光被动式 AF

外光被动式 AF 是胶片式相机、卡片数码相机等常采用的对焦方式，使用专用的自动对焦传感器生成两个图像，然后利用三角测量原理使双重影像重合，并测出对比度最大的地方，就可以计算出可以合焦的准确位置。其优点是可实现高速对焦，缺点是对焦精度不高。

主动式对焦通过将光或红外线等照射到被摄体上，并利用三角测量原理进行对焦，或通过让被摄体反射超声波，计算反射时间并利用反射时间测距的方式进行对焦。主动式对焦的优点是，即使是在暗处拍摄，或被摄体反差不明显、重复时，对焦检测的误差也较小。其缺点是当被摄体距离较远或隔着玻璃时对焦会比较困难，有时甚至对不上焦。

在自动对焦功能刚开始应用时，主流的自动对焦方式是被动式自动对焦。但因为被动式自动对焦需要具有驱动装置，会导致相机结构变得复杂，所以主动式自动对焦方式又逐渐成为主流。但随着相机的变焦功能日益进步，焦距逐渐变长，擅长远距离拍摄的被动式自动对焦再次回到人们的视线。于是又出现了采用混合式自动对焦的数码相机，用户可以根据拍摄条件不同区别使用被动式和主动式两种方式。

3．防抖

防抖是数码相机中一项十分重要的技术，可以消除因手抖动或者器材抖动产生的图像模糊。现在开发了光学防抖、电子防抖和机身防抖等技术。

作为光学防抖技术，并不是让机身不抖动，它是依靠特殊的镜头或者感光元件的结构以最大程度地降低操作者在使用过程中由于抖动而造成的影像不稳定。通过镜头组实现防抖主要依靠磁力包裹悬浮镜头，从而有效克服因相机振动产生的图像模糊，这对于大变焦镜头的数码相机所能起到的效果更加明显。通常，镜头内的陀螺仪侦测到微小的移动，并且会将信号传至微处理器立即计算需要补偿的位移量，然后通过补偿镜片组，根据镜头的抖动方向及位移量加以补偿，从而有效克服相机震动产生的影像模糊，见图 6.3-5。成像器件防抖是在感知相机抖动后，改变成像器件的位置或角度来保持成像的稳定。其原理是将图像传感器先固定在一个能上下左右移动的支架上，通过陀螺仪感应相机抖动的方向及幅度，然后传感器将这些数据传送至处理器进行筛选、放大，计算出可以抵消抖动的图像传感器移动量，见图 6.3-6。

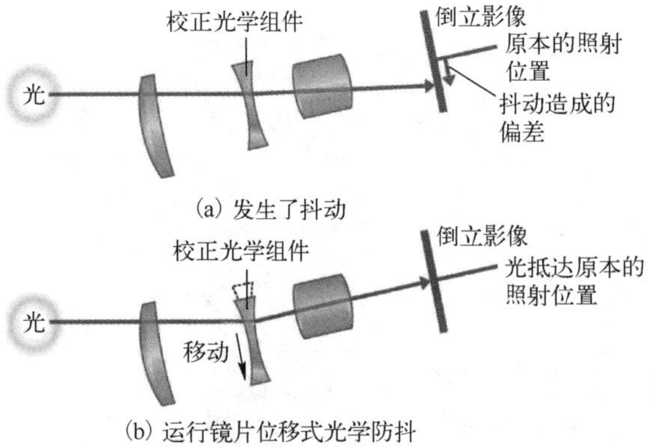

图 6.3-5　镜片位移光学防抖

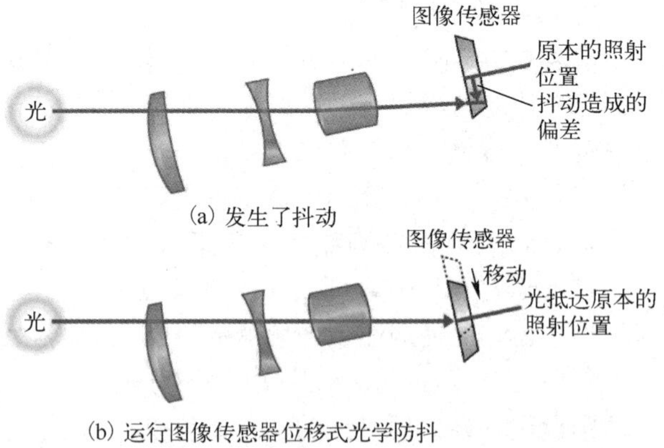

图 6.3-6　图像传感器位移光学防抖

电子防抖主要的工作模式如下：在数码相机上强制提高图像传感器感光参数，同时加快快门并针对图像传感器上的图像进行分析，然后利用边缘图像进行补偿。电子防抖实际上是一种通过降低画质来补偿抖动的技术，此技术试图在画质和画面抖动之间取得一个平衡点。

机身防抖是在机身内部设计一个震动感知器，它能解析手抖动幅度，而将感光组件向反方向移动，以抵消手抖的作用，拍出清晰的图像。

6.3.2 手机摄像模组

摄像模组在手机、笔记本电脑及平板电脑等系统中广泛应用，下面以手机摄像模组为例阐述其工作原理。

1．系统构成

手机摄像模组是一种集成度非常高的成像系统，其体形微小，大致一枚衬衫纽扣大小，却包含了成像系统的全部组成部分。图 6.3-7 是手机摄像模组的一般组成，最下层为线路连接基板，负责将图像传感器获取的图像信息传输出去和提供图像传感器的驱动信号、控制信号，线路连接基板一端焊接着图像传感器芯片，而另一端则是电路接头，通过接头可以连接到智能手机主板。在图像传感器的光敏面上，还贴合了一片红外滤光片，起到提升画质滤除杂散光的作用。在红外滤光片的上面，是手机摄像模组的镜头，由镜头组安装在对焦马达的中心构成，并在上面覆盖保护膜。

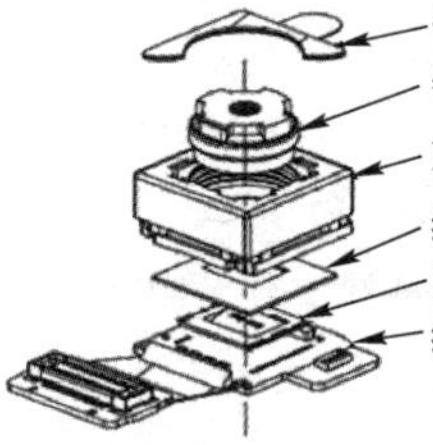

图 6.3-7 手机摄像模组的一般组成

2．关键技术

（1）镜头与控制

手机空间有限，镜头设计需在保证成像质量的前提下尽可能小型化。镜头一般由多片透镜组成，以实现高质量的成像效果。塑料镜片因成本低、易批量生产等优点成为主流，手机镜头由仅 2～4 片(P)塑料镜片发展到现在的 6P、7P 甚至 8P。随着摄像模组向超高像素、大光圈方向升级，其光学性能瓶颈逐渐显现，出现了玻塑混合镜头。同样厚度的玻璃镜片相比塑料镜片拥有更高的透光率、更高的折射率以及稳定性，能够在控制机身轻薄的前提下，更好地提高拍摄质量。玻塑混合镜头常见的有 6P1G、5P2G，其中 G 代表玻璃透镜，P 表示塑料透镜，数字代表片数。玻塑混合镜头结合了玻璃镜头和塑料镜头的优点，能够减小镜头厚度和失真率、提高成像清晰度和光圈尺寸，正在逐步得到推广。此外，非球面镜片的设计和应用也较为常见，可有效校正像差，提高成像质量。

手机镜头组里的每一片镜片，很多都只有米粒大小，不能像传统萤石或者玻璃镜片那样，用整块材料打磨、抛光。所以，手机镜片一般会采用注塑的方式制造。塑料或者树脂易于加工，也有很不错的光学性能，更重要的是轻。其制作工艺是：将颗粒状的基材加热熔化后，注入模具中；冷却成形之后，就变成了雪花状的镜片基胚，见图 6.3-8，“雪花”尖端的那些透明的小颗粒，就是成型的塑料镜片；将它们剪下，进行装配；之后，还会进行镀膜等操作，和玻璃镜片一样，塑料镜片也能通过物理/化学气相沉积等方式，镀上抗反光、抗散射的镜头镀膜。将加工完毕的镜片按顺序装入镜筒中，其间加入隔圈、压圈等，最后点胶封装。手机镜头的构成见图 6.3-9。

大光圈镜头在夜拍或暗光环境下优势明显，能捕捉更多光线，使成像画面更明亮。因此，许多手机镜头在设计时会尽量增大光圈，如 f/1.8、f/1.6 等大光圈镜头不断涌现。手机镜头像素不断提升，同时多镜头组合成为趋势。不同焦距的镜头组合，如广角镜头、长焦镜头、超广角镜头等，可满足用户在不同场景下的拍摄需求，实现更丰富的拍摄效果，如变焦、虚化等。手机中的镜头一般都以 24mm 左右为一倍焦距，所以，3 倍光学变焦就是 72mm，5 倍就是 120mm，10 倍就是 240mm。

手机镜头主要通过对比度检测对焦、相位检测对焦和混合对焦技术，结合不同的马达驱动方式，实现快速、精确的自动对焦。镜头组可以在对焦马达的磁场作用下沿着垂直方向小范围移动(图 6.3-10 箭头所示方向)，以实现手机摄像头模组的自动对焦。对焦马达也称音圈马达，核心结构主要有壳体、载体、磁铁。在壳体的四角/边安装有 4 块磁铁，形成磁场；在壳体的载体内安装有线圈。当线圈通入电流时，磁场会使得载体按照不同的电流方向向上或向下运动，当把镜头组安装在载体内部时，镜头组就形成了向上或向下的运动，相对于图像传感器的距离，也就是像距增大或减小。控制线圈中电流的方向和大小可以控制镜头组运动的方向和速度，再配合图像处理软件判定对焦状态，就可以实现自动对焦。

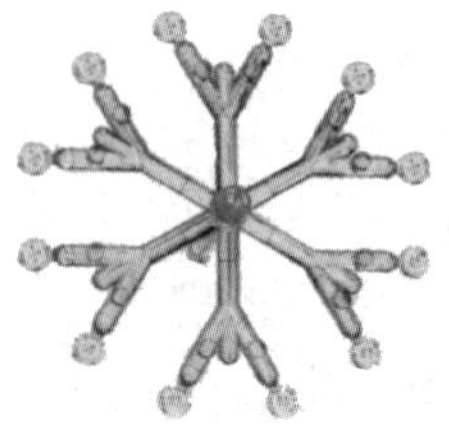

图 6.3-8　手机镜头镜片基胚

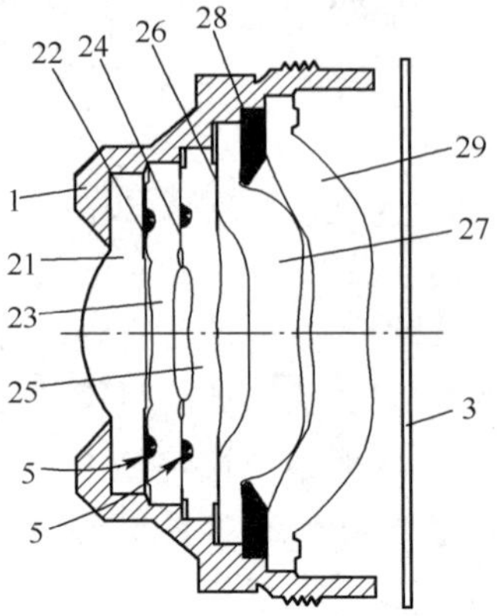

图 6.3-9　手机镜头的构成

1—外壳、3—红外截止滤波片、5—变形的弹性体嵌合定位结构、21—第一镜片、22—第一遮光圈、23—第二镜片、24—第二遮光圈、25—第三镜片、26—第三遮光圈、27—第四镜片、28—隔圈、29—第五镜片、

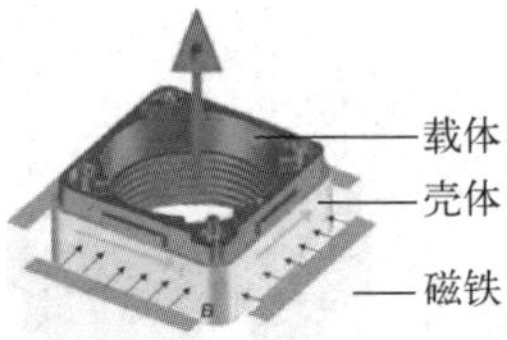

图 6.3-10　对焦马达核心部件

此外，为了解决手抖导致的拍摄模糊问题，手机镜头设计中引入了光学防抖和电子防抖技术。

（2）小型化图像传感器

手机相对其他数码产品对图像传感器的小型化需求更强烈。通过将传统的前照式结构变为背照式结构，光进入光电二极管的面积增加，从而提高集光效率。即使进一步缩小像素尺寸，也能维持相同的感光度。采用堆栈结构后，可在下层自由布局电路，因此可在传感器内搭载各种功能，同时实现高速化。

现在出现了高像素手机传感器，但实际有效分辨率可能较低。例如，2 亿像素的手机传感器大多是 9 合 1 的，最终有效图像分辨率是 2000 多万。手机传感器多采用多合一(Pixel Binning)技术以提高低光环境下的感光性能。Pixel Binning 技术将相邻的像素(通常是 2×2、3×3 或 4×4 等)的信号合并成一个“超级像素”，这样可以增加每个“超级像素”的信号强度，从而提高图像的信噪比。在低光照条件下，Pixel Binning 技术可以显著提高摄像模组的感光度，使拍摄的图像更明亮、更清晰。由于输出的数据量减少，可以以更高的帧率捕获图像。

（3）信号处理与输出

手机摄像模组的信号通过图像信号处理器(ISP)对数字信号进行处理，包括自动白平衡、色彩矩阵、镜头阴影校正、伽马校正、锐化、自动曝光控制和降噪等。处理后的数据可以输出为 YUV 或 RGB 格式。另外，处理器或驱动芯片的功能还包括对摄像模组机械调整的精确控制，实现对焦和防抖。

手机摄像模组的信号输出接口为 MIPI CSI，线缆连接方式有 FTC(Flat Tape Cable，扁平带状电缆)、BTB(Board To Board，板对板连接器)和 SOCKET(插座连接器)三种。每种方式都有其优缺点，选择合适的输出方式可以提高信号传输的稳定性和效率。

6.3.3　立体成像系统

立体成像系统在自动驾驶、机器人导航、3D 重建等领域发挥重要作用。CCD/CMOS 图像传感器在立体成像系统中应用广泛，比如利用双目立体视觉系统、单目结构光技术、飞行时间法(TOF)实现立体成像或者三维测距，见图 6.3-11。

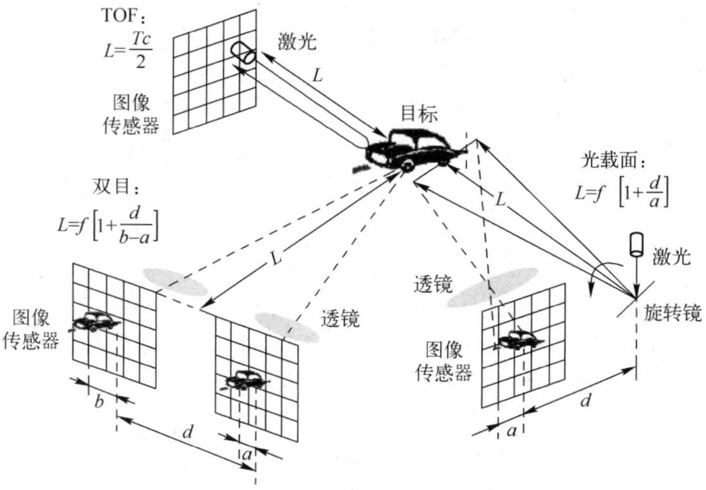

图 6.3-11　三维测距示意图

双目立体视觉系统通常由两个图像传感器组成，这两个传感器放在同一平面的不同位置，用于从略微不同的视角捕捉同一场景的两幅图像。通过分析这两幅图像的差异，可以计算出场景中物体的深度信息。单目结构光技术是一种用于获取物体形貌信息的三维测量技术。单目结构光利用投影仪向物体表面投射特定编码的光栅条纹图像，通过图像传感器捕获物体表面反射的结构光图像，对这些结构光图像进行编解码后，将三维坐标信息通过点云的方式呈现出来，最后将多视角的点云进行处理，获得被测物完整的三维点云。TOF 成像是通过测量光信号往返传感器与被测物体的时间来测距的方法，在光检测和测距领域已经有较多应用。这里主要阐述目前广泛应用的 TOF 相机。此外，对航空航天有效载荷的立体相机实现技术进行实例分析。

1. TOF 相机

TOF 相机是典型利用 TOF 原理的成像装置，其组成如图 6.3-12 所示。脉冲/调制光源(在 TOF 中一般使用垂直腔面发射激光器 VCSEL)发射的辐射，通过光学扩散片扩散传播出去；当光从物体上反射回来时，用一组透镜收集经物体反射的光，聚焦到固态测距图像传感器；固态测距图像传感器是整个成像系统的核心，由一组光探测器(像素)组成，它的结构与普通图像传感器类似，但功能却比图像传感器更复杂，它包含 2 个或者更多快门，用来在不同时间采样反射光线，因此，它能够直接或间接地测量光脉冲从光源到目标并返回传感器所需的飞行时间。此外，系统还需要一个合适的传感器控制接口模块，为传感器提供电源、所需的偏置电压/电流信号、数字控制相位，并从传感器读取数据流，经过进一步处理获得 3D 数据后，与外部(PC 或处理单元)进行通信。TOF 相机从原理上又可以分为 dTOF(direct TOF)和 iTOF(indirect TOF)。

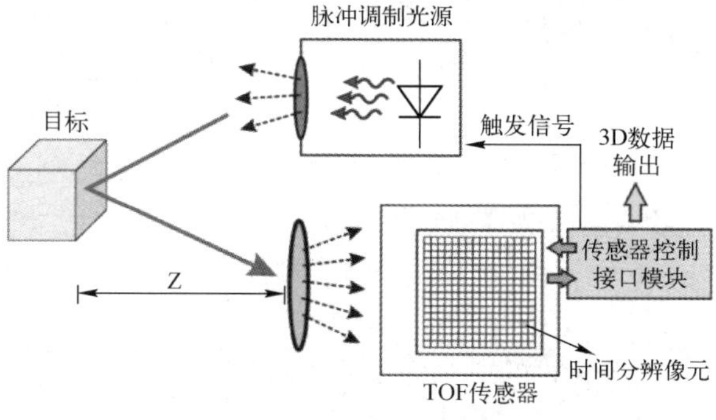

图 6.3-12　TOF 相机的基本组成

dTOF 传感器内部的每一个像素直接测量飞行时间，即直接测量光脉冲发射与接收的时间间隔；相应地，需要一个高速光电探测器和高精度计时电路。例如，对于 L=3m，T=10^{-8}s=10ns。为了获得毫米级的精度，必须进行平均运算。dTOF 的优势是它的测距范围很宽，可以从数米到数千米。dTOF

传感器使用的高速光电探测器主要是 SPAD(Single-Photon Avalanche Diode，单光子雪崩二极管)或 SiPM(Silicon Photomultipliers，硅光电倍增管)，它们的主要区别是每个 SiPM 像素里包含多个 SPAD 像素。SPAD 可以对单一光子进行响应，只需要一个光子就能触发一次强的雪崩，产生电流信号。SPAD 每次被光子激活后，电子淬灭电路降低二极管中的电压使其在短时间内低于阈值电压，因此雪崩停止，经过一段恢复时间，可以探测其他光子，这个恢复时间决定了传感器的识别速度。SPAD 像素相对于传统 CMOS 图像传感器来说还无法做得很小，这是由于其需要各种电路对 SPAD 进行复位造成的。因此，SPAD 像素尺寸限制了 dTOF 的空间分辨率。TDC(Time-to-Digital Converter，时间数字转换器)计时电路将光脉冲的飞行时间从模拟信号转换为数字信号。TDC 记录每个反射光脉冲相对于发射脉冲起始点的时间差，并将这些时间数据存储为数字格式。这些时间数据随后被转换为直方图，通过分析直方图中峰值(即最大数量的时间点)的位置，可以确定目标物体的距离。

iTOF 间接测量飞行时间，大部分方案采用测相位偏移的方法，即发射正弦波/方波与接收正弦波/方波之间相位差，通过传感器在不同时间窗口采集到能量值的比例关系，解析出信号相位，间接测量发射信号和接收信号的时间差，进而得到深度。iTOF 传感器中每个像素都有两个电荷积累区域以完成信号的解调。图 6.3-13 给出了 iTOF 传感器双脉冲的时序图。两个脉冲之间有 t_d 时间延迟。当调制信号是脉冲信号或开关信号时，两个脉冲以既定的 MHz 级别的频率发射，两个脉冲之间延迟为 t_d。图 6.3-14 给出了其工作波形。在这种工作方式下，TOF 信号通过以下方法获得。两个积累信号 V_1 与 V_2 分别与两个宽度为 t_p 的脉冲相对应。根据 t_d 以及两个飞行时间，可求得距离为

$$t_d - 2\times \text{TOF} = t_p \frac{V_1 - V_2}{V_1} \tag{6.3-1}$$

$$\text{TOF} = \frac{L}{c} \tag{6.3-2}$$

$$L = \frac{c}{2}\left[t_p\left(\frac{V_2}{V_1} - 1\right) + t_d\right] \tag{6.3-3}$$

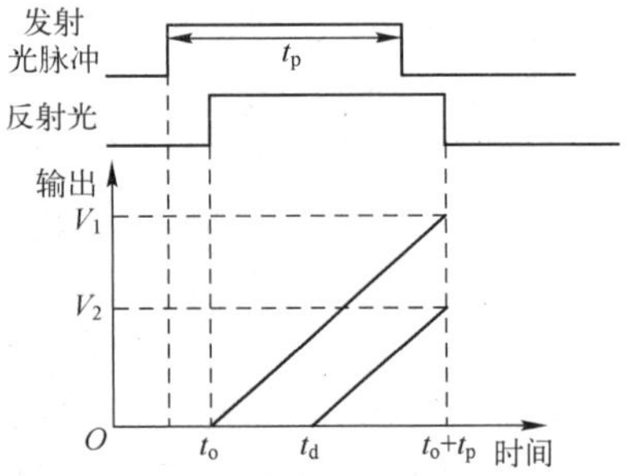

图 6.3-13　时序图

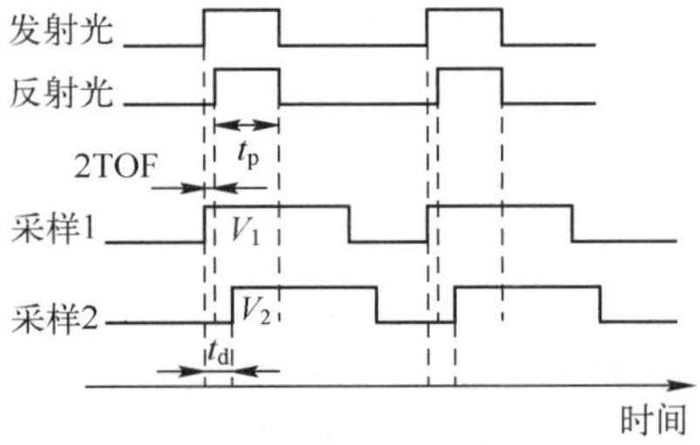

图 6.3-14　工作波形

2．嫦娥立体相机

（1）嫦娥一号(CE-1)立体相机

CE-1 卫星搭载的 CCD 立体相机采用线阵推扫的方式获取图像，轨道高度约 200km，每一轨的月面幅宽 60km，像元分辨率为 120m。CE-1 立体相机主要技术指标如表 6.3-1 所示。

表 6.3-1　CE-1 立体相机的主要技术指标

名称	指标
帧频(帧/s)	11.89
光谱范围(μm)	0.5～0.75
量化等级	8bit
相机焦距(mm)	23.33
相对孔径	F/5
曝光时间(ms)	3.2，7，20，84
MTF	≥0.2
S/N(ρ=0.2，θ=60°)	≥100
成像宽度 L(km)	60
像元空间分辨率(星下点)	120m
线阵像元数	512
像元尺寸	14μm×14μm
线阵数	3
线阵间夹角	16.7°
基高比	≥0.6

图 6.3-15 为 CE-1 CCD 立体相机的成像原理及对应的图像。采用一个大视场光学系统加一片大面阵 CCD 芯片，用一台相机取代三台相机的功能，实现了三维立体成像。立体相机在工作时，分别读取垂直于飞行方向上的第 11 行、第 512 行和第 1013 行，作为前视、正视和

后视的影像阵列，每行线阵的像元数为 512 列，前视、正视和后视相邻之间视角差均为 16.7°。根据探测器预定的在轨飞行参数，相机的扫描速度设为 11.89FPS，以保证探测器在 200km 高的轨道上实现三条线阵的扫描。对前视、正视、后视图像进行处理形成立体图像。由于立体相机固定在卫星上不能自由转动，所以它只随卫星与月球间的相对运动来对月球表面进行扫描成像。

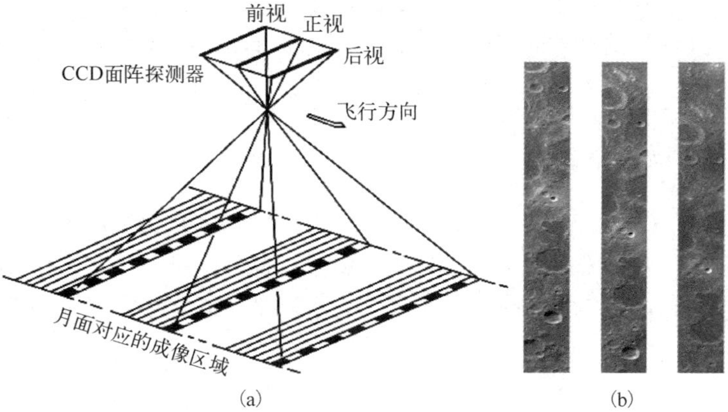

图 6.3-15　CE-1 CCD 立体相机成像原理及对应的图像

（2）嫦娥二号(CE-2)立体相机

由于我国探月工程的第二阶段计划完成月球软着陆探测与月面巡视勘察，需要了解降落条件较好的虹湾地区的局域高分辨率的地形地貌。而 CE-1 CCD 立体相机的分辨率仅为 120m，只能探测到直径大于 360m 的月坑，难以满足第二阶段探月需要。CE-2 CCD 立体相机以获取分辨率优于 10m 的月球表面三维立体影像为科学目标，对多项关键技术进行了综合创新。

为了实现在 100km 的远轨道获得分辨率为 7m 的图像，并且在下降到距离月球 15km 的轨道实现以分辨率 1.3m 对虹湾地区高精度探测和成像，CE-2 CCD 立体相机采用两线阵 TDICCD 进行立体成像。它的技术指标如表 6.3-2 所示。

表 6.3-2　CE-2 立体相机的主要技术指标

名称	指标
像元数	6144 像元/行(两线阵)
相机焦距	144.3mm
线阵立体角	前视：+7.89°，后视：-17.2°
光谱范围	0.45～0.52μm
量化等级	8bit
像元尺寸	10.1μm×10.1μm
增益选择	3 挡可选择(0.7，1.0，2.0)
积分级数	5 挡(16、32、48、64 及 96 级)

采用的 TDICCD 有 6144 像元，像元尺寸为 10.1μm，积分级数为 16、32、48、64、96 级共 5 挡。根据 TDICCD 的对比度传递函数(CTF)与波长的关系曲线，峰值在 450nm 附近，在 450～520nm 的光谱范围内，CTF 约为 0.9 ，MTF=π/4×CTF，约为 0.7。月表物质的反射光谱无波长选择性反射，因而选取 450～520nm 作为相机的工作谱段。

根据成像幅宽 43km，单条 TDICCD 像元数 6144，则其像元分辨率为 43km/6144=7m(在 100km 圆轨时)，折算到虹湾地区 15km 成像高度，地元分辨率为 1.05m，成像幅宽为 6.45m。

光学系统参数的设计计算如下。为了实现尽可能高的 MTF，相对孔径设计为 F/9，可以达到衍射和像差间的最佳平衡。根据物像关系公式

$$\frac{H}{f}=\frac{\mathrm{GSD}}{b}$$

其中，H 为成像高度(100km)；GSD 为地元分辨率(7m)；b 为探测器像元尺寸(10.1μm)，算得 f=144.3mm。根据 100km 成像高度及 43km 成像幅宽，可得到横轨方向视场角为 23.26°；根据要求前视为 8°，后视为－17.2°，沿轨方向最大视场角为 17.2°，总视场角为 $2u_p$=42°。

该立体相机采用 96 级 TDICCD 技术，这相当于用 96 条线阵 CCD 对月面同一可分辨条带成像，然后对图像信号累加，以提高图像的强度。另外，采用速高比补偿技术，目的是满足 TDICCD 器件电荷包的转移速率要与目标像在焦平面上的运动速度相匹配。这样在轨运行中使 96 条线阵 CCD 中每一条都对月表同一条带成像，否则图像累加后会有模糊。而卫星在轨实际运行时，高度与速度都在随机变化，因此卫星越过可分辨条带(1m 或 7m)的时间是不相同的。当卫星飞得快时，就把相应的曝光时间缩短一些，也就是把相机的帧频提高一点，从而使每条 CCD 采样的信号都是同一条带。

6.3.4 视觉检测系统应用

CCD、CMOS 成像系统在工业生产中的应用已十分广泛，如冶金部门中各种管、线、带材轧制过程中的尺寸测量，光纤及纤维制造中的丝径尺寸测量、控制，机械产品尺寸测量、分类，产品表面质量的评定，文字与图形的识别，传真、复印、光谱测量，以及空间遥感等。下面以线阵成像系统为例进行分析。

1．光谱测量

由于 CCD 像元几何尺寸小、精度高、有光积分和信号存储功能，故可用于光谱测量。瞬态光谱测量系统如图 6.3-16 所示。被测光源发出的光线经过光栅色散后在 CCD 像元上成像，CCD 各像元位置分别对应于光线色散后的不同波长，由采样电路对 CCD 输出信号进行逐位采样，根据采样的位数就可以知道信号所在的波长，而信号的幅度则是该波长的光辐射能量。这样，只要对目标进行一次采样，就可得到在一定波长范围内的光谱分布曲线，因而可以用于测量闪光灯等瞬态发光源的光谱。实际上，CCD 本身就具有很宽的光谱响应，但由于不同光谱的响应不同，因此需要事先对不同像元位置所对应的不同波长的响应进行标定，然后用此数值去校正对应像元的输出，才可得到正确的光谱能量分布曲线。这样的数据处理需要结合计算机技术完成。

采用 CCD 测量光谱大大缩短了测量时间，减少了外界环境变化对测量精度的影响。对于闪光灯、荧光和磷光等强度随时间迅速变化的光源，此方法可以得到光谱分布的精确结果。

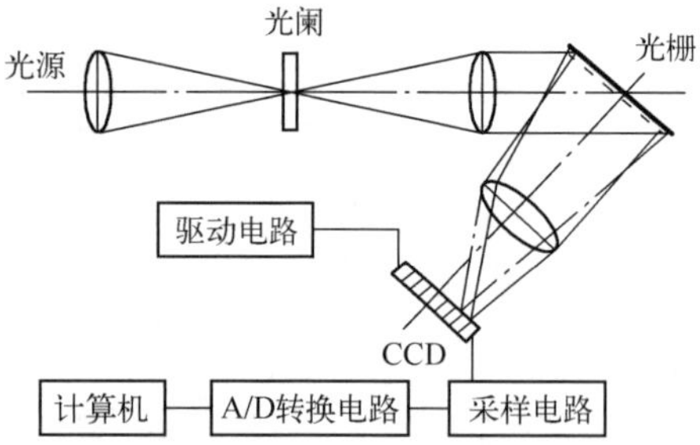

图 6.3-16　瞬态光谱测量系统

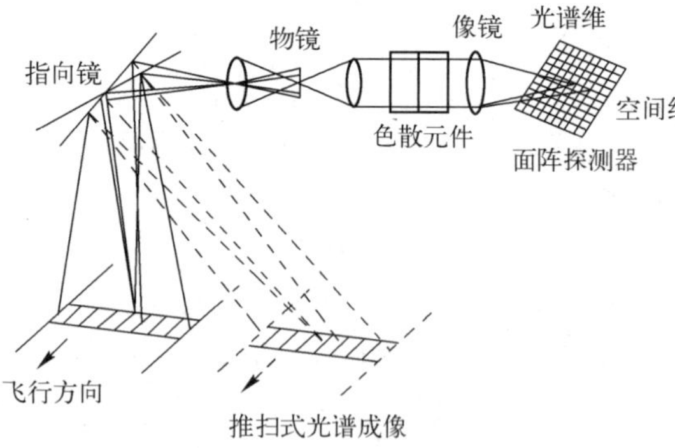

图 6.3-17　遥感光谱成像

2．遥感光谱成像

将高密度的线阵 CCD 扫描系统安装在飞机或遥感卫星上，通过飞机或卫星相对地面目标的飞行和 CCD 传感器在与飞行的垂直方向的自扫描，可以实现高分辨率的遥感光谱成像(图 6.3-17)。遥感光谱成像系统由 CCD 成像系统、存储、实时图像处理(如编码、压缩等)、图像信息传输等部分组成。为了提高空间分辨率，通常采用两片或多片 CCD 进行光学或电学拼接。为提高 CCD 灵敏度，也可以使用面阵列 CCD 并采用 TDI 方式工作。

采用 CCD 扫描成像的优点在于可实现图像信号的实时采集、处理、显示和传输，而 CCD 传感器的高几何精度、高灵敏度、高信噪比、高可靠、低功耗等优点，使 CCD 摄像机比传统的航空胶片摄像机更为先进。

3. 表面质量检测

当工件(或纺织品等)表面受到光照射时，表面的不清洁处或疵点对入射光产生漫反射，将漫反射光投影到 CCD 上，然后对 CCD 输出的图像进行处理，可以完成表面质量检测，如检测集成电路掩模缺陷，硅片表面质量，布匹、纸张和药片的表面疵点等。对可以透过光线的薄片状的布匹、纸张等也可以采用测量透射光的方法进行检测。在检测集成电路硅片表面划痕、污垢等缺陷方面，检测装置采用激光光源加装滤光片照射到硅片表面上，在硅片表面无疵病时，反射光被滤光片滤掉，CCD 上不形成图像；若表面有疵病，则在其表面上形成的漫射光透过滤光片在 CCD 上成像，通过对 CCD 输出图像进行处理，可得到硅片表面疵病的信息。还可检测药片外观情况，如颜色不均、小孔、污染、糖衣层不均、混有其他品种、缺损和粘连等。采用图像识别进行自动分选的检测技术在国外已普遍应用于生产过程中。

6.3.5 医学成像系统

成像系统在医学中的应用广泛。例如，内窥镜成像系统，借助其高清晰度图像和实时传输功能，帮助医生检查体内器官的病变情况，提高手术的精确性和安全性；结合荧光成像技术，对生物组织病理进行分析等。

1. 内窥镜

内窥镜是一种插入人体观察和诊断的医疗器械，常用于微创外科手术和医疗诊断中，已成为医疗领域不可缺少的工具之一。它采用光导玻璃纤维的 CCD/CMOS 相机去成像需要观察的区域。它是一种高度集成的仪器，集成有相机、光纤、摘取组织的小镊子、注射清洗水的管子和用于扩大病变区的气管等。CMOS 图像传感器可以集成信号处理器、射频和其他电子设备，即可以实现片上系统(SoC)，所以适用于医学应用。其在需要高分辨率、高灵敏度和低噪声的高端内窥镜中具有重要的应用价值。以医用柔性内窥镜为例，其基本结构如图 6.3-18 所示。主要结构包括物镜、传像系统(传像束)、光源、导光束、目镜、适配器(光学卡口)、CCD/CMOS 以及操作部分组成。

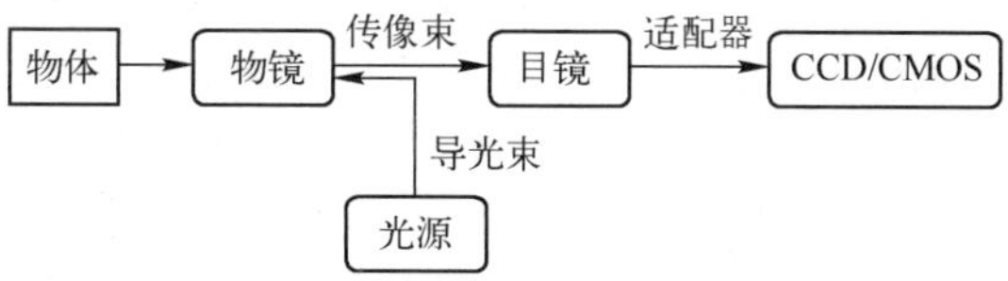

图 6.3-18　医用柔性内窥镜基本结构

胶囊内窥镜是一种无创检查方式，无需进行麻醉和插管，减少了患者的不适感和痛苦。胶囊内窥镜由图像传感器、光学系统、白色 LED、射频电路、天线、电池和其他部分组成。使用者吞下一个胶囊内窥镜后，它会自动沿着消化器官移动。胶囊内窥镜是一种植入装置，尺寸和功耗大小十分关键，CMOS 图像传感器能够满足这些要求。应用 CMOS 图像传感器时，必须考虑彩色实现方法。CMOS 图像传感器采用卷帘曝光机制，而医疗用途一般需要色彩重现，因此，最好使用三个图像传感器或三色组合光源。然而，由于卷帘曝光机制，每行的曝光时间不同，因此不能应用每束光在不同时间发光的三色组合光源方法。目前商用的胶囊内窥镜在 CMOS 图像传感器中使用片上彩色滤波器。为了在 CMOS 图像传感器中应用三色组合光源，需要有一个全局快门。有人也提出了通过计算实现色彩再现的方法。当应用三色组合光源时，由于在卷帘曝光中 RGB 混合比是已知的，所以可以在芯片外单独计算 RGB 分量。由于胶囊内窥镜使用电池工作，整个电子设备应该做到低功耗，同时，总体积也应该较小，因此，包含射频电路和成像系统的 SoC 是很好的选择。

2．荧光成像

荧光成像技术作为一种新兴的生物医学成像技术，具有高分辨率、高灵敏度、操作简单和非侵入性等特点，在生物医学研究和临床诊断中发挥了重要作用。将 CMOS 图像传感器引入生物医学成像可以实现功能集成和小型化系统。下面介绍 CMOS 图像传感器的片上集成应用。片上型器件可以将样品直接放在芯片功能化表面进行测量。这种配置使直接检测标本变得容易，可以测量荧光、电势、pH 值和电化学参数等。功能集成是 CMOS 图像传感器的重要特性，不仅可以实现高 SNR 测量，还能支持多功能测量。例如，可以将电刺激模块集成到传感器中，以便可以通过细胞电刺激激发荧光，实现片上电生理测量。

使用智能 CMOS 图像传感器的片内荧光成像检测系统见图 6.3-19。要测量荧光，需要一个溶液腔室来盛放生物样品(如 DNA、病毒等)，其中生物标记物溶解在缓冲溶液中。

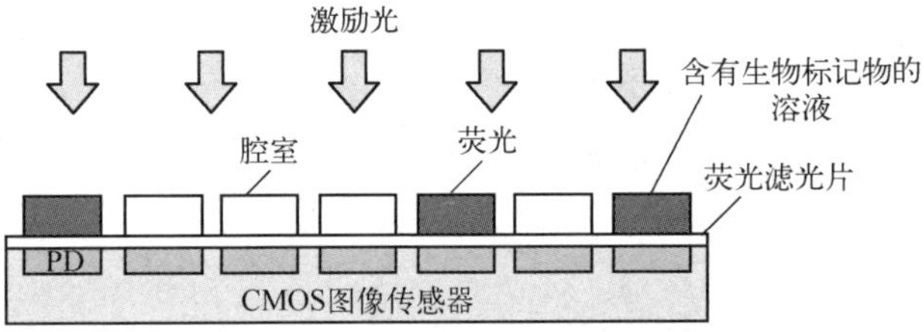

图 6.3-19　片内荧光成像检测系统

片内荧光检测主要利用数字酶联免疫吸附测定(ELISA)法。ELISA 通过使用抗原抗体反应，广泛用于检查抗原，例如流感病毒。图 6.3-20 显示了结合 CMOS 图像传感器的数字 ELISA 原理。

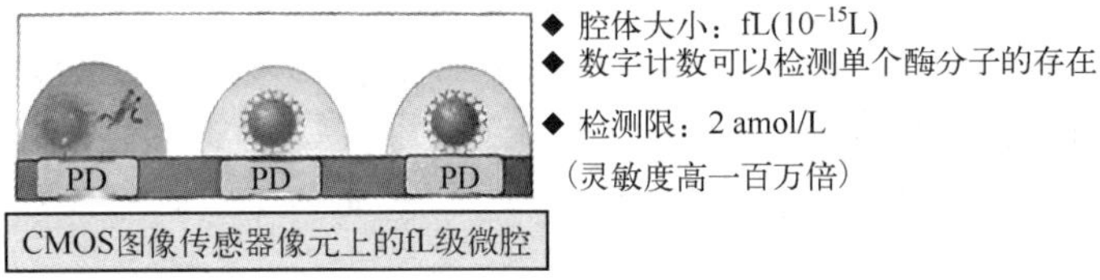

图 6.3-20　数字 ELISA 原理

数字 ELISA 由一系列 fL 级微腔组成，通过计算有荧光和无荧光的微腔数确定酶的浓度(对应于目标生物标记)。通过计数明亮腔室的数量，可以以高灵敏度获得生物标记物的密度。这是数字 ELISA 的基本原理，其中荧光光学显微镜用于计数明亮腔室的数量。若将 fL 级微腔阵列放置在图像传感器上，则每个像元都可以报告生物标记物的存在，因此可以以高灵敏度测量病毒密度。相较于传统 ELISA，其检测灵敏度高一百万倍。

6.4　新体制成像技术与系统

传统成像系统通过融合光学、电子、计算等技术，实现了多维度、高效能的光场信息获取的新体制成像系统。通过多技术融合，实现了相位成像、光谱成像、偏振成像、三维成像、光场成像和单像素成像等先进成像模式，这些技术的发展使得成像系统在功能、性能、可靠性、可维护性等方面获得显著提高，有助于实现成像设备的高性能、微型化、智能化。

6.4.1 复眼相机

复眼相机的设计思路主要受到昆虫复眼的启发。复眼中有大量独立的具有小视角的微小光学系统，每只独立的微小眼睛(称为小眼或单眼)所获得的图像在大脑内重组整个图像。复眼的优点是它的宽视场角、紧凑的体积和很短的工作距离，可实现超薄相机系统。另外，每只小眼只需要覆盖较小的视场角，因此可采用简单的光学系统。其缺点是分辨率较低。

目前已经有很多机构在研究仿生复眼。例如 TOMBO(Thin Observation Module by Bound Optics)复眼系统。图 6.4-1 给出了 TOMBO 系统的概念。TOMBO 系统的核心引入了大量的光学成像系统，每个光学成像系统中有若干微透镜，也称为光学成像单元，每个光学成像单元用不同的角度拍摄小的完整图像，因此可以获得大量的拥有不同成像角度的微小图像。整体图像可以通过将每个光学成像单元图像整合重建来获得。后端采用数字图像处理算法可以提高合成图像的质量。

现在复眼系统的关键问题是用微光学技术设计小眼结构。专用于 TOMBO 系统的 CMOS 图像传感器已经得到开发。TOMBO 系统也可用作广角、超薄型或紧凑型成像系统。

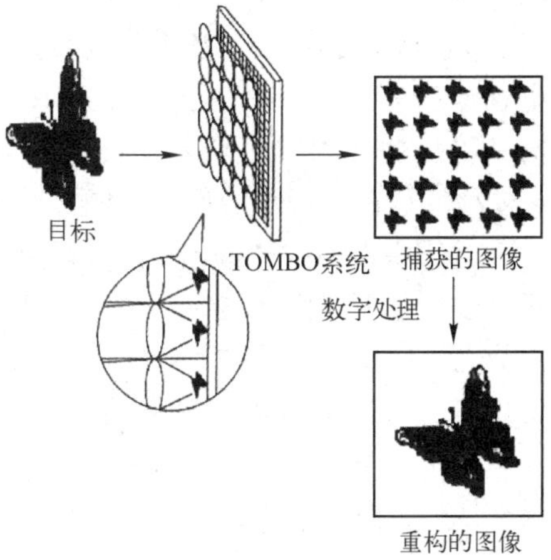

图 6.4-1　TOMBO 系统的概念

6.4.2 偏振相机

偏振成像利用光的偏振特性，可以应用在需要更高清晰度的目标检测领域。例如，通过偏振成像可以清晰地拍摄到玻璃上的反射图像。另外，偏振成像还可以用于测量透明材料的二维双折射分布，该分布显示了材料内部的残余应力。通过将双折射材料(如聚乙烯醇(PVA)、金红石(TiO_2)晶体、钒酸钇(YVO_4)晶体、液晶聚合物(LCP)和光子晶体)放在传感器表面上，一些类型的偏振图像传感器得到了初步发展。

偏振器的另一种类型是金属线栅，如图 6.4-2 所示。当线偏振光照射到金属线上且金属线间距远小于光的波长时，与栅格平行的光的强度会衰减，因为它会激发栅格中的振荡电流，其中一些电流会转换为热量，剩余的会产生与输入电场反相的电场。相反，垂直于栅格阵列的线偏振光几乎不衰减。线栅偏振器被广泛用于近红外领域，因为该波段范围内更容易实现满足亚波长条件的实用栅距设计。双折射材料在可见光区域显示出优异的偏振特性，然而将材料与图像传感器整合较为困难。

在 CMOS 工艺流程中使用金属线作为线栅的图像传感器如图 6.4-3 所示。因为可以将用于布线的金属层用作线栅偏振器，所以该结构适合于 CMOS 制造流程。诸如 65nm CMOS 工艺更适合于线栅偏振器，其与 0.35μm 或 0.18μm CMOS 工艺相比，具有更高的消光比。在这里，消光比定义为角剖面中最大归一化强度与最小归一化强度之比，这是偏振器的性能参数。

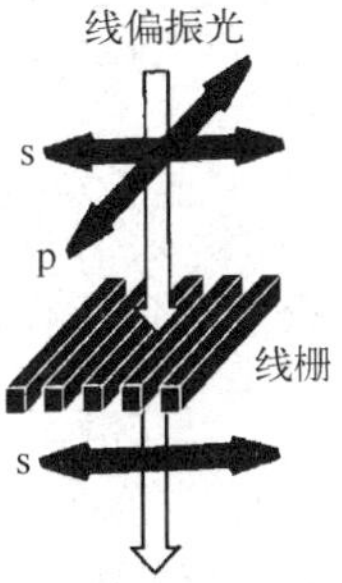

图 6.4-2　金属线栅偏振器

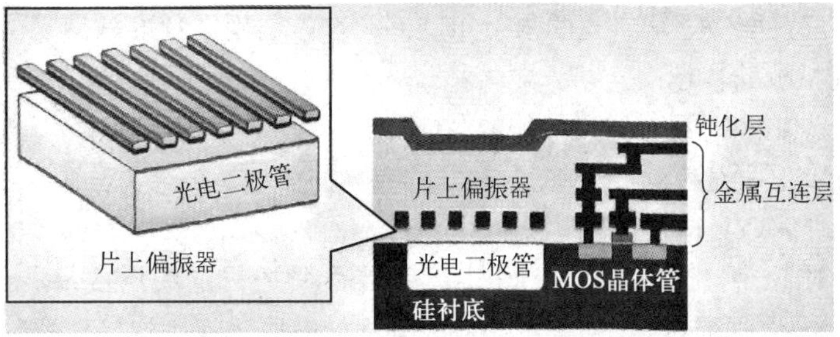

图 6.4-3　金属线作为线栅的图像传感器

图 6.4-4 显示了在 65nm CMOS 工艺中使用偏振图像传感器捕获的具有局部偏振变化的图像。

6.4.3　光场相机

光场相机也称为全光相机。光场图像传感器的原理如图 6.4-5 所示。光与 u-v 和 x-y(传感器面)两个平面相关联，因此与图 6.4-5(a)的四个参数(u, v, x, y)相关。而传统的图像传感器仅检测二维平面，即(x, y)。

光场图像传感器的研究已经取得一定成果，可以检测其他两个参数(u, v)。光场图像传感器的结构如图 6.4-5(b)所示，镜头将场景聚焦在 x-y 表面上[图 6.4-5(b)是一维图，图中仅显示了 x 轴]，图中根据与透镜之间的入射角，绘制了两条光线，其中一条是实线，另一条是虚线。在焦平面上，放置了微透镜阵列，透过微透镜的光线投射在图像传感器表面，在 u-v 平面上坐标为 u。此投影图像面(即图像传感器面)实际是光线通过微透镜后形成的图像，且每个微透镜对应于光线的方向信息。由于所有光线的强度和方向都记录在此传感器中，因此可以重建聚焦平面，并且通过记录光线的方向，可以重建三维图像。

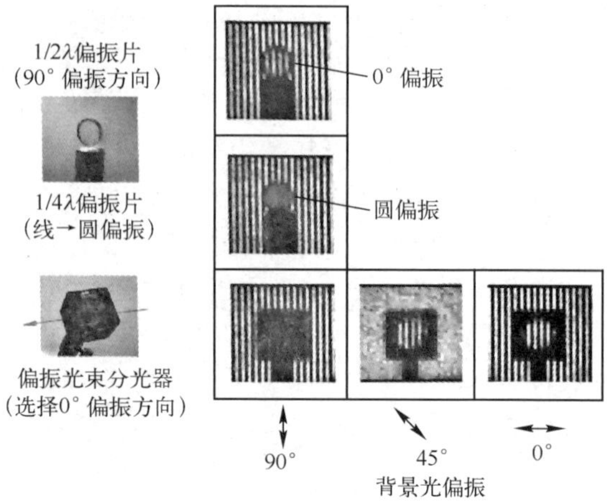

图 6.4-4　具有局部偏振变化的拍摄图像

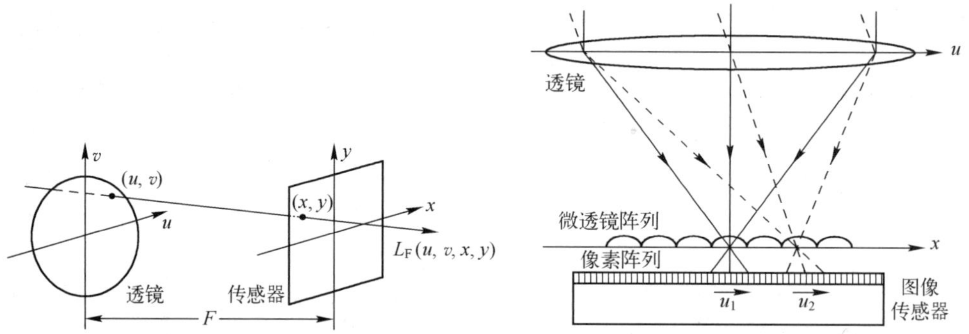

(a) 光与四个参数(u, v, x, y)有关　　(b) 光场图像传感器的结构

图 6.4-5　光场图像传感器的原理

将具有较小像素间距的图像传感器中的微透镜阵列进行对准较为困难。如图 6.4-6 所示，研究人员通过在图像传感器的表面上使用两组衍射光栅阵列，证明了光场图像传感器的可行性。衍射光栅通过在标准 CMOS 工艺流程的相互连接的金属层中使用金属线制成。两个光栅层被嵌入传感器中，并且可以检测输入光的入射角，此特性可以实现三维图像，其像素称为角度敏感像素。输入光被顶部金属光栅衍射，并在第二光栅的深层产生干涉图样，第二光栅通过或阻碍干涉图案。由于干涉图案的位置取决于输入光的入射角，因此像素实现了角度敏感功能。

光场相机的特点：

(1) 先拍照，再对焦。传统的数码相机只捕捉一个光面对焦成像，中心清晰，焦外模糊；光场相机则记录下所有方向光束的数据，后期在电脑中根据需要选择对焦点，图像的最后成像效果要在电脑上处理完成。

(2) 体积小，速度快。由于采用与数码相机不同的成像技术，光场相机没有数码相机复杂的聚焦系统，整体体积较小，操作也比较简单；同时由于不用选择对焦，拍摄的速度也更快。

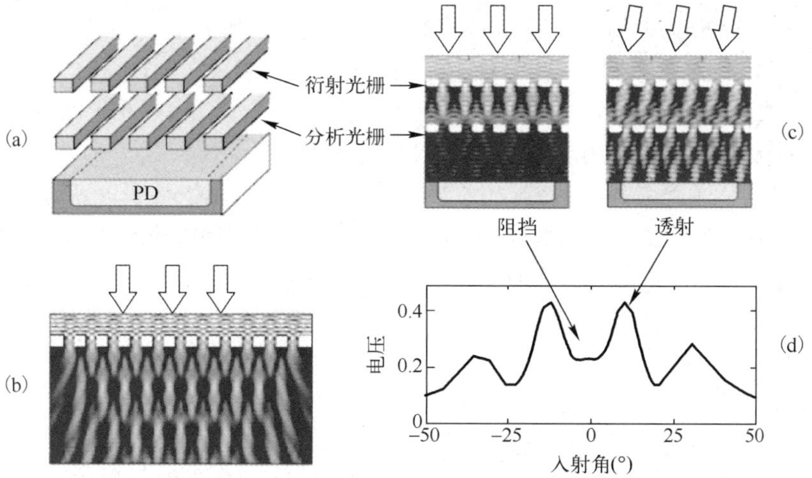

图 6.4-6　基于塔尔博特效应的光场图像传感器结构示意

(a) 角度敏感像元截面；(b) 塔尔博特效应；(c) 不同入射角度光线的透射情况；(d) 连续入射角度下接收到的信号

6.4.4　压缩感知成像

压缩感知(CS)是一种新的信息获取与处理理论，它可以充分利用信号中的稀疏性先验信息，在远低于奈奎斯特采样频率的情况下，利用低维度空间的非相关测量完成高维度稀疏信号的感知，从采样样本中精确地重建原始信号。并且，在一定条件下，重建原始信号是一个可计算的多项式问题。它带来了信号采集理论的变革，将信号采样和压缩合并进行，有效降低了编码端的计算复杂度，为低分辨率采样、高分辨率成像提供了可能。所以，在压缩感知理论提出后，其在信号处理及其相关领域引起广泛的关注，迅速被应用于网络通信、雷达测量、图像处理、医学成像、生物传感等诸多领域。

基于压缩感知的单像素相机成像原理如图 6.4-7 所示。单像素相机使用数字微镜设备(Digital Micromirror Device，DMD)在 CS 测量过程中对光学信号进行编码采样。DMD 是压缩感知成像系统的重要部件。它是通过静电驱动的微镜阵列是否反射入射光实现对入射光的调制的。每个微镜只有两种定向的翻转状态(见图 6.4-8)，这两种状态相对于水平方向呈+12°或-12°。由于微镜的翻转角度不同，可以把入射光沿两个不同的角度反射，当微镜翻转角度为+12°时，实现对入射光的对称角度反射；而当微镜翻转角度为-12°时，微镜把入射光反射到芯片内置的光吸收材料上，则没有反射光输出。

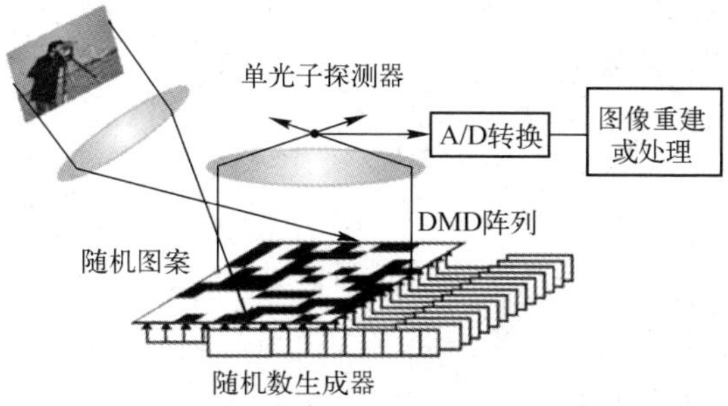

图 6.4-7　基于压缩感知的单像素相机成像原理

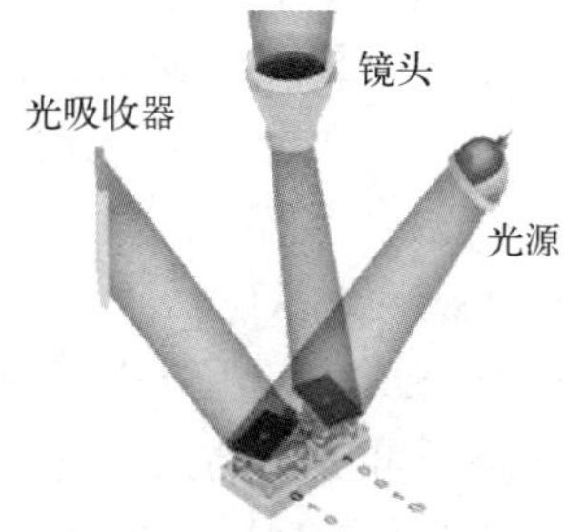

图 6.4-8　DMD 的两种翻转状态

为了使光电探测器能够采集并探测到有效的成像光信号，DMD 需要和光电探测器协调配合运行：首先将成像场景光信号的像面聚焦到 DMD 上，然后像面经 DMD 编码后筛选出部分光信号，集中反射至光电探测器，完成信号采集，DMD 的连续翻转编码为每次信号测量产生连续不断的模拟测量值。光电探测器产生的模拟电压值 $v_i \in R\ (i=1,2,3,\cdots,M)$为每次压缩感知过程所得到的测量值。重复这样的DMD编码过程 M 次，可以获得 M 维测量向量 $\boldsymbol{y}=[v_1,\ v_2,\ \cdots,\ v_M]$， $\boldsymbol{y} \in R^M$ ，R 为实数。因此DMD的编码状态实际上是压缩感知中测量矩阵元素状态的反映。在 M 远小于原始图像像素时，可通过总变量差 l_1 范数最小化方法重构原始图像，具体原理这里不再阐述。

除了成像灵活性，单像素相机的另一个优点是光电探测器的量子效率可以达到90%，远高于常规CCD或CMOS阵列的50%。此外，单像素相机的随机测量都能聚集远远多于平均像素上所能接收到的光子，可以极大地降低图像失真、暗噪声和读出噪声。

在数字相机广为流行的当代，人们不断追求更高像素的相机，以达到图像的高分辨率和高保真。单像素相机的设计为此开辟了一条全新的思路，这个设计很大程度上减少了对光电探测器设计复杂性和高昂代价的要求，无需高密度、高分辨率的CCD或CMOS成像模块，单个像素也可以实现大面阵成像功能。需要指出的是，这里的单像素光电探测器，可以是光敏二极管；在低光照度时，可以是雪崩二极管；也可以是集成多个针对不同波长范围的光敏二极管，从而构建多光谱相机。利用压缩成像，也可以用较小数量像元的面阵实现大面阵成像。但压缩感知面临着算法复杂度和系统设计等挑战。未来，随着算法的不断优化和硬件技术的提升，压缩感知成像技术将有更广泛的应用和发展。

6.4.5 非视域成像

非视域成像(Non-Line-of-Sight，NLOS)技术是一种能够对视线范围外的场景进行成像的技术。与传统成像技术不同，NLOS利用间接散射光携带的有效信号来重建被障碍物遮挡的物体的图像。非视域成像有基于相干信息的非视域成像、基于强度信息的非视域成像等。

基于相干信息的非视域成像可以分为基于散斑图案和空间相干两类。基于散斑图案的非视域成像使用相机作为探测器，利用散斑图案携带的角度信息来重建图像；基于空间相干的非视域成像需要使用干涉仪来探测相位信息以重建图像。

基于强度信息的非视域成像使用传统相机作为探测器，其成像方法主要有两种：一种是在非视域空间放置大小和形状已知的遮挡物，使用半影成像技术重建图像；另一种是直接获取非视域场景的光强度信息，将信息导入训练后的模型来恢复图像。研究人员最先研究了光强在非视域成像中的应用，发现对于漫反射面，需要相机具有很高的灵敏度。由于灵敏度限制，一般通过遮挡物实现被动非视域成像。另外一些学者提出可利用中继面和物体的双向反射分布函数(BRDF)，实现基于强度信息的非视域图像重建。

基于TOF相机的非视域成像系统如图6.4-9所示。光子在整个非视域成像场景中的传播路径为：从红外激光器发射出的光子照射到物体所在的平面上；到达物体表面的光子被散射到中介面上；部分由中介面散射的光子被探测器接收到。在整个传播路径中，光子分别经历了在物体表面和中介面上的两次散射。

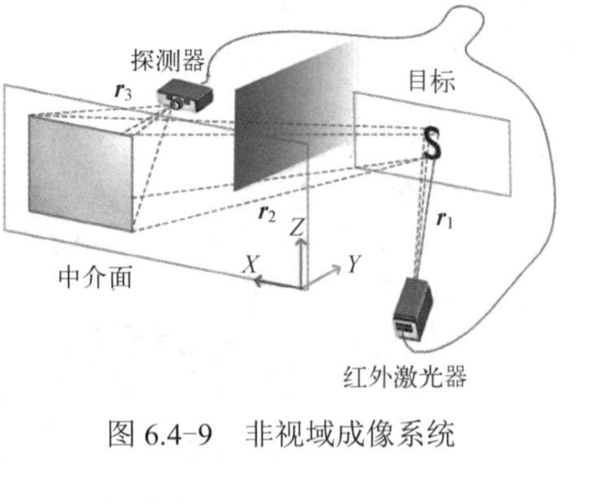

图6.4-9　非视域成像系统

美国波士顿大学使用半影成像技术，在非视域空间放置大小和形状已知的遮挡物，使用数码相机对隐藏目标进行图像重建。实验中使用了1个400万像素的数码相机、1个20英寸的彩色液晶显示器及1个7.7cm×7.5cm的黑色矩形遮挡板。相机拍摄显示器上所放映图案经遮挡板在墙面上的阴影和半影，在3.5s的采集时间里，得到如图6.4-10(a)所示相机拍摄图像，通过计算得到如图6.4-10(c)所示的分辨率为35×35、像素大小为1.12cm×1.05cm的重建彩色图像，并且估算得到遮挡板的位置，如图6.4-10(b)所示。遮挡板的估计计算约为18分钟，隐藏场景的恢复需要 48 秒。他们所提出的方法使非视域成像不再受光源及扫描采集的限制，并且重建出了彩色二维图像。

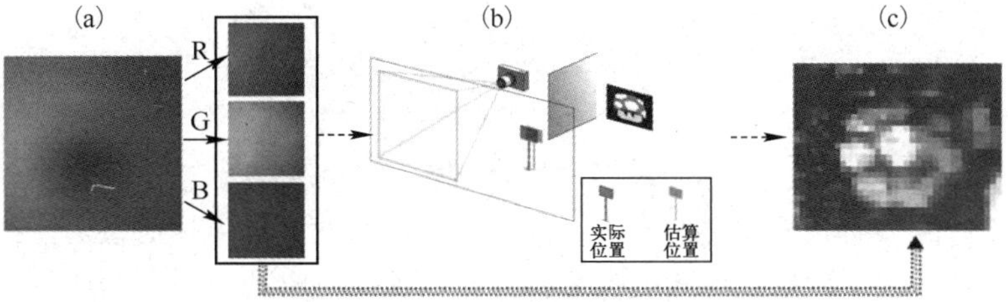

图 6.4-10　基于数码相机的非视域成像：(a)相机拍摄图像；(b)遮挡板位置；(c)彩色图像

习题与思考题

1. 可以通过哪些方式实现彩色成像？
2. 表征成像系统性能的参数有哪些？它们都是怎样定义的？
3. 成像系统的分辨率通常用什么单位表示？它与 lp/mm 单位是如何转换的？
4. 简述概念：物镜景深、焦深；提升成像系统景深的方法有哪些？
5. 物镜的长焦距、中焦距和短焦距镜头是怎么划分的？
6. 物镜为什么存在最近成像距离？
7. 镜头的 C 与 CS 接口有什么差异？它们如何与摄像机的 CS 接口配合实现清晰成像？
8. 是不是图像传感器的像素数越高，成像质量越好？为什么？
9. 对比不同摄像机输出接口的传输距离和传输速度。
10. 举例说明线阵相机可应用于哪些图像信息的获取？
11. 成像系统通过哪些技术途径实现防抖？这些技术各有什么优缺点？
12. 实现立体成像有哪些方式？
13. 阐述压缩感知成像系统的组成及工作原理，并列举其应用。
14. 简述非视域成像的基本原理，目前影响非视域成像的主要技术瓶颈有哪些？
15. 调研了解国内外在光谱成像领域的发展现状与趋势。
16. 结合第 3 章，调研了解当前军用微光成像装备中，国内外公开报道的直视技术与电视技术各有哪些代表产品，对比分析其各自的典型技术指标。

第 7 章　红外热成像器件

与第 5 章介绍的基于景物反射信息成像的固体成像器件不同，在光电成像技术中还有一类是基于景物自身辐射信息成像的固体成像器件，即红外热成像器件。红外热成像器件是红外热成像系统的核心组成部分，红外探测器是红外热成像器件的基本单元，对其的研究始终是红外物理和红外技术发展的重中之重。自从 1880 年人类发现红外辐射的存在以来，一直在为利用这个宽阔的电磁波谱段探知自然、扩展人类的视野进行着不懈的努力。特别是二次世界大战以后，出于军事上的需求，人们对红外探测器在结构上和性能上的研究已经发展到了相当高的水平。本章主要介绍红外探测器的分类、性能及焦平面红外热成像器件的结构和典型红外热成像器件的工作原理等。

7.1　红外探测器的工作机理与性能参数

红外探测器的种类很多，分类方法也很多。如根据波长可分为近红外(含短波)、中红外(中波)和远红外(长波)探测器，分别对应 0.76～3.0μm、3.0～6.0μm 和 8.0～15.0μm 三个谱段；根据工作温度，又可分为低温、中温和室温工作探测器；根据用途和结构，还可以分为单元、多元和凝视型阵列探测器等。

红外探测器在光电成像系统中，主要用来完成红外入射辐射到电信号的转换，所以它可以是成像型的，也可以是非成像型的。理论上一般多按辐射转换机理来进行分类。就其转换机理而言，一般可分为热探测器和光子探测器(或称光电探测器)两大类。

7.1.1　热探测器

热探测器吸收红外辐射后会产生温升，伴随着温升而产生某些物理性质的变化，如产生温差电动势、电阻率、自发电极化强度、气体体积和压强的变化等。测量这些变化就可以间接地测量出它们吸收的红外辐射能量和功率。上述四种变化是常见的物理变化，利用其中的某一种物理变化就可以制成一种类型的红外探测器。如利用温差电效应制成的热电偶，利用电阻率变化制成的热敏电阻或电阻阵列微测辐射热计，利用气体压强变化制成的气体探测器(高莱盒)等。这里主要介绍可用于热成像的热释电探测器和微测辐射热计等。

1．热释电探测器

热释电探测器的工作原理与热释电摄像管靶的工作原理一样，只是在辐射接收面大小和信号读出方式等方面有较大的差别。热释电探测器与 CCD 混合提供了不需制冷的应用前景。由于热释电的差动特性，在用于凝视阵列成像时需要进行入射辐射的调制，当然也可以用于扫描阵列。热释电探测器的不足是探测率较低。

影响热释电探测器探测率的两个因素是：①热释电探测器的响应度。这意味着在直接耦合情况下，器件将以 CCD 的噪声为主，因此，在探测器与 CCD 之间需要放大；②热释电探测器在硅片界面上会产生散热损失，若硅片上的硫酸三甘钛(TGS)层厚度为 20μm，则在 20Hz 的调制频率下信号大约会下降到原来的 1/30。

热释电探测器的性能较好，其中以钽酸锂($LiTaO_3$)探测器性能最好。因为它不潮解，结构稳定，居里温度高(618℃)，所以其探测率较高，有可能代替目前应用较多的 TGS 探测器。此外，锆钛酸铅(PZT)也是一种新型的热释电材料，这种材料具有优良的物理化学性能和机械性能，耐潮解，耐高温，抗氧化，且居里温度高，能承受大功率辐射。因此该材料除了用于各种热辐射测量，如测温、红外报警、红外光谱分析等，还可用于大功率激光器的能量和功率测量。

热释电-CCD混合的红外电荷耦合器件结构是在MOS场效应晶体管的沟道和金属栅之间制作热释电薄膜，即与栅极串联组成红外电荷耦合器件，由热释电探测器产生的电压来调节MOS结构的势阱深度。当电压是一个常数且足够大时，势阱深度可达几个kT，电荷使势阱基本上充满，漏极在N势垒的上面并进入CCD沟道，调节电压到景物的调制不再被暗电流削弱为止。

典型的采用厚度为60mm氧化层、面积为$10^{-3}mm^2$TGS制成的红外电荷耦合器件，以20帧/s工作在8～12μm窗口时，最小可分辨温差MRTD=0.2K。这里应指出，为使实际器件达到预期的性能，需要更高的热绝缘，以避免衬底热负载以及各像元之间的串扰。

2. 微测辐射热计

微测辐射热计是一种利用探测器材料吸收入射辐射使其自身温度变化，进而影响探测器其他物理性质(诸如电阻、电容等)发生变化的原理制成的热探测器阵列。常用的微测辐射热计有：（1）热敏电阻微测辐射热计，其以烧结的半导体薄膜作为光敏元件；（2）金属薄膜微测辐射热计，采用电阻温度系数大的金属为材料制作成薄膜，表面涂黑作为光敏元件；（3）介质微测辐射热计，利用介质材料参数随温度变化而变化的原理制成的器件。

微测辐射热计(Microbolometer)提供了不需制冷的应用前景。微测辐射热计是在IC-CMOS硅片上采用淀积技术，用Si_3N_4支撑有高电阻温度系数和高电阻率的热敏电阻材料VO_x或多晶硅做成微桥结构的器件，其接收热辐射引起温度变化而改变阻值。直流耦合无需斩波器，仅需通过一个半导体制冷器保持其稳定的工作温度即可。与热释电探测器相比，微测辐射热计可以采用硅集成工艺，制造成本低廉，有好的线性响应和高的动态范围，像元间有好的绝缘和低的串音及图像模糊，低的1/f噪声以及高的帧速和潜在高灵敏度(理论上NETD可达0.01K)。但其偏置功率受耗散功率限制以及大的噪声带宽使其难以与热释电器件相比。微测辐射热计在20世纪90年代发展迅速，成为热点，目前已经成为低成本红外热成像系统的主流焦平面探测器。

3. 微测辐射热电堆

微测辐射热电堆是将若干个测辐射热电偶串接起来构成的热探测器件，原理上采用的是温差电效应。即当两种不同材料的金属或半导体构成闭合回路形成热电偶时，如果两个连接结点中的一个受到入射辐射照射温度升高，另一个未受到入射辐射照射而温度保持不变，则由于两个结点处于不同的温度而使闭合回路中产生温差电动势，测量该温差电动势便可以得到待测辐射能量或功率的大小。热电偶的串接可以累加每个结点上产生的温差电动势提高响应度，此外，串接还可以使测辐射热电偶的电阻增大而易于与放大器配合，同时也降低了响应时间。

微测辐射热电堆通常做成薄膜状，其优点是响应度高、性能稳定、结构牢固、可以在较宽的波长范围内有均匀的响应，使用时无需制冷。微测辐射热电堆广泛应用于光谱仪校准等，近年来已成功地应用于热成像技术领域。

7.1.2 光电探测器

某些固体受到红外辐射照射后，其中的电子直接吸收红外辐射而产生运动状态改变，从而导致该固体的某种电学参量改变，这种电学性质的改变统称为固体的光电效应(内光电效应)。根据光电效应的大小，可以测量所吸收的光子数。利用光电效应制成的红外探测器称为光子探测器或光电探测器。这类探测器依赖内部电子直接吸收红外辐射，不需要经过加热物体的中间过程，因此反应很快。此外，这类探测器的结构都比较牢固，能在比较恶劣的条件下工作，因而光电探测器是当今发展最快、应用最为普遍的红外探测器。常用的光电探测器有如下几类：

（1）光电子发射探测器

当光照射到某些金属、氧化物或半导体表面上时，如果光子能量足够大，就能够使其表面发射电子，这种现象称为光电子发射（外光电效应）。利用光电子发射制成的探测器统称为光电子发射探测器。本书第 2 章所介绍的变像管、像增强器等均属此类器件。此外，光电管、光电倍增管等也属此类器件。这类器件的时间常数很短，在高速响应、弱信号探测等领域，常采用特制的光电倍增管。

如前所述，大部分光电子发射探测器只对可见光起作用，可用于近红外光探测的光阴极只有银氧铯光阴极 S-1、多碱光阴极系列和负电子亲和势光阴极。所以，发展新型的红外光阴极也是红外热成像技术的迫切任务之一。

（2）光电导探测器

当红外辐射入射到半导体材料时，会使体内一些电子和空穴从原来不导电的束缚状态转变到能导电的自由状态，从而使半导体的电导率增加，这种现象称为光电导效应。利用光电导效应制成的红外探测器称为光电导探测器（简称 PC 探测器）。这类器件结构简单，种类最多，应用最广。

PC 探测器的材料可分为多晶薄膜型和单晶型两类。

薄膜型的 PC 探测器品种较少，常用的有 PbS 光电导探测器和 PbSe 光电导探测器。PbS 适用于 1～3μm 波段的大气窗口，PbSe 适用于 3～5μm 波段的大气窗口。

单晶型的 PC 探测器又分为本征型和掺杂型两类。本征型最早只限于在 7μm 以下波段工作，主要有锑化铟（InSb）探测器，它是 3～5μm 大气窗口最优良的探测器。近年来又成功研制了二元半导体材料 $Pb_{1-x}Sn_xTe$ 和 $Hg_{1-x}Cd_xTe$。这些材料的探测器，尤其是 $Hg_{1-x}Cd_xTe$ 探测器，已使 8～14μm 大气窗口的探测器工作温度提高到液氮温度（77K），3～5μm 的探测器在室温条件下也具有相当好的性能，而 1～3μm 的探测器性能也超过了以往用于该波段的探测器。掺杂型的 Ge:Hg 探测器也适用于 8～14μm 的大气窗口。此外，60K 温度下的 Ge:Au 探测器一度也被广泛采用，但长波限只在 7μm 左右。

此外，SPRITE(Signal Processing in The Elements)探测器是一种特殊的光电导器件，本章将单独对其进行讨论。

（3）光伏探测器

在半导体 PN 结及其附近区域吸收能量足够大的光子后，在结区及结的附近释放出少数载流子（电子或空穴），它们在结区附近通过扩散进入结区，在结区内受内建场的作用，电子漂移到 N 区，空穴漂移到 P 区，如果 PN 结开路，则两端就会产生电压，这种现象称为光生伏特效应。利用该效应制成的红外探测器称为光伏探测器（简称 PV 探测器）。常用的有室温 InAs（1～3.8μm）探测器，77K 下的 InAs（1～3.5μm）探测器，77K 下的 InSb（2～2.8μm、3.8～4.7μm）探测器，以及 $Hg_{1-x}Cd_xTe$、$Pb_{1-x}Sn_xTe$ 探测器等。

PV 探测器响应速度一般较 PC 探测器快，有利于高速探测，且既可用于直接探测，也可用于外差接收。光伏器件结构有利于排成二维阵列，人们对它的兴趣在于将它和 CCD 或 CMOS 耦合组成焦平面阵列的红外探测器。理论上，PV 探测器的 D^* 可比 PC 探测器高 $\sqrt{2}$ 倍，因此，PV 探测器有着非常广阔的发展前景。

除以上介绍的几类器件外，还有利用光磁电效应的光磁电探测器、利用光子牵引效应的红外探测器件、红外上转换器件和利用量子尺寸效应的量子阱红外探测器（QWIP）、量子点红外探测器（QDIP）等。

1．PC 探测器成像原理

PC 探测器是利用材料的光电导效应制成的探测器。在热平衡条件下，半导体具有确定的电导率 σ_0，其大小由平衡载流子浓度及其迁移率决定。如果半导体受到外界作用，即有非平衡载流子注入，就会有附加的电导率 $\Delta\sigma$ 产生，当 $\Delta\sigma$ 由光照注入的非平衡载流子所产生时，便称之为光电导率。能产生光电导效应的材料称为光电导体。

光电导器件是光子器件的重要分支，它同光伏器件、光磁电器件等一起构成内光电效应器件的主体，同时它又是光子探测器中构成最简单的一类，因而它的应用最为广泛。下面对 PC 探测器进行相关的理论分析。

（1）PC 探测器的分类

PC 探测器按其基本激发过程可分为本征 PC 探测器、杂质 PC 探测器和自由载流子 PC 探测器。其分别对应于图 7.1-1 中的(a)、(b)和(c)三个吸收过程：

（a）过程是本征 PC 探测器的光激发过程，入射红外辐射的光子能量大于半导体的禁带宽度，使电子从价带激发到导带而改变其电导率。这种器件吸收系数很高，特别是对直接能隙半导体更是如此。其主要优点是工作温度比非本征型高。

（b）过程是入射辐射激发杂质能级上的电子或空穴而改变其电导率，这种器件称为非本征 PC 器件，其优点是长波响应较好。

（c）过程的特点是它吸收光子后并不引起载流子数量的变化，而是引起载流子迁移率的变化。入射到高迁移率半导体上的辐射引起带内跃迁，增加传导电子的平均动能。由于载流子迁移率是电子温度的函数，所以能观察到电导率的变化。这类器件通常需工作在极低的温度下，以降低和防止能量向晶格转移。

（2）激发率和复合率

光照射产生的非平衡载流子称为光生载流子，光电导的强弱取决于光生载流子的多少。入射到探测器表面的红外辐射，一部分被吸收并透射到内部，另一部分被反射回去。若入射到探测器表面的辐照度为 E_0，表面反射比为 ρ，则实际进入探测器的辐照度为 $E_0(1-\rho)$。入射光强随厚度变化如图 7.1-2 所示。由于材料的吸收作用，辐射进入探测器后，辐照度要逐渐减弱。若材料的吸收系数为 α，则在 z 到 z+dz 处，其辐照度减弱的量值可写为

$$\mathrm{d}E = -\alpha E \mathrm{d}z \tag{7.1-1}$$

式中的负号表示 E 值随厚度增大而减小，即 dE 是负值。若所取 dz 非常小，则式(7.1-1)可写成如下微分方程的形式

$$\mathrm{d}E / E = -\alpha \mathrm{d}z \tag{7.1-2}$$

对上式积分并注意到 z=0 处实际进入探测器的辐照度为 $E_0(1-\rho)$，故得到

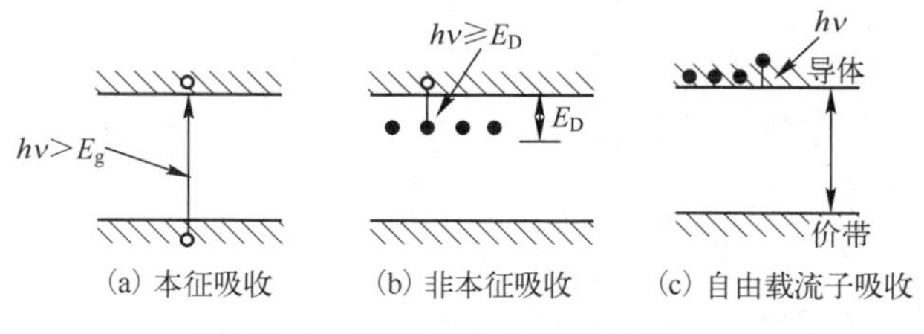

图 7.1-1 半导体的光激发过程

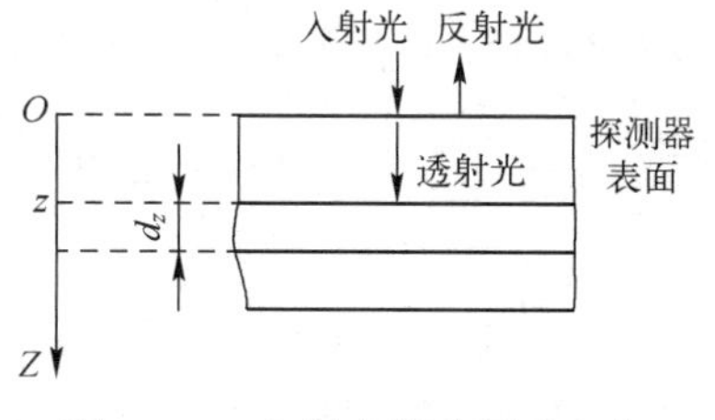

图 7.1-2 入射光强随厚度变化

$$E = E_0(1-\rho)\mathrm{e}^{-\alpha z} \tag{7.1-3}$$

由此可见，辐照度随厚度增加而呈指数衰减。

在探测器内，单位时间、单位体积内吸收的光辐射量为

$$E_1 = \alpha E = \alpha E_0(1-\rho)\mathrm{e}^{-\alpha z} \tag{7.1-4}$$

则被吸收的光子数为

$$N_\mathrm{p} = \frac{\alpha E_0(1-\rho)\mathrm{e}^{-\alpha z}}{h\nu} \tag{7.1-5}$$

式中，ν 为光的频率。

一般情况下，探测器吸收一个光子($h\nu \geqslant E_g$)所产生的电子–空穴对的数目称为量子效率，用 η 表示。那么在单位时间、单位体积内由式(7.1–5)所表达的光子数所产生的电子–空穴对数称为体激发率 Q，即

$$Q = \frac{\eta\alpha E_0(1-\rho)\mathrm{e}^{-\alpha z}}{h\nu} \tag{7.1–6}$$

对于本征半导体材料，通常可取 η=1，故式(7.1–6)也常写成

$$Q = \frac{\alpha E_0(1-\rho)\mathrm{e}^{-\alpha z}}{h\nu} \tag{7.1–7}$$

若探测器厚度为 d，略去下表面的反射，平均体激发率为

$$\bar{Q} = \frac{1}{d}\int_0^d Q\mathrm{d}z = \frac{\eta E_0(1-\rho)(1-\mathrm{e}^{-\alpha d})}{h\nu d} \tag{7.1–8}$$

一般认为 α 与入射光强无关，它是入射光波长的函数，取决于半导体对光的吸收机理。当入射光强减小到初始值的 1/e 时，光所经过的距离称为光的有效透入深度，其值等于 α^{-1}。对本征光电导而言，一般表面吸收很强。如 InSb 材料探测器的吸收系数约为 10^4/cm，即在表面 1μm 深处就达到了有效透入深度。那么在几个 μm 薄层后入射光的影响就可略去，认为光子几乎全部被吸收。所以，在满足 $\mathrm{e}^{-\alpha d} \ll 1$ 的条件时，有

$$\bar{Q} = \frac{\eta E_0(1-\rho)}{h\nu d} = \frac{Q_s}{d} \tag{7.1–9}$$

这种情况称为表面吸收，式中

$$Q_s = \frac{\eta E_0(1-\rho)}{h\nu} \tag{7.1–10}$$

称为表面激发率。即单位时间、单位面积内所产生的光生载流子数目。

在光生载流子激发的同时，还存在着逆过程，所以还必须考虑载流子的复合。实际上，光电导性能在很大程度上取决于载流子的复合结构。由复合理论可知，直接复合的复合率(即净复合速率)为

$$\Delta R = \gamma(np - n_0 p_0) = \Delta p / \tau \tag{7.1–11}$$

式中，Δp 为光生载流子浓度，且这里 $\Delta n = \Delta p$；γ 为直接复合系数。

间接复合的复合率为

$$\Delta R = \frac{N_t\gamma_e\gamma_p(np - n_i^2)}{\gamma_e(n+n_1)+\gamma_p(p+p_1)} \tag{7.1–12}$$

式中，γ_e 和 γ_p 分别为电子和空穴的俘获系数。光生载流子寿命为

$$\tau = \frac{\gamma_e(n_0+n_1)+\gamma_p(p_0+p_1)}{N_t\gamma_e\gamma_p(n_0+p_0)} \tag{7.1–13}$$

在表面复合存在时，如果用 S_v 表示其表面复合速率，则表面复合率为

$$\Delta R_s = S_v\frac{np - n_0 p_0}{n_0 + p_0} \approx S_v\Delta p \tag{7.1–14}$$

（3）光生载流子的基本方程

基本方程是反映非平衡载流子运动规律的重要方程。下面利用半导体理论的一些结论分析光生电子和光生空穴的连续性方程。

在半导体中，单位体积内自由电子的增加率 $\partial n/\partial t$ 应等于该处电子的体激发率 Q 减去电子的复合率，再加上电子电流的散度 $\frac{1}{e}\nabla\cdot\boldsymbol{J}_e$。即

$$\frac{\partial n}{\partial t}=-\frac{\Delta n}{\tau}+Q+\frac{1}{e}\nabla\cdot\boldsymbol{J}_{\mathrm{e}} \tag{7.1-15}$$

式中，e 为电子电荷，$\boldsymbol{J}_{\mathrm{e}}$为电子的电流密度。

同理，对于空穴有

$$\frac{\partial p}{\partial t}=-\frac{\Delta p}{\tau}+Q-\frac{1}{e}\nabla\cdot\boldsymbol{J}_{\mathrm{p}} \tag{7.1-16}$$

式中，$\boldsymbol{J}_{\mathrm{p}}$为空穴的电流密度。

式(7.1-15)和式(7.1-16)中略去了陷阱效应的影响，并认为 $\tau_e=\tau_p=\tau_0$。该两式为本征光电导的基本方程。方程中的电流密度可写为

$$j_{\mathrm{e}}=ne\mu_{\mathrm{e}}E+eD_{\mathrm{e}}\nabla n \tag{7.1-17}$$

$$j_{\mathrm{p}}=pe\mu_{\mathrm{p}}E-eD_{\mathrm{p}}\nabla p \tag{7.1-18}$$

对本征光电导情况，其电中性条件为

$$\Delta n=\Delta p \tag{7.1-19}$$

即应有

$$\frac{\partial n}{\partial t}=\frac{\partial p}{\partial t}=\frac{\partial \Delta n}{\partial t}=\frac{\partial \Delta p}{\partial t} \tag{7.1-20}$$

整理式(7.1-15)和式(7.1-16)并利用爱因斯坦关系可得到

$$\frac{\partial \Delta p}{\partial t}=-\frac{\Delta p}{\tau}+Q+D\nabla^2(\Delta p)+\mu E\nabla(\Delta p) \tag{7.1-21}$$

式中，D 为双极扩散系数；μ 为双极迁移率。根据半导体理论，由于在本征光电导情况下，$n=p$，故 $\mu=0$。所以上式可化简为

$$\frac{\partial \Delta p}{\partial t}=-\frac{\Delta p}{\tau}+Q+D\nabla^2(\Delta p) \tag{7.1-22}$$

式(7.1-22)即为本征光电导光生载流子变化的基本方程。由该方程可解出光生载流子浓度Δp(或Δn)，从而可进一步对本征 PC 探测器的性能等进行讨论。

（4）本征 PC 探测器的响应度

当用恒定的红外辐射照射本征 PC 探测器时，开始时光生载流子逐渐增加，本征 PC 探测器的电导率也随之增加，经过一段时间后，光生载流子的数目趋于稳定，电导率也相应稳定在某一值上。这一稳定情况称为稳态(或定态)。在稳态情况下，$\partial\Delta p/\partial t=0$，由式(7.1-22)得到本征光电导的稳态方程

$$D\nabla^2(\Delta p)-\frac{\Delta p}{\tau}+Q=0 \tag{7.1-23}$$

利用该方程可求出 Δp 的稳态解并进而讨论本征 PC 探测器的输出与响应情况。

接下来对不考虑载流子浓度梯度及表面复合的情况进行分析。不考虑载流子的浓度梯度即认为本征 PC 探测器内各处载流子浓度是均匀的，即体激发率也是均匀的。在这种情况下，式(7.1-23)中第一项为零，故其解为

$$\Delta p=\bar{Q}\tau \tag{7.1-24}$$

这说明光生载流子浓度与$\bar{Q}$体平均激发率成正比，也同载流子寿命τ成正比。

设本征 PC 探测器的长度为 l，宽度为 w，厚度为 d，并在 x 方向加有电场 E，如图 7.1-3 所示。则光生载流子的电流密度为

$$\Delta j=(e\mu_{\mathrm{e}}\Delta n+e\mu_{\mathrm{p}}\Delta p)E \tag{7.1-25}$$

对于本征光电导，$\Delta n=\Delta p$。将式(7.1-24)代入式(7.1-25)有

$$\Delta j = e(\mu_e + \mu_p)\bar{Q}\tau E \tag{7.1-26}$$

引入电子迁移率与空穴迁移率之比 $b=\mu_e/\mu_p$，则有

$$\Delta j = e\mu_p(1+b)\bar{Q}\tau E = e\mu_e\left(1+\frac{1}{b}\right)\bar{Q}\tau E \tag{7.1-27}$$

由图 7.1-3 可知，其光生电流为

$$\Delta I = \omega d\Delta j = e\mu_p(1+b)\bar{Q}\tau E\omega d \tag{7.1-28}$$

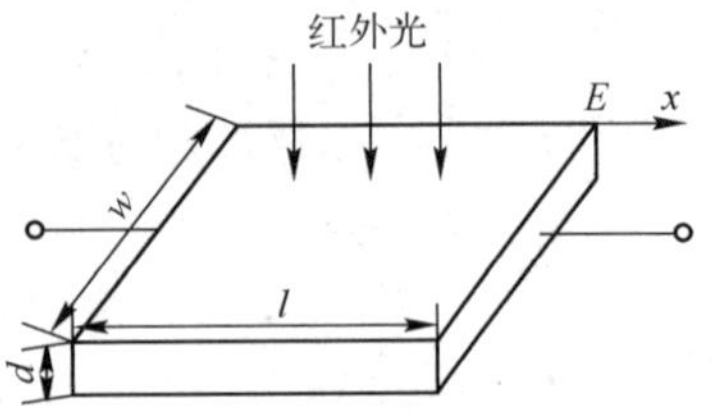

图 7.1-3　本征 PC 探测器的几何模型

若无信号时的电阻(暗电阻)为 R_d，则开路电压为

$$\Delta V = \Delta I \cdot R_d = \Delta I \cdot \frac{\rho_0 l}{\omega d} = e\mu_p(1+b)\bar{Q}\tau E\rho_0 l \tag{7.1-29}$$

式中，ρ_0 为本征 PC 探测器的暗电阻率。这样，由探测器响应度 $\mathcal{R}_\lambda$ 的定义可得

$$\mathcal{R}_\lambda = \frac{\Delta V}{P_s} = \frac{\Delta V}{E_0 wl} = \frac{e\mu_p(1+b)\bar{Q}\tau E\rho_0}{E_0 w} \tag{7.1-30}$$

式中，E_0 为入射到本征 PC 探测器响应平面上的红外辐照度。将式(7.1-13)代入式(7.1-30)，得到

$$\mathcal{R}_\lambda = \frac{\eta(1-\rho)e\mu_p(1+b)\tau\rho_0 E}{h\nu dw} \tag{7.1-31}$$

对于本征光电导，其暗电阻率为

$$\rho_0 = \frac{1}{\sigma_0} = \frac{1}{e\mu_p(1+b)p_0} \tag{7.1-32}$$

将上式代入式(7.1-31)，有

$$\mathcal{R}_\lambda = \frac{\eta(1-\rho)\tau E}{h\nu wdp_0} \tag{7.1-33}$$

式中，p_0 为无信号照射时空穴的浓度。但是，本征 PC 探测器总是要暴露在一定背景辐射之下的，因此，应该考虑背景对电导率及空穴浓度的影响。所以，p_0 可分为如下两部分

$$p_0 = p_T + p_b \tag{7.1-34}$$

从而有

$$\sigma_0 = \sigma_T + \sigma_b \tag{7.1-35}$$

式中，p_T 及 σ_T 为热激发对空穴浓度及电导率的贡献；p_b 及 σ_b 为背景辐射对空穴浓度及电导率的贡献。

这样式(7.1-31)和式(7.1-33)可分别写为

$$\mathcal{R}_\lambda = \frac{\eta(1-\rho)e\mu_p(1+b)\tau E}{(\sigma_T+\sigma_b)h\nu wd} \tag{7.1-36}$$

及

$$\mathcal{R}_\lambda = \frac{\eta(1-\rho)\tau E}{(p_T+p_b)h\nu wd} \tag{7.1-37}$$

以上二式虽然是在许多假定情况下得到的结果，但从中可以得到对实际器件制作具有指导意义的结论，即：

① 响应度与载流子寿命 τ 成正比。因此，要提高响应度，则应提高 τ 载流子寿命。但 τ 载流子寿命是与复合过程相关的，所以应考虑材料的复合机制。对于电子迁移率和空穴迁移率相差很大的材料，一般来说光电导的贡献主要来自一种载流子。这时若加入另一种载流子的陷阱，将会使起主要作用的载流子寿命增大，从而提高响应度。

② 响应度与载流子浓度成反比。因此，有效降低无信号时的载流子浓度可提高响应度。对红外应用而言，多采用制冷环境，以减小 p_T 值。若减小 p_b 则需要加滤光片。

③ 响应度与外加电场 E 成正比，但 E 的增加将带来焦耳热而使本征 PC 探测器温度上升。所以，外加电场应有一个最佳值。

④ 在满足 $\alpha d \gg 1$ 的条件下，减小本征 PC 探测器厚度也对提高响应度有利。减小本征 PC 探测器的宽度也会提高响应度。多元阵列器件正是考虑这些因素而发展起来的。

⑤ 减少反射，镀增透膜也对提高响应度有利。

对于考虑载流子浓度梯度及表面复合情况下的响应度分析见二维码 7.1-1。

二维码 7.1-1

（5）本征 PC 探测器的探测率

对于本征 PC 探测器，除 1/f 噪声外，其最基本的噪声是热噪声和产生-复合噪声。关于 1/f 噪声目前还没有严密的理论，实验发现它与器件电极及表面陷阱有关，可通过改善器件设计和制造工艺来降低。所以，可以只考虑本征 PC 探测器的基本噪声，即热噪声和产生-复合噪声。热噪声与器件的电阻值及温度有关，与频率无关，其噪声电压常记为

$$V_{\mathrm{NJ}} = (4kTR_{\mathrm{d}}\Delta f)^{1/2} \tag{7.1-38}$$

式中，R_{d} 为探测器等效电阻；Δf 为频带宽度。

载流子的产生与复合都是随机的，载流子的数目围绕着平均值涨落，这种涨落导致器件的电导率起伏。当器件加偏压时，便引起电流及电压的起伏而导致产生-复合噪声。这种噪声的特点是其频谱在较低频部分有一恒定值。当频率高于与载流子寿命的倒数有关的特征频率时则迅速下降。再提高频率则转变为以热噪声起主要作用。对近本征的半导体，要考虑两种载流子对噪声的贡献，其噪声常写为

$$V_{\mathrm{Ngr}} = \frac{2e\mu_{\mathrm{p}}(1+b)\tau\rho_0 V_0}{\omega dl}\left[\frac{\eta(1-\rho)P_{\mathrm{s}}\Delta f}{hv}\right]^{1/2} \tag{7.1-39}$$

式中，V_0 为外置偏压；P_{s} 为入射到探测器表面上的辐射功率。

根据式(7.1-38)、式(7.1-39)及式(7.1-31)，按 D_λ^* 的定义有

$$D_\lambda^* = \frac{\mathcal{R}_\lambda\left[lw\Delta f\right]^{1/2}}{\left[V_{\mathrm{NJ}}^2 + V_{\mathrm{Ngr}}^2\right]^{1/2}} = \frac{\eta(1-\rho)e\mu_{\mathrm{p}}(1+b)\rho_0\tau E}{hwvd\left[V_{\mathrm{NJ}}^2 + V_{\mathrm{Ngr}}^2\right]^{1/2}}\sqrt{lw\Delta f} \tag{7.1-40}$$

上式为只有基本噪声的理想情况下的分谱探测率。

（6）本征 PC 探测器的响应时间

本征 PC 探测器的响应时间表现为：接收红外辐射后，光生载流子浓度逐渐增大，经过一段时间才趋向稳定值；而在稳定的状态下，突然撤去红外辐射，光生载流子也要经过一段时间才能趋于零。这两种现象均称为滞后现象(或惰性)(见图 7.1-4)。在弱光辐射下，可分两种情况分析光生载流子随时间的变化。

① 上升情况

在光生载流子 Δp 均匀变化的情况下，其载流子浓度随时间上升的微分方程为

$$\frac{\partial \Delta p}{\partial t} = Q - \frac{\Delta p}{\tau} \tag{7.1-41}$$

且当 t=0 时，Δp=0。故上式的解为

$$\Delta p = Q\tau(1-\mathrm{e}^{-t/\tau}) = \Delta p_0(1-\mathrm{e}^{-t/\tau}) \tag{7.1-42}$$

式中，Δp_0=$Q\tau$，为稳定值。光生载流子随时间按指数规律上升至稳定值的(1-1/e)时所需的时间即为上升响应时间。由式(7.1-42)可知，τ 越大，曲线上升越慢；τ 越小，曲线上升越快。

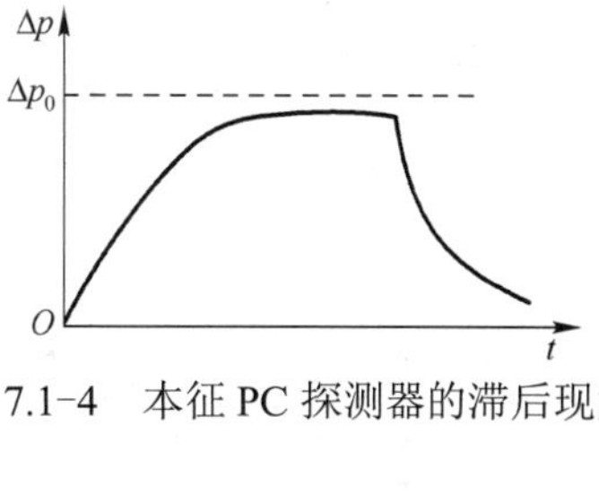

图 7.1-4　本征 PC 探测器的滞后现象

② 下降情况

若以 t=0 作为停止光照时刻，则式(7.1-41)中 Q=0，微分方程变为

$$\frac{\partial \Delta p}{\partial t} = -\frac{\Delta p}{\tau} \tag{7.1-43}$$

故满足 t=0，Δp=Δp_0 时的解为

$$\Delta p=\Delta p_0 e^{-t/\tau} \tag{7.1-44}$$

该式表示光生载流子浓度随时间按指数规律由 Δp_0 衰减至零。光生载流子浓度由 Δp_0 衰减至 1/e 时所需时间称为下降的响应时间。同上升情况一样，τ 越大，曲线下降越慢。

对于强光照射的情况，可仿照上述分析。其上升时的微分方程为

$$\frac{d\Delta p}{dt}=Q-(\Delta p)^2\gamma \tag{7.1-45}$$

式中，γ 为复合系数。其解为

$$\Delta p=\Delta p_0 \operatorname{th}\left(\sqrt{Q\gamma}\Delta p_0 t\right) \tag{7.1-46}$$

下降时的微分方程为

$$\frac{d\Delta p}{dt}=-(\Delta p)^2\gamma \tag{7.1-47}$$

其解为

$$\Delta p=\frac{\Delta p_0}{1+\Delta p_0\gamma t} \tag{7.1-48}$$

由上述结果可知，本征 PC 探测器在强光照射下的响应曲线已不再按指数规律变化，其响应时间也较为复杂。宏观上讲，其已与辐照度有关，一般说来，光越强，其滞后越小。

（7）调制信号的影响

在实际应用中，为适应高速运动目标的变化，有时要对入射光进行调制。基本调制波形为正弦或余弦波。在这种调制形式下，入射到器件表面上的辐照度为

$$E=\frac{1}{2}E_0(1+\cos 2\pi ft) \tag{7.1-49}$$

以体激发率形式可写成

$$Q=\frac{1}{2}Q_0(1+\cos 2\pi ft) \tag{7.1-50}$$

式中，f 为调制频率。

此时光生载流子所遵守的基本方程变为

$$\frac{\partial\Delta p}{\partial t}=-\frac{\Delta p}{\tau}+\frac{1}{2}Q_0(1+\cos 2\pi ft)=\frac{1}{2}Q_0-\frac{\Delta p}{\tau}+\frac{1}{2}Q_0\cos 2\pi ft \tag{7.1-51}$$

上式等号右边包含有与时间有关的载流子变化部分。若记 $\Delta p=\Delta p_1+\Delta p_2$，前者为与时间无关部分，后者为与时间有关部分。则可分别写成如下两个微分方程

$$\frac{\partial\Delta p_1}{\partial t}=-\frac{\Delta p_1}{\tau}+\frac{1}{2}Q_0 \tag{7.1-52}$$

$$\frac{\partial\Delta p_2}{\partial t}=-\frac{\Delta p_2}{\tau}+\frac{1}{2}Q_0\cos 2\pi f \tag{7.1-53}$$

由于主要考虑调制的影响，所以可以只讨论式(7.1-53)，并省去下标及用复数表示，即

$$\frac{\partial\Delta p}{\partial t}=-\frac{\Delta p}{\tau}+\frac{1}{2}Q_0 e^{j(2\pi ft)} \tag{7.1-54}$$

该式的解为

$$\Delta p=\Delta p_0 e^{j(2\pi ft+\varphi)} \tag{7.1-55}$$

式中

$$\Delta p_0=\frac{Q_0\tau}{2}\frac{1}{\sqrt{1+4\pi^2 f^2\tau^2}} \tag{7.1-56}$$

$$\varphi=\arctan(2\pi f\tau) \tag{7.1-57}$$

故

$$\Delta p=\frac{Q_0\tau}{2}\frac{1}{\sqrt{1+4\pi^2 f^2\tau^2}}\cos(2\pi ft+\varphi) \tag{7.1-58}$$

式(7.1-58)表明，余弦调制光照射本征 PC 探测器时，光生载流子浓度也随之做余弦变化。由 Δp 可以得信号电压为

$$\Delta V = \Delta j \cdot \omega d \cdot R_{\mathrm{d}} = \frac{Q_0 \tau}{2} e\mu_{\mathrm{p}}(1+b)\rho_0 l E \frac{1}{\sqrt{1+4\pi^2 f^2 \tau^2}} \cos(2\pi f t + \varphi) \tag{7.1-59}$$

在调制光情况下，用均方根电压表示信号，即

$$\sqrt{\Delta V^2} = \frac{Q_0 \tau}{2\sqrt{2}} e\mu_{\mathrm{p}}(1+b)\rho_0 l E \frac{1}{\sqrt{1+4\pi^2 f^2 \tau^2}} \tag{7.1-60}$$

可见在余弦调制下，输出信号电压多了两个因子。其中 $1/(2\sqrt{2})$ 因子称为正弦调制系数，调制方式不同，其值不同；另一因子 $\dfrac{1}{\sqrt{1+4\pi^2 f^2 \tau^2}}$ 与调制频率有关，f 越高，信号越弱。

此时响应度为

$$\mathcal{R}_\lambda = \frac{1}{2\sqrt{2}} \eta(1-\rho) e\mu_{\mathrm{p}}(1+b)\rho_0 \tau E \frac{1}{h\nu\omega d\sqrt{1+4\pi^2 f^2 \tau^2}} \tag{7.1-61}$$

可见，$\mathcal{R}_\lambda$ 随调制频率的增大而减小。对一定材料的器件，因为 τ 一定，故应选择适当的调制频率，以尽可能减少 $\mathcal{R}_\lambda$ 的损失。对于探测不同的目标，由于目标运动速度不同，必须选用不同的调制频率，所以必须选择不同本征 PC 探测器作为热成像系统的探测元件。

对于非本征 PC 探测器的性能分析，详见二维码 7.1-2。

二维码 7.1-2

2. SPRITE 探测器成像原理

SPRITE 探测器属 PC 探测器，由于这种器件利用了红外图像扫描速度与光生非平衡载流子双极运动速度相等的原理，实现了在器件内部进行信号探测、时间延迟和积分三种功能，大大地简化了焦平面外的电子线路，从而使得探测器尺寸、质量、成本显著下降，并提高了工作的可靠性。因此，这里单独对它进行讨论。根据该器件的工作原理，习惯上称其为扫积型探测器。SPRITE 探测器是 20 世纪 80 年代英国人 C.T. Elliot、A.Blockburn 等为高性能快速实时热成像系统而研制出来的一种红外探测器。

（1）工作原理与结构

根据半导体的双极扩散、双极漂移理论，当红外光照射在两边加有固定电压的 N 型半导体上时，光生载流子将经历产生、复合、扩散及漂移等过程，其浓度变化可写成如下形式

$$\frac{\partial \Delta p}{\partial t} = D\frac{\partial^2 \Delta p}{\partial x^2} - \mu E \frac{\partial \Delta p}{\partial x} - \frac{\Delta p}{\tau} + Q \tag{7.1-62}$$

式中，D 和 μ 为双极扩散系数和双极迁移率，分别表示非平衡载流子浓度分布的扩散和漂移运动。

这里的漂移是指在电场 E 的作用下因 $n \neq p$ 而造成的。根据半导体理论，若 $n=p$，则有 $\mu=0$，即 Δp 无漂移运动；若 $n \gg p$，则有 $\mu=\mu_{\mathrm{p}}$，即 Δp 以速度 p 运动。在 Δp 的漂移过程中，为保持电中性，Δn 也跟着 Δp 沿同一方向一起运动，其漂移过程如图 7.1-5 所示。因为有非平衡载流子存在时电中性条件难以满足，设 Δn 和 Δp 的分布如图 7.1-5 中所示，由于 Δn 和 Δp 不重合而产生附加电场，由于它同 E 反向而使之被削弱。在被削弱的电场区，多子(电子)的漂移速度降低，而在该区的两端电子速度不变，致使左端电子浓度降低，右端增加。这相当于 Δn 向右漂移。当 Δp 前进时，Δn 也跟着前进。用这种方法就可以实现 Δp 分布的自动扫进。这种效应称为扫出效应。

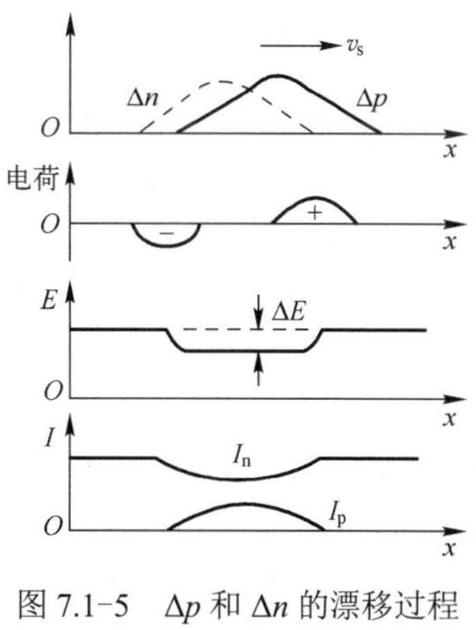

图 7.1-5　Δp 和 Δn 的漂移过程

由于扫出效应的存在，样条受光照时，光信号会自动转移出去，利用这种效应可以实现光信号的积累和延迟叠加。如图 7.1-6 所示，设光点沿样条长度方向的扫描速度 v_{s} 与非平衡载流子的双极漂移速度 $v_{\mathrm{d}}=\mu E$ 相等。当光点由位置 1 扫描到位置 2 时，其在位置 1 处产生的 Δp_1 也在扫出效应作用

下到达位置 2，与光点在位置 2 处产生的 Δp_2 叠加在一起并向位置 3 运动。以此累加下去直至被作为信号读出完成积累与延迟。可见，为了实现 SPRITE 探测器的积累与延迟，必要条件是红外图像的扫描速度要等于非平衡载流子的双极漂移速度。双极漂移速度与材料的少数载流子迁移率和外置偏压大小有关。如果所加偏压足够大，非平衡少子将被电场扫出大部或全部。若电场强度过小，则非平衡少子的漂移长度小于器件长度，光生少子将在体内因复合而损失较大，尤其在图像扫描起始端更为显著。下面具体分析扫出效应。

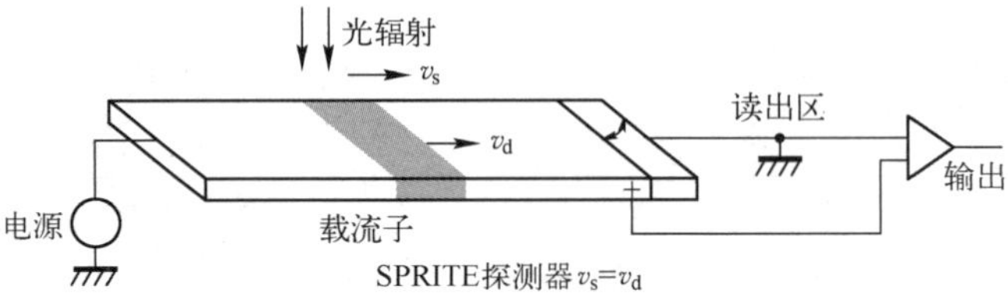

图 7.1-6　SPRITE 探测器工作原理示意图

设有一稳定的红外辐射入射到 SPRITE 探测器的 x_0 处，若忽略陷阱效应和表面复合，并在强电场作用下略去非平衡载流子的扩散，则沿探测器长度方向 x 处的光生载流子的稳态方程将由式(7.1-62)简化为

$$\mu_p E\frac{d\Delta p}{dx} = -\frac{\Delta p}{\tau} \tag{7.1-63}$$

由于 $x=x_0$ 处，$\Delta p=\Delta p_0$，可解得

$$\Delta p = \Delta p_0 e^{-\frac{x}{\mu_p E\tau}} = \Delta p_0 e^{-\frac{x}{L_\mu}} \tag{7.1-64}$$

式中，$L_\mu=\mu_p E\tau$ 为空穴的牵引长度，亦即光生少子的漂移长度。可见若 L_μ 大于样条长度 L，则在 τ 时间内 Δp 会移出体外；若 $L_\mu<L$，则只有部分区域的 Δp 能移出体外。在 SPRITE 探测器中，取 $L_\mu=L$ 为全部扫出条件，即

$$L = \mu_p E\tau \tag{7.1-65}$$

则可推得此时 SPRITE 探测器两端所加的电压应为

$$V_0 = EL = \frac{L^2}{\mu_p \tau} \tag{7.1-66}$$

这个电压即为临界扫出电压。在实际工作中，为实现完全扫出，实际工作电压应略高于 V_0。

图 7.1-7 所示为典型的 SPRITE 探测器的实际结构。这种结构由 8 条 N 型 HgCdTe 样条构成，每条尺寸为 700mm×62.5μm，厚度为 10μm，样条间距为 12.5μm。读出区长为 50μm，宽为 35μm。HgCdTe 材料粘接在宝石衬底上，每条大约等效于 10～12 个分立单元探测器。器件采用三电极结构，电极引出点为金。当扫描点进入读出区时，Δp 将调制读出区电压从而有信号输出。

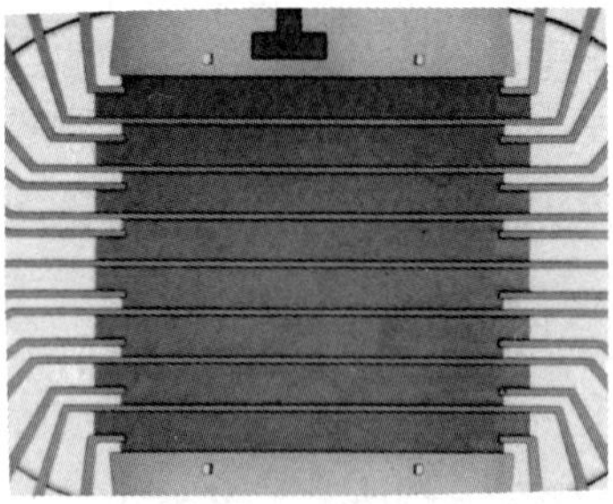

图 7.1-7　SPRITE 探测器的实际结构

（2）SPRITE 探测器的响应度

假设 N 型光电导的掺杂浓度远大于背景辐射所产生的载流子浓度，非平衡载流子寿命 τ 远大于双极漂移时间，双极漂移速度等于光点扫描速度。当有稳定的红外辐射照射到探测器，并沿长度方向自左向右连续扫描时，如图 7.1-7 所示，我们来讨论 SPRITE 探测器的响应度。通常 SPRITE 探测器的响应度是针对尺寸为 $w \times w$ 的器件定义的。一般情况下，总是把读出区的长度 l 选择得比 w 小，且整个器件的长度 L 总是远远大于读出区长度 l。在足够强的外电场作用下，可略去非平衡载流子扩散的影响，则光生载流子稳态下的连续方程可写为

$$\frac{\mathrm{d}\Delta p}{\mathrm{d}x}=\frac{Q}{\mu_{\mathrm{p}}E}-\frac{\Delta p}{\mu_{\mathrm{p}}E\tau} \tag{7.1-67}$$

该式的解为 $$\Delta p=\mathrm{e}^{-\frac{1}{\mu_{\mathrm{p}}E\tau}\int\mathrm{d}x}\left[A+\frac{Q}{\mu_{\mathrm{p}}E}\int\mathrm{e}^{\frac{x}{\mu_{\mathrm{p}}E\tau}}\mathrm{d}x\right]=\mathrm{e}^{\frac{x}{\mu_{\mathrm{p}}E\tau}}\left[A+Q\tau\mathrm{e}^{\frac{x}{\mu_{\mathrm{p}}E\tau}}+B\right] \tag{7.1-68}$$

边界条件为，在 x=0 时，Δp=0。由上式可解得

$$A+B=-Q\tau \tag{7.1-69}$$

将其代入式(7.1−68)得到 $$\Delta p=Q\tau\left(1-\mathrm{e}^{\frac{x}{\mu_{\mathrm{p}}E\tau}}\right) \tag{7.1-70}$$

该结果为光点照射像元上信号所产生的非平衡载流子浓度随扫描位置变化的关系。当扫描像元到达读出区，即 x=L 时，有

$$\Delta p=Q\tau\left(1-\mathrm{e}^{\frac{x}{\mu_{\mathrm{p}}E\tau}}\right)=Q\tau\left(1-\mathrm{e}^{-\frac{t}{\tau}}\right) \tag{7.1-71}$$

式中，t 为光生载流子在器件中的渡越时间。

$$t=L/\mu_{\mathrm{p}}E \tag{7.1-72}$$

由 Δp 可求出光生载流子的光电流强度为

$$\Delta I=w\int_0^d\Delta j\mathrm{d}z=e\mu_{\mathrm{p}}(1+b)EwdQ\tau(1-\mathrm{e}^{-t/\tau}) \tag{7.1-73}$$

开路电压为 $$\Delta V=\Delta I\cdot R_1=\Delta I\frac{1}{n(1+b)e\mu_{\mathrm{p}}}\frac{l}{wd}=\frac{1}{n}ElQ\tau(1-\mathrm{e}^{-t/\tau}) \tag{7.1-74}$$

式中，n 为读出区的载流子浓度。从而由响应度的定义及式(7.1−8)得到

$$\mathscr{R}_{\lambda}=\frac{\eta(1-\rho)El\tau(1-\mathrm{e}^{-\alpha d})}{h\nu w^2dn}(1-\mathrm{e}^{-\frac{t}{\tau}}) \tag{7.1-75}$$

下面根据式(7.1−75)探讨提高响应度的途径：

① 探测器的响应度与光生载流子的渡越时间 t 成负相关关系，因此，在探测器材料迁移率和探测器长度确定的情况下，由式(7.1−72)可知，增大外加电场强度可以减小 t，从而可减小扩散的影响，提高响应度。

② 增大电场固然可以减小 t 而提高响应度，但实际上随着电场强度增大，材料的焦耳热及少数载流子注入等物理现象也随之增大，反而使探测器的性能恶化。所以，应选择合适的工作电压，以提供最佳的电场强度。

③ 探测器的响应度与材料的载流子寿命成正比，所以增大载流子寿命可以提高响应度。但即使是寿命长的材料，在制成器件后，由于存在表面复合，载流子的寿命也会变短。因此，在实际中通常对探测器表面采用钝化技术，以把表面复合的影响降到最低。

④ 可采用制冷技术，降低读出区中热激发载流子的浓度 n，提高响应度。

⑤ 减小探测器表面的反射损失，以及在满足 $\alpha d\gg 1$ 的条件下，尽可能减小探测器的厚度，也能达到提高响应度的目的。在这种情况下，式(7.1−75)可以简化为

$$\mathscr{R}_{\lambda}=\frac{\eta El\tau}{h\nu w^2dn}(1-\mathrm{e}^{-\frac{t}{\tau}}) \tag{7.1-76}$$

这一结果也是工程上常常采用的形式。

（3）SPRITE 探测器的探测率 D_λ^*

在 SPRITE 探测器中，其主要的噪声源是由热和背景辐射所产生的载流子浓度涨落引起的产生-复合噪声。严格地说，SPRITE 探测器的噪声，还应考虑双极输运效应的影响。这里我们只考虑产生-复合噪声的影响，而不考虑载流子扰动中的任何空间相关噪声。因为根据噪声理论，当样条长度远大于读出区长度时，可认为噪声电流从漂移区进入读出区，在空间上是不相关的，所以，在读出区，可写出 Δp 的自相关函数

$$\overline{\Delta p(t)\Delta p(t-t')} = \overline{\Delta p^2}\left(1-\frac{t'}{\tau_\mathrm{d}}\right)\mathrm{e}^{-t'/\tau} = \overline{[p(t)-p_0]^2}\left(1-\frac{t}{\tau_\mathrm{d}}\right)\mathrm{e}^{-t'/\tau} \tag{7.1-77}$$

式中，$p(t)$为读出区少子浓度的实际值；p_0为读出区少子浓度的平均值；τ_d为非平衡载流子通过读出区的渡越时间。

由维纳-辛钦定理，可求得噪声电压频谱密度

$$\overline{V_\mathrm{N}(f)^2} = \left(\frac{2E}{nwd}\right)^2 \frac{\overline{\Delta P^2}\cdot\tau}{1+4\pi^2 f^2\tau_\mathrm{d}^2} G(2\pi f\tau, 2\pi f\tau_\mathrm{d}) \tag{7.1-78}$$

在低频区

$$G(2\pi f\tau, 2\pi f\tau_d) \approx 1-\frac{\tau}{\tau_\mathrm{d}}(1-\mathrm{e}^{-\tau_\mathrm{d}/\tau}) \tag{7.1-79}$$

而近本征半导体的产生-复合噪声在读出区为

$$\overline{\Delta n^2} = \overline{\Delta p^2} = \frac{n(L)p(L)}{n(L)+p(L)} lwd \approx p(L)lwd \tag{7.1-80}$$

参照式(7.1-71)有

$$p(L) = \left(p_0 + \frac{\eta\phi_\mathrm{b}\tau}{d}\right)\left(1-\mathrm{e}^{-\frac{L}{\mu_\mathrm{p}E\tau}}\right) \tag{7.1-81}$$

式中，ϕ_b为背景辐射通量。

将式(7.1-79)、式(7.1-80)和式(7.1-81)代入式(7.1-78)，可得到低频时噪声电压频谱密度

$$\overline{V_\mathrm{N}^2} = 4\frac{E^2}{n^2}\frac{l\tau}{wd}\left(P_0+\frac{\eta\phi_\mathrm{b}\tau}{d}\right)\left(1-\mathrm{e}^{-\frac{L}{\mu_\mathrm{p}E\tau}}\right)\left[1-\frac{\tau}{\tau_\mathrm{d}}\left(1-\mathrm{e}^{-\frac{\tau_\mathrm{d}}{\tau}}\right)\right] \tag{7.1-82}$$

根据 D_λ^* 的定义，并考虑 $L \gg \mu_\mathrm{p}E\tau$ 和 $\eta\varphi_\mathrm{b}\tau/d \gg p_0$ 的情况，由式(7.1-76)和式(7.1-82)经化简整理，可得

$$D_\lambda^* = \frac{\mathscr{R}_\lambda}{\sqrt{\overline{V_\mathrm{N}^2}}} = \frac{\eta^{1/2}}{2h\nu}\left(\frac{l}{\phi_\mathrm{b}w_3}\right)^{1/2}\left[1-\frac{\tau}{\tau_\mathrm{d}}\left(1-\mathrm{e}^{-\frac{\tau_\mathrm{d}}{\tau}}\right)\right]^{-1/2} \tag{7.1-83}$$

如果用 $D_{\lambda,\mathrm{Blip}}^*$ 表示面积为 $w\times w$ 单元的 PC 探测器受背景限制的探测率，则

$$D_{\lambda,\mathrm{Blip}}^* = \frac{\eta^{1/2}}{2h\nu w^2\sqrt{\phi_\mathrm{b}}} \tag{7.1-84}$$

则式(7.1-83)可写为

$$D_\lambda^* = D_{\lambda,\mathrm{Blip}}^*\left(\frac{l}{2}\right)^{1/2}\left[1-\frac{\tau}{\tau_\mathrm{d}}\left(1-\mathrm{e}^{-\tau_\mathrm{d}/\tau}\right)\right]^{-1/2} \tag{7.1-85}$$

考虑到扫描速度很高，当 $\tau_\mathrm{d} \ll \tau$ 时，取

$$\mathrm{e}^{-\tau_\mathrm{d}/\tau} \approx 1-\frac{\tau_\mathrm{d}}{\tau}+\frac{\tau_\mathrm{d}^2}{2\tau^2} \tag{7.1-86}$$

则式(7.1-85)可写为

$$D_\lambda^* = D_{\lambda,\mathrm{Vlip}}^*\left(\frac{l}{w}\right)^{1/2}\left(\frac{2\tau}{\tau_\mathrm{d}}\right)^{1/2} \tag{7.1-87}$$

考虑到 $l=\mu_\mathrm{p}E\tau_\mathrm{d}$，$v_\mathrm{s}=v_\mathrm{d}=\mu_\mathrm{p}E$，$S=v_\mathrm{s}/w$，则上式又可以写为

$$D_\lambda^* = \sqrt{2}D_{\lambda,\mathrm{Blip}}^*(S\tau)^{1/2} = \sqrt{2}D_{\lambda,\mathrm{Blip}}^*(F)^{1/2} \tag{7.1-88}$$

式中，S 为单位时间通过读出区的像素数，像素大小为 $w\times w$，称之为像素速率；也可写为 $S=l/w\tau_d$；F 为累积因子，$F=L\mu/w=S\tau$；v_s 为红外图像扫描速度；v_d 为光生载流子双极漂移速度。

由式(7.1-88)可知：

① 当 $F=S\tau>1$ 时，可以预测 SPRITE 探测器的探测率要比相应分立阵列背景限探测率大，因此性能要好。

② 对于 $Hg_{1-x}Cd_xTe$，在 77K 下工作时，在 8～14μm 波段上，$\tau=2\mu s$，$S\geqslant 5\times 10^5/s$；在 3～5μm 波段上，$\tau=15\mu s$，$S=10^5/s$。此时，SPRITE 探测器的信号辐射通量的积累时间大于快速串扫系统中单元器件的驻留时间，因而，SPRITE 探测器受到更高电导率的调制，可以观察到更大的输出信号。

③ 在背景噪声限制的探测系统中，背景辐射通量和信号辐射通量以相同的时间 τ 被积累，但信号与 τ 成正比，而噪声与 $\tau^{1/2}$ 成正比，故信噪比与 $\tau^{1/2}$ 成正比，可见 τ 越大对提高器件信噪比越有利。

④ 在受背景噪声限制的长探测器中，若扫描速度足够快，使 $\tau_d \ll \tau$，则信噪比或探测率与读出区长度无关。但过高的扫描速度会使 $\mathcal{R}_\lambda$ 显著下降。为了保持 $\mathcal{R}_\lambda$ 足够高，可减小器件读出区的宽度，以增加 l/w 之值，缩小 τ_d。

⑤ 当 SPRITE 探测器中，热噪声或放大器噪声占优势时，信噪比将与 τ 呈线性关系。

表 7.1-1 和表 7.1-2 给出了工作在 8～14μm 和 3～5μm 波段的材料参数及 SPRITE 探测器性能参数。其外加偏置电场强度为 30V/cm，每个探测器为 8 条阵列。

表 7.1-1　N 型 MCT 的性能参数

性能	参数	
波段(μm)	3～5	3～5
工作温度(K)	190	230
τ(μs)	15(30)	15
$\mu_p(cm^2\cdot V^{-1}\cdot s^{-1})$	～150	～100
$D_p(cm^2\cdot s^{-1})$	2.5	2.5
L_p(μm)	61	61

表 7.1-2　SPRITE 探测器性能参数

材料	N-CMT	
探测元数	8	
细条长度(μm)	700	
标称灵敏面积(μm^2)	62.5×62.5	
工作谱段(μm)	8～14	3～5
工作温度(K)	77	190
制冷方法	焦-汤	热电
偏置电场($V\cdot cm^{-1}$)	30	30
视场	f2.5	f2.5
双极迁移率($cm^2\cdot V^{-1}\cdot s^{-1}$)	390	140
每个元件的像素率(像素/s)	1.8×10^6	7×10^5
典型元件电阻(Ω)	500	4.5×10^3
每个元件的功耗(mW)	9	1
探测器总功耗(mW)	<80	<10
平均 D_λ^* (500K,20kHz,1)/(62.5×62.5μm^2)	$>11\times 10^{10}$	<10
响应率(500K,62.5×62.5μm^2)($10^4 V\cdot W^{-1}$)	6	4～7

（4）SPRITE 探测器分辨能力的分析

从理论上说，影响 SPRITE 探测器分辨能力的因素主要有三方面：非平衡载流子的扩散；图像扫描速度和光生载流子漂移速度的失配；读出区长度。具体分析过程详见二维码 7.1-3。

二维码 7.1-3

此外，读出区结构和背景辐射也会产生一定的影响。

实际上，SPRITE 探测器读出电极的形状也会影响分辨能力。因为电极的形状使得电场发生畸变，在输出端(读出区附近)造成等位线不均匀对称，从而导致同时产生但沿不同路径运动的载流子到达读出区端面的时间不同，产生时差，造成前后信号的混淆而降低信号对比度。若产生的时差是 0.3μs，则当扫描速度为 1.1×10^4cm/s 时，产生的路程差可达 33μm。通常采用喇叭形的电极结构来减小这种影响。

另外，由于 SPRITE 探测器是工作在高背景辐射环境下的，背景辐射造成的非平衡载流子的增加沿样品长度方向是不一致的，这样将最终导致电场强度和迁移率的变化，进而使 $v_d=\mu_p E$ 发生改变造成速度失配，影响 $T(f)$并使之下降。Ashley 等发展了宽度沿长度渐变的结构，以保持背景辐射造成的非平衡载流子的增加是一个均匀值，即在各处都一致。这样就可保证漂移速度不变，从而消除背景对 $T(f)$的影响。

总的说来，光生载流子的扩散对 $T(f)$的影响是最基本的，为了减小扩散的影响，近来发展了两种技术：

① 迴形扫积型探测器，如图 7.1-8 所示。选择偏压场使像扫描方向载流子的平均速度等于像扫描速度，因此在该方向载流子的有效扩散长度将减小一个因子 W/Y，W 是器件总宽度，Y 是器件的实际宽度。

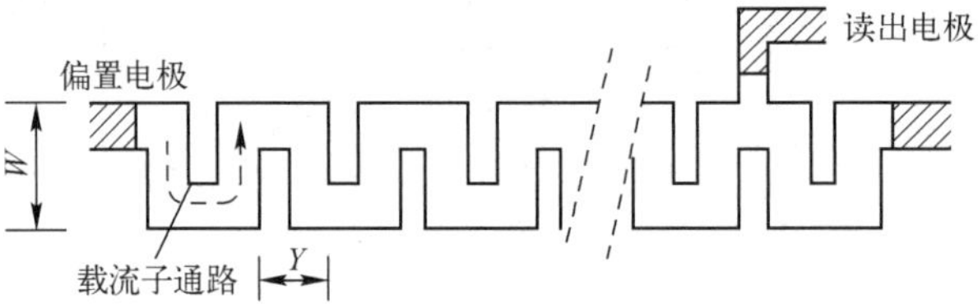

图 7.1-8　迴形扫积型探测器

② 异形光学，它使像在扫描方向增大，探测器长度和扫描速度也以相同比例增加，而载流子扩散长度仍然是不变的。如果能使探测器保持背景限的话，那么就可以改进空间分辨率而不牺牲热灵敏性。

3．PV 探测器成像原理

PV 探测器的基本部分是一个 PN 结光电二极管。波长比材料截止波长短的红外辐射被光电二极管吸收后将产生电子-空穴对。如果吸收发生在空间电荷区（结区），电子和空穴将立刻被强电场分开并在外电路中产生光电流。如果吸收发生在 P 区或 N 区到结的扩散长度区域内，则光生电子-空穴对必定首先扩散到空间电荷区，然后在那里被电场分开，并对外电路贡献光电流。如果光电二极管开路，则在 PN 结两端出现开路电压，即产生光生伏特效应。如果在 P 端和 N 端间连接一个很低的电阻，则光电二极管被短路且有短路电流流动。

（1）PV 探测器的响应度

① 光伏效应的基本关系式

根据半导体的 PN 结理论，以 V 表示光生电动势，则在光照情况下，PN 结的势垒高度由原来的 eV_0 变为 $e(V_0-V)$，结区附近 N 区中少数载流子浓度获得的增量为

$$\Delta p = p_0(\mathrm{e}^{\frac{eV}{kT}} - 1) \tag{7.1-89}$$

式中，p_0 为无光照时 N 区中少数载流子浓度。

当光照射 PN 结时，结区附近 N 区中少数载流子浓度为

$$p = p_0 + \Delta p = p_0 \mathrm{e}^{\frac{eV}{kT}} \tag{7.1-90}$$

同理，当光照射 PN 结时，P 区中的少子电子浓度的增量和电子浓度分别为

$$\Delta n = n_0(\mathrm{e}^{\frac{eV}{kT}} - 1) \tag{7.1-91}$$

$$n = n_0 \mathrm{e}^{\frac{eV}{kT}} \tag{7.1-92}$$

式中，n_0 为无光照时 P 区中的少数载流子浓度。

这部分多余的少数载流子，一方面不断注入，另一方面不断向体内扩散。在结区引起的空穴电流密度和电子电流密度分别为

$$J_{\mathrm{p}} = \frac{eD_{\mathrm{p}}}{L_{\mathrm{p}}}\Delta p = \frac{eD_{\mathrm{p}}}{L_{\mathrm{p}}} p_0 \left[\mathrm{e}^{\frac{eV}{kT}} - 1\right] \tag{7.1-93}$$

$$J_{\mathrm{e}} = \frac{eD_{\mathrm{e}}}{L_{\mathrm{e}}}\Delta n = \frac{eD_{\mathrm{e}}}{L_{\mathrm{e}}} n_0 \left[\mathrm{e}^{\frac{eV}{kT}} - 1\right] \tag{7.1-94}$$

通过 PN 结的总的光生电流密度为

$$J = J_{\mathrm{p}} + J_{\mathrm{e}} = J_{\mathrm{s}} \left[\mathrm{e}^{\frac{eV}{kT}} - 1\right] \tag{7.1-95}$$

式中，$J_{\mathrm{s}} = e\left(n_0 \frac{D_{\mathrm{e}}}{L_{\mathrm{e}}} + p_0 \frac{D_{\mathrm{p}}}{L_{\mathrm{p}}}\right)$为反向饱和电流密度。

由式(7.1–95)可得光生电压为

$$V = \frac{kT}{e}\ln\left(1 + \frac{J}{J_{\mathrm{s}}}\right) \tag{7.1-96}$$

由于在弱光照射情况下 $J \ll J_{\mathrm{s}}$，故上式可化简为

$$V = \frac{kT}{e}\frac{J}{J_{\mathrm{s}}} \tag{7.1-97}$$

② PV 探测器响应度的普遍表达式

根据响应度定义：PV 探测器的响应度为光生电压与其所接收的功率之比。结合式(7.1–97)有

$$\mathscr{R}_{\lambda} = \frac{V}{P_{\mathrm{s}}} = \frac{kTJ}{P_{\mathrm{s}} e J_{\mathrm{s}}} \tag{7.1-98}$$

如果引入量子产额 ξ 的概念，即

$$\xi = \frac{\text{单位时间流过PN结的光生载流子}}{\text{单位时间入射的光子数}} = \frac{I/e}{P_{\mathrm{s}}/h\nu} \tag{7.1-99}$$

式中，I 为单位时间流过 PN 结的光电流。另外，PN 结的增量电阻(零偏电阻)为

$$R_{\mathrm{i}} = \left(\frac{\partial V}{\partial I}\right)_{\mathrm{v}=0} = \frac{kT}{eJ_{\mathrm{s}}A_{\mathrm{d}}} = \frac{kT}{eI_{\mathrm{s}}} \tag{7.1-100}$$

式中，A_{d} 为 PN 结面积。将式(7.1–99)和式(7.1–100)代入式(7.1–98)，整理得

$$\mathscr{R}_{\lambda} = \frac{e\xi R_{\mathrm{i}}}{h\nu} \tag{7.1-101}$$

该式为 PV 探测器响应度的普遍表达式，该式表明 PV 探测器的响应度等于量子产额、增量电阻和电子电荷之积与入射光子能量之比。由此可见，要提高 PV 探测器的响应度，首先要提高光生电流，即量子产额，其次是降低反向饱和电流，即提高增量电阻。

（2）PV 探测器工作方式

实际应用中，器件有两种光照情况：光平行于 PN 结结平面照射（图 7.1–9）、光垂直于PN结结平面照射(图 7.1–10)，两种光照情况下的理论分析见二维码 7.1–4，这里只讨论提高响应度的相关措施。

二维码 7.1–4

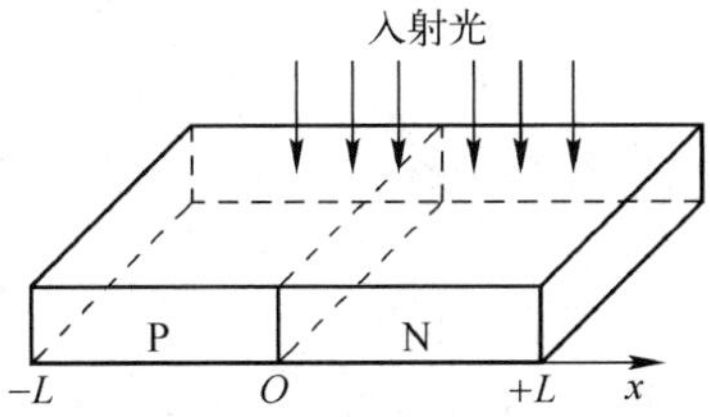

图 7.1–9　光平行于 PN 结结平面照射的 PV 探测器

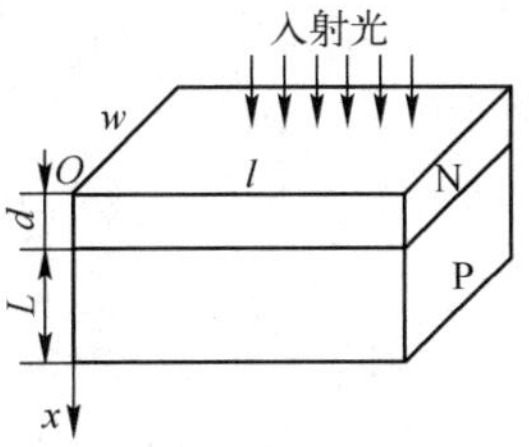

图 7.1–10　光垂直于 PN 结结平面照射的 PV 探测器

1）光平行于 PN 结结平面照射

根据上述理论分析，提高响应度的途径包括以下几方面：

① 低反向饱和电流

结处的总电流密度为

$$
\begin{aligned}
J_s &= e\left[\frac{D_e(n_{OT}+n_{0b})}{L_e}+\frac{D_p(p_{OT}+p_{0b})}{L_p}\right] \\
&= e\left[\frac{D_e n_{0T}}{L_e}+\frac{D_p p_{0T}}{L_p}\right]+e\left[\frac{D_e n_{0b}}{L_e}+\frac{D_p p_{0b}}{L_p}\right]
\end{aligned}
\tag{7.1-102}
$$

而在温度不太低时，由 $N_A n_{0T}=n_i^2$ 和 $N_D p_{0T}=n_i^2$，上式又可以写为

$$
J_s = en_i^2\left(\frac{D_e}{N_A L_e}+\frac{D_p}{N_D L_p}\right)+e\left(\frac{n_{0b}D_e}{L_e}+\frac{p_{0b}D_p}{L_p}\right) \tag{7.1-103}
$$

由此可见：①在温度不太低时，若 $n_{0T}\gg n_{0b}$，可通过制冷降低探测器的温度，使 n_i^2 降低，进而降低 J_s；②在 $n_{0T}\gg n_{0b}$ 时，还可以通过适当重掺杂，即增加 N_A 或 N_D 来降低 J_s。但掺杂不能过重，否则不但会降低载流子寿命，而且还会产生隧道效应。

② 提高量子产额及增大增量电阻

在光照平行于结平面的情况下 $\xi=\eta(1-\rho)\dfrac{L_e+L_p}{2L}$ (7.1-104)

$$
R_i = \frac{kT}{wde^2\left(\dfrac{n_0 D_e}{L_e}+\dfrac{p_0 D_p}{L_p}\right)} \tag{7.1-105}
$$

因此，要提高量子产额和增量电阻：①在 $L>L_e(L_p)$的条件下，缩短器件的长度；②减小反射损失；③减小 PN 结的结面积。

2）光垂直于 PN 结结平面照射

根据上述理论分析，其响应度公式为

$$
\mathscr{R}_\lambda = \frac{V}{P_s} = \frac{kTJ}{eJ_s Elw} = \frac{kT\eta(1-\gamma)\,\mathrm{sh}\dfrac{d}{L_p}}{eh\nu\left[S_v p_0+\dfrac{p_0 D_p}{L_p}\,\mathrm{th}\dfrac{d}{L_p}+\dfrac{n_0 D_e}{L_e}\,\mathrm{cth}\dfrac{d}{L_e}\right]lw} \tag{7.1-106}
$$

比较式(7.1-101)可知量子产额和增量电阻分别为

$$
\xi = \eta(1-\rho)\,\mathrm{sh}\frac{d}{L_p} \tag{7.1-107}
$$

$$
R_i = \frac{kT}{e^2\left(S_v p_0+\dfrac{p_0 D_p}{L_p}\,\mathrm{th}\dfrac{d}{L_p}+\dfrac{n_0 D_e}{L_e}\,\mathrm{cth}\dfrac{L}{L_e}\right)lw} \tag{7.1-108}
$$

因此，提高响应度的措施为：

① 提高量子产额。由式(7.1-107)可以看出：减小反射损失可提高 ξ，因此，实际器件常加抗反射层；因为 sh$x$ 曲线（见图 7.1-11），故减小受光照一侧材料的厚度也可提高量子产额。

② 减小反向饱和电流及增大增量电阻。由式(7.1-106)、式(7.1-108)，以及 th$x$ 曲线（见图 7.1-11）可知，减小 d 可降低 J_s，则 R_i 可提高；减小表面复合系数也可以降低 J_s 而提高 R_i；根据图 7.1-11 所示 ch$x$ 曲线，L 增大，J_s 下降；减小无信号时载流子浓度 n_0 和 p_0，也能达到降低 J_s 的目的；减

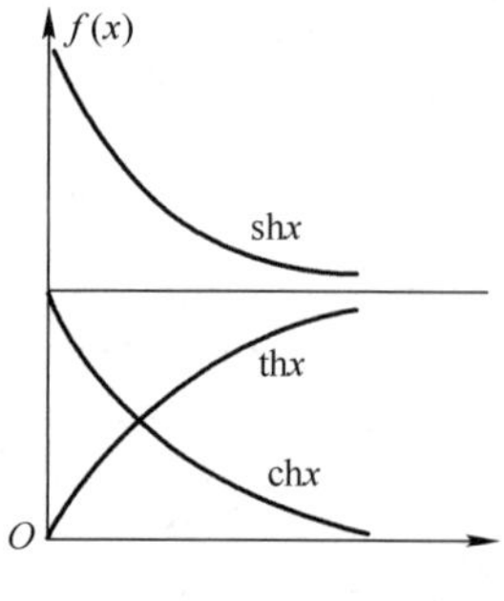

图 7.1-11　双曲函数曲线

小器件几何尺寸亦可提高 R_i。

（3）PV 探测器的探测率 D_λ^*

对于 PV 探测器，在略去 1/f 噪声后，其主要噪声是散粒噪声。散粒噪声也是限制 PV 探测器性能的主要噪声。散粒噪声可表示为

$$V_N = (4kTR_i\Delta f)^{1/2} \tag{7.1-109}$$

式中，R_i 为 PN 结零偏电阻。若光垂直于 PN 结结平面照射，则可以得到

$$D_\lambda^* = \frac{\mathfrak{R}_\lambda}{V_N}(lw\Delta f)^{1/2} = \frac{\eta(1-\rho)\mathrm{sh}\dfrac{d}{L_p}}{2h\nu\left(S_v p_0 + \dfrac{p_0 D_p}{L_p}\mathrm{th}\dfrac{d}{L_p} + \dfrac{n_0 D_e}{L_e}\mathrm{cth}\dfrac{L}{L_e}\right)^{1/2}} \tag{7.1-110}$$

在 $d \ll L_p$ 的条件下，如果采用增透技术使 $\rho \to 0$，则上式可以简化为

$$D_\lambda^* = \frac{e\eta(lwR_i)^{1/2}}{2h\nu\sqrt{kT}} = \frac{e\eta}{2h\nu\sqrt{kT}}\sqrt{A_j R_i} \tag{7.1-111}$$

式(7.1-111)就是一般工程上经常采用的探测率公式。式中$(A_jR_i)^{1/2}$直接反映了器件宏观特性，因此，一般都以它作为判断光伏器件性能优劣的重要判据之一，称之为 PV 探测器的优值。

当 PV 探测器在半导体光电二极管模式工作，即在 PN 结上施加一反向偏压时，散粒噪声将减小一半。此时的探测率将能提高至 $\sqrt{2}$ 倍，即

$$D_{\lambda\mathrm{th}}^* = \frac{e\eta(1-\rho)}{h\nu}\left(\frac{A_j R_i}{2kT}\right)^{1/2} \tag{7.1-112}$$

此外，在探测背景极限时，PV 探测器的探测率也为光电导的 $\sqrt{2}$ 倍。这也是 PV 探测器的优点之一。

4．典型的红外探测器材料

（1）PC 探测器材料

用于光电探测和成像的光电导材料一般应满足如下四点要求：

① 应满足长波响应的要求，即根据下式确定材料的 E_g 或 $E_D(E_A)$。

$$\lambda_{th} = hc / E \tag{7.1-113}$$

式中，c 为光速；E 为载流子激发能量阈值。对本征材料为 E_g，对掺杂材料为 E_D 或 E_A。

② 热激发(暗发射)所形成的产生-复合噪声应远小于背景辐射光子噪声，即暗电流应小于背景电流。

③ 热噪声电流应远小于背景辐射光子噪声电流。

④ 高的线性吸收系数和量子效率。

本征激发的光电导材料利用了本征吸收和激发，所以长波限较短，通常小于 7.5μm，有的可达 10μm。由响应度公式可知，对本征激发，应选择迁移率比较大的材料，同时希望 n_0 和 p_0 越低越好。当然希望吸收系数也尽可能地大，而本征吸收正具有这种优点。此外，还希望光电导增益 G 的值大一些，有

$$G = \mu_e E\tau / l = v_0\tau / l \tag{7.1-114}$$

式中各参数含义同前。它是 τ 与两电极之间的渡越时间之比。G 值可由材料和外电场共同保证，尤其是在 σ_0 较大的情况下，用大的 G 值可补足上述要求。

根据上述要求，现在已普遍采用的有单质、二元化合物及多元系材料，这里重点介绍以下几种：

① 碲镉汞($Hg_{1-x}Cd_xTe$)

$Hg_{1-x}Cd_xTe$ 简写为 CMT 或 MCT。它是人们为利用 8～14μm 窗口，在目前所发现的单质、二元化合物均不满足禁带宽度在 0.5～0.95eV 之间的情况下，研究开发出来的多元化合物中最成功的一种。它是二元 CdTe 和 HgTe 构成的固溶体。CdTe 的禁带宽度较大，HgTe 是半金属。通过不同的配比 x(按摩尔数比)，可以得到不同的性质。

到目前为止，几乎所有的本征 $Hg_{1-x}Cd_xTe$ 的 x 值均在 0.18～0.4 之间，这相当于截止波长为 3～30μm。重点在 x=0.2 的合金，即 $Hg_{0.8}Cd_{0.2}Te$，这种材料正好适合于 8～14μm 的大气窗口。对于高值 x 的研究也正在进行之中。

$Hg_{1-x}Cd_xTe$ 材料既可用作光电导器件，又可用作光伏器件。77K 工作的光电导器件性能已接近背景限，通常 D_λ^* 为$(2\sim8)\times10^{10}$cmHz$^{1/2}$/W。尺寸为 20×50μm^2 的 N 型材料，$D_{\lambda p}^*$(10μm,800,1)可达 9×10^{10}cmHz$^{1/2}$/W。此外，77K 工作的 3～5μm 器件，中温工作的 8～14μm、3～5μm 器件也都在开发研制过程中。

② 锑化铟(InSb)

InSb 也是一种应用非常广泛的红外光电导材料，可用切、磨、抛、腐蚀等工序制成单晶薄片。其主要用于 3～5μm 的大气窗口。InSb 的制备工艺相对比较容易和成熟。

InSb 在室温工作时，长波限可达 7.5μm，峰值在 6μm 处。D_λ^* 可达 1.2×10^9cmHz$^{1/2}$/W，响应时间约为 2×10^{-7}s。在 77K 工作时，长波限为 5.5μm，峰值波长为 5μm，$D_{\lambda p}^*$ 可达 4.3×10^{10}cmHz$^{1/2}$/W，响应时间为 5×10^{-6}s。

③ 硫化铅(PbS)和硒化铅(PbSe)

PbS 和 PbSe 是应用于红外探测器的最早的材料，在 20 世纪 40 年代就已发展成为器件。由于其制造过程简单、廉价，又具有很高的性能，因此至今还被广泛使用，并发展了阵列器件及与硅耦合的红外焦平面探测器。与其他器件不同，PbS 和 PbSe 探测器是用真空蒸发或化学沉积方法制成的多晶膜，厚度约为 1 μm。

PbS 具有相当高的响应度和探测率。其响应光谱随工作温度而变化。室温下响应波长为 1～3.5μm，峰值波长为 2.4μm。峰值探测率 $D_{\lambda p}^* \approx 1.5\times10^{11}$cmHz$^{1/2}$/W。在 195K 时，长波限可达 4μm，峰值波长为 2.8μm，D_λ^* 可提高一个数量级。在 77K 时，长波限达 4.5μm，峰值响应波长为 3.2μm。近年来控制的单晶 PbS 在 77K 下作为光电导器件应用时，$D_\lambda^* \approx 6\times10^{10}$cmHz$^{1/2}$/W。

PbSe 在室温下工作时，长波限可达 4.5μm，$D_\lambda^* \approx 2\times10^{10}$cmHz$^{1/2}$/W。195K 工作时，长波限为 5.2μm，$D_\lambda^* \approx 5\times10^{10}$cmHz$^{1/2}$/W，响应时间约为 30μs。在 77K 下工作时，长波限可延伸到 6μm。

几种 PC 探测器的探测性能曲线如图 7.1-12 所示。

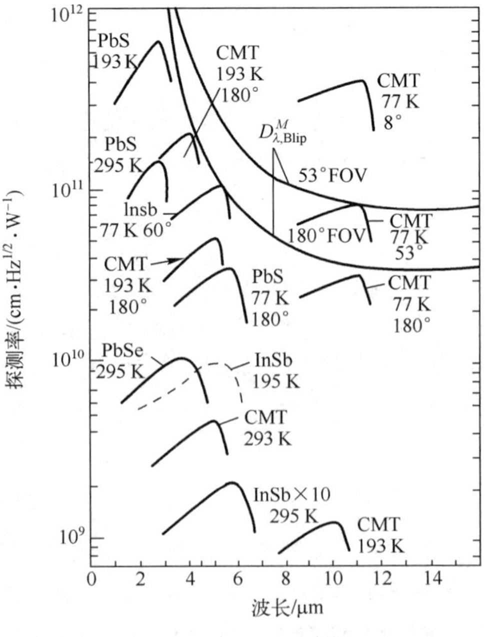

图 7.1-12　几种 PC 探测器的探测性能曲线

对于非本征激发的 PC 探测器，材料的选择仍要满足前面提出的四点要求。对于第一点，非本征光电导是容易满足的。对于第二、三点则必须通过制冷才能达到，非本征激发的光电导材料都要求必须制冷正是这个原因。第四点则不容易满足，因为杂质吸收远低于本征吸收，为此应适当增加样品厚度并尽量减少反射、透射损失。

根据对非本征光电导材料的要求，目前常用的材料主要是掺杂硅。目前已有的对应三个大气窗口的硅掺杂探测器性能见二维码 7.1−5。相关研究人员还对应用于空间低温、低背景条件下硅探测器的特殊性能做了讨论。由于硅容易获得大直径、高纯度的均匀单晶体，器件工艺相对成熟以及探测器的高阻抗，因此对制造探测器阵列的信息处理接口有利，这些优点补偿了工作温度低的缺点，在红外成像焦平面探测器应用中，具有竞争力。

二维码 7.1−5

PC 探测器工作电路如图 7.1−13 所示。探测器与一负载电阻 R_L 串联，并连接直流偏压。对于一般低阻探测器，如 8～14μm 的 $Hg_{1-x}Cd_xTe$ PC 探测器，典型电阻值为 100Ω，常取固定电流电路工作，这时 R_L 比元件电阻大得多，用 PC 探测器上的电压变化作为检测信号 S 输出。对于高阻探测器，则采用固定电压电路更好一些，以电路中电流的变化作为输出信号 S。

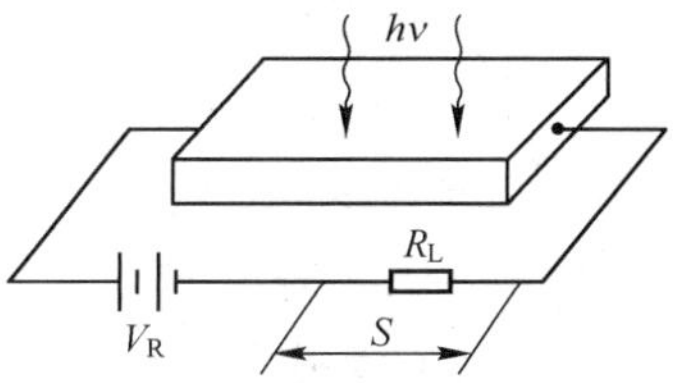

图 7.1−13　PC 探测器工作电路

（2）PV 探测器材料

① $Hg_{1-x}Cd_xTe$（MCT）PV 探测器

$Hg_{1-x}Cd_xTe$ 材料的器件响应速度快，用作激光辐射探测十分有利，特别是用于光通信或在激光雷达中做 10.6μm 的 CO_2 激光外差探测。在热成像方面，除了用于第一代红外热成像系统，目前作为主要的红外焦平面探测器而广泛应用于第二、三代红外热成像系统。

普通工艺制造的 8～14μm PV 探测器的探测率一般超过 10^{10}cmHz$^{1/2}$/W，最高曾超过 10^{11} cmHz$^{1/2}$/W。此外，其还曾是截止波长最长的探测器，在 4.2K 时为 35μm(x=0.179)和 48μm(x=0.171)。近年来的焦平面阵列还曾采用在 P 型衬底材料上通过 Hg 气氛退火在其表面形成 N 型层的方法。

采用离子注入成结的新技术使 $Hg_{1-x}Cd_xTe$ 光电二极管性能有了很大提高，耗尽区产生的复合电流和表面漏电流已大为下降。8～12μm 在 77K 及 3～5μm 在 170～200K 附近 R_iA_j 积可接近扩散电流极限。在温差电制冷的 190～200K 和空间辐射制冷的 130～160K 温度范围内，λ(193K)=4.08μm 器件的 D_λ^* 可分别达到 10^{11}cmHz$^{1/2}$/W 和 10^{12}cmHz$^{1/2}$/W 的热噪声限制极限值。

短波 MCT PV 探测器在假设量子效率为 0.75 和 0.40、A_j 约为 5×10^{-4}cm^2 时，室温下的峰值波长从 1.2μm 向 3.0μm 变化，对应的 D_λ^* 则从 4×10^{11}cmHz$^{1/2}$/W 变化到 8×10^{8}cmHz$^{1/2}$/W。若温度降低，有望性能进一步提高并获得极高的零偏电阻。

MCT 光伏器件具有良好的高频特性。早期曾得到 $A_j=4\times10^{-4}$cm^2、$R_L\approx50\Omega$ 时，反偏二极管的频率响应直到 1GHz 都是平坦的结果。1980 年曾报道了用平面 Hg 扩散方法制得的 N−P 型 MCT 光电二极管的频带延伸到 2GHz，在 100～200MHz 频率范围内有效的外差量子效率为 13%～30%，对应的 NEP=1.44×10^{-19}～6.23×10^{-20}W/Hz。

② PbSnTe PV 探测器

PbSnTe PV 探测器是铅盐类材料中研究较多的器件，尤其是在 8～14μm 波段。早期的器件为同质结，通过控制化学配比偏离调节导电类型，获得了高性能的器件，但 PbSnTe 极易受机械应力的损伤。近年来人们倾向于用异质外延或杂质扩散方法制造 PN 结。据报道，在 P 型 PbSnTe 上气相外延 N 型 PbTe 制造异质结，已制得 100 像元线阵，灵敏面面积为 2.5×10^{-5}cm^2，在 11μm 时的 $D_\lambda^*=5\times10^{10}$cmHz$^{1/2}$/W。PbSnTe 阵列器件的光谱响应十分均匀，截止波长分散小于 0.1μm。在 P 型 PbSnTe 衬底上用液相外延方法淀积 N 型层曾制出了 λ_p=12μm 的高性能均匀探测器阵列， 82K 时 10 像元的平均 R_iA_j 积为 2.64Ωcm^2，60K 时为 4.27Ωcm^2。82K 时的平均 $D_{\lambda p}^*$ 为 7×10^{10}cmHz$^{1/2}$/W。采用 In 扩散制造的同质结，82K 时 10 像元的平均 R_iA_j 积为 2.11Ωcm^2，量子效率极其均匀，平均达 0.8 以上，D_λ^* 的平均值为 1.1×10^{11}cmHz$^{1/2}$/W（f/5 镜头）。

③ InAs 和 InSb PV 探测器

这类器件在多年前就已有产品，多采用杂质扩散方法制造。InSb 探测器在 15°视场、77K 时 D_{λ}^{*}(5μm)最高可达 7×10^{11}cmHz$^{1/2}$/W。近年来开始采用离子注入方法，对 InSb 还有采用质子轰击方法制造 PV 探测器的实例。

InSb PV 探测器的光谱响应均匀性很好，性能接近背景极限。与硅 CCD 耦合做成的焦平面探测器在 CCD 读出处测得平均探测率为 1.6×10^{11}cmHz$^{1/2}$/W，光响应的非均匀度小于±5%，动态范围为 75dB。

④ 薄膜铅盐 PV 探测器

在 BaF_2 衬底上用真空蒸发外延淀积铅盐薄膜，蒸发铅形成肖特基势垒曾得到过很好的红外探测器，辐射通过 BaF_2 衬底入射。这种工艺简单而又便宜，且可以获得大的阵列。

有研究人员曾得到小视场时 D_{λ}^{*}(6μm)=5×10^{11}cmHz$^{1/2}$/W 的 PbSe 器件。对 $Pb_{1-x}Sn_xSe$ 器件有 D_{λ}^{*}(10.1μm)>5×10^{10}cmHz$^{1/2}$/W 和 D_{λ}^{*}(11.5μm)>2×10^{10}cmHz$^{1/2}$/W 的报道，R_iA_j 积高达 2Ωcm^2。对于中等温度工作峰值波长为 4.5μm 的 $Pb_{1-x}Sn_xSe$ 器件，在 170K、180°视场时，探测率可接近背景限。几种红外 PV 探测器的性能参数见二维码 7.1-6。

二维码 7.1-6

PV 探测器常工作于无外加偏压情况，此时器件功耗极低，特别适用于大规模二维阵列。如果后接放大器的输入阻抗较高，则通过器件电压变化检出入射光信号，即为光伏模式。若后接放大器的输入阻抗很低，则通过二极管短路电流变化检出入射光信号。若在器件上加一直流偏压，则可使器件工作于任何工作点。可用电容将探测器耦合到放大器上，高频使用时，常采用反偏方式以减小耗尽区电容和相应的时间常数 R_LC_j。

7.1.3 红外探测器的工作条件

研究红外探测器工作性能的好坏，设计红外系统和选择比较探测器的性能，都必须有一个评价标准。对红外探测器而言，这个评价的标准就是红外探测器的性能参数或称为性能优值。一个探测器的性能参数，往往与探测器的测量方法和使用条件、几何尺寸及物理性质密切相关。所以，在给出性能参数的同时，必须说明其工作条件。

1．入射辐射的光谱分布

不同的探测器对景物辐射波长的响应是不同的。因此，在对探测器性能进行描述时，必须说明入射到探测器响应平面上的光谱分布及空间辐射功率。由于黑体辐射源能够提供一个已知的光谱分布和均匀的空间辐射功率，所以实验室多采用 500K 黑体辐射源作为信号源。如果入射辐射是黑体辐射，则要给出黑体辐射温度；如果入射辐射为单色辐射，则应指明辐射波长和入射方向。当入射辐射通过大气和光学系统时，还应考虑大气和光学系统对信号的衰减，同时还须指出环境对辐射的影响。

2．探测器的几何参数

由于实际探测器响应平面上各点的响应不相等，所以探测器面积常用如下两种形式给出：

（1）标称面积 A_n：探测器制造者提供的响应面积，表示探测器真实响应面积的近似值。

（2）有效面积 A_e：定义为

$$A_e = \frac{\iint_s \mathscr{R}(x,y)\mathrm{d}x\mathrm{d}y}{\mathscr{R}_{max}} \tag{7.1-115}$$

式中，x、y 为响应平面 s 上某点的位置坐标；$\mathscr{R}(x,y)$ 为该点的响应度；$\mathscr{R}_{max}$ 为响应平面上响应度的最大值。

3．探测器的输出信号

探测器的输出信号由信号电压 V_s 和噪声电压 V_n 两部分组成。信号电压与入射到探测器响应平面上的辐射功率有关，其振幅是施加在探测器上的偏置电压 b、辐射调制频率 f、波长 λ 及功率 P_s 的函数，即

$$V_s = V_s(b, f, \lambda, P_s) \tag{7.1-116}$$

常用器件的 V_s 与 P_s 呈线性关系，因此，对给定的 b、f 和 λ 值，V_s/P_s 为一常数。此外，有些探测器的 V_s 可以单独考虑 f 及 λ 的影响，具有这种性质的器件称为可分性探测器。此时式(7.1-116)可改写为

$$V_s = V_s(b, P_s)\cdot r(\lambda)\cdot T(f) \tag{7.1-117}$$

4．探测器的工作温度与背景

探测器的阻值以及输出信号和噪声均受探测器工作温度及背景辐射的影响。在给出探测器性能参数时，必须指出工作温度及背景环境。通常，非制冷时探测器工作温度指的是环境温度，制冷时则是指的标称温度。常用的温度有：室温 300K；干冰 194.6K；液氮 77.3K；液氖 27.2K；液氢 20.4K；液氦 4.2K 等。背景辐射则可通过探测器的视场和受背景照射的光谱范围来描述。

5．探测器的阻抗

探测器阻抗的定义为

$$z_d = \mathrm{d}V(t)/\mathrm{d}i(t) \tag{7.1-118}$$

即探测器两端的瞬时电压 $V(t)$对通过探测器的瞬时电流 $i(t)$的导数，多用复数形式表示，即 $z_d=R_z-jz_z$，其中 R_z 为零频时的直流阻抗 R_0；$z_z=1/2\pi fC$，称为容抗，C 为探测器电容。

多数探测器的阻抗与一个纯电阻等效。阻值在 100Ω 以下称为低阻器件，需与放大器做变压器耦合；100Ω～1MΩ 称为中阻器件，与放大器最容易匹配；1MΩ 以上称为高阻器件，需高阻抗放大器输入才能匹配。

6．特殊工作条件

除上述的工作条件外，对一些特殊的器件还有一些其他的工作条件要求。如薄膜器件非密封工作时要注意湿度；非线性响应器件必须注明入射辐射功率；以光子噪声为主要噪声的器件，必须注明视场立体角以及背景温度等。

7.1.4　红外探测器的性能参数

红外探测器的性能，可以用许多参数来描述，但最基本的是三方面的参数：探测器对红外辐射的探测能力、波长响应范围和响应速度。其中探测能力又包含两个方面：单位辐射功率入射到探测器上所产生信号大小和探测器识别微弱信号的能力。

1．响应度 $\mathcal{R}$

响应度 $\mathcal{R}$ 是描述入射到探测器上的单位辐射功率所产生信号大小的性能参数。电压响应度 $\mathcal{R}_v$ 定义为：红外辐射垂直入射到探测器光敏元上时，探测器的输出信号电压的均方根值 V_s 与入射辐射功率的均方根值 P_s 之比，即

$$\mathcal{R}_v = V_s/P_s \tag{7.1-119}$$

$\mathcal{R}_v$ 的单位为 V/W，也用 μV/μW。有时也采用电流响应度

$$\mathcal{R}_i = I_s/P_s \tag{7.1-120}$$

式中，I_s 为等效短路输出的基频电流的均方根值。$\mathcal{R}_i$ 的单位为 A/W。

探测器的响应度与入射辐射的波长和调制频率有关。以调制的黑体(500K)为辐射源所测得的响应度称为黑体响应度，用 $\mathcal{R}_{bb}(b, T, f)$来表示；以单色光为辐射源测得的响应度称为单色响应度，用 $\mathcal{R}_\lambda(b, f, \lambda)$表示。在给定偏置电压 b、调制频率 f 和入射辐射功率均方根值 P_s 时，变换波长 λ 可得到 $\mathcal{R}_\lambda(\lambda)$曲线，称为红外探测器的光谱响应。在响应峰值波长 λ_p 处测得的响应度称为峰值响应度，用

$\mathcal{R}_{\lambda p}(\lambda)$表示。在长波一端单色响应度下降为峰值一半时的波长称为截止波长(或称为长波限)，记为λ_c。

2．噪声等效功率 NEP

红外探测器的探测能力除取决于响应度外，还取决于探测器本身的噪声水平。响应度越高、噪声越低的探测器能够探测到辐射功率更弱的信号。因此，任何探测器均有一个由其本身噪声水平确定的可探测辐射功率阈值。

探测器的噪声是指电输出中与入射信号统计无关的那部分输出，噪声的频谱是连续的，引起噪声的因素很多，一般电噪声的均方根电压和电流的定义分别为

$$V_n = \overline{\left\{\left[v_n(t) - \overline{v_n(t)}\right]^2\right\}}^{1/2} \tag{7.1-121}$$

$$I_n = \overline{\left\{\left[i_n(t) - \overline{i_n(t)}\right]^2\right\}}^{1/2} \tag{7.1-122}$$

式中，$v_n(t)$和$i_n(t)$分别为电压噪声和电流噪声的瞬时值。

设$g(f)$为电子测量仪器的增益，它是频率f的函数，则测量仪器的噪声带宽为

$$\Delta f = \int_0^{\infty} \frac{[g(f)]^2}{g_{max}^2} df \tag{7.1-123}$$

式中，g_{max}为增益的最大值。通常Δf大于电子仪器的3dB带宽。因为3dB带宽以外的低频和高频区中，只要g不为零，就会贡献噪声。只有在带宽为理想矩形时两者才会相等。有了噪声带宽，就可写出噪声平方根功率谱(噪声电压谱密度和噪声电流谱密度)为

$$V_N = V_n / \sqrt{\Delta f} \tag{7.1-124}$$

$$I_N = I_n / \sqrt{\Delta f} \tag{7.1-125}$$

V_N的单位为V/Hz$^{1/2}$；I_N的单位为A/Hz$^{1/2}$。通常给出的探测器噪声都是指V_N、I_N。由式(7.1-124)和式(7.1-125)定义的噪声因电子测量仪器而异。

当红外辐射信号入射到探测器响应平面上时，若该辐射功率所产生的电输出信号均方根值正好等于探测器本身在单位带宽内的噪声均方根值，则这一辐射功率均方根值就称为探测器的噪声等效功率NEP，单位为W。即

$$\text{NEP} = P_s / (V_s / V_N) = V_N / \mathcal{R}_V \tag{7.1-126}$$

或者

$$\text{NEP} = P_s / (I_s / I_N) = I_N / \mathcal{R}_i \tag{7.1-127}$$

上述关系表明，NEP就是探测器输出信噪比为1时的入射红外辐射功率。测量时，常用的辐射源为500K黑体，带宽为1Hz, 4Hz或5Hz，中心频率为90Hz, 400Hz, 800Hz或900Hz。探测器面积通常折合成1cm^2。此外，还要标明辐射强度和立体角。如果辐射光源为单色光源，则所得结果为NEP(λ, f, Δf)。

与NEP类似的性能参数是噪声等效辐照度(NEI)，其表示系统输出信噪比为1时的输入辐照度，记为

$$\text{NEI} = E_s / (V_s / V_N) \tag{7.1-128}$$

式中，E_s为输入辐照度的均方根值。

3．探测率 D 和归一化探测率 D^*

上述的NEP是表征探测器性能优劣的一种优值因子，其值越小则器件越优。为了适应人们的习惯，引用NEP的倒数来衡量探测器的探测能力，称为探测率。即

$$D = 1/\text{NEP} = \mathcal{R}_v / V_N \tag{7.1-129}$$

由式(7.1-129)可知，NEP越小则D越大，D越大则表明探测器的探测能力越优。

但是，大多数红外探测器的NEP与光敏面积的平方根成正比，还与放大器的带宽Δf有关。因此，用NEP的值很难比较两个不同探测器性能的优劣。为此，在D的基础上引入了归一化探测率

D^*（通常简称探测率 D^*）来描述探测器的性能。即

$$D^* = D\sqrt{A_d \Delta f} = \frac{\sqrt{A_d \Delta f}}{\text{NEP}} = \frac{\mathcal{R}}{V_N}\sqrt{A_d \Delta f} \tag{7.1-130}$$

式中，A_d 为探测器光敏面积。实际上，D^*就是探测器单位面积、单位放大器带宽、单位辐射功率下的信噪比。

通常单个探测器的 D^* 与调制频率 f、辐射源及工作条件有关，单位为 cm·Hz$^{1/2}$/W。以黑体为辐射源测得的 D^* 称为黑体探测率，用 D^*_{bb} 或 $D^*(T, f, 1)$表示，其中 T 为黑体的热力学温度，通常取 500K，1 表示单位带宽。以单色辐射为辐射源测得的 D^*称为单色探测率，用 D^*_λ 或 $D^*(\lambda, f, 1)$表示，λ 为单色辐射的波长。在响应峰值波长 λ_p 条件下测得的探测率称为峰值波长探测率，记为 $D^*_{\lambda p}$。

此外，为了消除一些探测器与视场角的依赖关系，还使用另一种探测率的形式，称为 D 双星探测率。其定义为

$$D^{**} = \left(\frac{\Omega_e}{\pi}\right)^{1/2} D^* \tag{7.1-131}$$

可见，D^{**}就是折算到 π 球面度权重立体角时的 D^*值。单位为 cm·Hz$^{1/2}$·Sr/W。

4. 响应时间（或时间常数）

响应时间是指探测器将入射辐射转变为电输出的弛豫时间，是表示探测器工作速度的一个定量参数。红外探测器具有惰性，其对红外辐射的响应不是瞬时的，因探测器材料而有快有慢。如果设在某一时刻以恒定的辐射源照射探测器，其输出信号 V_s 按指数随时间上升到一恒定值 V_0，则其规律可表示为

$$V_s = V_0(1 - e^{-t/\tau}) \tag{7.1-132}$$

式中，τ 为响应时间，单位用 s、ms 或 ps 表示

当式（7.1-132）中 $t=\tau$ 时，有

$$V_s = V_0\left(1 - \frac{1}{e}\right) = 0.63V_0 \tag{7.1-133}$$

这就是说，响应时间 τ 的物理意义实际上就是探测器接收红外辐射照射后，输出信号达到稳定值的 63％时所需要的时间。显然 τ 越短，探测器响应就越快。

此外，还有一种利用频率响应来描述响应时间的方法。大多数探测器的响应度 $\mathcal{R}(f)$ 随调制频率 f 的变化关系可由下式描述

$$\mathcal{R}(f) = \mathcal{R}(0) / \sqrt{1 + 4\pi^2 f^2 \tau^2} \tag{7.1-134}$$

式中，$\mathcal{R}(0)$ 为零频时的响应度。该式也称为探测器的频率响应。由此关系规定的响应时间为响应度下降到最大值的 0.707 时的角频率（$2\pi f$）的倒数值，如图 7.1-14 所示。

上述两种时间常数分别用于测量和计算不同响应速度的探测器件。对于响应较快的器件，通常采用第一种响应时间的定义及测量形式，如光子探测器（τ 为 μs 甚至 ns 量级）。对于响应较慢的器件则采用后一种定义及测量形式。近年来，已获得调制频率高达几百 MHz 的激光源，原则上可采用后一种方式测量计算 ns 级的响应时间，但习惯上更多的还是采用前者。

有些红外探测器具有两个响应时间，如图 7.1-15 所示。这是因为这种探测器对一段辐射波长具有一个响应时间，而对另一段辐射波长则具有另一个响应时间。实际上，在工作频率范围内，响应度、探测率 D^* 均与频率相关，除特殊需要外，应尽量避免使用具有两个响应时间的探测器。

除以上介绍的响应度、噪声等效功率、探测率和响应时间等参数外，在使用探测器时还应满足以下几个条件：

（1）探测器响应度与辐射强度之间存在线性关系；

（2）探测器接收面积上的响应度是均匀的；

（3）探测器与光学系统匹配时，探测器的接收面积应与光学系统所成光学图像的大小相同；

（4）探测器与前置放大器连用时，探测器内阻应与放大器的阻抗相匹配。

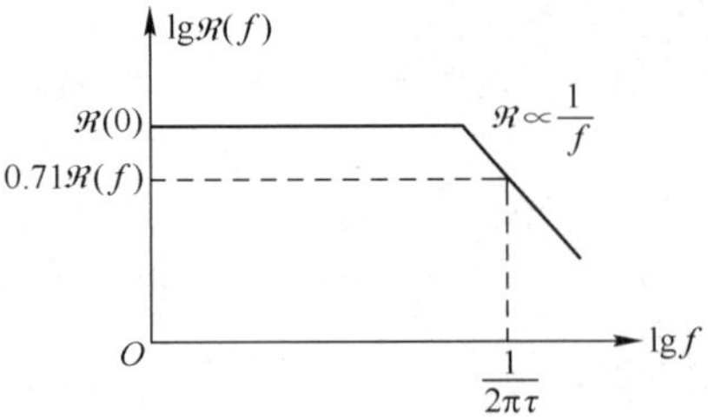

图 7.1-14 $\mathscr{R}(f)$随f变化的关系曲线

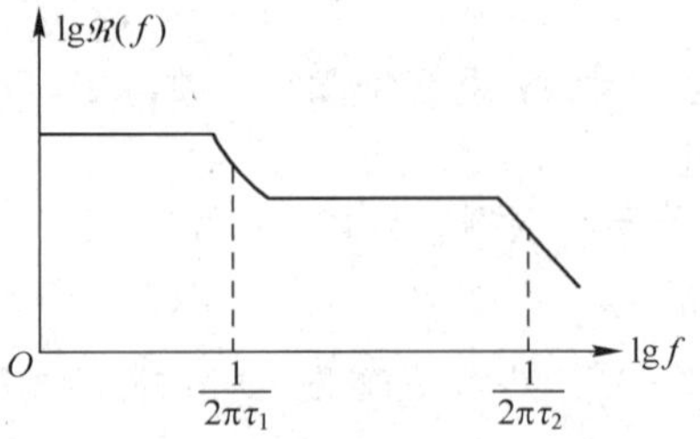

图 7.1-15 有两个响应时间的频率响应曲线

7.2 红外焦平面成像器件的成像原理

目前，利用固体受辐射照射发生电学性质改变的光电效应制成的光子探测器的敏感范围已延伸到 30μm 波段以上，不少短、中、长波红外单元探测器的性能已达到或接近背景限的理论水平。第二代像敏元在数千像元乃至数万像元以下的线阵和面阵探测器的性能也已达到或接近背景极限，器件的均匀性和成品率也获得显著提高。特别是在采用 CCD、CMOS 作为读出电路成功地解决了焦平面光子探测器阵列输出信号的积分、延迟和多路传输等问题后，第三代(30 万像元以上)焦平面阵列探测器已开始进入实用化阶段，信噪比和信息率得到了大幅度提高，从结构上带来了红外热成像系统的根本变化。

此前，大多数热成像系统还是采用单元或简单的多元探测器，通过垂直和水平两个方向的光学-机械扫描获得两维图像。这种成像方式不但要求系统有很大的带宽，而且还由于光机扫描系统的存在，使得整个系统大而复杂，可靠性也不理想。尽管近年来使用的串扫、并扫和串并扫技术可以提高系统的灵敏度以及减小系统的带宽，但终究没能在结构上引起突破性的变化。为此，人们一直追求能够获得具有相当数量光敏元的二维凝视型(焦平面)探测器阵列，因为在其成像时，红外图像的空间采样是每一景物元对应于焦平面探测器阵列的一个光敏元，整个系统不需移动部分。焦平面凝视阵列由两维多路传输寄存器进行电子驱动扫描，且同时进行焦平面阵列的非均匀性校正及定标等。使用焦平面凝视阵列可以克服传统红外热成像系统光机扫描器带来的缺点，同时，因凝视阵列几乎可以利用一帧时间内入射的所有红外光子，从而大大提高了系统的热灵敏性，理论上估算，系统的最小温度分辨率可达几 mK。

CCD 及 CMOS 引入红外探测器后，成功地解决了红外焦平面探测器阵列输出信号的延迟积分和多路传输问题，使得红外焦平面凝视阵列完全实用化，大幅度地提高了信息率和信噪比，带来了热成像系统结构的根本变革。由于这类器件可以采用集成电路的制造工艺，原则上可以大批量生产，因此可以得到价格较低的红外焦平面阵列器件。特别是混合结构的焦平面阵列，因其探测元件和信息处理元件是分别制造和测试的，在都达到标准后才进行互连，因而可望有更高的成品率。

鉴于红外焦平面探测器阵列在军事应用上的重要意义，发达国家的政府和军事部门都给予了巨额资助，发展速度极快，尤其是 20 世纪 80 年代后期以来，红外焦平面探测器的发展可以说是日新月异。

7.2.1 红外焦平面成像器件的构成与分类

成熟的红外热成像主要在 3～5μm 和 8～14μm 两个大气窗口。在这两个波段上，背景辐射关系曲线如图 7.2-1 所示。室温下，8～14μm 的辐射功率是 3～5μm 的 10 倍。所以从能量利用的角度讲，器件首先应该考虑对 8～14μm 辐射的接收。但由图 7.2-1 可知，随着 T 的变化，3～5μm 波段的辐射的变化率为 4%/K，而 8～14μm 则为 1.5%/K，这就是说 3～5μm 波段的成像具有较高的目标背景对比度。此外，8～14μm 在湿热条件下辐射传播衰减较快，再加上 3～5μm 波段的光学系统相对比较便宜，探测器也较为容易获得，以及制冷要求较低等因素，故实际中使用 3～5μm 波段成像较多。

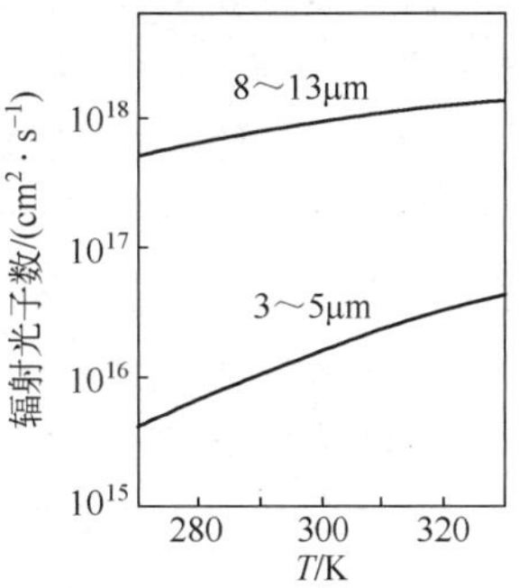

图 7.2-1　背景辐射关系曲线

由辐射理论可知，3～5μm 和 8～14μm 的红外辐射多对应于中、低温情况，因而辐射的能量相对较小，即便在较高温情况下，对应的辐射能量也远远低于可见光等辐射部分。因此，要完成这些辐射能量的探测，需要对应的探测器件在 3～5μm 和 8～14μm 波段具有很高的光电信号转换能力和适当的辐射能量积累时间。

为达到既可以对 3～5μm 和 8～14μm 波段具有较高的光电响应，又能够保证红外探测器具有合适的能量积累时间的目的，除了选择用于探测红外辐射的特殊材料整体制作红外焦平面探测器（习惯上称为 IR-CCD 或 IR-CMOS）外，通常的红外焦平面探测器大多需要采用图 7.2-2（a）所示的红外探测器阵列与 Si 基 CCD（或 CMOS）互连的结构，因此，就有了单片式和混合式两种类型的红外焦平面探测器，这两种类型又可根据各自的情况进一步分类，见图 7.2-2（b）。

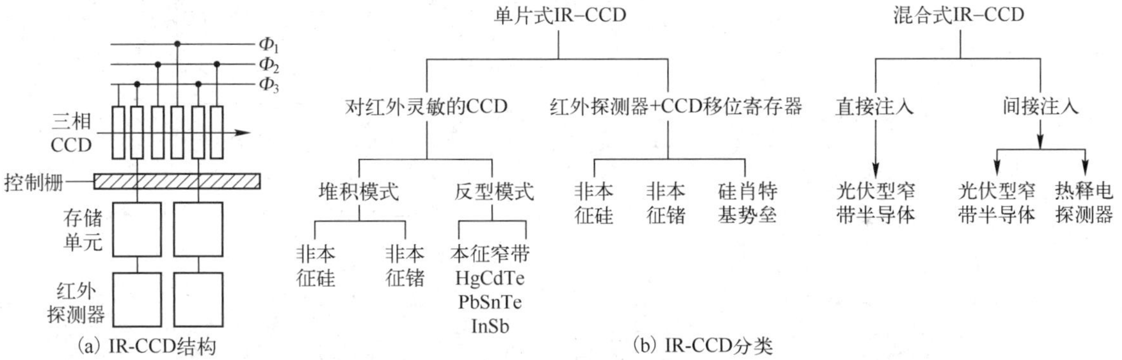

(a) IR-CCD结构　　(b) IR-CCD分类

图 7.2-2　IR-CCD 结构与分类

单片式又称整体式，即整个 IR-CCD 做在一块芯片上。具体又可分为两种情况，一种是探测器材料本身就对红外敏感，融探测、转移功能于一体；另一种是把红外探测器同 CCD 做在同一基底上，基底通常用硅半导体材料，探测器部分则常用非本征半导体材料。单片式 IR-CCD 几乎都采用 MIS（金属-绝缘物-半导体）工艺。单片式 IR-CCD 一般包括本征窄带 IR-CCD、非本征 IR-CCD 和肖特基势垒 IR-CCD，其中，本征窄带 IR-CCD 和非本征 IR-CCD 的介绍详见二维码 7.2-1 和二维码 7.2-2。

二维码 7.2-1　二维码 7.2-2

7.2.2　肖特基势垒焦平面成像器件

肖特基势垒 IR-CCD 是一种特殊的单片式红外焦平面探测器，它是为解决大面积均匀性问题而设计出来的。其主要特点是利用硅集成电路工艺在硅基底上制作肖特基势垒二极管面阵及信息处理部分，构成焦平面阵列。肖特基势垒 IR-CCD 不需要深能级掺杂，可以获得 10^5 个电荷的载荷量，基本结构由沉积在硅上的金属（Pt 或 Pd）构成，在金属和 P 型硅之间形成肖特基势垒。

（1）肖特基势垒光电二极管原理

金属沉积在半导体表面形成的具有单向导电、整流作用的金属-半导体接触称为肖特基势垒。肖特基势垒的能带结构及载流子输运过程如图 7.2-3 所示，图中的半导体为 N 型，肖特基势垒二极管中电流输运主要是多数载流子。图 7.2-3 中，在正向偏压下载流子的输运过程为：①半导体电子越过势垒进入金属，即热发射；②电子由量子力学隧道穿过势垒；③空间电荷区电子与空穴的复合；④金属向半导体的少数载流子(空穴)注入。此外还可能有由于金属-半导体接触周界处高电场导致的边缘漏电及金属-半导体界面引起的陷阱电流。但一般可以通过改善界面质量及改进器件结构，把它们降到极小。对于理想的肖特基势垒二极管以及硅和砷化镓的肖特基势垒结，通常以①过程为主，并忽略少数载流子的注入影响。

(2) 肖特基势垒二极管的结构与工作方式

肖特基势垒二极管结构如图 7.2-4 所示。光透过金属层入射，金属层必须非常薄(约 10nm)，表面涂有抗反射层以减少表面反射。二极管可工作于各种方式，取决于光子能量和偏压条件：①如图 7.2-5(a)所示，当 $E_g>h\nu>c\phi_b$ 以及 $V<V_B$(雪崩击穿电压)时，金属中光激发的电子能越过势垒被半导体收集；②如图 7.2-5(b)所示，当 $h\nu>E_g$ 和 $V<V_s$ 时，入射辐射产生电子-空穴对，器件一般特性非常类似于 P-I-N 光二极管；③如图 7.2-5(c)所示，当 $h\nu>E_g$，以及 $V\approx V_B$(高反偏压)时，二极管工作类似于雪崩光电二极管。

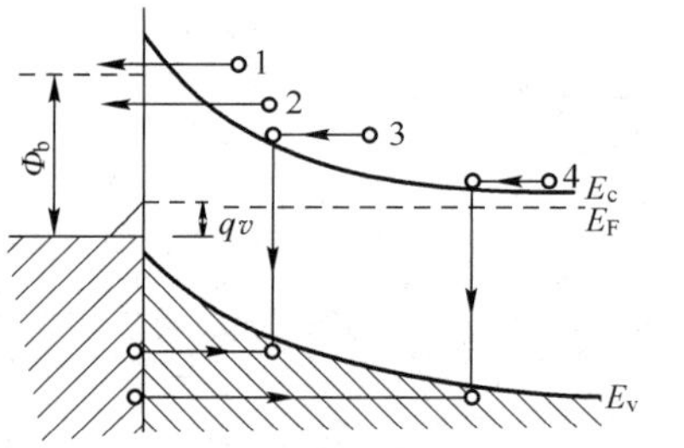

图 7.2-3　正偏压下肖特基势垒的载流子输运过程

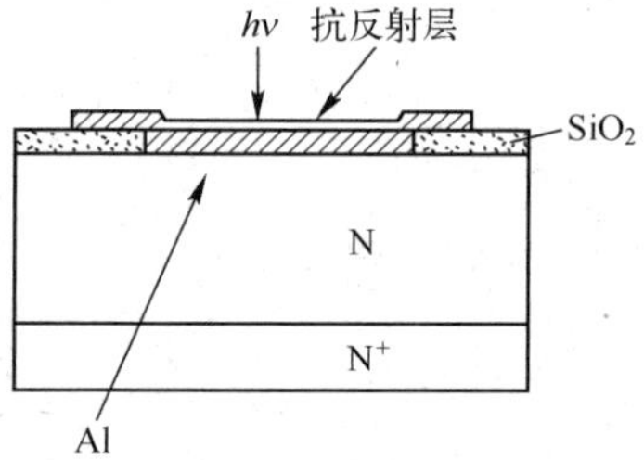

图 7.2-4　肖特基势垒二极管结构

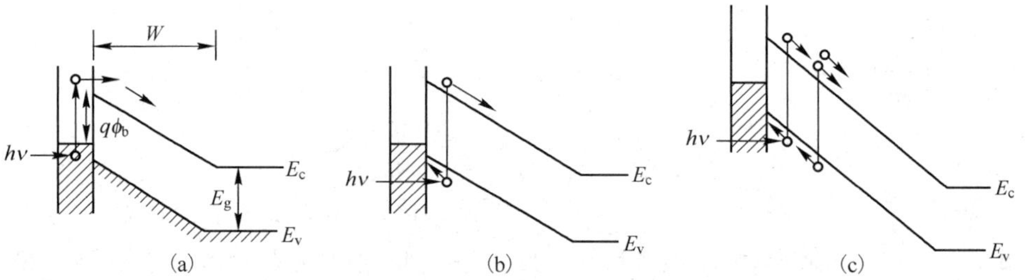

图 7.2-5　肖特基势垒光二极管的几种工作方式

工作时，首先将势垒反偏，然后断开偏置电路。当有红外辐射照射在金属或金属硅化物上时，激发电子，电子跃过势垒进入硅的耗尽层，中和部分电离施主，致使耗尽层减薄，因而使结电压下降，其下降量正比于入射辐射量，如果采用背照式，辐射量子的能量应小于硅基底的禁带宽度而大于势垒高度。

取信号时，由一个与栅极相连的浮置传感电极控制输出信号流入 CCD 移位寄存器。适当调节源偏置电压的大小，能够抑制背景信号，只取出由反差调制的信号。

信号取出之后，仍恢复结区的厚耗尽状态。利用这种结构，通过选择合适的金属，可使器件对 3～5μm 辐射有最大响应。其灵敏度随势垒的降低而提高。当然，与此同时暗电流也增加。但由于暗发射是由金属产生的，故与半导体的杂质浓度和少子寿命无关。光响应也不因杂质的不均匀而变化。因为光响应及暗电流都是均匀的，这对于制作大面积阵列是十分有利的。

（3）肖特基势垒二极管阵列的改进与发展

肖特基势垒单片 IR-CCD 的量子效率低，为了提高量子效率，采用图 7.2-6 所示的改进结构。其工作原理如图 7.2-7 所示。基底为 P 型硅，硅上面沉积 100×10^{-10}m 厚的金属硅化物（PtSi 或 Pd_2Si）。它与金属电极之间用薄的 SiO_2 层隔开。铝层厚为 0.2～0.5μm。辐射透过硅照在硅化物上产生的热空穴能够越过势垒进入硅基底，从而在硅化物一边的电极上积累负电荷，形成信号。由于铝层的反射作用，硅化物对辐射的吸收增加，这样可以使灵敏度提高一个数量级。

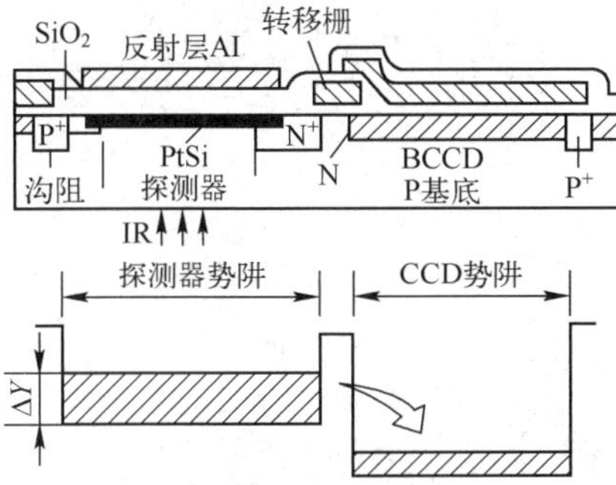

图 7.2-6　改进的肖特基势垒 IR-CCD

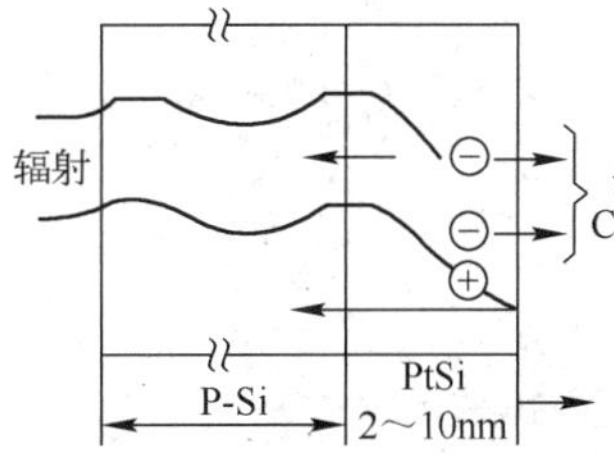

图 7.2-7　改进的肖特基势垒 IR-CCD 的工作原理

近年来，肖特基势垒 IR-CCD 的发展相当迅速，其主要材料是 Pd_2Si 及 PtSi。目前在 3～5μm 波段上，工作在 80K 下的 PtSi 材料的 IR-CCD，其量子效率已达百分之几，长波限为 6μm。而 Pd_2Si 材料的 IR-CCD 工作在 120～140K，量子效率已达 1%～8%，长波限为 3.6μm。目前已做成 512×512 元 PtSi 材料的 IR-CCD 标准制式摄像机。

肖特基势垒光电探测器与其他红外探测器相比，最大优点是可直接采用硅集成电路工艺。此外，硅肖特基焦平面灵敏元之间的均匀性比一般红外探测器焦平面高 100 倍以上。其他红外探测器焦平面均匀性不好是因为载流子寿命、扩散长度及合金组分不均匀，硅肖特基势垒焦平面基于热电子发射，与上述参数无关。器件均匀性好，减少了固定图像噪声，使它们能对低对比的红外景物成像，且信息处理量最小。鉴于工艺上的优势，肖特基势垒焦平面探测器机械性能坚固。

肖特基势垒二极管阵列是目前唯一能做到超大规模集成度的红外焦平面探测器，所以，肖特基势垒 IR-CCD 是一种很值得重视的红外光电成像器件。

7.2.3　倒装互连成像技术

倒装互连成像技术是一种先进的封装技术，它在混合式 IR-CCD 成像器件中发挥着关键作用。混合式 IR-CCD 结构的根本特点是把探测器光敏元和 CCD（CMOS）移位寄存器分开制作。CCD（CMOS）仍用普通硅制成，工艺已相对成熟。而对几个重要的红外波段，都已发展了性能优良的本征红外探测器。因此采用把两者耦合起来组成混合焦平面的技术，能够获得高量子效率高性能的红外焦平面阵列。混合焦平面技术是目前特别受到重视的技术，目前的大多数红外焦平面阵列均采用了混合途径。混合途径在选择探测器上有很大灵活性，绝大多数采用光伏器件作为光敏元。混合途径的关键主要是解决互连问题和电信号转移中的电学问题。近年来发展起来的铟柱连接技术已能做到相当高的成功率，基本上能够解决红外探测器和硅 CCD（CMOS）之间的互连。如图 7.2-8 所示，混合式结构的探测器光敏元为异质结，如在 PbTe 上制备 PbSnTe。上下两层金属垫片分别同硅和探测器阵列相连接，垫片间用铟连接。工作时，辐射透过 PbTe 基底照在异质

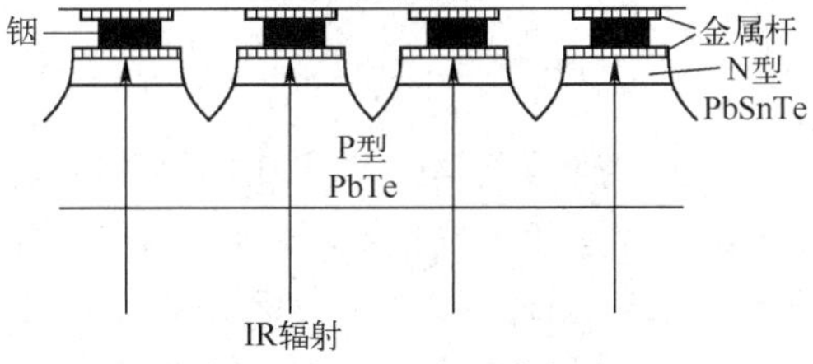

图 7.2-8　混合互连方式

结上，产生信号并立即导入 CCD。利用 InSb、HgCdTe、InGaAs 等光敏材料制成的光电二极管阵列均可采用这种结构。图 7.2-9 所示为采用环孔和碰焊方式倒装互连的混合式红外焦平面探测器结构。

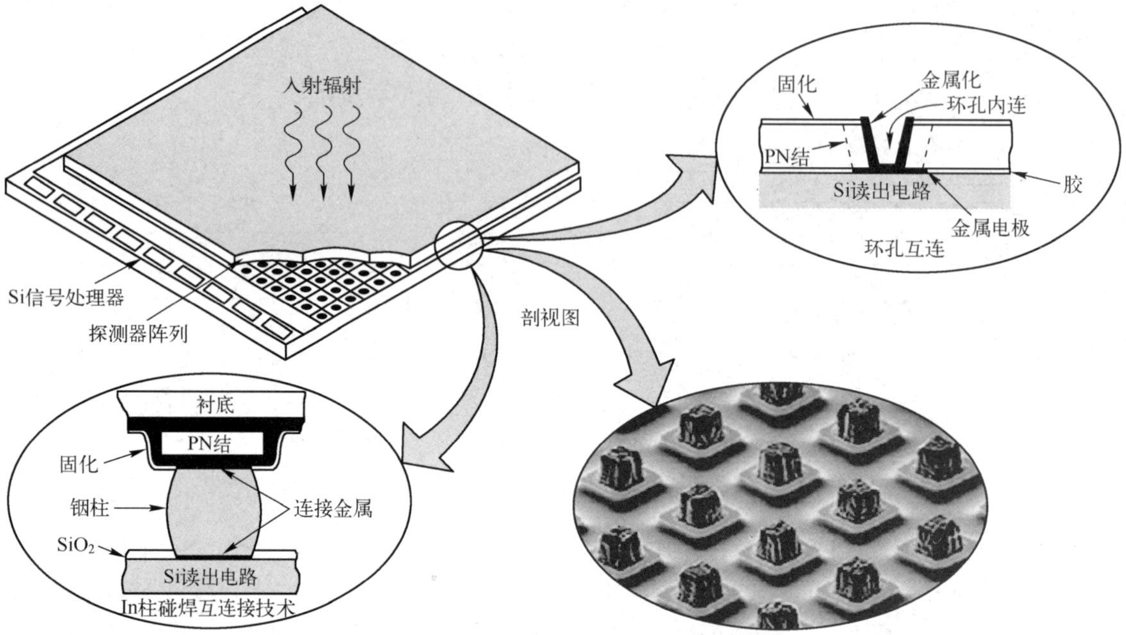

图 7.2-9　混合式红外焦平面探测器结构

倒装互连工艺在混合式红外焦平面探测器制备过程中非常关键，合适的倒装互连结构是红外焦平面探测器响应均匀性和减少盲元出现的重要保证，特别是在制冷型红外焦平面探测器中，使用过程中反复的温度冲击可能会导致铟柱断裂而形成盲元和加大非均匀性。这种现象在大规模阵列的红外焦平面探测器中尤为显著，是发展大规模红外焦平面探测器阵列必须攻克的关键工艺之一。

由于互连方式不同，混合式 IR-CCD 有多种结构，但基本结构可分为两种：

（1）前照射结构：是指探测器的前面受到辐射照射，电信号在该同一面上被抽出(图 7.2-10(a))。这种结构中，探测器的前面与多路传输器面向同一个方向，来自探测器的电学引线必须越过探测器的边缘区域到达多路传输器。这种引线方式要求探测器阵列较薄，由于互连占去了一部分面积，光敏面减小，因而填充因子受到一定影响。

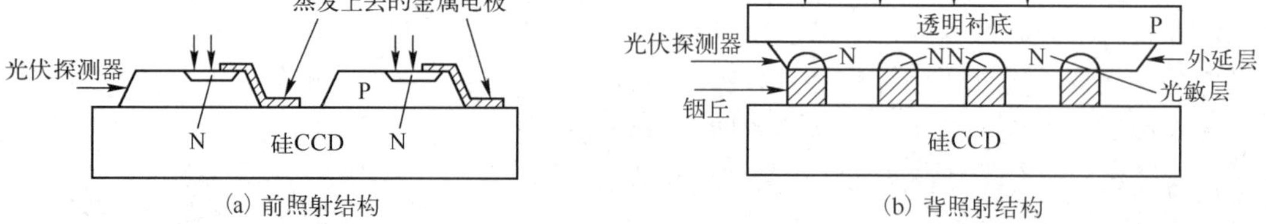

图 7.2-10　混合红外焦平面

（2）背照射结构：要求镶嵌探测器有薄的光敏层，在光敏层上吸收辐射，产生的光生载流子从背面扩散到前面，被 PN 结检测得到信号(图 7.2-10(b))。背照射使用外延生长薄层材料(厚度小于少子扩散长度)和透明衬底。采用体材料也可以实现背照射结构，但体材料必须机械减薄到小于少子扩散长度，否则将会产生像元间的串扰。这种结构中的电学互连很短，在探测器和多路传输器间直线连接。由于没有走线遮蔽，背照射结构很容易达到高的填充因子。这种结构又叫“平面混合焦平面阵列”。目前的红外焦平面阵列大多基于这种结构。HgCdTe 混合焦平面阵列中，多数材料通过液相外延方法生长，在透明衬底(CdTe)上生长一薄的单晶层(10～20μm)，再通过离子注入方法（具体注入方式详见二维码 7.2-3）形成 $N^{+}P$ 结，做成高性能的 HgCdTe 光伏阵列。

二维码 7.2-3

目前用这种方法已能和硅 CCD 耦合组成高密度的焦平面阵列(640×512 元以上)，由于它是本征的，故量子效率可达 50%～90%。

由于 InSb 材料及工艺都较 HgCdTe 成熟，因此在 3～5μm 波段利用 InSb PV 探测器作为光敏元组成的混合焦平面阵列已经得到很大发展，现在已做成元数较大的两维阵列(256×256 元以上)，并开始在红外热成像系统中使用。

二维码 7.2-4 中介绍了一些主要红外焦平面探测器的相关情况。

二维码 7.2-4

7.2.4 量子阱与量子点焦平面成像器件

1. 量子阱红外探测器

量子阱是一种夹层超晶格，其探测机理与传统的探测器截然不同，是利用一个量子阱结构中光子和电子之间的量子力学相互作用来完成探测工作的。当半导体层足够薄时，量子尺寸效应将使势阱中电子的能量量子化，形成子能带，被激发至子能带上的电子在外界红外辐射作用下，会通过隧道穿透或跃迁至自由态，形成光电流。通常量子阱探测器有两种跃迁方式：

（1）量子阱中的两个子能带均为束缚态(图 7.2-11(a))，在红外辐射作用下，电子从基态被激发到第一激发态，处于受激态的电子在外偏压电场作用下，通过薄的势垒顶部发生隧道穿透，并以热电子形式输运形成光电流，实现束缚态-束缚态跃迁的量子阱红外探测器。

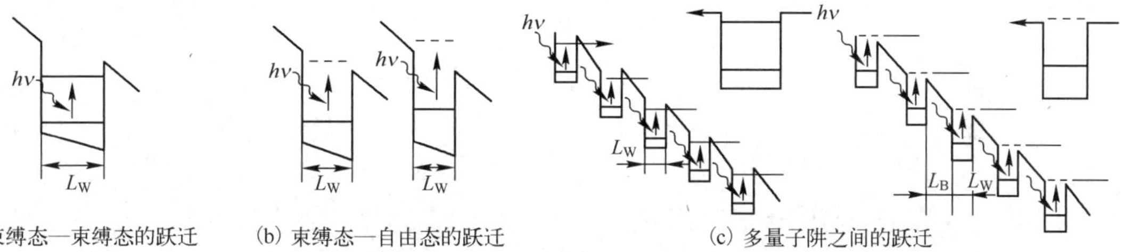

(a) 束缚态—束缚态的跃迁　(b) 束缚态—自由态的跃迁　(c) 多量子阱之间的跃迁

图 7.2-11　量子阱探测器原理

（2）当势阱宽度进一步减小时，子能级的束缚态会在势阱中上升，形成高于势垒的自由态(或连续态)，如图 7.2-11(b)所示。这种束缚态-自由态跃迁的结构，会在外界红外辐射作用下，使电子直接从势阱进入自由态，在外加偏压作用下形成光电流，实现束缚态-自由态的量子阱红外探测器。

自 1985 年美国首次直接观测到多量子阱材料子能带带隙间的红外吸收以来，人们对量子阱探测器进行了深入的研究并取得了长足的进步。实用的量子阱探测器由多个量子阱组成，图 7.2-11(c)分别表示两种跃迁方式对应的多量子阱探测器模型。量子阱探测器也分为光导和光伏两种结构，采用超薄层外延技术可将二种超薄层材料交替生长，组成半导体超晶格结构的 PV 探测器，制作出超晶格结构的量子阱探测器。这种量子阱探测器可以通过控制超晶格薄层的厚度，改变响应波长。

利用先进的人工结构材料制造技术，例如分子束外延(MBE)和光辅助化学束外延(CBE)技术，可以实现逐分子层地按规格定制半导体，以满足探测器的应用需要。定制的应用主要有两个方面：（1）通过制造理想的束缚能级的方法修正探测器的响应特性；（2）获得真正“无噪声”固态光电倍增效应。在这种定制的探测器阵列中，每一个探测器都具有所要求的峰值响应，并且阵列中的每一个探测器可以与一个独立的光电倍增器相连。这样的阵列就像是一个大规模的光电倍增器，不同的是其具有高的量子效率、较长的工作波长、较小的结构尺寸和较低的功耗。

量子阱宽度和所要求能级之间的关系使上述两种应用的实现成为可能。由图 7.2-12(a)可见，两种材料交替排列得逐渐紧密，n=1 能级逐次升高。为达到这个目的，量子阱要控制在约为 10 个分子层宽。由于量子阱的宽度能控制在 1 个分子层之内，因而可以制造任一禁带宽度要求的材料，从而制造出对应所需波长的探测器。例如，GaAs 禁带宽度为 1.35eV，通常不能用于制造波长大于 0.92μm 的探测器，而利用 GaAs 和 AlGaAs 层制造的量子阱探测器工作波长却能拓展到 10μm。图 7.2-12(b)和(c)表明，通过施加一定偏压，可以使得所设计的特殊材料层的所有 n=1 能级排列成一直线。这一材料层成为通过电子隧道电流的能量滤波器，电子隧道电流由具有特定能量的电子构成。图 7.2-13 示出了可变空间超晶格能量滤波(VSSEF)光电倍增器的一部分。决定倍增效应的关键是每一 VSSEF 级中形成的单一能量的电子电流，通过控制其能量，可在下一级中激发整数数目的电子。

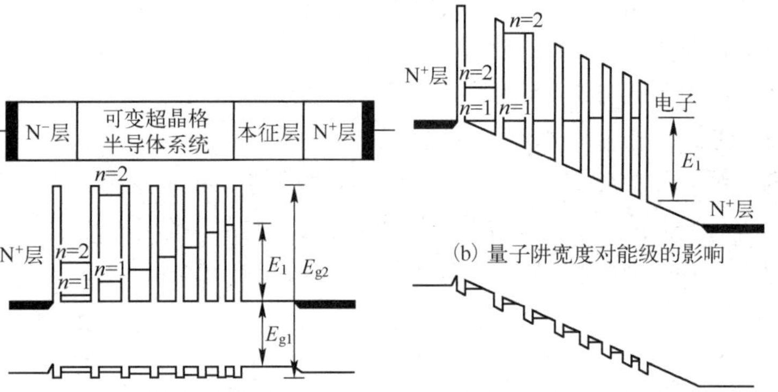

(a) 器件分层图　　(b) 量子阱宽度对能级的影响　　(c) 调整偏置电压后的能级图

图 7.2-12　可变空间超晶格能量滤波器(VSSEF)

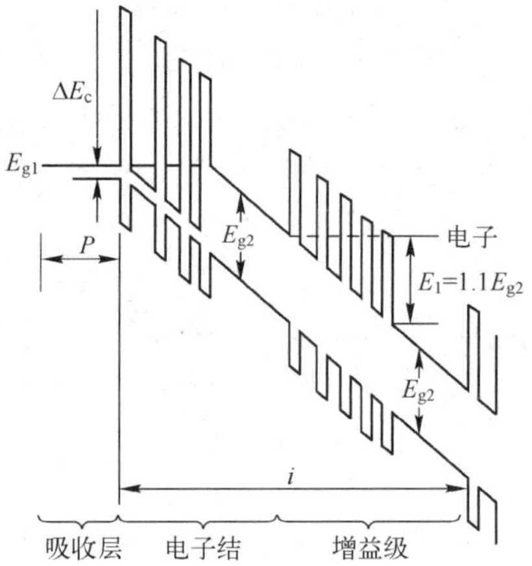

图 7.2-13　VSSEF 光电倍增器的一部分

量子阱红外探测器是随着分子束外延技术及量子阱超晶格材料的发展，利用 GaAs/GaAlAs 量子阱子带间红外光电效应制备的高灵敏红外焦平面探测器。它具有与 InSb、HgCdTe 同样的性能，可实现大面积、高均匀性制备，且与目前的 GaAs 工艺兼容。通过改变量子阱宽度和势垒高度对禁带宽度进行人工剪裁，可方便地获得 6～20μm 光谱范围的响应，通过在 GaAs 势阱层内增加 InGaAs 材料，短波方向可扩展到 3μm。通过改善量子阱能带参量可以实现大范围波长调节，在 2～20μm 的范围内均可工作。量子阱器件在正偏时，电压增大，光电信号减小；零偏时，光电信号较大；反偏时，电压增大，光电信号达到饱和，故量子阱探测器具有明显的整流特性。能带与掺杂分布的不对称性，使得整个 N 型区有类似于 PN 结的特性，故具有向长波方向延伸的条件。自 1987 年贝尔实验室研制出第一个 GaAlAs/GaAs 量子阱红外探测器以来，该技术得到了迅速发展，成为 30 多年来红外探测器领域研究的新热点。

目前，量子阱红外探测器开始进入实用化，人们利用 GaAs/Al_xGa_{1-x}As 等材料制作出的量子阱红外探测器，其峰值响应波长 λ_p 达 13.2μm，截止波长 λ_c 约 14.9μm，D^*已可以达背景限。采用 GaAs/AlGaAs 做成的量子阱阵列成像器件，在 λ_p=9.8μm，λ_c=10.7μm，77K 时，$D^*=2\times10^{10}$cmHz$^{1/2}$/W，光敏元响应均匀性优于 2%。

GaAlAs/GaAs 量子阱红外焦平面阵列是一种很有前途的器件，虽然发展的时间不长，但凭借先进而成熟的 MBE 和 MOCVD 技术支撑，近几年来不但在阵列集成度上迅速地发展到了今天的 640×480 像元甚至更大，而且工作性能也得到了极大改进，工作温度已接近或达到 77K，截止波长达

14～16μm。美国、加拿大、法国、以色列和德国等国家的相关研究单位先后都做出了 128×128、256×256 乃至 640×480 规格以上的 8～12μm 长波响应红外焦平面阵列，并且正在大力开发 3～5μm 和 8～12μm 的双色以及多色红外焦平面探测器。

目前，量子阱探测器的主要发展方向为多色、大阵列，目前的阵列尺寸已经可以达到 640×484 像元以上，并已评估了 1024×1024 像元的双色阵列，正在水平集成四色的探测器阵列。国内的一些研究单位也已经开始对该类材料和器件的研究，并取得了初步的成果，已有单位研制出了 388×256 像元量子阱探测器。

制作量子阱红外探测器的材料除 GaAs/AlGaAs 外，还有 InGaAs/InP、InGaAs/InAlAs、以应变层 InAsSb/InSb 为代表的Ⅲ–V 族和以 HgCdTe 为代表的Ⅱ–VI 族及 Ge/Si 材料等。

超晶格材料具有较大的电子有效质量，可降低电子的扩散率。与相同响应波长的 $Hg_{1-x}Cd_xTe$ 合金材料探测器相比，超晶格材料的 PV 探测器具有较小的带间隧道电流和扩散电流，有利于器件性能的提高。对于 HgTe/CdTe 超晶格探测器，有利于制作 $\lambda \geqslant 10\mu m$ 的红外 PV 探测器，是一种新颖的长波红外探测器。此外，利用应变层超晶格材料如 $InAs_{1-x}Sb_x$、GaInSb/InAs、InAsSb/InSb 等，还可以制作出应变超晶格量子阱探测器。通过应变效应，可以制作出峰值响应波长在几十 μm 的长波响应红外探测器。

量子阱探测器具有均匀性及热稳定性好、功耗低的特点，生长和钝化工艺成熟，便于加工，适宜制作长波的光伏探测器和大规模的焦平面阵列探测器。通过控制掺杂组分、势阱宽度、势垒高度，可改变响应波长，尤其是在 8～14μm 红外波段和制作相应的阵列器件方面，是普通 MCT 探测器的有力竞争者。此外，由于其材料和工艺易于与信号读出电路耦合，量子阱探测器还将是兆级像素、多色制冷焦平面探测器的最有力竞争者。当然，要实现高性能的实用化器件，目前尚有许多理论与工艺问题有待探索和解决。

量子阱红外探测器可以采用传统的铟柱倒装互连技术，图 7.2–14 所示为其结构。图 7.2–15、图 7.2–16 是国外研制的单色、双色和三色量子阱红外探测器结构。图 7.2–17 所示为量子阱混合式红外焦平面探测器的工艺流程，具体如下：

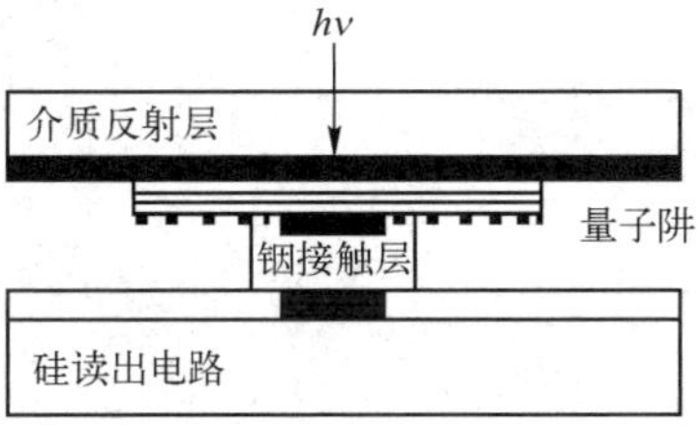

图 7.2–14　量子阱红外探测器的结构

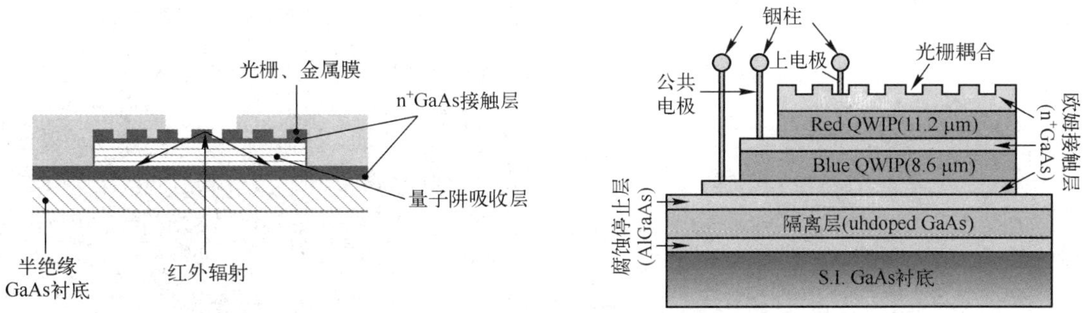

(a) 单色　　(b) 双色

图 7.2–15　单色、双色量子阱红外探测器结构

清洗→光耦合→光敏元台面制备+Si 基读出电路制备→电极制备→铟柱生长→倒装互连→衬底

减薄→封装测试。

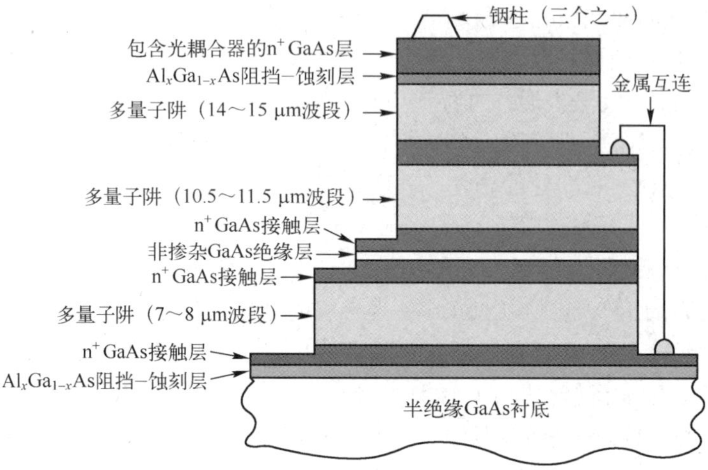

图 7.2-16　三色量子阱红外探测器结构

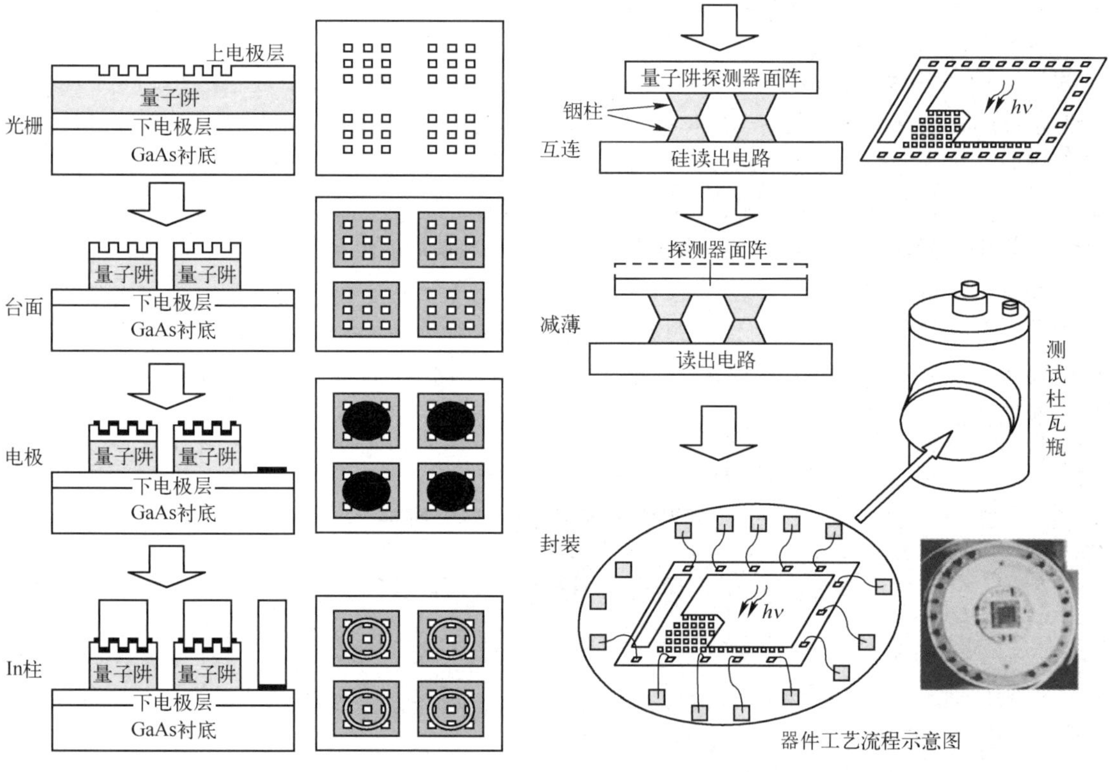

图 7.2-17　量子阱混合式红外焦平面探测器的工艺流程

图 7.2-18 是美国 NASA/JPL 联合研制的 640×512 四色红外焦平面探测器结构层状图，响应波段分别为 4.5～5μm，6.5～10μm，10～12μm，13～16μm，代表了当前多色量子阱红外探测器的最高研制水平。

量子阱探测器的不足主要有三点：（1）根据量子力学的跃迁选择定则，入射的光子只有在电极化矢量不为零时才能被子带中的电子吸收，从量子阱基态跃迁到激发态，形成电导率的变化而被探测到。由于从量子阱材料正面垂直入射的红外光沿电子跃迁方向的电极化矢量为零，所以量子阱材料对垂直入射的红外光不吸收，必须进行光耦合操作。图 7.2-19 为量子阱探测器常采用的四种光耦合方式。（2）暗电流大，量子效率不高(低于 30%)，难以获得很高的光电灵敏度。目前在长波 12μm 处较 HgCdTe 阵列低一个数量级左右。（3）需要强有力的低温制冷器，其工作温度低于 MCT 探测器，在制冷方式的选择上受到限制。

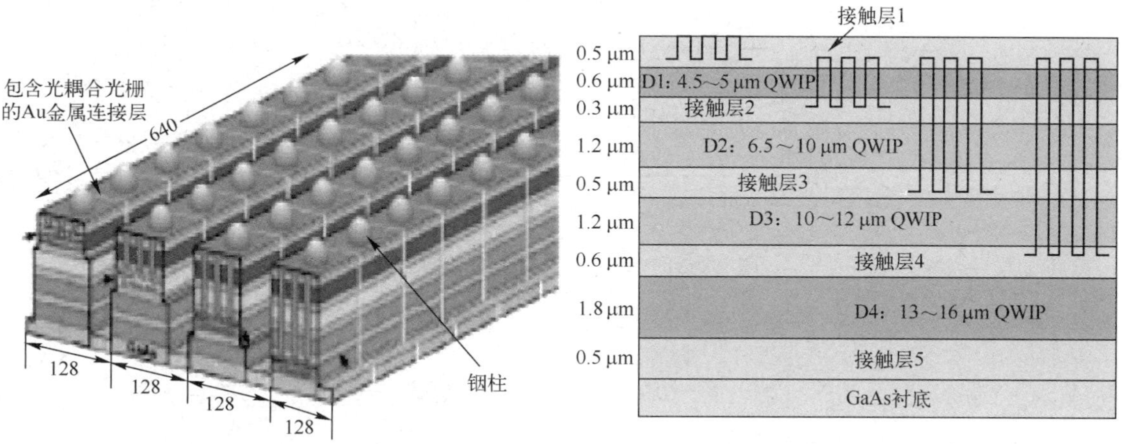

图 7.2-18　美国 NASA/JPL 联合研制的 640×512 四色红外焦平面器件结构层状图

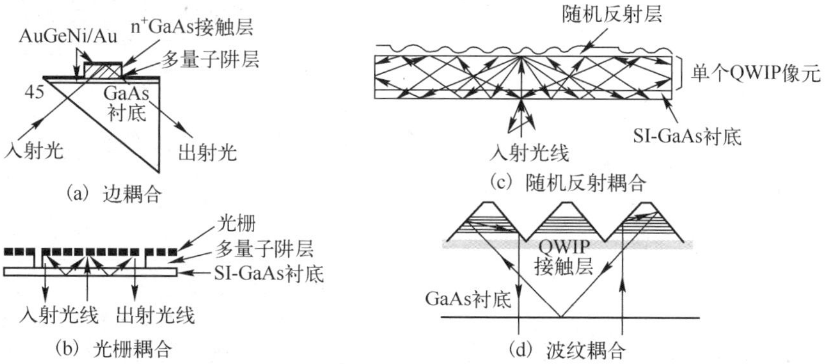

图 7.2-19　量子阱探测器常采用的四种光耦合方式

2．量子点红外探测器

量子点红外探测器作为一种具有相当潜力的器件，近年来得到了广泛关注和研究。该探测器克服了量子阱红外探测器的上述不足，具有可有效吸收垂直入射红外辐射进而提高探测器性能，可实现室温工作而不需制冷等优点，未来将成为与 HgCdTe、QWIP 等红外探测器展开竞争的有力对手。

当量子点束缚态内的电子受到光照时，如果光子的能量比电子激发所需要的能量大，电子将吸收能量，从束缚态跃迁到激发态或连续态，在外加电场的作用下，受激电子被收集形成光电流。图 7.2-20 为量子点的态密度、能带及载流子分布，图 7.2-21 为量子阱的工作原理示意图。

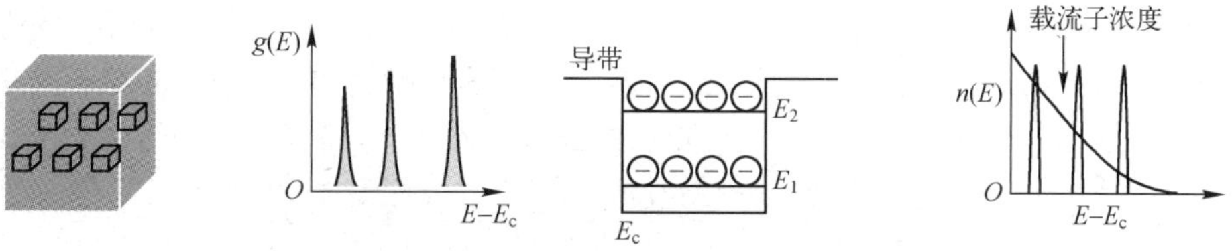

图 7.2-20　量子点的态密度、能带及载流子分布

量子点红外探测器有两种基本的器件结构，即垂直输运结构和横向输运结构，前者通过载流子在顶部接触层和底部接触层之间的垂直输运来收集光电流，如图 7.2-22(a)所示；而后者通过载流子在两个顶部的欧姆接触之间的高迁移率通道中输运来收集光电流，如图 7.2-22(b)所示。

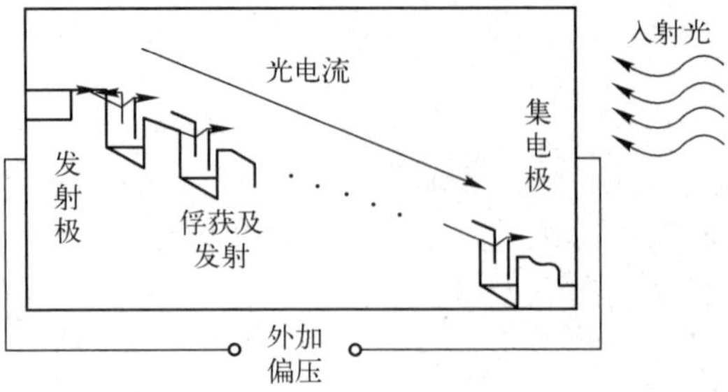

图 7.2-21　量子阱的工作原理示意图

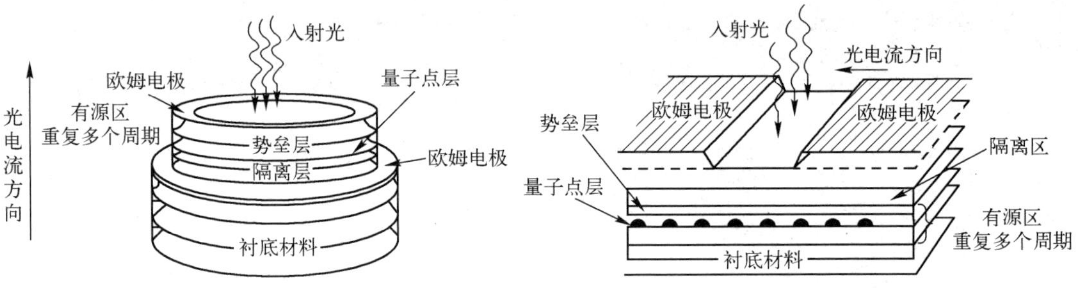

(a)　　　　　　　　　　　　　　(b)

图 7.2-22　量子点红外探测器的垂直输运结构和横向输运结构

图 7.2-23 为量子点红外探测器的工作原理和结构。

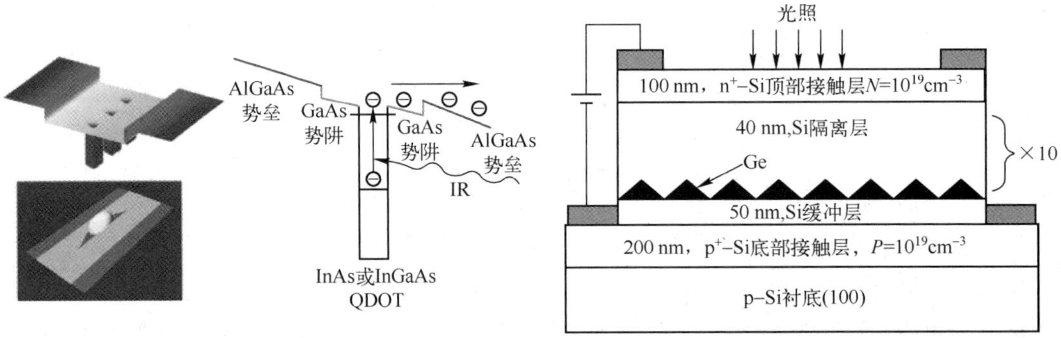

图 7.2-23　量子点红外探测器的工作原理和结构

胶体量子点红外探测器的研究取得了重大进展，InGaAs、InSb、InAsSb、HgCDTe、T2SLs 等胶体量子点材料可以提高量子点红外探测器的性能。例如，基于 PbS 胶体量子点材料的短波红外探测器已经实现了与商业 InGaAs 光电二极管相当的探测率，在半导体制冷下保持快速响应时间。目前胶体量子点红外探测器的工作波长范围可以涵盖短波、中波、长波和甚长波，但受限于载流子迁移率低和暗电流大等因素，胶体量子点红外探测器仍难以达到目前主流光电二极管的暗电流及高速特性。未来，如何充分发挥胶体量子点材料直接硅基集成的优势，进一步探索优化大面阵量子点红外探测芯片规模化制造，并兼具长期稳定服役特性是实现胶体量子点红外探测技术商业化应用的关键。

7.3　非制冷红外焦平面器件的成像原理

基于 HgCdTe、InSb 和 PtSi 等材料的光电探测器使红外热成像技术得到了迅速发展，但由于这种材料的红外探测器需要制冷而使系统的成本高昂、可靠性较低(因为精细的低温制冷系统和复杂扫描装置常常是红外热成像系统的故障源)，从而阻碍了其广泛应用。自 20 世纪 90 年代中期开发出非制冷焦平面阵列(Uncooled Focal Plane Array，UFPA)以来，这一僵局被迅速打破。

UFPA 省去了昂贵的低温制冷系统和复杂的扫描装置，突破了历来的红外热像仪高成本的障碍，可靠性大大提高，维护简单，工作寿命延长。

非制冷红外焦平面探测器的灵敏度比低温 HgCdTe 材料要小 1 个量级以上，但可以用大的焦平面阵列通过增加信号积分时间来弥补这一不足，可与第一代 MCT 探测器的热成像系统相媲美。对许多应用，特别是一般的测温监视与夜视而言，其性能基本满足需要，因此，其在准军事和民用市场领域具有广阔的发展空间。

非制冷红外焦平面探测器的生产采用成熟的硅集成电路工艺，可制造大型高密度阵列和推进系统集成化的信号处理，是一种大规模焦平面阵列技术，具有成本低，易于批量生产的优势，发展潜力十分巨大。

综上所述，UFPA 具有性价比较高、无需制冷、功耗低、体积小、质量轻、易携带等优点，无论在军事上、还是在工业(电力、石化冶金、建筑、消防等)、医学、科学研究等诸多领域都有着广泛的应用，因而也被看成是红外热成像技术发展中的一次变革，成为 20 世纪最具竞争力的探测器之一。

目前制作非制冷红外焦平面探测器主要有 4 种技术途径，即热释电焦平面技术、微测辐射热计焦平面技术、热电堆焦平面技术和常规集成电路技术。热释电探测器通过检测与吸收材料温度变化率有关的电压输出来检测温度变化；微测辐射热计通过热敏电阻材料的温度变化引起的电压变化进行检测；热电堆探测器检测吸收层与参考热层(一般是探测器的底)间的温差；常规集成电路技术通过测量正向电压的变化来检测温度的变化。

7.3.1 热释电焦平面成像器件

热释电探测器是根据热释电效应设计的热敏型探测器。尽管人们对自发电极化强度随温度变化产生的热释电效应认识很早，但相关探测器的实现则是在近些年高性能热释电单晶出现以后。尽管现在热释电探测器已取得迅速发展并获得广泛应用，但对热释电材料、探测器及应用技术的研究仍是相关研究人员极为重视的领域。

热释电探测器早在 20 世纪六七十年代就颇为盛行，最初为采用 TGS 等材料制成的热释电摄像管，其温度响应率小于 0.2℃。

热释电探测器可以分为三大类，除了第 4 章介绍的热释电摄像管，还有热释电单元探测器(或称为点探测器)和热释电阵列探测器(图 7.3-1)。实际上，由于可供选用的材料很多，而且对不同的应用要求探测器的结构也不同，因此，同一类热释电探测器还可分成很多小类。

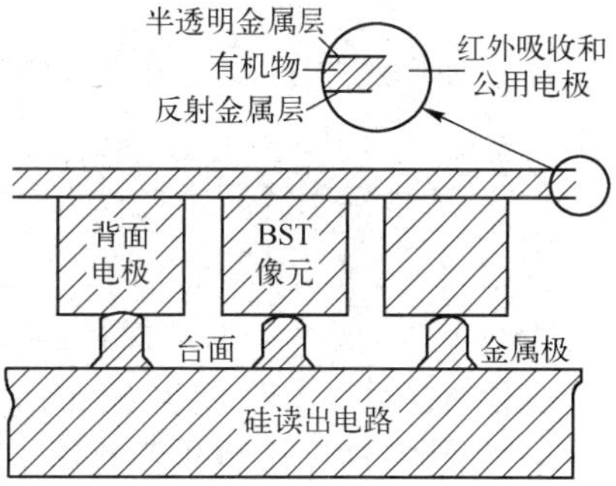

图 7.3-1　热释电阵列探测器

1．热释电探测器的响应度

热释电探测器的电压响应度为

$$\mathcal{R}_{\lambda\text{v}}(f)=\frac{2\pi f A_{\text{d}}\eta\alpha R}{G(1+4\pi^2 f^2\tau_{\text{T}}^2)^{1/2}(1+4\pi^2 f^2\tau_{\text{e}}^2)^{1/2}} \tag{7.3-1}$$

从上式可知：

(1) 由于 $\tau_{\text{e}}=RC$，所以，当 $R\ll 1/(2\pi fC)$时，$\mathcal{R}_{\lambda\text{v}}$ 正比于 R；而当 $R\gg 1/(2\pi fC)$时，$\mathcal{R}_{\lambda\text{v}}\propto 1/C$，此时 $\mathcal{R}_{\lambda\text{v}}$ 与 R 基本无关。

(2) 当 $f\to 0$ 时，$\mathcal{R}_{\lambda\text{v}}\to 0$。即与其他探测器不同，热释电探测器不可能有直流响应。此外，热释电探测器频率响应有两个分界频率 $1/\tau_T$ 和 $1/\tau_e$，如图 7.3-2 所示。当 $1/\tau_T \ll 2\pi f \ll 1/\tau_e$ 时，响应度只随调制频率有轻微变化。$2\pi f=1/\tau_T$ 时的频率称为热分界点；$2\pi f=1/\tau_e$ 时的频率称为 RC 分界点。在这两个分界点上，探测率的相对值都是 $\sqrt{2}/2$。所以要使热探测器具有宽频带，应尽可能增大热时间常数 τ_T，减小电时间常数 τ_e。当 $2\pi f \ll 1/\tau_T$，即在低频段时，响应度与 $2\pi f$ 近似成正比。当 $1/\tau_e \ll 2\pi f$ 时，即在高频段，响应度与 $2\pi f$ 近似成反比。

在通常情况下，f 为几十赫兹，而 τ_T 和 τ_e 为秒数量级，即满足下列条件

$$4\pi^2 f^2 \tau_T^2 \gg 1, \quad 4\pi^2 f^2 \tau_e^2 \gg 1$$

于是式(7.3-1)可写成

$$\mathcal{R}_{\lambda v}(f) = \frac{A_d \eta \alpha}{2\pi f H C} = \frac{A_d \eta \alpha}{2\pi f (C_p \rho A_d d + H')\left(\dfrac{\varepsilon' A_d}{d} + C''\right)} \tag{7.3-2}$$

式中，C_p 和 ρ 分别为热电材料的比热容和相对体积质量。而 $C_p\rho A_d d$ 则为镀上电极的那部分晶体的热容。

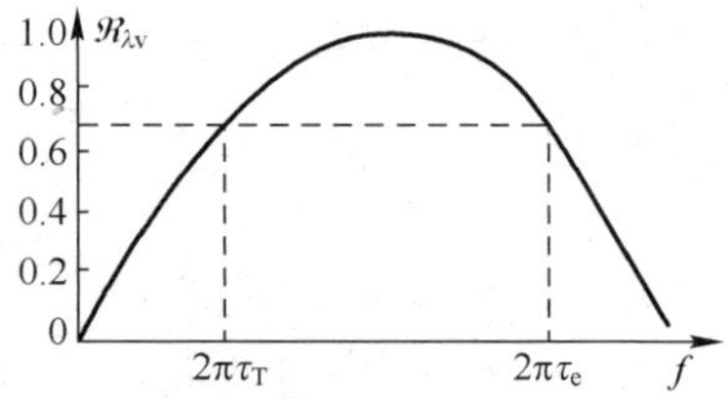

图 7.3-2　归一化响应度与频率的关系曲线

由式(7.3-2)可知，要提高器件的响应度，应该：(1) 尽量减小热容 H'。在晶片厚度 d 比热扩散长度小且采用底板的情况下，除了要求电极不能太厚、焊点要小、底板热导率要低，还要求电极那部分晶体要小；(2) 尽量降低前置放大器的输入电容 C''；(3) 当 H' 和 C'' 已降到可以从式(7.3-2)中略去时，有

$$\mathcal{R}_{\lambda v}(f) = \frac{\alpha}{2\pi f A_d}\frac{\eta}{C_p \rho \varepsilon'} = Q_v \frac{\alpha}{2\pi f A_d} \tag{7.3-3}$$

式中，Q_v 即为热电晶体的第一优值。因此，应选择 Q_v 大的热电材料，并采用边电极结构以减小热释电探测器的电极面积 A_d。

当前置放大器使用输入电容较大的场效应管时，常有 $C'' \gg \varepsilon' A_d/\delta$ 及 $H' \ll C_p\rho A_d \delta$。此时

$$\mathcal{R}_{\lambda v}(f) = \frac{\alpha}{2\pi f}\frac{\eta}{C_p \rho}\frac{1}{dC''} = Q_I \frac{\alpha}{2\pi f d C''} \tag{7.3-4}$$

式中，Q_I 即为第二优值。所以，这种情况应选择 Q_I 大的热电材料，并采用面电极结构以减小热释电探测器电极间的距离(即晶片厚度)d。

2．热释电探测器的响应时间

在前面关于频率响应的介绍中已经讨论了响应时间与频率的关系。按照响应时间定义，应取 τ_T 和 τ_e 中较小的一个为热释电探测器的响应时间。通常 τ_T 很大，而 τ_e 可以通过负载加以调整，在几秒到几皮秒间选用。当然，随着 τ_e 的减小，响应度也会随之变化。

3．热释电探测器的探测率 D^*

热释电探测器的探测能力，除了受器件本身的噪声限制，还受前置放大器的噪声影响。因此，在实际分析热释电探测器性能时，应综合考虑。下面就不同的噪声限制进行分析。

(1) 温度噪声限制

受温度噪声限制的探测率可表示为

$$D_T^* = 1/[16\sigma k T^5]^{1/2} \tag{7.3-5}$$

当 T=300K 时，$D^*=1.8\times10^{10}\text{cmHz}^{1/2}/\text{W}$。式(7.3-5)即为热释电探测器的背景噪声限。其实该式对任何热探测器都适用，因为它只考虑到了背景的热辐射作用，并未涉及热探测器的具体类型。在最佳情况下，实际热释电探测器和理想热释电探测器的性能也要相差一个数量级。

（2）热噪声和介质损耗噪声限制

热释电探测器和前置放大器的输入电阻与电容的热噪声和介质损耗噪声，通常用前置放大器总输入阻抗实部所产生的热噪声来统一描述，即

$$\vec{V}_{\mathrm{N,J}}^2 = 4kT\Delta f R_{\mathrm{e}} Z = \frac{4kTR\Delta f}{1+4\pi^2 f^2 R^2 C^2} \tag{7.3-6}$$

对实际热释电探测器而言，由于介质损耗电阻与频率有关而不满足“白”噪声条件，故上式应写成

$$\vec{V}_{\mathrm{N,J+\delta}}^2 = 4kT\Delta f(1+m) R_{\mathrm{e}} Z = \frac{4kT(1+m)R\Delta f}{1+4\pi^2 f^2 R^2 C^2} \tag{7.3-7}$$

式中，当 m=0 时，介质损耗电阻与频率无关。而当 m=1 时，介质损耗电阻随频率上升而减小。热释电探测器的等效电阻 R' 可以看作直流电阻 R'_{dc} 和交流电阻 R'_{ac} 的并联。以下分三种情况进行讨论。

① 低中频情况。当 $2\pi f \ll 1/\tau_{\mathrm{e}}$ 时，$R'_{\mathrm{ac}} = \dfrac{1}{2\pi f C' \tan\delta}$ 很大，$R \approx \dfrac{R'R''}{R'+R''}$ 与频率无关，其中 $\tan\delta$ 为损耗因子。故 m=0，噪声以直流电阻 R'_{dc} 及负载电阻 R'' 上的热噪声为主，并且不随频率变化。热释电探测器的探测能力主要取决于 R'' 上的热噪声，并随频率及 R'' 的提高，改善其探测能力。

② 较高频情况。由于 $R'_{\mathrm{ac}} = \dfrac{1}{2\pi f C' \tan\delta}$ 随 f 提高而减小，且当 f 增加到 $2\pi f > 1/\tau_{\mathrm{e}}$ 和 $R' > R'_{\mathrm{ac}} > R''$ 时，$R \approx R''$。此时，总电阻 R 与频率无关，因此 m=0，噪声以 R'' 上的热噪声为主，但同时介质损耗噪声开始起作用，故由式(7.3-5)得到的噪声电压开始随频率增加而下降。由式(7.3-3)得到

$$D_{\mathrm{J+R}}^* = \frac{\eta\alpha(A_{\mathrm{d}}R'')^{1/2}}{(4kT)^{1/2}} \frac{\eta}{C_{\mathrm{p}}\rho d} \tag{7.3-8}$$

式中，$\dfrac{\eta}{C_{\mathrm{p}}\rho} = Q_{\mathrm{I}}$。所以在高频区，在忽略 H' 的情况下，应选择第二优值 Q_{I} 大的材料，且 R'' 尽可能大，d 要小，即采用面电极结构。上式同时还表明，此时 $D_{\mathrm{J+R}}^*$ 与频率无关。所以在该高频范围内热释电探测器的探测能力主要受 $\mathcal{R}_{\lambda\mathrm{v}}$ 随频率增加而下降的限制。

③ 更高频情况。在 $2\pi f \gg 1/\tau_{\mathrm{e}}$ 时，如果响应元交流阻抗 R'_{ac} 减小到比 R'' 和 R'_{dc} 都小的程度，则 $R \approx R'_{\mathrm{ac}}$。此时式(7.3-7)中的 m=1，可得到热释电探测器的噪声电压为

$$\vec{V}_{\mathrm{N,J+\delta}}^2 = \vec{V}_{\mathrm{N,\delta}}^2 = \frac{8kT\Delta f C' \tan\delta}{2\pi f C^2} \tag{7.3-9}$$

由此可得，当响应元的介质损耗噪声成为热释电探测器的限制性噪声，且 H' 可以忽略不计情况下的探测率为

$$D_{\delta}^* = \frac{\alpha}{(16\pi f kT)^{1/2}} \frac{\eta}{C_{\mathrm{p}}\rho(\varepsilon'')^{1/2}} \frac{1}{d^{1/2}} \tag{7.3-10}$$

该式表明，在 $2\pi f \gg 1/\tau_{\mathrm{e}}$ 的情况下，要提高 D_{δ}^* 值，应选择 $\dfrac{\eta}{C_{\mathrm{p}}\rho\sqrt{\varepsilon''}}$ 大的材料及较薄的晶体厚度 d。

表 7.3-1 给出了部分热释电探测器的性能。

表 7.3-1 部分热释电探测器的性能

器件名称	D^*（$\mathrm{cmHz^{1/2}W^{-1}}$）	测量条件（温度/K，频率/Hz，频率/Hz）
钽酸锂（$LiTaO_3$）	1×10^9	500,13,1
铌酸锶钡（SBN）	5×10^8	
钛锆酸铅（PZT）（陶瓷）	1.8×10^8	500,20,6
钛酸铅（$PBTiO_3$）	1.7×10^9	500,20,6
聚偏二氟乙烯（PVDF）	1.5×10^9	500,10,1

4．热释电探测器焦平面的发展

将热释电探测器由分立的单元排列成一维或二维组件就构成了热释电探测器阵列，它可用于探测热辐射的空间分布。描述阵列性能的参数除了可以使用上述描述单元热释电探测器的性能参数，还有像元数 N、相邻元间隔式填充因子、串音 δ 和响应度均匀性等指标。特别是串音 δ，对于热

释电探测器阵列是最重要的指标。串音的定义为：阵列中某一元 n 接收入射辐射时，最近邻元$(n-1)$或$(n+1)$的输出信号与该元输出信号之比值，即

$$\delta = V_{n-1} / V_n \tag{7.3-11}$$

阵列的性能很大程度上取决于信号读出的模式。因而除热释电响应元阵列外，热释电探测器阵列还包括前置放大器、积分器和电子开关等。对于最简单的线阵，其响应元信号被结型场效应管前放阵列放大后在积分器阵列中转换成直流信号。这个直流信号可直接推动发光管阵列，也可由场效应管电子开关读出变为视频信号。近年来，随着硅 CCD 电荷传输技术的发展，人们开始省略前置放大器，甚至省略积分器，直接用硅 CCD 进行信息处理，简化阵列器件。目前这种将热释电响应元阵列与硅 CCD 混成有两种方式：一种是源注入方式，即以源注入形式将热释电电荷信号通过一输入 MOS 场效应管注入硅 CCD 势阱中；另一种是栅注入方式，即将热释电电流变换成栅极信号电压调制输入 MOS 场效应管的栅极。

对于热释电焦平面探测器材料，较新型的有钛酸锶钡(BST)陶瓷和钛酸钪铅($Pb_xZi_{1-x}TiO_3$，PST)等。探测器一般采用薄膜材料。热释电焦平面探测器发展的主要代表是美国得克萨斯仪器公司和英国马可尼电子公司。

美国 TI 公司推出的 328×245 BST FPA 已形成产品，其结构如图 7.3-3 所示。其像元大小为 48.5μm×48.5μm，100%的光学填充系数，NETD 优于 0.1K，系统中还包括半导体制冷器、精确的温度传感器以及机械斩波器。

此外，还有 640×480 像元的 FPA 出现，发展趋势是将铁电材料薄膜淀积于硅片上，制成单片式的热释电焦平面，其有很高的潜在性能，可望实现 1000×1000 像元阵列的优质成像。目前，TI 公司和洛克西德 •马丁公司已研制出 640×480 像元的非制冷热释电焦平面阵列。

英国马可尼电子系统公司于 1990 年用 PZT 热电陶瓷材料制成 100×100 像元的探测器阵列。制作工艺采用混合式倒装互连技术，铁电混合式阵列结构如图 7.3-3 所示。铁电层是从一个热处理后的陶瓷片上切割的圆片，抛磨厚度为 10μm～15μm。

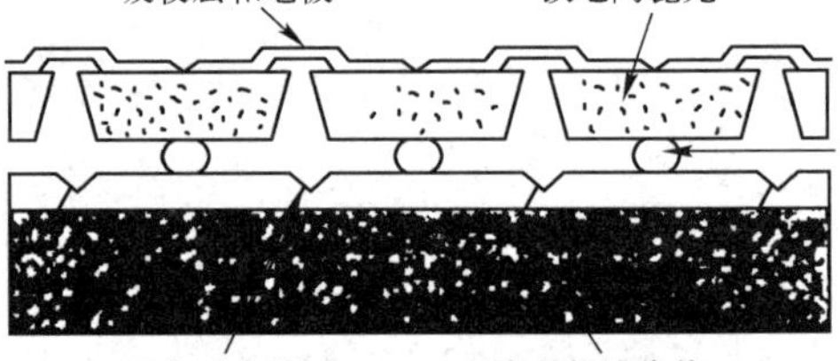

图 7.3-3　铁电混合式阵列结构

马可尼电子系统公司已确立 100×100 像元的热成像传感器在民用领域的地位，像元尺寸为 100μm×100μm，NETD=0.087K。目前已投入生产的产品比 256×128 像元阵列大，像元尺寸为 56μm×56μm，NETD=0.09K，而像元尺寸为 40μm×40μm、NETD=0.131K 的 384×288 阵列探测器也已投入前期生产。

7.3.2　微测辐射热计焦平面成像器件

微测辐射热计利用红外辐射的热效应，由热敏电阻材料将红外辐射能转换成热能，引起热敏电阻温度变化，从而导致其电阻值随之发生改变，对应的负载电阻电压信号变化即可反映红外辐射热能大小，以实现对红外辐射目标的探测成像。

如图 7.3-4 所示，微测辐射热计的直流工作方式采用桥式电路。无红外入射辐射时，桥式电路达到平衡状态，负载电阻 R_2 无信号电压输出。当红外入射辐射作用于热敏电阻 R_d 时，R_d 温度变化进而引起其电阻值发生改变，导致桥式电路平衡状态被打破，有电流经过 R_2，从而输出信号电压。

微测辐射热计的温度升高引起的电阻变化量依赖于电阻的温度系数 α

$$\alpha = \frac{1}{R_d}\frac{dR_d}{dT_d} \tag{7.3-12}$$

式中，R_d为探测器的电阻；T_d为探测器的温度。

根据图 7.3–4 和图 7.3–5 的两种电路形式，其信号电压可以分别写为

$$V_S = \frac{I(\Delta R_d)R_2}{2R_2 + R_1 + R_3} \tag{7.3–13}$$

$$V_S = \frac{R_1 V(\Delta R_d)}{(R_d + R_1)^2} \tag{7.3–14}$$

式中
$$\Delta R_d = \frac{dR_d}{dT_d}\Delta T_d \tag{7.3–15}$$

I为桥式电路中流过的微测辐射热计的稳态电流；ΔT_d为T_d的时间变化量；V为直流偏压。

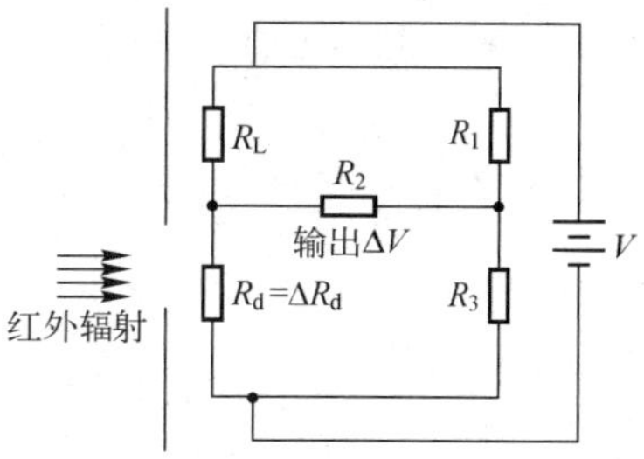

图 7.3–4　直流工作的桥式电路

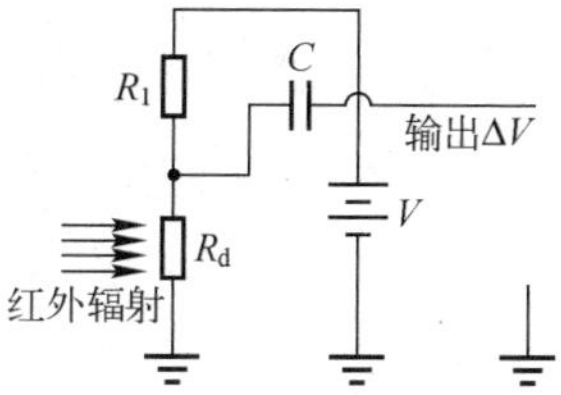

图 7.3–5　交流工作的电路

1．响应度

设入射红外辐射功率增量 ΔP 引起的微测辐射热计温度变化为ΔT_d，其关系为

$$C\frac{d\Delta T_d}{dt} + G\Delta T_d = W_h + \Delta P \tag{7.3–16}$$

式中，C为微测辐射热计探测单元的热容，单位为JK^{-1}；$G\Delta T_d$为探测器单元传导和辐射的热流；W_h是由I^2R_d在微测辐射热计上产生的热功率；G是对应于微小温度变化量的热导，单位为WK^{-1}。

根据响应度的定义，图 7.3–5 所示电路的响应度为

$$\mathfrak{R} = \left(\frac{R_1}{R_1 + R_2}\right)\frac{IR_d\alpha\varepsilon}{G_e(1+\omega^2\tau^2)^{1/2}} \tag{7.3–17}$$

式中，G_e为有效热导，有

$$G_e = G - \alpha(\Delta T_d)G_0\left(\frac{R_1 - R_d}{R_1 + R_d}\right) \tag{7.3–18}$$

同理，图 7.3–4 所示电路的响应度为

$$\mathfrak{R} = \frac{1}{2}\varepsilon IR_d\alpha\frac{1}{G_e} \tag{7.3–19}$$

2．探测率 D^*

通常认为，微测辐射热计的噪声由电流噪声和 Johnson 噪声组成。根据D^*的定义，有

$$D^* = \frac{A_d f\varepsilon\alpha I\sqrt{R_d}}{2G_e\sqrt{f(k_f I^2 R_d + 4kT_d A_d f)}} \tag{7.3–20}$$

式中，A_d为探测单元的面积；f为响应频率；Δf为微测辐射热计的频率响应带宽;k_f为比例系数。

对于有最佳探测性能(最佳信噪比 SNR)的大偏置电流情况，在探测器响应的大部分频谱范围内，电流噪声起主要作用。如果把偏置电流减小到足够小，则电流噪声相应减小，Johnson 噪声起主要作用。此时，探测器的噪声频谱是平的，仅依赖于探测器单元的电阻和温度。

3．微测辐射热计的结构与制作

微测辐射热计是在 IC–CMOS 硅片上施以淀积技术，用 Si_3N_4 支撑有高电阻温度系数和高电阻率的热敏电阻材料 VO_x 或多晶硅，做成微桥结构的器件。微测辐射热计接收热辐射引起温度变化而改变阻值，直流耦合无需斩波器，仅需一半导体制冷器保持其稳定的工作温度。与热释电 UFPA 比较，微测辐射热计优点为：采用硅集成工艺，制造成本低廉；有好的线性响应和高的动态范围；像元间好的绝缘而使之具有较低的串音和图像模糊；低的 1/f 噪声；高的帧速和潜在的高灵敏度(理论 NETD 可达 0.01K)。其不足在于偏置功率受耗散功率限制和大的噪声带宽。

微测辐射热计像素单元结构如图 7.3-6 所示，是典型的三明治结构。图 7.3-7 是完成封装的微测辐射热计，其基本制作流程包括：

在 CMOS 基片上生长 Al 反射层→生长 Al 桥墩→生长 SiO_2 桥墩→涂 PI 牺牲层→生长 SiN 吸收层→生长 Ti 引线→生长 VOx→生长 SiN 钝化层→释放 PI 牺牲层→划片→键合→测试→封装。

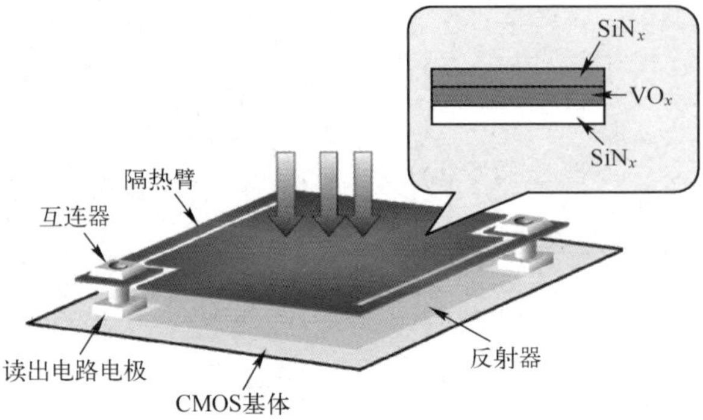

图 7.3-6　微测辐射热计像素单元结构

图 7.3-7　完成封装的微测辐射热计

4．微测辐射热计焦平面现状

美国霍尼韦尔(Honeywell)公司于 1993 年报道了 16×64、64×128 和 240×330 像元的微测辐射热计红外焦平面探测器阵列。其热探测层通过溅射或化学气相沉积技术在电绝缘薄片上沉积薄膜(<1μm)，沉积的薄膜材料包括金属、SiO_2、Si_3N_4 和 VO_x(热敏电阻材料)。膜片位于 Si 衬底上方，由对角线两端角上的两根连接像素和硅读出电路的细长支柱支撑。其中 240×336 像元非制冷焦平面的 NETD=0.039K(*f*/1 镜头)，像元尺寸为 50.8μm×50.8μm(图 7.3-8)。随后将技术转让给了雷声先进红外中心(IRCOE)、北美波音公司和洛克希德 • 马丁公司等。

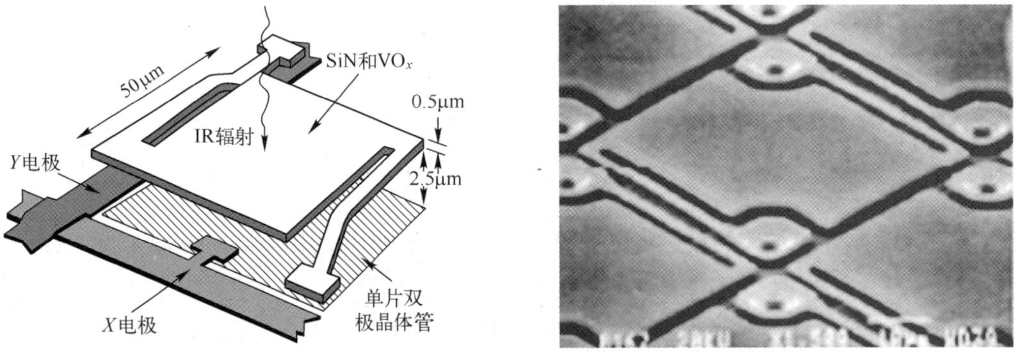

图 7.3-8　Honeywell 公司开发的微测辐射热计

IRCOE 获得 Honywell 公司 VO_x 微测辐射热计非制冷 FPA 技术的使用权后，研制成高灵敏度的非制冷红外焦平面阵列 SB-151，并广泛应用在高性能系统中，性能特征为：像元数 320×240，像元尺寸 50μm×50μm，芯片尺寸 18.3μm×18.4mm，工作波段 8～14μm，信号响应率大于 2.5×10^7V/W，NETD<0.08K(*f*/1 镜头)，功耗约为 200mW。

表 7.3-2 给出了国内外主要公司的 VO_x 焦平面产品部分参数。

表 7.3-2　国内外主要公司的 VO_x 焦平面产品部分参数

公司名称	阵列规模	像元尺寸/ μm	响应波段/ μm	NETD/mK	推出时间/年
美国 FLIR 公司	640 × 512, 320 × 640	17, 12	7.8～13. 5	< 35, < 40	2016
美国 DRS 公司	640 × 480, 1280 × 1024	17, 10	8～14	35～40	2015

续表

公司名称	阵列规模	像元尺寸/ μm	响应波段/ μm	NETD/mK	推出时间/年
英国 BAE 公司	1024 × 768, 640 × 480	17, 12	8～14	< 50	2015
中国北方广微公司	640 × 512	17	8～14	< 50	2017
中国艾睿光电公司	1024 × 768, 640 × 512, 1280 × 1 024	12, 17, 10	8～14	< 50, < 30, < 40	2017～2019

2015 年，FLIR 公司推出了像元尺寸 12μm×12μm、晶圆级封装、晶圆级光学和专用图像信号处理芯片的 FLIR ONE 2 相机，集成了非制冷红外领域诸多先进技术。同年，DRS 公司在其官网发布了像元尺寸 10μm×10μm、像元数 1280×1024 的 IR-FPA 探测器，是当前可见报道中像元中心距最小的非制冷 IR-FPA 探测器。

在大阵列上，Reytheon 公司报道了基于视场拼接技术的像元尺寸 17μm×17μm、像元数 2048×1536 的非制冷 IR-FPA 探测器，BAE 公司开发了像元尺寸 12μm×12μm、像元数 1920×1200 的类似产品，目前小像元尺寸、大阵列规模、优质性能一直是各公司争相发展的方向。

除此之外，法国 SOFRADIR 公司在多晶硅微测辐射热计焦平面方面的研制得了很大的进展(结构如图 7.3-9 所示)，形成了探测器像元数 256×64、像元尺寸 50μm×50μm，像元数 320×240、像元尺寸 45μm×45μm 以及 35μm×35μm 等不同系列，NETD 接近 30mK。同时，相应的 CMOS 读出电路也已研制成功。表 7.3-3 给出了国外的主要 α-Si 焦平面产品的部分参数。

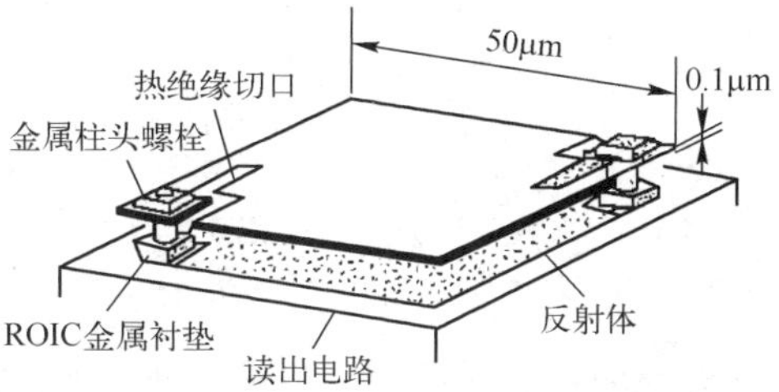

图 7.3-9　SOFRADIR 公司开发的微测热辐射计的结构

表 7.3-3　国外的主要 α-Si 焦平面产品的部分参数

公司名称	最大阵列规模	像元尺寸/μm	热响应时间/ms	NETD/mK
法国ULIS公司	640 × 480	12	6.6	53
美国L-3公司	1024 × 768	17	10	35

目前，国内非制冷红外焦平面探测器技术指标如表 7.3-4 所示。

表 7.3-4　国内非制冷红外焦平面探测器技术指标

厂商	技术路线	像元尺寸/μm	阵列	帧频/Hz	输出模式	NETD / mK	推出时间/年
艾睿光电	VO_x	10	1280 × 1024	30	数字	< 40	2019
高德红外	VO_x	12	1280 × 1024	50 / 60	数字	< 30	2019
大主科技	α-Si	15	1920 × 1080	60	模拟	< 50	2019
北方广微	VO_x	17	640 × 512	60	模拟	< 50	2017

正如前面所说，由于非制冷红外焦平面探测器的非制冷和低成本，目前已成为民用和准军事用途红外热成像系统的主流探测器芯片，相比于制冷型红外焦平面探测器，其已经可以进入“寻常百姓家”了。

7.3.3　其他热电型非制冷焦平面成像器件

1．热电堆红外焦平面阵列

两种不同的合金或半导体材料两端接合形成闭合回路，当两端结点温度不同时(ΔT)，回路中就要产生热电动势(V_S)，这种现象称为塞贝克(Seebeck)效应，这种结构称为热电偶，系列的热电偶串联即为热电堆。通过 V_S 变化便可测出温度变化，这是热电堆红外焦平面阵列的基本原理。

日本防卫厅和日本电气公司（JDA/NEC）在热电堆焦平面阵列技术方面是最具代表性的，1994年，其采用N型和P型多晶硅热电材料制作出了128×128像元的热电堆红外焦平面阵列，获得的灵敏度为1.550V/W，像元尺寸为100μm×100μm，NETD=0.5K（f/1镜头）。这种器件为一种提高填充因子的单片式集成结构，信号电荷积累和信号电荷读出电荷耦合器件（CCD）制作在硅表面上，在CCD的上面是用微机械加工技术制作的热绝缘结构膜，膜的尺寸为80μm×84μm，填充因子高达67%。

除此之外，美国福斯特工程技术公司推出了128位线阵微机械热电堆阵列。霍尼韦尔公司于1995年研制出120像元的热电堆红外线阵探测器。

2．常规集成电路实现的非制冷焦平面阵列

微测辐射热计、热释电探测器和热电堆探测器所采用的材料具有很好的温度－电学特性，制成IR-FPA具有高的响应率。但其读出电路通常都采用标准的硅集成电路加工技术，与传统的硅加工技术并不完全兼容，这也是非制冷探测器成本相对可见光CCD探测器仍较高的原因之一。日本三菱电机公司先进技术开发中心已成功研制出采用常规集成电路工艺的低成本320×240像元非制冷IR-FPA。这种IR-FPA采用硅PN结二极管（可与硅工艺兼容的器件），其SOI（Si On Insulator）热探测器结构（图7.3-10）由一种绝缘膜隔开的两个单晶硅区组成，绝缘夹层为 SiO_2，称为隐埋层（Box）。

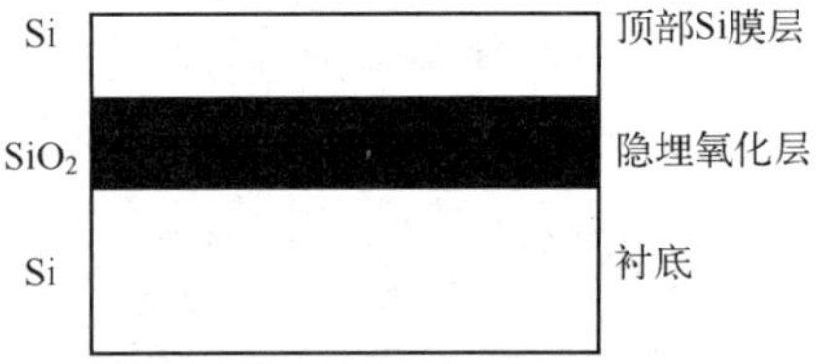

图7.3-10　SOI热探测器结构

其性能指标为：像元数320×240，像元尺寸40μm×40μm；热导率达 8.2×10^8W/K；串结二极管温度系数可达11mV/K；探测器填充系数为90%；红外吸收率为80%；60Hz帧速；NETD=0.2K（f/1镜头）。

目前，在上面所介绍的4种非制冷焦平面技术途径中，以微测辐射热计阵列和热释电焦平面阵列的发展前景最为看好，这是因为：微测辐射热计不需要斩波器，均匀性、调制传递函数（MTF）较优；通过轻便小型的阿基米德螺线型斩波器可使热释电焦平面阵列系统实现平稳扫描。此外，由于热释电探测器填充系数较高，无需偏置电压，且恒温器的功率较低，因此对大面阵探测器而言，其特点可能更为突出。

热电堆焦平面阵列虽然性能相对差些，但其不需斩波器或温度稳定器，整个制造工艺可在硅集成线上完成，可望实现低成本、批量生产。常规集成电路实现的非制冷红外焦平面探测器目前尚处在起步阶段，由于工艺方面与常规集成电路相兼容，因而也具备良好的发展前景。

在阵列规模上，目前已经进入1280×1024像元阶段，像素面积达到(12×12)μm^2。此外，从探测器阵列芯片上的A/D转换和非均匀校正，以及更低的NETD要求可以看出，高性能非制冷探测器以及低成本微型非制冷探测器将是未来的重要发展方向。

非制冷红外热成像系统及其相关的探测器理论性能是非常优异的，D^*可达到 2×10^{10}cmHz$^{1/2}$W，NETD理论值比目前所达到的实测值高1～2个数量级。其中，雷声先进红外中心（IRCOE）开发的SB-151非制冷红外焦平面成像阵列，NETD已达8.6mK，是目前温度分辨率最高的非制冷红外热像仪。因此非制冷焦平面红外热像仪将可能以其优越的性价比向制冷型提出严峻的挑战。

近年来，我国非制冷焦平面阵列技术也取得了长足的进步。1995年中国科学院长春光学精密机械研究所利用微机械加工技术研制成功了低成本线阵32像元、128像元的硅微测辐射热计阵列，NETD为0.3K，存储时间为1ms。中国科学院上海技术物理研究所制备的BST铁电薄膜材料的性能在2000年已接近国际先进水平。进入“十一五”以后，特别是“十三五”以来相关技术与设备的引进和海外留学人员的回流，我国非制冷焦平面探测器的研究渐入高潮，从表7.3-2～表7.3-4可知，我国的非制冷焦平面探测器研制水平距国际水平的差距正在逐步缩小，并在部分指标上已经接近国际水平。

习题与思考题

1．常用的红外探测器按机理可分为几类？其各自的工作原理是什么?各有何优缺点?

2．红外探测器有哪些工作条件要求？为什么？

3．红外探测器有哪些性能参数？各自是怎样定义的？

4．PC 探测器的工作机理是什么?有哪些特点？常用的材料有哪些？

5．试导出在平均激发条件下，非调制信号输入的本征光电导器件的响应度关系式，分析提高响应度的途径。

6．简述 SPRITE 探测器的工作原理及其优点，导出其响应度关系式，分析提高响应度的途径。

7．什么是少数载流子的扫出效应?怎样才能实现少数载流子的完全扫出?

8．试导出引入量子产额后的 PV 器件响应度的普遍表达式，分析提高响应度的途径。

9．PV 探测器的工作机理是什么?有哪些特点?常用的材料有哪些?

10．光伏器件常用判据是什么？为什么?

11．红外焦平面阵列有哪些形式？各有什么特点？

12．简述肖特基势垒光电探测器的工作原理，其与光伏器件有哪些异同?

13．什么是量子阱？什么是量子点？由它们形成的红外探测器有什么特点？

14．为什么说量子阱器件是多色探测器最有竞争力的器件？

15．非制冷红外焦平面阵列有哪些形式？各有什么特点？

16．热释电探测器有几种结构形式？各有什么优缺点?

17．微测辐射热计可以有几种工作方式？各有什么特点？

18．调研整理我国近 10 年在红外成像器件、红外探测器件研制与生产中主要的成就，评述相关成就在国际同行中的地位。

第 8 章　红外热成像系统

能够摄取景物红外辐射分布，并将其转换为人眼可见图像的装置，称为红外热成像系统，或简称红外热像仪。实现景物红外热成像的技术称为红外热成像技术，综合利用红外物理、半导体、微电子、真空、低温制冷、精密光学机械、电子学、信号处理、计算机、系统工程等获取景物红外热辐射图像，并将其转化成电信号，再用处理后的电信号驱动显示器，产生可供人眼观察的热图像。

所有高于 0K 的物体都会发射红外辐射，并且温度越高，红外辐射越强，因此红外热成像系统可以对常规景物进行完全被动的成像，具有非常广阔的应用领域。通常所说的红外热成像系统包括短波红外（1～3μm）、中波红外（3～5μm）和长波红外（8～14μm）成像系统，其主要的区别在于红外探测器的响应波长范围不同，不同波段的红外热成像也有各自的特点和优势，需要根据目标和景物的辐射特性选用适当的波段完成观察或探测任务。

8.1　红外热成像系统的构成

根据前述的红外探测器的工作原理，红外热成像系统可以分为制冷型和非制冷型，通常光子型探测器需要制冷以抑制噪声的干扰，而热电型探测器则往往不需要制冷，但是越来越多的新型光子型探测器被研制出来，也有一些光子型探测器不需要制冷就可以得到较高信噪比的热图像。

按红外探测器像元数量与排列方式，红外热成像系统可以大致划分为三代。

1．一代通用组件热成像系统

早期使用单元探测器或小规模多元探测器进行成像的系统需要与光机扫描器配合进行二维扫描，从而完成对全视场内红外辐射分布的成像探测，系统构成如图 8.1-1 所示。

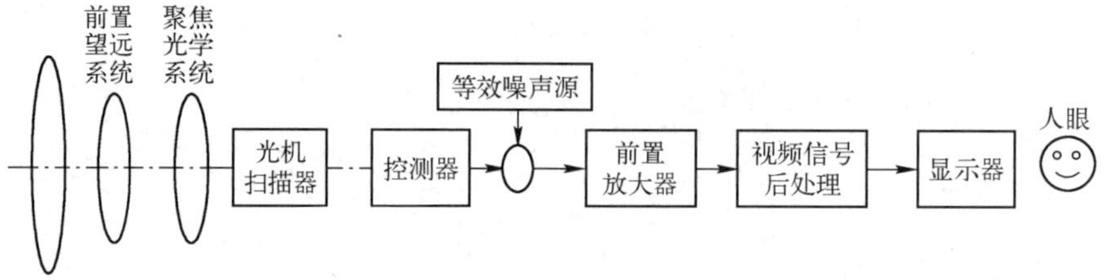

图 8.1-1　一代通用组件热成像系统构成

前置望远系统和聚焦光学系统负责将目标景物的红外辐射会聚成像；在探测器前的光机扫描器是完成景物图像解析的重要组成部分，通过空间二维扫描，使得探测器所对应的瞬时视场能够在一帧时间内全部扫过系统需要观察的总视场（见图 4.3-1）；探测器每一个时刻只能对一个瞬时视场的景物进行成像，将接收到的辐射信号转换成电信号，再经过前置放大器对信号进行放大增强并经过隔直流电路把背景辐射从场景电信号中滤除后，输出视频信号格式的一维电信号，显示端接收到视频信号后在显示器上呈现出对比度良好的热图像。该系统中各个环节存在的噪声影响在图 8.1-1 中统一用等效噪声源来表征。该系统由于存在光机扫描器，因此系统结构复杂，体积较大，可靠性低，成本也较高，但在红外热成像系统发展的早期有非常重要的应用。

2．4N 扫描型二代焦平面成像系统

随着探测器阵列规模的扩大，出现了 4N 型焦平面探测器，由 4 列 N 行像元构成，当使用这样的探测器成像时，仍然需要光机扫描器，但此时仅需要在行的方向进行一维扫描即可以获得红外辐射的二维分布，系统的构成见图 8.1-2。

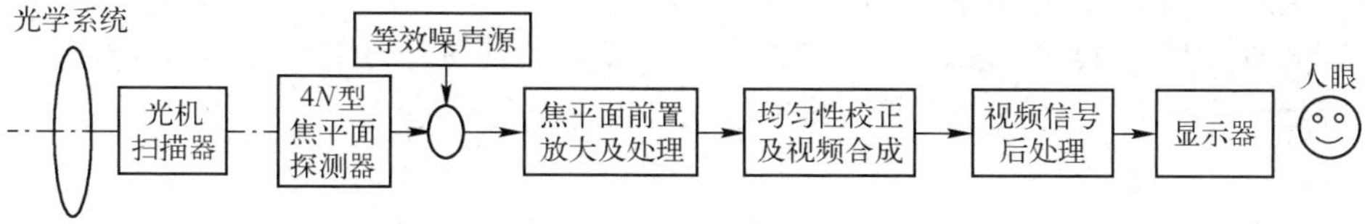

图 8.1-2　4N 扫描型二代焦平面成像系统构成

光机扫描器一维扫描时，系统的成像方式为串并扫。探测器列方向上的尺寸决定了垂直方向的总视场，并行扫过水平方向视场；在行方向上，探测器每一行的 4 个像元采用串行扫描，工作在时间延迟积分模式，实现了 4 个像元对同一场景辐射成像以及信号叠加。由于系统使用的是已经有一定规模的焦平面探测器，因此焦平面器件普遍存在的非均匀性问题会对成像质量造成严重的影响，需要在视频信号输出之前进行非均匀性校正。

以上两种类型的系统的构成虽然有一定的差异，但共同点是都需要扫描成像，因此都属于光机扫描型红外热成像系统，完整的系统组成框图如图 8.1-3 所示。

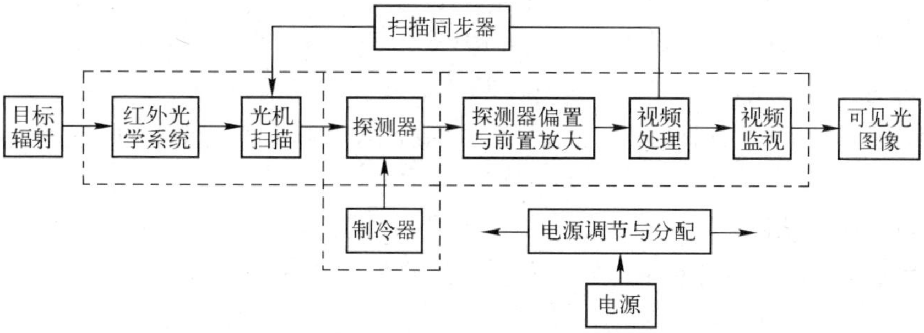

图 8.1-3　光机扫描型红外热成像系统组成框图

3．二代凝视型焦平面热成像系统

目前普遍使用的红外热成像系统使用的都是具有一定规模的焦平面探测器面阵，因为不需要扫描就可以对目标场景进行成像，所以被称为凝视型成像。图 8.1-4 所示为凝视型红外热成像系统组成框图，探测器中的每个单元与景物中的一个微元对应，与图 8.1-3 比较，不仅不再需要光机扫描器，同时探测器前置放大电路与探测器合一，集成在位于光学系统焦平面的探测器阵列上，这也正是所谓的“焦平面”含义所在。

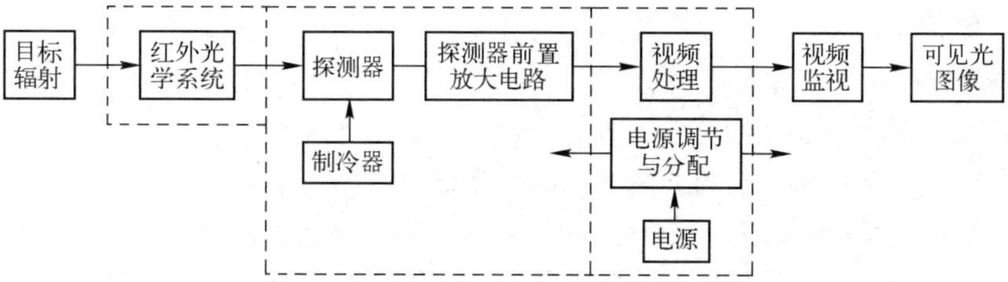

图 8.1-4　凝视型红外热成像系统组成框图

可用于凝视型红外热成像系统的探测器可以是 4.2.4 节所介绍的热释电摄像管，也可以是第 7 章所介绍的各种光子型和热电型红外探测器。

国际上，也按照探测器和红外热成像的发展历程对红外热成像系统进行了分代，目前最普遍的分代方法是：将基于分立的单元或多元探测器阵列的光机扫描型红外热成像系统称为第一代红外热成像系统；将一维扫描型红外热像仪或小规模凝视型阵列(如 320×240 等)，称为第二代红外热成像系统，它具有 2 万个以上的探测元，像元特征尺寸为 30μm 左右；将 640×480 像元以上的凝视型红外热像仪，称为第三代红外热成像系统，它具有 30 万个以上的探测元，探测器尺寸减小到 20μm 左右；将具有先进的信号处理功能，工作波段覆盖可见光、近红外、中红外和远红外区域的灵巧焦平面阵列，称为第四代红外热成像系统。本书遵从了以上分代方法。

8.2 红外热成像系统的光学系统

红外光学系统是指可以对中、长波红外波段进行成像的光学系统，即接收和透射红外辐射的光学系统。一般来说，红外光学系统作为光学系统的一个类别，与其他可见光光学系统相比，在光能接收、传递、成像等光学概念上没有原则上的区别。但是，由于红外光学系统工作波长在中、长波段红外区域，因此需要使用透中、长波红外波段辐射的单晶锗、单晶硅等特殊材料。

8.2.1 红外热成像对光学系统的要求

由于红外辐射的独有特征，对应的光学系统具有以下与普通光学系统(特别是目视和照相成像系统)不同的特点：

（1）红外热成像的辐射波段波长大于 1μm，但是普通光学玻璃无法透过波长 2.5μm 以上的红外辐射。在所有可透红外辐射的材料中，只有几种材料具有必需的机械性能，并可获得足够大的尺寸，这大大限制了透镜系统在红外光学系统设计中的应用，因此，反射式和折反射式光学系统占有比较重要的地位。

（2）红外热成像系统使用离散型的红外探测器进行成像，系统的分辨率主要受限于红外探测器的像元尺寸，为了不限制系统整体的分辨率性能，通常要求红外光学系统的分辨率要高于红外探测器的分辨率。

（3）由于红外成像系统在很多应用场景中需要对远距离目标成像，作用距离远，并且能量微弱，因此要求光学系统的口径尽可能大，以尽可能多地收集辐射能量；同时由于衍射极限的影响，要得到高分辨率的红外热成像系统也必须有大的通光孔径，因此红外光学系统通常采用大相对孔径（小 F 数）的光学系统，但是这会使红外热成像系统的质量增大，成本提高。

（4）从能量的角度来说，为了在探测器的光敏面上获得更大的辐照度，希望光学系统的焦距 f' 小一些，在口径相同的条件下，F 数就要小一些，但 F 数的减小会增大加工工艺的难度和像差校正的难度。

（5）红外辐射有比较强的热效应，而光学镜片的折射率和热膨胀系数会受到温度的影响而发生变化，因此在红外光学系统设计中除了要考虑消像差，还需要消热差或进行无热化设计，以保证系统在温度变化时成像的参数和像质不受影响。

鉴于上述特点，在设计红外光学系统时，应遵循以下原则：

（1）红外光学系统应在所工作的波段有较高的光谱透过率；

（2）红外光学系统应力求简单，特别是折射式系统，要尽可能减少透镜片数，以减小能量损失；

（3）红外光学系统应具有尽可能大的相对孔径，以保证系统有高的灵敏度；

（4）红外光学系统视场应有利于充分发挥探测器的效能，如合理利用光敏面面积，保证像面辐照度均匀等；

（5）反射式系统通常焦距大，视场小，为保证有足够的成像视场，往往需要引入各种光机扫描器，因此需要考虑合适的空间布局。

（6）红外光学系统应对噪声有较强的抑制能力，如用调制盘等作为空间滤波器，就需要使用集光元件，如场镜、浸没透镜与光锥等，以减小探测器尺寸，提高信噪比。

8.2.2 典型红外热成像光学系统及其分析

1．反射式光学系统

反射式光学系统没有色差且工作波段很宽的优点使得它在传统红外热成像系统中被广泛采用，由于反射可使光路折叠，并容易实现倒像等功能，因此可以使系统实际长度缩短，机械结构的质量变轻。由于反射只与表面有关，表面可通过镀膜来处理，因此基底材料和具体机械结构的选择有很大的余地，容易得到大尺寸、稳定、质量轻的光学元件，是解决系统体积过大的一种有效措施。

由主镜和次镜组成的双反射系统是目前应用比较广泛的反射式光学系统，比如 3.2.2 节中图 3.2-8 所给出的卡塞格伦系统和格里高里系统，都是在红外热成像系统中常用的双反射系统。

单纯的双反射系统最多只能校正两种像差，而且有中心遮挡。离轴三反光学系统可以解决中心遮挡的问题，该系统基于高斯光学理论，求取共轴三反光学系统结构作为初始结构，通过光阑离轴或视场离轴，或者二者相结合的方法实现系统中心的无遮挡。图 8.2-1 给出了一种通过视场倾斜实现的离轴三反光学系统；该系统还可以利用高斯非球面来满足系统多种性能的要求，与共轴全反射光学系统具有相同的优点，如无色差、无二级光谱、使用波段范围宽、易做到大孔径、抗热性能好、结构简单、易轻量化等；同时，因系统的优化变量多，故可以在提高系统视场大小的同时改善系统的成像质量。

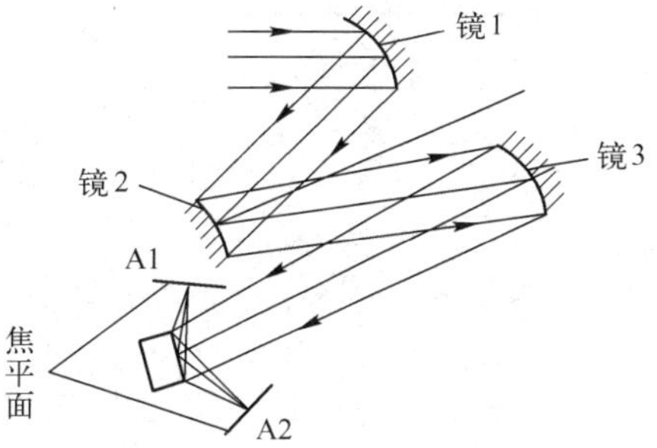

图 8.2-1 离轴三反光学系统

离轴三反光学系统在解决中心遮挡问题的同时具有大视场的优点，但是结构复杂，离轴系统设计与装校比较困难。

2．折射式光学系统

相对于折反式光学系统和反射式光学系统而言，折射式光学系统更容易满足大视场的要求。当红外热成像系统用于卫星遥感成像时，视场角每增大 1°，视场所覆盖的面积要增大很多，有利于减小绕行周期，节省卫星动力和延长卫星的使用寿命。

折射式光学系统适合于口径比较小、视场比较大、波段比较窄的光学系统。与可见光系统相同的是需要校正各种像差以获得高质量的图像，但由于成像波段更宽，波长更长，透红外材料不同等条件，对红外成像系统中的折射式光学系统有一些特殊的设计要求：

（1）对面型和材料要求很高，为克服球面折射面的球差问题，通常需要在光学系统中增加非球面，消除球差及其他各种像差，获得高质量的图像。

（2）为解决色差等像差引起的成像模糊，在红外光学系统中可以采用复合消色差透镜消色差，即用正负透镜做成双胶合透镜，但具有合适折射率的红外光学材料不多，因此常常把复合透镜分开成双分离透镜。常见的折射式光学系统结构如图 8.2-2 所示。

（3）采用无热化技术或消热差技术消除环境变化的影响。在红外光学系统中，当环境温度发生变化时，光学材料和机械材料的热效应将使光学材料的折射率、光学元件曲率半径及光学元件厚度和空气间隔发生变化。这些变化将导致严重的热离焦，从而使红外光学系统的像质下降，图像模糊不清，对比度下降，最终影响整机系统的性能。对于定焦距红外光学系统，目前其无热化技术主要采用光学被动式。光学无热化是指合理利用不同材料之间的热特性的差异，通过合理搭配正负光焦度的最佳组合，将离焦的影响抵消。采用光学无热化设计的红外镜头具有结构简单、尺寸较小、质量轻、无需供电和可靠性高等优点。

3．折反式光学系统

折反式光学系统具有聚光能力强、视场大、像差小等优点，常用于快速移动的天体，以及大尺度、面源景物的成像。因其结构紧凑，在红外光学系统中应用较多。折反式光学系统的主、次镜分离，有利于光学无热化设计。利用反射镜折叠光路，还可以缩小光学系统的体积和质量。将非球面技术应用到卡塞格伦系统中，不仅可以减少透镜数量，增大视场，还可以有效消除各种像差。折反式光学系统的缺点是存在中心遮挡且易受杂散光影响，为此，常通过采用离轴光阑来解决中心遮挡的问题，不过这将增加装调的难度。红外光学系统常用的折反式光学系统结构有施密特结构和马克苏托夫结构，如图 8.2-3 所示。

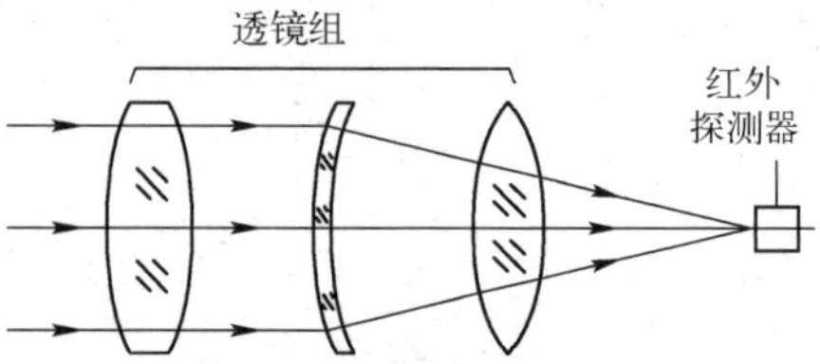

图 8.2-2　折射式光学系统结构

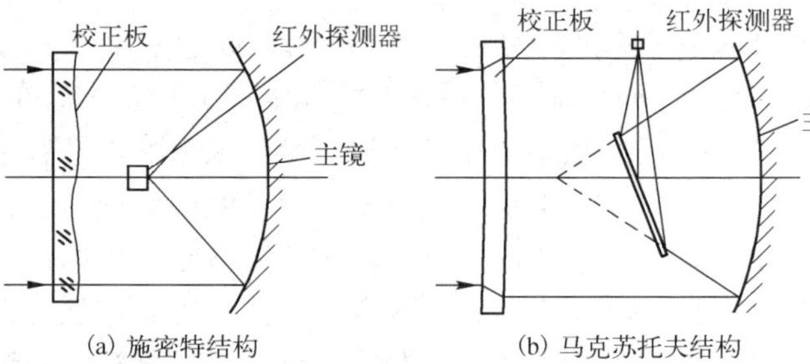

图 8.2-3　两种常用的红外折反式光学系统结构

为探测远距离的目标，红外光学系统应具有大口径、长焦距、高分辨率的特点。相对于折射式光学系统口径不能做得很大的缺点，折反式光学系统可用于大口径、长焦距的红外光学系统，如红外导引头的抗干扰设计、坦克目标跟踪识别红外光学系统等。

4．折衍混合光学系统

折衍混合光学系统是将衍射光学元件与折射光学元件结合起来的光学系统。衍射光学元件(DOE)是在透镜的某个表面蚀刻上二元光学图形，构成一种折射-衍射双面透镜。与普通的光学元件相比，DOE 能很好地消除热差和色差，在很多工作环境温度变化范围比较大的红外热成像系统中得到了广泛应用。

DOE 之所以能消色差和热差，主要是因为其独特的衍射色散和温度特性。DOE 的色散由其阿贝数 $V_{\rm d}$ 决定，若衍射光学元件的设计波长为$\lambda_{\rm F} < \lambda_{\rm D} < \lambda_{\rm C}$，$\lambda_{\rm D}$ 为 589.3nm，$\lambda_{\rm F}$ 为 486.1nm，$\lambda_{\rm C}$ 为 656.3nm，则根据阿贝数的公式$V_{\rm d} = \dfrac{n_{\rm D}-1}{n_{\rm F}-n_{\rm C}}$，可以得到衍射光学元件的阿贝数为：$V_{\rm d} = (\lambda_{\rm D}-1)/(\lambda_{\rm F}-\lambda_{\rm C})$，可以看出衍射光学元件的色散值与玻璃材料无关，只与波长有关，其值由所使用的波段谱宽来决定，具有较大的色散；其色散方向与折射光学元件的色散方向相反，故当衍射光学元件与折射光学元件组合成折衍混合系统时，其负色散特性对系统消色差极为有利。图 8.2-4 所示为折衍混合光学系统消色差的效果。

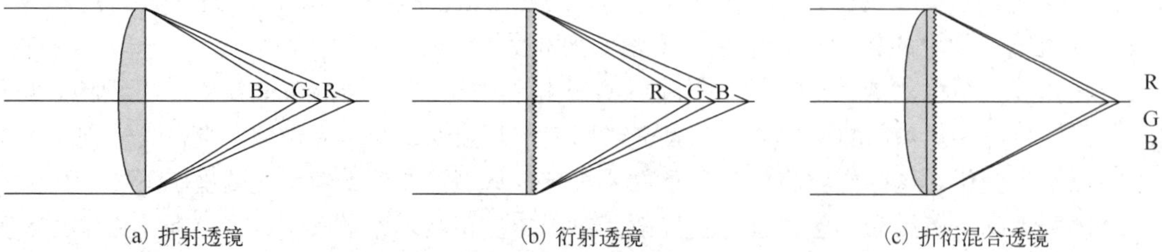

图 8.2-4　折衍混合式光学系统消色差的效果

考察衍射光学元件的热效应，可以推导出 DOE 的光热膨胀系数 $x_{\mathrm{f,d}} = 2a_{\mathrm{g}} + \frac{1}{n_{\mathrm{i}}}\frac{\mathrm{d}n_{\mathrm{i}}}{\mathrm{d}T}$，式中，$a_{\mathrm{g}}$ 为光学材料的热膨胀系数，n_{i} 为衍射光学元件所在介质空间的折射率。这个式子表明衍射光学元件的光热膨胀系数只与材料的热膨胀系数和空间折射率温度系数有关，与构成衍射光学元件材料的折射率温度系数无关。由于材料的热膨胀系数通常为正数，因此衍射光学元件的光热膨胀系数始终为正数。折射光学元件的光热膨胀系数不仅与材料的热膨胀系数有关，还受材料折射率温度系数的影响。对于红外材料而言，折射率温度系数通常大于热膨胀系数，因此折射光学元件的光热膨胀系数通常为负数。通过结合两者的温度特性，可以使折衍混合光学系统达到消热差的目的。

对于多波段或宽波段红外成像系统，普通 DOE 的平均衍射效率较低，大大限制了其在折衍混合光学系统中的应用。为此，人们提出了谐衍射元件(HDOE)。图 8.2-5 对比了普通衍射元件和谐衍射元件，普通衍射元件相邻环带间的相位差是一个波长，相位因子 p=1，而谐衍射元件的 $p \geqslant 2$。

HDOE 既保留了普通衍射元件独特的性能，又可以在一系列分离的波长(实质为谐振波长)处获得相同的光焦度，且可以大幅度提高各波段的衍射效率，越来越多地用于双波段红外成像系统的光学系统中。

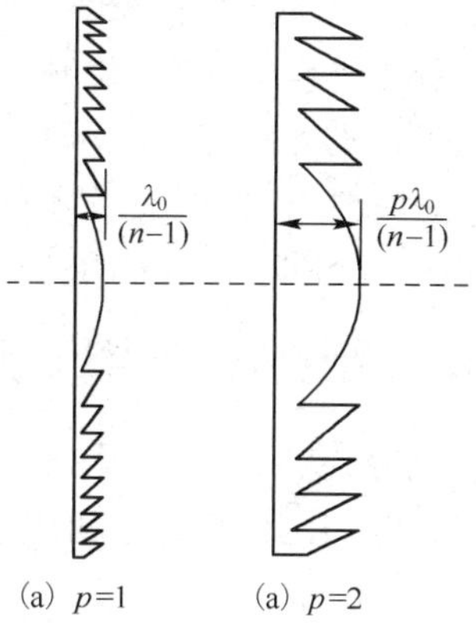

图 8.2-5　普通衍射元件(a)与谐衍射元件(b)

5. 红外双视场光学系统

在现代的军事侦察系统中，单一波段的红外成像系统已不能满足全天候、高分辨率、抗干扰等要求，因此各国纷纷研制双波段红外成像系统或多波段红外成像系统，利用目标在不同红外波段图像里固有的、较强的差异性和互补性，获取目标更多的有效信息，通过图像融合技术，就能有效地提高系统的效能。通常双波段红外成像系统中各波段光学系统有不同的焦距和视场，当使用单探测器实现双波段成像时，需要一套具有双视场的光学系统。红外双视场光学系统的结构一般分为两类：

① 切换式(插入式)。该类结构通过改变参与成像的透镜组来达到改变光学系统焦距的目的。这类光学系统的特点是小视场光路中没有光学运动元件，光轴稳定性好，系统切换时间短，透过率高，但透镜组的切入需要较大的空间，因而光学系统的横向尺寸较大，整体结构不紧凑，而且多次的透镜组切入易使两个视场光轴的一致性变差，因而对机械设计以及电路控制精度要求较高。随着衍射元件的应用越来越广泛，可将衍射元件引入红外双视场光学系统中，以简化系统结构，减轻质量，使整机系统小型化、轻量化。

② 透镜组轴向移动式。该类结构通过透镜组轴向间隔的变化来改变系统的焦距，这样既不会占用横向的尺寸空间，又避免了反复切换视场导致光轴一致性的偏移，具有更好的使用优势。红外双视场光学系统结构如图 8.2-6 所示。

红外双视场光学系统通常由前固定组、变倍组、后固定组组成。其中前固定组为正透镜，变倍组为负透镜，后固定组为正透镜。通过改变变倍组的轴向位置，可改变整个系统的焦距，并保证变焦时像面位置不变。

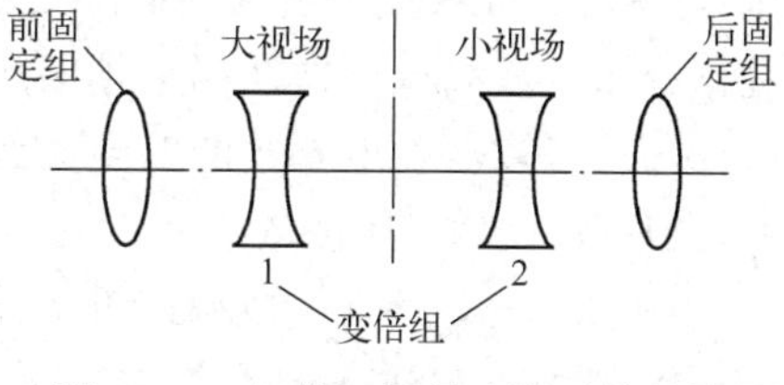

图 8.2-6　红外双视场光学系统结构

表征红外双视场光学系统的重要参数之一是系统的变倍比 β，它定义为系统窄视场的长焦距 f_1' 与宽视场的短焦距 f_{s}' 之比，即 $\beta = f_1'/f_{\mathrm{s}}'$。变倍组在长焦、短焦时满足物像交换原则，它对焦距的变化为 M^2(M 为系统倍率)。变倍组焦距的大小直接影响整个系统的外形尺寸。在像质允许的情况下，缩小变倍组的焦距是缩小物镜外形尺寸的有效方法。红外双视场光学系统广泛应用于需要双波段工作的武器制导、监控、红外前视系统、目标探测和跟踪等领域。

8.3 红外热成像系统中的制冷技术与制冷器

光子型红外探测器多为窄带半导体材料器件，室温或较高温度下会产生较大的噪声，影响红外热成像系统的性能。为了降低红外探测器的噪声，获得较高的信噪比，通常要为光子型红外探测器配备制冷器，使其工作在低温甚至极低温状态下。

获得低温的方法有物理方法和化学方法两类，在红外探测器制冷中目前多采用物理方法，根据使用场合和所要求的制冷温度不同，可利用不同的原理制成合适的制冷器。本节介绍红外热成像系统中常用的制冷原理及相应的制冷器。

8.3.1 相变制冷和杜瓦瓶

相变制冷利用制冷工作物质发生相变时的吸热效应进行制冷，如液体汽化吸热。杜瓦瓶就是利用液态制冷剂相变吸热原理设计的制冷器。

红外热成像系统中所用的小型杜瓦瓶多用玻璃和金属制作，其结构就像是生活中常用的保温杯，如图 8.3-1 所示。它由内外壁、引线、红外窗口等部分组成。在内壁的外表面和外壁的内表面镀上反射层，内外壁间抽成真空，构成防止辐射、对流和传导的绝热层。探测器在杜瓦瓶真空层内，在杜瓦瓶外壁的端面上熔接安装红外窗口，将液态制冷工作物质(简称工质)直接注入杜瓦瓶的冷液室，一方面对探测器进行制冷，另一方面也存储制冷工质。

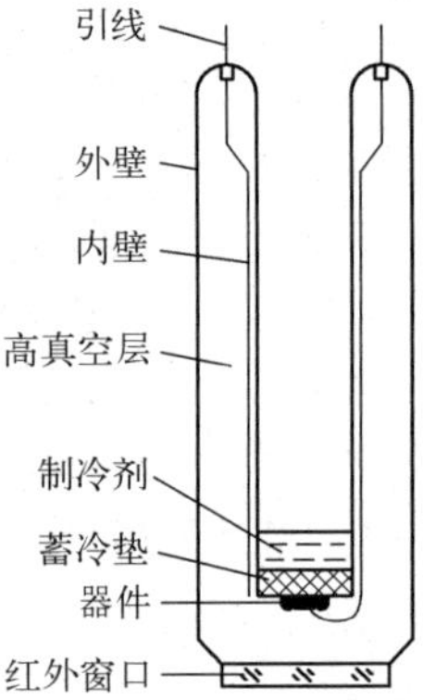

图 8.3-1 小型杜瓦瓶结构

杜瓦瓶制冷器的优点是结构简单，制冷温度稳定，冷量充足，但由于液态制冷工质汽化后会越来越少，因此使用杜瓦瓶制冷应持续添加制冷工质以维持稳定的制冷温度。

制冷工质的汽化温度就是制冷温度，根据探测器制冷需要可以选用不同的制冷工质，常用的制冷工质及其常压下汽化温度如表 8.3-1。

表 8.3-1 常用制冷工质及其常压下汽化温度

制冷工质	液氮	液氖	液氢	液氦
汽化温度	77K	27K	20.369K	4.215K

8.3.2 焦耳-汤姆孙(J-T)效应制冷和气体节流式制冷器

当高压气体温度低于本身的转换温度，并通过一个很小的节流孔时，由于气体膨胀而使温度下降，这种现象称作焦耳-汤姆孙(J-T)效应。如果使节流后的低温气体返回来，对进入的高压气体进行冷却，使高压气体在越来越低的温度下节流，不断重复这种过程，就可以获得所要求的低温，达到制冷的目的。J-T 制冷器就是根据这一效应制成的。

图 8.3-2 是 J-T 效应制冷的流程图，制冷工质为高压氮气。高压氮气由入口进入热交换器，通过节流小孔节流后膨胀、降温。降温的氮气通过回路返回热交换器，与高温高压氮气换热，使节流前的高压氮气温度降低，然后经排气口排出。这样，在更

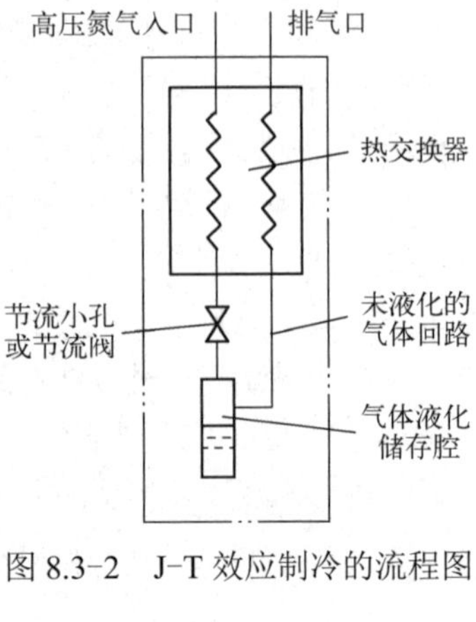

图 8.3-2 J-T 效应制冷的流程图

低的温度下节流膨胀，温度进一步下降。如此循环下去，就会使高压氮气在越来越低的温度下节流膨胀，膨胀后的温度越来越低，最终可使一部分氮气在制冷腔中液化，获得约 77K 的低温。

J–T 制冷器是目前较为成熟的制冷器之一，实用的 J–T 制冷器结构如图 8.3–3 所示。其优点是制冷部件体积小、质量轻、无运动部件、机械噪声小、使用方便。其缺点是气源可得性差，高压气瓶较重，对工作气体的纯度要求苛刻，一般杂质含量不得高于 0.01%，否则会造成节流孔堵塞而停止工作。

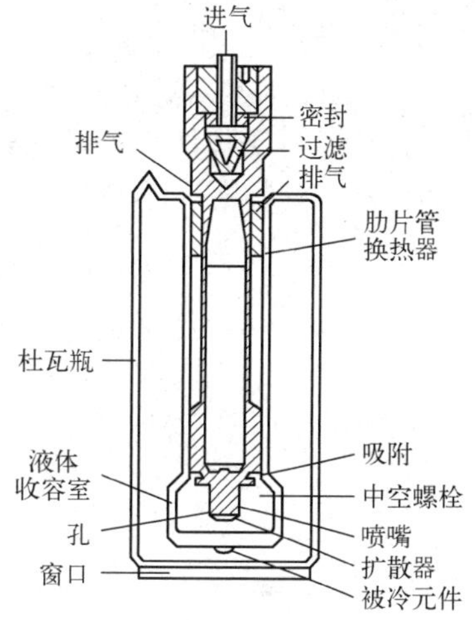

图 8.3–3　实用的 J–T 制冷器结构

J–T 制冷器有开式和闭合循环式两种。开式是指制冷工质在节流膨胀后排掉，不再回收利用，一般用在制冷时间短的装置中。闭合循环式是指制冷高压气体由压缩机连续供给，节流膨胀后回收，由压缩机压缩成高压气体，再用节流膨胀制冷，制冷工质循环使用，多用在要求长期连续运转的系统中。

为了获得更低的制冷温度，也可将两个 J–T 制冷器耦合在一起，构成双级 J–T 制冷器。双级 J–T 制冷器采用两种工质：一种用于获得预冷级温度；另一种用于获得最终温度。如氮氖双级 J–T 制冷器，用氮预冷获得 77K 的低温，用氖获得 30K 的最终低温。双级 J–T 制冷器一般为闭环制冷系统，需要两个压缩机同时供给两种制冷工质，故这种制冷器成本高、体积大、质量重，适用于工作在地面站的红外系统中。

8.3.3　气体等熵膨胀制冷和斯特林循环制冷器

气体等熵膨胀制冷是利用膨胀机来实现的。气体等熵膨胀后总是降温的，这是因为气体等熵膨胀时，不但借膨胀机的活塞向外输出机械功，而且膨胀后气体的内位能也要增加，这就要通过消耗气体本身的内能来补偿，所以气体等熵膨胀后温度会显著降低。斯特林循环制冷器就利用了这一原理，是一种用途广、寿命长的制冷器，由压缩腔、冷却器、再生器和制冷膨胀腔等部分组成，如图 8.3–4(a)所示。

压缩腔里有一个压缩活塞，在制冷膨胀腔里有一个膨胀活塞。为紧凑结构，减小尺寸，通常把再生器装在膨胀活塞内侧，再生器填料是在低温下有较大热容量的不锈钢网或铅粒等。再生器把压缩腔和制冷膨胀腔连通起来，制冷工质(氮气或氢气)可以自由流通，这样就构成一个闭式循环系统。图 8.3–4(f)给出了制冷循环过程，由两个等温、两个等容过程组成。制冷循环过程分四步：a–b 是等温压缩过程，压缩热由冷却器带走；b–c 是等容降温过程，压缩气体通过再生器降温；c–d 是等温膨胀制冷过程，压缩气体在恒定的温度 T_c 下膨胀吸收热量；d–a 是等容升温过程，低温低压气体由膨胀活塞推过再生器复温，从而完成一个制冷循环。

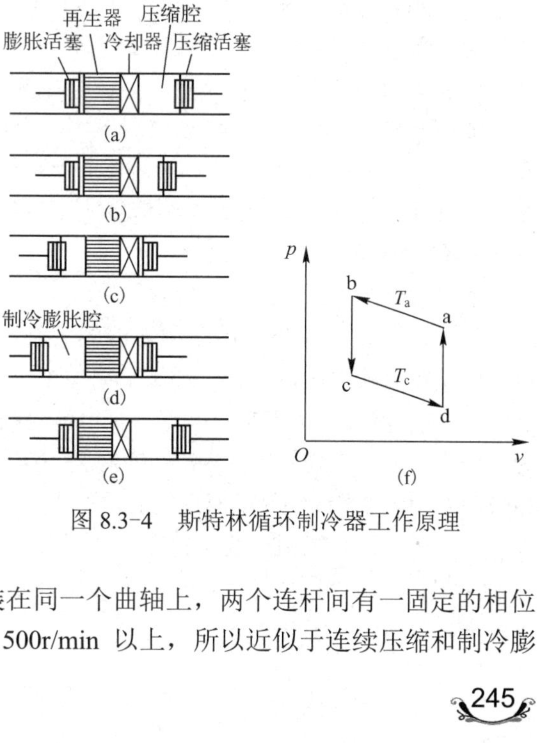

图 8.3–4　斯特林循环制冷器工作原理

在实际工作过程中，两个活塞通过各自的连杆装在同一个曲轴上，两个连杆间有一固定的相位差，按正弦规律连续运动。曲轴转速很高，一般在 1500r/min 以上，所以近似于连续压缩和制冷膨胀，制冷效率比较高。

为了获得更低的温度，可以用两个或三个制冷膨胀腔串联，构成二级或三级斯特林循环制冷器。

这种制冷器的优点是结构紧凑、体积小、质量轻、制冷温度范围宽(77～10K)、启动时间短、效率高、寿命长、操作简单，可长期连续工作。缺点是，冷头处有高速运动的活塞，机械振动比较大，容易引起器件噪声的增大。这一不足促使人们研制了分置式斯特林循环制冷器，如图 8.3-5 所示。在这种制冷器中，压缩部分与膨胀部分分开，其间用一根气体管道相连，以往复马达取代原来的曲柄连杆机构旋转马达驱动。

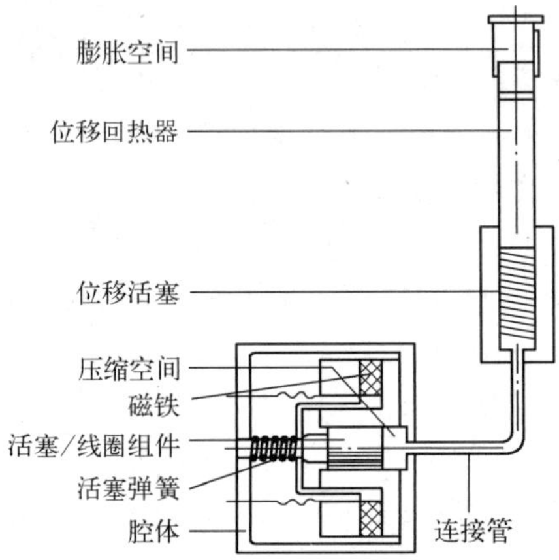

图 8.3-5　分置式斯特林循环制冷器

分置式斯特林制冷器既保持了整体斯特林制冷器高效率的长处，又使振动、磨损和工质污染、泄漏大大减少，寿命及可靠性大为提高，还允许把更大更重的压缩机安装在更合适的位置上，与光学系统的配合更加方便。

8.3.4　帕尔帖效应制冷和半导体制冷器

由帕尔帖效应可知，如果把任何两种导电特性不同的导体连接成电偶对，构成闭合回路，则当有直流电流通过时，电偶对的一端发热，另一端变冷。一般导体的帕尔帖效应不明显，如果用 N 型和 P 型两块半导体作电偶对时，如图 8.3-6 所示，在外电场作用下，一个接头处产生电子与空穴做分离运动，吸收能量而变冷，在另一个接头处电子与空穴复合，放出能量而变热，在冷端会产生非常明显的帕尔帖效应，冷端便可用于探测器制冷。

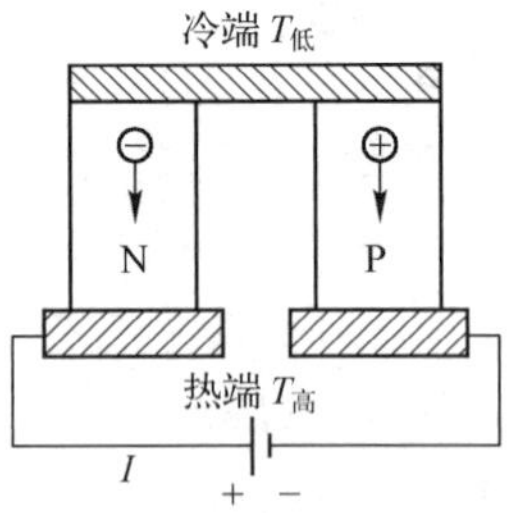

图 8.3-6　半导体制冷器原理

利用帕尔帖效应制成的制冷器称为半导体制冷器，其制冷能力取决于半导体材料的性质和回路中电流的大小。目前，较好的半导体材料为碲化铋及其固熔体合金。一级半导体制冷器可获得约 60℃的温差。为了达到更低的制冷温度，可将 n 个电偶对串接起来，即将一个电偶对的热结与下一个电偶对的冷结形成良好接触。图 8.3-7 为三级半导体制冷器，可达 190K 的低温。据报道，六级和八级的制冷器分别可获得的温度为 170K 和 145K，但这离红外热成像系统通常要求的 77K 还相差甚远。级数增多，制冷效果并不明显，所以半导体制冷器只能用于要求制冷温度不太低的硒化铅、硫化铅等探测器及 EMCCD 的制冷。

半导体制冷器的优点是结构简单、寿命长、可靠性高、体积小、质量轻、无机械振动和冲击噪声、维护方便、只消耗电能。

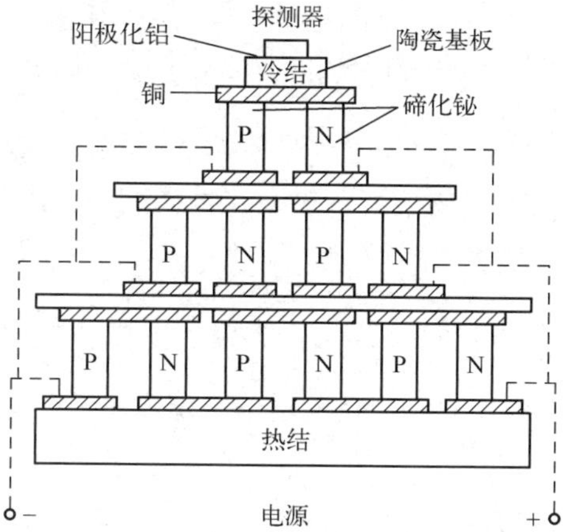

图 8.3-7　三级半导体制冷器

8.3.5　辐射热交换制冷和辐射制冷器

如果两物体温度不同，高温物体就要辐射能量，降低温度，低温物体则吸收辐射能，温度升高。众所周知，宇宙空间处于高真空、深低温状态，在这种特殊环境中，物体可以和周围的深冷（约 3K）空间进行辐射热交换，从而使热物体降温，达到制冷的目的。

辐射制冷器就是利用宇宙空间的特殊环境进行制冷的一种制冷器，是一种耗能极少，甚至不需要能源的被动式制冷器，它由冷片、辐射器、帽沿、多层绝热层和外屏蔽等部分组成。为获得不同的制冷温度，可由一个、两个或三个以上大小不同的辐射器串联构成单级、双级或三级制冷器。图 8.3-8 为欧洲 ESA 卫星上的辐射制冷器结构，它可以将红外探测器制冷到 35K。

辐射制冷器的优点是寿命长，不需外加制冷功率，没有运动部件，因此不会产生振动、冲击噪声，可靠性高。缺点是要求卫星的运行轨道和姿态得到控制，保证辐射制冷器始终对准超低温的宇宙空间，不能让太阳光或地球等天体的红外辐射直射到辐射制冷器上。

红外热成像系统中的制冷器对保证红外探测器获得高性能至关重要，因此，必须根据红外热成像系统的工作条件和要求，选择适当的制冷器。如图 8.3-9 所示的 288×4 像元的 4*N* 型焦平面探测器，可根据使用场景、制冷深度和体积要求等选用体积较小的 J-T 制冷器或减小机械振动影响的分置式斯特林制冷器，以及不同性能的集成式斯特林制冷器。表征制冷器性能的主要指标是制冷温度、冷却的时间、功耗、可分解性、界限尺寸、使用寿命和可维修性等。

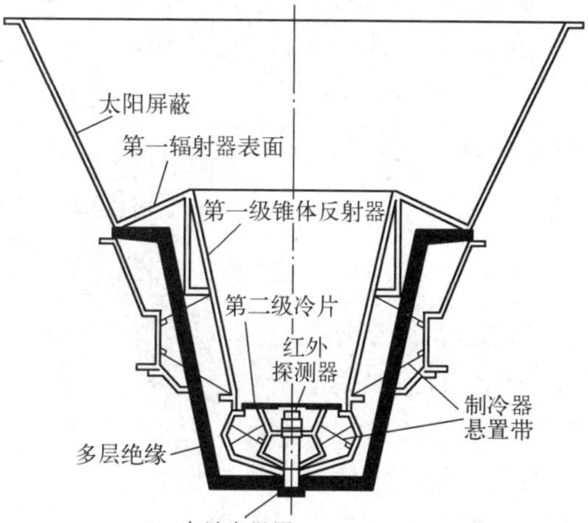

图 8.3-8　欧洲 ESA 卫星上的辐射制冷器结构

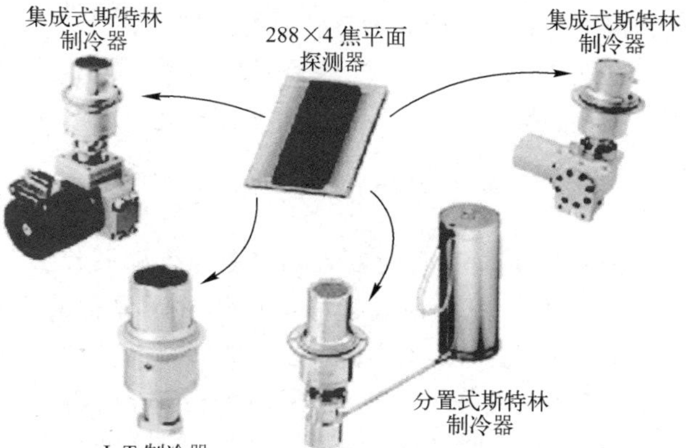

图 8.3-9　288×4 像元的 4*N* 型焦平面探测器与制冷器的配置示意图

8.4　红外热成像系统的性能参数

本节从系统整体的角度关注红外成像系统的性能参数。红外热成像系统不同于普通的可见光成像系统，反映其灰度对比度的因素主要来自目标与背景的温差，除其他成像系统的四类性能参数外，红外热成像系统还可以用特有的三个参数进行评价。

8.4.1　噪声等效温差(NETD)

通俗地讲，NETD 就是红外探测器(系统)输出信号功率与噪声功率相等时黑体目标与黑体背景的温度之差，根据定义，有

$$\mathrm{NETD}=\frac{\Delta T}{V_s/V_n} \tag{8.4-1}$$

也可以理解为红外热成像系统的信噪比为 1 时，黑体目标与黑体背景的温度之差。它用于描述红外热成像系统可探测的最小温差值，NETD 越小，则红外热成像系统的灵敏度越高，图像越清晰。常见的 NETD 单位是毫开尔文(mK)。

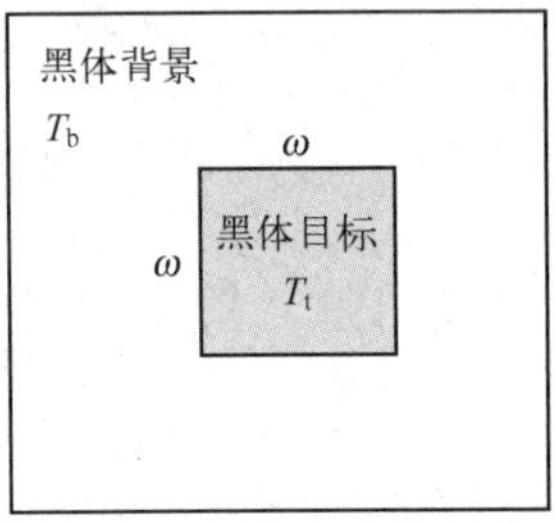

图 8.4-1　NETD 测试图案

可以用红外热成像系统观察图 8.4-1 所示图案的特定的测试靶标来测量系统的 NETD，角尺寸为 $\omega\times\omega$、温度为 T_t 的均匀方形黑体目标，处在温度为 $T_b(<T_t)$的均匀黑体背景中，当红外热成像系统的基准电子滤波器的输出信号等于系统本身的均方根噪声时，靶标中黑体目标和背景之间的温差就是噪声等效温差。

实际测量 NETD 时，通常要求目标尺寸 $\omega\times\omega$ 超过系统瞬时视场若干倍，在红外焦平面探测器成像系统中，目标尺寸至少要大于一个像元的大小。为了便于测量，使目标和背景的温差 ΔT 超过 NETD 数十倍，这时信号输出电压 V_s 远大于均方根噪声电压 V_n，则由式 8.4-1 可以计算得到 NETD。

必须说明的是，焦平面探测器红外热成像系统的 NETD 测量点一般定义在视频信号输出口，即系统显示之前，而 NETD 定义中的测量和计算依据是基准参考滤波器的输出信号，在焦平面探测器红外热成像系统的 NETD 测量点之前已经进行了信号处理；另外，由于信号处理和焦平面非均匀性带来的噪声对系统噪声有重大贡献，甚至占据主要地位，故 NETD 并不能完全描述这些系统噪声。事实上，焦平面探测器的输出信号包含时间和空间随机的噪声、时间无关空间相关的噪声、空间无关时间相关的噪声等。为此，可引进三维噪声分析方法，三维是指空间的水平、垂直方向及时间方向。其中，当时间、空间随机噪声项对应温度的形式时，结果类似于 NETD，因此凝视型红外焦平面探测器阵列经常用 NETD 代替噪声项。

因为 NETD 测量不依赖于人的主观因素，能够通过仪器测量客观反映不同系统的噪声特性，因此常常用来描述系统的灵敏度性能。

8.4.2　最小可分辨温差(MRTD)

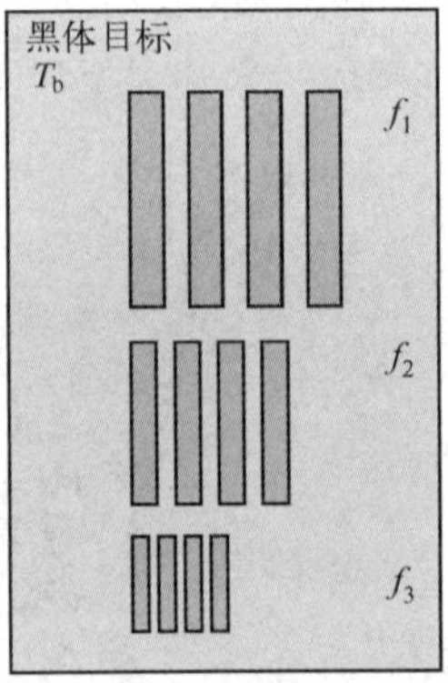

图 8.4-2　测试 MRTD 的图案

MRTD 是综合评价红外热成像系统温度分辨率和空间分辨率的重要参数，它不仅包含系统特征，也包含观察者的主观因素。MRTD 定义为：由观察者在显示屏上，对处于均匀黑体背景中具有某一空间频率、高宽比为 7:1 的四个条带黑体目标的标准条带图案(图 8.4-2)做无限长时间的观察，当目标与背景之间的温差从零逐渐增大到观察者确认能分辨(50%的概率)出四个条带的目标图案为止，此时，目标与背景之间的温差便称为该空间频率的 MRTD。当目标图案的空间频率变化时，相应的可分辨温

差将随之改变，因此 MRTD 是空间频率的函数，即 MRTD(f)。

MRTD 测量过程中，需要通过人的主观判断获得结果，而不同人眼的视觉差异会导致测量结果的主观性，因此与 NETD 相比，MRTD 的客观性较差。但红外热成像系统的输出图像最终是服务于人类的，人类的主观因素是真实存在且不能回避的，因而，从人机一体化的角度讲，MRTD 可以对红外热成像系统进行温度分辨率和空间分辨率的综合评价，因此也是反映红外热成像系统性能的一个重要评价指标，在红外热成像系统评价和应用中经常被使用。

8.4.3　最小可探测温差(MDTD)

MDTD 也是评价红外热成像系统空间频率和温度特性的一个重要参数，它既反映了红外热成像系统的热灵敏度特性，也反映了系统的空间分辨率。MRTD 是空间频率的函数；而 MDTD 是目标尺寸 $W(=1/f)$的函数，其定义为：观察者观察时间不受限制地在显示屏上恰好能分辨出一块一定尺寸的方形或圆形黑体目标及其所处的位置时(见图 8.4-3)，对应黑体目标与黑体背景之间的温差，称为 MDTD。

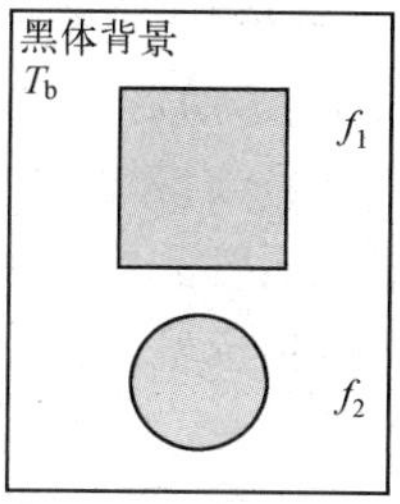

图 8.4-3　测试 MDTD 的图案

MDTD 和 MRTD 一样，也是红外热成像系统的一个综合性能参数。但两者在表达式上的区别之一是当空间频率趋向于红外热成像系统截止频率时，MDTD 保持有限，而 MRTD 趋于无穷，这是由于 MDTD 对应的是目标张角的频率，而不是条带细节频率。因此，MDTD 可用于红外热成像系统的点目标或线目标的探测性能分析。

8.4.4　红外热成像系统的调制传递函数(MTF)

调制传递函数(MTF)是综合评价成像系统性能的一个参数，定义为输出图像与输入图像的对比度之比。传递函数的基础是线性滤波理论，它适于分析各种线性的、空间不变的和稳定的系统对信号的响应。线性滤波理论应用于成像系统时，必须考虑系统的角放大率的影响，频域分析必须在确定的成像空间——归一化空间进行，要求成像系统通过卷积运算能把物分布变换成像分布。调制传递函数反映的就是成像系统在不同的空间频率下，将对比度为 1 的目标分布变换后，得到的像分布情况。

当调制传递函数应用于红外热成像系统性能评价时，还应满足如下四个条件：①辐射探测不相关；②信号处理线性；③成像是空间不变的；④系统的变换是单值的，具体说是非噪声的。

然而，实际的红外热成像系统并不完全满足这些条件：渐晕、非线性扫描，甚至有意识的非线性处理都会破坏线性响应；探测器阵列在空间上周期性离散采样，也会一定程度上破坏空间不变性；而且，探测器和电子学处理部件都有噪声。在特定的情况下和某些近似下，忽略这些影响，调制传递函数仍可以有效地用于描述红外热成像系统，并真实地反映系统的性能。

根据线性滤波理论，对于一系列具有一定频率特性(空间的或时间的)的分系统所组成的红外热成像系统，可逐个求出分系统的调制传递函数，其乘积就是整个系统的调制传递函数。

$$\mathrm{MTF_S}(f)=\prod_{i=1}^{N}\mathrm{MTF}_i(f)=\mathrm{MTF_o}(f)\cdot\mathrm{MTF_d}(f)\cdot\mathrm{MTF_e}(f)\cdot\mathrm{MTF_m}(f)\cdot\mathrm{MTF_{om}}(f)$$

上式中下标 o、d、e、m、om 标识的 MTF(f)分别代表光学系统、探测器、电子学、显示器及系统振动的传递函数。

8.5　红外热成像系统总体设计

红外热成像系统总体设计包括总体结构和信息处理两方面的内容。总体结构设计主要包括：

总体技术指标、方案论证、设计计算分析、误差分配、总体结构及布局的设计、探测器及制冷器的选择和设计等。信息处理主要包括：目标及背景的特性分析、信号检测及处理、视频输出格式及显示方式、可靠性等。设计的最终目的是使红外热成像系统总体性能达到规定的技术指标，满足使用要求。系统设计必须强调可行性和可靠性，应在先进性、实用性和经济性等方面进行综合平衡。

8.5.1 红外热成像系统总体设计

红外热成像系统的总体设计是一个复杂的系统工程，具体设计需要考虑应用的特殊要求。下面给出总体设计中需要考虑的一些基本问题。

1. 总体技术指标的确定

红外热成像系统总体技术指标应满足使用要求，但也要考虑技术可行性、生产成本以及产品的可靠性和可维修性等，因此应合理选择，不一定越高越好。在着手拟定总体技术指标时，应明确红外热成像系统的用途(军用或民用)、装载空间及安装平台、装载空间的运动特性、使用环境等。在总体技术指标确定后，要根据现有的技术水平分析其可行性。

红外热成像系统总体技术指标主要包括作用距离、视场、温度分辨率、空间分辨率、帧频及扫描效率等。对于跟踪系统还要考虑跟踪角速度、角加速度、跟踪范围等；对于搜索系统要考虑搜索速度、搜索范围、探测概率和虚警概率等。

（1）作用距离

作用距离是红外热成像系统的综合性技术指标之一，不仅与系统本身的性能有关，还与目标特性、环境条件等客观因素有关，要根据系统的实际工作状况确定。如机载红外前视系统的作用距离，必须综合考虑飞行高度与航速、观察目标的类型及大小、背景条件等，进行必要的计算才能确定（红外热成像系统作用距离的估算见 9.5 节）。在配有激光测距和可见光电视的复合观察系统中，还要考虑各装置作用距离的协调一致。医用热像仪等则无需考虑那么多因素，一般取作用距离为几米到几十米即可满足使用要求。

（2）视场

视场主要指红外热成像系统的观察范围，具体的技术设计中，视场有下列几种：

① 搜索视场：整个需要观察或搜索的空间范围。

② 捕获视场：在该角度范围内可捕捉到目标，进行识别、瞄准等。

③ 跟踪视场：在该角度范围内可以对目标进行跟踪。

几种视场之间及与系统其他参数之间往往存在一定的关系，视具体装置而定。如有的红外热成像系统有两个视场，用大视场搜索，一旦搜索到目标，便切换为小视场，进行识别、瞄准或跟踪。通常，视场应大于所观察景物的物空间张角。如歼击机的攻击为尾追式，借助敌机的尾焰发现目标，因而要求能从尾部偏方向切入，则观察范围应大于 30°，可取视场为±40°。又如医用热像仪检查乳腺癌时，必须覆盖人体的上半身，则可根据人体的尺寸及作用距离，计算出视场的大小。

（3）温度分辨率

温度分辨率应根据使用要求确定。评价温度分辨率一般用 NETD 或 MRTD。MRTD 比 NETD 更能综合评价系统性能，但 MRTD 是空间频率的函数，故应指明对应的空间频率，如用特征频率 f_0 处的 MRTD(f_0)来表示等。

确定温度分辨率时，应了解目标和背景的温度及辐射率的大致范围，如用于监测热电站排水引起河流污染的红外热成像系统，可认为排放水与河水的辐射率相同，只要估计出河流在排水处附近的温度分布即可，如最大温差为 10℃，则温度分辨率可视监控精度而定。

（4）空间分辨率

红外热成像系统的空间分辨率与其用途有关，通常为 mrad 或亚 mrad，主要由系统的瞬时视场或像元大小决定。与一般的成像系统不同，红外热成像系统的空间分辨率与它的温度分辨率是相联系的，在确定总体技术指标时，不能孤立地提高空间分辨率。瞬时视场的设计需要考虑减少背景干扰影响、目标的驻留时间和调制传递函数的要求。

（5）帧频

红外热成像系统的帧频通常与广播电视的帧频相同，取 25 帧/s 或 30 帧/s。医用热像仪的帧频一般都较低，4s 或 5s 生成一幅图像即可。

（6）角速度和角加速度

根据用途，有些红外热成像系统在总体技术指标方面，还应有搜索角速度、角加速度和跟踪角速度、角加速度的要求，相关技术指标主要由战术指标确定，如由观察目标的速度、加速度以及要求的作用距离等来确定。

（7）发现概率

对警戒用的红外热成像系统，发现概率一般要大于 50%；对于瞄准系统，要求识别概率大于 50%；对于跟踪装置，则要求跟踪概率大于 90%。

总之，各项总体技术指标是互相联系的，有时又是互相制约的，必须综合考虑。

2．总体设计方案

总体设计方案的确定是一个具体实施总体结构设计、分析论证系统性能参数的过程。

首先应有一个总体构想，对于红外热成像系统要确定光学系统类型、景物分解方式和热图像的显示方式。分析目标和背景的辐射特性，计算目标辐射的峰值波长，考虑大气窗口，确定合适的工作波段，选择和确定探测器的结构类型、性能参数、制冷方式。设计计算光学系统的结构参数和性能参数，包括红外望远系统及光机扫描系统。在光学系统设计中，由于当前多传感器的使用(如红外热成像系统、可见光目视成像系统、可见光电视成像系统以及激光测距等)，多波段共窗口光学系统的使用日益受到关注，相关的系统设计与传统的设计思路不同，应在设计思想和方法上有所突破。

根据初步确定的系统各项参数，计算系统的 MTF、NETD、MRTD 和作用距离，检验设计结果是否满足总体设计要求，并修改有关参数，直到满足总体技术指标要求为止。

可靠性设计作为现代工程设计方法之一，其重要性已为人们所认识。在我国军用红外热成像系统工程设计中，可靠性设计已作为一项必备的设计步骤。在总体设计中，主要根据要求的系统平均无故障时间，对系统的可靠性进行预测和分析，分配各分系统的可靠性指标，并根据分析结果，从可靠性和质量控制等方面为总体设计提供实施途径或方法。

8.5.2 红外热成像系统的信号处理

信号处理部分是红外热成像系统的重要组成部分。它将探测器输出的微弱信号进行某种加工或变换。一般包括前置放大、主放、自动增益控制、限制带宽、检波、滤波、鉴幅、线性变换和多路传输等。

1．前置放大器的设计原则

紧随探测器的前置放大器在信号处理中起关键作用。在信号较强的情况下，放大器设计通常先从增益、带宽、阻抗匹配和提高稳定性方面着手，然后校核噪声指标。但是，由于红外探测器输出的信号十分微弱，可低到微伏或纳伏量级，此时放大器必须是高增益、低噪声的。高增益把微弱信号放大到一定电压，以便进一步处理或显示；低噪声则要求保持尽可能高的信噪比。探测器及其偏置电路一旦确定后，其输出信号和噪声也基本确定了。

低噪声前置放大器的设计应该测试或计算探测器和偏置电路的总噪声，确定源电阻，然后按噪声匹配的原则选择前置放大器第一级和晶体管类型。如果源电阻小于 100Ω，可以采用变压器耦合；源电阻在 10Ω 到 1MΩ 之间，选用晶体三极管；源电阻在 1kΩ 到 1MΩ 之间，选用运算放大器；在 1kΩ 到 1GΩ(10^9Ω)之间，选用结型场效应管(JFET)；源电阻超过 1MΩ 以上，可选用 MOS 场效应管(MOSFET)。晶体管类型确定后，具体器件应选用低噪声器件，然后按最小噪声系数原则，一般第一级电压放大倍数应低于 10，以削弱第二级噪声系数的影响，在每一级放大电路或两级放大电路之间加入负反馈，可提高放大电路的稳定性；改变放大电路的输入阻抗，可增加带宽，但带宽增加将使噪声增加，设计时需要平衡带宽和噪声参数，选取合适的输入阻抗。

前置放大器设计完成后，应通过实验或有关的计算机模拟软件验证各项参数是否满足指标要求，如某些指标达不到要求，应进行反复修改，直到使前置放大器在噪声系数、增益、带宽、稳定性和阻抗匹配等方面均满足指标要求。

2．电路系统带宽的确定

信号的最佳带宽取决于信号的频谱特性，当信号带宽 B_s 确定以后，系统的带宽 Δf 也可随之设定。Δf 必须大于 B_s，信号才能在允许的失真范围内通过系统。例如，理想低通滤波器的脉冲响应特性如图 8.5-1 所示，要尽可能不失真地再现输出波形，滤波器的带宽 Δf 必须远远大于 $1/t_d$；如果只需要辨认出脉冲，则逼真度不重要，取 $\Delta f=1/t_d$ 即可；当 $\Delta f \ll 1/t_d$ 时，输出波形已变平坦，难以辨认脉冲了。

但是，任何系统都存在噪声，且系统输出噪声功率与系统带宽成正比。如果单纯地增加系统的带宽，也将同时增加输出噪声功率，从而可能降低系统的输出信噪比。因此，系统的最佳带宽将受失真度、分辨率和信噪比三种因素的限制，必须综合考虑这些因素。例如，当需要保证最大的输出信噪比时，可少考虑脉冲的精确形状。对矩形脉冲，当 $\Delta f = 1/(2t_d)$ 时，系统的输出信噪比最大。当 $\Delta f<1/(2t_d)$时，脉冲的峰值幅度减小，脉冲宽度增加；当 $\Delta f \gg 1/(2t_d)$时，脉冲的峰值幅度基本不变，但脉冲形状更接近矩形；当 $\Delta f=5/t_d$ 时，可近似复现矩形脉冲形状。在红外热成像系统中，探测器驻留时间相当于脉冲持续时间，上述分析可作为确定红外热成像系统带宽的依据。

3．直流的隔离与恢复

在热成像信号中的直流成分常常需要在信号处理之前用隔直流方法将其去掉，这不仅可使信号处理变得简单，而且可达到抑制背景和削弱 1/f 噪声的目的。但是，采用交流耦合存在的问题是，一方面信号直流分量被滤除了，信号已不具有温度绝对值的意义；另一方面由 RC 组成的高通交流耦合电路，在对目标进行扫描时会产生以下三种图像缺陷：

① 对中等温度差异的大目标来说，矩形波信号在耦合后信号失真，产生直流下跌和负尖峰，图像也发生畸变(见图 8.5-2)。在某些情况下，这种图像畸变会掩盖掉其他目标。

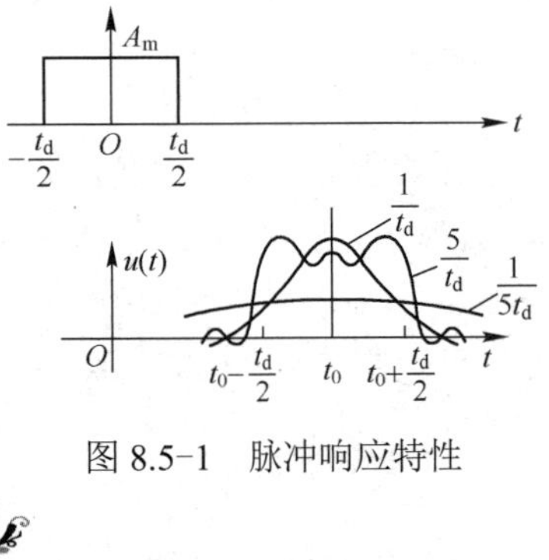

图 8.5-1　脉冲响应特性

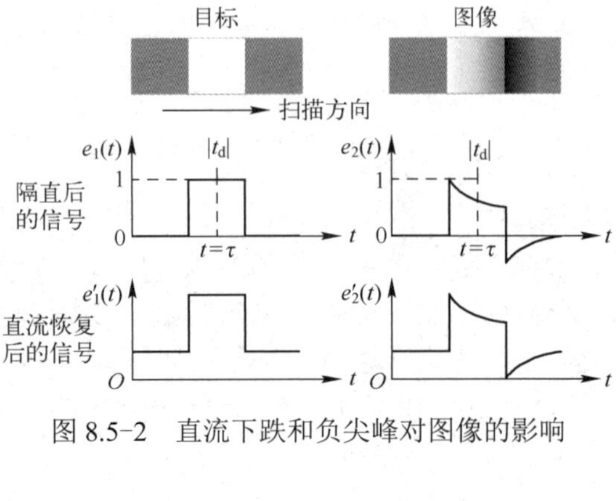

图 8.5-2　直流下跌和负尖峰对图像的影响

② 对高温小目标，由于电路输出的平均值为零，所以输出信号在正信号响应之后，将伴随一个振幅较低，但持续时间较长的负信号响应，图像会发生严重的黑色拖尾现象(图 8.5-3)。

图 8.5-3 高温小目标的图像拖尾

③ 多元扫描时，每个通道在开始扫描前(t<0)所积存的电荷量不一定相等，这个积存的电荷量将影响开始扫描后信号的大小。如图 8.5-4(a)所示，通道 1 是从冷背景到中温目标的探测，通道 2 是从热背景到同一目标的探测；则通道 1 对中温目标的响应大于通道 2 对同一目标的响应(图 8.5-4（b)）；最终的图像如图 8.5-4（c)所示，原来同一温度的中温目标在通道 1 显示的图像较亮，通道 2 显示的图像则较暗。

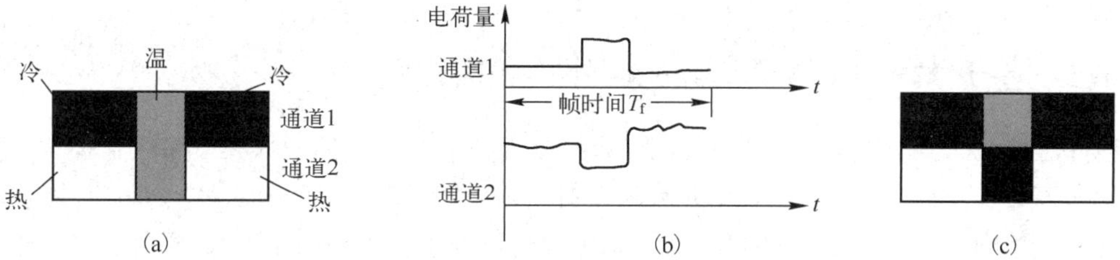

图 8.5-4 多元扫描系统的图像缺陷

为消除或减小上述的图像缺陷，可采用直流恢复技术。图 8.5-5 是一种直流恢复方案。在系统中设置一个热参考源，在扫描周期的无效部分，探测器扫描热参考源。这个热参考源可以是无源的热源，如光阑；或是有源的热源，如黑体。当探测器扫到这个热参考源时，红外热成像系统会接收到热参考源的辐射产生一个温度信号，用这个信号作为钳位信号，将温度信号通道的信号钳位在零电位上。然后再将与环境温度相应的直流电平叠加在经过钳位的温度信号上，以进行环境温度补偿。这样，经过钳位及环境温度补偿后的温度信号就具有了绝对意义。

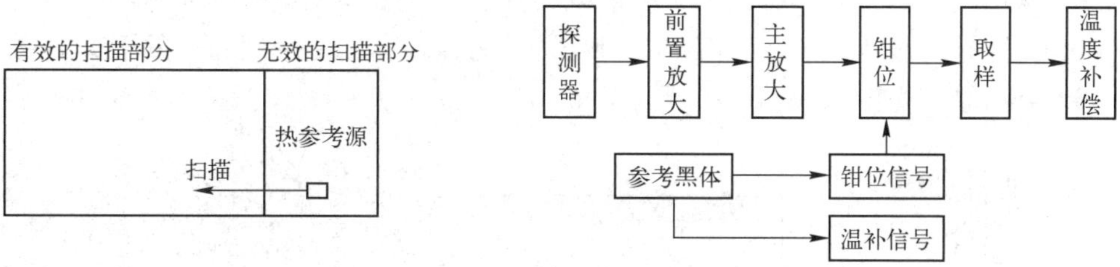

图 8.5-5 一种直流恢复方案

4. 温度信号的线性化

探测器输出的信号电压是目标辐射的函数，由目标辐射特性、光学系统的光谱特性、探测器的光谱响应等决定。虽然热图像的灰度变化与景物的实际温度成正比，但信号电压与目标温度并不一定呈线性关系。因此，在一些需要测温的红外热成像系统中，需要将探测器输出的信号电压进行线性变换和校正，使其与温度呈线性关系。

环境温度的补偿通常用热敏元件测出，它的信号电压与温度近似呈线性关系。但是，将这个电压信号进行温度补偿时，被补偿的辐射信号电压与温度的关系却是非线性的，故要进行非线性化处理，再进行补偿。

对于不带温度传感器的红外热成像系统，通常采用实际可调温的黑体进行标定，得到图像信号电压与目标温度的关系，并作为查找表保留在系统中，测温时由查找表进行温度确认。

8.6 基于光学读出的红外热成像技术

除常见的使用光子探测器和热电探测器的红外成像系统外，有一些结合微结构形变采用普通光学方式实现红外热成像的研究也正在进行。相比于电学读出的热电探测器，光学读出方式的红外探测器的优点在于：（1）光学读出系统不会在探测器上产生附加的热量；（2）光学读出的方式不需要探测单元和基底之间进行金属连接，有良好的热隔离，使每个像素的热隔离更接近辐射极限；（3）探测器单元的制作与现有 MEMS 硅制作工艺兼容，降低了开发和制作成本；（4）光学读出的方式不需要在像素之间进行交叉布线和扫描电路，更容易制作大面阵的 FPA；（5）无电能消耗。因此，基于光学读出方式和双材料的微悬臂梁核心部件进行研发，有望开发出更高性能的红外热辐射成像装置。下面介绍两种基于光学读出的红外热成像系统。

8.6.1 基于 MEMS 微悬臂梁的红外热成像技术

双材料微悬臂梁非制冷红外焦平面探测器(FPA)是一种热机械的非制冷红外探测器，它利用了机械力学性质探测红外辐射。当 FPA 单元吸收入射的红外辐射产生温升时，由于组成微悬臂梁的双材料热膨胀系数不同，微悬臂梁会产生弯曲变形。通过光学方法检测这种热致变形便可获取红外图像。

整个微悬臂梁(简称微梁)阵列的结构是在一张薄膜材料(SiNx 膜)上刻蚀出支撑网格结构，阵列区内无硅基底支撑。微梁单元生长在网格框架上，由红外吸收板(反光检测板)、热变形梁及框架构成：红外吸收板的一面为 SiNx 膜，红外光由此面入射并被吸收，另一面镀 Au 作为可见光反光板，用于微梁变形的光学读出；微梁的热变形梁支撑于框架之上，且对称分布于红外吸收板的两边，如图 8.6-1 所示。热变形机构由多重回折腿的热变形梁(镀金的 SiNx)和单材料梁(SiNx)组成，图 8.6-1 所示的结构采用了两次回折。由于热膨胀系数不同，当微梁单元吸收红外热流面的温度发生变化时，双材料梁发生弯曲变形。当只有一次回折结构时，变形为 θ_1，采用二次回折间隔镀金的方式后，热变形机构的变形为 $\theta_1+\theta_2$，此种设计产生了放大变形的效果。

图 8.6-2 给出了制作成功的双材料微悬臂梁红外焦平面阵列电镜图。微梁单元的尺度为 200μm×200μm，回折的部分是热变形梁和单材料梁(宽 2μm)，微梁由宽 10μm 的框架支撑。整个微梁阵列由 100×100 个微梁单元组成。

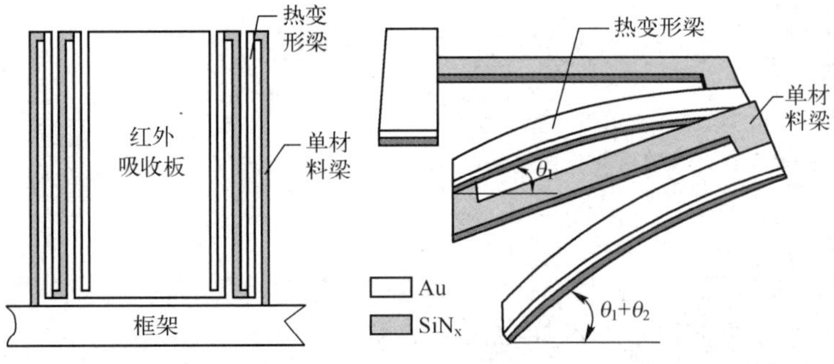

图 8.6-1 无硅基底双材料微悬臂梁单元及形变示意图

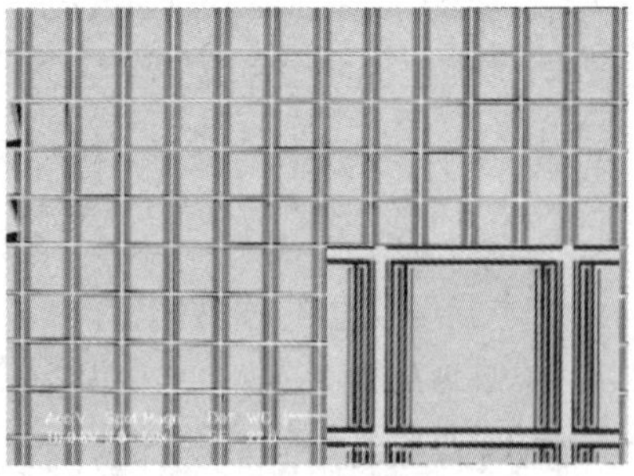
图 8.6-2 双材料微悬臂梁红外焦平面阵列电镜图

这种光学读出的双材料微悬臂梁阵列不需要在每一个感热像素上集成高灵敏度的读出电路，降低了红外焦平面阵列的制作难度。非接触式光学读出方法不引入电流，因而不会产生附加热量；微梁单元和基底之间不需要金属连接，因而有良好的热隔离效果；像素之间不需要布线和扫描电路，更容易实现大面阵 FPA 的制作。光学读出非制冷红外 FPA 的理论探测灵敏度可以达到 μK 量级。

使用双材料微悬臂梁红外 FPA 构成的红外热成像系统有很多不同的读出形式，这里仅举一例：基于光学干涉读出方式的双材料微悬臂梁红外焦平面成像系统，如图 8.6-3(a)所示的读出光路采用菲索干涉仪结构，图 8.6-3(b)为该系统获得的 2m 远处人手的热图像。

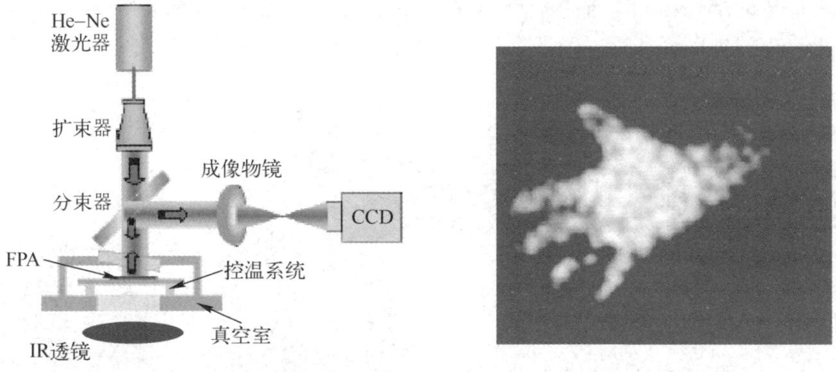

(a) 菲索干涉仪结构的光学干涉读出光路

(b) 人手的热图像

图 8.6-3　基于光学干涉读出方式的双材料微悬臂梁红外焦平面成像系统及人手的热图像

基于 MEMS 工艺微悬臂梁阵列光学读出红外成像系统与其他非制冷红外成像系统相比，制作简单，成本低。从成像效果来看，目前实验室能达到的性能与理论计算得到的性能相比还有很大的差距，因而，通过改进系统结构，选用更合适的材料和提高工艺水平，将有可能较大程度地提高成像质量，所以，该项技术还有很大的潜在优势，低成本高质量的 FPA 封装是一个难点。

8.6.2　基于热光阀的红外热成像技术

另外一种基于光学读出的红外热成像技术是基于热光阀（Thermal Light Valve，TLV）的红外热成像技术。该技术的温度分布探测器芯片称为热光阀，其像元结构如图 8.6-4(a)所示。探测器芯片由窄带滤光片像元构成，由隔热柱支撑。来自景物的长波红外辐射成像在热光阀上并被吸收，加热阵列上的热像元，导致每个像元的最小反射波长随入射的热能产生偏移，每个像元都起到了被动辐射波长转换器的作用。当用窄带近红外光源“探测”芯片上每个像元的温度时，对应像元的探测信号被反射出芯片，落在 CMOS 相机的传感器上，因反射信号的大小与像元温度有关(见图 8.6-4(b))，因此，反射出来的信号光代表了景物的温度分布特征，从而完成了将景物的长波红外辐射转换成可见光 CMOS 相机读出的信号。

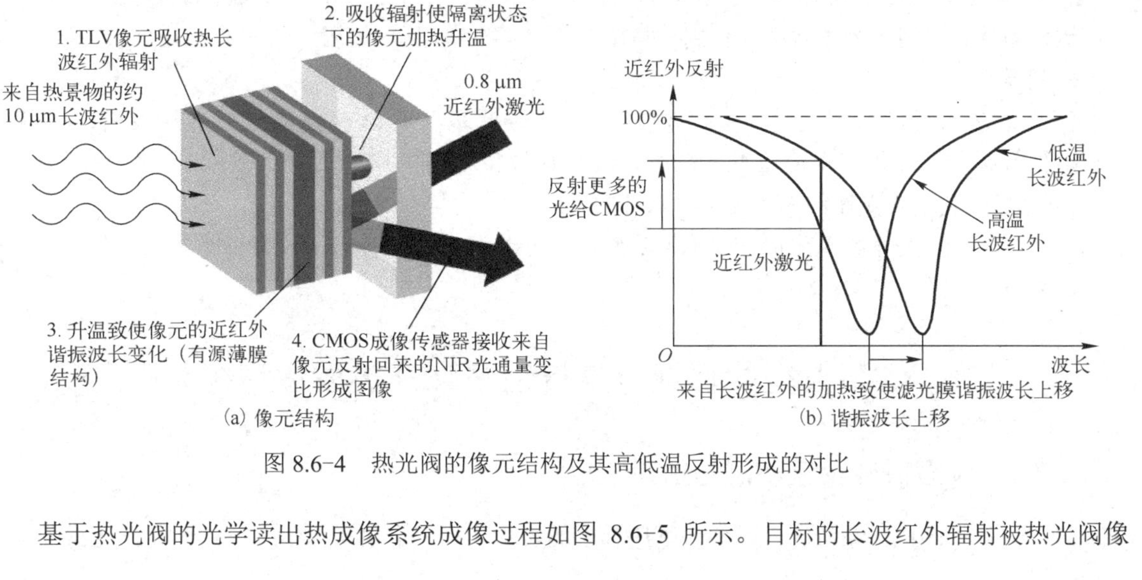

(a) 像元结构

(b) 谐振波长上移

图 8.6-4　热光阀的像元结构及其高低温反射形成的对比

基于热光阀的光学读出热成像系统成像过程如图 8.6-5 所示。目标的长波红外辐射被热光阀像元吸收，在温升的同时滤光膜谐振波长上移，当使用近红外光(光学鼠标激光器即可提供)照射热光阀像元背面时，反射的近红外光被标准 CMOS 传感器接收，接收到能量大小的不同反映了谐振波长的不同，图像通过标准视频接口输出，即可在监视器上看到目标热图。图 8.6-6 为基于热光阀的光学读出热成像系统剖视图。

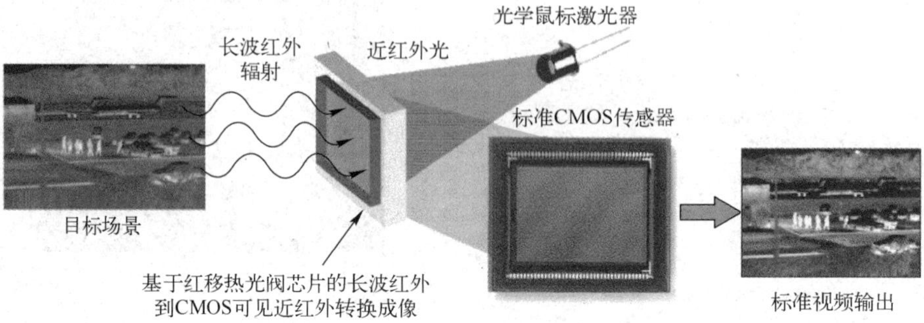

图 8.6-5　基于热光阀的光学读出热成像系统成像过程

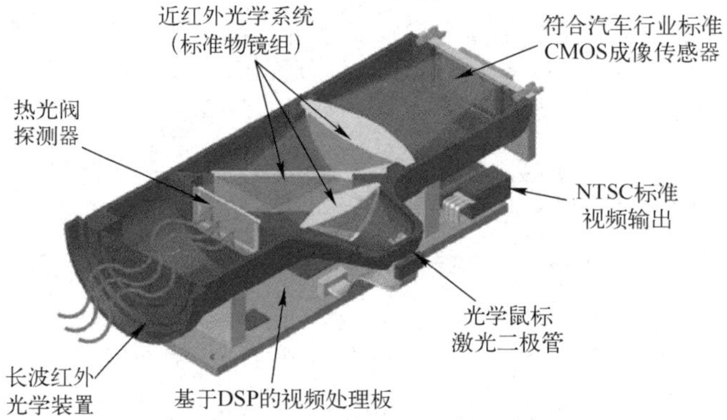

图 8.6-6　基于热光阀的光学读出热成像系统剖视图

热光阀芯片制作和组装简单。因其敏感阵列是一种玻璃上的光学薄膜无源层，因此可以在标准微机电车间中进行制作，大幅降低了采用专用生产线导致的较高生产成本。

热光阀红外热成像系统中，读出光路包括许多市售的产品，如激光二极管和 CMOS 传感器等。这些器件大量用于光学鼠标和民用相机中，不需要专门设计，降低了成本，提高了合格率，缩短了研制周期。

因为该热光阀芯片是无源的，不消耗功率，因此基于光学读出的红外热像仪的功耗很低(<1W)，且所用热光材料对温度变化敏感，有可能提供很好的图像质量。据报道，目前温度变化1℃引起信号变化的百分比约为微测辐射热计的 20 倍。

由于成本低、易于批量生产和图像质量较高，光学读出的红外热像仪有可能会在不久的将来获得广泛应用。

8.7　典型的目标背景特性与红外热成像系统

8.7.1　典型目标及景物的辐射特性

微光与红外热成像系统能探测和识别所观察的目标，不仅取决于系统本身的性能，还与景物自身的反射、辐射特性密切相关。成像过程中的目标和背景是相对的，一辆卡车既可能是系统要探测的目标，又可能是另一目标的背景。此外，自然辐射源既可以是景物的照明源，也可能会形成对系统探测目标的干扰，因此，了解和掌握景物的反射与辐射特性对系统设计至关重要。本节只介绍典型人工景物和自然辐射源的相关光学特性。

1. 典型人工目标的辐射特性

人工目标按其所处位置可分为以下三类：

（1）空中目标：包括各种类型的飞机、导弹、照明弹和其他飞行器，这些目标的特点是速度快、体积小、温度高，能发射很强的红外辐射，所处背景简单，有利于探测；

（2）海上目标：包括各种军舰、运输船等，这些目标排气筒部分温度较高，其他部分温度低，其辐射特性与背景辐射特性差异大，有利于探测；

（3）地面目标：包括机场、发射场、军工厂等固定军事设施和坦克、运输车、火炮、人等活动目标，这些目标的特点是温度低，辐射能量小，辐射多集中在 8～14μm 波段，且所处背景一般复杂多样。

下面介绍几种典型人工目标的辐射特性。

（1）飞机的辐射

飞机辐射主要来自尾喷管、排出气流和蒙皮的热辐射，随发动机类型的不同而不同。

① 喷口辐射

以涡轮喷气发动机（图 8.7-1）为例，其典型组成包括压缩机、燃烧室、涡轮、排气喷口等部分，某些情况下还有后燃烧室（加力燃烧室）。进入发动机的低温空气，在进入涡轮时温度最大值控制在 900℃左右，排出气流的温度最高达 700℃，如果有加力燃烧室的发动机其排出气流的温度可高达 1200℃。由于热交换的作用，喷气管的温度接近气流温度。因此，尾喷管和排出气流的热辐射是涡轮喷气发动机的两个重要热源。

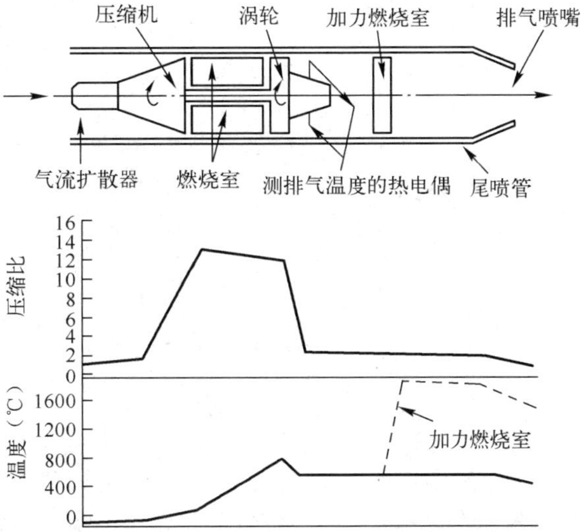

图 8.7-1 涡轮喷气发动机结构及燃烧温度

飞机喷口辐射具有很强的方向性，主要辐射集中于机身的后部。图 8.7-2 为实测的波音 707、三叉戟和伊尔 62 飞机喷口辐射强度的角分布（测试时用起始波长为 2.8μm 的滤光片）。

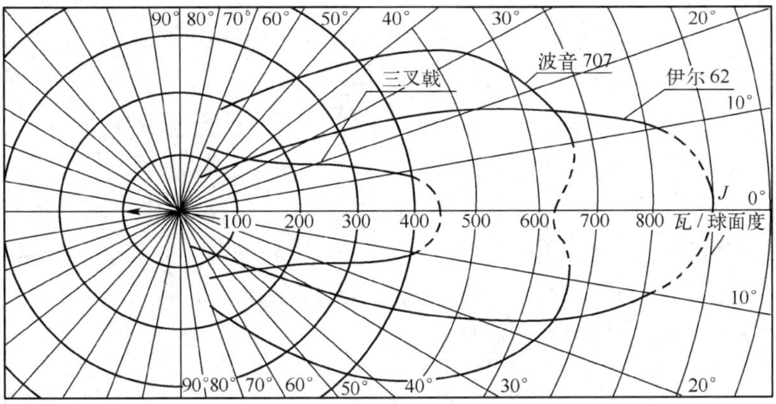

图 8.7-2 飞机喷口辐射强度的角分布

② 喷气流辐射

喷气流的辐射是红外导弹从飞机侧向和前半球进行攻击时探测目标的主要依据。喷气流主要成分是二氧化碳和水蒸气，这些气体在中波红外的 2.7μm 和 4.3μm 附近具有很强的辐射，排出气体的温度随离开尾喷管端面距离增大而迅速降低。图 8.7−3 给出了波音 707 涡轮喷气发动机和涡轮风扇发动机的排出气流的等温线。图 8.7−4 给出了喷气流辐射强度的前半球分布。

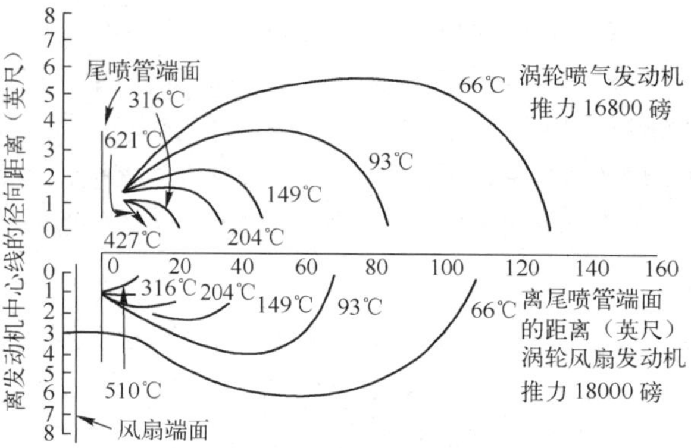

图 8.7−3 波音 707 排出气流的等温线

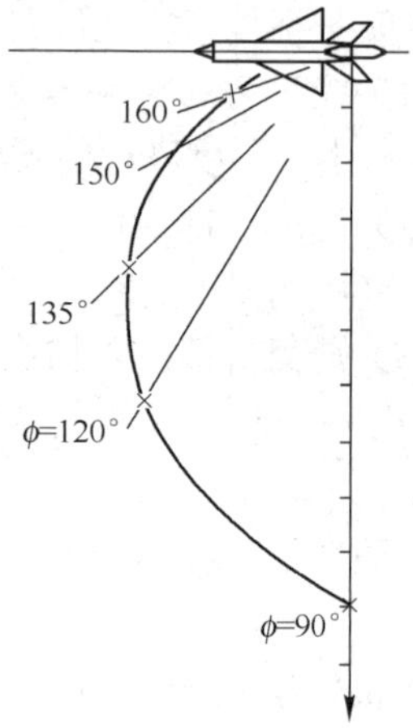

图 8.7−4 喷气流辐射强度的前半球分布

③ 蒙皮辐射

由于空气的摩擦作用，空气中高速飞行的导弹蒙皮温度 T 会升高。实验表明 $T=\left(1+\frac{\gamma-1}{2}\beta M^2\right)T_a$，式中，$T_a$ 为环境温度，M 为飞机飞行的马赫数，$\gamma\approx1.4$，β=0.75～0.98。可以看出，蒙皮温度与环境温度的相对温差$(T-T_a)/T_a$ 以 M^2 的关系增长。一般地，加热的蒙皮对 8～14μm 波段具有重要影响，高马赫飞行体的蒙皮在 3～5μm 也有相当的辐射影响。

（2）海上目标的辐射

军舰和运输船只的烟囱是较强的红外辐射源，从烟囱冒出来的烟雾也具有很高的温度。舰船越大，烟雾的温度越高。小吨位军舰烟雾的温度约为 200℃，烟囱外壳经废气加热后温度升高，一般具有水冷设备的烟囱外壳温度为 40℃。烟雾和烟囱外壳的辐射能量大部分集中于 2～20μm 波段，峰值波长约为 8μm。舰体的温度虽然与海水温度相近，但二者的辐射发射率差异很大，海水的辐射发射率随海浪大小不断变化，这种辐射率差异增加了目标与背景的对比度，正好可为红外热成像系统所利用。

（3）地面车辆的辐射

地面车辆包括坦克、装甲运输车、汽车等，它们可辐射出足够的能量，但其背景辐射特性通常比较复杂，既有各种山形地貌(山谷、河流、树林、沙漠等)的差异，又有季节变化带来的背景变化(雪地、植被等)，因此，是一类比较典型的重点军事目标。通常，车辆涂漆表面的辐射发射率约为 0.9，日晒、雨淋和夜露等的作用产生表面腐蚀，可使辐射发射率有些变化，灰尘和污垢的堆积则更加剧了这种变化。此外，车辆的不同部位有着不同的温度。一般情况下排气管最热，其次是发动机外壳，运动中坦克的传动和行动装置，运行中轮式车辆的轮胎等，这些部位的辐射能量占据车辆辐射的主要部分。现代军用车辆的设计已认识到隐蔽这些部位的重要性，采用了有效的隐身技术，以减小对方红外热成像系统的可探测性。

（4）炮口闪光

火炮射击时炮口喷出的热燃气除了一些气体杂质，还含有大量可燃成分，如 CO、CH_4、H_2 和温度相当高的水蒸气。伴随的微粒物质在高温条件下发出可见光和红外辐射，称为初次闪光。可燃气体与大气混合点燃产生的亮焰称为二次闪光。炮口闪光中包含大量的红外辐射，图 8.7-5 给出了 60m 距离上测量 155mm 口径火炮炮口闪光得到的相对光谱分布曲线。

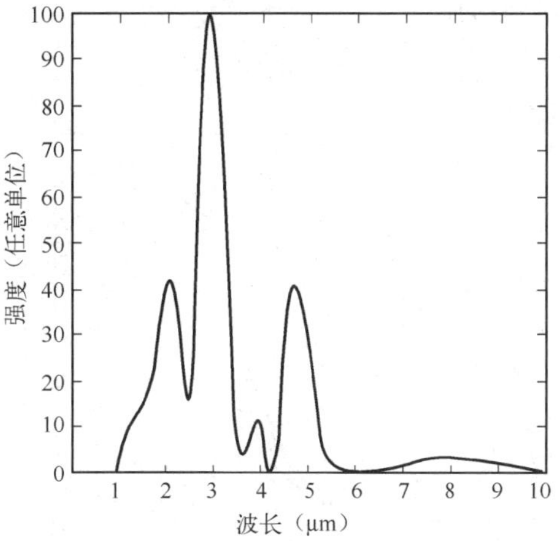

图 8.7-5　炮口闪光的相对光谱曲线

（5）人体的辐射

人体作为典型的军事目标也是一个红外辐射源。人体皮肤的辐射发射率很高，在波长 4μm 以上的平均辐射发射率为 0.99，且与肤色无关；在 2μm 以上的辐射与黑体基本一致。皮肤温度可随周围环境温度变化，皮肤在剧烈受冷时，温度可降低至 0℃；在正常室温环境中，若空气温度为 21℃，则露在外面的脸部和手的皮肤温度约为 32℃。因此，人体峰值辐射波长主要在长波红外 8～14μm 波段。

2．典型自然景物的反射与辐射特性

自然辐射源是指太阳、地球、月球、行星、恒星、云和大气等，而大气等辐射源既可形成对观察目标的照射，也可构成背景干扰。

（1）太阳

大气层外的太阳辐射光谱分布大致与 5900K 绝对黑体相似。图 8.7-6 给出了在平均地-日距离上太阳辐射的光谱分布曲线，阴影部分是海平面上大气所产生的吸收。

由于大气的吸收和散射，太阳辐射通过大气时，照射至地球表面的辐射多在 0.3～3.0μm 波段内，其中大部分集中于 0.38～0.76μm 的可见光波段。辐射至地球表面的太阳辐射功率、光谱分布与太阳高度、大气状态的关系很大。随着季节、昼夜时间、辐照地域的地理坐标、天空云量及大气状态的不同，太阳对地球表面形成的照度也不同，变化范围很宽。表 8.7-1 给出了太阳对地球表面的照度。在天空晴朗且太阳位于天顶时，地面照度可达 1.24×10^5 lx。

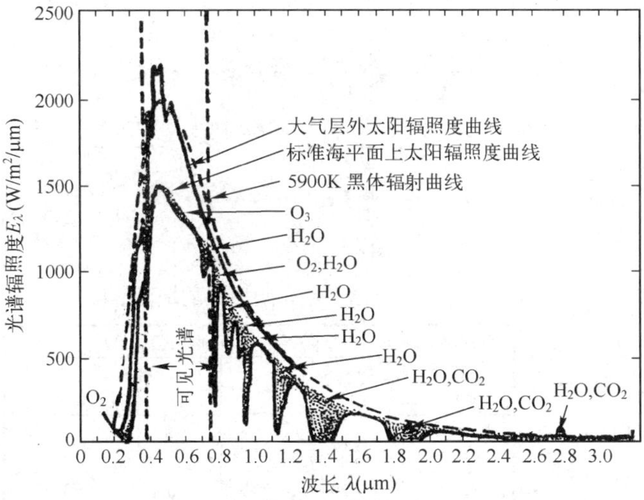

图 8.7-6　在平均地-日距离上太阳辐射的光谱分布曲线

表 8.7-1　太阳对地球表面的照度

太阳中心的实际高度角(°)	地球表面的照度(10^3lx)			阴影处和太阳下之比	阴天和太阳下之比
	无云太阳下	无云阴影处	密云阴天		
5	4	3	2	0.75	0.50
10	9	4	3	0.44	0.33
15	15	6	4	0.40	0.27
20	23	7	6	0.30	0.26
30	39	9	9	0.22	0.23
40	58	12	12	0.21	0.21
50	76	14	15	0.18	0.20
55	85	15	16	0.18	0.19
60	102	—	—	—	—
70	113	—	—	—	—
80	120	—	—	—	—
90	124	—	—	—	—

（2）地球

白天地球表面的辐射主要由反射和散射的太阳光及自身热辐射组成。因此，地球的光谱辐射有两个峰，一个位于 0.5μm 处，由太阳辐射产生；一个位于 10μm 处，由地球自身热辐射产生。夜间，太阳的反射辐射观察不到，地球辐射光谱分布就是其本身热辐射的光谱分布。图 8.7-7 给出了典型地物的光谱辐亮度，并与 35℃的黑体辐射进行了比较。

地球自身的热辐射主要处于波长为 8～14μm 的大气窗口，这一波段大气吸收很小，因此，是红外热成像系统的主要工作波段。地球上景物的热辐射取决于它的温度和辐射发射率。表 8.7-2 给出了一些常用材料及地面覆盖物的辐射发射率平均值。

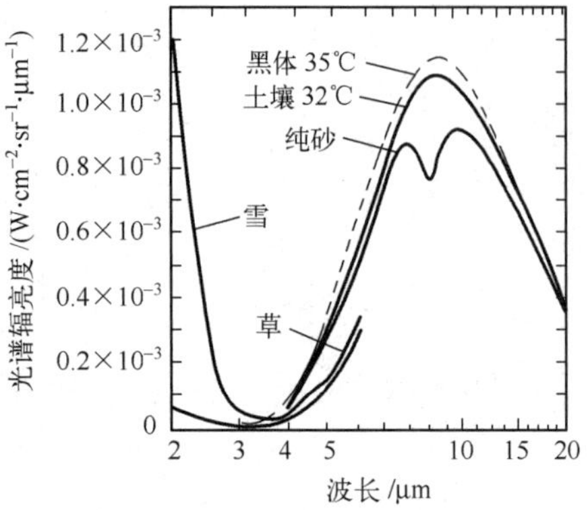

图 8.7-7 典型地物的光谱辐亮度

表 8.7-2 一些常用材料及地面覆盖物的辐射发射率平均值

材料	温度(℃)	ε	材料	温度(℃)	ε
毛面铝	26	0.55	平滑的冰	20	0.92
氧化的铁面	125～525	0.78～0.82	黄土	20	0.85
磨光的钢板	940～1100	0.55～0.61	雪	-10	0.85
铁锈	500～1200	0.85～0.95	人体 皮肤	32	0.98
无光泽黄铜板	50～350	0.22	水	0～100	0.95～0.96
非常纯的水银	0～100	0.09～0.12	毛面红砖	20	0.93
混凝土	20	0.92	无光黑漆	40～95	0.96～0.98
干的土壤	20	0.90	白色瓷漆	23	0.90
麦地	20	0.93	光滑玻璃	22	0.94
			牧草	20	0.98

地球表面有相当广阔的水面，水面辐射取决于温度和表面状态。无波浪时的水面反射良好，辐射很小，因而，只有当出现波浪时，水面才成为良好的辐射体。

（3）月球

月球辐射主要包括两部分(如图 8.7-8 所示)：反射的太阳辐射；月球自身的辐射。月球自身的辐射近似于 400K 的绝对黑体，峰值波长为 7.24μm。

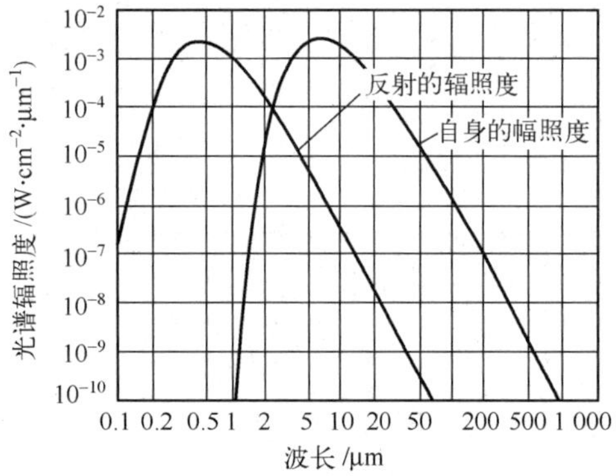

图 8.7-8 月球辐射光谱分布

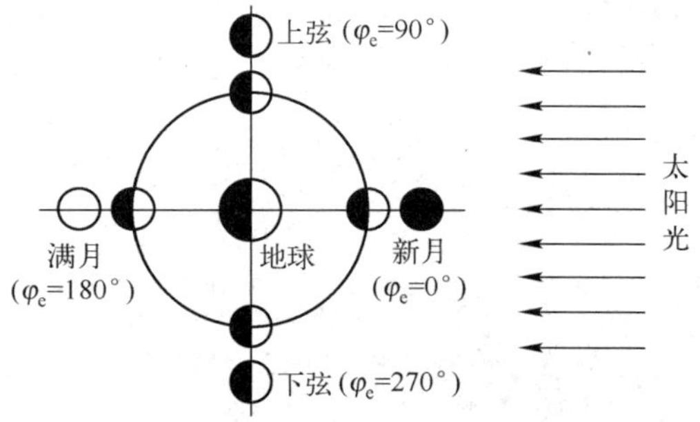

图 8.7-9 月相的变化

月球对地面的照度受月球的月相、地-月距离、月球表面反射率、月球在地平线上的高度角以及大气层的影响，在很大范围内变化。表 8.7-3 列出了月光所形成的地面照度。所谓距角 φ_e 就是月球、太阳对地球的角距离，用来表示月相。以地球为观察点(见图 8.7-9)，新月时 $\varphi_e=0°$，上弦月时 $\varphi_e=90°$，满月时 $\varphi_e=180°$，下弦月时 $\varphi_e=270°$。不同月相下月光形成的地面照度不同。

表 8.7-3 月光所形成的地面照度

月球中心的实际高度角(°)	不同距角 φ_e 下地平面照度 E (lx)			
	$\varphi_e=180°$(满月)	$\varphi_e=120°$	$\varphi_e=90°$(上弦或下弦)	$\varphi_e=60°$
-0.8°(月出或月落)	9.74×10^{-4}	2.73×10^{-4}	1.17×10^{-4}	3.12×10^{-5}
0°	1.57×10^{-3}	4.40×10^{-4}	1.88×10^{-4}	5.02×10^{-5}
10°	2.34×10^{-2}	6.55×10^{-3}	2.81×10^{-3}	7.49×10^{-4}
20°	5.87×10^{-2}	1.64×10^{-2}	7.04×10^{-3}	1.88×10^{-3}
30°	0.101	2.83×10^{-2}	1.21×10^{-2}	3.23×10^{-3}
40°	0.143	4.00×10^{-2}	1.72×10^{-2}	4.58×10^{-3}
50°	0.183	5.12×10^{-2}	2.20×10^{-2}	5.86×10^{-3}
60°	0.219	6.13×10^{-2}	2.63×10^{-2}	—
70°	0.243	6.80×10^{-2}	2.92×10^{-2}	—
80°	0.258	7.22×10^{-2}	3.10×10^{-2}	—
90°	0.267	7.48×10^{-2}	—	—

（4）星球

星球辐射随时间和在天空的位置等因素而变化，但任何时刻对地球表面的辐射量都很小。晴朗的夜晚，星球对地面的照度约为 2.2×10^{-4} lx，相当于无月夜空实际光量的 1/4 左右。

星球的明亮程度用星等表示，以在地球大气层外所接收的星光辐射产生的照度来衡量，规定星等每相差五等的照度比为 100 倍，即相邻两星等的照度比 $\sqrt[5]{100}=2.512$ 倍。星等的数值越大，照度越弱。作为确定各星等照度的基准，规定零等星的照度为 2.65×10^{-4} lx，比零等星亮的星是负的星等，且星等不一定是整数。

若有一颗 m 等星和一颗 n 等星，且 $n>m$，则两颗星的照度比为 $E_m/E_n=(2.512)^{n-m}$ 或者 $\lg E_m-\lg E_n=0.4(n-m)$。根据零等星照度值，用这两个式子可求出其他星等的照度值。

（5）大气辉光

大气辉光产生在 70km 以上的大气层中，是夜天空辐射的重要组成部分。不能到达地球表面的太阳紫外辐射在高层大气中激发原子并与分子发生低概率碰撞，是大气辉光产生的主要原因。

大气辉光由原子钠、原子氧、分子氧、氢氧根离子以及其他连续发射构成。大气辉光的光谱分布见图 8.7-10。大气辉光的强度变化受纬度、地磁场情况和太阳扰动的影响。

由于 1～3μm 短波红外波段具有较高的大气辉光，加之其处于大气窗口，以及 1.54μm 激光器的使用，1～3μm 已成为新的夜视成像波段。

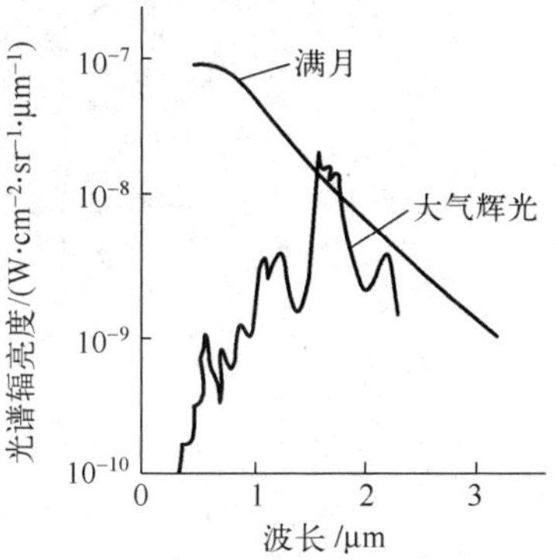

图 8.7-10　大气辉光的光谱分布

（6）夜天空的辐射

夜天空辐射由上述各种自然辐射源的辐射共同形成。夜天空辐射除可见光辐射外，还包含丰富的近红外辐射，这也正是微光夜视系统所能利用的波段。夜天空辐射的光谱分布在有月和无月时差别很大。

夜天空辐射的光谱分布如图 8.7-11 所示。无月星空的近红外辐射急剧增加，比可见光辐射强很多。因此，如果像增强器和微光摄像器件的光谱响应能够向近红外延伸，便可充分利用直至波长 1.3μm 的近红外辐射。不同天气条件下夜天空辐照地面景物的照度见表 8.7-4。

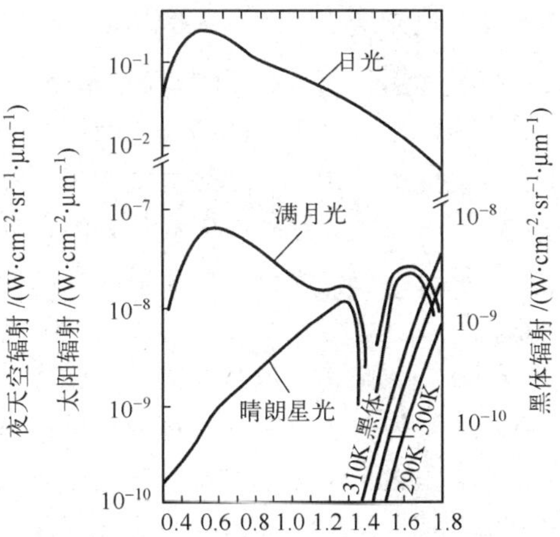

图 8.7-11　夜天空辐射的光谱分布

表 8.7-4　不同天气条件下夜天空辐照地面景物的照度

天气条件	照度(lx)	天气条件	照度(lx)
无月浓云	2×10^{-4}	满月晴朗	2×10^{-1}
无月中等云	5×10^{-4}	微明	1
无月晴朗(星光)	1×10^{-3}	黎明	10
1/4 月晴朗	1×10^{-2}	黄昏	1×10^{2}
半月晴朗	1×10^{-1}	阴天	1×10^{3}
满月浓云	$2\sim8\times10^{-2}$	晴天	1×10^{4}
满月薄云	$7\sim15\times10^{-2}$		

3．各波段红外热成像系统的特点

短波红外波段作为大气光学窗口之一，近年来因其优良的光学特性被广泛应用于军事领域和民用领域。首先，从图 8.7-10 中可以看到，在 1.5～1.7μm 光谱范围内的大气辉光辐亮度比满月光的辐亮度还要强，因此夜间使用短波红外成像辅助夜视可以得到更好的观察效果。其次，相比于可见光和近红外，短波红外波长更长，因此具有穿透烟雾、雨雪、沙尘进行成像等可见光成像不具备的能力；此外，与中波红外和长波红外对比，短波红外波长更短，拥有更高的分辨率，图 8.7-12 中对同一个人使用不同波段成像时，可以非常直观地看到不同的成像效果。第三，短波红外主要是利用目标的反射辐射进行成像，很多物质在短波红外波段有独特的反射光谱特征，因此可以使用短波红外成像识别特殊物质和进行成分分析。

(a) 可见光　(b) 短波红外　(c) 中波红外　(d) 长波红外

图 8.7-12　不同波段成像效果

短波红外因其独特的成像特点，在军事上可应用于伪装识别、可见-短波红外双波段成像夜视、短波-红外热图像融合夜视、红外成像制导和激光雷达等；在空间探测领域成功应用于深空探测；在空间遥感方面应用于土地资源调查、海洋环境监测、土壤水分和植被含水量监测、大气成分分析、植被物种探测分析、农作物长势监测和估产及防灾减灾等方面；此外，在商业领域和生物医学领域的应用越来越多地涌现出来。

根据瑞利散射定律，电磁波穿透雾霾等能力与电磁波的波长有关，波长越长穿透能力越强。因此相比于短波红外，中波红外和长波红外的波长更长，能更好地穿透雾霾，受不良天气影响小。因为中波红外和长波红外波段既包含太阳的辐射能量，也包含地球上目标和景物自身的辐射能量。因此，中波红外和长波红外热成像系统能够获得更多的目标景物信息。

在光学系统口径和 MTF 一定的条件下，中波红外波长更短，可以获得比长波红外更高的空间分辨率。中波红外和长波红外波段各自的成像特性，除了与波长有关，还与目标温度、大气状态以及光学系统和探测器等有关。根据维恩位移定律（$\lambda_m T = 2898$）可以知道，黑体辐射的峰值波长与温度成反比，黑体温度越高，则红外辐射峰值波长越短，因此对于火焰、飞机、导弹等高温目标，中波红外比长波红外波段能够获得更高的信号强度，而对于常温和低温目标，长波红外比中波红外波段的信号更强；在干冷大气环境中，长波红外比中波红外波段透过率更高，而湿热大气环境中，中波红外比长波红外波段透过率更高；在充满雾气、烟尘的大气环境，长波红外比中波红外波段穿透力更强。此外，在白天成像时，中波红外热成像系统接收的能量有一部分来自目标反射的太阳光辐射，会影响目标温度反演。由此可见，中波红外和长波红外波段各有优势，要根据目标与背景特性以及观测要素等，通过综合考虑确定探测波段。目前，更多的研究在探索采用“双谱段”成像，以获取目标在 2 个谱段的信息，从而提高对目标的探测和识别能力。例如，美国陆军夜视和电子传感委员会、RVS(雷神视觉系统)公司和 OASYS 公司等在 2008 年报道了碲镉汞中长波双波段热像仪样机，使用 RVS 公司研制的 640×512 碲镉汞中长波双波段探测器，搭配可变冷屏光阑杜瓦瓶进行制冷，并结合 OASYS 公司研制的变 F 数双波段光学系统，采集的双波段图像见图 8.7-13。

8.7.2　典型制冷红外热成像系统——James-Webb 空间望远镜的中波红外成像仪

詹姆斯-韦伯空间望远镜（James Webb Space Telescope，JWST）是由美国宇航局、欧洲航天局和加拿大航天局的科学家合作完成的一个联合项目，于美国时间 2021 年 12 月 24 日发射升空并送入围绕日地系统第二拉格朗日点的运行轨道。它是人类有史以来建造的最强大的太空望远镜，将继任哈勃太空望远镜，成为下一代空间望远镜，提供宇宙中形成的第一个星系的图像，并探索遥远恒星周围的行星。为了获取更丰富的观测数据，完成既定使命，JWST 配备了一套科学仪器（ISIM），包括近红外相机 NIRCam（0.6～5μm）、近红外光谱仪 NIRSpec（0.6～5.3μm）、中红外仪器 MIRI（5～28μm）和近红外无狭缝成像光谱仪 NIRISS（0.6～5μm）。

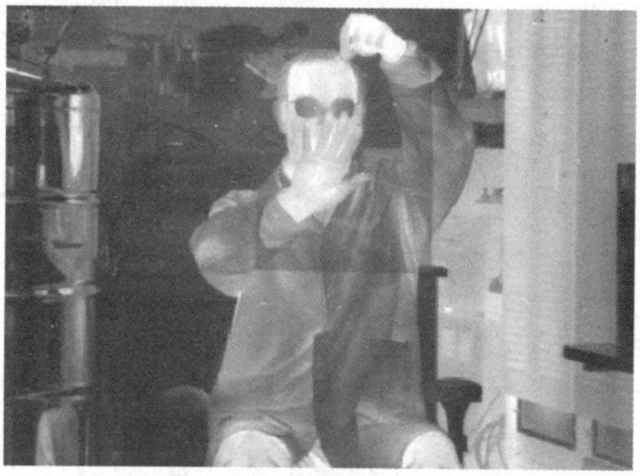
(a) 中波

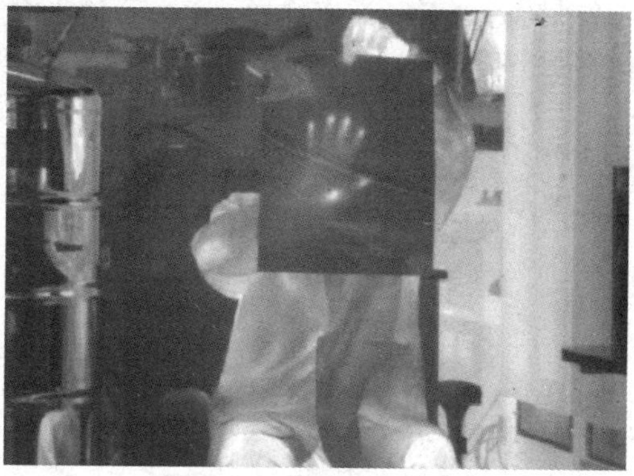
(b) 长波

图 8.7-13　碲镉汞中长波双波段热像仪样机采集的双波段图像

如图 8.7-14 所示，JWST 设计有一块非常大的遮阳板（Sun Shield），将整个望远镜分成热端和冷端，热端面对太阳，温度可高达约 300K，而冷端由遮阳板屏蔽太阳辐射，可以达到约 40K 的低温，望远镜光学系统（Optical Telescope Element）和综合科学仪器模块（Integrated Science Instrument Module）都安装在冷端。

1．JWST 的望远镜光学系统

JWST 的望远镜光学系统采用卡塞格伦式三反系统（见图 8.7-15），由主镜、次镜和三级镜组成，并使用一片平面镜作为精准指向镜，用于指向稳定和非常小的偏移机动。

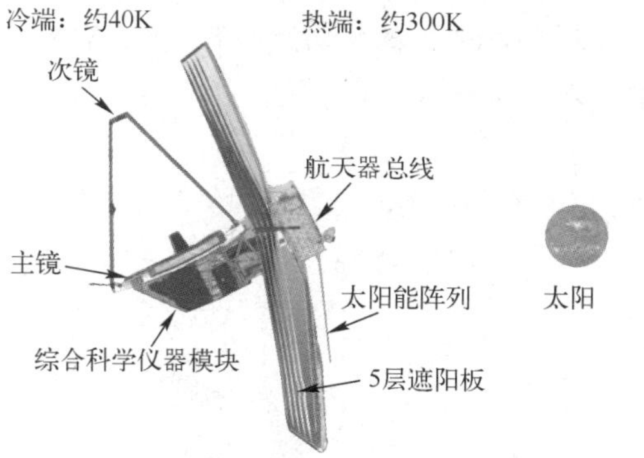

图 8.7-14　JWST 的总体构成示意图

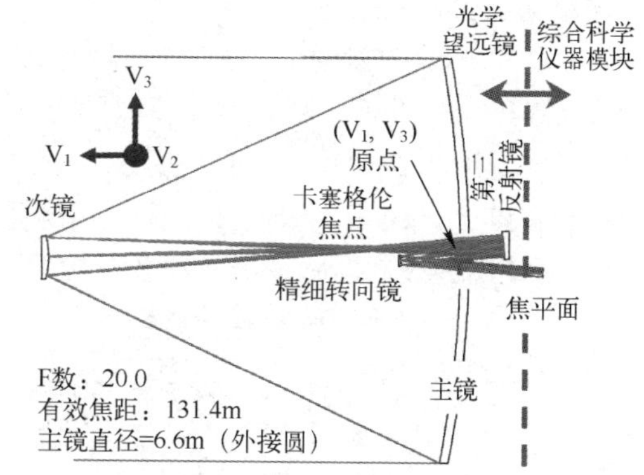

图 8.7-15　JWST 的望远镜光学系统原理示意图

这一光学系统的焦距为 131.4m，*F* 数为 20，其主镜直径达到了 6.6m，由 18 片六边形的子镜拼接而成（见图 8.7-16），每个子镜的直径为 1.4m，为了实现可折叠和轻量化，每一片子镜均使用铍制成，并镀金膜，在 0.6～28μm 都具有较高的反射率，铍轻巧且在 30～80K 范围内具有比较好的热稳定性。每个子镜的背面都安装有 6 空间自由度的微调机构，用于调整子镜的方位和角度，控制精度优于 10 nm。

JWST 的中波红外仪器可提供 4.9～27.9μm 波长范围内的四种不同成像和光谱观测模式，包括中波红外成像仪。各个科学仪器共用一套望远镜光学系统，并且均安放在望远镜的焦平面上，望远镜系统的像方视场被合理布局和分配，其中 MIRI 中波红外成像仪占据望远镜像方总视场中

113″×74″大小的视场空间。

2．MIRI 中波红外成像仪的光路结构

图 8.7-17 为 MIRI 中波红外成像仪的光路结构，这是与低分辨率光谱仪和日冕仪共用的一套光路，因此在光路中设计了一个 18 通道的转轮，以切换中波红外成像的 10 个不同波段滤光片通道，1 个低分辨率光谱仪的棱镜通道，4 个日冕仪成像滤光片通道，1 个透镜通道，1 个全开放通道和 1 个全闭合通道。最终，望远镜焦平面上的像被成像到探测器表面。

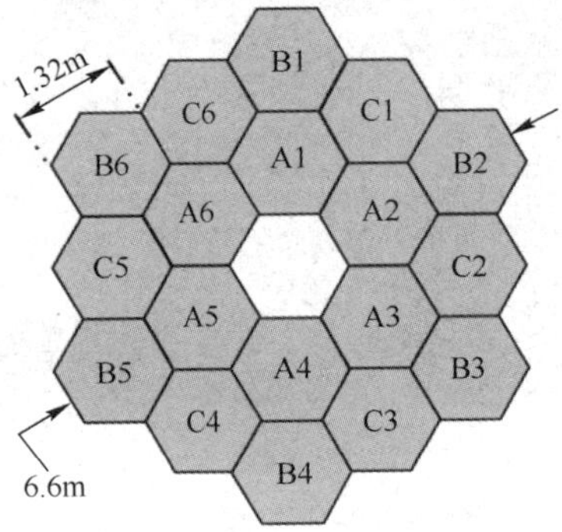

图 8.7-16　JWST 望远镜光学系统中的主镜拼接示意图

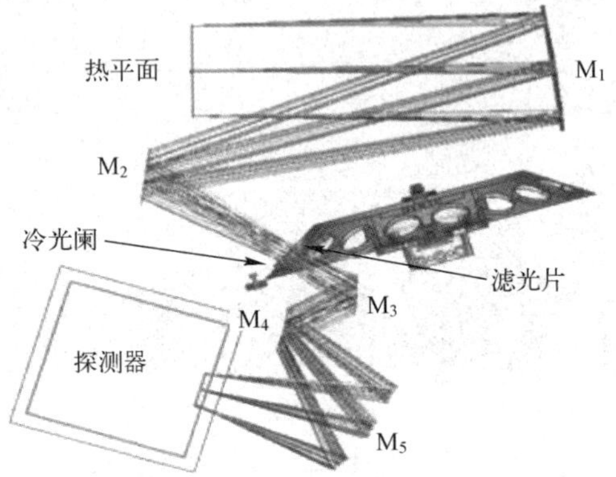

图 8.7-17　MIRI 成像仪的光路结构

3．MIRI 中波红外成像仪的探测器和制冷器

在中波红外成像仪的焦平面上，使用了一个带有制冷器的低温红外探测器，是 1024×1024 像元的砷掺杂硅（Si:As）杂质带传导（Impurity Band Conduction, IBC）器件，其工作温度要求制冷到 6.7K，因此在 MIRI 中使用了主动制冷加被动制冷的方式。

JWST 的工作位置为轨道高 1.5×10^6km 的第 2 拉格朗日点，通过遮阳板的挡光作用，其光学系统可以通过被动制冷到 30～50K，不需额外的制冷系统为其提供冷量。遮阳板呈菱形，由 5 层称为 kapton 的铝涂层聚酰亚胺薄膜组成，每层的尺寸约为一个网球场大小，被阻隔的热量从两层之间的空隙辐射出去，可以有效阻挡来自太阳、地球、月亮以及 JWST 的航天器总线的辐射，使得背光面温度可以保持在 40K 左右，保证科学仪器的正常工作温度，如图 8.7-18 所示。

但这样的温度对 MIRI 来说还不够低，MIRI 的 Si:As 探测器需要 7K 以下的工作温度，因此在辐射制冷的基础上，使用二级制冷，先利用脉管制冷机冷却到 18K，再用循环节流制冷机冷却到 7K。MIRI 所使用的极低温制冷器如图 8.7-19 所示。

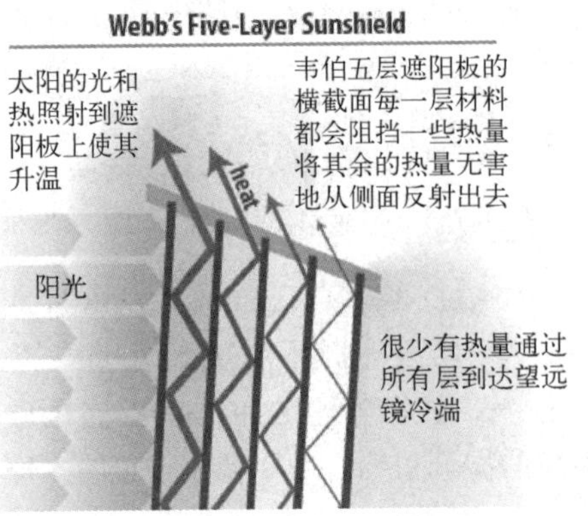

图 8.7-18　JWST 的遮阳板由五层薄膜组成

图 8.7-19　MIRI 所使用的极低温制冷器

作为人类的一项突破性成就，詹姆斯-韦伯空间望远镜体现出了人类在红外成像和探测领域的最高水平，无论是探测器设计和制造，望远镜光学系统的设计、加工和调试，还是综合辐射制冷和斯特林制冷的极低温温度控制，远程数据通信和控制等，每一项工作都拓展了科学技术的极限，充分体现了红外热成像系统的设计和应用前沿水平。关于 JWST 的技术细节可参考官网资料（https://jwst-docs.stsci.edu/jwst-mid-infrared-instrument）。

8.7.3 典型非制冷红外热成像系统——测温用红外热像仪

非制冷型红外热成像系统使用热电型焦平面红外探测器作为成像器件，由于不需要制冷，所以通常产品体积可以比较小，更加便携。除制冷器外，系统的构成与制冷型红外热成像系统相同。

口袋式红外热像仪是一类以便携为显著特点的非制冷型红外热成像测温系统，其外形尺寸只有手机大小，一般为双通道成像，可双通道融合显示、画中画显示以及 iMIX 显示。图 8.7-20 中左边镜头为可见光成像通道，中间镜头为红外热成像通道，两个镜头均为微型镜头模组，右边为 LED 照明。配备 3.5 英寸液晶触摸屏，使用方便。

图 8.7-20 中这款热像仪所使用的红外热成像探测器是工作波段为 7.5μm～14μm 的长波红外波段的 VO_x 微测辐射热计，256×192 像素，NETD 小于 40mK，定焦镜头焦距为 3.2mm，可提供 56°×42°的大视场，并且成像模组部分可 0°～90°旋转，以适应狭小空间的观察成像。

与观测型红外热像仪不同的是，测温用红外热像仪不仅显示温度的分布情况，而且可以显示视场中每一个目标点的温度。这就需要红外热像仪对视频图像输出结果进行温度线性化和温度标定等操作，以确保正确测量温度。

红外热像仪显示的图像称为红外热图，红外热图提供伪彩色调色板显示模式，和中心点测温、最高温、最低温追踪等多种测温模式，测温精度为±2℃或±2%，测温分辨率为 0.1℃。与仅用于观察的红外热成像系统不同的是，这类具有测温功能的红外热像仪需要经过温度标定后，建立起温度和图像上所接收到的辐射能量强弱之间的关系，才可以测得准确的温度，并且仪器使用一段时间后，仍需要重新标定，以保证测温准确性。

图 8.7-20　口袋式红外热像仪外观

作为应用级产品，这类红外热像仪具有丰富的便捷使用功能，例如：内置 16G 存储空间，支持 USB 数据传输和连接 Wi-Fi 将数据上传至云端，重力感应，以及配套专业测温分析软件等实用功能，类似的产品以便捷的使用特性，已逐渐普及应用，成为运维工程师、暖通工程师、设备巡检师的得力助手。

习题与思考题

1．红外热成像系统与其他夜间观察仪器相比有什么特点？

2．红外热成像系统的光学系统有哪些特殊性？目前常用的红外光学系统有哪些形式？

3．简述在红外光学系统设计中引入新型光学元件和设计方法解决或改善了传统红外光学系统中的什么问题？

4．红外探测器的制冷器按制冷原理划分可以分为哪几种类型？其特点是什么？

5．红外热成像系统的噪声等效温差 NETD 是如何定义的？为什么说它可以评价系统的温度分辨率，但并不全面？

6．为什么说红外热成像系统的最小可分辨温差 MRTD 是一种综合评价参量？

7．红外热成像系统的最小可探测温差 MDTD 与 MRTD 有何不同？

8．在考虑红外热成像系统的 MTF 时，影响系统性能的环节大致有哪些？

9．红外热成像系统总体设计主要包含哪些内容？总体技术指标有哪些？

10．什么是基于光学读出的红外热成像技术？试分析一下它们的优势与不足。

11．如何根据不同的自然景物环境和探测目标选择及使用红外热成像系统？试举例详述之。

第 9 章　光电成像过程影响因素与作用距离预测

光电成像系统是一种用于接收目标反射或自身辐射的电磁波，通过变换、处理、控制等环节获得所需要的图像信息，并进行处理的成像设备。其基本功能是：将接收到的辐射能量转换为电信号，并达到某种实际应用的目的，如测定景物目标的光度量、辐射度量或各种表观温度；测定景物目标辐射的空间分布及温度分布；测定景物目标所处三维空间的位置或图像等。利用这些所测得的信息，根据实际应用要求进行处理、控制，构成成像、瞄准、搜索、跟踪、预警、测距、制导等多种光电成像系统。

除了光电成像系统自身的能力外，整个光电成像过程还与被观察景物目标的反射、散射、辐射和偏振等光学特性有关；辐射传输过程中传输媒介(一般情况下为大气)的消光效应和能量弥散等也会对成像结果产生重大影响。

本章重点介绍光电成像过程的影响因素和基于这些因素对光电成像系统作用距离的预测。

9.1　光电成像系统成像过程分析

光电成像系统基本组成如图 9.1-1 所示。

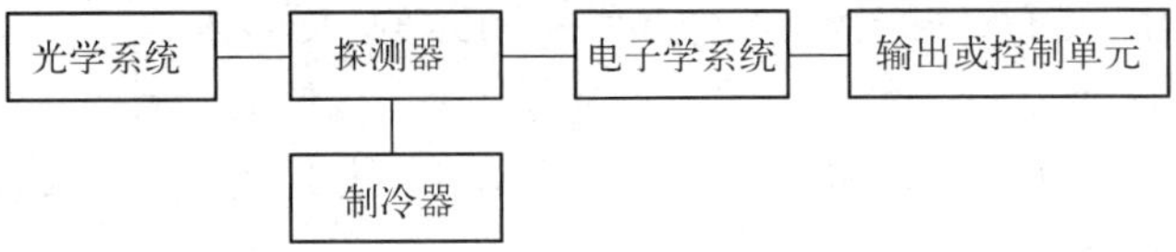

图 9.1-1　光电成像系统的基本组成

光学系统是光电成像系统的眼睛，通常包括多种光学元件，主要有：用于收集入射辐射，并将其聚焦成像到探测器上的光学物镜；用于对入射辐射进行调制的斩波器或调制器，使连续的入射辐射变换成有一定规律的或包含目标位置等信息的交变辐射；用于使单元或非凝视多元探测器按一定规律连续而完整分解目标图像的光机扫描器；在红外热成像系统中，还有用于辐射定标的黑体参考源；用于确定系统所探测的光谱范围，与一定光谱特性的探测器配合使用的光学滤波器；用于进一步为探测器聚集能量的聚光镜和二次聚光元件，如场镜、光锥、浸没透镜等；用于人眼观察所成图像的目镜等。

探测器的主要功能是将入射的辐射能量转换成电信号。如前面几章所述，探测器一般可分为光电探测器和热电探测器两大类。光电探测器基于辐射的光子与材料中电子直接作用而使材料电学特性发生变化的光电效应进行信息转换，如引起光电子发射的外光电效应、引起物质电导率增加的光电导效应和引起 PN 结电动势变化的光生伏特效应等。光电探测器是光子与电子间的直接作用，灵敏度高，反应时间快；但光子的能量与辐射的波长有关，且材料的电学特性变化存在阈值等，使光电探测器均存在光谱选择性，且存在红限。热电探测器的基础是热电效应，辐射的能量为某些材料所吸收，发生温度变化而使其电学特性产生变化，如因温升而使电导率增加的热敏电阻、因温升使两种不同材料形成闭合回路的两端结点间产生电动势的热电偶和热电堆、因温升使某些铁电体的电极化强度发生变化的热释电探测器等。由于这类探测器增加了升温过程，因此热电效应的反应速度较慢，灵敏度较低。但由于是基于温度变化过程的信息转换，故其无光谱选择性。可用于成像的探测器种类很多，设计时可以根据光电成像系统的实际需要，适当地选择不同原理、不同类型、不同材料的探测器。

光电成像系统中电子学系统最具有多样性，归纳起来主要包括以下部分：为使探测器工作在合理的工作点上和有效地读出，需要设计适当的偏置电路和驱动电路，如光导、光伏型光敏元的偏置和CCD、CMOS 的读出驱动等，根据工作要求不同可以有恒流偏置、恒压偏置及最大输出功率偏置电路，探测器不同，所要求的偏置电路亦不同；为使探测器偏置电路获得的信号电平得到提高，通常都会采用前置放大器进行放大，这种放大器的设计需要根据工作要求，与偏置电路间或做功率匹配、或做最佳信噪比匹配，因光电成像系统大多为弱信号探测，故一般多采用后者；经过前置放大后的信号，要按照不同系统功能要求采用完全不同的信号处理电路，如各种类型的放大器、带宽限制电路、检波电路、整形电路、钳位电路、直流电平恢复电路、有用信息提取电路等；为使各种电路正常工作，还必须要有专门的满足各自需要的电源，有些电源还可能具有很特殊的要求。

光电成像系统探测到的景物目标信号绝大部分通过显示屏进行显示，以供人眼观察、识别和判读，但也可通过其他多种记录方式记录所获得的信息。有些系统在获得目标信息后不仅需要进行识别和判读，还需将其作为控制信息，完成系统的某种控制。因此，获得的目标信号还要通过 A/D 变换、计算机处理、D/A 变换以及其他的专用控制部件，完成系统要求的控制功能。

光电成像系统中的制冷器主要用于对探测器进行制冷，有时也用于对光学系统、低噪声前置放大器制冷，目的都是为了使探测器及有关器件工作在低温、低噪声状态下，特别是光电型红外探测器，几乎都需要进行制冷才能正常工作；有些用于对微弱可见光探测的器件，如光电倍增管，也可通过对它的光阴极进行制冷，以减少其热电子发射，达到减小噪声的目的。制冷温度依探测器需要而定，如有的探测器需制冷到液氦沸点温度 4.2K 才能很好地工作，有的则要求制冷到液氮沸点温度 77.3K，还有的要求制冷到干冰熔点温度 194.6K 等，也有的只要求制冷到−20℃～−40℃的低温即可，如光电倍增管的光阴极，温度过低反而使光阴极导电特性变坏，性能下降。

制冷温度要求不同，采用的制冷方式也不同。如制冷温度较高时，可采用帕尔贴效应制成的单级或多级半导体制冷器制冷。如第 8 章所述，有五种常用的制冷原理与制冷器。军事应用的系统多采用制冷机进行制冷，如节流式制冷或斯特林循环制冷等。

9.2 辐射在大气中的传输

微光与红外热成像系统能探测和识别所观察的目标，不仅取决于光电成像系统本身的性能，还与景物自身的反射、辐射特性密切相关。有关景物的反射和辐射特性可参考第 8 章 8.7 节，本节主要讨论大气对成像过程的影响。

地球表面环绕着厚厚的大气层，它是人类赖以生存的重要条件。各种成像系统不论是在大气层内对层内或层外目标的成像探测，还是在大气层外对层内目标的成像探测，大气都是无法回避的辐射传输媒介。作为辐射传输媒介，大气本身对辐射具有吸收和散射等作用，导致辐射能衰减。因此，大气的传输特性将直接影响成像系统的成像效果，特别是在夜视系统中，很多技战术指标的制定都与一定的大气条件相对应。

9.2.1 大气的构成

1. 大气层的结构

通常，根据温度、成分、电离状态及其他物理性质，在垂直方向将大气划分成若干层次。一般根据温度垂直分布的特征，把大气分为对流层、平流层、中间层、热成层等，如图 9.2-1 所示。其中，横坐标为温度 T(K)，纵坐标为海拔高度 z (km)；带箭头的横线表示赤道至极地范围内任何地点最低和最高月平均温度；实线为美国标准大气(1976)北纬 45°(45°N)的状态，大致与我国江淮流域(30°N ～35°N)的平均状态相近。

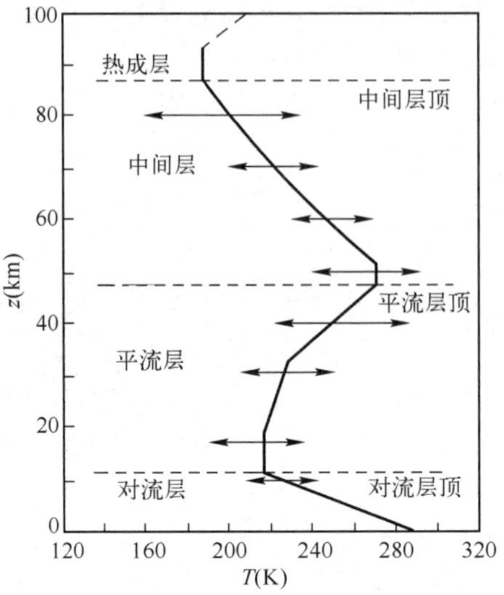

图 9.2-1 大气层结构

对流层对人类活动的影响很大，天气过程主要发生在对流层，其厚度不到地球半径的 2%，却集中了约 80%的大气质量和 90%以上的水汽。对流层温度变化较大，地面至 2m 高的范围内称为贴地层，昼夜温度变化可达 10℃以上，贴地层以上至 1～2km 高度的边界层内常出现逆温。就整个对流层而言，温度是随高度的增加而递减的，平均递减率为 6.5℃/km。温度递减率变为零或为负处是对流层顶，对流层的高度在中纬度区平均为 10～12km。

平流层位于 10～50km 内，集中了 20%左右的大气质量，水汽相当少，但臭氧含量最为丰富。平流层的温度变化与对流层相反，温度递减率变为零或为正处是平流层顶。这种温度结构的空气十分稳定，气溶胶较丰富。

中间层为平流层顶至 80～85km，其间温度随高度增加而迅速下降，80km 以上则保持不变或递增。由于中间层的温度结构与对流层相似，故又有第二对流层之称。

热成层又称为电离层或暖层，其范围为中间层顶至 200～500km，空气非常稀薄，在强烈的太阳紫外辐射和宇宙射线作用下，空气呈电离状态。

光电成像系统大多工作在对流层或平流层下部(约 20～25km 以下)，因此，后面的讨论将主要集中在平流层以下。

2．大气的组成

大气由多种元素和化合物混合而成，大致可分为干洁大气、水蒸气以及其他悬浮的固体和液体粒子。

（1）干洁大气

干洁大气指不含水蒸气和气溶胶粒子的大气。大致可分为两类：一类是常定成分，主要有氮、氧、氦、氢、氖、氩、氪、氙等，它们在大气中的含量随时间地点变化很小，但占据了绝大部分干洁空气的体积；另一类是可变成分，如二氧化碳、一氧化碳、甲烷、臭氧、氨、二氧化硫、一氧化氮、二氧化氮等，其含量随时间地点而变化，虽在大气中所占体积很小，但对辐射的吸收和散射有重要影响。

（2）水蒸气（H_2O）

通常大气并不是干燥的，总是含有水蒸气。水蒸气的含量随地理位置、温度、季节及气层高度而变化。全球地面水蒸气含量可相差 5 个数量级，并主要集中在 4km 以下的大气层中，14km 以上的大气层中，水蒸气含量变化很小。

水蒸气对辐射的衰减影响特别大，是光电成像系统设计、分析和使用中必须重点考虑的因素之一。通常描述大气中水蒸气含量可用以下方法：

① 水蒸气分压强 e_v，单位为大气压或毫巴(atm 或 mb)；

② 体积比浓度；

③ 混合比或质量密度比，即单位质量空气中所包含的水蒸气质量，单位为 g/kg；

④ 绝对湿度，即单位体积空气中所含水蒸气的质量，单位为 g/m^3；

⑤ 饱和水蒸气含量，指一定温度下，单位体积空气中所能含有水蒸气质量的最大值。该值仅与温度有关，当给定空气样品中的水蒸气含量时，可通过降低温度使其中的水蒸气从非饱和状态变为饱和状态，对应的饱和温度称为“露点”温度。表 9.2-1 为标准大气下的饱和水蒸气含量，其中第一列为露点温度的整数部分，第一行为该温度的十分位数值。

表 9.2-1 标准大气下的饱和水蒸气含量(g/m^3)

T(℃)	0	1	2	3	4	5	6	7	8	9
−40	0.1200	0.1075	0.0962	0.0861	0.0769	0.0687	0.0612	0.0545	0.485	0.0431
−30	0.341	0.308	0.279	0.252	0.227	0.205	0.1849	0.166	0.149	0.134
−20	0.888	0.810	0.738	0.672	0.661	0.556	0.505	0.458	0.415	0.376
−10	2.145	1.971	1.808	1.658	1.520	1.393	1.275	1.166	1.066	0.973
−0	4.84	4.47	4.13	3.82	3.52	3.25	2.99	2.76	2.54	2.33
0	4.84	5.18	5.55	5.94	6.35	6.79	7.25	7.74	8.26	8.81
10	9.39	10.00	10.64	10.33	12.05	12.81	13.61	14.45	15.34	16.28
20	17.3	18.3	19.4	20.5	21.7	23.0	24.3	25.7	27.2	28.7
30	30.3	32.0	33.7	35.6	37.5	39.5	41.6	43.6	46.1	48.5
40	51.0	53.6	56.3	59.2	62.1	65.2	68.4	7.9	75.3	78.9

⑥ 相对湿度，指单位体积空气中所含水蒸气的质量与同温度下饱和水蒸气含量之比，以百分数(%)表示。

根据定义，绝对湿度 H、饱和水蒸气含量 H_a 和相对湿度 H_r 之间的关系为

$$H = H_r H_a \tag{9.2-1}$$

绝对湿度 H 与水蒸气分压强 e_v 的关系为

$$e_v = HR_vT \tag{9.2-2}$$

式中，$R_v=4.615\times10^2\,\mathrm{J\cdot kg^{-1}\cdot K^{-1}}$ 为气体常数；T 为热力学温度。

当 H_r=100%时，对应的水蒸气压强称为饱和水蒸气压强 e_a，且

$$e_a = H_a R_v T_d = H_a R_v (273.15 + t_d) \tag{9.2-3}$$

式中，t_d 为摄氏温度(单位为℃)。

(3) 气溶胶粒子

大气中悬浮着大量固体和液体粒子，通常将半径小于几十微米的固体微粒称为大气气溶胶粒子。液态粒子的尺度一般较大，具有云滴、雾滴、雨滴、冰晶、雪花和冰雹等可见的形态，图 9.2-2 所示为气溶胶粒子的尺度范围。

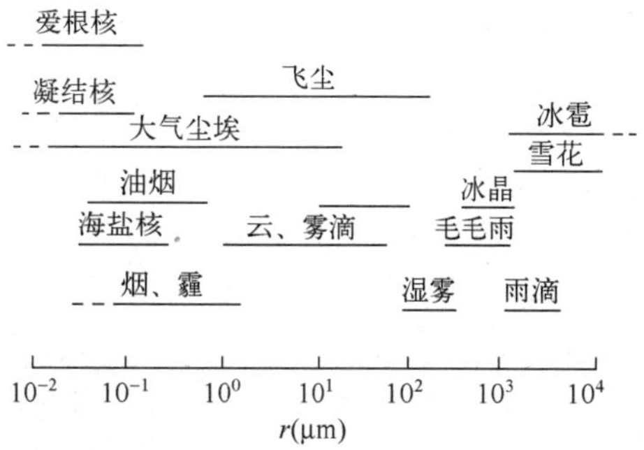

图 9.2-2 气溶胶粒子的尺度范围

通常把半径小于 0.1μm 的粒子称为爱根核(Aitken)；半径为 0.1～1μm 的粒子称为大粒子；半径大于 1μm 的粒子称为巨粒子。

云由云滴和冰晶两种粒子组成，液态云滴的半径为 1～100μm，冰晶的尺寸稍大。

雾由靠近地面飘浮在空中的极细小水滴或冰晶组成，是一种近地层的云。通常把水平能见度小

于 1km 的近地层水汽凝结物称为雾，能见度在 1～10km 的雾称为轻雾或霭。

由人类活动排放的烟尘或海上产生的盐粒漂浮于大气中的固态气溶胶系统称为霾。雨滴直径为 0.2～6.0mm，当直径<0.35mm 时形态为严格的球形，直径越大，越偏离球形。固态降水主要是雪花和冰雹，尺度较大，形状有一定规律但较复杂，光学性质较难描述。

由于重力的作用，大气气溶胶粒子浓度随高度按指数衰减，在对流层中这种变化可表示为

$$N(z) = N(0)\exp(-z/h_0) \tag{9.2-4}$$

式中，N 为粒子浓度；z 为高度；h_0 为特征高度（与气候和地区有关）。表 9.2-2 给出了不同能见度（z=0）条件下的气溶胶特征高度。

表 9.2-2　不同能见度条件下的气溶胶特征高度

能见度 (km)	2	3	4	5	6	8	10	13	25
h_0 (km)	0.84	0.90	0.95	0.99	1.03	1.10	1.15	1.23	1.45

由于不同尺度（大小）的粒子对不同波长光波的散射状态不同，因此，应知道气溶胶粒子的尺度分布。由于气溶胶种类繁多，形态各异，尺度分布相当复杂，目前尚无完整的理论可以解释某种分布的成因，比较普遍的描述是采用广义伽马分布

$$n(r) = ar^b\exp(-cr^d) \tag{9.2-5}$$

式中，r 为粒子半径（μm）；$n(r)$为半径 r 处单位半径间隔内气溶胶粒子浓度($\mathrm{cm^{-3}\cdot\mu m^{-1}}$)；$a$、$b$、$c$ 和 d 为拟合参数，选择不同的拟合参数可较好地描述诸如霾、雨、雹、云等粒子的尺度分布及宏观的光学特性。

3．大气模式

大气成分随地理位置、季节和温度等有很大变化，对大气的光学性质有明显影响。通常认为，局部区域的大气成分只沿高度方向变化，描述大气特征的主要参数是气压、温度、温度递减率和密度等的地面值及它们的高度廓线。由于参数复杂多变，大气特征很难用精确形式表示，也不易完全测得，而许多应用又非常需要由其推算大气的性能和变化趋势等，以完成光电成像系统的设计和分析，因此，必须归纳出一些分析模式并定义标准大气。

标准大气用以描述在太阳黑子最多和最少的活动范围内，理想的中纬度大气年平均状态。世界气象组织（WMO）关于标准大气的定义为：

“所谓标准大气就是能够粗略地反映周年、中纬度状况的、得到国际上承认的假想大气温度、压力和密度的垂直分布。它的典型用途是做压力高度计校准，飞机性能计算，飞机和火箭设计，弹道制表和气象制图的基础。假定空气服从使温度、压力和密度与位势发生关系的理想气体定律和流体静力学方程。在一个时期内只能规定一个标准大气，这个标准大气除相隔多年做修正外，不允许经常变动。”

目前，最权威的“1976 年美国标准大气”是在“1962 年美国标准大气”和“1966 年美国标准大气增补（USSAS-1966）”的基础上形成的，经过大量实验数据的收集和分析，对 1962 年标准大气进行了修正和补充，并将高度延伸到了 1000km。经我国国家标准总局批准，在建立我国自己的标准大气之前，可使用 30km 以下的 1976 年美国标准大气作为国家标准。

除 1976 年美国标准大气外，美国空军地球物理实验室（AFGL）推出的 LOWTRAN 模式中还包括 5 个区域性标准大气模式：热带（Tropical）、中纬度夏季（Midlatitude Summer）、中纬度冬季（Midlatitude Winter）、近北极夏季（Subarctic Summer）和近北极冬季（Subaratic Winter）。部分相关数据见二维码 9.2-1。

二维码 9.2-1

9.2.2　大气消光与大气窗口

由多种成分组成的大气是一种复杂的光学介质，辐射在这种介质中传输时，将产生折射、吸收

和散射等物理作用，导致辐射衰减(消光)，对基于能量的光电成像系统的目标探测成像产生直接的影响。同时，这些现象也反映了大气的状态，为大气遥感提供了依据。

1．大气消光

大气对辐射强度的衰减作用称为消光。大气消光的基本特点是：

① 干洁大气中，大气消光取决于空气密度和辐射通过的大气层厚度；

② 大气中有气溶胶粒子及云雾粒子群时，消光作用增强；

③ 地面上基本观测不到波长为 0.3μm 以下的短波太阳紫外辐射；

④ 地面观测到的太阳光谱辐射中有明显的气体吸收带结构。

大气消光作用主要由大气中各种气体成分及气溶胶粒子对辐射的吸收与散射造成。在辐射传输过程中，辐射与气体分子和气浴胶粒子相互作用，从经典电子理论角度看，构成物质的原子或分子内的带电粒子受准弹性力作用保持在其平衡位置附近，并具有一定的固有振动频率，在入射辐射作用下，原子或分子发生极化并依入射光频率做强迫振动，由此可能产生两种形式的能量转换：

① 入射辐射转换为原子或分子的次波辐射能。在均匀介质中，这些次波叠加的结果使光只在折射方向上继续传播下去，在其他方向上因次波的干涉而相互抵消，所以没有消光现象；在非均匀介质中，由于不均匀质点破坏了次波的相干性，使其他方向出现散射光。在散射情况下，原波的辐射能不会变成其他形式的能量，只是由于辐射能向各方向的散射，使沿原方向传播的辐射能减少。

② 入射辐射能转换为原子碰撞的平动能，即热能。当共振子发生受迫振动，即入射辐射频率等于共振子固有频率时($\omega=\omega_0$)，会吸收特别多的能量，入射辐射被吸收而变为原子或分子的热能，从而使原方向传播的辐射能减少。

2．布格(Bouguer)定律

一般地，辐射通过介质的消光作用与入射辐射能 $\Phi(\lambda,s)$、衰减介质密度 $\rho(s)$(单位为 g/m^3)以及所经过的路径 ds 成正比，即

$$\mathrm{d}\Phi(\lambda,s)=-k(\lambda,s)\Phi(\lambda,s)\rho(s)\mathrm{d}s \tag{9.2-6}$$

式中，$k(\lambda,s)$为光谱质量消光系数，单位为 $\mathrm{M}^{-1}\cdot\mathrm{L}^{-1}$。

由式(9.2-6)解得辐射衰减规律为

$$\Phi(\lambda,s)=\Phi(\lambda,0)\exp\left[-\int_0^s k(\lambda,s)\rho(s)\mathrm{d}s\right] \tag{9.2-7}$$

式中，$\Phi(\lambda,0)$为 s=0 时的初始光谱辐射通量。

若介质具有均匀的光学性质，$\rho(s)=\rho$，$k(\lambda,s)=k(\lambda)$，则可简化上式得到布格定律

$$\Phi(\lambda,s)=\Phi(\lambda,0)\exp[-k(\lambda)\rho s]=\Phi(\lambda,0)\exp[-k(\lambda)\omega]=\Phi(\lambda,0)\exp[-l(\lambda)] \tag{9.2-8}$$

式中，$\omega=\rho s$ 为光程上单位截面的介质质量；$l(\lambda)=k(\lambda)\rho s$ 为介质的光学厚度。

为描述辐射通过大气时的透射特性，定义大气光谱透射比为

$$\tau(\lambda,s)=\frac{\Phi(\lambda,s)}{\Phi(\lambda,0)}=\exp\left[-\int_0^s k(\lambda,s)\rho(s)\mathrm{d}s\right]=\exp[-k(\lambda)\rho s] \tag{9.2-9}$$

为描述在某一波段(λ_1,λ_2)内的大气透射性质，引入平均透射比

$$\bar{\tau}(s)=\frac{1}{\lambda_2-\lambda_1}\int_{\lambda_1}^{\lambda_2}\tau(\lambda,s)\mathrm{d}\lambda=\frac{1}{\lambda_2-\lambda_1}\int_{\lambda_1}^{\lambda_2}\exp[-k(\lambda)\rho s]\mathrm{d}\lambda \tag{9.2-10}$$

理论与实践表明：大气中不同成分与不同物理过程造成的消光效应具有线性叠加特性，即总消光特征量可以写成各分量之和

$$k(\lambda,s)=\alpha_{\mathrm{m}}(\lambda,s)+\beta_{\mathrm{m}}(\lambda,s)+\alpha_{\mathrm{p}}(\lambda,s)+\beta_{\mathrm{p}}(\lambda,s) \tag{9.2-11}$$

式中，α 和 β 表示吸收和散射；下标 m 和 p 表示分子和气溶胶粒子。

将式(9.2-11)代入式(9.2-10)，可得

$$\tau(\lambda,s)=\tau_{m}^{\alpha}(\lambda,s)\cdot\tau_{m}^{\beta}(\lambda,s)\cdot\tau_{p}^{\alpha}(\lambda,s)\cdot\tau_{m}^{\beta}(\lambda,s) \tag{9.2-12}$$

即总透射比为各单项透射比之积。若各单项透射比可进一步分解，例如大气吸收可分解为 H_2O、CO_2、O_3 的吸收等，则可在分别求出各因素的大气衰减后，相乘得到整体透射比。式(9.2-12)仅适合于总透射比的计算而不能用于计算平均透射比。

使用布格定律应注意以下几点：

① 假定消光系数与入射辐射强度、吸收介质浓度无关。一般情况下吸收比与辐射强度无关，但当辐射功率密度大到某一阈值(10^7W/cm^2)时，会出现“饱和吸收”。

② 假定粒子之间彼此独立地散射电磁辐射，即不考虑多次散射的影响。

对于准直光束，当光束发散角小于 6′，光束直径 $d\leqslant100$cm，接收视场与光束发射角相当时，可见光谱区布格定律适用于 $l(\lambda)\leqslant25$ 的情况，红外光谱区的适用范围更宽。在能见度为 1.6km 的雾霾天气下，10km 以内的传输距离可不考虑多次散射；对于云、雾和降水天气，$l(\lambda)>8$ 时需要考虑多次散射。

3. 大气窗口

大气的消光作用与波长相关，且具有明显的选择性。图 9.2-3 示出了典型的大气透射谱图，除可见光 0.38～0.76μm 波段外，在 0.76～1.1μm、1.2～1.3μm、1.6～1.75μm、2.1～2.4μm、3.4～4.2μm、4.4～5.4μm、8～14μm 等波段均有较大的透射比，犹如光谱波段上辐射透明的窗口，故称为“大气窗口”。有效利用大气窗口可增加光电成像系统的作用距离，目前常用的大气窗口除可见光外，还有近红外 0.76～1.1μm、短波红外 1～2.5μm、中红外 3～5μm 和长波红外 8～14μm。

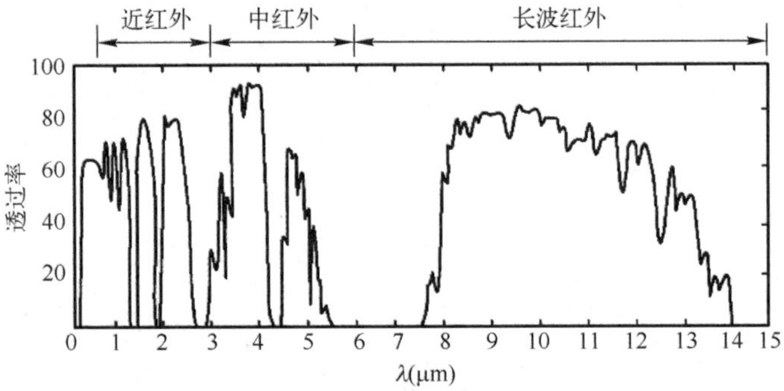

图 9.2-3　典型大气透射谱图

在辐射传输过程中，大气的吸收和散射对光电成像系统的成像效果具有明显影响，使景物信息衰减，图像边缘模糊。因此，在系统设计和分析时要对大气的辐射吸收和散射进行预测或测量。关于大气吸收、散射的计算可扫描二维码 9.2-2。

二维码 9.2-2

4. 基于气象学距离的消光处理方法

在气象学上，把白光通过 1km 水平路程的大气透射比称为大气透明度。在一定大气透明度下人眼能发现以地平天空为背景视角大于 30′的黑色目标物的最大距离 R_v，称为大气能见度或大气能见距离。

在一定距离 R 处的目标物和背景所发出的光(自身或反射和散射辐射)，在经过一段空气柱衰减的同时，空气柱会对各种自然辐射及散射进行多次散射产生一附加的气柱亮度 L_0，若观察者实际接收到的目标和背景的表观亮度分别为 $L_t(R)$和 $L_b(R)$，则表观对比度为

$$C_R=\left|\frac{L_t(R)-L_b(R)}{L_b(R)}\right| \tag{9.2-13}$$

当考虑散射时，辐亮度 $L(\lambda,s)$的传输方程为

$$\frac{dL(\lambda,s)}{ds} = -k(\lambda,s)\rho(s)[L(\lambda,s) - J_v(\lambda,s)] \tag{9.2-14}$$

式中，$J_v(\lambda,s)$为附加源函数；λ为波长；$k(\lambda,s)$为消光系数；s 为路径长度。

对于 s=0 处的目标 $L_t(\lambda,0)$和背景 $L_b(\lambda,0)$，求解方程(9.2-14)可得 s=R 处的表观亮度(i=t,b)

$$L_i(\lambda,R) = L_i(\lambda,0)\exp\left(-\int_0^R k\rho ds\right) + \left[\int_0^R k\rho J_v \exp\left(\int_0^s k\rho ds\right)ds\right]\exp\left(-\int_0^R k\rho ds\right) \tag{9.2-15}$$

代入式(9.2-13)，得到表观对比度

$$C_R = \left|\frac{L_t(\lambda,0) - L_b(\lambda,0)}{L_b(\lambda,0) + L_v(\lambda,R)\cdot\exp(\int_0^R k\rho ds)}\right| = C_0\frac{1}{1 + L_v(\lambda,R)/[L_b(\lambda,0)\cdot\tau(R)]} = C_0\cdot T_c \tag{9.2-16}$$

式中，$C_0=|L_t(\lambda,0) - L_b(\lambda,0)|/L_b(\lambda,0)$ 为目标和背景的固有对比度；$\tau(R) = \exp\left(-\int_0^R k\rho ds\right)$ 为大气透射比；$L_v(\lambda,R) = \left[\int_0^R k\rho J_v \exp\left(\int_0^s k\rho ds\right)ds\right]\exp\left(-\int_0^R k\rho ds\right)$ 为路程的气柱亮度；T_c 为大气对比传递函数。

对于水平路径，可认为大气消光系数 k、散射系数 $\beta(\theta)$ 及气柱所受到的自然照明强度 J_v 不随路程 s 变化，$\tau(R) = \exp(-k\rho R)$，则

$$L_i(\lambda,R) = L_i(\lambda,0)\exp(-k\rho R) + L_v(\lambda,R) = L_i(\lambda,0)\tau(R) + L_v(\lambda,R) \tag{9.2-17}$$

$$L_v(\lambda,R) = J_v[1-\exp(-k\rho R)] = L_v(\lambda,\infty)[1-\exp(-k\rho R)] = L_v(\lambda,\infty)[1-\tau(R)] \tag{9.2-18}$$

由于能见度的测量以天空为背景，$L_b(\lambda,0) = L_v(\lambda,\infty)$，则由式(9.2-16)得到

$$\frac{C_R}{C_0} = T_c(R) = \exp(-k\rho R) = \tau(R) \tag{9.2-19}$$

按照白光或λ_0=0.55μm 的单色光能见距离的定义，C_0=1，人眼发现目标的阈值对比度为 C_R=0.02，则能见距离为

$$R_v = -\frac{1}{k\rho}\ln(0.02) = \frac{3.912}{k\rho} \tag{9.2-20}$$

按照定义，k 包含了大气分子和气溶胶粒子的吸收和散射。

作为气象学参量，能见距离一般在主要的气象站均有测量和记录，表 9.2-3 给出了能见距离的国际十级制。若已知 R_v(km)，则大气透射比 $\tau(R)$ 和大气透明度 τ_1 可表示为

$$\tau(R) = \exp\left(-\frac{3.912}{R_v}R\right) = \tau_1^R,\quad \tau_1 = \exp\left(-\frac{3.912}{R_v}\right) \tag{9.2-21}$$

表 9.2-3　能见距离的国际十级制

等级	大 气 状 况	R_v(m)	τ_1	$k\rho$
0	密雾(最浓的雾)	<50	$<10^{-34}$	>78
1	浓雾	200	$10^{-8.5}$	19.5
2	中雾(可见雾)	500	$10^{-3.4}$	7.8
3	薄雾	1000	0.02	3.9
4	烟或最浓的霾	2000	014	1.95
5	不良可见度(浓霾)	4000	0.38	0.98
6	中等可见度(可见霾)	10000	0.68	0.39
7	良好可见度(薄霾)	20000	0.82	0.195
8	优等可见度	50000	0.92	0.078
9	特等可见度	>50000	>0.92	<0.078

5. 大气传输特性的计算机模拟简介

目前常用的大气辐射传输模拟软件有美国的 LOWTRAN、MODTRAN 和 FASCODE 等。LOWTRAN 从 1970 年提出至今已公布了 7 个版本，计算的光谱分辨率约为 $20cm^{-1}$。MODTRAN 和 FASCODE 具有比 LOWTRAN 更高的光谱分辨率，相应的计算量也大一些。对一般光电成像系统设计和分析，LOWTRAN 已具有足够的精度。

LOWTRAN、MODTRAN 可计算从紫外到微波的大气传输问题。LOWTRAN、MODTRAN 软件包含了大气分子的吸收和散射、水汽吸收、气溶胶的散射和吸收、大气背景辐射(红外)、日光或月光的单次散射和地表反射、直接大气辐射，以及日光、大气热辐射的多次散射等。大气模式有热

带、中纬度夏季/冬季、近北极夏季/冬季、1976 年美国标准大气及自定义模式等供选择。气溶胶消光扩充为城市型、乡村型、海洋型、对流层和平流层等多种模式供选择，并考虑了对风速的依赖关系，建立了雾、雨和卷云的模型。

总之，LOWTRAN、MODTRAN 考虑因素较全面，只要给定温度、气压、水汽含量、气溶胶模型、能见距离，以及辐射波长范围、路径长度和类型(水平或斜程)，就能得到光谱透射比和平均透射比等结果。目前的很多光电系统仿真软件已将 LOWTRAN、MODTRAN 模块作为一个重要的组成部分。

9.2.3 大气消光对光电成像系统性能的影响

大气消光使目标与背景对比度的下降可用对比传递函数表示。下面分析对比度衰减对几种成像系统的影响。

1．大气消光对基于对比度探测的光电成像系统的影响

基于对比度探测的光电成像系统的应用非常广泛。这里以人眼这一较理想的成像系统为例说明大气消光的影响。人眼日间视觉的阈值对比度约为 2%～5%。按式(9.2-16)和式(9.2-18)得大气传递函数

$$T_c=\left[1+\frac{L_v(\infty)}{L_b(0)}\frac{1-\tau}{\tau}\right]^{-1}=\left(1+K\frac{1-\tau}{\tau}\right)^{-1} \qquad (9.2\text{-}22)$$

式中，K 为地平天空亮度与背景亮度之比；T_c 为 K 和 τ 的函数，与目标亮度无关，即 T_c 只与目标和探测器之间的大气状态有关。根据实验，对于阴暗天空，$K=1/\rho$；对于非常晴朗的天空，$K=0.2/\rho$。图 9.2-4 给出了三种类型的地物及在 $\tau=0.85$、0.5 和 0.15 大气条件下 T_c 与 K 的关系曲线。

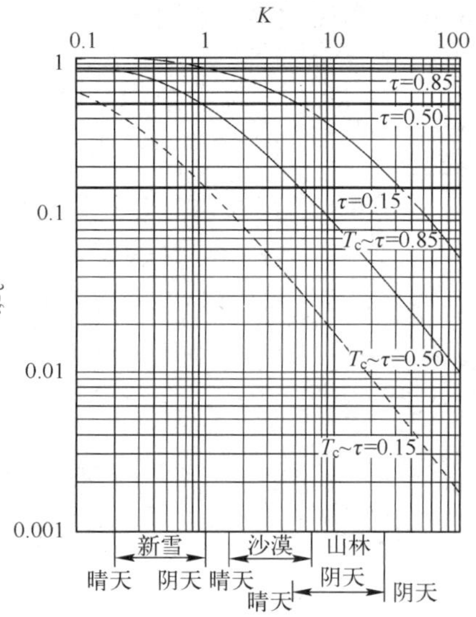

图 9.2-4　T_c 与 K 的关系曲线

2．大气消光对信噪比限制下的光电成像系统的影响

微光成像系统通常工作在自然照度很低的情况下，其性能主要受入射的随机涨落光子噪声限制，这种涨落可用泊松分布来描述。因此，大气消光对信噪比限制下的光电成像系统性能的影响应从信噪比的衰减来考虑。

设目标和背景像元的光子数分别为 N_t 和 N_b，天空散射元的光子数为 N_q，则成像系统在距离 R 处的表观信噪比为

$$\left(\frac{S}{N}\right)_R=\frac{(N_t-N_b)\tau}{\sqrt{2N_m\tau+2N_q(1-\tau)}}=\left(\frac{S}{N}\right)_0 T_{ph} \qquad (9.2\text{-}23)$$

式中，$(S/N)_0=(N_t-N_b)/\sqrt{2N_m}$ 为固有信噪比；$N_m=(N_t+N_b)/2$ 为平均光子数；T_{Ph} 为微光成像系统的大气信噪比传递函数，且

$$T_{ph}=\sqrt{\tau}/\sqrt{1+K(1-\tau)/\tau} \qquad (9.2\text{-}24)$$

式中，$K=N_q/N_m$ 为天空散射光子数与平均光子数之比。与 T_c 不同，T_{Ph} 除与τ、N_b 和 N_q 有关外，还与 N_t 有关。

3．大气消光对红外热成像系统的影响

红外热成像系统的性能也受信噪比限制，但其信号只取决于目标和背景的辐射之差(平均信号通常会被交流耦合电路消除)，噪声主要由探测器和电子处理等环节决定，因此，固有信噪比可表示为

$$\left(\frac{S}{N}\right)_0=\frac{N_t-N_b}{N_n} \qquad (9.2\text{-}25)$$

式中，N_n为噪声的比例常数；N_t为目标的固有辐亮度；N_b为背景的固有辐亮度。

大气中红外辐射在传输过程中附加的辐射量由散射的红外辐射和大气本身的红外辐射组成，统称为路程辐亮度 N_a。于是在 R 处的表观信噪比为

$$\left(\frac{S}{N}\right)_R = \frac{(N_t\tau_{IR}+N_a)-(N_b\tau_{IR}+N_a)}{N_n} = \left(\frac{S}{N}\right)_0 \tau_{IR} \tag{9.2-26}$$

式中，τ_{IR} 为红外光谱透射比。即有效信噪比传递函数 $T_{ef}=\tau_{IR}$，路程辐亮度对被动红外成像系统不起作用。

综上所述，大气消光对各类光电成像系统的影响差异较大。人眼视觉等成像系统受大气消光的影响远大于被动红外成像系统，而受光子噪声限制的微光成像系统所受的影响则介于两者之间。

9.3　目标探测与识别

光电成像系统是人类获取景物信息的重要工具，特别是在军事用途中，目标的侦察是完成攻击和毁伤目标的重要前提。目标侦察包括搜索、定位以及目标的探测、识别和确认等环节，可归结为光电成像系统显示器上目标所在位置的获得、方向确定及进一步的确认。

目标获得的过程通常从概念上可以分为两个不同的部分，即动态问题(搜索)部分和静态问题(探测、识别与确认)部分。所谓动态问题，是指与时间有关的任务，人们常把搜索归入此类问题，此时目标的存在及位置未知，找出目标并确定所在位置至关重要。静态问题是指目标的位置已经大致知道，完成接下来的任务时间并不重要，通常认为与时间无关，一般假定观察者有足够的时间去完成任务。本节将讨论这两类过程的模型及其基本问题。

目标的获得过程如图 9.3-1 所示。

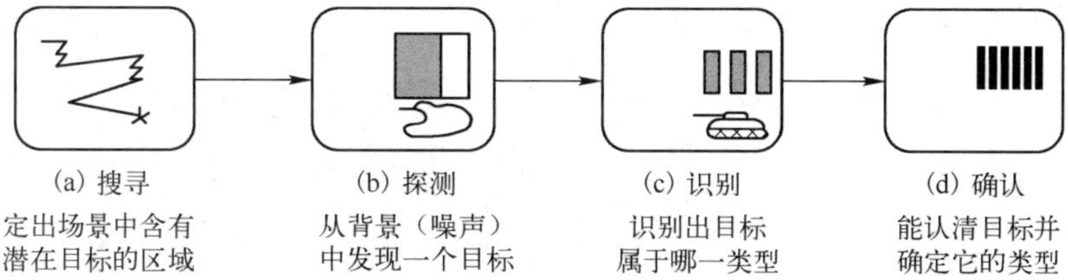

图 9.3-1　目标的获得过程

目标的探测和识别(也可称为目标辨别)是一个复杂的、涉及人眼-大脑图像翻译过程的问题。这是因为作为观察者的人的响应不能直接测量，仅能通过相关的视觉心理实验来推论。观察的最低等级是分辨有无，最高等级是这一特定目标的精确确认与描述，两个极限等级之间是观察等级的连续区域。视觉观察的等级有时很容易确定，有时却很困难。例如，一架飞机在晴朗的天空中飞行很容易被探测到，而一辆车在复杂背景的丛林中探测起来就困难得多，且必须在识别车辆之前它已经被探测到了。也就是说，只有在被探测到的情况下才能谈识别的问题。

目标上下、前后的一些线索会为观察提供附加信息。在视场中，一条道路上似乎有一个小点，其合理的概率是一辆车；同样的这个小点如果在田野中，就有可能是别的什么东西。一辆车可以被识别，甚至被确认出来，是因为它的特征、位置和速度，尽管很可能传感器的分辨率不足以进行经典的形状识别，但根据经验，很大的湖泊里的运动目标很可能是一条船，而不是飞机或车辆。

目标的确认是目标观察的最高等级，处于这一复杂过程中的最后阶段。在目标观察中，首要的任务是搜索视场以找寻目标。搜索可以是随机的或者是系统的，随观察者的训练和本人的经验而变

化。其次是发现目标，这一途径包含了景物杂波和搜索，目标可能在视场中的某处，要去发现它，必须将注意力集中在景物某一个特征上，从而把淹没在噪声中的目标信号提取出来。这里涉及探测器件的性能量度，对于红外热成像来说，涉及最小可探测温差；对于微光夜视来说，则涉及图像探测灵敏阈。

为了进一步完成后续任务，Johnson 提出了系列的判识准则，即通过目标的尺寸和形状构成的对比差异提供探测、识别和确认的依据。光电成像系统灵敏度、分辨率或两者的组合将会影响观察目标的等级范围。Johnson 判据假定目标在视场的中心而不需要搜索目标，对红外热成像而言，Johnson 判据提供了最小可分辨温差(MRTD)和战场性能的联系。Johnson 判据是在像增强器的基础上发展起来的，但很多研究和应用证明，Johnson 判据也适用于红外热成像系统。Johnson 提出的观察方法是目前进行目标探测与识别研究的基础，其判据给出了目标最小尺寸上的对比周期数。

有关观察判据问题，迄今为止已经发展了很多模型，但它们常限于极少的军事场景，大多数模型仅部分有效，其原因在于实际战场的复杂性与多变性。光电成像技术与系统的发展异常迅速，因此，对模型进行修正和发展十分必要，只有如此才能正确地反映现代光电成像系统的性能。

目前，尚没有一个目标观察模型考虑了光电成像过程的所有因素，很多模型是专门针对少量特殊的景物和专门的成像系统而言的，且模型经常需要做一些简化的假设，故它们仅对部分观察任务和情况有效。

本节介绍光电成像系统，如红外热成像、微光成像等系统目标观察能力的判定方法，探讨目标探测与识别的基本问题。尽管下面的描述多限于红外和微光成像过程，但所描述的方法却具有普遍意义，可以推广应用于大多数光电成像系统(有的需做一些微小的修正)。

9.3.1 目标探测识别的基本理论

图 9.3-2 给出了目标获取及其基本组件的成像链原理框图。由景物发射和反射的辐射通过大气，向着光电成像系统行进，同时，背景辐射也因散射而进入光电成像系统的同一路径，沿辐射传输路径的湍流引起的差异导致光电成像系统图像的失真。

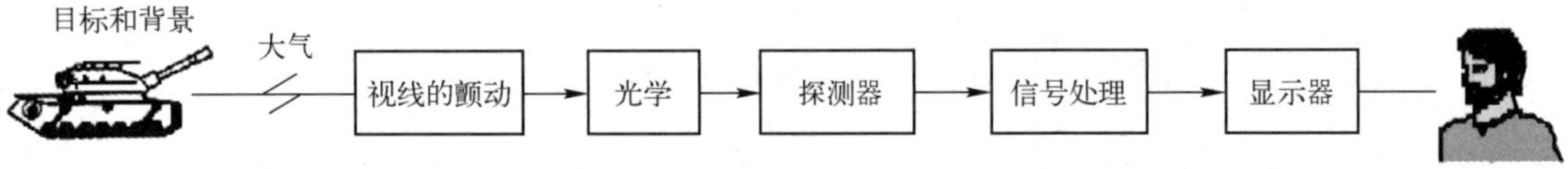

图 9.3-2　目标获取及其基本部件的成像链原理框图

入射辐射通过光学系统收集并在系统的像面上形成景物的图像，像增强器或探测器阵列将入射辐射转换为图像信号(视频信号)，而后进行处理和显示。对微光成像系统而言，图像通过像增强器直接显示，或经过真空或固体摄像器件以视频形式显示。对红外热成像系统而言，图像可以不同的途径进行采样：单个探测器或探测器阵列迅速地扫描图像，或者通过焦平面探测器阵列凝视图像。作为观察者的人观察图像时，需对目标的存在、位置和内容做出判别。

相关定义可表述如下：

目标捕获(Target Acquisition)：是将位置不确定的目标图像定位，并按所期望的水平观察它的整个过程。目标捕获包括搜索过程(确定目标的位置)和观察过程(目标被捕获)。

搜索(Search)：是利用光电成像系统的显示或肉眼视觉搜索含有潜在目标的景物，以定位捕获目标的过程。

位置确定(Localize)：也称定位，是通过搜索过程确定目标的位置。

观察(Discrimination)：是指在观察者可察觉的体(目标)细节量的基础上确定看得清的程度。观察的等级可分为探测、识别、确认，这三个术语易于混淆，以下做进一步解释。

探测(Detection)：可分为纯探测(Pure Detection)和观察探测(Discrimination Detection)两种。前者是在局部均匀的背景下察觉一个物体，如感觉到在晴朗天空中有一架直升机或非杂乱背景中有一辆坦克。而在完成观察探测时，则需要认出某些外形或形状，以便将军事目标从背景中的杂乱物体里区别出来。

识别(Recognition)：是指能识别出目标属于哪一类别(如坦克、车辆、人)。

确认(Identification)：是指能认出目标并能足够清晰地确定其具体类型(如 T72 坦克、吉普车)。

20 世纪 50 年代后期，人们利用像增强器首先进行了实验室和现场的实验，这些实验是静态性能模型的经验基础。后来的实验又扩展到包括前视红外(FLIR)系统。有关静态预测的基本方法和实例可扫描二维码 9.3-1。

二维码 9.3-1

9.3.2 约翰逊准则及其应用

1．约翰逊(Johnson)准则

Johnson 关于探测、识别和确认的方法已成为目标观察研究的基础，该方法可以延伸到包括目标分类和杂波影响分析。

Johnson 把视觉观察分为四大类，即探测、定向、识别和确认，所用方法为大家已熟知的等效条带图案法。Johnson 在实验室中的研究方法为：观察者在柔和背景下通过像增强器观察作为目标的八种军车比例模型和一个士兵比例模型，并被问及是否探测到，由此决定目标探测、定向、识别和确认所需要的图案条带数。因条带与比例模型尺寸一样，且具有相同的对比度，因而可确定不同观察等级所需最大可分辨条带图案的频率。通过这一方法，可以实现光电成像系统探测能力与阈值条带图案分辨率的关联。Johnson 的研究结果作为一种准则已广为人们所接受并采用。

实验过程中，Johnson 不断地增加最小物体尺寸上的条带数，直到这些条带恰好被单个地分辨出来。形成的观察等级和光电成像系统阈值条纹图案分辨率的关系被称为 Johnson 判据，如表 9.3-1 所示。为保证观察结论的可靠性，表 9.3-1 中的数据是 Johnson 利用条带周期数覆盖目标最小尺寸(见图 9.3-3)获得的，且没有考虑最小尺寸的定向(可以是水平、垂直或有一个角度等)问题。

表 9.3-1　Johnson 判据

观察等级	含　义	最小尺寸上的周期数 N
探测	存在一个目标，从目标背景中识别出来	1.0 ± 0.025
定向	目标近似对称或不对称，其定向可以认得出来（侧面或正面）	1.4 ± 0.35
识别	识别出目标属于哪一类别（如坦克、车辆、人）	4.0 ± 0.80
确认	认出目标并能足够清晰地确定其类型（如 T72 坦克、吉普车）	6.4 ± 1.50

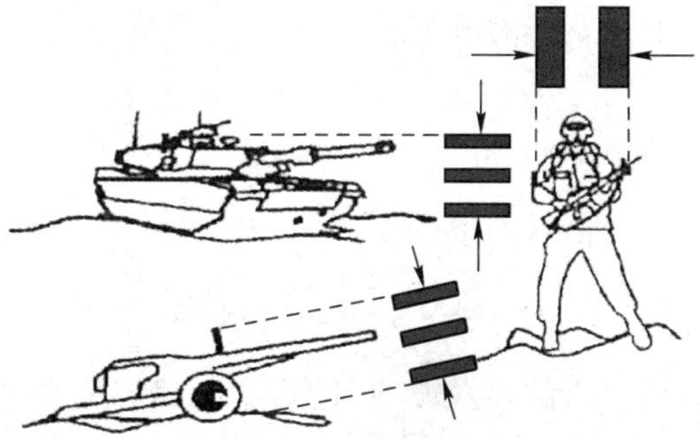

图 9.3-3　Johnson 判据的方法

对识别等级来说，其最小尺寸应该取决于目标是在正面被观察到还是在侧面被观察到，这是因为对识别来说，所察觉到的细节随着方向的不同而变化。例如，坦克上的枪炮从侧面看很清楚，但从正面分辨就比较困难。通常的看法是：4 个条带周期有点悲观；3 个条带周期有点乐观；3.5 个条带周

期是一个适中的选择。工程上的识别一般采用 4 周(在 50%的概率等级上)。对确认来说，Johnson 采用了 6.4 周，但对红外热成像系统而言，美国夜视实验室研究后认为采用 8 周更适宜。

表 9.3-2 给出当前一维目标工程上采用的 Johnson 判据，对应的工业标准如图 9.3-4 所示。由于定向是一种较少采用的观察等级，故在工程标准中未列入。

表 9.3-2　工程上采用的 Johnson 判据

观察等级	含　义	最小尺寸上的周期数 N
探测	存在一个目标，从目标背景中识别出来	1.0
识别	识别出目标属于哪一类别	4.0
确认	认出目标，并能足够清晰地确定其类型	8.0

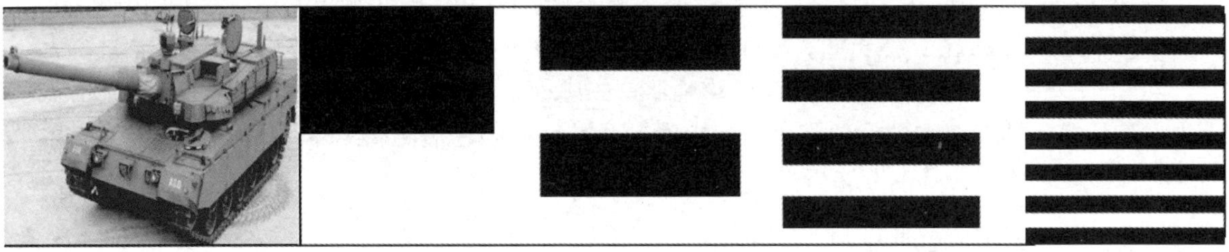

图 9.3-4　Johnson 判据的工业标准

实际上，识别任务的变化范围很宽，在 50%的概率下，其 N_{50} 值(表示 50%的概率)会在 3～4 周的范围内变化。因此，N_{50} 值应仅仅视为代表值。在研究人员希望预测光电成像系统完成某一专门任务的性能时，应该针对任务的困难性做出判断并相应地变化 N_{50} 值。

还应指出，这里所用的最小尺寸是指目标区别于这一类所有其他目标的尺寸。如装在船上的雷达圆盘是区别该类船只的唯一特征，则此圆盘便成了最小尺寸，因而，圆盘的探测便成了船只确认的判据。

如前所述，目标周围景物的联系能提供较目标本身更多的有关目标的信息，且这种联系往往使预测的距离性能与实际的距离性能之间产生很大的差异，而这样的联系并不能包含在目前的任何模型中，Johnson 判据也不例外。

2．目标传递概率函数

Johnson 的阈值实验结果给出的是观察等级的 50%概率的近似值，多次现场实验的结果给出了观察的累积概率(或称目标传递概率函数(TTPF，Target Transfer Probability Function))，如表 9.3-3 所示。该 TTPF 可用于所有的目标观察任务，只需在完成此任务的 50%的概率上乘以 TTPF 因子即可。

按照惯例，每一个 50%的观察概率标为 N_{50}，对探测、识别和确认而言，相应的周期数分别为 1,4,8。但由表 9.3-3 可知，要求 95%的识别概率时，对应的条带周期数应该是 $2N_{50}=2\times4=8$ 周/目标最小尺寸。

表 9.3-3　目标传递概率函数

观察概率	1.0	0.95	0.8	0.5	0.30	0.1	0.02	0
TTPF 因子	3.0	2.0	1.5	1.0	0.75	0.5	0.25	0

上述数据的经验公式为

$$P(N)=\frac{(N/N_{50})^E}{1+(N/N_{50})^E} \tag{9.3-1}$$

式中

$$E=2.7+0.7\left[N/N_{50}\right] \tag{9.3-2}$$

N_{50} 为 Johnson 准则 50%概率的条带周期数；N 为概率 P 条件下的条带周期数。

由式(9.3-1)及上述数据点可绘制出 TTPF 曲线，图 9.3-5 给出了 Johnson 确定的三个观察等级的 TTPF 曲线。实际上，由于人的差异，对同一目标，某些人能探测到它，另外一些人则能识别它，仅有一

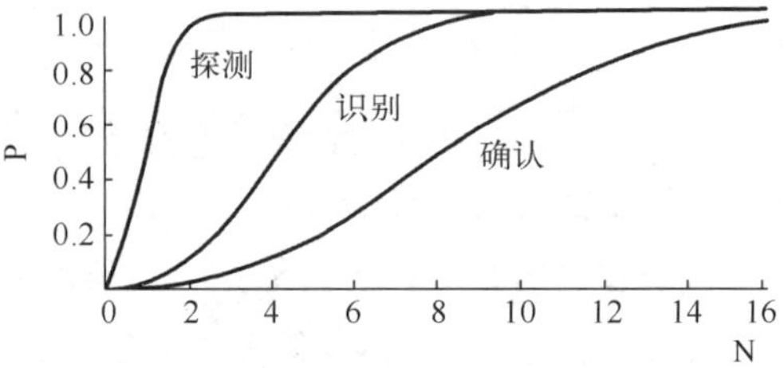

图 9.3-5　三个观察等级的 TTPF

小部分人能确认它，这样的差异在战场实验时会导致更大的差异。若以最小尺寸上有 4 个条带周期而言，则每个人都能探测到此目标，但其中 50%的人能识别它，11%的人甚至能够确认此目标。

3．二维观察

在目标观察中，目标面积也许更为重要，但采用目标面积方案导致需要考虑大的目标纵横比。

Johnson 在其工作中应用了最小尺寸，在考虑面积时的方案是采用临界尺寸，它等于目标面积的平方根，即

$$h_{临界} = \sqrt{W_{目标} \cdot H_{目标}} \tag{9.3-3}$$

上述做法实际上是对目标面积进行了一维处理，在二维前视红外(FLIR-92)模型中便应用了临界尺寸方案，对此情况需要找出新的判据以考虑模型的二维特性。FLIR-92 模型的做法是在一维判据(表 9.3-2)上乘以 0.75，这样一维和二维模型可判定同样的距离。美国夜视实验室关于静态性能的早期模型采用的是最小尺寸，FLIR 模型用的则是临界尺寸。二维观察可用于自动目标识别和机器视觉系统，但自动目标识别比 Johnson 判据需要更高的分辨率，因为人工处理器在计算能力以外远不如人脑。

对于大纵横比的目标，有些研究者宁肯选择目标的可分辨像元数。所谓可分辨像元是指一个光电成像系统能分辨的最小单元(可以理解为像素)。简单地说，就是目标可分辨的水平像元数乘以垂直像元数。对具有开放结构的目标，如舰船和飞机，这一数目即为最大水平可分辨像元数乘以最大垂直可分辨像元数。尽管这是一个开放性结构，即不包含目标的面积，但事实上这一乘积就是目标面积上的可分辨像元数。因特定的目标，如舰船等都需规定目标观察中可分辨像元数的数据，所以观察判识更为复杂，也是目前人们研究的热点。

在需要预测光电成像系统完成一项专门任务的性能时，应该首先对此任务的难度做一判断并相应地改变 N_{50} 值。如果观察人员经过训练，在选择观察判据上具有良好的判断能力，则距离的预测是有效的。N_{50} 值的选择是以模拟实验测量结果或先前的经验为基础的，可提供系统与系统之间的比较。此外，需要指出，基于特定 N_{50} 预测的距离性能应理解为是代表值而不是绝对值，特别是在将此方法向大纵横比的目标延伸时，需要予以适当修正。

9.4　微光成像系统作用距离预测模型与方法

作用距离是光电成像系统的重要综合指标，系统性能的好坏最终都将体现在观察距离或细节上。在系统总体方案论证、系统设计与分析中，作用距离往往是确定技术指标的基础。科学合理地预测微光成像系统的作用距离，对于保证系统的设计质量、缩短研制周期和提升应用效果具有重要的作用。

微光成像系统的作用距离预测采用目标等效条带图案和 Johnson 准则。

9.4.1　微光成像系统作用距离模型

设被观察目标的临界尺寸(最小高度或宽度)为 H，目标到系统距离为 l，根据 Johnson 准则，目标的探测、识别和确认所需的条带周期数 n 分别为 1、4、8lp/目标临界尺寸(50%概率)，则目标的分辨角为

$$\alpha = H/(nl) \tag{9.4-1}$$

微光成像系统所能达到的最小分辨角 α_m 由物镜焦距 f_0' 和像增强器光阴极面上的分辨率 m 决定，目标能够被分辨的条件为

$$\alpha = \frac{H}{nl} \geqslant \frac{1}{mf_0'} = \alpha_m \tag{9.4-2}$$

满足式(9.4-1)的最大距离 l_m 就是系统在 50%概率条件下对目标的观察(探测、识别和确认)距离。

光电成像系统的极限分辨率 m 是受高光照情况下的光学极限分辨率和低光照情况下的光子噪声限制的极限分辨率，将式(3.3−7)代入式(9.4−2)，并取等号，得到

$$l_{\mathrm{m}}=\frac{H}{n}\left[\left(\frac{2(S/N)}{DC}\right)^{2}\frac{(2-C)\cdot e}{\pi L_0\tau_0 ts}\left[1+\frac{8E_{\mathrm{b}}}{\pi L_0\tau 0R_{\mathrm{A}}^{2}(2-C)}\right]+\left(\frac{1}{m_0 f_0'}\right)^{2}\right]^{-1/2} \tag{9.4−3}$$

（1）大气传输的影响

由于式(9.4−3)中的 L_0 和 C 在前面的推导中未考虑大气的影响，所以式(9.4−3)未直接显现大气传输的影响。在作用距离预测中，应将其分别理解为表观值，计入大气传输的影响，即

$$L_0=\frac{1}{\pi}E_{\mathrm{c}}=\frac{1}{4\pi}\rho E_0\tau_{\mathrm{a}}\left(\frac{D}{f_0'}\right)C^2\Bigg/\left[1+\frac{1}{4}\left(\frac{D}{f_0'}\right)^2\right] \tag{9.4−4}$$

$$C=C_0\cdot\frac{1}{1+K(1-\tau_{\mathrm{a}})/\tau_{\mathrm{a}}} \tag{9.4−5}$$

式中，τ_{a} 为大气透射比，微光情况下一般可用 $\tau_{\mathrm{a}}=\exp\left(-\frac{3.912}{R_{\mathrm{v}}}l_{\mathrm{m}}\right)$ 计算，R_{v} 为大气能见距离；E_{c} 和 E_0 分别为光阴极面处的照度和环境照度；ρ 为目标反射比；K 为地平天空亮度与背景照度之比。

（2）关于概率

式(9.4−3)通过条带周期数的修改可适合于其他概率下的作用距离预测。概率与条带周期数的关系可利用式(9.3−1)计算。

9.4.2 直视微光成像系统作用距离的预测

1．视距预测列线图

式(9.4−3)是一种理想模型，与实际像增强器的分辨率有一定的差距。如果能获得像增强器在多种景物对比度和光阴极照度下的分辨率特性，可采用视距预测列线图进行视距预测。列线图是根据相关数学关系计算好的结果的图形表示，使用时可以根据数据间的相互关系通过连线方式获得需要计算的结果。

某微光成像系统的视距预测列线图如图 9.4−1 所示。设环境在目标上的照度为 2×10^{-2}lx，目标反射比为 10%。从景物照度 2×10^{-2}lx 出发，过目标反射比 10%点作一直线，与景物出射度线交于 $2\times10^{-3}\mathrm{lm/m^2}$ 处。若物镜的透射比为 90%，F 数为 1.5，则再通过该点引直线与光阴极照度坐标尺相交于 2×10^{-4} lx 点上。此时，取自然景物对比度为 30%，由 2×10^{-4} lx 点引一垂线与对比度 30%的像增强器光阴极分辨率曲线相交，得到相应的极限分辨率为 24lp/mm。设任务的观察目标为高 2m 的车辆，从极限分辨率 24lp/mm 点过实际目标尺寸 2m 点引直线与参考线 B 相交。若物镜焦距为 50mm，过物镜焦距 50mm 点和参考线 B 交点做一直线与参考线 A 相交。若观察任务要求识别目标，按照 Johnson 判据目标尺寸 N=4，此时，过 N=4 的点和参考线 A 交点做一直线与实际目标距离线相交，该交点的数值 600m 就是系统的识别视距。但图 9.4−1 的列线图未考虑大气影响，若考虑大气衰减，特别是在气候恶劣情况下的影响，上述计算误差很大，所以，上述微光成像系统的视距计算只是对作用距离的一种预测。

2．视距等效处理方法

视距预测列线图绘制需要已知像增强器在多种目标对比度和光阴极照度下的分辨率，这在实际测量中很难得到，大多为实验室条件下对比度为 100%的测试结果。为此，仍然需要基于前面讨论过的关系进行微光成像系统作用距离预测。下面通过一个示例的分析过程，说明微光成像系统作用距离的预测方法。

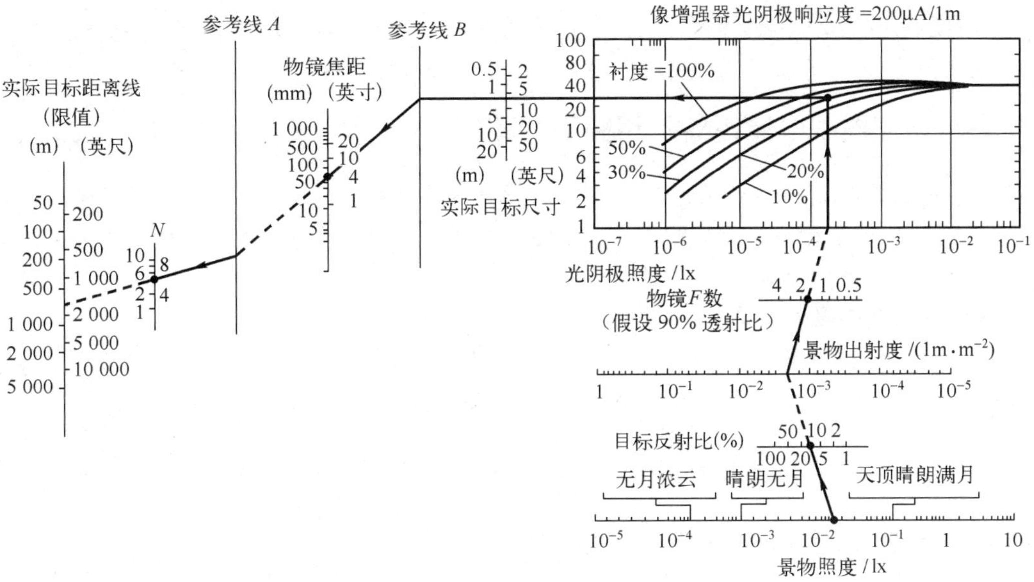

图 9.4-1　视距预测列线图

例　山林背景中有一中型坦克，高度 H=2.37m，目标反射比 ρ=0.25，对比度 C_0=0.33，微光夜视仪的物镜焦距 f_0'=100 mm，F 数为 1，透射比 τ_0=0.7，像增强器光阴极面照度 E_c 与分辨率 m 的关系如下表(C=100%)所示。

E_c (lx)	5×10^{-7}	2×10^{-6}	5×10^{-6}	1×10^{-5}	1×10^{-4}	5×10^{-4}	1×10^{-3}
m (lp/mm)	6	15	19	25	35	40	45

问：在夜天光照度 $E_0=5\times10^{-3}$lx，大气能见距离 R_v=15km 的晴天夜间条件下，该微光夜视仪能否识别距离 800m 的坦克？

解：在 800m 的路径上，大气透射比为

$$\tau_a = \exp\left(-\frac{3.912}{R_v}l\right) = \exp\left(\frac{-3.912}{15}\times 0.8\right) = 0.8117$$

对于山林背景和晴天条件，可取 K=4，则由式(9.2-22)得大气对比度传递函数

$$T_c = \frac{1}{1+K(1-\tau_a)/\tau_a} = \frac{1}{1.928} = 0.5187$$

即目标的表观对比度 $C_1 = T_c C_0 = 0.1712$。

光阴极面照度　$E_c = \frac{1}{4}\rho\tau_a\tau_0 E_0\left(\frac{D}{f_0'}\right)^2 \Bigg/ \left[1+\frac{1}{4}\left(\frac{D}{f_0'}\right)^2\right] = 2.841\times10^{-2}E_0 = 1.420\times10^{-4}(\text{lx})$

由于 E_c 是对应 C_1 的真实光阴极面照度，注意到式(9.4-4)中 E_c 与 C_1 以相乘的形式出现，即

$$E_{c100\%} = E_c \cdot C_1^2 = 4.1633\times10^{-6}(\text{lx})$$

查表并插值，可得对应 $E_{c100\%}$ 的分辨率为

$$m_e=15+(4.1633-2)\times(19-15)/3=17.88(\text{lp/mm})$$

此外，要识别 800m 的坦克需要的光阴极面分辨率为

$$m_a = \frac{nl}{f_0'H} = \frac{4\times800}{100\times2.37} = 13.50(\text{lp/mm})$$

由于 $m_e > m_a$，即系统的实际分辨率大于识别任务所需的分辨率，因此，该微光夜视仪可以识别 800m 处的坦克。

微光成像系统的作用距离均可以采用上述模型进行计算，结合系统的观察任务要求，代入相应的系统参数即可。读者可以尝试对具体的微光成像系统进行预测分析。

9.4.3 微光电视成像系统作用距离的预测

作为电视成像系统的一种，微光电视成像系统的作用距离是指其在一定照度和某种环境条件下，系统能发现、识别和确认目标的距离，是微光电视系统重要的综合性能指标。作用距离可根据已知条件进行初步预测，为总体设计提供参考。

1．像管光敏面照度的计算

假设光学系统相对孔径为 D/f，透射比为 τ，景物照度为 E_0，目标反射比为 ρ，景物对比度为 C_0、则摄像管光敏面上换算成对比度为100%时，光敏面照度为

$$E_{100\%}=\frac{1}{4}E_0\rho\tau\tau_a\left(\frac{D}{f}\right)^2C_0^2T_c^2\left[1+\frac{1}{4}\left(\frac{D}{f}\right)^2\right] \quad (9.4\text{-}6)$$

景物照度可按实际使用环境确定，景物反射比随目标景物不同而异，表 9.4-1 给出了景物的反射比，可由不同目标物及相邻景物的反射比计算对比度 C_0。

表 9.4-1　景物的反射比

景　　物	反射比	景　　物	反射比
雪	0.87	淋湿的褐色土地	0.14
光亮混凝土	0.32	绿草	0.11
干草	0.31	风干的树	0.10
枯黄叶	0.31	常绿的树	0.65

2．作用距离计算

假设 H 为目标高度，f' 为光学系统焦距；电视幅面为矩形，且在整个幅面高度 h 范围内的电视线总数为 N。设目标所占有的电视线行数为 n，则作用距离为

$$L=f'\frac{HN}{nh} \quad (9.4\text{-}7)$$

在计算作用距离之前，必须先确定不同观察等级下所需的电视线行数 n。根据实践得知，要发现目标 n 取 5～6，识别目标 n 取 10～16，确认目标则要求 n 取 20～22。

一般电视的高宽比为 3:4。对于摄像管，其有效直径已知，根据宽:高:直径为 4:3:5 的关系，即可求出幅面高度 h_0。例如 1 英寸的摄像管靶面有效直径为 16mm，有效幅面高度为 h=9.6mm。其他影响作用距离的因素还很多，情况也是多变的，与实际情况出入可能很大。所以只能是预测结果，可用作系统总体设计时的参考。

下面在一些简化条件下，举例说明作用距离预测的大致过程。已知条件为

① 光学系统参数：$D/f=1$，f'=90mm，$\tau=0.8$；

② 大气透射比：τ_a=0.6；

③ 目标反射比：$\rho=0.4$；

④ 景物对比度：C=0.33（不考虑对比度传递函数）；

⑤ 摄像管有效直径：Φ=16mm；

⑥ 目标高度：坦克高 3m，人宽 0.4m；

则由式（9.4-6）得

$$E_{100\%}=\frac{1}{4}E_0\rho\tau\tau_a\left(\frac{D}{f}\right)^2$$

$$C_0^2T_c^2\left[1+\frac{1}{4}\left(\frac{D}{f}\right)^2\right]=4.18\times10^{-3}E_0$$

根据实测的极限分辨率曲线查出不同照度下的 N 值，然后按式（9.4-7）计算作用距离，如表 9.4-2 所示。

表 9.4-2　微光电视系统作用距离

自然条件	景物照度 E_0（lx）	光敏面照度 $E_{100\%}$（lx）	极限分辨率（TVL）	人识别距离（m）	坦克识别距离（m）
无月，浓云	2×10^{-4}	8.36×10^{-7}			
无月，有云	5×10^{-4}	2.09×10^{-6}			
晴朗，星光	1×10^{-3}	4.18×10^{-6}	100	17～18	172～185
	3×10^{-3}	1.25×10^{-5}	150	35～56	263～420
	5×10^{-3}	2.09×10^{-5}	200	47～75	352～562
	7×10^{-3}	2.93×10^{-5}	250	59～94	443～705
1/4 月光	1×10^{-2}	4.18×10^{-5}	300	70～113	525～847
	2×10^{-2}	8.36×10^{-4}	350	82～131	615～982
	3×10^{-2}	1.25×10^{-4}	400	94～150	705～1125
半月	5×10^{-2}	2.09×10^{-4}	400	94～150	705～1125
满月	1×10^{-1}	4.18×10^{-3}	400	94～150	705～1125

9.5 红外热成像系统作用距离预测模型与方法

红外热成像系统作用距离预测就是在已知系统基本性能的情况下(实测或理论结果)，利用理论分析和计算机模拟方法，预测系统在各种观察条件(天气、路径和景物特性)下可能达到的最大观察距离，其对于系统性能分析、系统总体方案论证和设计，以及型号项目技术指标的确定都具有科学的指导意义。为了尽可能正确地预测热成像系统的作用距离，需要采用合理的数学模型。对此，国外进行了大量研究，报道了一些理论研究以及系统和心理学试验结果，美国、英国和法国都提出了各自的分析模型，但由于军事技术的保密性，已公开或半公开的资料并不多。本节以热成像通用组件系统静态性能模型为基础，给出作用距离预测的数学模型。

9.5.1 红外成像系统作用距离模型

1．对扩展源目标的作用距离数学模型

当辐射源(目标)的角宽度超过红外热成像系统的瞬时视场时，称为扩展源或面源目标。红外热成像系统所面临的目标有许多都是扩展源目标，如军事目标(坦克、车辆、伪装物和军舰等)的发现、识别和确认，其典型特征都是成像，保持图像细节是其基本要求之一。因此，在处理相关问题时，不仅要考虑目标辐射的能量大小，还要考虑目标的几何尺寸和形状、辐射特性，以及要求的观察任务等因素。作用距离预测模型应尽可能统筹考虑诸多因素模拟系统对扩展源目标的观察情况。目前较公认的方法是利用表征红外热成像系统静态性能的MRTD法。

红外热成像系统对扩展源(面源)目标作用距离预测的基本思想是，利用目标等效条带图案，即利用一组总宽度为临界目标尺寸、长度在垂直于临界尺寸方向上横跨目标、视在温差为ΔT且与目标相同的线条图案来代替目标。人眼通过红外热成像系统能够发现、定位、识别和确认一个目标的基本要求是(见图9.5-1)：对于空间频率为f的目标，其与背景的实际温差在经过大气传输至红外热成像系统时，仍大于或等于该红外热成像系统对应该频率的$\mathrm{MRTD_a}(f)$，同时，目标对红外热成像系统的张角应大于或等于观察任务等级所要求的最小视角。即

$$\begin{cases}\dfrac{1}{2f}\leqslant\dfrac{\theta}{N_\mathrm{e}}=\dfrac{h}{N_\mathrm{e}R}\\ \Delta T_0\cdot\tau(R)\geqslant \mathrm{MRTD_a}(f,T_\mathrm{b})\end{cases}\tag{9.5-1}$$

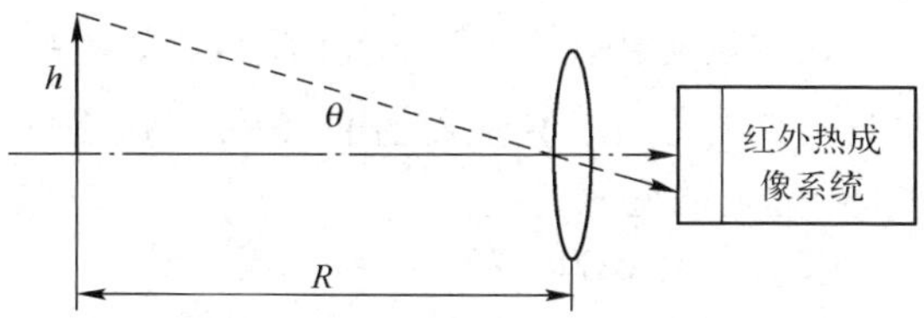

图9.5-1 热成像系统成像与目标距离的关系

式中，f为目标的空间特征频率；h为目标高度；N_e为按Johnson准则发现、定位、识别和确认目标所需的等效条带数；T_b为背景温度；ΔT_0为零距离时景物固有等效黑体温差；$\mathrm{MRTD_a}(f)$为经过修正后的MRTD；R为目标所处的距离。

满足式(9.5-1)的最大距离$R_{\max}$即为该红外热成像系统在相应观察条件(任务等级)N_e下对扩展源目标的作用距离。

2．对点源目标探测的作用距离数学模型

当红外热成像系统探测很远处的目标(如卫星、导弹、飞机等)时，目标张角小于或等于系统的瞬时视场，此时称目标为点目标。显然点目标是个相对概念，并非目标尺寸一定很小。

点目标探测情况下，尽管目标细节已不可能探测，但从能量的角度，只要信号足够大就可能探测到目标，即要求信噪比达到探测阈值。

点目标的作用距离预测方法很多，区别主要是所考虑因素的多少。

（1）基于NETD的点目标探测模型

在NETD的推导中，要求目标的角尺寸W超过系统的瞬时视场若干倍，但在实际点目标探测

时，目标像不能充满系统的单个像敏元，因此，需要对 NETD 进行修正。

设目标对系统的张角为α'和β'，且$\alpha'<\alpha$，$\beta'<\beta$，即目标未充满瞬时视场的情况，对 NETD 的修正为

$$\mathrm{NETD_p}=\frac{\alpha\beta}{\alpha'\beta'}\mathrm{NETD} \tag{9.5-2}$$

由于$\alpha\beta>\alpha'\beta'$，故 $\mathrm{NETD_p}>\mathrm{NETD}$，即点目标探测时的噪声等效温差比成像探测时要大，且是α'和β'(即目标大小和距离)的函数。

设目标为方形，面积 $S=AB$，目标与背景之间的实际温差为ΔT，系统至目标的距离为 R，则

$$\alpha'\beta'=\frac{A}{R}\frac{B}{R}=\frac{S}{R^2} \tag{9.5-3}$$

代入式(9.5-2)，有

$$\mathrm{NETD_p}=\frac{R^2\alpha\beta}{S}\mathrm{NETD} \tag{9.5-4}$$

由于系统的 NETD 只是探测能力的一种标志，并不是说目标对背景的温差等于系统的 NETD 就一定能探测，还需要该温差大于对应探测概率的阈值信噪比，即

$$\mathrm{SNR_{DT}}=\frac{\Delta T_0\mathrm{e}^{-\sigma R}}{\mathrm{NETD_P}} \tag{9.5-5}$$

或

$$\Delta T_0\mathrm{e}^{-\sigma R}=\alpha\beta\mathrm{SNR_{DT}}\mathrm{NETD}\frac{R^2}{S} \tag{9.5-6}$$

式中，σ为大气消光系数。

对式(9.5-6)取对数，整理得

$$2\ln R+\sigma R=\ln\left(\frac{\Delta T_0 S}{\alpha\beta\cdot\mathrm{NETD}\cdot\mathrm{SNR_{DT}}}\right) \tag{9.5-7}$$

此即为基于 NETD 的点目标探测作用距离模型。该模型较为简单，适宜手工分析计算，缺点是未考虑系统传递函数等的影响。

在实际应用中还有一种基于噪声等效功率 NEP 的方法，即$\mathrm{SNR_{DT}}=\Delta P_0\mathrm{e}^{-\sigma R}/\mathrm{NEP}$。根据 NEP 和 NETD 的定义，不难推论出 NEP 法与 NETD 法具有相类似的原理，NETD 法是 NEP 法在小辐射差(温差)时的近似表示。

（2）基于 MDTD 的点目标探测模型

人眼通过红外热成像系统对点源目标预测作用距离的基本要求是：系统的信噪比应大于或等于阈值信噪比。即对于空间张角角频率为f的点目标，其与背景的实际温差在经过大气传输至红外热成像系统时，仍应大于或等于系统对应阈值信噪比及对应频率f下的$\mathrm{MDTD_a}(f)$。即

$$\begin{cases}\dfrac{1}{f}\leqslant\dfrac{2h}{R}\\ \Delta T_0\cdot\tau(R)\geqslant\mathrm{MDTD_a}(f,T_\mathrm{b})\end{cases} \tag{9.5-8}$$

式中，f为目标空间张角的空间频率；$\mathrm{MDTD_a}$为经过修正后的 MDTD。满足式(9.5-8)要求的最大距离$R_{\max}$，即为红外热成像系统对点源目标的作用距离。

对于小目标探测，目标对红外热成像系统的水平张角α'和垂直张角β'可能小于对应红外热成像系统探测器单元的水平张角α和垂直张角β，分析 NETD 的理论模型可知，对应点目标的$\mathrm{NETD_P}$将修正为

$$\mathrm{NETD_p}=\max\left\{1,\frac{\alpha}{\alpha'}\right\}\cdot\max\left\{1,\frac{\beta}{\beta'}\right\}\cdot\mathrm{NETD} \tag{9.5-9}$$

由于α'和β'是目标大小和距离的函数，故 NETD 的变化将造成 MDTD 的变化，因此，对应点探测阈值信噪比下的 MDTD 也将受目标大小和距离的影响。

9.5.2 红外热成像系统作用距离预测

红外热成像系统作用距离预测实质上就是以系统的综合极限特性 MRTD 和 MDTD(根据观察任务要求确定其中一个)为依据，综合考虑目标、大气的实际情况和观察等级要求，计算在前述因素匹配的条件下获得的作用距离。下面以 MRTD 为例说明。

MRTD 的预测流程如图 9.5-2 所示，简要叙述如下：

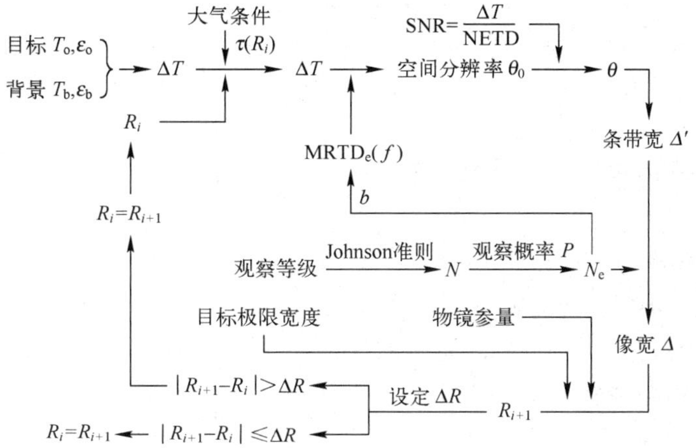

图 9.5-2 MRTD 的预测流程

（1）根据目标温度 T_o、比辐射率 ε_o 和背景温度 T_b、比辐射率 ε_b，计算出等效的固有温差 ΔT_0；

（2）预置系统作用距离 R_i，引入大气条件计算出相应的透射比 $\tau(R)$，得到热成像系统的表观温差 ΔT；

（3）根据对目标的观察任务要求，按 Johnson 准则，找到对应的条带数 N，再按观察概率 P 的要求将条带数修正为 N_e；

（4）根据 N_e 值，结合目标的极限宽度，计算出目标的方向因子 b，并以此修正系统的 MRTD 为 $MRTD_e(f)$；

（5）再令表观温差 ΔT 等于 $MRTD_e(f)$时，由曲线可找到对应的空间频率 f_0，并可换算成空间分辨率 θ_0；

（6）按实际的表观温差 ΔT 与系统的等效噪声温差 NETD 之比，计算出相应的信噪比 SNR，并用 SNR 的实际值修正 θ_0，获得系统实际的空间分辨率 θ；

（7）由 θ 计算出每条带所对应的宽度 Δ'，与要求的条带数 N_e 相乘，得到此时对应的像宽 Δ；

（8）利用目标的极限宽度、像宽 Δ 和物镜焦距，根据成像关系计算出可以观察的距离 R_{i+1}；

（9）设定预测作用距离允许的最小误差为 ΔR，当预测作用距离 R_{i+1} 与 R_i 之差的绝对值大于 ΔR 时，说明预测精度没有达到要求，令 $R_i=R_{i+1}$，重复上述过程，直到$|R_{i+1}-R_i|<\Delta R$ 时为止，认为精度已满足预测要求，令 $R=R_{i+1}$ 作为预测作用距离的结果。

9.5.3 红外热成像系统作用距离预测的修正

由于红外热成像系统静态性能参量是实验室参量，当红外热成像系统用于实际目标的观察时，目标特性和环境条件并不满足实验室标准条件，因而必须对 MRTD 及其他一些参量进行修正，主要的修正有以下几项。

1．目标温差的模型

红外热成像系统实际探测到的是一个复杂景物图像，要精确地确定复杂图像是比较困难的，涉及目标、背景、环境、大气传输等，以及诸因素间的相互影响，目前的模型尚难以包含目标的全部红外特性。因此，在作用距离预测中主要采用能反映目标宏观特性的参数，如目标尺寸、相对于背景的等效温差条带图案(或目标与背景红外辐射之差)来表示目标特征。

模型化目标是用一个相对背景温差为ΔT的矩形目标代替真实目标，其面积大小与实际目标相同，目标温度为在整个目标信息区内温度对面积的加权平均值。

$$T_{\mathrm{m}}=\sum A_i T_i / \sum A_i \tag{9.5-10}$$

式中，A_i为目标信息面积元；T_i为A_i的温度；T_{m}为目标加权平均温度。

于是，目标相对于背景温度T_{b}的加权平均温差，即等效温差ΔT为

$$\Delta T=T_{\mathrm{m}}-T_{\mathrm{b}} \tag{9.5-11}$$

在实际计算中，输入这些特征值工作量是很大的。因此，常通过实验统计分析结果，表 9.5-1 为典型目标夏季野外的平均温差统计值。

表 9.5-1　典型目标夏季野外的平均温差统计值

目标		ΔT /℃	面积/m^2
坦　克	侧面	5.25	2.7×5.25
	正面	6.34	2.7×3.45
2.5 吨车	侧面	10.40	2.03×4.22
	正面	8.25	2.03×1.67
自行炮	侧面	4.67	1.8×4.8
	正面	5.65	1.8×2.09
站立人		8.0	0.5×1.5

2．大气传输的衰减

在红外热成像系统的实验室性能参量中，未考虑大气传输的影响。但实际目标的探测中，目标的红外辐射总要经过一定的大气传输，且往往大气衰减是最主要的影响项之一，因而不能忽略其影响。

对于小温差目标图像的探测，红外热成像系统所接收到的目标与背景辐射通量差(即信号)和两者温度差成正比。设黑体目标与背景之间零距离处(R=0)温差为ΔT_0，经过一段距离为R的大气传输到达红外热成像系统时，目标与背景之间的等效温差ΔT可近似表示为

$$\Delta T=\Delta T_0 \mathrm{e}^{-\sigma(R)\cdot R}=\Delta T_0\cdot\tau(R) \tag{9.5-12}$$

式中，$\sigma(R)$和$\tau(R)$分别是在红外热成像系统工作波段内，沿目标方向R距离行程上大气传输的平均衰减系数和平均大气透射比。

大气传输衰减对实际红外热成像系统作用距离的影响是很明显的，不同大气条件所产生的衰减也有很大的差别。因此，在提出红外热成像系统作用距离预测及技术指标时，应有明确的大气条件(如大气压、大气温度、相对湿度、能见距离、传输路径及其他大气条件等)。目前，大气传输特性的模拟常采用美国 LOWTRAN(或 MODTRAN)，可计算水平路径、斜程及众多大气条件下的大气传输性能，适宜于红外热成像系统作用距离的预测。

3．其他修正因子

（1）观察概率修正

由于 Johnson 准则的条带数N_{e}均对应 50%概率，因此对于其他概率条件下的分析需要根据式(9.3-1)对 Ne 做相应的修正。

（2）目标形状修正

由于 MRTD 的测试图案是长宽比为 7:1 的四条带目标图案，而实际目标等效条带图案的长宽比一般不满足上述条件，故在进行作用距离预测时，应根据实际目标对应的条带长宽比做出修正。

（3）灰体景物修正

由于实际目标和背景并不一定是黑体，利用红外热成像系统静态性能参量时，应考虑相应的修正。目前对选择性吸收的处理还没有很好的方法，通常是把目标和背景作为灰体来处理。

（4）背景温度修正

实际背景温度不一定为实验室测得的背景温度 T_b，因此，实际应用 MRTD 及 NETD 时，应做相应的温度修正。

（5）大温差目标修正

静态性能参量 NETD 及 MRTD 等的数学模型是基于小温差情况得到的，其基本思想是把系统所接收到的目标与背景辐射能量差 ΔW 近似用其微分 $\mathrm{d}W$ 来表示，即随着温差的加大，误差将逐渐变大。在实际目标的探测中，有时目标与背景之间的温差很大，甚至可达几十或几百度(例如空中飞行的导弹等)。此时用 $\mathrm{d}W$ 来表征真实信号，其误差就很大，必须用实际响应辐射量差值 ΔW 代替 $\mathrm{d}W$ 进行计算。

（6）探测概率对阈值信噪比的修正

对于景物图像，观察者的探测概率与图像清晰度有关，而图像清晰度又取决于图像的信噪比，因此，探测概率与视频阈值信噪比具有一定的关系。一般在最佳观察距离处，图像阈值信噪比在较大空间频率范围内基本为一常数(2.8)，显示器扫描线在 450TVL 以上时，才有所下降。如果已知阈值信噪比，就可以确定某一探测概率下的信噪比，进而用该信噪比与阈值信噪比之比完成对 MRTD 的修正。如若

$$P = \int_{-\infty}^{\mathrm{SNR}-\mathrm{SNR}_{\mathrm{DT}}} \exp(-z^2)\,\mathrm{d}z \tag{9.5-13}$$

式中，P 为要求的概率，$\mathrm{SNR}_{\mathrm{DT}}$ 为 50%概率时的阈值信噪比。则

$$\mathrm{MRTD}_{\mathrm{T}} = \frac{\mathrm{SNR}}{\mathrm{SNR}_{\mathrm{DT}}}\mathrm{MRTD} \tag{9.5-14}$$

（7）望远系统的影响

望远系统可提高红外热成像系统的极限分辨角，设扫描器空间对应的极限分辨角为 α_{i}，则加入角放大率为 $\varGamma$ 的望远系统后，对应的实际目标极限分辨角为

$$\alpha = \alpha_{\mathrm{i}} / \varGamma \tag{9.5-15}$$

同时，望远系统也会吸收部分红外辐射，因而必须考虑望远系统的吸收影响，设望远系统在工作波段上的平均透射比为 τ_0，则对应的温差修正为

$$\Delta T = \Delta T_{\mathrm{i}} \cdot \tau_0 \tag{9.5-16}$$

式中，ΔT_{i} 为经大气衰减后的目标等效温差。

习题与思考题

1．简述下列名词：（1）气溶胶粒子；（2）绝对湿度；（3）相对湿度；（4）标准大气；（5）布格定律；（6）大气窗口；（7）可降水分；（8）饱和水蒸气含量；（9）饱和水蒸气压强；（10）单次散射；（11）多次散射；（12）大气能见度；（13）大气透明度；（14）大气对比传递函数；（15）大气信噪比传递函数。

2．简述大气层的结构特点和大气的组成。

3．怎样评价水蒸气在大气中的含量？

4．气溶胶粒子垂直分布及尺度分布各指什么？

5．在标准大气下，大气服从什么规律？设立标准大气的意义是什么？

6．辐射在大气中传输主要有哪些光学现象？简述其产生的物理原因。

7．大气对比传递函数中 K 值可近似求得：晴天天空 $K=0.2/\rho$，阴暗天空 $K=1/\rho$，这里 ρ 为背景的反射比。对于处于山林($\rho=0.04$)中对比度为 30%的目标，试分别求在晴天 $R_{\mathrm{v}}=15\mathrm{km}$ 和阴天 $R_{\mathrm{v}}=5\mathrm{km}$ 的气象条件下，距离 3km 处的表观对比度。

8．计算波长为 10.6μm 和 1.06μm 时的大气光谱透射比，并比较所得结果。气象条件为：路程长度

R=10km，气象能见度 R_v=5km(薄雾)。

9．若大气能见度 R_v=20km，空气温度 T_b=20℃，空气湿度 H_r=80%，试计算在海平面水平 2km 路径上 λ=4μm 和 λ=10μm 的光谱透射比。

10．若大气能见度 R_v=10km，空气温度 T_b=5℃，空气湿度 H_r=85%，小雨强度为 1mm/h，试画出海平面水平 2km 路径上 8～14μm 波长范围内的光谱透射比曲线。

11．若大气能见度 R_v=15km，空气温度 T_b=27℃，空气湿度 H_r=70%，试计算海平面水平 3km 路径上 8～14μm 波长范围内大气的积分透射比，并比较它与平均透射比的区别。已知目标为温度 T_r=27℃的灰体朗伯辐射体。

12．若大气能见度 R_v=5km，空气温度 T_b=20℃，空气湿度 H_r=90%，小雨强度为 1mm/h，试分别计算海平面水平 1km 路径上 3～5μm 和 8～14μm 波长范围内大气的平均透射比，并做比较。

13．若大气能见度 R_v=10km，空气温度 T_b=25℃，空气湿度 H_r=80%，试分别计算海平面水平 5km 路径上 3～5μm 和 8～14μm 波长范围内大气的积分透射比，已知目标为温度 T_r=100℃的灰体朗伯辐射体。

14．约翰逊(Johnson)准则将观察任务分为几个等级？各是如何定义的？

15．微光夜视仪的 f'=100mm，若要求在 1000m 距离上识别高度为 2m 的汽车，则像管的分辨率不能低于多少？

16．已知一中型坦克高度 H=2.37m，目标的反射比 ρ=0.25, 对比度 C=0.33，物镜的通光孔径 D=76.2mm，物镜焦距 f=134.6mm，透射比 τ_0=0.7，在夜天光照度 $E_0=5\times10^{-3}$lx 时，试分别根据下面的参数求解微光夜视仪的识别距离：

（1）像管光阴极积分灵敏度 S=175μA/lm，极限分辨率 m=23lp/mm，等效背景照度 $E_b=2\times10^{-7}$lx，人眼积分时间 t=0.2s，电子电荷 $e=1.6\times10^{-19}$C，阈值信噪比 S/N=2，求考虑和不考虑背景噪声影响时的识别距离。

（2）若测试得到像增强器光阴极面照度 E_c 与分辨率 m 的关系如下表(C=100%)：

E_c (lx)	3×10^{-6}	5×10^{-6}	8×10^{-6}	1×10^{-5}	1×10^{-4}	5×10^{-4}
m(lp/mm)	3	7	10	12	15	18

以山林为背景，考虑大气影响，计算能见度为 15km 和 5km 时的识别距离(分别取 K=5 和 K=25)。

17．电视图像发现、识别和确认所要求的电视线数各为多少？

18．某 1 英寸微光摄像管光敏面照度与极限分辨率的关系如表 9.4-2 所示，若要求能识别以山林为背景的 300m 处的汽车。已知汽车的高度为 2m，景物对比度 C_0=0.34，目标反射比 ρ=0.4，大气能见度为 15km，光学系统参量 D/f'=1，f'=90mm，τ_0=0.8，试求该系统识别汽车所需要的最低照度值。

19．热成像系统对扩展源目标作用距离的估算方法主要基于什么原理？在实际应用中应进行哪些修正？

20．怎样估算热成像系统对点源目标的作用距离？

参考文献

[1] 白廷柱，金伟其. 光电成像原理与技术，北京：北京理工大学出版社，2006.

[2] 周立伟. 目标探测与识别. 北京：北京理工大学出版社，2002.

[3] 史萍，倪世兰. 广播电视技术概论. 北京：中国广播电视出版社，2003.

[4] 高稚允，高岳，张开华. 军用光电系统. 北京：北京理工大学出版社，1996.

[5] 王凡. 仿视网膜分布探测器设计及成像特性研究. 北京理工大学博士学位论文，2014.

[6] 张丽君. 推扫式狭缝体制成像光谱仪在轨运动成像退化与校正技术研究. 北京理工大学博士学位论文，2014.

[7] 吕志胜. 变 Al 组分 AlxGa1−xN 纳米线阵列光电阴极的结构设计和光电性能研究[D].南京理工大学，2021.

[8] 高雄黑田. 李豫东，等译. 图像传感器基本原理[M]. 北京：科学出版社，2024.

[9] 太田淳. 史再峰，等译. 智能 CMOS 图像传感器与应用（第 2 版）[M]. 北京：清华大学出版社，2023.

[10] 神崎洋治，西井美鹰. 郭海娇，译. 图解数码相机原理和结构[M]. 北京：人民邮电出版社，2021.

[11] 李峰，郭毅. 压缩感知浅析[M]. 北京：科学出版社，2015.

[12] 赵葆常，唐茜，薛彬."嫦娥二号"卫星 CCD 立体相机的关键技术[J]. 航天返回与遥感，2013，34(04): 43−51.

[13] 王经纬,李忠贺,高达,邢艳蕾,王成刚. 短/中波双色碲镉汞红外探测器制备研究[J]. 红外，2021,42(02):1−7.

[14] 李静，宋广，董珊，陈文礼，王宏臣. 非制冷红外焦平面探测器研究进展与趋势[J]. 红外，2020,41(10):1−14.

[15] 曾戈虹，史衍丽，庄继胜. II 类超晶格红外探测器的机理、现状与前景. 红外技术，2011，33(6):311−314.

[16] 邓功荣，史衍丽，余连杰，何文谨. 量子点红外探测器及焦平面阵列的研究进展. 红外技术，2011，33(2):70−74.

[17] 纪荣祎. 三维扫描成像激光雷达系统研究. 北京理工大学博士学位论文，2011.

[18] 彭英才，赵新为，傅广生. 低维量子器件物理. 北京：科学出版社，2012.

反侵权盗版声明

举报电话：（010）88254396；（010）88258888
传　　真：（010）88254397
E-mail：dbqq@phei.com.cn
通信地址：北京市海淀区万寿路 173 信箱
　　　　　电子工业出版社总编办公室
邮　　编：100036